Red clay subgrade settlement control and dynamic stability analysis of ballastless track of high speed railway

高速铁路无砟轨道红黏土路基沉降控制与动力稳定性

杨果林　刘晓红　著

中 国 铁 道 出 版 社

2010年·北 京

内 容 提 要

本专著包括大量的红黏土工程特性试验研究成果；红黏土地基载荷试验、标贯、静力触探等原位试验成果；红黏土地基沉降计算与预测分析成果；红黏土基床动力稳定性评判成果；含软弱夹层高陡红黏土路堑边坡的稳定分析成果；现场测试和监测成果。本专著涉及设计理论、设计方法、参数选取、经验公式、实测数据、室内试验、数值分析等内容，内容全面，实用性强。

本专著可供从事高速铁路、高速公路特殊土地基设计、施工等工程技术人员使用，亦可供有关师生和研究人员使用。

Main contributions are shown as follows: laboratory test results about red clay engineering property; results of plate loading test, standard penetration, cone penetration test and so on of red clay foundation; settlement calculation and prediction analysis of red clay foundation; dynamic stability evaluation of red clay subgrade; stability analysis of high and precipitous red clay cutting slope which have weak interlayer; on-site monitoring results. This book comes down to design theory, design method, parameter choose, experience formula, test data, labatory test, numerical analysis. It has overall content and strong practicality.

This book can be used for reference by high (railway) way designers who deal with special soil foundation design or construction, and also can be used by teachers, students and researchers.

图书在版编目(CIP)数据

高速铁路无砟轨道红黏土路基沉降控制与动力稳定性/杨果林，刘晓红著. —北京：中国铁道出版社，2010.12

ISBN 978-7-113-12429-8

Ⅰ.①高… Ⅱ.①杨…②刘… Ⅲ.①高速铁路—铁路路基—路基沉降—研究 Ⅳ.①U213.1

中国版本图书馆 CIP 数据核字(2010)第 259911 号

书　　名：高速铁路无砟轨道红黏土路基沉降控制与动力稳定性
作　　者：杨果林　刘晓红　著

责任编辑：李丽娟　　**电话**：(010) 51873135　　**教材网址**：www.tdjiaocai.com
封面设计：崔　欣
责任校对：孙　玫
责任印制：陆　宁

出版发行：中国铁道出版社（100054，北京市宣武区右安门西街 8 号）
网　　址：http://www.tdpress.com
印　　刷：中国铁道出版社印刷厂
版　　次：2010 年 12 月第 1 版　　2010 年 12 月第 1 次印刷
开　　本：787 mm×1 092 mm　1/16　印张：25.5　字数：647 千
书　　号：ISBN 978-7-113-12429-8
定　　价：65.00 元

前　言

高速铁路必须具备高平顺性、高稳定性、高精度、小残变、少维修等特点。轨道的高平顺性是保障列车高速、平稳运行的基本条件，路基是保持线路平顺性的基础，路基作为轨道的基础，其变形的大小会直接反映在轨面上。控制路基沉降和纵向刚度均匀性变化，是高速铁路路基设计和施工的关键之一。因此必须准确预估地基的沉降量，从而采取措施使地基沉降在施工阶段提前完成或使路基建成后地基的工后沉降控制在一定的允许范围内，使之不影响列车安全运行。有关沉降计算方法是先计算出地基的最终沉降量，然后确定地基拟采用的处理方案，计算出该方案下地基在施工工期内完成的沉降量，两者之差即为工后沉降。

武广高速铁路武汉至韶关段分布近 100 km 的灰岩残积层红黏土地基，厚度由数米到数十米不等。该类红黏土地基从上至下分别为红色硬塑网纹状黏土、褐黄色硬塑黏土夹粗细砂砾、褐黄色软塑黏土夹锰铁质结核。高速铁路无砟轨道路基，由于对工后沉降要求很严，而红黏土是一种弱膨胀性的土，具有大孔隙、高含水率、高液限、高塑性、低密实度、低压缩性的特点，使红黏土的沉降估算很难满足设计精度要求。

针对武广高速铁路红黏土工程实际，首先对红黏土的国内外研究动态进行了深入分析和研究，在此基础上，进行了大量的红黏土工程特性试验；几十个工点的红黏土地基载荷试验、标贯、静力触探等原位试验，获得了典型工点红黏土地基压缩模量与原位试验指标的经验关系式，应用于实际工程；针对高速铁路无砟轨道红黏土地基工后沉降量小，计算精度要求高等特点，开展了红黏土地基沉降计算与预测，探求适合于高速铁路红黏土地基的沉降计算和预测公式及参数试验方法；开展了红黏土基床动力稳定性评判，用动剪应变作为评判指标，进行红黏土地基基床动力稳定性评价，据此确定不同工点不同类型的红黏土的合理换填厚度；开展了含软弱夹层的高陡红黏土路堑边坡的稳定分析和影响边坡稳定性的敏感性参数分析；开展了大量的现场测试和监测工作，并进行统计分析，获得了丰富的现场观测资料，据此确定铺轨时间。以上研究成果为武广高速铁路施工图设计提供验证，修正沉降计算方法，确定相关参数。

本专著是在科研成果报告的基础上形成的，第一作者所指导的研究生做了大量的研究工作，本书部分引用了第一作者所指导的研究生的学位论文成果。参加本科研课题的主要人员有：硕士生周春梅、余敦猛、刘冬、王亮亮、赵伟、谢兰芬，博士生李珍玉、方薇。

另外，课题合作单位中铁第四勘察设计院的郭建湖高级工程师、周先才高级工程师、孙再章工程师提供了大量的现场实测资料，并提出了宝贵的修改意见。课题合作单位武广高速铁路有限责任公司、中铁十一局、中铁五局在科研工作中提供了部分资料和大力帮助，在此表示感谢！

作者

2010 年 7 月

Preface

High speed railway must be built as high ride-comfort, good stability, high precision, low residual deformation and less repairing. High ride comfort of track is a fundamental condition for high speed and smooth running. Subgrade as the basis of track, its deformation will directly affect the track. It is a key factor in high speed railway subgrade design and construction to control subgrade settlement and keep longitudinal stiffness in uniform variation. Foundation settlement should be accurately estimated, in order to take some measures to ensure that foundation settlement has finished during construction or settlement after construction will be controlled in a permitted range. Settlement calculation processes are as follows: firstly, to calculate final settlement, secondly, to determine treatment scheme, thirdly, to calculate settlement during construction under this sheme. The difference between final settlement and settlement during construction is the settlement after construction.

Limestone eluvium red clay foundation covers nearly 100km along Wuhan to Shaoguan section of Wuhan-Guangzhou high speed railway. Its depth varies from several meters to tens of meters. It can be classified as red hard plastic reticular clay, brown-yellow hard plastic clay including gravels, brown-yellow soft clay with manganese and ferruginous tuberculosis. Ballastless track subgrade of high speed railway has strict requirements on settlement after construction. Red clay is a low expansive soil with such properties as high porosity ratio, high water content, high liquid limit and plasticity, low density and low compression, which makes it difficult to estimate its settlement.

As to red clay engineering practice of Wuhan-Guangzhou high speed railway, research on red clay was put forward based on extensive investigations. Subsequently, large amount of experiments about engineering properties of red clay, foundation load test, standard penetration and cone penetration test were made on tens of working spots.

As to red clay engineering practice of Wuhan-Guangzhou high speed railway, research on red clay was put forward based on extensive investigations. Subsequently, large amount of experiments about engineering properties of red clay, foundation load test, standard penetration and cone penetration test were made on tens of working spots. Empirical relationship between foundation compression modulus and field test parameters were raised and applied in practice. Because of the requirements of small settlement and high calculation precision, foundation settlement calculation and forecast were studied so as to find a proper way to calculate and predict foundation settlement and parameters′ acquisition. Subgrade dynamic stability was analyzed, also. it is recommended that dynamic shear strain be selected as the evaluation index to fix rational replacement thickNess. Slope stability was analyzed while considering weak layers, additionally, sensitivity of stability influencing factors were compared. Finally, through lots of field tests and monitoring works, plenty of field data were observed. According to the field observation data, we can determine track-laying date. Research results above can provide references to construction drawing design, modified settlement calculation method and ascertained relevant parameters.

This book formed on the basis of research report branches, as well as partially quoted first author's graduate students' thesis. Taked part of this research work are Masters as follows: Zhou Chunmei, Yu Dunmeng, Liu Dong, Wang Liangliang, Zhao Wei, Xie lanfang; Doctor as follows: Li Zhenyu, Fang Wei.

Moreover, as our major partner, Guo Jianhu (Senior Engineer), Zhou Xiancai (Senior Engineer) Sun zaizhang (Engineer) of China Railway 4th Survey and Design Institute gave us precious suggestions and offered quantities of field data. Other partners such as Wuhan-Guangzhou high speed railway Company Ltd., China Railway 11th Engineering Bureau and China Railway 5th Engineering Bureau provided strong help. Many thanks!

Author

July 2010

目 录

Content

1 红黏土国内外研究概况

1.1 红黏土的定义及主要特性

1.1.1 红黏土定义

自 1807 年布切纳(F. Buchanan)在印度的德干高原马拉巴尔(Malabar)山区首次发现红色致密的黏性土并称之为“红土”(laterite)以来,这种特殊类型土的发现至今已有两百年的历史了[1]。红土的英文单词“Laterite”起源于拉丁文“later”,是砖的意思,Buchanan 的定义就是强调红土可以作为建筑材料的性能。所以马拉巴尔地区是世界红土工程性质研究的发源地,该地区 60%的地表都被红土覆盖,关于这个地区红土的形成、性质及剖面特征已经研究了一个多世纪[2][3]。红土这个概念已被地学、土壤学和工程地质学界广泛采用,各学界从红黏土的定义、成因、分布、物质组成、物理化学特性与工程特性等多角度对其进行了大量的研究,也取得了很多成果。20 世纪 30 年代以来,我国学者对红土也展开了多学科的研究。并在 1986 年及 1991 年分别召开了第一届和第二届红土工程地质研讨会,基本反映了我国当时红土研究的最新动态和最高水平[4]。

对于红土的研究,国内外存在着很大差异。国外对于红土的研究非常广泛,文章很多,但都集中在环境、土壤学、农林学、地质学等领域。例如,西非的尼日利亚、加纳,北美洲的波多黎各、美国,澳大利亚等国对红黏土进行了大量研究[5~9],但对红黏土工程性质的研究相对较少。而我国对红土的研究主要集中在地质和工程领域,在 1964 年发表了《贵州红黏土的建筑性能》[10]一文,标志着“红黏土”一词的正式出现。20 世纪 70 年代以来,红黏土的研究已从一些红黏土分布的区域扩展到全国各地,有关红黏土的各类问题均有所接触,并取得了大量的成果,在建筑、水利、道路、农业等各方面已取得明显效益。研究所涉及的范围主要包括红黏土的定义、成因和工程分类;各地区不同类型的红黏土的物质成分、结构特征和工程特性;红黏土边坡、地基、筑坝的相关问题和工程处理经验;红黏土的环境工程地质和地质灾害问题及其分析;测试技术和方法。

1.1.2 红黏土的分布及成因

红黏土不仅在我国广泛分布,在亚洲其他地区、欧洲、南美洲,特别是非洲都有大面积的红黏土分布。我国的红黏土主要分部在南方(图 1-1),如广西、贵州、云南、广东、湖南、湖北、四川、江西、浙江以及福建等省和自治区,在北方的山东、山西、河北、河南、辽宁与内蒙古等省和自治区也有零星分布,近年来在西藏东部河谷地带也发现有红黏土。据近十年的调查统计,我国红土分布面积约达 200 万 km^2,其中红黏土占 108 万 km^2,褐红色或棕红色红黏土为 74 万 km^2,黄色或黄褐色红黏土占 34 万 km^2 [11]。红黏土的厚度变化在区域上受地形、地貌及构造岩性的控制。在云南的溶蚀高原一般厚 6～12 m,在贵州山地中的洼地、峰林谷地、溶丘坡地,一般厚 4～8 m,在湖南、广西、湖北、江西、安徽、江苏的丘陵与平原中的溶丘坡地与溶蚀平原,一般厚 8～15 m，局部地区红黏土的厚薄与下伏碳酸盐岩的岩性和岩溶发育的程度有密切的关系。碳酸盐岩为泥质石灰岩、泥质白云岩时，岩溶不发育，上覆红黏土厚度变化不大。碳酸盐岩为石灰岩、白云质灰岩时，其溶蚀强烈，溶沟、溶槽、溶隙、石芽发育，上覆红黏土厚度变化很大[12]。

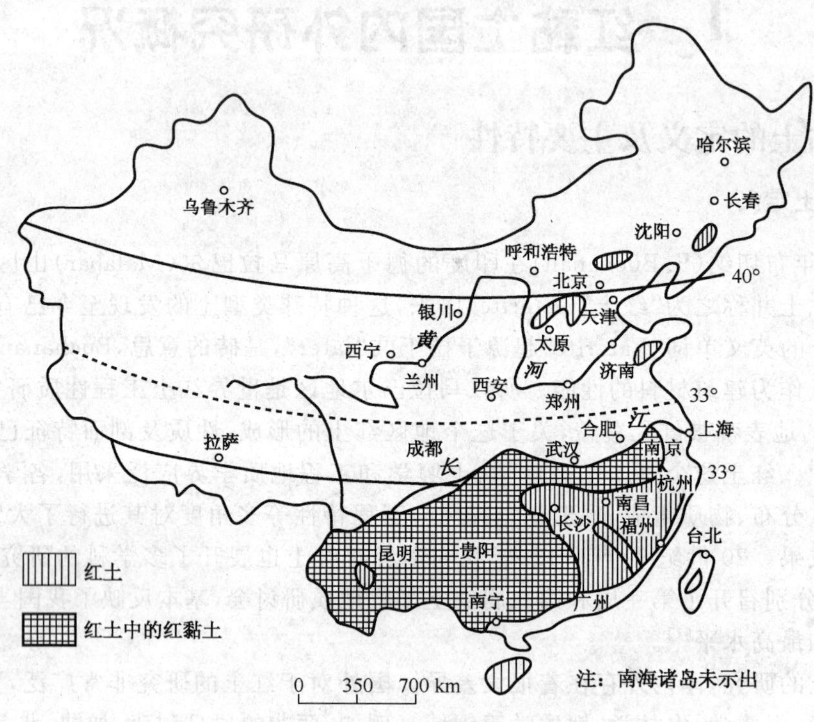

图 1-1 中国红黏土及红土分布[11]

总体来说，红土主要是在漫长的地质历史时期中，各种动力成因的堆积物及露出地表的各种基岩残积层在特定的自然地理与地质环境下的产物。近年来，随着先进测试年代方法的应用，一些学者提出了红黏土的主要形成时期，认为红黏土的砾石层、网纹层和均质红黏土层分别形成于早更新世晚期、中更新世早期和更新世晚期[13]，但是迄今为止，对我国红土层的形成时代的研究仍存在较大争议。

赵其国、杨浩[14]认为第四纪红土是在湿热的环境条件下，岩石在经过温湿—干凉交替的气候旋回作用下形成的。其中网纹状红土形成于中更新世早期，均质红土形成于中更新世晚期。

朱显谟[15]认为我国第四纪红土在不同时期所获得的地球化学特性是由红土和基岩红色风化壳继承而来，而红土和基岩红色风化壳是在第三纪以来干热与温湿不断交替的气候条件下形成的。

席承藩[16]认为我国长江以南的红土风化壳，主要是第四纪的形成物，这种富含铁铝氧化物的红色风化壳是热带、亚热带高温高湿的气候条件下的红色风化产物，主要经过了脱硅富铁铝风化与生物富集的作用。

黄镇国[17]认为我国南方红土风化壳在上新世或更早便开始发育，但如今的红土风化壳并非都是古风化壳，现代气候的地带性在红色风化壳的脱硅富铁铝过程中留下深刻的烙印，其发育并未终止。另外，黄镇国[18～19]根据不同类型红土的时空分布，论述四个暖期的配置及气候变迁,红土期是气候周期性变化的反映,受全球气候变化与青藏高原隆升的影响,与季风环流的形成和发展是分不开的,并将整个红土期分为五个阶段:早第三纪E(无季风期)、晚第三纪N(行星风系与季风交替期,我国此时的红土分布偏北)、早更新世(季风环流始现期,南方红土开始发育)、从早更新世后期到中更新世(季风稳现期,南方网纹红土广泛发育)、晚更新世(季风确定期,形成地表色调相对均匀的红土层)。

刘良梧、龚子同[13]认为表层红土保留了昔日古红土的红色、酸性和高度富铝化作用的特征,又在今日自然条件以及人为活动作用下形成生物富积的、表面富硅的、高度风化发育的特征。那些具有昔日红土与今日红土双重作用的红壤属古红壤中的残余古红土类型。

20世纪70年代,在红黏土刚被作为地基土的一种特殊类型而纳入《地基基础设计规范》(TJ—7—74)时,是以一般的风化过程来描述红黏土的形成过程,而在《建筑地基基础设计规范》(GBJ—7—89)的修订中,鉴于红黏土形成过程的特殊性与复杂性,将其改为"红土化地质作用"。碳酸盐类岩石首先在潮湿的气候条件下发生一系列复杂的风化作用、化学风化与物理风化的耦合作用形成以次生矿物为主的风化产物,同时伴随着倍半氧化物的"释放"与胶体的重组与凝聚。形成的风化产物的整体胶结状态又在不断的干湿循环作用下遭到破坏,风化产物从聚合体向基本结构单元发展,而团粒单元的干燥失水硬化是不可逆的,形成微细团粒与结构单元体组成的松散状土体。由微团粒化作用形成的微细团粒在重力等作用下压密固结,降雨或地下水淋溶产生的游离氧化铁、铝等凝聚产生胶结连接,最终形成现代意义上的红黏土。

刘前明[20]认为热带季风气候区的高温、多雨、潮湿是红黏土形成的必备条件,红黏土经碎屑化以及红土化作用准备和红土化两个阶段形成。母岩类型不同其红土化的程度和速度也不同,其快慢顺序为碳酸盐类岩、基性岩、中酸性岩、碎屑岩和第四纪沉积物。

姜红涛[21]认为红土化过程基本上是一个化学、物理化学的变化或母岩中矿物的迁移、过渡、交代、沉淀的过程。红黏土的形成包括最初风化、次生风化和重新固结三个阶段。处在不同风化阶段的红黏土具有不同的工程性质,在第一阶段,风化程度越高,其强度越低,而在第二和第三阶段,红黏土的强度随风化程度的增强而增高。

李景阳[22]、[23]提出了残积红黏土结构特征的溶蚀—交代成因,并称这一过程为喀斯特成土作用。

谭罗荣[24]根据矿物组成特性,将红土的母岩分为不含或很少含有抗风化的石英的岩类(如碳酸盐岩系和部分玄武岩等)与含有一定量或相当量石英的岩类两大类,并对几类典型岩石的风化情况与红土化的程度给予分析。

周芳[25]根据贵港红黏土的垂直分带性与物质成分的研究,将贵港红土风化壳的形成过程大体分为三个阶段:早期阶段,岩石在物理风化作用下,大气降水使新鲜碳酸盐岩发生强烈的溶解和初步水解,开始热带、亚热带气候条件下的红土化作用;中期阶段,CaO与MgO等组分在这个阶段已被溶解殆尽,水解作用进一步加强,形成以高岭石为主,夹有伊利石矿物的网纹红土层;晚期阶段,地表出现强烈的脱硅、氧化、水解、淀积、胶体作用与各种形式的表面现象。

表1-1为红黏土的组成成分。

红黏土形成之后,还可近距离坡积,其间多无明显界面,由于所处地形地貌条件的不同,可被后期的各种外力一次或多次搬运到适合停积的部位上。因此,还可见到洪积、冲积与岩溶洞穴沉积等成因的次生红黏土。由于在迁移中外来物质的掺入,粉粒和砂粒含量相对增加,黏粒含量相对减少,塑性降低,色相变浅,力学性能相对较差,但仍然保留着红黏土的基本特征,其土性仍有别于一般黏土与老黏土。

表 1-1　红黏土的组成成分

粒度组成	粒级/mm	>0.1	0.1～0.05	0.05～0.005	<0.005	<0.002	有机质	pH值
	含量/%	5	6	13	76	58	0.35	6.9
化学成分/%	项目	SiO_2	Fe_2O_3	Al_2O_3	CaO	MgO	K_2O	Na_2O	SiO_2/R_2O_3
	全土	4.61	13.0	24.1	0.5	1.5	2.3	0.2	2.43
	<2 μm	3.92	13.2	28.8	0.4	1.5	2.4	0.2	1.81
矿物成分	粒组	方　法			成分(以常见顺序)				
	<2 μm	X 衍射、电子显微镜、差热			高岭石、伊利石、绿泥石				
	碎屑	目测、偏光显微镜			石英等				

表 1-2 为几种不同的黏土主要土性指标。

表 1-2　几种不同的黏土主要土性指标

土　类	指　标	w_L/%	w_P/%	w/%	e	E_s/MPa	E_0/MPa	P_0/kPa
红黏土	界限值	45～120	20～60	20～75	0.7～2.1	7.5～20	7.5～30	100～140
	中　值	63	37	37	1.09	10	17	230
次生红黏土	界限值	30～100	20～60	20～60	0.6～1.8	5～15	5～20	100～300
	中　值	52	28	33	0.99	7.5	12.0	180
老黏性土	界限值	30～48	17～28	17～27	0.59～0.84	15～50	20～80	400～950
	中　值	37	19	23	0.68	30	50	550
一般黏土	界限值	32～54	17～31	19～35	0.65～1.05	4～10	3～20	75～400
	中　值	41	21	30	0.87	5	70	150

1.1.3　红黏土的微观结构特征

结构是物质的存在形式。红黏土中的微小矿物颗粒在一定的胶结力作用下,按一定的排列组合方式组合在一起,就形成了红黏土的微观结构。红黏土微观结构的基本单元有两种类型:一种是残余碎屑或铁质结核等刚性颗粒构成的单粒单元;另一种是黏土矿物粒团构成的复合多孔单元,后者组成了红黏土的基本骨架,前者的数量较少,零星分布于土中,对土的微观结构不起控制作用。结构的连接包括了粒团内颗粒之间的连接与粒团之间的连接,其中颗粒间的连接来源于静电引力与游离氧化物的胶结结构,粒团之间的连接是一种浅色的絮状物,主要分布在粒团彼此靠近的部位,并沿垂直于粒团表面的方向生长。这种多层次的微观结构造成了红黏土发育的孔隙,以小孔隙与微孔隙为主,同时也形成了一定量的大孔隙与中孔隙。根据不同的微观结构层次可以将红黏土的孔隙分为聚集体内孔隙、聚集体之间的孔隙、被胶结物分割所形成的聚合体之间的孔隙与溶蚀孔洞四类。

早在 1883 年,Mallet 首次提出天然红土中的化学组成含有铁铝化合物,1911 年 Fermor、1913 年 Lacroix 确定了红土的铁、铝、钛和锰的相对含量及其作用。1951 年 Vanolpben. Schofield 及 1954 年 Samsen 提出中酸性介质中的黏粒晶体与氧化物之间的静电吸引,形成了氧化物的胶结结构。60 年代初 Alexander 和 Cady 指出红土强度较高的原因主要在于无定性氧化铁晶体与脱水。1972 年萨卡洛夫用在高岭石、蒙脱石土样中加入磁赤铁矿的方法,证实土样接触点的连接强度。1973 年 J. K. Mitchell 指出游离氧化铁包膜可限制黏土集合体膨胀[26－28]。我国自20世纪70年代以来，通过大量的宏观试验与微观分析手段的应用，对红黏土微观结构的研究取得了重大进展。

张文敏[29]通过对红黏土的渗透试验以及除去游离氧化铁以后的红黏土的物理性质试验和三轴试验，得出游离氧化铁起着胶结作用，对红黏土的强度影响较大，在其他成分相同的情况下，含铁量高强度就高，反之亦然。游离氧化铁对凝聚力影响很大，而对内摩擦角影响甚微。

廖义玲、余培厚[30]通过对红黏土的扫描电镜分析、微区能谱分析和孔径分布测定，得出红黏土的基本微观结构单元是片状黏土矿物组成的粒团。这种结构单元本身是多孔的，饱水的，这是红黏土产生低密实度、高含水率等基本物理性质的根本原因。红黏土的基本力学单元是与基本微观结构单元相对应的粒团，即粒团本身有较好的力学属性，粒团内部黏土矿物之间有包括游离氧化物胶结连接力在内的各种连接力产生的牢固的水稳性连接。这是与传统的高分散性黏土微观结构的根本区别。因而红黏土虽然物理性质差，却都有较好的力学性质。

王幼麟[31][32]在总结华中地区斑纹红土物理力学性质的基础上，从物理化学、结构特征和游离氧化铁的胶结作用等角度分析了斑纹红土特殊力学性质的原因。

周训华、廖义玲[33]通过X射线对红黏土进行分析后，认为游离氧化铁在红黏上中主要存在于红黏土矿物粒团之间，呈包膜形式包裹黏土矿物粒团起着胶结作用，并相互重叠形成结构强度。游离氧化铁的胶结作用也是形成红黏土特殊工程地质性质的主要因素，它的变化将直接导致红黏土其他微观结构要素的变化及工程地质性质的变化。

姜其岩[34]认为红黏土作为超固结土，其“先期固结压力”是土体较强的游离氧化铁的胶结结构所形成的，而不是土层在历史上所受的最大固结压力的残留。

余培厚[35]提出了一种红黏土微观结构的概化模型，并根据模型对红黏土工程特性进行了探讨。

程昌炳[36][37]研究了针铁矿与高岭土“胶结”的宏观力学特性，用Mossbauer谱与电子能谱等微观手段对这种现象进行了研究，提出了“胶结”的微观本质是生成化学键，通过^{27}Al核磁共振谱的分析，认为氢生成是胶结的本质。

谭罗荣[38]通过对红黏土进行电镜扫描分析，提出了红黏土是灰岩经过风化富硅、富铝和富铁形成高岭石等黏土矿物及氧化铁为主的片状颗粒，基本颗粒单元再通过胶结物质形成较大的粒团，粒团再胶结形成红黏土这样一种凝胶胶结结构模型。解释了红黏土较差的物理性质与较好的力学强度之间矛盾的合理性。

孔令伟[39~40]通过模拟环境中的有机质使游离氧化铁形态转化对红黏土工程性质的影响试验，测试了游离氧化铁的形态分布与物理指标的关系，认为在渍水条件下，游离氧化铁的形态转化对红黏土性质的影响不显著，但在渗水条件下，由于氧化铁的流失使得胶结作用减弱，对红黏土工程性质的影响明显，潜在的危险不容忽视。通过对红黏土压汞试验结果的分析，结合分形理论，认为红黏土的孔隙分布具有分形结构，孔隙指数可表征不同结构层次的分形特征，分形特征能反映红黏土孔隙的级配，且分形特征可表征红黏土母岩类型和矿物成分，尤其是受高岭石和氧化铁含量的影响，此外，还对红黏土有效胶结铁含量确定方法进行了讨论，得出游离氧化铁起胶结作用的只占总含量一部分的结论，在此基础上提出了有效胶结的概念。

孔令伟[41][42][43]认为红黏土的脱水特性与其颗粒组成、物性指标以及胶结物相关联，红黏土的特性在常温下是可逆的，在高温下是不可逆的，且可逆性受到胶结物的影响，胶结物本身的吸水特性和含水率使有效含水率比实测含水率低，而计算孔隙比比真实孔隙比高得多。针对红黏土水理性以缩为主的特征，通过不同备样法进行压汞试验测试孔隙结构分布，指出只有采用冷冻干燥备样法所获得的结构才能真实的反映红黏土的微观结构特征。

20 世纪 80 年代以来，随着先进微观分析手段的应用，有关红黏土微观结构的研究取得了较大的进展。红黏土不良物理性质与良好的力学特性之间的矛盾在很大程度上是由红黏土中游离氧化物的胶结结构所引起的，其中赤铁矿与针铁矿在红黏土中最为常见，而且经证实仅有部分氧化物在红黏土中起胶结作用，红黏土的超固结性在很大程度上也是归因于游离氧化物的胶结结构，而并非先期固结压力[44~56]。红黏土以其特殊的性质与工程问题引起了学术界与工程界更为广泛的关注。

近年来，国内外许多学者对土的结构性问题给予了越来越高的重视。众所周知，土体既是一种地质历史产物，残留着各种地质作用的痕迹，又明显受到现今人类各种活动的强烈改造，因而具有非常复杂的非线性特征，这种特征在微观上主要表现在土质结构的非连续性和不确定性，很难用传统的、基于线性分析为基础的方法加以表达。但是土的宏观工程性状(尤其是非饱和土)却在很大程度上受到微观结构的系统状态或整体行为的控制，任何一种基于适度均匀化处理的连续介质模式都很难准确的表述其结构的复杂性。实际上，现有的各种土的本构模型(计算模型)都是针对饱和扰动土或者砂土而发展起来的，不能真正的考虑实际土体的结构性，而在实际的工程计算结果难以模拟土体的实际状态，往往会出现较大的计算误差，致使在处理这类问题时多依赖于设计者的经验修正，理论依据尚不充分，具有人为性，难以评估其可靠性。因此，要真正把握反映土的工程性状的固有力学特性，关键在于结构性问题的解决[57]。红黏土作为一种典型的特殊土，具有显著的结构效应，对其结构的研究将会受到工程界和学术界的重视。

1.1.4　红黏土的物理力学特性

红黏土主要的物理力学特性表现为：具有高含水率、高塑性、高孔隙比、低密度、压实性差等不良物理性质，却同时具有较高强度、中低压缩性的良好力学特性，红黏土的这种特殊性主要是由红黏土复杂的成土过程中所形成的游离氧化铁的胶结结构和颗粒间特殊的连接形式所引起的。

林世文、蔡秋景、林珺[58]通过对大连红黏土三种不同状态崩解试验得出大连红黏土无论以何种方式存在，其发育程度都不亚于南方。红黏土在无侧限条件下，都具有不可恢复的崩解性。

韦复才[59]通过对桂林红黏土的差热 X 射线、扫描电镜鉴定和化学成分分析得出：桂林红黏土物理力学性质的最大特点是天然含水率、孔隙比、液限以及抗剪强度较高，容重、饱和度、比表面积较大，压缩性、交换容量较低，透水性、崩解性较小，具有中—弱胀缩性。桂林红黏土的这些特殊的工程地质性质的形成都与其特殊的物质组成有关，特别是与土中存在有较多的游离氧化铁有关。

雷谦荣、王国惠[60]通过对重庆红黏土与黏性土对比研究得出：红黏土的容重、含水率、饱和度值与黏性土相当，但是红黏土的孔隙比、液限、塑限和塑性指数却比一般黏土大得多，但仍然具有相对较高的力学强度和较低的压缩性，尤其是红黏土的内聚力达一般黏土的 1.5 倍以上，压缩系数则是一般黏土的 60%。

袁志英[61]通过实际勘察资料的统计分析将红黏土指标分类，根据静载试验结果建立回归方程，筛选出直接反映红黏土力学性质的三个指标：塑限、液限与压缩系数。

秦刚、廖义玲[62]通过对贵阳红黏土现场勘查统计和分析，认为红黏土从地表向下，物理性质差(含水率增加,密度降低)、压缩性增大、抗剪强度降低,其规律与正常剖面相反。另外,随着深度增加,红黏土的前期固结压力有规律地递减。

袁绚[63]根据云南红黏土的试验资料,总结了云南红黏土的基本性状与工程特性,认为云南红黏土虽然干密度、孔隙比、含水率、压实性、黏粒含量和塑性指数等指标不符合防渗土料的技术要求,但具有足够的稳定性,强度高,压缩性低,是较好的筑坝材料。

邓超文、杜赢中[64]通过对红黏土进行化学溶液试验,认为红黏土的力学性质随着周围环境的变化而发生变异,其 c、ϕ 值和 pH 值呈良好的线性关系。物性变异导致红黏土力学性质的变化具有双向性,可以使土体力学强度降低,也可以使土体的力学强度变大。

王洋、汤连生[65]通过对红黏土的不同水溶液试验,认为红黏土的力学性质随着周围环境的变化而发生变异,其 c、ϕ 值和 pH 值之间呈良好的线性关系。物性变异导致红黏土力学性质的变化具有双面性,是水—土—电解质之间的动态平衡过程,可以使土体力学强度降低,也可以使土体的力学强度变大,酸性水溶液使含铁离子物质的胶结作用增强,使红黏土强度提高,形成正方向的力学效应;而碱性水溶液使含铁离子物质的胶结作用降低,形成负方向的力学效应。

朱丽东[66]通过野外实地勘察和观察,认为中亚热带红黏土质地均一,不具有水作用痕迹,含有多层铁锰淀积层,以粉砂(4～63 μm)粒组为主,并在 15～30 μm 处出现第一众数特征,推测中亚热带地区红土母岩具有风成特性,而且棕黄色土、均质红土、网纹红土具有相对一致的沉积环境。其次,黏粒组分(＜4 μm)是红土粒度组成中不可忽视的次级粒组,2 μm 附近的第众数(甚至可成为部分样品的第一众数)表明后期风化成土作用在红土沉积环境演化中扮演重要角色。

1.1.5 红黏土的胀缩性和裂隙性

红黏土裂隙发育,主要是由于土在湿热交替的气候条件下干缩而形成的。在地表,裂隙多呈竖向开口的龟裂状,往下逐渐闭合成网状,裂隙面大多较光滑,有的有擦痕,裂隙的结构面有铁锰物质浸染或有机质薄膜充填。裂隙发育的密度,与地形、植被等有关,在地形突起、向阳、植被少的地段,裂隙往往密度大、延伸深,在此特定条件下裂隙的发生和发展速度极快,由于裂隙较发育破坏了红黏土土体的完整性,降低了土体的强度,增加了土的渗透性,这对红黏土的工程性质有较大影响。红黏土的胀缩性、裂隙性及其耦合作用会导致红黏土的工程性能大大降低,具体表现为收缩性大于膨胀性,在我国各个地区的大量工程中造成了各种各样的危害。具体表现为:含水率的变化引起红黏土的膨胀或收缩变形,从而导致裂隙的进一步扩展,土体被网状裂隙切割而丧失整体性,强度急剧降低,同时也方便了水分的浸入和土中原有水位的蒸发,强度衰减的幅度随着干湿循环次数增加而提高。在大规模降雨过程中,被切割土体的抗冲刷能力严重降低或丧失,引起局部失稳塌方,土体外部的水除了流失外,还向基岩面渗透,导致基岩面集中渗漏与积水,土体孔隙水压力剧增,加速了局部滑坡的形成与发展。

由于红黏土胀缩性和裂隙性对工程的危害性,科研人员对此作了大量的研究工作,得到了很多有用的结论。

雷谦荣、王国惠[60]通过对重庆红黏土大量试验,发现该红黏土网状裂隙很发育,多将土体分割成大小不尽相等的菱形块体,以竖向裂隙为主,水平裂隙次之,在新建民房开挖的坡坎和钻探岩芯中清楚可见。裂隙上宽下窄,主要分布在深约 2～5 m 之内,其宽度旱季剧增、雨季大减,裂隙面较光滑,有少量擦痕,常充填有灰黑色、棕红色或灰白色黏土或有机质,并可见到铁锰质浸染斑痕。在旱季新开挖的坡坎和基坑壁上，裂隙从产生到发展的速度很快，雨后表层易碎裂成块状。这表明该红黏土具有较明显的胀缩性，在受大气影响的干湿效应带内，旱季土体失水收缩，雨季浸水膨胀反复交替逐次发展而形成了众多的裂隙，其发育程度在不同部位有较大差别，较高处比较低处发育，这与土的胀缩性和干湿交替条件有关。

刘恒[67]通过对贵州六盘水红黏土的大量试验，发现该区红黏土天然含水率较高，在湿热交替的气候条件下容易失水收缩，形成较为发育的浅部裂隙。其裂隙特点是：以垂直方向发育为主，水平方向发育相对较弱，裂隙开口均较粗糙，一般无充填和浸染物质，少数裂隙有铁锰质浸染。另外，该区红黏土如果按膨胀性分类，则认为其没有膨胀性，不属于膨胀土。但是按收缩性分类，则属于中膨胀土，具有较大的收缩性。

林世文[58]通过对大连红黏土的试验和现场观察，发现大连红黏土地区路基和边坡风干后，如遇一场雨水，红黏土路基和边坡就崩解流失，造成大面积的边坡塌方和路基毁坏。大连地区红黏土失水后再遇水时，流变性明显，对工程具有极大的危害。

韦复才[59]通过对桂林红黏土室内试验，发现桂林红黏土具有弱—中等胀缩性，且以缩为主，缩大于胀以及剖面上胀缩变形下层大于上层的特点。

杨健[68]通过对桂林红黏土的勘察分析，认为红黏土中的裂隙是由于红黏土的吸水作用使土层体积膨胀，脱水作用使土体体积收缩这一往返过程反复作用所引起的。

曾秋鸾[69]通过对广西红黏土的室内土工试验和现场勘察，发现广西红黏土属于弱至中等级膨胀性黏土。随着含水率的变化，红黏土收缩量的变化大于膨胀量的变化，而当含水率等于缩限时，红黏土几乎不再收缩，但吸水后可以产生最大的膨胀量；当含水率增至胀限时，继续浸水则几乎不再膨胀，但具有产生最大收缩量的潜势。在胀限和缩限之间，收缩量和膨胀量均与含水率呈线性关系。

徐建闽[70]通过对晋西北 N_2 红黏土大量试验和理论研究，发现该红黏土属于弱膨胀土，干燥活化作用对其膨胀势的影响极大，风干试样的膨胀力较天然试样的膨胀力增加了 4 倍。天然 N_2 红黏土的含水率变化程度，直接影响其膨胀破坏的程度。

另外，学者们就红黏土与膨胀土关系问题持有不同观点。谭罗荣[38]认为红黏土与膨胀土定名的着眼点不同，红黏土注重于土体脱硅富铝的红土化作用的成因，而膨胀土注重胀缩性这一特殊的工程力学行为，并提出以蒙脱石含量的多少作为一项划分标准。唐大雄[71]建议以红土在塑性图中的位置来判断胀缩性，并认为具有较强胀缩性的红土可能引发边坡失稳、地基不均匀沉降等工程灾害，必须按膨胀土考虑。钱小鄂[72]鉴于塑性图作为红黏土与膨胀土区分标准的局限性，提出以 $w_L-\Delta p$ 图上的位置区分红黏土与膨胀土。郭沛[73]从物理性质指标、胀缩指标、矿物成分、黏粒含量和微观结构等方面对红黏土与膨胀土进行了对比，认为红黏土性质非常特殊，有别于一般的膨胀土。魏庭忠[74]认为广西的红黏土大部分属于膨胀土，同时也存在非膨胀土，并指出膨胀性红黏土与非膨胀性红黏土性状上的差别。

1.1.6 红黏土的强度特性

红黏土的强度较普通黏性土更为复杂，较差的物理力学性质与较好的强度特性之间的矛盾是其区别其他黏性土的最显著特征。它既是红黏土体抵抗剪切破坏能力的表征，也是计算路堑、渠道、路堤、土坝等斜坡稳定性，以及支挡建筑物的土压力的重要参数。红黏土的抗剪强度是由颗粒之间的吸引和氧化铁的胶结作用所控制的，但是由于红黏土黏粒含量高，多含有亲水性的蒙脱石类矿物成分，颗粒结构形式复杂，裂隙分布多且带有随机性，形成了复杂的物理化学现象。

强度研究是红黏土研究中必不可少的，科研人员对红黏土研究做了大量的工作，得出了很多有用的结论和经验公式。

欧孝夺[75]通过对广西红黏土热效应的试验研究，发现随着环境温度的升高，红黏土的抗剪强度有不同程度的提高。

黄质宏[76]通过不同应力路径对红黏土进行试验研究，发现同一土体，经历不同的应力路径后其力学性质有显著的差异，土体达到破坏时的偏应力增量值也不同。在初始阶段，应力—应变曲线相差不大，这说明土体均处于相同的初始应力状态，但随着应力路径的不同，应力—应变曲线表现出较大的差异，这说明总应力强度指标与应力路径密切相关，但应力路径对有效应力强度指标则影响不大。

肖智政、刘宝琛[77]通过对某建筑地基原状红黏土和重塑红黏土的三轴试验研究，发现两种土的孔隙水压随应变的增大而增大，但原状土的孔隙水压比相同围压下的重塑土的孔隙水压要高。

王洋[65]通过试验分析了含水率变化模式、水化学作用模式和干湿循环模式对红黏土力学强度性质的影响，得出含水率的变化对红黏土的凝聚力和内摩擦角都有影响，且对凝聚力的影响远大于对内摩擦角的影响；酸性水溶液使红黏土强度提高，碱性水溶液使红黏土的强度降低；在干湿循环作用下，红黏土的结构得到一定程度的破坏，使红黏土的强度降低。

柯尊敬[78]通过对各地红黏土的三轴试验分析，发现不论后期固结压力和超固结比大小如何，饱和重塑红黏土的应力—应变曲线均呈应变硬化型，在超固结比一定时，曲线有良好的归一化形状；超固结比对红黏土剪切破坏时的应变有明显影响，随着超固结比的逐渐增大，应变逐渐减小，而前期固结压力对应变影响不明显。

毕庆涛[79]通过对红黏土的室内直剪试验和分析，发现含水率与抗剪强度具有非线性相关性，随着含水率的增加，黏聚力呈阶梯状减小，内摩擦角值在某一区间变动。并且根据最小二乘法原理，将含水率 w 与内聚力 c 相关性拟合为多项函数表达式：$c=-0.0001w^4+0.019w^3-1.1746w^2+29.151w-187.23$。

李景阳[23]通过对贵州红黏土的三轴试验和分析，得出土的凝聚力和内摩擦角等强度参数随主应力的增大而呈现稍微减小的趋势。原状土的凝聚力大于重塑土的凝聚力，而重塑土的内摩擦角大于原状土的内摩擦角。

杨庆[80]通过对大连地区非饱和红黏土的三轴剪切试验和分析，发现红黏土在吸水膨胀方面与膨胀土完全相同，据此，建立了非饱和红黏土的抗剪强度指标与含水率的关系。通过对试验数据的拟合分析，发现红黏土的内摩擦角和凝聚力与含水率之间的回归关系分别可近似用直线和二次抛物线来表示：

$$\varphi=49.621\ln w+171.79\ ,\quad c=-18.932w^2+576.01w-3981.5$$

刘春、吴绪春[81]以贵州毕节非饱和红黏土为研究对象，通过常规三轴试验，根据试验结果，提出了非饱和红黏土的吸力强度与饱和度之间的非线性关系，并证实了毕节地区红黏土的抗剪强度与含水率之间存在指数函数关系。

1.1.7 红黏土的变形特性

土体具有许多复杂的非线性特征，从构造上呈现出高度的各向异性、非均质性和非连续性，在力学性能上表现出强烈的非线性、非弹性和黏滞性。其总体的变形不仅依赖于当前的应力与变形状态，而且与应力历史、加载速率、排水条件及固结或密实状态等因素密切相关。即使对同一土体，在同一位置，施加相同的应力增量，其应变增量也未必相同。土体的变形特性受诸多因素的影响，其变形有线性和非弹性、塑性体积应变和剪胀性；其变形也受应力路径、应力历史以及土体各向异性的影响。红黏土的变形特性的研究是继强度之外红黏土理论研究的另一个重要方面。红黏土的变形量是计算路堑、路基、路堤等稳定性以及沉降的重要参数。自红黏土被发现以来，国内外的专家学者对这种特殊土的强度研究特别多，但是对红黏土的变形研究的很少。因此，红黏土的变形分析是红黏土理论研究的另一重要方面，具有重要的理论与实际意义。

变形也是红黏土研究中的重要一环，科研人员对红黏土变形开展了一些研究，得出了很多有用的结论。

韦时宏[82]根据对红黏土的野外现场调查和室内试验，得出红黏土是超固结土，但同时密实度很低，红黏土的变形随着深度的增加反而增大。

黄质宏[76]用不同应力路径对红黏土进行试验研究，发现同一土体，经历不同的应力路径后其变形特性有显著的差异。在不同应力路径下，土体完全破坏时，土体轴向变形均不相同。

李景阳[23]根据红黏土的三轴试验和气压固结试验等资料，发现红黏土应力—应变曲线呈“S”形。在应力和应变均很小时，主要是由于土体中微裂隙挤密引起，随之出现一段稍微平直的斜率较大的直线段；当应力进一步增大且超过土体的结构强度时，由于土体中出现了明显的塑性变形，土体中微破裂的进一步发展导致变形进一步增加，因此出现了“S”形上部的平缓段。

黄晓波[83]以某机场红黏土高填路基为例，通过沉降变形分析和方案比较开展强夯处理试验研究，发现高填土红黏土路基由于附加荷载很大而引起的沉降变形和不均匀沉降变形无法满足设计要求，但经过强夯法处理后效果良好。

赵颖文[84]对广西贵港击实红黏土的胀缩试验，结果表明：击实样的胀缩变形主要由击实后试样的含水率决定，即含水率愈低，膨胀变形愈大，收缩变形愈小；反之亦然。

1.1.8　红黏土的非饱和特性

工程实践表明，非饱和红黏土较一般的非饱和土或红黏土性质更为复杂，非饱和红黏土既具有非饱和土的一般性质，又表现出自身的特点，有别于一般的非饱和土或红黏土。因此非饱和红黏土是兼非饱和土性质和普通红黏土性质的一种特殊土。这种性质除了与非饱和红黏土的结构性、吸力等因素密切相关外，还与其状态、外部压力和环境有关。目前学术界有不少学者正致力于用非饱和理论来研究非饱和红黏土，由于非饱和红黏土本身固有的复杂性，试验与测试都有一定的困难，因此对于非饱和红黏土的研究仍停留在试验室阶段。

非饱和红黏土的强度特性较一般黏性土更为复杂，其强度是非饱和红黏土体抵抗剪切破坏能力的量度，也是红黏土地基工程设计计算的重要参数。

许多试验结果表明，非饱和红黏土的抗剪强度与起始含水率有明显的关系，含水率越大，抗剪强度越小，这与非饱和土基质吸力与含水率成反比的规律是一致的。含水率对凝聚力 c 的影响比对内摩擦角 φ 的影响更为明显。

大连理工大学对大连大窑湾新港非饱和红黏土进行了室内试验研究，采用直剪试验的快剪试验，直剪试验可直接测出试验在预定剪破面上的抗剪强度。试验中采用 4 个试样，分别在不同的垂直压力 σ 下，施加水平剪切力，求得破坏时的剪应力 τ，然后根据 Coulomb 定律确定

土的抗剪强度指标 c 和 φ 值。

试验结果表明，非饱和红黏土的抗剪强度指标强烈依赖于含水率。非饱和红黏土的内摩擦角 φ 与含水率 w 之间具有良好的对数关系，凝聚力 c 与含水率 w 之间具有良好的二次抛物线关系。

中国科学院武汉岩土力学研究所采用常规三轴试验方法对非饱和红黏土进行强度特性研究。为了保持非饱和红黏土试验含水率的稳定和均匀，每组试样制备好后，用橡皮膜密封后放入养护缸中养护 24 h，再采用常规三轴仪进行排水剪切试验，剪切速率为 3.5 μm/min，对试验前后的含水率进行了测定。结果表明，土样的平均含水率变化不大，土样在剪切的过程中体积变形，主要是由于土体的压缩、排水及颗粒重新排列引起的，土样内部上、中、下部的含水率不再像试验前那样相同，剪切破坏后，在土样底部含水率稍高而顶部稍低，在试验中土样的竖向应变超过 14%即认为土样破坏。

根据非饱和土理论，非饱和土的总黏聚力 c 可表示为：

$$c=c'+\tau_{us}$$

其中，吸力强度 τ_{us} 是非饱和土研究的主要内容。研究成果表明，c' 和 φ' 值与吸力无关，即与饱和度无关，饱和度的变化主要对黏聚力产生影响。非饱和红黏土强度主要与吸力强度有关。

1.1.9　红黏土的工程应用与灾害防治

由于红黏土具有中高强度、低压缩性与较好的防渗性，在我国红黏土地区被广泛的当作较好的天然地基和良好的建筑材料。但是红黏土同时也因胀缩性、裂隙性与分布不均匀性等工程特性而存有很大的工程隐患。

多年来我国一些学者对红黏土的工程性能评价与应用进行了较多的研究和总结，得到很多有用的结论。

徐榴胜[85~88]总结了红黏土工程特性及其在贵州水利工程中的应用，将红黏土在岩土工程中的隐患分为自然隐患（即外界条件的影响引起力学强度的衰减，造成低层建筑物地基开裂，墙砌砖拉裂等）以及非自然工程隐患（人类活动致使红黏土原有边界条件改变，而防治措施不同步。例如：开挖、削坡、减荷引起公路低缓边坡的塌方，地下水开采引起红黏土地表塌陷等）。认为红黏土是良好的防渗材料，但应注意由于施工与填料含水率的问题导致体缩而影响土坝、土石坝工程质量。

刘龙武[89]通过对耒宜高速公路红黏土填料的路用性能的分析，结合室内试验结果，研究了红黏土路面开裂现象，提出了施工中应尽量提高施工速度，缩短表面暴露风干失水的时间，以及红黏土可以直接作为填料的含水率、密度、CBR 和压实度等方面的标准。

孙向楠、薛伟[90]讨论了红黏土在路基填筑中的应用，并提出了应用的方法和要求。

屈儒敏[91]总结了红黏土地基的特点，从稳定性、均匀性、胀缩性三方面对红黏土进行岩土工程评价。

李海光[92]分析了红黏土路堑边坡的特性、常见破坏的原因与相应防护措施。

黄俊[93]对红黏土作为高等级公路路基进行了评价，并提出了外渗剂处理和土工合成材料处理方案。

曹勇[94]讨论了红黏土人工防渗技术在环卫工程中的应用，提出了相应的方法和标准。

刘恒[95]在分析贵州西部红黏土主要工程特性的基础上，总结了包括垫层置换、跨越、挤密、桩基、灌浆在内的十余种地基基础处理措施。

廖光平[96]讨论了龙岩市城区次生红黏土的主要地质灾害,并提出了相应的防治措施。

黄崇伟[97]讨论了强夯处理红黏土的技术要点、监理措施和安全措施等质量控制问题。

唐大维[98]分析了残坡积胀缩性红黏土的路基病害,找出了原因并提出了相应的预防和处理措施。

钱沪[99]通过实际工程中红黏土边坡的稳定性评价,认为评价红黏土边坡稳定性时不能局限于室内土工试验指标,而应根据具体地质因素降低标准使用,边坡治理中根据周边环境因素取不同的稳定系数。

1.1.10 土体参数间相关性及经验关系的研究

研究土性参数间的相关性,有着十分重要的意义。在工程初步设计阶段,特别是中小型工程,一般都缺乏试验数据,而且即使工程有部分试验数据,但常因试验成本高而数据量少。土性参数的许多指标之间都具有一定的关系,研究这些指标间的相关特性,一方面可以了解由易得指标如液塑性指标等推求不易得指标如压缩系数、抗剪强度指标等的可行性;另一方面可以了解诸如抗剪强度 c、φ 等指标间的相关特性,以便在可靠性分析中将它们作为相关的随机变量进行分析计算[100]。

在土性参数的相关性研究方面,国内外学者均做了大量的工作。

张广文、刘令瑶[101]收集了国内 95 个已建土石坝工程筑坝材料的物理力学试验资料,对各种土料有关指标进行了概率统计分析和指标间的相关性分析。包括压缩系数和抗剪强度指标的概率模型拟合;塑性指数与抗剪强度指标 c、φ 间的关系;塑性指数与压缩系数的关系;干容重与 c、φ 间的关系;干容重与压缩系数间的关系以及抗剪强度指标 c 和 φ 间的关系。

张荣堂和 Tom Lunne[102]以挪威岩土所多年来研究的高质量块状土样测试结果为基础进行了一系列的相关性分析,得到了前期固结压力 p_c 和液性指数 I_L 的关系式:$p_c=10^{(2.90-0.96I_L)}$。同时还分析了前期固结压力 p_c 和不排水抗剪强度的关系,其中不排水强度分别由三轴压缩(TC)、直剪(DSS)和三轴拉伸(TE)三种剪切模式测得,分别记作 $c_{u\text{-}TC}$、$c_{u\text{-}DSS}$ 和 $c_{u\text{-}TE}$,分析表明两者之间存在着明显的线性相关性。

1989 年,Collotta 等[103]研究了黏性土的残余摩擦角、级配和物理指标特性,其残余摩擦强度值由 20 个场地的 150 组土样用直剪试验和三轴试验确定。

1989 年,Moh Za-Chieh 等[104]研究了台北地区黏性土土性参数之间的关系,包括:原位压缩系数和含水率、原位压缩系数和初始孔隙比、固结系数和液限等。

1995 年,Anthoy T. C. [105]论证了应用神经网络得到土性参数非线性关系的可能性,并通过研究发现,通过神经网络可以得到相关关系相当准确的预测。

2000 年,陈禹等[106]按不同土类建立土的初始剪切模量与土的孔隙比的回归表达式,以及初始剪切模量与土层标准贯入值和土层深度的回归表达式。

2001 年,翟静阳、冷伍明[107]根据湖南地区的土工试验资料研究了黏性土的力学指标与物理指标的变异性及其关系,提出了有关的一元和二元回归方程。

2001 年,王建秀等[108]分析了残坡积黏性土各物理力学性质之间的相关性,给出了贵阳地区残坡积黏性土物理力学参数中相对独立随机变量和相关随机变量的相关方程。

2001 年,吴礼年等[109]对合肥地区具有代表性的黏性土试样的试验成果进行分析,建立了土性指标的线性方程。

2003 年,赖天文[110]分析了神延铁路陕北段黄土物理、力学性质指标的变异性和相关性,并提出了相应的回归方程。

2004 年,张贵金、徐卫亚[111]基于偏最小二乘法的回归理论,引入偏相关系数,辨识和度量岩土体的各物理力学参数之间的关系,并给出了算法实例和分析实例。指出由于多变量中重叠信息的交叉影响结果,偏相关系数能更准确、真实地反映变量之间的相关关系。

2006 年,宁宝宽等[112]根据沈阳地区大量的粉质黏土土工试验资料,对粉质黏土的物理及力学指标进行了统计分析,得到了土性指标概率分布特征及变异系数,并采用回归分析的方法对土的物理和力学性质指标进行了线性回归分析,探讨了各个指标之间的相互关系。

前人对土性参数相关性的研究,主要可以归结为物理性质参数之间的相关性以及物理力学性质参数之间的相关性。物理性质参数之间的相关性所研究的指标以含水率、天然密度、孔隙比、液限、塑限、液性指数和塑性指数最为常见。而由于力学性质指标一般都比物理性质指标更难获得,所以研究物理力学性质参数之间的相关性,用物理性质指标推求力学性质指标就显得更为重要。物理力学性质参数之间的相关性研究主要是压缩性指标,如压缩系数、压缩模量,当然也包括其他的力学性质指标,如静力触探指标、标准贯入值等。

1.2 红黏土地基原位试验

在以往的工程勘察工作中,大多采用室内土工试验确定土的物理力学指标,但由于取土时,人为因素很多,极易产生扰动;同时,室内土工试验,特别是做压缩模量(E_S)试验周期长,难以适应快速发展的实际工程需要。与室内试验不同,原位测试是在土层原来所处的位置,在基本保持土体的天然结构、天然含水率以及天然应力状态下,测定土的工程力学性质指标。与室内土工试验相比,它有如下优点:①能够测定难以采取不扰动试样的土层(如饱和的砂土、粉土、淤泥及淤泥质土等)的有关工程地质性质。②能够避免取试样过程中应力释放的影响和搬运过程中的扰动;室内试验所测“原状土”的物理力学性质指标往往不能代表土层的原有状态指标,大大降低了所测指标的工程应用价值。③测定土体的范围远比室内试验大,因而代表性好,更能反映岩土的宏观结构(如裂隙、夹层等)对岩土性质的影响。④很多岩土的原位测试技术方法可连续进行,可以得到完整的土层剖面及其物理力学性质指标。⑤测试时间相对较短,效率高,具有快速、经济的优点。由于原位测试技术具备以上优点,近年来,该项技术得到了迅猛的发展,工程勘测实践证明,原位测试技术的应用效果良好,经济效益明显,勘测周期也大为缩短,应用范围越来越广。

1.2.1 静力触探试验的国内外研究成果及现状[113~118]

静力触探测试首先在荷兰研制成功并加以应用[119]。1932 年荷兰工程师 Barentsen 进行了世界上第一个静力触探试验,该方法是把一定规格的圆锥形探头借助机械匀速压入土中,并测定探头阻力等的一种测试方法,实际上是一种准静力触探试验。1935 年荷兰 Delft 土力学试验室第一任主任 T. K. Huizinga 设计并使用了 10 t 的荷兰锥贯入装置,并开始用于桩承载力试验研究。1948 年,Ver-meiden 和 Plantema 改进了荷兰锥,即在探头上方增加了锥形保护部分,以阻止土从套管与钢杆之间进入。1953 年,Begemann 设计出可测侧阻力的摩擦套,并申请了专利。上述这些机械式的静力触探仪由于其简单和方便,现仍在一些国家中使用。1948 年,荷兰市政工程师 Bakker 研制出世界上第一个电测式探头(Rotterdam cone),并申请了专利。从 1949 年起,荷兰 Delft 土力学试验室开始应用电测探头,并作了大量试验研究,

1957 年他们研制出第一台能测侧阻力的电测式探头，1965 年荷兰 Fugro 与 TNO 联合推出了一种电测式探头，其规格也是后来 ISSMFE 标准和许多国家标准的基础。此后世界上不少国家研制出大量不同的电测式触探仪。从 70 年代后期开始，出现了孔压静力触探(CPTU)、环境静力触探及其他多功能探头等，静力触探技术得到了广泛应用和进一步的发展。1954 年，陈宗基教授自荷兰引进该项技术，并在黄土地区进行了试验研究。1964 年，王钟琦等独立成功地研制出我国第一台电测式触探仪。但在 80 年代以后对探头传感器技术改进很少。我国 CPT 技术的应用与国外有较大差距，在指标方面，我国主要用端阻力 q_c、侧摩阻力 f_s、锥尖阻力 p_s，而国外则已普遍采用摩阻比 R_f，即 CPTU 技术已经广泛使用。

原位试验因其能反映原状土基本特性的独特优点，而在工程和科研中得到广泛应用[114]。孔压静力触探(CPTU)技术是 20 世纪 80 年代在国际上迅速发展的一种新型原位测试技术[108]。利用孔压静力触探对地基原状土体进行现场勘察、探测，从而可以快速确定地基土的分类、固结系数测定、土层不排水强度及渗透系数等[120~122]。

静力触探试验除了能应用常用的 $E=2q_c$ 估算土的变形模量外，亦可估算桩基的承载力[123~125]，甚至可用来探测边坡中弱剪切面[126]。CaMPanella 分别于 1982 年和 1985 年分析出了静力触探指标与不排水强度 S_U 之间的相关关系；Robertson & CaMPanella (1983)提出了静力触探指标与有效内摩擦角之间的函数关系式；Sanglerat(1976)和 Kulhawy & Mayne (1990)总结出了黏性土静力触探指标与压缩模量间 $E_S=a_m \cdot q_c$ 的线性经验通式，Lunne & Christophersen(1983)则将砂性土的两者指标有机结合在一起；Baligh & Levadoux(1980)研究得出静力触探试验与土的渗透性质也满足一定的函数规律。

我国程志勇[127]利用孔压静力触探试验(CPTU)进行了土的分类、固结系数测定、土层不排水强度及渗透系数等的研究。

高颂东[128]对天津市区塘沽等地 52 个工点勘测资料的分析，得出不同土类的静力触探指标和标准贯入击数都与室内试验指标存在着良好的函数相关性。

张德波[129]通过对广州南沙地区软弱黏性土进行静力触探原位测试，做了大量的统计对比研究，得出适合该地区软弱黏性土的压缩模量与静力触探比贯入阻力的经验关系，并经过对比分析，确定该经验公式对广州南沙地区软弱黏性土层具有很大的应用和推广价值。

费余绮[130]就南京地区的工程地质勘察资料，根据地基土塑性指数的大小，分两个区段进行相关分析，给出了南京地区的静力触探贯入阻力与地基土的压缩模量、容许承载力、液性指数之间的六个相关关系的经验公式。

徐晓泉[131]应用统计的方法，总结出昆明地区地基土压缩模量与静力触探端阻力之间的线性相关性。

潘永家[132]针对连云港市接近 200 组土样(软土，黏性土)进行统计分析，也得出压缩模量与静力触探端阻力之间的线性相关性。

简文彬等学者[133]根据不同的工程背景分析统计出静力触探指标(主要是端阻力或锥尖阻力)与室内试验指标间的经验关系。

安岚、孟高头[134]介绍了静力触探在广州南沙地区软土中的试验研究成果，提出用静力触探比贯入阻力计算该地区软土的压缩模量和不排水抗剪强度的经验公式。

张继红、顾国荣[135]通过对 11 项典型工程场地进行原位取土及双桥静力触探原位测试分析，重点研究了上海地区薄层黏性土(或黏质粉土)夹层对液化判别的影响，统计分析了锥尖阻力 q_c、摩阻比 R_f 与土层黏粒含量的相关关系，提出了完全依据双桥静力触探试验的地基液化判别方法。

夏治中[136]根据不同的土类工程性质，总结出标贯击数与静力触探指标锥尖阻力具有很明显的线性相关性，并提出 $N_{63.5}=Ap_s+B$ 的通式，其中 A,B 为常数。

1.2.2 标准贯入试验的国内外研究成果及现状

标准贯入试验的起源可追溯到 1902 年，C. R. Gow 用 116 磅重锤，将直径 1 英寸的取土管打入土层取样；1927 年 Hart 和 Fletiher 设计了一种直径 2 英寸的对开式取土器；尔后，Mohr 采用这种取土器作为探头，配备了 140 磅重锤，并规定落距 30 英寸，使试验标准化。后经美国雷蒙德混凝土桩公司改进，并由 Terzaghi 和 Peck 在 1948 年公开推广，至今已被使用 60 余年。它已在世界范围内广泛应用。Horn 曾统计了美国在 1954 年到 1975 年间进行的 49 个核电厂场地勘察中，有 40 个使用了标准贯入试验。标准贯入试验必须在钻孔中进行，因而不能取得连续的数据，并且只能适用于砂类土和黏性土，对碎石类土不能适应。因而从 20 世纪 50 年代开始，动力触探得到了迅速发展，显示出很大的优点。英国的 Palmar 和 Stuart 在 1957 年曾提出，用一个锥尖为 60°的圆锥头接在标准贯入器的底部，以代替原来的管靴。这种设想在 1977 年欧洲的标准贯入试验标准中得到肯定。我国自 1953 年南京水利试验处引进标准贯入试验后，50 多年来已经广泛应用于各类工程的土工原位测试中。50 年代后期国内开始使用动力触探进行测试。一些单位相继作过许多很有价值的试验研究，并有了发展。70 年代标准贯入试验和动力触探已作为正式的勘察测试方法列入我国相应的规范(TJ 21—77)中。此后，铁道部第二设计院、河北省水利勘测设计院、沈阳冶金勘察院、四川省建筑设计院、广东电力设计院等许多单位都做了不少试验研究工作，取得了显著成果，对动力触探和标准贯入试验技术的提高和应用，都起到了很大的促进作用。

标贯试验的杆长影响是较早引起注意的一个研究课题。在应用中，标贯的杆长影响实际上又是与试验深度的影响联系在一起的。因此，所谓的标贯杆长影响既包含了试验时钻杆长度(质量)增大所产生的影响，同时又包含了试验土层埋藏深度增加和应力状况随之相应改变而产生的影响。对于前者，早期是以锤击能量的传递为理论研究基础的；而后者，一般以上覆土层有效自重压力作为考虑因素[137]。

同时，关于触探杆长度的标贯击数修正系数的探讨也取得了相关的进展。潘殿琦[138]等通过多组亚黏土和轻亚黏土的试验统计，并对 R_e/R_N 与 L 进行相关性分析，在日本杆长修正式和国内常用修正式的基础上，提出了自己的修正式。赵文廷[139]也应用统计的方法，提出了幂指数的杆长修正关系式；而张平等[140]则提出标贯杆长不必修正，只需对圆锥动力初探进行修正。

标准贯入试验在岩土工程中的应用主要表现在估算土的性质，如判别砂土的密实状态，判定黏性土状态及无侧限抗压强度，估算砂土的内摩擦角，判别土的变形参数等方面。

Terzaghi 与 Peck[141]在 1957 年做了一系列试验并得到了 1 组关于标贯击数、相对密度和有效上覆土压力的关系曲线，发现标贯击数随相对密度或上覆土压力的增加而增加；《港口工程地质勘察规范》[142]中对长江中下游黏性土分类提出了标贯击数与无侧限抗压强度间的经验关系；Peck[143]于 1974 年提出公式 $\varphi=53.9-27.6e^{-0.015N}$，可利用标贯击数来估算砂土内摩擦角。标准贯入试验 N 值与软弱岩层的物理力学指标的相关关系研究也在逐步取得很多成果。如霍布斯得出了 N 值与白垩地层变形模量 E_0 的关系式，Meigh 等用 N 值来区分三种不同软弱岩层的无侧限抗压强度；而 Stvond 则用 N 值评价灰岩和超固结黏土的工程特性；德国

E. Schultze & H. Merz-enbach 提出了 $E_s = C_1 \cdot N + C_2$ 的经验关系通式。

国内尹永川[144]简略论述了新近沉积土的一般特征，通过分析研究大量的试验数据，确定出了新近沉积黏性土的压缩模量 E_s 与标准贯入试验锤击数 N 值的关系。

郑美田[145]利用广州市番禺区某工程地质勘察数据，运用回归分析方法探讨冲积粉质黏土层标准贯入击数与压缩模量间的线性关系，并对推导出的线性模型进行检验，对工程地质勘察工作有一定的实用价值。

杜学玲等[146]在控制相对密度和含水率的条件下，进行了一系列室内大、中型槽原位测试模拟试验及相关土工试验，取得了塔克拉玛干沙漠砂静力触探指标 q_c、标准贯入试验锤击数 N 的一系列有效数据，并进行线性回归分析，建立了各个指标间的相关关系。

朱海[147]通过对肇庆市西江沿岸10多宗水利工程室内试验抗剪强度指标与标准贯入试验成果进行分析，推导出细粒土值与不同范围 N 值的对数关系公式，并在大量工程实践中对推导公式进行了验证。

其次，标准贯入试验还被广泛应用于基础设计中。如估算地基承载力、地基沉降和单桩承载力等等。同时，标准贯入试验还用于判别砂土的液化[148]，判断薄层状黏土的状态[149]和判断场地地震液化[150]等。

1.2.3　平板载荷试验的国内外研究成果及现状

载荷试验(Loading Test)是目前公认的确定地基承载力或预估地基变形的有效方法。它是在原位条件下，向真型基础或缩尺模型基础逐渐施加荷载，并同时观测地基(含基础)随时间而发展的变形(沉降)的一项原位测试方法[151]。载荷试验主要分为平板载荷试验和螺旋板载荷试验两类，其中，平板载荷试验适用范围广，所测得的结果能较准确地反映地基在天然状态下的压缩特性及承载力，对其进行的研究比较充分，试验操作技术也比较成熟，故在工程建设中得到广泛应用。其主要特点是：①可以充分模拟地基所受建筑物荷载的作用条件；②能够充分保持地基土在自然状态下进行试验；③可以描绘地基土在荷载作用下，其宏观力学性质及其演变的全过程。所以载荷试验基本上是一种现场的模拟试验，与实际工作条件相似，其结果比较符合实际，因此，国内外很多学者都倾向于用载荷试验来研究地基的变形特性。

安明[152]通过一工程实例，利用静载荷试验成果，依据压缩理论和沉降变形公式，进行压缩模量的反演求证。在比较了不同反演公式、不同取值方法反演的结果后，提出了利用载荷试验成果反演压缩模量指标的合理途径。

盛崇文[153]、邓修甫[154]推荐用桩或土的载荷试验资料、置换率及按经验估计桩土应力比来推算复合地基的变形模量，计算复合地基沉降、沉降量。

高广运[155]在Winkler地基模型的基础上，对于关键参数基床系数进行深入探讨，在前人试验研究的基础上，阐明了通过载荷试验确定基床系数的修正方法。提出对于砂性土地基，载荷板试验得出的基准基床系数仅需要进行基础大小修正；而对于黏性土地基，则需要进行基础大小和基础形状两项修正。

周宏磊[156]提出了一种在考虑 p-s 曲线非线性特征条件下将不同尺寸载荷板的试验结果化为标准的基床系数的方法，讨论了载荷试验下沉量取值对换算结果的影响，建立了不同土类室内压缩模量与基床系数之间的数值关系，最后，验证了该方法在数据上的合理性，大大方便了对试验资料的有效利用。

林孔锴[157]探讨了碎石桩复合地基小型载荷与大型载荷试验的应力—应变相互关系规

律,从而可望得到由小型载荷试验资料推求大型载荷试验的结果。

段继伟[158][159]通过现场足尺试验,研究了水泥搅拌桩的荷载传递规律,并采用有限元法进行了分析。

Leung[160]对5组不同直径砂桩进行载荷试验,研究砂桩在不同的面积置换率(1%~16%)时其桩土荷载分担及应力集中系数。

Bergardo[161]对曼谷黏土进行了不同粒径及不同配合比的砂石桩的大型静载试验。

平板载荷试验(PLT)只反映承压板下1.5~2.0倍承压板直径或宽度范围内地基土强度、变形的综合性状[162]。但它受到诸多因素的影响,比如含水率、荷载板尺寸[163~165]等。

1.3 红黏土地基沉降计算与预测

1.3.1 概 述

地基沉降是土力学及工程实践中主要研究课题之一,早在20世纪初,太沙基等人就建立了经典的地基沉降分析方法,此后又有很多人在此基础上进行了改进和完善。地基沉降变形是个很复杂的过程,影响因素众多,包括土壤性质、应力历史、应力状态、时间效应、尺寸效应以及分析模型。

土体变形的原因取决于土中应力状态的改变和土体本身性状两个方面[166]。土中应力状态改变如地基荷载引起的附加应力、地下水位的变化、动荷载的影响等;土体自身性状主要有土的压缩特性、土体应力—应变关系、土体的固结变形等。要提高沉降计算的精度,有两个关键的问题:一是正确计算地基的附加应力;二是正确描述地基土体的性状。就目前的研究来讲,要达到这两点,并不是件容易的事。针对这两点,经典的处理方法是:

(1)附加应力的计算:荷载作用下,地基中的附加应力场是根据半无限空间的各向同性体弹性理论计算的。

(2)土体性状描述:主要用压缩性相关参数来描述土体性状,土体的压缩性是根据一维压缩试验测定。

近几十年来,国内外专家对沉降问题十分重视和感兴趣,提出了若干计算方法[167,168]。①引入经验系数的半理论—半经验沉降计算方法。从实际工程中积累沉降实测数据,进行统计分析后确定经验系数的值,不仅符合各地区的实际,又可解决工程设计问题。②考虑应力历史的地基沉降方法。该方法考虑了地质历史上前期固结压力对地基的影响,对正常固结土、超固结土和次固结土三类地基土采用不同的沉降计算方法。③应力路径法。应力路径法概念清楚,能考虑不同应力状态下地基的沉降,有利于提高沉降计算的准确性,但该法较为麻烦,由于应力路径法要求高标准的取样和试验,试验技术要求过高,因而它的实际应用受到了很大的限制。④按地基沉降变形机理计算。该法认为饱和的软土地基在荷载作用下,总沉降由瞬时沉降 S_d、固结沉降 S_t 和次固结沉降 S_c 三部分组成。瞬时沉降用弹性理论计算,固结沉降通常用各种类型的分层总和法进行计算。研究荷载与时间的关系时,主要用固结理论进行计算。蠕变引起的变形,国内外多用公式 $S_c=\sum_{i=1}^{n}[h_iC_{ai}\lg(t_2/t_1)]/(1+e_0)$ 来计算。

Gibson(1981)给出了沉降计算更简便的方法,$S=\int_0^H \frac{e(a,0)-e(a,t)}{1+e(a,0)}\mathrm{d}a$,其中 H 为整个土层的初始厚度。日本基础工程设计标准 AIJ 将沉降分解为初始沉降 S_e 和固结沉降 S_c,即

$S=S_e+S_c$，固结沉降 S_c 根据 e-lg p 曲线提供的压缩指数，按分层总和法计算，而初始沉降 S_e 按叶果洛夫法计算：

$$S_e = q\sqrt{A}\sum_{i=1}^{n}(\xi_i-\xi_{i-1})/E_i$$

式中　E_i——土层弹性模量；

A——基底面积；

q——基底平均压力，日本法中取用的是附加压力；

ξ_i——与该土层泊松比、基础底面至该土层底部的距离以及基础性状有关的计算系数。

在高速铁路发达的德国，其路基沉降计算方法[169,170]仍采用分层总和法；对于沉降速率，饱和土仍采用太沙基固结，非饱和土按压密度理论计算。工后沉降计算一般不考虑路基填料自身压密的影响，沉降计算深度按附加应力等于 0.1 或 0.2 倍路基地基土有效自重应力考虑。次固结变形的影响，一般只在高塑性软土、泥炭土和富含有机质土等软弱土层中考虑。

工程实践表明[171]，理论计算得到的沉降往往与实际沉降差异较大，根据实测资料得到的沉降计算过程简单，易于被工程技术人员掌握和接受，可靠性高。由于以上优点，很多学者对该领域进行了研究，得到较多的计算方法，目前常用的方法有双曲线法、指数曲线法、Asaoka 法、三点法、对数法、沉降速率法、星野法、神经网络法、泊松法、S 形曲线法及各种组合法等等。

此外，由于无法掌握天然土体的沉降过程及微观行为，可认为土体具有变异性，因此使得沉降预测之精度往往不如预期，而这些不确定性因素主要分为三大类：①土壤压缩固结与参数的变异性；②外荷载大小分布状况；③应力应变模式的误差。为评估各变异性对沉降分析所造成的影响，许多学者利用概率分布方法来评估土壤参数和外荷载变异性。

工程实际中，除了计算土层在外荷载作用下，产生的沉降量之外，工程技术人员关心的另一个重要问题就是沉降随时间的变化情况[171]。

由于土壤的变形量、强度和稳定性都与时间有关[172]，外荷载作用下，随着土体的压密固结，变形量和强度都随之增加，沉降分析除计算土体的总沉降量外，更需要预估沉降随时间的变化关系，才能掌握土体沉降对工程的影响，及时采取相应的处理措施。

太沙基提出的著名有效应力原理，为了便于求解，所做的假设条件较多，有其局限性。此后许多学者对土的固结做了大量研究。1936 年 Rendulic 将太沙基一维固结理论发展到二维、三维固结理论，得到 Terzaghi-Rendulic 扩散方程，但其推导过程中只考虑了水流连续条件和弹性的应力应变关系，而没有考虑土变形协调的几何条件。1941 年 Biot 根据有效应力原理、土的连续条件和平衡方程，提出了土三维固结理论，该理论既满足弹性材料的应力应变和平衡条件，又满足变形协调条件和水流连续方程。我国学者也对饱和土固结理论进行了大量的研究。陈宗基[174]、门福录[175]对饱和黏土的一维固结进行研究，并得到了近似解。沈珠江[176]应用变分原理得到 Biot 固结理论的有限元方程，并应用于固结变形分析。殷宗泽[177]等人根据流量平衡概念，结合虚位原理分析了饱和土的平面固结问题。考虑到工程中荷载常为随时间变化的荷载，王盛源[178]研究了变荷载作用下的黏弹性体的一维固结问题，得到了荷载随时间线性增长情况下的一维固结问题的解析解。龚晓南[179]采用等价结点流量等于等价结点压缩量的饱和条件，推导出 Biot 固结连续方程。谢康和[180]利用 Biot 固结理论对砂井地基的平面变形空间渗流进行了有限元分析，揭示了砂井地基的沉降和孔压规律。赵维炳[181]则解决了广义 voigt 模型模拟的饱和土体一维固结问题。宰金珉[182]利用等积分变换方法，给出了竖向均布荷载作用于半空间表面矩形域时，表面以外任意点在任意时间的固结与蠕变耦合沉降。

杨丹[183]等则假设土骨架为粘弹塑性骨架，用数值方法进一步研究了循环荷载作用下饱和黏土的一维固结，给出了循环荷载下饱和土体的一维粘弹塑性解答，文中提到了考虑压缩和回弹时不同的土质参数，在此基础上建立了固结微分方程，用差分法求解，然后通过数值方法求解出沉降表达式。黄传志[184]在 Biot 固结方程的求解方面作了许多有价值的工作，给出了一个普遍有效解法。李冰河[185]等利用有限差分法求解了软黏土非线性一维固结问题，并编制程序得到了有关固结曲线。

很多工程经验表明，红黏土上部的硬塑层是良好的持力层，是不用处理的天然基础，其上的一般工程建筑是比较稳定的，因此红黏土地基的层状性和非线性较为显著。对于层状地基和非线性地基的研究，国内也进行了不少的研究，主要集中于软土地基。

栾茂田等[186]运用分离变量法直接求解太沙基一维固结方程，得到双层地基不同深度处任意时刻的孔隙水压力及固结度公式。谢康和等[187]考虑了瞬时加荷或等速加荷条件下的双层地基平均固结度的计算公式，分析了按沉降和孔压不同定义时平均固结度的差异，提出了仅当上下土层的刚度相同时，两种平均固结度才等同的结论，并研究了不同排水条件及土的成层性对固结特性的影响。Pyrah[100]基于不同的渗透系数和压缩系数条件，通过两个标准土层组合成不同成层土的剖面，研究了具有相同固结系数 c_v 的双层地基土一维固结问题，分析了不同土层中不同土颗粒组成结构对于双层土地基一维固结的影响。徐长节、耿雪玉等[189]根据 Gibson 得到的固相坐标 z 下的非线性固结控制方程，运用 Laplace 变换求解了在任意荷载作用下的单层饱水欠固结地基一维非线性变形问题；通过 Laplace 逆变换，求得单层饱水欠固结地基在任意荷载作用下的一维非线性固结解。齐添等[190,191]针对国内传统固结渗透试验设备的缺陷和在试验方法上受缚于太沙基一维线性固结理论的现状，介绍了 GDS 先进固结仪的硬件组成和软件系统，基于 e-lg p 和 e-lg kv 的非线性经验公式，建立了能综合考虑土的压缩性和渗透性在固结过程中呈非线性变化、荷载变化和自重等复杂因素的一维非线性固结控制方程，总结出 5 个一维非线性固结计算参数。

曹宇春、陈云敏、黄茂松等[192]考虑固结过程中结构性土体的非线性压缩特性、渗透系数的变化以及施工荷载随时间任意变化的规律等因素，推导了天然结构性土体的一维非线性固结方程，并进行分析得出结论：不考虑土体结构效应的非线性固结和线性固结分析所得的超孔压明显大于考虑土体结构效应的非线性固结结果；当时间因数较小时，考虑土体结构性的非线性固结分析的固结度明显大于不考虑土体结构性的非线性固结分析和线性固结结果；同时表明不考虑土体结构效应的非线性固结和线性固结分析的结果相差不大。

谢康和、郑辉等[193]基于软黏土一维非线性大应变固结基本理论，建立了能考虑荷载变化、土层自重等因素影响的拉格朗日坐标下以超静孔压 u 为变量的一维大应变固结控制方程，并通过对土体压缩性和渗透性的假定获得了方程的解析解。

李冰河(1999)[194]则采用半解析解法以获得较普遍情况下 Gibson 固结方程的解答。谢新宇、张继发[195]采用李群变换求解考虑材料非线性和几何非线性的半无限均质土体大变形固结非线性偏微分方程，得到了一个不考虑自重固结的完全解析解。

由于多层地基的一维非线性固结问题求解的复杂性，王宏志、陈仁朋、周万欢[196,197,198]基于 Davis 和 Raymond 一维非线性固结理论，利用 DQM(Differential Quadrature Method)推导了初始有效应力沿深度变化、任意边界条件、任意荷载作用下双层地基一维非线性固结的表达式，求得了孔压、有效应力和平均固结度的解答。

温介邦、谢康和[199]等通过引入固结土层孔隙比与固结压力和渗透系数之间的非线性经验模型，建立了双层超固结饱和软黏土地基非线性固结控制方程。

施建勇、杨立昂、赵维炳[200]根据压缩曲线的性质，提出了用双曲线模拟土体压缩非线性性质的方法，在对太沙基固结理论的假设做了修正后，推导了非线性固结问题及其解。

夏建中、江雯、谢康和等[201]针对成层地基和变荷载下非均质地基固结研究不成熟的问题，获得了土体渗透系数和压缩系数均随深度任意变化的成层非均质地基一维固结方程及其半解析解。

谢康和、周瑾、董亚钦[202]假定土体中的初始有效应力沿深度均匀分布和固结过程中土体渗透性的降低与压缩性的减小成正比，建立了低频循环荷载作用下单层地基的一维非线性固结问题的固结方程。

白冰[203]在假定孔隙比与有效应力关系的基础上，研究土层固结度随时间因素的演化过程，基于非线性假定的固结方程及其标准化形式，给出一个描述饱和土体非线性固结变形特征的实用的理论模型。分析饱和土体固结变形的内在规律性，指出其与经典 Terzaghi 渗透固结变形理论的差异。梅国雄[204,205]提出了非均匀介质有限层法，将推导出的计算土体非线性弹性模量的关系式运用于有限层法，求解非线性固结问题。S. Nishimura，H. Fujii，K. Shimada[206]假设体积压缩系数和渗透系数同时按比例变化，将随机非线性固结模型应用到一维固结分析中。

1.3.2 红黏土地基沉降计算方法

1.3.2.1 半理论—半经验沉降计算方法(修正的分层总和法)

传统分层总和法建立在地基一维沉降的基础上，将地基土压缩层分成若干层，分别计算各层的压缩沉降量，各层压缩沉降量之和即最终沉降量。计算公式有：①按 e-p 压缩试验曲线建立的公式；②根据压缩模量或压缩系数 a_v 建立的公式；③考虑土体应力历史影响按 e-$\lg p$ 压缩曲线建立的公式等。这些都是传统的分层总和法，应对其进行修正。常见的修正法有割线模量法和规范法。《建筑地基基础设计规范》采用修正系数 ψ_s 来反映沉降量计算值与实测值的差别，对计算结果进行修正，其最大的特点是从若干实际工程中积累沉降实测数据，进行统计分析确定理论计算值与实测值之间的经验系数。这个经验系数具有综合性、可靠性和实用性，进而具有地区性。

王福胜在综合考虑路基填土高度(H)、填土容重(Y)、施工速率(V)、地基处理类型 θ、土层地质条件(γ)等影响因素下，提出了推算地基沉降系数的经验公式，$m_s=0.616\gamma^{0.7}(\theta \cdot H^{0.2}+V \cdot H)+Y$。

王志亮通过非线性有限元计算，分别给出了一般黏性土和软土的沉降修正系数公式，提出了考虑应力历史的沉降修正系数和考虑土体侧胀性的修正系数；并指出随着路堤相对高度 R_H 的增大以及软土的孔隙比增大，沉降修正系数在不断增大。

何思明基于土体的非线性弹性—塑性本构方程提出了修正分层总和法，其中弹性矩阵采用 Duncen—Chang 本构模型，塑性部分则采用修正剑桥模型。该理论既有常规分层总和法的简单和便于理解运用的优点，又能考虑土体的弹性非线性以及塑性变形特性，同时还能考虑土体三向应力对其变形的影响。

陈开圣等对于分层总和法计算路基沉降中应注意的问题，如梯形断面荷载附加应力的计算、压缩层厚度的确定和压缩模量的确定均进行了初步的探讨。

徐金明利用 Matlab6.1 平台，通过编制可视化应用程序，对分层总和法计算沉降的传统方法作了较大的改进，地基中的附加应力采用原始积分公式，压缩曲线采用双曲线形式，使用非线性最小二乘法进行拟合处理，对压缩层计算深度与分层厚度也做了很大的改进。

王志亮介绍了一种在无高压固结试验时可使 a_v 法、e-p 法中计入土体应力历史影响的思路，提出了相应的修正系数概念，分析了该修正系数对于不同状态土体的大致取值范围，并给出了其近似计算式。

杨光华根据原状地基的载荷试验曲线，建立了原状土的切线模量与应力水平关系的切线模量方程，根据其应力水平由切线模量方程确定计算点原状土的切线模量，该切线模量用于对地基沉降进行分层总和法计算，其特点是切线模量是由原位试验得到的，能反映原状地基土的特点，同时考虑应力水平的影响，反映了土的非线性特点。

取红黏土原状土样进行室内土工试验时，当红黏土具有弱超固结性，而且红黏土上部土层较硬时，可考虑采用单向压缩沉降计算法。

土的应力应变关系采用 e-$\lg p$ 曲线来考虑土的应力历史的影响。这种方法不考虑瞬时沉降，计算所得即为总沉降。

由于红黏土上硬下软的工程特性，应先将整个土层按不均一性或习惯规定的厚度划分为若干土层，取每分层半厚处为代表点，求各分层沉降，然后相加。沉降计算如下：

(1)正常固结土沉降计算

可利用原始压缩曲线确定压缩指数，计算每层的压缩量及总的压缩量，即

$$S_c=\sum_{i=1}^{n}S_i=\sum_{i=1}^{n}\frac{h_i}{1+e_{0i}}C_{ci}\cdot\lg\left(\frac{\sigma_{ci}+\Delta\sigma_i}{\sigma_{ci}}\right)$$

式中　σ_{ci}——第 i 层土自重应力的平均值；

$\Delta\sigma_i$——第 i 层土附加应力的平均值。

(2)超固结土沉降计算

当某分层土或整个土层的有效应力增量 $\Delta\sigma>p_c-\sigma_c$ 时（p_c 为前期固结压力，σ_c 为土的自重应力）：

$$S_c=\sum_{i=1}^{n}S_i=\sum_{i=1}^{n}\frac{h_i}{1+e_{0i}}\left[C_{ei}\cdot\lg\left(\frac{p_{ci}}{\sigma_{ci}}\right)+C_{ci}\cdot\lg\left(\frac{\sigma_{ci}+\Delta\sigma_i}{\sigma_{ci}}\right)\right]$$

式中　$\Delta\sigma_i$、σ_{ci}、p_{ci}——第 i 层土的附加应力、自重应力的平均值与前期固结压力。

当某分层土或整个土层的有效应力增量 $\Delta\sigma\leqslant p_c-\sigma_c$ 时：

$$S_c=\sum_{i=1}^{n}S_i=\sum_{i=1}^{n}\frac{h_i}{1+e_{0i}}C_{ci}\cdot\lg\left(\frac{\sigma_{ci}+\Delta\sigma_i}{\sigma_{ci}}\right)$$

(3)欠固结土的沉降计算

欠固结土的沉降包括两部分，一是由地基的附加应力所引起的，二是由于自重作用下固结还没有达到稳定，继续发生固结所引起的那部分沉降值。

$$S_c=\sum_{i=1}^{n}S_i=\sum_{i=1}^{n}\frac{h_i}{1+e_{0i}}C_{ci}\cdot\lg\left(\frac{\sigma_{ci}+\Delta\sigma_i}{p_{ci}}\right)$$

土样从地基中取出，做试验时应力被释放，同时土体受到扰动，因此土工试验所得到的 e-p 和 e-$\lg p$ 曲线实际上为回弹与再压缩曲线。根据河海大学王志亮的试验结果，对于正常固结性土，e-p、a_v 法对地基沉降的计算结果一般要小于 e-$\lg p$ 法；而对超固结土，e-p、a_v 法对地基沉降的计算结果一般要大于 e-$\lg p$ 法。e-p、e-$\lg p$ 曲线法和 a_v 法都可由常规试验得到参数，所需参数为孔隙比 e、压缩指数 C_c、压缩系数 a_v。

1.3.2.2 考虑应力历史的地基沉降计算方法

天然地基土在地质历史上已有前期固结压力。1936 年,Casagrande 用室内试验得到这种前期固结压力,并同现场有效应力相比较,把黏性土分为正常固结土、超固结土和次固结土三类,对这三类地基土采用不同的沉降计算方法。

余湘娟通过总结和分析,得出结果表明:对超固结土,次压缩系数随荷载增大而增大;对正常固结土,次压缩系数随荷载增大而减小。

殷宗泽在 Bjerrum 等时 e-lg p 曲线理论的基础上,提出了相对时间坐标系与绝对时间坐标系的概念,建议在次压缩计算中采用绝对时间坐标系,从而建立了一种新的适合用于正常固结土和超固结土次固结计算方法。

于芳等采用改进的 Merchant 模型和参数确定方法,编制非线性黏—弹性固结模型有限元计算程序,对地基土沉降计算进行蠕变—固结有限元分析。

谢康和等基于单层超固结饱和土固结理论研究表明,考虑应力历史影响比未考虑应力历史影响时的地基沉降小,固结发展快;荷载的大小、上下土层先期固结压力、土体压缩性和渗透性的变化等对双层地基的固结性状均有明显影响。

周瑾指出考虑应力历史影响比未考虑应力历史影响时的地基沉降小、固结发展快。

1.3.2.3 考虑应力路径的地基沉降计算方法

1957 年,Skempton 和 Bjerrum 主张在一维计算结果基础上,当地基为欠固结土时乘以小于 1 的系数。1967 年,Lambe 提出应力路径法,该法的计算程序为:先计算某点的自重应力,再根据弹性理论计算附加应力引起的竖向和水平应力;进行三轴试验时,土样先在自重应力下固结,然后加上附加应力。量取在附加应力作用下固结前(即尚未排水)及固结后竖向应变;用量得的两种应变分别计算地基的初始沉降及固结沉降。

李纲林利用两种应力路径法(室内试验模拟现场有效应力路径法和应力—应变等值线法)对软黏土地基进行了沉降计算,通过与实测值进行比较,认为室内试验模拟现场有效应力路径法是一种更符合实际的沉降计算法。

周正茂以 K_0 状态为计算起点,运用增量理论给出了变形模量随应力增量比变化的计算方法,在此基础上得到了新的考虑应力路径的沉降计算法。

土体受荷载作用后,往往有两个过程,首先是形变,然后是体变。加荷初始,孔隙水一时来不及排出,孔隙水压力上升,这就相当于固结不排水过程,体积不变;随着孔隙水压力的消散,体积压缩,有效法向应力增加,而偏应力不变,这相当于固结排水过程。因此,沉降就可分成两部分计算,通过模拟现场实际加荷条件,进行室内固结不排水和固结排水试验,分别量测不排水应变和排水应变,由此求得不排水沉降与固结排水沉降。应力路径法的基本原理是:通过室内试验测定不排水条件下地基土中的应力与竖向应变的关系,据之绘制出不同应力条件作用下的有效应力路径及其竖向应变曲线组,作为沉降计算的基础;之后按照实际工程的应力路径确定其竖向应变差,计算不排水条件下的总沉降值和一维压缩条件下的总沉降值与应力路径的关系,确定不同应力路径作用下的换算系数,以计算固结沉降。

在应力路径计算中,有效应力路径法用的较多,其步骤是:

①在试验室做土体单元的室内试验,复制现场有效应力路径,并量取试验各阶段的垂直应变;

②将各阶段的垂直应变乘上土层厚度,即得瞬时沉降和固结沉降。

有效应力路径法可以克服估计初始超孔隙压力以及固结沉降在衔接上存在不够合理的地

方这个缺点，但它仍需用弹性理论来计算土体中的应力增量。

应力路径法对于认识沉降机理，分析常规计算中可能产生的误差趋势，都是很有益的。此方法概念清楚，能考虑不同应力状态下地基的沉降，有利于提高沉降计算的准确性，但该法使用起来较为麻烦，由于应力路径法要求高标准的取样和试验，试验技术要求过高，因而它的实际应用受到了很大的限制，目前尚未被工程界采用。

1.3.2.4 考虑变形特性的地基沉降计算方法

在荷载作用下，地基土发生初始沉降（瞬时沉降）、主固结沉降和次固结沉降（蠕变沉降）。在计算初始沉降时，一般采用弹性力学方法，计算参数采用不排水的初始切线弹性模量和不排水的泊松比。由于地基可以产生塑性变形区域，建议对初始沉降（弹性）除以大于 1 的系数。固结沉降计算方法较多，但其计算结果相差并不大。

对于瞬时沉降，目前尚未见到准确的计算方法。现在瞬时沉降计算方法主要有：根据土体的不排水变形模量计算的线弹性理论计算法，包括 D'Appolonia 等人（1971 年）提出的有限元分析修正法；Lambe 等人（1967 年）提出的应力路径法；徐少曼（1983 年）提出的根据三轴不排水试验的归一化曲线计算方法。张诚厚、戴济群等根据沪宁高速公路的实测资料统计分析，提出了水平侧移与附加荷载、软基厚度、荷载有效宽度成正比，与初始弹性模量成反比；向先超、汪稔等在忽略路基宽度、加载速率和加载方式，及软基本身的尺寸效应等影响的基础上，结合厦门—滨海路基变形监测资料，主要就围堰和潮汐对瞬时沉降的影响进行了深入分析，建立了该类地区软基瞬时沉降的计算公式；马传明、蔡鹤生从产生剪切变形的主要因素入手，同时考虑土体结构损伤、砂井加筋作用，推导出珠江三角洲地区高速公路软基瞬时沉降的计算关系式。

计算主固结沉降的方法较多，比如在地基一维沉降计算方法中有：按 e-p 压缩试验曲线建立的公式；根据压缩模量 E_s、或压缩系数 a_{1-2} 建立的公式；考虑土体应力历史影响按 e-$\lg p$ 压缩曲线建立的公式等。在地基二维（平面应变问题）和三维沉降计算方法中有：Egorovl（1957 年）、黄文熙（1957 年）、Davis 和 Pou-los（1963、1968 年）以及魏汝龙（1979 年）等人根据广义虎克定律得出的公式；Lambe（1964 年）、Marl 等（1979 年）提出的应力路径法；Skempton 和 Bjerrum（1957 年）提出的用三轴不排水条件下得出的三维孔隙水压力计算最终固结沉降的方法等。刘占芳充分考虑了固结过程中的水土耦合作用，引入基于混合物理论的两相多孔介质理论，描述了饱和软土的弹塑性固结沉降过程。

对于次固结沉降，朱强等利用 Plaxis 软件对某高速断面软土地基路堤填土施工进行数值模拟，通过等效渗透系数将砂井地基简化为天然地基进行计算，考虑软土蠕变特性，采用软土蠕变（SSC）模型，结合 Biot 固结有限元，计算施工期沉降和工后沉降，得到了与实际较相符的结果。陈晓平的研究表明土体的蠕变变形与孔隙水压力的消散有关，在同样的条件下，土体渗透性越差，蠕变变形越大。

将单向压缩过程中的 Δp 以不排水条件下饱和土瞬时加荷产生的孔隙水压力增量 Δu 代替，认为沉降过程即为孔隙水压力消散的过程，按 Skempton 和 Bjerrum 理论，当饱和土同时受压力增量 $\Delta\sigma_1$ 和 $\Delta\sigma_3$ 作用时，孔隙水压力增量 Δu 为：

$$\Delta u = B[\Delta\sigma_3 + A(\Delta\sigma_1 - \Delta\sigma_3)]$$

对于饱和土，$B=1$，则沉降公式为：

$$S_c = \int_0^H m_v \cdot \Delta u \cdot dz = \int_0^H m_v \cdot \Delta\sigma_1 \left[A + (1-A)\frac{\Delta\sigma_3}{\Delta\sigma_1}\right] dz$$

对比单向压缩沉降计算可知：

$$S_c = \mu_c \cdot S$$

式中，S 为用单向压缩沉降计算的沉降，μ_c 为修正系数，用下式表示：

$$\mu_c = \frac{\int_0^H m_v \cdot \Delta\sigma_1 \left[A + (1-A) \cdot \frac{\Delta\sigma_3}{\Delta\sigma_1}\right] dz}{\int_0^H m_v \cdot \Delta\sigma_1 \, dz}$$

如果体积压缩系数 m_v 和孔隙压力系数 A 为常量，则有：

$$\mu_c = A + (1-A)\alpha$$

式中 $\alpha = \dfrac{\int_0^H \Delta\sigma_3 \, dz}{\int_0^H m_v \cdot \Delta\sigma_1 \, dz}$。

在计算地基土的附加应力 $\Delta\sigma_1$ 和 $\Delta\sigma_3$ 时，饱和土不排水条件下可取泊松比为 0.5，则 α 就仅与基础形状、压缩土层厚度 H 与基础短边之比 H/B 有关。

而式中的 A 值由三轴不排水试验测得，它随土的应力历史而不同。对于圆形或方形基础，可通过计算得到，也可通过查图得到。

按上述方法计算，应考虑瞬时沉降 S_i，故最终沉降为：

$$S = S_i + S_c$$

这是考虑三向变形效应的单向压缩沉降计算方法。这种方法最大的优点就是计算简单，指标容易确定，可以考虑各种土层条件、地下水位、基础性状，还能考虑压缩指标修正和地基土的应力历史等。简单的单向压缩沉降计算方法适用于压缩土层埋藏较深或基础面积大大超过压缩层厚度的情况。考虑了土的侧向变形的单向压缩沉降计算方法，既考虑了土体应力历史的影响又计及了土的剪胀性，能较好地反映土的变形。

1.3.2.5 用规范法进行地基沉降计算

用一单向压缩法计算地基最终沉降量时，由于理论上作了一些与实际情况不完全符合的假设以及其他因素的影响，计算值往往与实测值不尽相符，甚至相差很大。为此，可以根据传统的分层总和法原理，将计算方法加以简化。《建筑地基基础设计规范》采用修正系数 ψ_s 来反映沉降量计算值与实测值的差别，对计算结果进行修正。修正系数综合考虑了沉降计算中所不能反映的一些影响因素，诸如土的类型不同、选用的压缩模量与实际有出入、土层的非均质性对应力分布的影响、荷载性质的不同及上部结构对荷载分布的调整作用等。

$$S = \psi_s \sum_{i=1}^{n} \frac{p_0}{E_{si}} (z_i \bar{\alpha}_i - z_{i-1} \bar{\alpha}_{i-1})$$

式中 p_0——基底处附加应力值；

ψ_s——沉降计算修正系数；

n——计算深度内划分的土层数；

E_{si}——基础底面下第 i 层土的压缩模量；

z_i, z_{i-1}——基础底面至第 i 层土、第 $i-1$ 层土底面的距离；

$\bar{\alpha}_i, \bar{\alpha}_{i-1}$——基础底面计算点至第 i 层土、第 $i-1$ 层土底面范围内平均附加应力系数。

《铁路桥涵地基和基础设计规范》通过修正经验参数 m_s 的值改变计算结果，分层总和法的计算值用 m_s 调整后有时也与实测结果有较大偏离，其原因除了附加应力计算及土的特性参数导致的误差外，主要原因是 m_s 取值不当。m_s 取值有很大的范围而没有详细的取值标准，使采用该方法得出的最终结果有很大的人为性。

1.3.2.6 用分层总和法与本构模型结合进行地基沉降计算

考察如图 1-2 所示的地基沉降问题，以地基中心点 O 处的沉降计算为例（地基中任意点的沉降计算与此相同）。

(1)首先将地基分为 N 层，设每一层的厚度为 $h_i(i=1,2,\cdots,N)$，各层厚度可以不相等，性质不同的土层界面必须是土层分界线。

(2)将作用在地基上的总荷载分级，设每级荷载为 $p_j(j=1,2,3,\cdots,J)$，各级荷载可以不相等。

(3)首先施加初始荷载增量 p_1，计算 O 点下各土层厚度中点 $O_i(i=1,2,3,\cdots,N)$ 处的应力增量 $(\Delta\sigma_{kl})_{1i}(i=1,2,\cdots,N)$ 及相应的主应力增量 $(\Delta\sigma_1)_{1i}$，$(\Delta\sigma_2)_{1i}$，$(\Delta\sigma_3)_{1i}$。

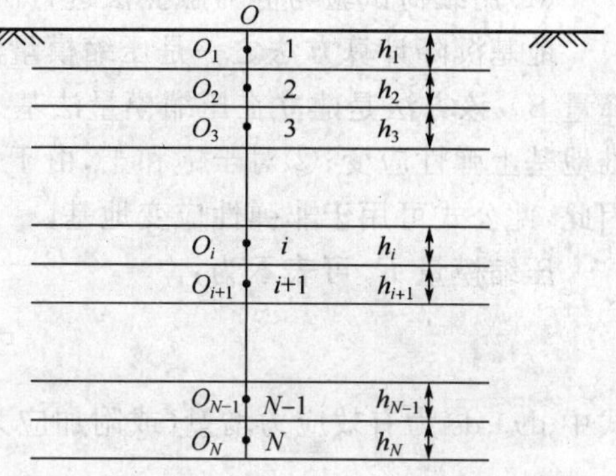

图 1-2 分层总和法计算地基沉降计算模型

(4)处于弹性状态的土层的竖向应变增量按 Duncen-Chang 模型计算。

(5)向地基施加第 J 级荷载 p_j，并根据相关公式计算地基内 O 点下各分层厚度中点处 O_i $(i=1,2,3,\cdots,N)$ 的力，及对应的主应力增量 $(\Delta\sigma_1)_{ji}$、$(\Delta\sigma_2)_{ji}$、$(\Delta\sigma_3)_{ji}$。

(6)J 级荷载作用下各土层的应力 $(\Delta\sigma_{kl})_{ji}$ 和三个主应力 $(\sigma_1)_{ji}$、$(\sigma_2)_{ji}$、$(\sigma_3)_{ji}$ 分别为：

$$(\sigma_{kl})_{ji}=(\sigma_{kl})_{j-1i}+\Delta(\sigma_{kl})_{ji}$$
$$(\sigma_1)_{ji}=(\sigma_1)_{j-1i}+\Delta(\sigma_1)_{ji}$$
$$(\sigma_2)_{ji}=(\sigma_2)_{j-1i}+\Delta(\sigma_2)_{ji}$$
$$(\sigma_3)_{ji}=(\sigma_3)_{j-1i}+\Delta(\sigma_3)_{ji}$$

其中 $(\sigma_{kl})_{j-1i}$、$(\sigma_1)_{j-1i}$、$(\sigma_2)_{j-1i}$、$(\sigma_3)_{j-1i}$ 分别为 $J-1$ 级荷载作用下地基内的应力和主应力。

(7)计算处于弹性状态下土层的竖向应变增量。首先，根据方程式：

$$E_t=\left[1-R_f\frac{(\sigma_1-\sigma_3)(1-\sin\varphi)}{2c\cos\varphi+2\sigma_3\cos\varphi}\right]kP_a\left(\frac{\sigma_3}{P_a}\right)^n$$

$$\mu_t=\frac{G-F\lg\left(\frac{\sigma_3}{P_a}\right)}{(1-A)^2}$$

$$A=\frac{D(\sigma_1-\sigma_3)}{kP_a\left(\frac{\sigma_3}{P_a}\right)^n\left[1-\frac{R_f(1-\sin\varphi)(\sigma_1-\sigma_3)}{2c\cos\varphi+2\sigma_3\sin\varphi}\right]}$$

计算各土层相应应力水平下的切线模量 $(E_t)_{ji}(i=m,m+1,\cdots,N)$ 及切线泊松比 $(\mu_t)_{ji}$ $(i=m,m+1,\cdots,N)$，然后按下述方程计算竖向应变增量：

$$\Delta(\varepsilon_z)_{ji}=\frac{1}{(E_t)_{ji}}\{(\sigma_z)-(\mu_t)_{ji}[(\sigma_x)_{ji}+(\sigma_y)_{ji}]\},\quad(i=m,m+1,\cdots,N)$$

(8)按下式计算各土层的沉降增量 $\Delta(S)_{ji}(i=1,2,\cdots,N)$：

$$\Delta(S)_{ji}=\Delta(\varepsilon_z)_{ji}h_i$$

(9)相应地，重复上述过程，能计算出各级荷载增量作用下各土层的沉降增量。

(10)地基在总荷载作用下的最终沉降：

$$S=\sum_{j=1}^{J}\sum_{i=1}^{N}\Delta(S)_{ji}$$

该方法将分层总和法和土的本构模型相结合，一起计算地基的沉降，较之传统的分层总和法准确些，所用的邓肯—张模型可由试验室的三轴试验得到。

1.3.2.7 用现场试验数据进行地基沉降计算

(1)用载荷试验与静力触探法进行沉降计算

地基沉降计算方法之一是压缩模量法，压缩模量法是利用土层压缩模量 E_s 导出计算总沉降量 S。该方法是建立在压缩模量法基础上的，其适用条件也是压缩模量法的适用条件：①一维地基上弹性应变；②对于饱和土，由于每层土的压缩模量 E_s 可能不同，计算中不采用定值，因此，此公式可用于非弹性应变地基。

压缩模量 E_s 可表示为：

$$E_s(z)=\frac{\sigma_z}{\varepsilon}=\frac{\mathrm{d}\sigma_z}{\mathrm{d}\varepsilon}$$

式中 $\mathrm{d}\sigma_z$、$\mathrm{d}\varepsilon$ 为有效应力增量(或附加应力)及对应的应变增量。

$$S=\sum \mathrm{d}s=\sum \mathrm{d}\varepsilon \cdot \mathrm{d}z=\sum \frac{\mathrm{d}\sigma_z}{E_s(z)}\mathrm{d}z$$

利用现场试验得到地基足够小厚度的 E_s 值，利用地基附加压力便可计算得到地基沉降。E_s 值可用静力触探试验经验公式得到。静力触探试验可测定贯入阻力 q_c，根据国内外的经验：

$$E_s=mq_c^a$$

式中 m、a 均为常数。

对于压缩层厚度为 $\mathrm{d}z$ 的土层，沉降量为：

$$\mathrm{d}s=\mathrm{d}\varepsilon \cdot \mathrm{d}z=\frac{\mathrm{d}\sigma_z \cdot \mathrm{d}z}{E_s(z)}=\frac{\mathrm{d}\sigma_z \cdot \mathrm{d}z}{mq_c(z)^a}$$

总沉降量为：

$$S=\sum \mathrm{d}s=\frac{1}{m}\sum \frac{\mathrm{d}\sigma_z \cdot \mathrm{d}z}{q_c(z)^a}$$

式中 $\mathrm{d}\sigma_z$——每层地基附加应力值；

$\mathrm{d}z$——每层土层的厚度；

q_c——静力触探端阻值，可由静力触探试验得到。

利用已有的静力触探和现场载荷试验资料及其对应处的实测沉降值，可反求 m 值。附加应力 $\mathrm{d}\sigma_z$ 根据布辛奈斯克理论计算，分层厚度 $\mathrm{d}z$ 可取 0.1 m。试验常数 a 由经验得在 0.3～1.0 之间。当 a=0.3～1.0 时，通过程序反算出 m 值。求出的 m 值是个范围值，在同一地区的土层中，对于某一个用静力触探反算出的 m 值来说应是此处土层压缩层范围内的平均值。现有土层从上至下是个变量，所得 E_s 从上至下也是个变量，m 值应对于某一个 a 值，与土层的深度呈较好的相关性。

(2)利用载荷试验及标贯试验进行沉降计算

采用现场载荷试验反演法，反演计算压缩模量，利用载荷试验点处的标贯试验的标贯数，得到其与同深度处反演的压缩模量之间的关系。依据压缩变形和沉降计算公式，利用现场载荷试验成果的荷载与沉降的关系，反演压缩模量。利用标贯试验深度与标贯数之间的关系，可得到反演出的压缩模量同标贯数之间的关系。

第 1 步：反演压缩模量

①分层总和法计算沉降的公式

由 $S=\sum_{i=1}^{n}\frac{1}{E_{si}}\frac{\sigma_i+\sigma_{i+1}}{2}h_i$ 可知：

$$E_s=\frac{\sigma_i+\sigma_{i+1}}{2S}h_i$$

式中 σ_i——第 i 层顶附加压力；

h_i——压缩层分层厚度，分别取 $h/b=0.1,0.2,0.3,0.4,1,1.5$ 等，视实际计算情况而定。

②规范推荐公式

由 $S=\frac{p_0}{E_s}(z_i\bar{\alpha}_i-z_{i-1}\bar{\alpha}_{i-1})$ 可知：

$$E_s=\frac{p_0}{S}(z_i\bar{\alpha}_i-z_{i-1}\bar{\alpha}_{i-1})$$

式中 p_0——承压板荷载，相当于基底附加压力；

$\bar{\alpha}_i$——矩形面积上均布荷载作用下角点的平均附加应力系数。

第 2 步：标贯数与压缩模量之间的关系

根据前人的经验，标贯试验与载荷试验之间具有一定的关系，标贯数越大，压缩模量也越大，假设它们成线性关系，即 $E_s=bN+a$，利用载荷试验和标贯试验的成果，可线性回归出参数 a 和 b。

此公式的目的是利用标贯数求得压缩模量，再利用公式：$S=\sum ds=d\varepsilon\cdot dz=\sum\frac{d\sigma_z}{E_s(z)}dz$，求得沉降量。

将标贯参数代入上式则有：

$$S=\sum ds=\sum d\varepsilon\cdot dz=\sum\frac{d\sigma_z}{bN+a}dz$$

(3)载荷试验与室内土工试验结合进行沉降计算

地基土的压缩模量 E_s 通常是地基变形计算中一个非常重要的参数，但室内试验得出的压缩模量与现场载荷试验的实测值往往有较大的差异，如采用室内试验得出的 E_s 值估算地基沉降量，将有较大的偏差。现场载荷试验得出的变形模量固然较准确可靠，但因为载荷试验的试验成本太高，花费太大，而且铁路或公路的线路较长，在每个段进行载荷试验不经济也没有必要。因此将现场载荷试验与室内试验结合，得出现场试验和室内试验之间的相关关系是非常有意义的。

室内试验来源于原状土的扰动、室内试验边界条件与现场实际工况的差异、原状土开样后可能膨胀松弛，力学性质降低、试验过程中的操作问题等都会引起室内试验的压缩模量与实际值不相吻合的情况，甚至有时差异较大，因此，可利用载荷试验得出的模量对室内试验的结果进行修正，得出与实际情况相接近的压缩模量，用于估算地基变形量。

根据《工程地质手册》中公式进行计算：

$$E_0=(1-\mu^2)\frac{P_0}{Sd}$$

由载荷试验 P-S 的关系，可得出变形模量 E_0，而依前人的众多经验得出的变形模量与压缩模量之间的关系有：

$$E_0=\left(1-\frac{2\mu^2}{1-\mu}\right)E_s$$

根据上述公式

$$E_s=\frac{(1-\mu)^2P_0}{S\cdot d\cdot(1-2\mu)}$$

式中 μ——泊松比，按规范取值，黏土一般取 0.3；

P_0——载荷试验的比例极限乘以载荷试验板的面积；

S——比例极限荷载下对应的沉降变形量；

d——载荷试验板的直径。

由室内试验得出的压缩模量记为 E_s'，载荷试验与室内压缩模量的关系可表示为：

$$E_s'=\eta E_s$$

式中 η——室内压缩模量的修正系数，根据室内试验与现场试验比较得出，花岗岩残积土的室内压缩模量修正系数为 2.0～2.5。

适用性：此方法对于上下土层均匀的情况较适用，不适用于压缩层为多层地基而且土层之间无任何相关关系的情况。若进行深层载荷试验，该方法仍可用。

1.3.2.8 采用有限元方法进行沉降计算

数值计算方法依据土的本构关系，建立土的应力应变模型，利用计算机对地基沉降进行数值求解，分析得出地基沉降。先后有多种形式的数值方法被提出。地基沉降计算的数值方法有 5 种形式：差分法、有限元法、边界元法、变分法和加权余量法，目前多用有限元法。有限元法是计算路堤沉降常见的数值计算方法，但其模型参数一般需要做三轴排水试验确定。为了使该法更为实用，王志亮等人对已有的 Duncan-Chang 模型中切线弹模简化确定法进行了误差分析，提出了具体的修正系数；基于土体的 K_0 状态条件，给出了一个切线泊松比近似计算公式，对砂性土和黏性土均可适用。刘国明用 Biot 固结有限元法对路堤软基沉降做非线性有限元分析，计算中考虑了土体侧向变形、水平向渗流对沉降的影响；采用非线性本构模型，考虑了土体应力、应变关系的非线性特性；考虑了施工的逐级加载，计算结果与实测吻合较好。

1.3.3 沉降预测方法

目前国内外对于沉降预测主要有两种方法：一是基于固结理论的理论计算方法，根据太沙基固结理论或比奥固结理论，结合各种土的本构模型（K-G 模型、E-U 模型、沈珠江模型、剑桥模型等）计算沉降量，如压缩沉降计算方法及各种有限元方法；二是基于现场实测资料的预测方法，包括曲线拟合法、灰色理论、神经网络法、反演法等计算方法。

1.3.3.1 固结理论计算法

太沙基固结理论是简单的一维固结理论，虽然理论上不太完善，但是由于计算快捷、简单，在工程上应用比较广泛。而在理论上比较完善的固结理论，如比奥固结理论，其公式比较复杂，且需选择正确的本构模型和计算方法（一般利用数值计算方法才能进行计算）。地基沉降计算的数值方法有 5 种形式：差分法、有限元法、边界元法、变分法、加权余量法，目前常用的主要有差分法、有限元法和边界元法。由于固结理论本身就存在着不太完善的地方，而且土的本构模型及土的各项计算参数都是基于室内试验得出的，实际上反映的只是重塑土的性状，没有考虑到天然土体的结构性等诸多影响因素，与实际情况存在着很大的差别，计算出的沉降量与实测值相比会有较大出入，最后还是需要依据实测资料，进行一些经验性的修正。

1.3.3.2 根据现场实测资料计算法

人们在工程实践中发现，沉降—时间曲线形状具有一定的规律性，据此可进行曲线拟合建立沉降曲线公式。从而使利用工程前期沉降观测资料预测后期沉降发展成为一种可能，由此途径提出的沉降计算方法即为基于沉降实测资料的沉降计算方法。基于部分实测沉降数据的沉降预测方法大致可分为 3 类：一是曲线拟合方法，这类方法一般用简单函数来拟合沉降的发展规律，有些方法有一定的理论基础，如 Asaoka 法、指数曲线法等，而有些则只是曲线的简单拟合，如双曲线法等；二是系统理论的方法，如时间序列法、灰色理论方法、神经网络法等；三是反演预测方法，这类方法一般采用有限元法，先反演计算参数，然后正演预测后期沉降。

双曲线法、指数曲线法、泊松曲线法属于曲线拟合法。所谓曲线拟合法就是假定地基沉降历程符合某一种已知曲线，利用实测沉降数据拟合曲线的参数，然后利用确定后的曲线公式预估地基在任一时间的沉降值。双曲线法是假定沉降平均速度随时间按双曲线递减；指数曲线法是假定沉降平均速度随时按指数曲线递减；泊松曲线法是假定沉降平均速度随时间按泊松曲线递减。双曲线法和指数曲线法求解时常用回归分析法或图解法，泊松曲线法常用三段法。这几种方法由于比较简单，各参数容易得到，且没有假定参数，因而在实际工程中应用较多，但使用双曲线法预估最终沉降量时有时偏大，用指数曲线法预估最终沉降量时有时偏小，而且采用双曲线法和指数曲线法时需要有较长时间的沉降实测资料，且只能利用路堤填筑到规定标高后的实测沉降数据建模。

浅岗法、星野法、三点法和沉降速率法是根据太沙基单向固结理论建立的方法。浅岗法是根据固结基本方程式建立的，使用浅岗法时需对实测沉降曲线进行平滑处理和反复选择时间间隔，这给应用带来了一些不便。星野法是根据固结度小于 50%时的固结度和时间系数 m 关系建立的，这种方法有四个待定参数，这些参数多采用迭代法求取，标准由线性很好的相关系数的大小确定，这就使得采用星野法时需要反复假定和迭代，计算量比较大，而且在回归分析时，相关系数有时总在趋于增大，或者最佳点出现多次，然而星野法有一个极大的优点，那就是它推出的最终沉降量比较接近实际。三点法是根据固结度理论解的普遍表达式建立的，这种方法只需要利用沉降曲线上任意等间距的三个点，计算比较简单，适合于手算，但有时会由于选取的点和等时间间隔的不同而导致计算结果相差较大。沉降速率法是根据固结沉降公式建立的，计算比较简单，但往往会由于时间为零时的沉降速率不是很容易测定或测准而影响预估的精度。

在具体的工程上，利用前期的实测沉降资料推算后期沉降时，应用模糊算法是不太现实的，毕竟某一个工程的实测沉降数据是有限的，而算法中需要考虑的影响因素却是非常复杂的，需要有庞大的数据才能发挥出模糊算法的优越性，目前应用较多的是双曲线拟合法，该法最大的优点是计算简单，很容易用计算机实现。长江科学院孙常青等提出把双曲线的零点平移，把时间零点定在稳定荷载完全施加后，这样就可以消除时间零点带来的误差。但是在利用双曲线拟合法推算后期沉降时，由双曲线推算的沉降曲线收敛缓慢，一般在沉降观测末期，推算的沉降速率大于同期实测的沉降速率，结果将导致最终沉降量的推算值偏大。针对双曲线拟合法存在的缺陷，河海大学许永明等提出在工程建成后可用抛物线与直线组合的形式推算工后沉降，并且当运营期的有效应力小于预期末的固结应力时，工后沉降完全可以单独由抛物线来推算。

为了正确地估算沉降量，国内外学者提出了许多计算方法，但由于公式推导的假定条件有所不同、地基土的物理力学指标选取方式以及加载方式的不同等原因，沉降计算与实测值出现较大误差。不同方法推算的沉降量各有差异，所采用的观测资料的时间起点和时间跨度对推算结果准确性的影响程度也有着很大的区别。常用的双曲线法和指数曲线法的推算精度与推算的时间起点关系较大，一般取恒载期 3～5 个月后为时间起点，并取较长时间的沉降资料进行推算，可得到较好的推算精度；三点法的计算精度较高，但沉降计算点的选取对推算结果影响较大；沉降速率法的计算精度与三点法相当，但其推算过程较为复杂，推算的准确性与加载时间、地基沉降速率数据的准确性关系很大；星野法的推算精度较高，且恒载期的长短对于计算结果的影响较小，但星野法需要选择多组不同的实测数据，计算量较大；灰色模型法计算精度与时间点的选取、恒载期的长短及时间点的个数有关，所取时间点越接近恒载期末端，计算精度越高，作为一种新的后期沉降推算方法，其推算技巧有待进一步研究。Asaoka 法的推算误差较小，推算值与实测沉降值最为接近，其缺点在于 Asaoka 法无法计算停止加载后某阶段的沉降，只适用于最终沉降量的推算。

1.3.3.3 沉降预测方法

目前常用的软基最终沉降量推算方法较多，大体上可分为以下几种类型：曲线拟合法、灰色系统法、BP 神经网络法、遗传算法及反演参数法。

(1)曲线拟合法

该方法属于经验方法，即采用与沉降预测曲线相似的曲线进行拟合，然后外延求出后期沉降量。常用的方法有 Taylor 法、Casagrande 法(S-lg$t$)、双曲线法、指数曲线法、Asaoka 法、星野法等。

(2)灰色理论法

利用灰色理论将无规律的原始数据经生成后，变成有规律的数列模型。灰色理论从 1982 年提出至今已 20 余年，在许多领域得到了应用，在岩土工程中亦有许多方面的应用。关于沉降的灰色预测也在诸多文献谈及。

1.3.4 沉降预测问题分析

(1)基于太沙基渗透固结理论求出沉降与时间的关系。首先，应用前面已求得的最终沉降 S，可获取在不同固结度（30％，50％，70％，80％，90％）时的沉降 S_{t_i}；其次，利用室内固结试验和渗透试验，可根据理论公式求得当沉降达到 S_{t_i} 时，所需要的时间 t_i；然后，根据所求得的沉降与时间，可得出 S_{t_i}-t_i 的关系曲线，并且进一步使之与大型载荷试验所得的 S-t 曲线相比较，便可获得修正系数；最后，把修正系数代入到计算沉降—时间模式中去，便可得到比较符合实际的沉降—时间计算式。

(2)基于承压板载荷试验求出沉降与时间的关系。在载荷作用下地基土的整个沉降变形，除了瞬时沉降外，主要是长时间的徐变沉降。以加力时间 t_0 时沉降量 S_0 作为基准，t 时的沉降量 S_t 可用下式来估算：

$$S_t=S_0\left(1+\beta\lg\frac{t}{t_0}\right)=S_0(1+\varphi_t) \tag{1-1}$$

式中，β 为黏性流动系数，β=0.1～0.3(由固结试验和渗透试验确定)。

一般认为，在红黏土地基上修建的构筑物(如高速铁路无砟轨道路基)，经过 10 年(=10^7 min)后，其地基的徐变沉降已结束。当以大型荷载试验的加力时间 t_0=100 min 为基准时，到 $t=10^7$ min 为止，$\varphi_t=5\beta$=0.5～1.5。

计算沉降与时间的关系时，大型载荷试验加荷之后不久，即 t_1=1 min 时的变形系数 E_{s_1} 也应同时计算出来。考虑到往外延部分的精度不高，$t=10^7$ min 时的 φ_t 值，也可应用 E_{s_1} 和 t_0=100 min 时的变形系数 $E_{s_{100}}$ 来计算，即

$$\varphi_t=\frac{5}{2}\left(\frac{E_{s_1}}{E_{s_{100}}}-1\right) \tag{1-2}$$

表 1-3 为各种沉降计算方法汇总表。

表 1-3 各种沉降计算方法汇总表

沉降方法			计算公式	备注
弹性力学公式			$S=\frac{pb}{E_0}(1-\nu^2)\cdot C_d$	假设地基为均质线性变形半空间，而由于实际压缩层厚度有限，而黏性土地基的变形模量是随深度增大，计算结果常偏大
工程实用法	单向压缩沉降法		$S=\sum_{i=1}^{n}\left(\frac{C_{ei}}{1+e_{0i}}\lg\frac{p_{ci}}{p_{1i}}+\frac{C_{ci}}{1+e_{0i}}\lg\frac{p_{2i}}{p_{ci}}\right)H_i$	简单方便，用基底中心轴下的附加应力来弥补采用压缩性指标偏小的不足，但是假设条件太多，与实测沉降有些偏差，需进行修正
	三向效应法		$S_c=\int_0^H m_v\cdot\Delta u\left[A+(1-A)\frac{\Delta\sigma_3}{\Delta\sigma_1}\right]dz$	考虑了土的三向变形，更接近于实际。虽然这种方法考虑了土体的侧向变形，但应力计算也假定土体为线弹性体，计算中需采用土的泊松比和土的应力、应变关系，要求在模拟实际应力条件下用三轴试验测取计算参数，参数的确定较为繁琐
	规范推荐法		$S=\psi_s S'=\psi_s\sum_{i=1}^{n}\frac{p_0}{E_{si}}(z_i\bar{\alpha}_i-z_{i-1}\bar{\alpha}_{i-1})$	运用简化的平均附加应力系数，规定了合理的沉降计算深度，提出了关键的沉降计算经验系数
	切线模量法			切线模量是由原位试验得到的，能反映原状地基土的特点，同时考虑应力水平的影响，反映了土的非线性特点
	三向压缩法		$S=\sum_{i=1}^{n}\frac{1-\mu}{1-2\mu}\left[\sigma_{zi}-\frac{\mu_i}{1+\mu_i}\Theta_i\right]m_v h_i$	该方法是单向压缩分层总和法的发展，考虑了侧向变形，但是没有积累出相应的沉降计算经验系数，实用上受限制，但是对于大型复杂的基础，此法的计算成果可作为控制沉降量的宏观、定性分析
	应力路径法			用应力路径表示建筑工地现场在施工前、施工期间及完工后地基内部的应力变化情况，既考虑了瞬时沉降又考虑了主固结沉降，尽可能多地考虑影响地基变形的非线性、非均质性和各向异性等复杂因素，而且应力路径法可考虑加载方式和加载速率对沉降量的影响
	物态界面法			计算屈服面及相应的流动规则，基本概念明确，积累了较多的经验，需进行室内三轴等试验确定参数
	曲线拟合	双曲线法	$S=S_0+\frac{t}{A+B\times t}$	假定沉降平均速度随时间按双曲线递减，在实际工程中应用较多，但使用双曲线法预估最终沉降量有时偏大，需要有较长时间的沉降实测资料
		指数曲线法	$(S_t-S_0)=(S_\infty-S_0)e^{\frac{t-t_0}{\eta}}$	指数曲线法是假定沉降平均速度随时按指数曲线递减，使用指数曲线法有时偏小，需要有较长时间的沉降实测资料
		泊松曲线法	$S_t=\frac{k}{1+\alpha e^{-bt}}$	假定沉降平均速度随时间按泊松曲线递减，常用三段法，需要有较长时间的沉降实测资料

续上表

<table>
<tr><th colspan="3">沉降方法</th><th>计算公式</th><th>备　　注</th></tr>
<tr><td rowspan="3">工程实用法</td><td rowspan="3">曲线拟合</td><td>Logistic 模型</td><td>$S_t=\frac{b_1}{1+b_2\exp(-b_3\times t)}$</td><td>很好地模拟地基沉降发展的 4 个阶段:发生阶段、发展阶段、成熟阶段和到达极限阶段,只要参数选的合理,可很好地拟合几何中的“S”、“凸”形甚至“凹”形曲线,故适用性较广</td></tr>
<tr><td>Verhulst 模型</td><td>$S(t)=\frac{a/b}{1+\left(\frac{a}{b}\times\frac{1}{S_0}-1\right)\times e^{-a(t-t_0)}}$</td><td>该模型曲线开始段增长慢,中间段增长快,末段增长趋势越来越小,可以拟合饱和黏土的沉降—时间发展关系</td></tr>
<tr><td>对数抛物线</td><td>$S=A(\lg t)^2+B\lg t+C$</td><td>应用该法仅需掌握短期观测资料,即可求得满足工程精度要求的工后沉降量以及铺设路面时的沉降速率,而且该法实际推算结果比双曲线还要可靠</td></tr>
<tr><td rowspan="5">固结理论</td><td colspan="2">浅岗法</td><td>$S_{ij}=\beta_0+\beta_1 S_{ij-1}$</td><td>浅岗法是根据固结基本方程式建立的,使用浅岗法时需对实测沉降曲线进行平滑处理和反复选择时间间隔,给应用带来了一些不便</td></tr>
<tr><td colspan="2">星野法</td><td>$S_\infty=S_0+S_t=S_0+\frac{AK\sqrt{t-t_0}}{\sqrt{1+K^2(t-t_0)}}$</td><td>根据固结度小于50%时的固结度和时间系数 m 关系建立,这种方法有四个待定参数,这些参数多采用迭代法求取,标准由线性很好的相关系数的大小确定,这就使得采用星野法时需要反复假定和迭代,计算量比较大</td></tr>
<tr><td colspan="2">三点法</td><td></td><td>根据固结度理论解的普遍表达式建立的,这种方法只需要利用沉降曲线上任意等间距的三个点,计算比较简单,适合于手算,但有时会由于选取的点和等时间间隔的不同而导致计算结果相差较大</td></tr>
<tr><td colspan="2">沉降速率法</td><td></td><td>根据固结沉降公式建立的,计算比较简单,但往往会由于时间为零时的沉降速率不太容易测定或测准而影响预估的精度</td></tr>
<tr><td colspan="2">Asaoka</td><td>$S+a_1\frac{dS}{dt}+a_2\frac{d^2S}{dt^2}+\cdots+a_n\frac{d^nS}{dt^n}=b$</td><td>利用已有的沉降观测资料求出这些未知系数,然后根据这些系数预估总沉降,用差分代替微分,突出优点在于其可利用较短期的观测资料就能得到较为可靠的最终沉降推算值</td></tr>
<tr><td rowspan="3">现场试验法</td><td colspan="2">载荷试验</td><td></td><td>此方法对于上下土层均匀的情况较适用,对于压缩层为多层地基而且土层之间无任何相关关系的情况,该方法就不太适用。若进行深层载荷试验,该方法仍可用</td></tr>
<tr><td colspan="2">静力触探</td><td></td><td>该方法是建立在压缩模量法的基础上的,其适用条件也是压缩模量法的适用条件:①一维地基上弹性应变;②对于饱和土,由于每层土的压缩模量 E_s 可能不同,计算中不采用定值</td></tr>
<tr><td colspan="2">标贯试验</td><td></td><td>依据压缩变形和沉降计算公式,利用现场载荷试验成果的荷载与沉降的关系,反演压缩模量。利用标贯试验深度与标贯数之间的关系,可得到反演出的压缩模量同标贯数之间的关系</td></tr>
</table>

续上表

沉降方法		计算公式	备　　注
数值计算	有限元		有限元法是通过变分等方法将固结微分方程转换为有限元方程，然后结合初始条件和边界条件求解线性方程组得到问题的数值解。有限元法的优势在于应用范围广阔：它可以考虑非线性问题；可以用于处理非均质材料（在土工中即可以考虑地基土非均质问题）；可以考虑更为复杂的边界条件。有限元确实是一种较为完善的方法，但是由于其计算参数多，且需通过三轴试验确定，程序复杂难以为一般工程设计人员接受，在实际工程中没有得到普遍应用
	差分法		差分法解土工问题就是将研究区域用差分网格离散，对每一个节点通过差商代替导数把问题的微分方程转换为差分方程，然后结合初始条件和边界条件求解线性方程组得到沉降的数值解。使用此方法要注意固结系数的选取，应用到平面或轴对称问题时需要校正
	无单元法		对应力集中和裂纹扩展问题，无单元法只要沿着裂纹可能扩展的方向布置结点或在开裂点附近加密布置结点，就可以方便地跟踪裂纹的扩展过程

1.4　红黏土地基处理

由于原状红黏土天然含水率较高，吸水性及崩解性相对较弱，其物理力学性质在垂向上呈减弱的趋势，即上部硬塑，中部硬、可塑，下部可塑，但土体的稳定性仍然完好。利用红黏土作为持力层时，一是避开雨天施工；二是及时砌筑基础，避免风干；三是当不能及时砌筑时，在地基土上面铺 0.1 m 厚的细砂，防止红黏土水分蒸发；四是对边坡采用湿度等于地基土天然含水率的草袋覆盖，从而保持红黏土的天然状态。

1.4.1　不均匀地基的处理

红黏土的埋藏厚度往往相差很大，有实例报导，在一个具有四单元的楼房建筑范围内，厚度可相差 5～10 m，可能会引起差异性沉降。处理办法是将埋藏在较浅处的红黏土地基上的基础宽度加大，使附加应力降低，相应沉降量也将减少，整个建筑物就不会有大的差异沉降。

1.4.2　软弱红黏土地基的处理

1.4.2.1　*砂夹石垫层地基*

红黏土的承载能力在 150 kPa 以下，如建 6 层以上楼房，就不能作天然地基。为此往往采用人工垫层地基。有研究者通过多个工程实测表明，采用土夹石垫层作地基时，不能达到规范规定的 0.94～0.97 压实系数。

一般来说，用硬塑素红黏土填层覆盖在软弱红黏土层上，是不可能取得高承载能力的，因为红黏土塑性指数太高，不易压实，即使能达到 0.94～0.97 的压实系数，承载能力也只有100 kPa。

砂夹石垫层地基的承载能力与硬可塑红黏土相近，而压缩模为在 21.8～28.3 MPa，与硬塑红黏土相近，证明砂夹石地基是处理不均匀地基的好方法。

1.4.2.2 掺固化剂处理

南柳公路所经过的柳州地区是典型的石灰岩地区，石灰岩经风化作用的残积物形成红黏土，南柳公路的 No19-1. No20-2，No21 标段基本上都是红黏土，该路段曾用固化剂对该区红黏土进行改良，其试验结论如下：

(1)掺入固化剂后，土的塑性指数有较大幅度的下降。K221＋850 左 1 km 红黏土的塑性指数为 29，掺入 4%的固化剂后下降到 17。值得一提的是，掺入固化剂前后土的塑限含水率并没有明显变化，只是液限含水率下降较大。

(2)掺入固化剂后，土的承载比(CBR)值明显提高。南柳公路 No19、No21 标段的对比试验表明，掺入 4%的固化剂后，土的承载比(CBR)值提高 3～5 倍。

(3)土的膨胀量大大降低。固化剂稳定土的板体性和水稳性都比较好，在浸水期间(4 昼夜)百分表的指针几乎没有移动，膨胀量最大值仅为 0.02 mm，而素土的膨胀量通常为 5～8 mm。

(4)最大干密度下降和最佳含水率提高。南柳公路 No19 和 No21 标段的对比试验表明，掺入 4%的固化剂后，最大干密度下降约 5%，最佳含水率提高约 2%～3%。

从试验的结果看，红黏土加入外掺剂后，其原土样的物理性质指标发生了变化，具体表现在土的液限下降，塑限上升，塑性指数降低，外掺剂对红黏土的强度指标 CBR 值改性变化也较明显，同时红黏土掺外掺剂后含水率相应降低，降低率取决于土的天然含水率、外掺剂掺配剂量、外界温度和湿度等。在相同的含水率情况下进行比较，处理后的红黏土比素土更易压实，水稳定性及强度更好。试验结果同时可以看出，外掺剂量有一定的限制，不是越多越好，NCS-4 固化剂以 4%～6%的配比剂量，效果最佳。

1.4.2.3 强夯处理红黏土地基

兴义机场高填方地段原地基为红黏土，跑道总宽度 48 m，跑道中心线的最大填方厚度为 41.45 m，最大挖方深度为 51.16 m。从总体上看，场区内的次生红黏土具有高含水率、大孔隙比、高塑性、高压缩性及力学性质较好的特点，是一种较好的天然地基土。但由于次生红黏土分布不均匀，厚度变化大，使其物理力学性能有较大差异，地基承载力为 60～380 kPa，是典型的不均匀地基。强夯前后地基土物理力学指标见表 1-4。

强夯施工完毕，在试验Ⅰ和Ⅱ区分别进行动力触探试验，试验结果见图 1-3，图中分别对强夯处理试验前后的承载力进行了对比。

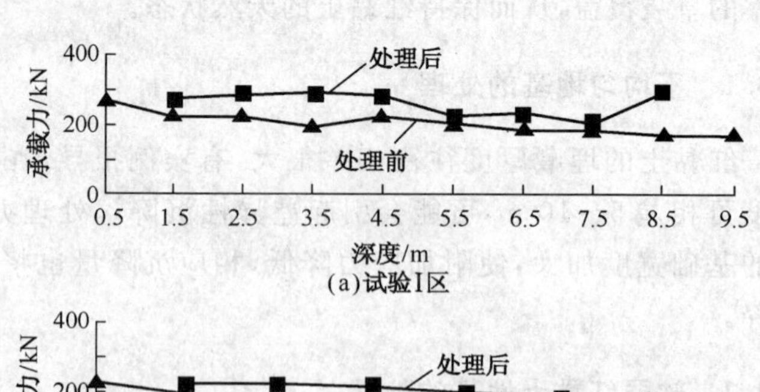

(a)试验Ⅰ区

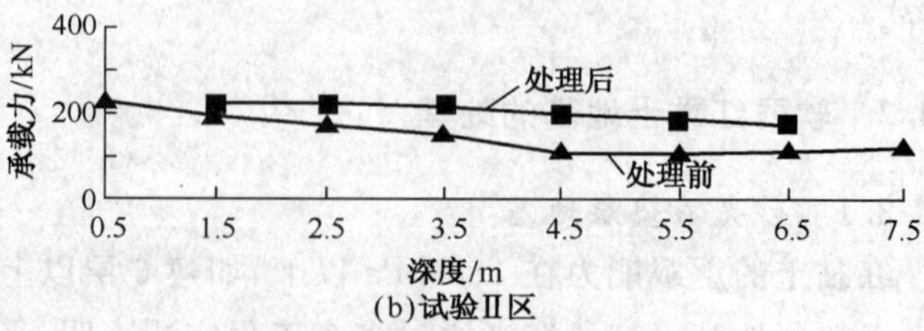

(b)试验Ⅱ区

图 1-3 动力触探试验成果

表 1-4 强夯前后地基土物理力学指标

土名	土样编号	取土深度/m	含水率/%	密度/(g·cm^{-3})	干密度/(g·cm^{-3})	饱和度/%	天然孔隙比	内摩擦角/°	内聚力/kPa	压缩模量/MPa^{-1}
原状土	1	0.5	42.83	1.65	1.16	84.08	1.43	19.30	69.43	14.15
	2	5.0	46.40	1.68	1.15	89.13	1.47	16.17	70.60	9.90
夯后土	4 000 kJ	2.0	41.46	1.79	1.27	95.97	1.21	30.00	3.40	13.16
		3.0	42.19	1.84	1.29	101.28	1.17			
		4.0	44.12	1.83	1.27	101.86	1.22	27.00	3.40	15.04
		5.0	45.31	1.75	1.20	94.99	1.33			
	3 000 kJ	2.0	41.90	1.82	1.30	96.88	1.16	33.00	7.70	14.29
		3.0	47.59	1.78	1.20	99.54	1.35			
		4.0	48.37	1.77	1.19	99.27	1.38	26.00	6.70	12.58
		5.0	49.74	1.82	1.21	105.49	1.34			

1.4.2.4 灌浆处理红黏土地基

岩溶地区，不少地段上覆土层为碳酸盐岩溶余堆积的红黏土或次生红黏土。红黏土地基上硬下软，上部硬塑土层占地基土的 70%以上，而且具有较高的强度和较低的压缩性。由于下伏基岩岩溶的发育，红黏土地基中常伴有土洞发育，这些土洞往往发育在溶槽附近，或呈空洞或被软流塑土充填，且其上覆硬塑土层往往较薄，对地基的稳定性极为不利。如桂林地区，岩溶比较发育，该地区的一些建筑物地基采用灌浆法处理地基，根据土洞或软土的分布范围以及浆液的扩散半径(一般在 0.6～0.8 m)确定孔距和孔数，既要保证控制土洞的分布范围，又要使每个灌浆孔的浆囊相互搭接，在工程实际中，一般按梅花网状布置钻孔，孔距在 1.2～1.5 m之间。在灌浆结束一周后，即可对灌浆效果进行检测。通过检测发现，经灌浆处理的红黏土强度得到很大的改善，地基承载力大大提高。

1.4.2.5 CFG 桩基处理红黏土地基

CFG 桩复合地基是由 CFG 桩、桩间土和褥垫层一起构成的刚性桩复合地基，既适用于条形基础、独立基础，也适用于筏基、箱形基础。CFG 桩复合地基适用于处理杂填土、素填土、新近沉积土、淤泥质土及承载力较低的一般第四纪土。同时 CFG 桩复合地基也适用于处理一些承载力较高、但承载力不能满足上部结构要求或其变形超出设计要求、或者为了控制高层建筑与裙楼之间差异沉降的地基。既可用于挤密效果好的土，又可用于挤密效果差的土。其工程特性具有以下几点：承载力提高幅度大、可调性强；刚性桩的性状明显；适用范围广；工后沉降较小；施工质量容易保证、经济效益好。

1.4.2.6 预应力混凝土管桩处理地基

预应力混凝土管桩是重要的桩基材料，其质量容易控制、施工快、工程地质适应性强、监理监测方便，被广泛应用于各类建筑物和构筑物的基础工程。

1.4.2.7 桩—网复合地基加固处理地基

桩—网复合地基，是指天然地基在地基处理过程中，下部土体得到竖直向增强体——“桩”的加强从而形成桩土复合地基加固区，并在该区上部垫层内铺设水平向增强体——“网”从而形成加筋垫层，使桩—网—土协同作用、共同承担荷载的人工地基。

在桩—网复合地基中，桩、网、土三者在承担荷载的过程中协同作用，构成一个整体，共同承担荷载;虽然它们在承载过程中的作用大小和方式可能不同,但无论从力学机理上还是从设计、施工方法上来讲,都不能忽视,这与以往只过分强调某一部分,譬如强调桩、轻视网、忽视土的倾向是不同的。

参 考 文 献

[1] 黄英,符必昌.红土化作用及红土的工程地质特性研究[J].岩土工程学报,1998,20(3):40~44.

[2] R M Madu. An Investigation into the geotechnical and engineering properties of some laterite of eastern Nigeria [J]. Eng Geol, 1997(11).

[3] M D Gidigaso. Mode of formation and geotechnical characteristics of laterite materials of Ghana in relation to soil forming factors [J]. Eng Geol, 1997.

[4] 黄英,符必昌.孔隙比与红土物理力学参数的相关性[J].勘查科学技术,2002,5:3~7.

[5] Samuel Akinl Abiola. Mineralogical properties of some Nigerian residual Soil in relation with building problems. Eng:Geol. 1980(15):1~2.

[6] Frediund D G, Rahardjo H. Soil Mechanics for Unsaturated Soils. New York: John Wiley and Sons. Inc, 1993.

[7] Singer A. Weathering patterns in representative soils of Guangxi Province, south-east China, as indicated by detailed clay Mineralogy. Journal of Soil Scince,1993,44:173~188.

[8] Macleod D A. The origin of the red Mediterranean soils in Spirus, Greece [J]. Journal of Soil Science, 1980, 31:125~136.

[9] Schulze D G. The influence of aluminumon iron oxides (Ⅷ unit-cell dimensions of AI-substituted goethite and estimation of Alfrom-them). Clays and Clay Minerals, 1984, 32(1):36~44.

[10] 高岱,袁阮,余培厚.贵州红黏土的建筑性能[A].第一届土力学及基础工程学术会议论文选集[C].北京:中国工业出版社,1964.

[11] 王毓华.红黏土定义论证[A].第二届红土工程地质研讨会论文选集[C].贵阳:贵州科技出版社,1991:11~20.

[12] 孙福,魏道垛.岩土工程勘查设计与施工[M].北京:地质出版社,1998:346.

[13] 刘良梧,龚子同.古红土的发育与演变[J].海洋地质与第四纪地质,2002,20 (3):39~42.

[14] 赵其国,杨浩.中国南方红土与第四纪环境变迁的初步研究[J].第四纪研究,1995,5(2):107~115.

[15] 朱显谟.中国南方的红土与红色风化壳[J].第四纪研究,1993,1:75~84.

[16] 席承藩.论华南红色风化壳[J].第四纪研究,1991,1:1~8.

[17] 黄镇国,张伟强,陈俊鸿.中国南方红色风化壳[M].北京:海洋出版社,1996:1~38,166~96.

[18] 黄镇国,张伟强,陈俊鸿.中国红土与自然地带变迁[J].地理学报,1999,54(3):193~202.

[19] 黄镇国,张伟强.中国红土期气候期构造期的耦合[J].地理学报,2000,55(2):200~208.

[20] 刘前明.贵州红黏土工程地质特征探讨[J].中国煤田地质,2002,14(2):47~48.

[21] 姜洪涛.红黏土的成因及其对工程性质的影响[J].水文地质工程地质,2000,3:33~37.

[22] 李景阳,王朝富,樊廷章.残积红黏土成因探讨[A].第二届红土工程地质研讨会论文选集[C].贵阳:贵州科技出版社,1991:21~28.

[23] 李景阳.贵州残积红黏土的力学强度特征[J].贵州工业大学学报,1997,26(2):73~78.

[24] 谭罗荣.红土有关问题的讨论[A].第二届红土工程地质研讨会论文选集[C].贵阳:贵州科技出版社,1991:1~10.

[25] 周芳,陈世益.广西贵港红土风化壳的地球化学特征[J].中南矿冶学院学报,1994,25(2):151~155.

[26] 孔令伟,罗鸿禧,谭罗荣.红土胶结问题的讨论[A].中国青年学者岩土工程力学及其讨论会论文集[C].

武汉，1994：95～99.

[27] Griffiths F J, Joshi R C. Change in pore size distribution due to consolidation of clays [J]. Geotechnique, 1989, 39(1)：159～167.

[28] Rice T J, Weed S B, Buel S W. Soil-sapsolite profiles derived form Mafic Pocks in the North Carolina Pediment：Ⅱ. Association of free iron oxides with soil and clay[J]. Soil science society of America journal. 1985, 49：178～185.

[29] 张文敏. 广东韶关红黏土特性研究[J]. 岩土力学，1991，12(4)：41～45.

[30] 廖义玲，余培厚. 红黏土的微观结构及其概化模型[J]. 工程地质学报，1994，1(2)：27～31.

[31] 王幼麟. 蒲圻第四纪红色黏土的物质成分和结构特性及其与工程性质关系[A]. 全国首届工程地质学术会议论文选集[C]. 北京：科学出版社，1983：91～97.

[32] 王幼麟. 斑纹红土工程性质的物理化学研究[J]. 长江科学院院报，1990，4：1～7.

[33] 周训华，廖义麟. 红黏土颗粒之间结构连结的胶体化学特征[J]. 贵州工业大学学报，2004，33(1)：26～29.

[34] 姜其岩，余培厚，郭沛，等. 红黏土力学强度特性的形成及分析[J]. 贵州工学院学报，1991，20(2)：221～43.

[35] 余培厚，郭沛等. 红黏土的微观结构模型与力学特征[A]. 第二届红土工程地质研讨会论文选集[C]. 贵阳：贵州科技出版社，1991：60～66.

[36] 程昌炳，陈琼，周良忠. 由^{27}Al的核磁共振谱看高岭土与针铁矿的胶体本质[J]. 波谱学杂志，1995，12(6)：27～29.

[37] 程昌炳，康哲良，徐昌伟. 针铁矿与高岭土"胶结"本质的微观研究初探[J]. 岩土力学，1992，13(2，3).

[38] 谭罗荣，孔令伟. 某类红黏土的基本特性与微观结构模型[J]. 岩土工程学报，2001，23(4)：458～462.

[39] 孔令伟，罗鸿禧. 游离氧化铁形态转化对红黏土工程性质的影响[J]. 岩土工程，1993，14(4)：25～29.

[40] 孔令伟，罗鸿禧，谭罗荣. 红黏土孔隙分布的分形特征研究[A]. 第七届土力学及基础工程学术会议论文选集[C]. 北京：中国工业出版社，1994：276～79.

[41] 孔令伟，罗鸿禧，袁建新. 红黏土有效胶结特征的初步研究[J]. 岩土工程学报，1995，17(5)：42～47.

[42] 孔令伟，谭罗荣. 红黏土得脱水特性与温度的关系[A]. 第五届工程地质大会论文集[C]. 北京：地震出版社，1996：506～510.

[43] 孔令伟，郭爱国，吕海波，等. 典型红黏土的基本特征与微观结构特征[J]. 岩石力学与工程学报，2001，20(增1)：973～977.

[44] 高国瑞. 中国红土的微观结构和工程性质[J]. 岩土工程学报，1985，7(2)：10～21.

[45] 谭罗荣. 红土特征的微观基础[A]. 全国第三次工程地质大会论文集[C]. 成都科技大学出版社，1988，52～58.

[46] 孔令伟. 红黏土的微观特性与胶结形状研究[D]. 中科院武汉岩土力学研究所，1998.

[47] 王幼麟. 斑纹红黏土工程性质的物理化学研究[J]. 长江科学院院报，1990，4：1～7.

[48] 冯金良，赵泽山，高国瑞. 红土中游离氧化铁的作用及其机理讨论[J]. 河北省科学院学报，1990，1：35～43.

[49] 黄英，屈智炯. 红土的结构分析及应力应变特性的研究[J]. 成都科技大学学报，1989，43：31～36.

[50] 廖义玲. 黏性土的三相间相互作用及对相关指标的影响[J]. 工程勘查，2001，3：4～6.

[51] 章明圭. 杭州西郊十里坪系的特性和形成[J]. 浙江农业学报，13(3)：141～146.

[52] 王清，唐大雄. 我国南方中更新世网纹红土的工程地质评价[J]. 工程地质学报，2000，8：230～333.

[53] 李景阳，王朝富，樊廷章等. 碳酸盐岩残积红土的结构、构造特征及其成因研究[J]. 中国岩溶，1995，14(1)：31～39.

[54] Samuel Akinlabi Ola. Mineralogical properties of some Nigerian Residual soils in relation with building problems[J]. Engineering Geology. 1980, 15：1～13.

[55] Gao G R. The distribution and geotechnical properties of loess soils, lateritic soils and clayey soils in China [J]. Engineering Geology, 1996, 42: 95～104.
[56] 孔令伟,罗鸿禧,袁建新. 红黏土有效胶结特征的初步研究[J]. 岩土工程学报,1995,17(5):42～47.
[57] 胡瑞林,王思敏,李向全,等. 21 世纪工程地质学生长点:土体微结构力学[J]. 水文地质工程地质,1999,4:5～8.
[58] 林世文,蔡秋景,林珺,等. 大连地区红黏土特征研究[J]. 岩土工程技术,2005,19(3): 124～126.
[59] 韦复才. 桂林红黏土的物质组成及其工程地质性质特征[J]. 江西师范大学学报,2005,29(5): 460～464.
[60] 雷谦荣,王国惠. 涪陵北固地区红黏土特性的初步研究[J]. 重庆重庆建筑大学学报,1997,19 (2): 43～45.
[61] 袁志英,王伍君,冷学士. 对贵州红黏土物理力学指标统计分布规律的初步研究[J]. 贵州科学,1997,15 (1).
[62] 秦刚,廖义玲. 红黏土的"反剖面"特征及其形成条件分析[J]. 贵州地质,1997,11(1): 89～92.
[63] 袁绚. 云南红黏土的工程特性及其应用[J]. 南昌水专学报, 2002,21 (1): 59～62.
[64] 邓超文,杜赢中. 红黏土力学性质与水溶液作用量化性质的探讨[J]. 广东公路交通, 2005,1: 61～63.
[65] 王洋,汤连生. 水土作用模式对残积红黏土力学性质的影响分析[J]. 中山大学学报,2007, 46(1): 128～132.
[66] 朱丽东,叶玮,周尚哲等. 中亚热带第四纪红黏土的粒度特征[J]. 地理科学,2006, 26(5): 586～590.
[67] 刘恒. 贵州六盘水红黏土的工程特性[J]. 地球与环境,2006, 34(2): 67～70.
[68] 杨健. 桂林红黏土工程地质特征[J]. 矿产与地质,1994,8(4): 292～296.
[69] 曾秋鸾. 论广西红黏土的胀缩性能[J]. 广西地质, 2000,13(3): 75～77.
[70] 徐建闽. 试论晋西北 N_2 红黏土的膨胀性及其影响[J]. 山西水利科技, 2000,132(2): 79～82.
[71] 唐大雄. 红土的胀缩性及其在红土忠的位置[A]. 第二届全国红土工程地质研讨会论文集[C]. 贵阳:贵州科技出版社,1991: 67～77.
[72] 钱小鄂. 红土在 $w_L-\Delta\rho$ 图上的位置探讨[A]. 第二届全国红土工程地质研讨会论文集[C]. 贵阳:贵州科技出版社,1991: 78～82.
[73] 郭沛,余培厚. 红黏土的胀缩特性与胀缩机理[A]. 第二届全国红土工程地质研讨会论文集[C]. 贵阳:贵州科技出版社,1991: 105～108.
[74] 魏庭忠. 膨胀性红黏土的特点[A]. 第二届全国红土工程地质研讨会论文集[C]. 贵阳:贵州科技出版社, 1991: 111～117.
[75] 欧孝夺,吴恒,周东. 广西红黏土和膨胀土热力学特性的比较研究[J]. 岩土力学, 2005, 26(7): 1068～1072.
[76] 黄质宏,朱立军,廖义玲. 不同应力路径下红黏土的力学特性[J]. 岩石力学与工程学报, 2004, 23(15): 2599～2603.
[77] 肖智政,刘宝琛. 残积红黏土的力学特性试验研究[J]. 地下空间与工程学报, 2005, 1(7): 990～993.
[78] 柯尊敬,邝泽民. 红黏土在剪切中的基本形状[J]. 路基工程, 1994,9(3): 67～70.
[79] 毕庆涛,姜国萍,丁树云. 含水率对红黏土抗剪强度的影响[J]. 地球与环境, 2005, 33(3): 144～147.
[80] 杨庆,贺洁,栾茂田. 非饱和红黏土和膨胀土抗剪强度的比较研究[J]. 岩土力学, 2003, 24(1): 13～16.
[81] 刘春,吴绪春. 非饱和红黏土强度特性的三轴试验研究[J]. 四川建筑科学研究, 2003, 29(2): 65～73.
[82] 韦时宏,廖义玲,秦刚,等. 黔中地区红黏土的超固结性及低密实度和变形特性[J]. 贵州工业大学学报, 2003, 35(4): 9～12.
[83] 黄晓波,周立新,杨志夏. 强夯处理红黏土沉降变形试验研究[J]. 工程地质学报, 2006, 14(2): 223～227.
[84] 赵颖文,孔令伟,郭爱国,等. 广西原状红黏土力学性状与水敏性特征[J]. 岩土力学, 2003, 24(4): 568～572.

[85] 徐榴胜. 红黏土特性与在贵州水利工程中的应用[A]. 第二届全国红土工程地质研讨会论文集[C]. 贵阳:贵州科技出版社,1991：167～174.

[86] Liusheng Xu. Red clay as a dam construction material and its water content designing [A]. International symposium on high earth-rock fill dams. Beijing China[C], 1993.

[87] 徐榴胜. 红黏土在岩土工程应用中的若干问题[J]. 贵州地质，1993,10(3)：257～264.

[88] 徐榴胜. 红黏土在环境地质中的隐患[J]. 水文地质工程地质，1995,5：40～43.

[89] 刘龙武,杨和平,康石磊,等. 红黏土填料的路用性能研究[J]. 公路，2002,6(6)：125～128.

[90] 孙向楠,薛伟. 红黏土试验及其在路基填筑中的应用[J]. 公路，2005,6(6)：83～85.

[91] 屈儒敏,时南翔. 红黏土地基上高重建筑岩土工程勘察与评价[A]. 第二届全国红土工程地质研讨会论文集[C]. 贵阳:贵州科技出版社,1991：144～153.

[92] 李海光. 红黏土铁路路堑边坡的防护[A]. 第二届全国红土工程地质研讨会论文集[C]. 贵阳:贵州科技出版社,1991：185～192.

[93] 黄俊,陈国垣,聂复生. 高等级公路红黏土路基处理技术研究[A]. 第一届全国公路科技创新高层论坛论文集，[C]. 江西:江西科技出版社,2002：112～119.

[94] 曹勇,贺进来. 红黏土人工防渗技术在环卫工程中的应用[J]. 铁道建筑技术，2000,3：28～30.

[95] 刘恒. 黔西红黏土的工程体制特征及其地基处理[A]. 第二届全国红土工程地质研讨会论文集[C]. 贵阳:贵州科技出版社,1991：154～159.

[96] 廖光平. 龙岩市城区次生红黏土的分布特征与治理措施[J]. 探矿工程，2004,6(6)：22～23.

[97] 黄崇伟,苏尔好. 强夯处理红黏土的质量控制[J]. 城市道桥与防洪，2006,11(6)：114～116.

[98] 罗维松,欧孝夺. 碳酸盐风化残坡积胀缩性红黏土路基病害的分析[J]. 广西交通科技，2002,27(3)：19～21.

[99] 钱沪. 红黏土深基坑边坡的稳定性评价与治理[J]. 岩土工程技术，1998，2(1)：1～2.

[100] 宋培建. 红黏土的工程性质和在建筑施工中的特点[J]. 建工技术，1996,(4).

[101] 张广文,刘令瑶. 土石坝筑材料基本参数概率统计与相关分析水利水电技术，1994(9)：12～16.

[102] 张荣堂，Tom Lunne. 近海黏土设计参数与指标特性之间的关系分析. 岩土力学，2003(5)：705～709.

[103] 田国荣,张保平. 岩石力学试验数据处理分析系统设计与实现[J]. 岩石力学与程学报，2000(6)：1065～1067.

[104] Moh Za-Chieh, Chin Chung-Tien, Liu Chuang-Jy, Woo Siu-Mun. Engineering correlations for soil deposits in Taipei [J]. Chinese Institute of Engineers, 1989(12)：273～283.

[105] Anthony T C. Modeling soil correlations using neural networks[J]. Computing in Civil Engineering, 1995(9)：275～278.

[106] 陈禹,丁建江,方诚,等. 土的初始剪切模量与孔隙比及标准贯入值相关关系[J]. 浙江工业大学学报，2000(2)：165～168.

[107] 翟静阳,冷伍明. 黏性土物理力学指标的变异性及相互关系[J]. 铁道建筑技术，2001(1)：49～52.

[108] 王建秀,杨立中,何静. 碳酸岩分布区残坡积黏性土物理力学参数相关性分析[J]. 工程勘察，2001(4)：1～4.

[109] 吴礼年,谢巧勤,方玉友. 合肥地区黏性土物理力学指标的相关性分析[J]. 水文地质工程地质，2002(4)：43～45.

[110] 毅天文,何斌. 黄土物理力学性质指标的变异性及相关性分析[J]. 兰州铁道学院学报(自然科学版)，2003(6)：110～112.

[111] 张贵金,徐卫亚. 岩土工程参数多重相关性的度量[J]. 岩石力学与工程学报，2004(7)：1109～1113.

[112] 宁宝宽,陈四利,杨军. 区域性黏土物理力学指标的相关性分析[J]. 土工：基础，2005(1)：51～53.

[113] 刘松玉,吴燕开. 论我国静力触探技术(CPT)现状与发展. 岩土工程学报，2004(4)：553～556.

[114] 王钟琦. 我国的静力触探及动静触探的发展前景. 岩土工程学报，2000 年 9 月第 22 卷第 5 期，

517～522.

[115] 陈强华,俞调梅.静力触探在我国的发展.岩土工程学报,1991,13(1):84～85.

[116] 王钟琦.再谈我国的静力触探及动静触探的发展前景——兼答孟高头先生.岩土工程学报,2001(3):384.

[117] Lunne T,Robertson P K,Powell J M. Cone penetration Testing in Geotechnical Practice[M]. Chapman & Hall,1997.

[118] U S Department Of Transportation Federal Highway Administrator. The Cone Penetration test [M]. 1992.

[119] B Ladanyi,T Lunne. Predicting creep settlements of foundations in permafrost from the results of cone penetration tests[J]1995(5):835～847.

[120] 折学森.软土地基沉陷计算[M].北京:人民交通出版社,1998.

[121] 黄文熙.土的工程性质[M].北京:水利电力出版社,1983.

[122] 叶书麟.地基处理[M].北京:中国建筑工业出版社,1988.

[123] Dove J E,Boxill L E C, Jarrett J B. CPT-based index for evaluating ground improvement. Geotechnical Special Publication,2000(10):296～310.

[124] Anderson J B,Townsend F C. SPT and CPT testing for evaluating lateral loa-ding of deep foundation. Journal of Geotechnical and Geoenvirionmental Eng-ineering,2001(11):920～925.

[125] Puppala A J,Moalim D. Evaluation of driven pile load capacity using CPT ba-sed LCPC and European interpretation methods. Geotechnical Publication,2002,116:931～943.

[126] Mathmoud M,Woeller D,Robertson P K. Detection of shear zones in anatural clay slope using the cone penetration test and continuous dynamic sampling. Canadion Geotechnical Journal,2000(3):652～661.

[127] 程志勇,徐晓松,楼慧钧.孔压静力触探试验在杭州市绕城高速公路中的应用.土工基础,2003(4):71～74.

[128] 高颂东.静力触探参数与地基土物理力学指标(天津地区)相关分析研究.岩土工程界,2003(7):75～77.

[129] 张德波.静力触探测试土的压缩模量在广州南沙地区的应用研究.岩土工程界,2005(1):75～77.

[130] 费余绮.静力触探与土工试验资料相关分析.河海大学学报,1988(4):67～71.

[131] 徐晓泉.昆明地区地基土指标(f_0、E_S)与静力触探指标(q_c)相关关系分析.云南大学学报(自然科学版),2000(22):103～105.

[132] 潘永家.连云港市地基土指标与静力触探指标相关关系.水文地质工程地质,19－98(2):25.

[133] 简文彬,吴振祥,刘慧明等.闽东南沿海地区软土静力触探参数相关分析.岩土力学,2005(5):733～738.

[134] 安岚,孟高头.静力触探试验在广州南沙地区的应用研究.西部探矿工程,2005(6):13～14.

[135] 张继红,顾国荣.双桥静力触探法判别上海薄夹层黏土地基液化研究.岩土力学,2005(10):1652～1656.

[136] 夏治中.静力触探 P_s 值与实测标准贯入击数 $N_{63.5}$ 的相关关系及其应用.勘探科学技术,1991(5):18～19.

[137] 张苏明.关于标准贯入试验的一些问题.勘察科学技术,1996(5):9～10.

[138] 潘殿琦,邬相国.触探杆长度对确定地层承载力的影响.探矿工程,1998(2):28～29.

[139] 赵文廷.建立标准贯入试验触探杆长度校正系数的公式.建材地质,1994(5):41～42.

[140] 张平,田红花.有关动力触探影响因素修正问题的探讨.沈阳大学学报,1999(2):80～83.

[141] Terzaghi K,Peck R B. Soil mechanics in engineering practice[M]. New York:Wiley,1948.

[142] 港口工程地质勘察规范[S](JTJ 240—97).北京:人民交通出版社,1998.

[143] Peck R B,Hansen W W,Thornburn T H. Foundation Engineering[M]. John Wiley andSons,Inc. New

York. Foundation,1974.

[144] 尹永川.新近沉积黏性土的压缩模量与标准贯入试验锤击数的关系.水文地质工程地质,2002(1):68.

[145] 郑美田,黎镜源等.冲积粉质黏土层压缩模量与标准贯入击数线性相关关系探讨.广州建筑,2004(3):21～24.

[146] 杜学玲,杨俊彪,张喜发.沙漠砂抗剪强度指标与原位测试指标关系研究.岩土力学,2005(5):837～840.

[147] 朱海.细粒土内摩擦角与标准贯入锤击数的相关分析.人民珠江,2004(2):26～27.

[148] 林华国,贾兆宏,张立丽.砂土液化判别方法研究.岩土工程技术,2007(2):89～93.

[149] 李双英,黄荣通.试用标准贯入试验判断薄层状黏土的状态.西部探矿工程,2006(10):83～84.

[150] 陈达钦.以标准贯入击数判断场地地震液化的概率方法.力学季刊,2001(4):521～526.

[151] 林宗元.岩土工程试验监测手册[M].沈阳:辽宁科学技术出版社,1994:305～325.

[152] 安明.应用静载荷试验成果反演地基土压缩模量指标.建筑施工,2005(8):14～15.

[153] 盛崇文.碎石桩在软基加固中的应用.水利水电出版社,1980:242～248.

[154] 邓修甫,刘新华,张琳.碎石桩复合地基的沉降计算.湖南科技大学学报(自然科学版),2003(4):55～57.

[155] 高广运,李勇,艾智勇.载荷试验确定基床系数的修正方法.岩土工程界,2004(4):15～18.

[156] 周宏磊,张在明.基床系数的试验方法与取值.工程勘察,2004(2):11～15.

[157] 林孔锴.复合地基荷载板面积对试验的影响.第五届土力学及基础工程学术会议论文选集.北京:中国建筑工业出版社,1990:446～448.

[158] 段继伟.柔性桩复合地基的数值分析:[学位论文].浙江大学,1993.

[159] 段继伟,龚晓南,曾国熙.水泥搅拌桩的荷载传递规律,岩土工程学报,1994,16(4):1～8.

[160] C F Leung,T S Tang. Load Distribution in Soft Clay Reinforced by Sand Columns. Proceedings of the internations conference on softsoil engeering. SciencePress,Beijing, China,1993,779～784.

[161] D T Bergardo,F L Lam. Full Scale Load Test of Granular Piles with Different Desities and Different Proportions of Gravel and Sand on Soft BangkokClay. Soils and Foundations. 1987,27(1):86～93.

[162] 土工试验规程(载荷试验 SD128-026-86),北京:水利电力工业部,1998, 384～386.

[163] 李小勇.载荷板尺寸效应的试验研究.大连理工大学学报,2005(1):44～47.

[164] 肖兵,张敏勇.平板载荷试验应思考的几个问题.岩土力学,2003(增):72～73.

[165] 周镜.岩土工程中的几个问题[J].岩土工程学报,1999(1):2～8.

[166] 王志亮.软基路堤沉降预测和计算[D].河海大学,2004,6:1.

[167] 李广信.高等土力学.北京:清华出版社,2004.

[168] 陈祥福.沉降计算理论与工程实例[M].北京:科学出版社,2005.

[169] Muller G, Yifeng Hu.武广高速铁路路基技术设计和施工部分咨询结果[C].武广铁路高速铁路建设技术汇编.成都:西南交通大学出版社,2007,8:138～141.

[170] 罗成,熊林敦.武广高速铁路路基技术咨询总结[C].武广铁路高速铁路建设技术汇编.成都:西南交通大学出版社,2007,8:145～149.

[171] Asaoka. Observational procedure of settlement prediction[J]. Soil and Foundations, 1978, (18) :87～101.

[172] 折学森.软土地基沉降计算[M].北京:人民交通出版社,1999:104～119.

[173] 黄文熙,土的工程性质[M].北京:水利电力出版社,1984:138～168.

[174] 陈宗基.固结及次时间效应的单向问题[J].土木工程学报,1958,5(1):1～9.

[175] 门福录.上海黏土流变性质及地面沉降问题初步研究[J].自然灾害学报,1999,8(3):117～126.

[176] 沈珠江.用有限单元法计算软土的固结变形[J].水利水运科技情报,1977,(1):7～12.

[177] 钱家欢,殷宗泽.土工原理与计算[M].北京:中国水利水电出版社,1996.

[178] 王盛源.变荷载下的黏弹性体一维固结问题[J].水利水运科学研究,1981,2:10～17.

[179] 曾国熙，龚晓南. 软土地基固结有限元法分析[J]. 浙江大学学报，1983，(1)：1～4.
[180] 谢康和，潘秋元. 变荷载下任意层地基一维固结理论[J]. 岩土工程学报，1995，17(5)：80～85.
[181] 赵维炳. 广义 Voigt 模型模拟的饱和土体一维固结理论及其应用[J]. 岩土工程学报，1989，11(5)：78～85.
[182] 宰金珉，周峰，徐美娟，等. 等积变换近似积分法及其应用—三相土固结沉降预测研究[J]. 岩土力学，2006，27(1)：47～50.
[183] 吴世明，陈龙珠，杨丹. 周期荷载作用下饱和黏土的一维固结[J]，浙江大学学报，1988，22(5)：60～70.
[184] 黄传志，肖原. 二维固结问题的解析解[J]. 岩土工程学报，1996，(3)：1～6.
[185] 李冰河，王圭华，谢康和，等. 软黏土非线性一维固结有限差分法分析[J]. 浙江大学学报，2000，34(7)：376～381.
[186] 栾茂田，钱令希. 层状饱和土体一维固结分析[J]. 岩土力学，1992，13(4)：45～56.
[187] 谢康和. 双层地基一维固结理论与应用[J]. 岩土工程学报，1994，16(5)：24～35.
[188] Pyrah I C. One-dimensional consolidation of layerd soils [J]，Geotechnique，1996，46 (3)：555～560.
[189] 徐长节，耿雪玉，蔡袁强. 任意荷载下欠固结地基的非线性一维固结[J]. 岩土力学，2006，27(3)：389～394.
[190] 齐添，谢康和，李西斌. 软土的一维非线性固结计算参数及其测定[J]. 浙江大学学报(工学版)，2006，40(8)：1389～1393.
[191] Xie Kang-he，Qi Tian，Dong Ya-qin. Nonlinear analytical solution for one-dimensional consolidation of soft soil under cyclic loading[J]. Journal of Zhejiang University，2006(7)：1358～1364.
[192] 曹宇春，陈云敏，黄茂松. 任意施工荷载作用下天然结构性软黏土的一维非线性固结分析[J]. 岩土工程学报，2006，28(5)：569～575.
[193] 谢康和，郑辉，C J Leo. 变荷载下饱和软黏土一维大应变固结解析理论[J]. 水利学报，2003，10：6～14.
[194] 李冰河. 成层饱和软黏土地基大应变固结理论研究[D]. 浙江大学，1999.
[195] 谢新宇，张继发，曾国熙. 半无限体地基一维非线性大变形固结解析分析方法研究[J]. 水利学报，2002(7).
[196] 王宏志，陈仁朋，周万欢. 双层地基一维非线性固结的 DQM 解[J]. 水利学报，2004，4：8～15.
[197] R P Chen，W H Zhou，H Z Wang. One-dimensional nonlinear consolidation of multi-layered soil by differential quadrature method[J]. Computers and Geotechnics，2005，32(5)：358～369.
[198] 陈仁朋，周万欢，王宏志. 用 DQM 求解成层地基一维非线性固结问题[J]. 计算力学学报，2005，22(3)：310～315.
[199] 温介邦，谢康和，胡安峰. 双层超固结软黏土地基一维非线性固结分析[J]. 水利学报，2007，38(2)：226～232.
[200] 施建勇，杨立昂，赵维炳. 考虑土体非线性特性的一维固结理论研究[J]. 河海大学学报(自然科学版)，2001，29(01)：54～59.
[201] 夏建中，江雯，谢康和. 成层非均质地基一维固结方程半解析求解[J]. 中国公路学报，2006，19(3)：8～11.
[202] 谢康和，周瑾，董亚钦. 循环荷载作用下地基一维非线性固结解析解[J]. 岩石力学与工程学报，2006，25(1)：21～26.
[203] 白冰. 饱和土体固结变形特征的一种非线性描述[J]. 岩石力学与工程学报，2005，24(11)：1966～1971.
[204] 梅国雄. 固结有限层理论及其应用[J]. 岩石力学与工程学报，2002，21(12)：1908.
[205] 梅国雄. 固结有限层理论及其应用[D]. 河海大学，2001.
[206] S Nishimura，H Fujii，K Shimada. Consolidation inverse analysis using pore water pressure measurement[C]. International Symposium on Coastal Geotechnical Engineering in Practice，2000，1：101～106.

2 武广高速铁路典型区段红黏土工程特性

2.1 红黏土区段工程地质资料及试验研究概况

2.1.1 概 述

2.1.1.1 咸宁工点工程地质资料(DK1274+642～647)

(1)0～0.5 m:种植土,黄褐色,硬塑,见植物根系。

(2)0.5～3.6 m:粉质黏土,微红色,硬塑,呈网纹状构造,间灰白色。

(3)3.6～4.0 m:粉质黏土,微红色夹黄褐色,硬塑,呈网纹状构造,间灰白色,切面不光滑,手捏有颗粒感。

(4)4.0～16.0 m:含砾粉质黏土,褐黄色,中密饱和,含细角砾 40%,砾径一般 ϕ5～20 mm,最大 ϕ30 mm。圆棱状,成分砂岩,取样呈松散状,以黏性土填充。地下稳定水位深 3.6 m。

2.1.1.2 泉口工点工程地质资料(DK1293+432～DK1294+065)

(1)0～0.5 m,种植土,见植物根系。

(2)0.5～7.9 m,黏土,红色,硬塑,呈网纹状构造,间灰白色;其中 3.6～4.0 m,4.9～5.3 m,5.8～6.6 m 中夹 3%成分为石英的细角砾。

(3)7.9～9.7 m,黏土,褐黄色,硬塑,呈网纹状构造,间灰白色,夹 3%～10%不等的粗细角砾,成分为石英砂岩。

(4)9.7～10.5 m,黏土,褐黄色,硬塑,网纹状构造,间灰白色,夹 30%粗细角砾,成分为石英、砂岩、灰岩。

(5)10.5～17.4 m,褐黄色黏土,硬塑,含 5%锰质结核。

(6)17.4～22.3 m,同上,夹 3%细角砾,粒径 ϕ5～20 mm;22.3～22.8 m,底部冲击反弹。地下稳定水位深 1.8 m。

2.1.1.3 耒阳工点工程地质资料(DK1784+889.1)

(1)0～0.5 m,种植土,可见植物根系。

(2)上部为典型的黏土,微红色夹褐黄色,偶尔间灰白色,呈网纹状构造。硬塑,浸水后黏性较强。12～15 m 左右时,土层中有 5%锰质结核及 30%砾岩,粒径为 ϕ5～15 mm;钻孔至 14.5 m 时,夹 15%角砾,粒径 ϕ15～30 mm,成分灰岩,标贯轻微反弹。

(3)14.5～14.9 m 时,冲钻轻微反弹,钻头变形;14.9～15.1 m 时,黏土夹碎石 60%,褐黄色,软塑,粒径 ϕ30～70 mm,成分灰岩,冲击困难,反弹严重。

2.1.2 试验研究目的、内容和方法

2.1.2.1 试验目的

室内试验的目的在于通过一系列土工试验,进行工程用土的鉴别、定名和描述,以便对土

的性状作定性评价；通过含水率、密度、固结等常规试验确定土的物理力学性质以及土体的变形特性，从而指导工程实际。

2.1.2.2　试验内容

试验内容见表 2-1，目的是进行工程用土的定义，分析土的成因及组成，测定土体的物理力学指标，如含水率、抗剪强度、变形特性。

2.1.2.3　试验方法

依据中华人民共和国铁道部发布的《铁路工程土工试验规程》(TB 10102—2004)和水利部发布的《土工试验规程》(SL 237—1999)，对取自武广高速铁路沿线的泉口、咸宁、耒阳和郴州等工点的原状红黏土进行室内土工试验。

表 2-1　试验项目列表

试验项目	试验项目
常规指标(含水率、密度、饱和度、空隙比)	膨胀性试验
颗粒分析	压缩试验
液塑限	收缩试验
固结试验	渗透
三轴剪切试验	动三轴
共振柱试验	残剪
体积动剪应变门槛	高压固结
疲劳动三轴	原状红黏土干湿循环试验

2.1.2.4　试验工作量统计

2005、2006 年，课题组曾对武广高速铁路武汉至韶关段 4 个工点(岳阳、泉口、咸阳、耒阳)进行了现场试验和相应的室内试验。现场试验包括：载荷试验、静力触探试验、标准贯入试验；室内土工试验包括：常规试验、静三轴、动三轴等。课题组结合现场试验和室内试验，分析了该四个工点地基的变形特点。

根据现场钻探勘查取样的结果，可以看出第一次试验(2006 年 3 月)的 4 个工点从上至下的地质情况，岳阳工点从所取原状土样来看，不是红黏土，属于一般黏土，中间夹有较厚的砂层，而且此工点的土样不够，未能进行三轴剪切试验。从泉口(DK1293＋427.5)、咸宁(DK1274＋647.1)、耒阳 3 个工点的土样情况看，它们共同的特点是都属于红黏土地区，但是具体土质情况各有不同。泉口(DK1293＋427.5)工点从上至下分别为红色硬塑网纹状黏土、褐黄色硬塑黏土夹粗细砂砾、褐黄色软塑黏土夹锰铁质结核。咸宁(DK1274＋647.1)工点从上至下为微红色夹褐黄色硬塑黏土、褐黄色夹红色黏土、褐红色硬塑黏土，从上至下均夹有砾石，咸宁(DK1274＋647.1)工点属于典型的红黏土地区。耒阳(DK1784)工点从上至下为网纹状红土夹灰白色条纹、褐黄色软塑黏土。

对于长约 100 km 的红黏土地段来说，以上 3 个工点的土样还不能充分反映沿线红黏土特性，2007 年五六月又新增有代表性的红黏土工点 3 个(DK1260＋195.18～DK1261＋193.27；DK1821＋262.36～399.75 和 DK1291＋380～870)进行室内外试验和现场监测，通过分析试验和监测结果，对该地区红黏土的路基变形特性及边坡稳定性进行了详细的研究，为本线施工图设计提出相应的参考方法。

2008 年十一二月，对 DK1820、DK1821 进行第 4 次补充取样，开展红黏土路堑边坡在水反复作用下的强度指标试验及补充基床动疲劳动三轴试验。

项目组依据中华人民共和国铁道部发布的《铁路工程土工试验规程》(TB 10102—2004)对勘探取得的武广高速铁路沿线的咸宁(DK1260)郴州(DK1821)和泉口(DK1291)工点的原状红黏土进行了大量的室内土工试验，见表 2-2。

表 2-2 室内土工试验工作量统计表

试验项目	试验组数	试验项目	试验组数
常规指标(含水率、密度、饱和度、空隙比)	884	膨胀性试验	130
颗粒分析	124	压缩试验	364
液 塑 限	864	收缩试验	336
固结试验	94	渗 透	73
三轴剪切试验	57	动三轴	53
共振柱试验	53	残 剪	7
体积动剪应变门槛	4	高压固结	20
疲劳动三轴	136	干湿循环试验	144

2.2 武广高速铁路红黏土物理性质标及统计分析

2.2.1 红黏土的物理性质指标

通过对武广高速铁路红黏土大量室内土工试验,得到各物理力学指标试验值,由于在试样的钻取、运输以及制样等过程中不可避免的会产生人为影响,使得试验数据中会产生一些异常值,为保证统计结果的可靠性,在数据处理时结合工程经验和数理统计知识并利用大型统计软件 SPSS 中 Boxplots 过程,对试验结果进行数据异常值的探索,剔除了数据中的异常值和极值(本报告后面凡提到统计结果均指经过异常值剔除后的结果)。三个工点的基本物理性质指标试验值统计结果见表 2-3 至表 2-5。

表 2-3 咸宁工点物理性质指标

指标	液性指数 I_L	均值	95%置信区间	98%置信区间	统计个数	分布范围
	$I_L<0$	26.64	22.22~29.07	21.34~29.95	9	16.2~31.8
w/%	$0<I_L<0.5$	32.05	28.82~35.28	28.15~35.96	23	19.1~43.9
	$I_L>0.5$	42.05	39.52~44.58	38.99~45.11	22	33.7~51.3
ρ/($g \cdot cm^{-3}$)		1.88	1.86~1.91	1.85~1.92	56	1.71~2.10
G_s		2.75	2.742~2.761	2.740~2.746	62	2.69~2.82
S_r/%		95.91	95.09~96.72	94.93~96.88	62	85.3~100
e		0.87	0.81~0.92	0.799~0.936	42	0.54~1.17
w_L/%		45.68	44.38~46.99	44.13~47.24	61	33.0~55.0
w_P/%		24.14	22.72~25.56	22.45~25.83	61	16.0~39.0
I_P/%		21.54	20.42~22.66	20.20~22.88	61	12.0~29.0
I_L		0.44	0.33~0.55	0.312~0.575	52	−0.54~1.12

从试验结果分析看出,武广高速铁路沿线咸宁至耒阳段的红黏土具有如下的物理力学特征:

(1)液塑限较高且离散性大。根据室内土工试验资料(如表 2-4)可知,武广高速铁路红黏土的液限大多在 44%以上,塑限大部分在 22.72%以上,个别小于 20%。

(2)饱和度高。由表 2-3 至表 2-5 可知武广高速铁路沿线红黏土的饱和度大部分在 92%以上,三个工点的饱和度基本在 92%~96.72%之间波动。

表 2-4 泉口工点物理性质指标

指标	液性指数 I_L	均值	95%置信区间	98%置信区间	统计个数	分布范围
w/%	$I_L<0$	25.029	24.009～24.049	23.802～26.257	31	19.4～30.0
	$0<I_L<0.5$	29.19	27.87～30.52	27.61～30.78	37	21.5～39.97
	$I_L>0.5$	—	—	—	—	—
$\rho/(\mathrm{g\cdot cm^{-3}})$		1.95	1.94～1.96	1.93～1.97	70	1.81～2.07
G_s		2.744	2.742～2.747	2.741～2.747	65	2.72～2.82
S_r/%		93.74	92.53～94.95	92.29～95.18	80	77.20～100.79
e		0.81	0.78～0.83	0.77～0.84	70	0.62～1.06
w_L/%		53.39	51.28～55.50	50.87～55.91	82	34～72
w_P/%		26.37	25.49～27.25	25.32～27.42	80	17.0～35.0
I_P/%		26.96	24.97～28.95	24.58～29.33	80	13.0～53.0
I_L		−1.11	−1.95～0.03	−0.21～0.17	78	−1.09～0.48

表 2-5 耒阳工点物理性质指标

指标	液性指数 I_L	均值	95%置信区间	98%置信区间	统计个数	分布范围
w/%	$I_L<0$	22.1	19.71～24.49	19.17～25.03	14	16.0～26.5
	$0<I_L<0.5$	28.24	26.03～30.46	25.56～30.93	21	19.9～38.9
	$I_L>0.5$	34.7			2	33.4～36.0
$\rho/(\mathrm{g\cdot cm^{-3}})$		1.97	1.947～1.996	1.942～2.001	37	1.82～2.11
G_s		2.76	2.752～2.771	2.751～2.773	41	2.71～2.81
S_r/%		94.20	92.82～94.24	92.54～95.85	41	87.60～100.0
e		0.785	0.750～0.819	0.743～0.826	29	0.62～1.001
w_L/%		46.90	44.96～48.84	44.57～49.23	46	32.60～59.90
w_P/%		24.65	23.44～25.87	23.20～26.11	46	17.30～32.30
I_P/%		22.25	20.81～23.68	20.53～23.96	46	12.0～31.1
I_L		−0.15	−0.32～0.03	−0.35～0.06	46	−1.42～0.87

(3)孔隙比较大,天然容重大。三个工点的红黏土孔隙比比一般的黏性土孔隙比大,但是比我国典型红黏土地区如贵州、广西等地方的红黏土孔隙比要小,刘恒对贵州六盘水红黏土的研究表明其孔隙比 e 平均值为 1.43,最大值达 1.84;欧孝夺等人对广西红黏土的研究表明其孔隙比 e 较大,平均值为 1.06。这是由于红黏土的母岩不同而造成的,武广高速铁路红黏土属于石灰岩残积红黏土,所以它的孔隙比大部分在 0.81～0.92 之间,有小部分小于 0.8,可能是由于土样运输和试验造成的,天然容重在 1.86～2.0 g/cm³ 之间。

2.2.2 红黏土物理性质指标之间的相关性

红黏土室内试验结果的精度受诸多因素的影响,如取土、搬运、土样制备、操作技术、试验设备等。一般来说,土的含水率的测定对取样要求低、操作环节少、程序简单,测量精度较好。因此,可以通过简单的含水率试验,利用含水率与其他参数之间的关系来推算这些参数。对于变形特性的两个重要指标:压缩指数和压缩系数,由于高含水率的红黏土取样困难,费用较为昂贵,而且原状土的扰动直接影响着固结试验的精度,因此,可以建立红黏土的变形指标与物理力学性质指标之间的经验关系，通过物理力学性质指标来预测其变形指标。对此，国内外的岩土工程师做了大量的工作，如 1944 年 Skempton[1] 最早得出了压缩指数 C_c 和液限 w_L 之间的线性关系，Terzaghi 和 Peck 在 1967 年得出了正常固结土 C_c 和液限 w_L 之间的线性关系，在液限达到 110%时还具有极好的相关性[2]。Huat 在 1995 年也得出了 Kelang 地区[3]黏土的 C_c 和液限 w_L 之间的线性关系。Braja M. Das 在《岩土工程原理》一书中列出了适用于不同地区黏土和所有黏土的 C_c 和 w_L、e_0 之间的线性关系。而 Rendon-Herrero 在 1983 年、Braja M. Das 和 Murty[4] 在 1985 分别给出了带有不同参数的压缩指数方程。国内的高大钊[5]、顾小芸[6]分别对上海软黏土、渤海海底淤泥的物性指标进行数理统计分析，也得到了一些回归方程。

根据室内试验统计结果，利用统计学知识，按照不同工点分别对各物理指标进行回归分析，得到了回归方程及其相关系数。工程实际中可根据实际需要加以使用，回归结果见表 2-6。

表 2-6　红黏土物理力学指标回归分析表

参　数	咸　宁		泉　口		耒　阳	
	回归方程	R^2	回归方程	R^2	回归方程	R^2
$\rho_0—w$	$\rho_0=-0.01w+2.23$	0.76	$\rho_0=-0.01w+2.23$	0.59	$\rho_0=-0.01w+2.23$	0.49
$e_0—w$	$e_0=0.025w+0.108$	0.89	$e_0=0.023w+0.166$	0.74	$e=0.02w+0.255$	0.75
$e_1—w$	$e_1=0.03w+0.03$	0.94	$e_1=0.03w+0.04$	0.90	$e_1=0.02w+0.11$	0.78
$w_P—w_L$	$w_P=0.58w_L-2.25$	0.61	$w_P=0.25w_L+13.66$	0.46	$w_P=0.42w_L+4.84$	0.46
$G_s—n$	$G_s=0.04n+2.543$	0.66	$G_s=0.01n+2.50$	0.44	$G_s=0.002n+2.636$	0.29
$\alpha_{1-2}—w$	$\alpha_{1-2}=0.01w-0.1$	0.61	$\alpha_{1-2}=-0.02w+0.92$	0.15	$\alpha_{1-2}=0.01w+0.14$	0.65
$e_1—\rho_0$	$e_1=-2.47\rho_0+5.60$	0.89	$e_1=-1.87\rho_0+4.42$	0.80	$e_1=-1.91\rho_0+4.52$	0.77
$e_1—G_s$	$e_1=6.12G_s-15.94$	0.83	$e_1=2.90G_s-7.26$	0.79	$e_1=3.66G_s-9.27$	0.31

注：e_1 为 100 kPa 对应的孔隙比。

从表 2-6 可以知道红黏土有些指标间存在良好的线性关系，如 100 kPa 对应的孔隙比 e_1 与初始密度 ρ_0、初始含水率 w_0 之间的相关系数平方值均在 0.77 以上，由于孔隙比 e_1 不能直接测定，而初始密度 ρ_0、初始含水率 w_0 较易测得，工程实践中可以利用回归方程进行孔隙比 e_1 的预估。回归分析的目的就是找出指标间的关系式，以便利用关系式对工程中不能直接测得的指标均值进行初步估计。各工点不同指标对应的回归关系如图 2-1 至图 2-5 所示。

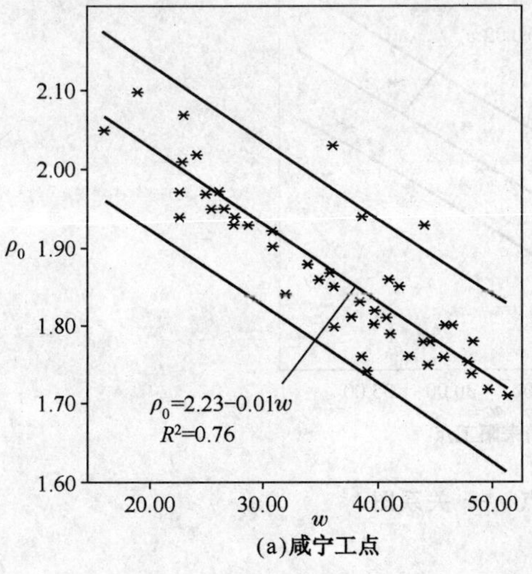

(a)咸宁工点

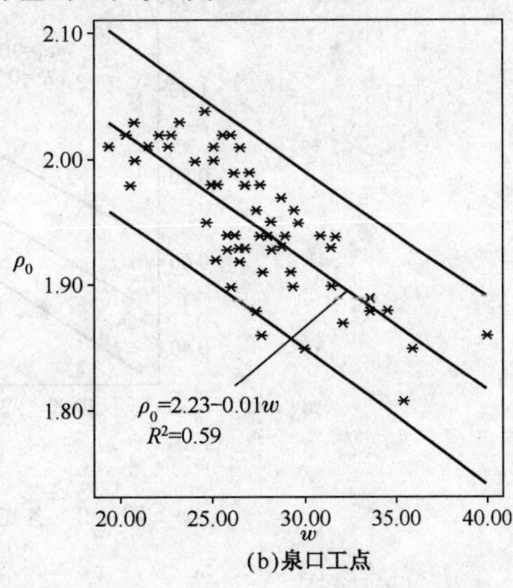

(b)泉口工点

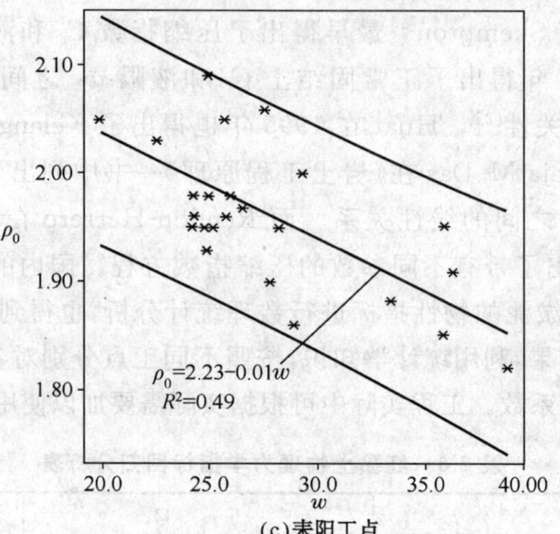

(c)耒阳工点

图 2-1　各工点 ρ_0-w 关系图

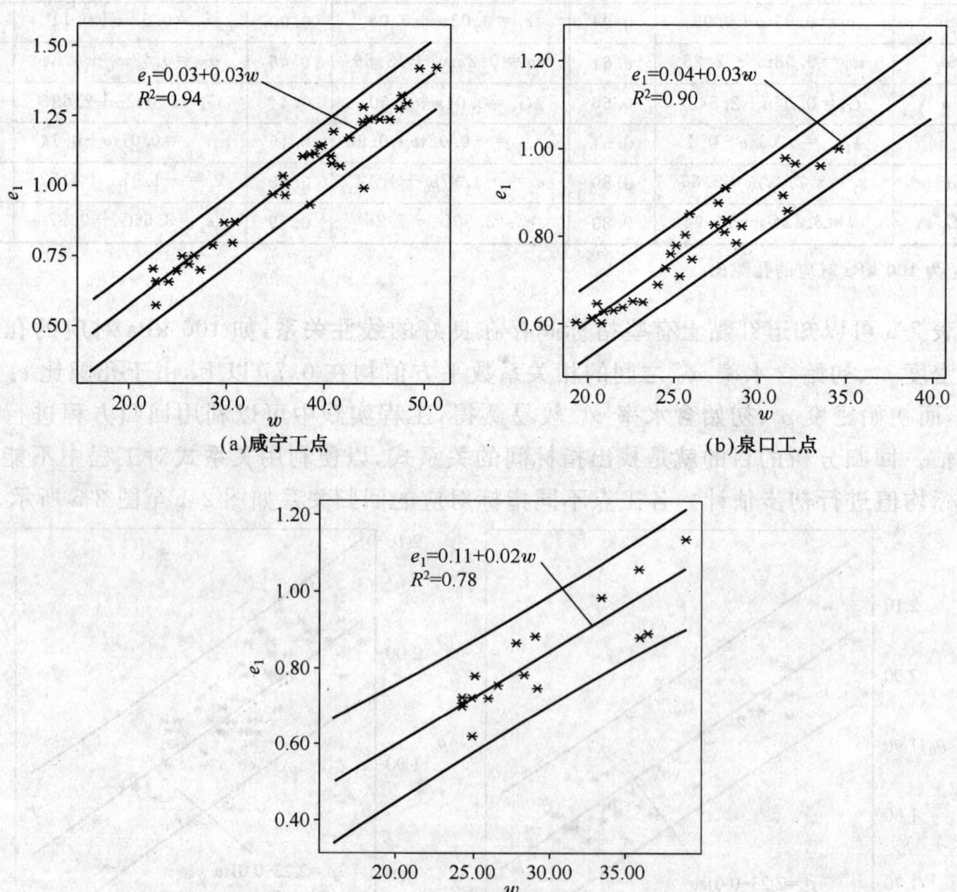

(a)咸宁工点

(b)泉口工点

(c)耒阳工点

图 2-2　各工点 e_1-w 关系图

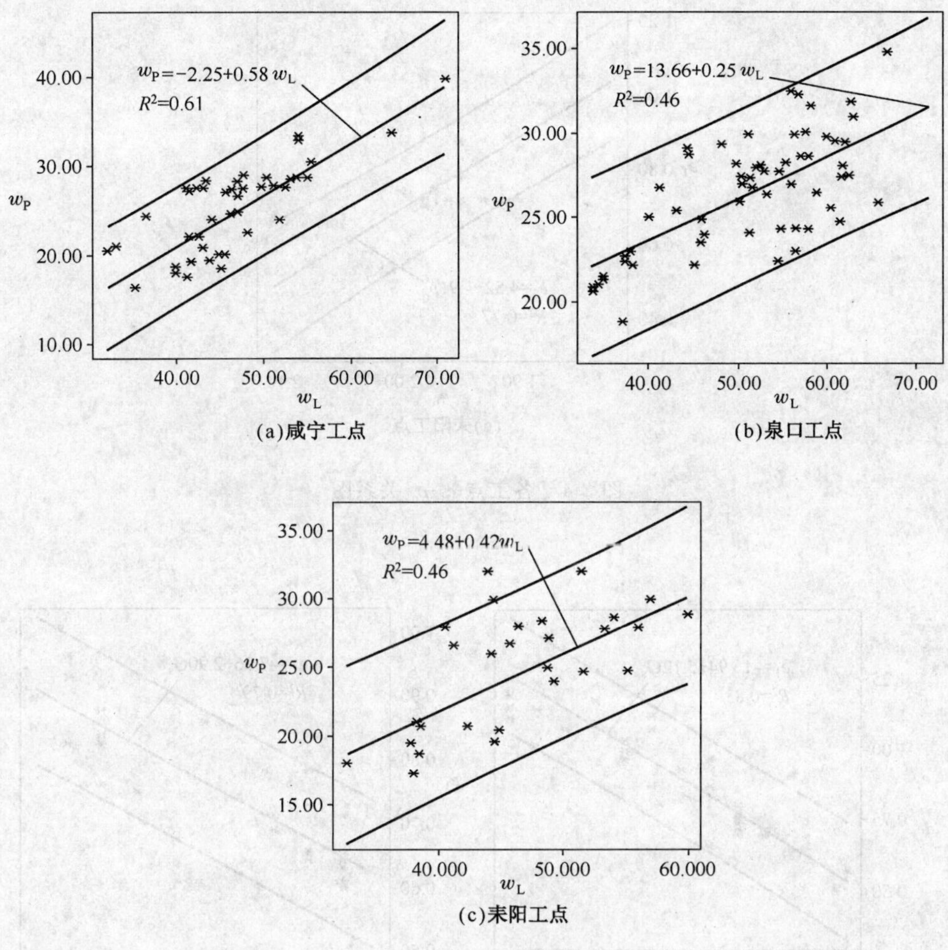

图 2-3　各工点 w_P-w_L 关系图

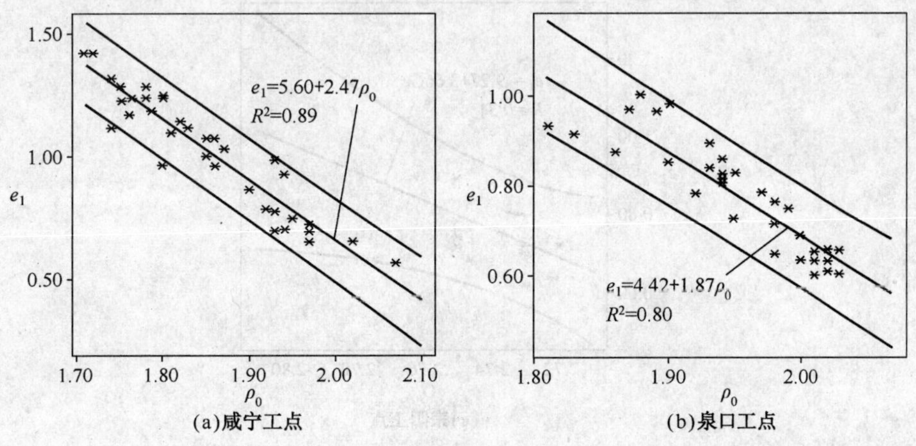

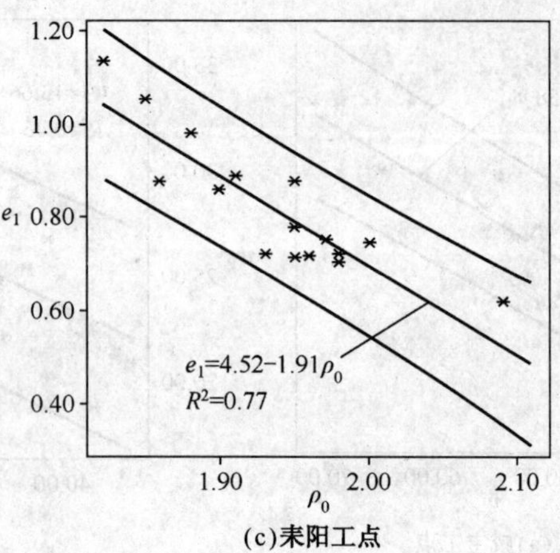

(c)耒阳工点

图 2-4　各工点 e_1-ρ_0 关系图

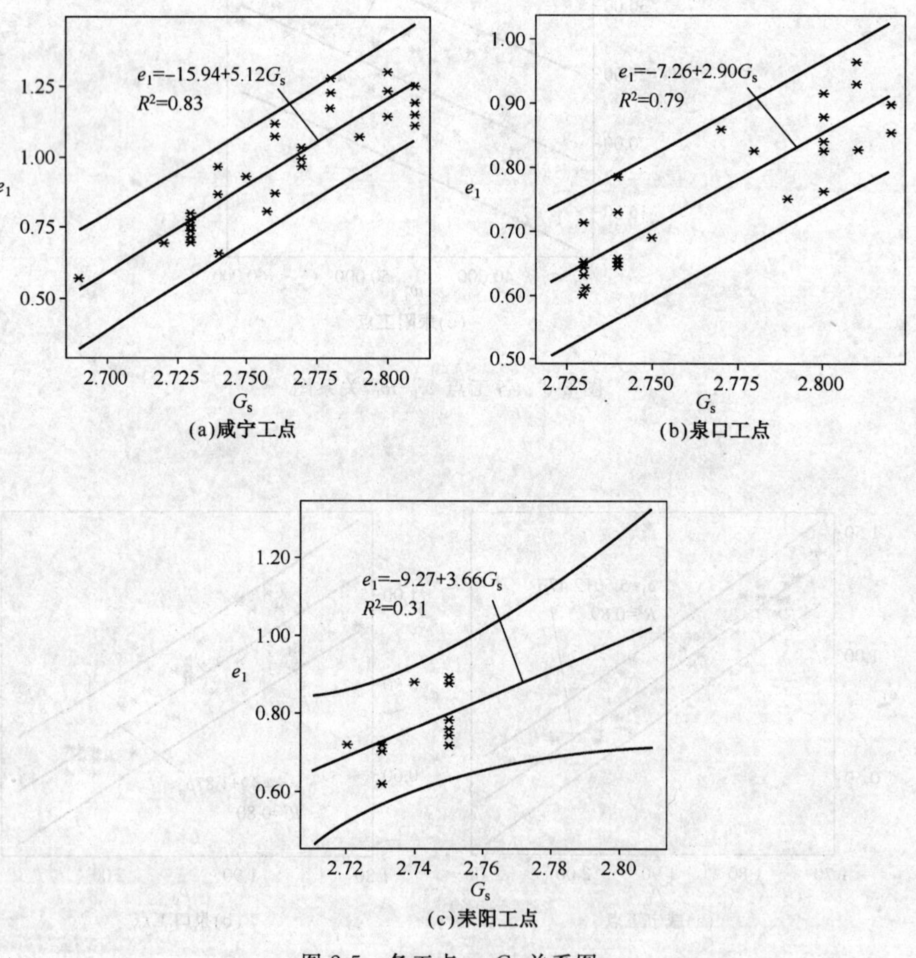

(a)咸宁工点　　(b)泉口工点

(c)耒阳工点

图 2-5　各工点 e_1-G_s 关系图

2.2.3　粒度组成

黏土的物理力学性质主要取决于它的化学成分、矿物成分和土体的结构特征。土粒大小及其矿物成分的不同，对黏土的物理力学性质影响很大。对各工点的原状土样，采用密度计法进行颗粒分析试验，结果如图 2-6 所示。表 2-7 是泉口工点不同深度处的粒度分布，表 2-8 是 3 个工点的粒度组成。

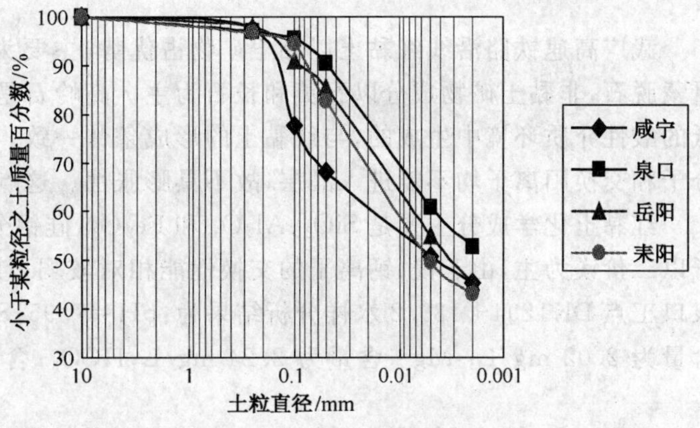

图 2-6　土粒径级配曲线

从图 2-6 可看出，4 个工点的颗粒级配曲线相似，级配曲线坡度较陡，颗粒大小相差不多，土粒较均匀。土的物理力学性质主要取决于土的成分及颗粒粒径组成，因此可由这四个工点所取的原状土样，概率统计分析该区域红黏土的各种工程性质。

表 2-7　粒度分布试验结果

取土深度 /m	粒径大小 /mm								
	>5 %	2～5 %	2.0～0.5 %	0.5～0.25 %	0.25～0.1 %	0.1～0.05 %	0.05～0.005 %	0.005～0.002 %	<0.002 %
0.7～0.9	0.10	0.37	0.77	0.30	1.87	5.40	43.06	12.13	36.00
2.0～2.2	0.10	0.11	0.63	0.31	1.84	5.97	45.20	10.53	35.31
3.3～3.5	0.10	0.20	0.57	0.23	1.87	6.23	44.00	9.33	37.47
5.0～5.2	0.03	0.47	0.47	0.20	2.03	11.60	35.33	7.73	42.14
5.9～6.1	0.93	1.00	1.00	0.23	2.27	12.00	33.07	6.53	42.97
7.6～7.8	2.08	0.56	0.63	0.30	2.50	12.31	32.54	7.21	41.87
9.8～10.0	1.37	1.00	0.80	0.28	3.01	10.34	33.20	5.87	44.13
11.5～11.7	1.10	0.77	0.30	0.13	3.50	11.67	46.40	6.00	30.13
12.8～13.0	0.07	0.70	0.67	0.20	3.50	5.53	50.00	6.00	33.33
13.7～13.9	0.11	0.33	0.27	0.22	4.03	17.73	39.33	5.47	32.51

表 2-8　红黏土的粒度组成

工点	粒度组成 /%					
	≥0.25 mm	<0.25 mm	<0.1 mm	<0.05 mm	<0.005 mm	<0.002 mm
咸宁	2.54	97.46	77.73	68.13	50.8	45.33
泉口	2.89	97.09	95.46	90.53	60.8	52.80
耒阳	3.16	96.84	94.57	82.57	49.5	42.97

红黏土的粒度剖面特征表现为粒度的均匀性特征。在红黏土的土体剖面上，除了与基岩接触处厚度很小的一层溶蚀砂状物质外，从上至下土的粒度变化很小，不像花岗岩红土那样，

粒度可以在红土剖面上分层，且粒度由地表往下是逐渐变粗的，这种现象与红黏土的成土过程相一致。

2.2.4 矿物成分

武广高速铁路沿线红黏土以黏土矿物占优势，主要为高岭石、伊利石和绿泥石，部分含少量蒙脱石，非黏土矿物成分以石英和长石为主。高岭石是湿热气候条件下，在碱土金属含量很低的酸性介质环境中生成的，与红黏土的形成条件一致。高岭石具有稳定的结晶格架，极性水分子和交换阳离子均不能进入晶层，故不具膨胀性。这点与膨胀试验所得结果一致。

红黏土化学成分主要是 SiO_2、Al_2O_3 和 Fe_2O_3，硅铝分子比约为 2.43。红黏土交换性阳离子以二价镁为主，由于镁、钙离子的交换性能相对较弱，红黏土的亲水性和膨胀性较弱。其中泉口工点 DK1294＋139.2 水样分析结果为：pH＝7.95；SO_4^{2-} 含量为 1.32 mg/L；侵蚀性 CO_2 含量为 2.02 mg/L；Mg^{2+} 含量为 2.24 mg/L；HCO_3^- 含量为 116.57 mg/L。

2.3 武广高速铁路红黏土抗剪强度指标及统计分析

2.3.1 红黏土三轴试验研究

2.3.1.1 试验目的和方法

室内静三轴试验的目的是测定土的抗剪强度参数 c、φ，有效抗剪强度 c'、φ' 及变形参数。本试验用 3～5 个圆柱体试样，分别在不同的围压下，施加轴向压力而产生主应力差，进行剪切至破坏，然后根据摩尔—库仑理论，求得抗剪强度参数。根据排水条件不同，第一次试验（2006 年 3 月）对 4 个工点，第二次试验（2007 年 6 月）对 3 个工点现场所取的原状土分别进行了不固结不排水剪切（UU）、固结不排水剪切（CU）、和固结排水剪切（CD）3 类试验。

由于实际地基的性状很复杂，要想在试验室完全模拟是不可能的，因此在尽可能保持其主要特征的条件下将试验给以简化。

2.3.1.2 试验仪器设备及标准

（1）仪器设备

三轴试验采用的仪器为 SJ-1A、SJ-1B 型三轴剪力仪，SJT-201 型三轴仪试验机。施加围压装置是 YW-10C 液压稳压装置和 YW-20A 型液压稳定装置。测定孔压装置为 KYY-1-2 型孔压测量仪。

（2）试验标准

试验采用的标准为中华人民共和国铁道部发布的《铁路工程土工试验规程》（TB 10102—2004）和水利部发布的《土工试验规程》（SL 237—1999）。

①固结稳定标准

对需要固结的试验，剪切前进行等向固结，对一组土样在不同的围压下进行等向固结，同时打开排水阀门，按 0、10、20、30 min 等时间测记排水管水面读数，当两次读数差小于 0.05 ml 时，视该土样固结稳定。

②破坏标准

本试验采用的是应变控制的单向压缩试验，在试验过程中，在一定的时间内控制试样产生一定的应变，测定相应的应力。应变控制能较准确地测定剪应力和剪切变形曲线的峰值和最终值。剪切过程中达到峰值或至轴向应变达 15％视为剪切破坏。

(3)试样的制备

取两次试验6个工点的原状土进行试样制备，用削样器把原状土试件加工成39.1 cm×8.0 cm的圆柱体试件。泉口(DK1293+427.5)、咸宁(DK1274+647.1)两处所用土样为地下水以下的饱和土样，耒阳(DK1784+874)工点所用土样为地下水以上土样，泉口(DK1291+381)所用土样为经CFG桩加固后的土样，其余土样均为天然状态含水率。

2.3.1.3　三轴试验数据及处理

(1)抗剪强度计算

对于不固结不排水剪切的试样，试样高度取原始高度 $h_0=8$ cm。剪切时试样面积取平均值：

$$A_a=\frac{A_0}{1-0.01\varepsilon_1}$$

对于固结不排水剪切和固结排水剪切的试样，试样原始高度 $h_0=8$ cm，固结后试样的高度为：

$$h_c=h_0\times\left(1-\frac{\Delta V}{V_0}\right)$$

固结后试样面积：

$$A_c=A_0\times\left(1-\frac{\Delta V}{V_0}\right)^{2/3}$$

固结不排水剪切试验时剪切面积：

$$A_a=\frac{A_c}{1-0.01\varepsilon_1}$$

固结排水剪切试验剪切面积：

$$A_a=\frac{V_c-\Delta V}{h_c-\Delta h_i}$$

UU、CU、CD试验施加的围压均为100 kPa、200 kPa、300 kPa、400 kPa、600 kPa，以主应力差 $\sigma_1-\sigma_3$ 的峰值作为破坏点，若剪切至轴向应变 ε_1 达15%时仍无峰值，则取 $\varepsilon_1=15\%$ 时相应的值作为破坏值，3类试验的剪切速率分别为0.5%、0.1%、0.012%，若测孔隙水压力时，剪切速率为0.05%。

绘制强度包线时，以法向应力 σ 为横坐标，剪应力 τ 为纵坐标，在横坐标上以 $\frac{(\sigma_1+\sigma_3)_f}{2}$ 为圆心，$\frac{(\sigma_1-\sigma_3)_f}{2}$ 为半径绘制摩尔圆，然后作圆包线，包线的倾角为内摩擦角，其截距为黏聚力。

①不固结不排水剪切(UU)

不固结不排水剪切是在施加围压和轴向压力直至破坏过程中均不允许试样排水，该试验可测得抗剪强度参数 c_u、φ_u，见表2-9。

表2-9　各工点不固结不排水剪切(UU)试验结果

试验工点	组号	深度/m	标贯 N	c_u/kPa	φ_u/°
泉口(DK1293+427.5)	1	16～17	14	21.86	4.56
	2	16～17	14	12.53	5.13
	3	16～17	14	19.49	4.24
	4	8	18	21.75	9.04
咸宁(DK1274+647.1)	1	5～13	19～20	9.73	9.32
	2	5～8	11～18	39.24	9.68

续上表

试验工点	组号	深度/m	标贯 N	c_u/kPa	φ_u/°
耒阳(DK1784+874)	1	12.7～12.9	18	37.21	7.54
	2	6.3～6.5	26	21.39	6.56
	3	15.0～15.2	10	39.19	17.26
	4	12.4～12.6	15	67.03	4.64
咸宁(DK1260+320)	1		/	10.49	4.86
	2		/	33.91	2.79
郴州(DK1821+310)	1		/	9.99	12.14
郴州(DK1847+080)	2	4.7～5.1	/	38.77	12.83

②固结不排水剪切(CU)

试样先在某一围压作用下排水固结，然后在保持不排水的情况下，增加轴向压力至破坏，试验可测得总抗剪强度或有效抗剪强度和孔隙压力系数，见表2-10。

表2-10 各工点固结不排水剪切(CU)试验结果

试验工点	组号	深度/m	标贯 N	c/kPa	φ/°
泉口(DK1293+427.5)	1	11.4～14.4	16～17	40.07	10.87
	2	12.4～13.3	17～18	35.02	8.12
	3	9.8～10.4	22	14.99	13.33
	4	5.8～6.4	22	50.45	17.84
咸宁(DK1274+647.1)	1	12.7～12.9	19	22.36	15.59
	2	2.8～3.0	23	97.37	14.12
	3	8.8～9.0	14	11.67	15.39
	4	6.2～6.4	13	34.08	12.37
耒阳(DK1784+871)	1	6.3～6.5	33	49.62	23.07
	2	5.9～6.1	24	69.78	26.41
	3	8.9～9.1	16	64.89	17.03
咸宁(DK1260+320)	1			18.70	9.59
	2			10.06	14.74
郴州(DK1821+310)	1			14.96	11.76
泉口(DK1291+381)	1			12.52	13.99

③固结排水剪切(CD)

试样先在某一围压作用下固结，然后在允许试样排水的情况下，增加轴向压力至破坏，试验可测得有效抗剪强度参数和变形参数，见表2-11。

(2)试验曲线

为研究红黏土在不同条件下的变形特点，分别绘制应力—应变曲线、不同初始含水率红黏土的应力—应变特性及强度变化曲线。

表 2-11 各工点固结排水剪切(CD)试验结果

试验工点	组号	深度/m	标贯 N	c/kPa	φ/°
泉口(DK1293+427.5)	1	7	21	44.70	9.97
	2	10～11	14～19	60.86	12.15
	3	16～17	14	19.64	18.44
	4	8	22	47.79	11.63
咸宁(DK1274+647.1)	1	5～3.7	11～23	54.10	22.38
	2	3～5	11～23	94.00	17.09
	3	6	10	15.17	12.45
	4	9.8	15	95.87	8.18
耒阳(DK1784+871)	1	8.5～8.7	20	122.06	20.67
	2	5.0～5.2	30	60.56	29.60
	3	4.6～4.8	32	50.97	29.18
	4	13.7～13.9	18	46.96	25.19
咸宁(DK1260+320)	1		/	25.90	13.82
	2		/	48.53	14.42
郴州(DK1821+310)	1		/	37.26	15.76
泉口(DK1291+381)	1		/	25.28	11.85
郴州(DK1847+540)	2	11.1～11.4	/	22.13	31.35

①应力—应变曲线

根据试验数据，对 UU、CU、CD 试验，以轴向应变 ε_1(%)为横坐标，主应力差 $\sigma_1-\sigma_3$ 为纵坐标绘制二者之间的关系曲线，见图 2-7～图 2-9。

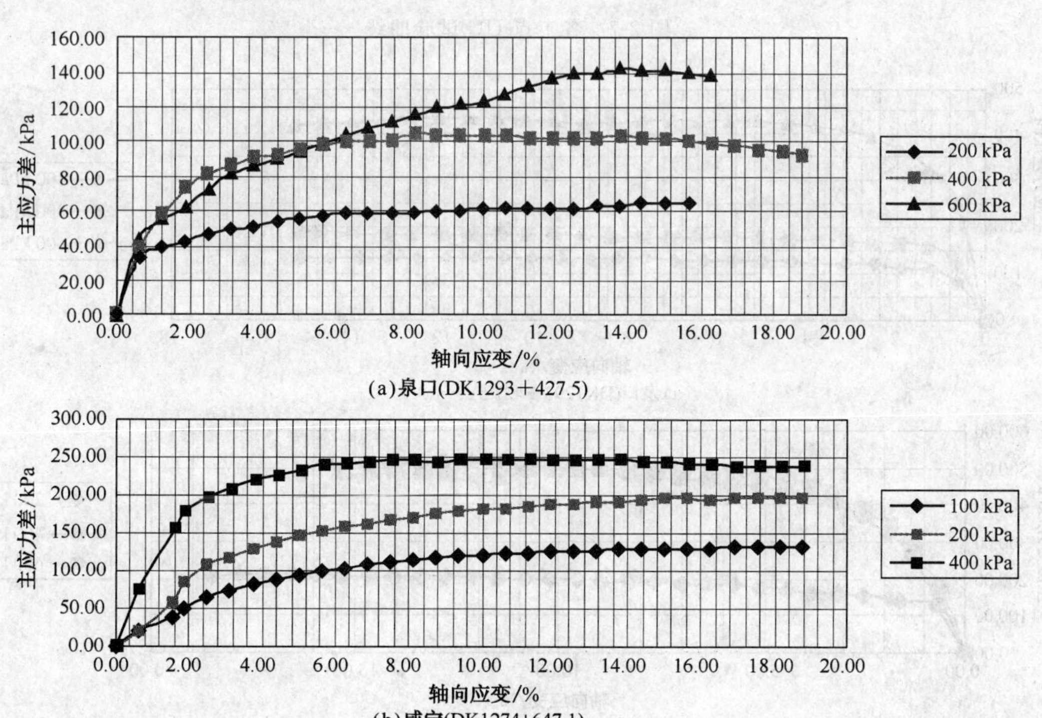

(a)泉口(DK1293+427.5)

(b)咸宁(DK1274+647.1)

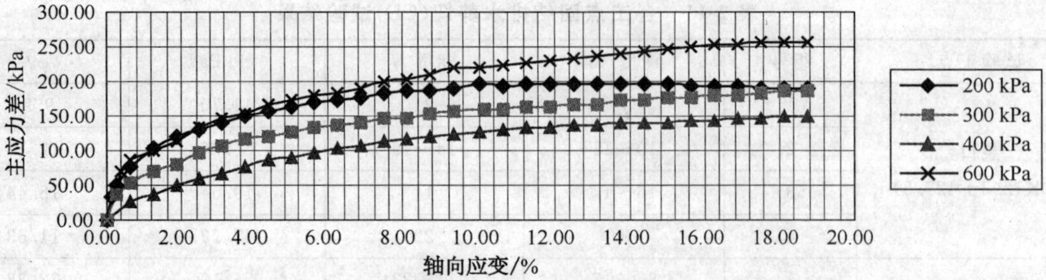

主应力差/kPa
轴向应变/%
200 kPa
300 kPa
400 kPa
600 kPa

(c)耒阳(DK1784＋887)

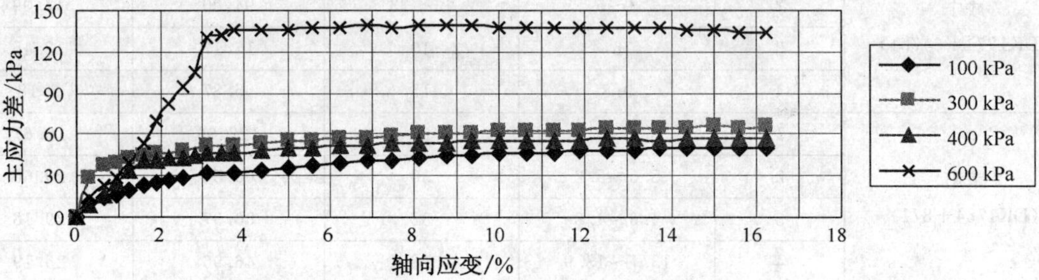

主应力差/kPa
轴向应变/%
100 kPa
300 kPa
400 kPa
600 kPa

(d)咸宁(DK1260＋240)

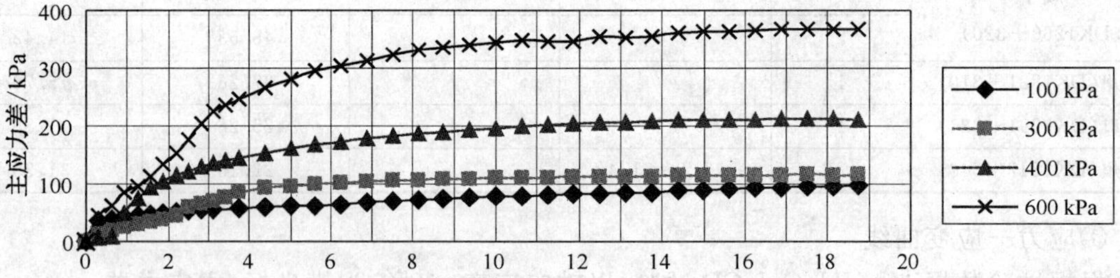

主应力差/kPa
轴向应变/%
100 kPa
300 kPa
400 kPa
600 kPa

(e)郴州(DK1821＋310)

图 2-7　各工点 UU 试验曲线

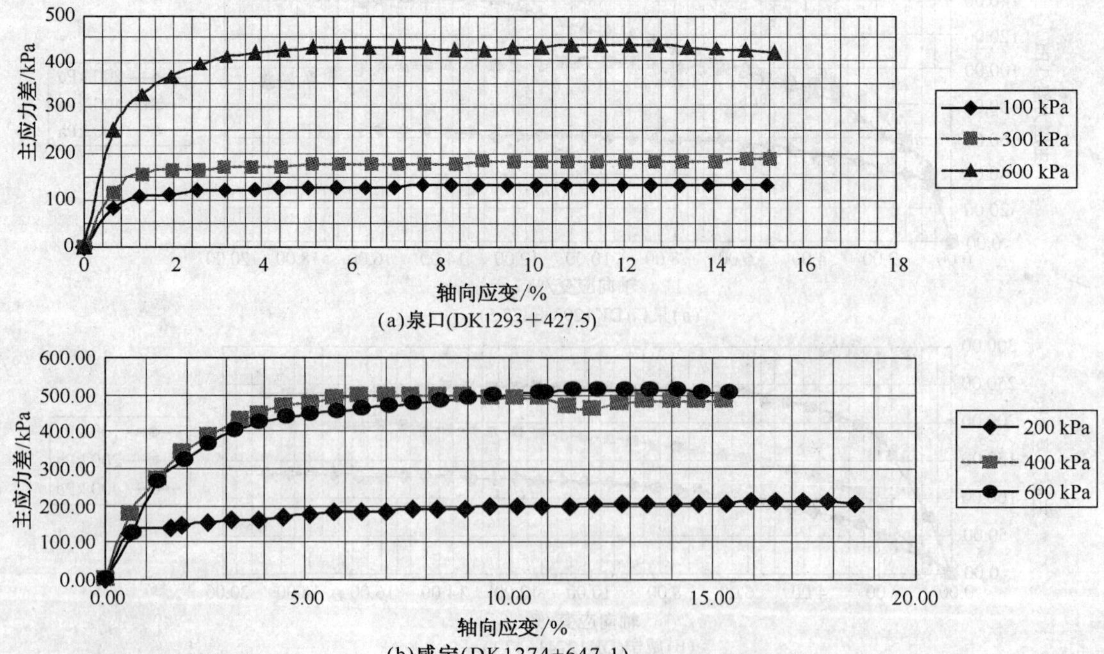

(a)泉口(DK1293＋427.5)

(b)咸宁(DK1274+647.1)

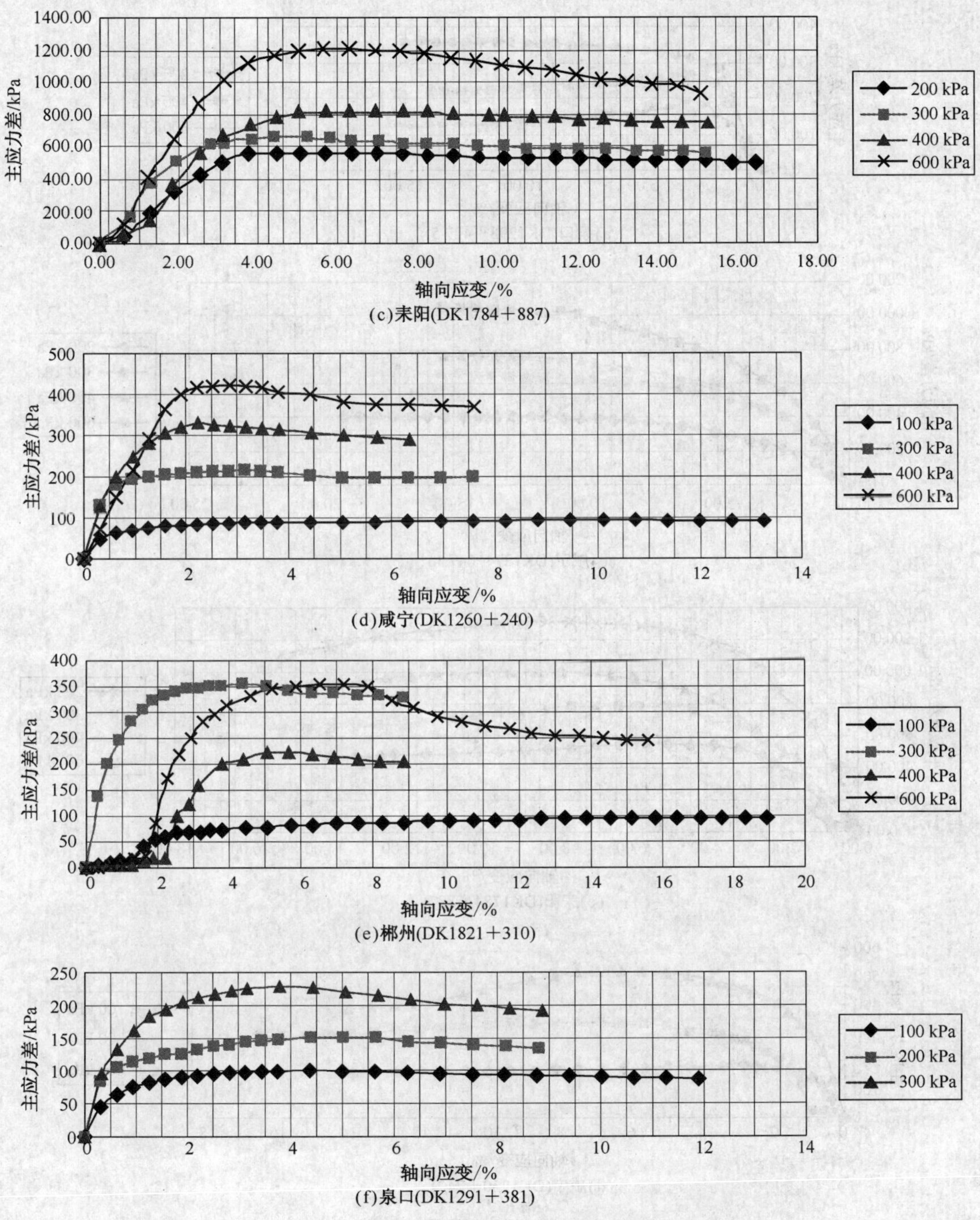

图 2-8 各工点 CU 试验曲线

②不同初始含水率红黏土的应力—应变特性及强度变化曲线

a.不同含水率下的应力—应变曲线及强度变化曲线见图 2-10 所示。

如图 2-10 所示，初始含水率对红黏土试样的峰值强度影响明显，含水率与峰值强度呈非线性关系，随着含水率的增加，峰值强度呈阶梯状逐渐减小的趋势；另外初始含水率对残余强度也有一定的影响，基本上表现为初始含水率越高的土体，残余强度越低。

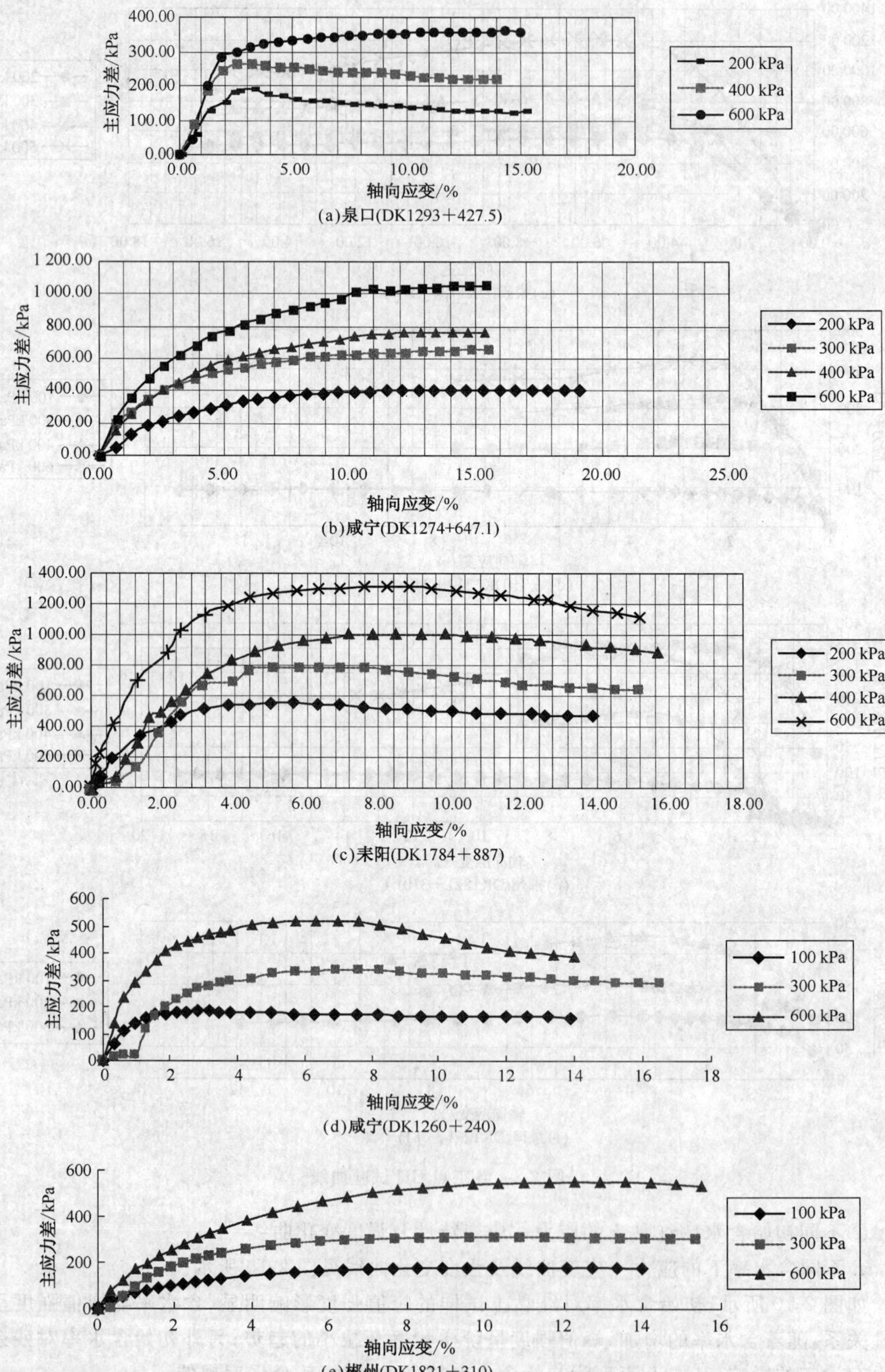
主应力差/kPa
轴向应变/%
200 kPa
400 kPa
600 kPa
(a)泉口(DK1293+427.5)
200 kPa
300 kPa
400 kPa
600 kPa
(b)咸宁(DK1274+647.1)
200 kPa
300 kPa
400 kPa
600 kPa
(c)耒阳(DK1784+887)
100 kPa
300 kPa
600 kPa
(d)咸宁(DK1260+240)
100 kPa
300 kPa
600 kPa
(e)郴州(DK1821+310)

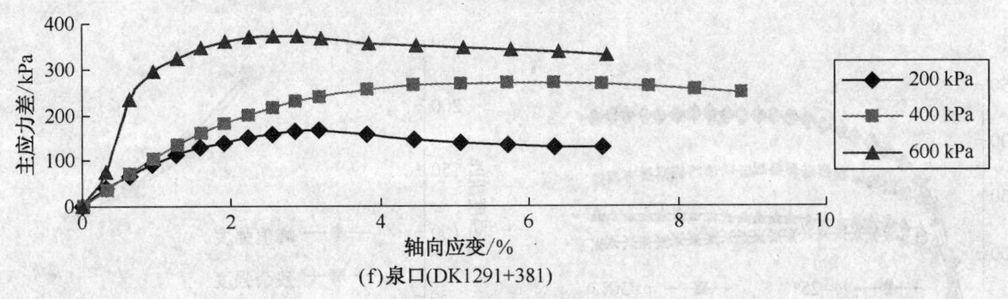

(f)泉口(DK1291+381)

图 2-9 各工点 CD 试验曲线

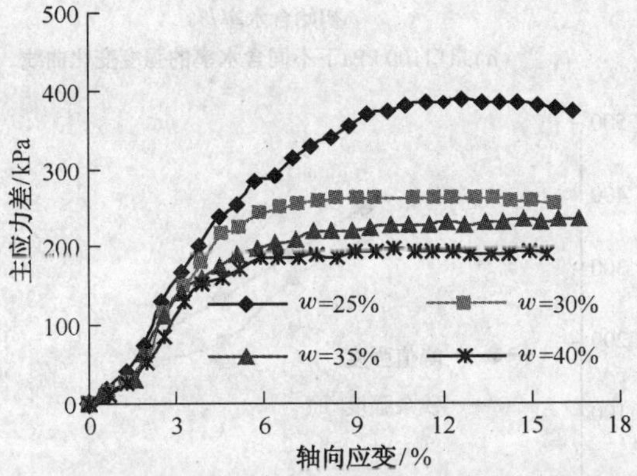

(a)咸宁200 kPa下不同含水率的应力－应变曲线

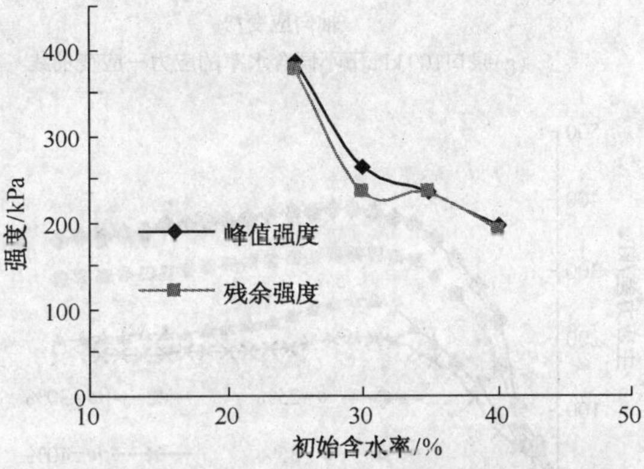

(b)咸宁200 kPa下不同含水率的强度变化曲线

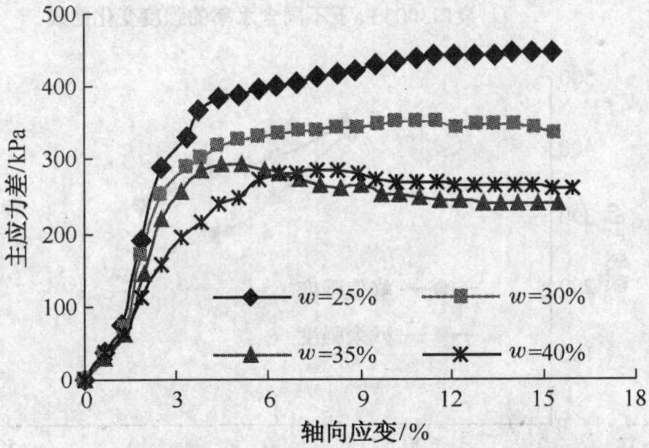

(c)咸宁400 kPa下不同含水率的应力－应变曲线

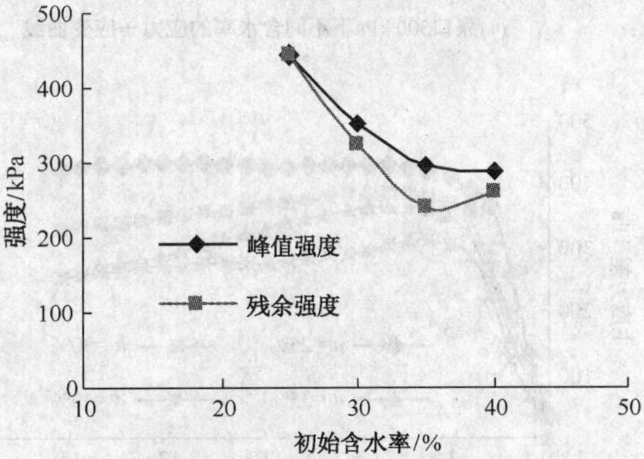

(d)咸宁400 kPa下不同含水率的强度变化曲线

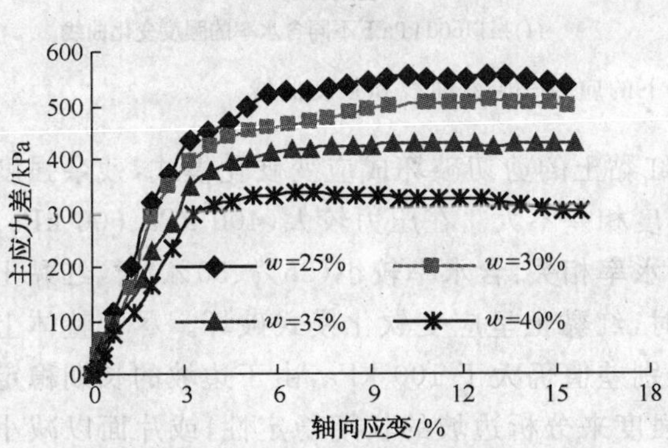

(e)咸宁600 kPa下不同含水率的应力－应变曲线

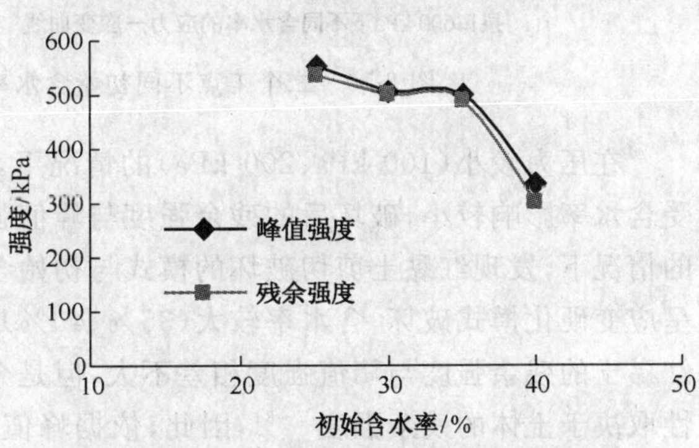

(f)咸宁600 kPa下不同含水率的强度变化曲线

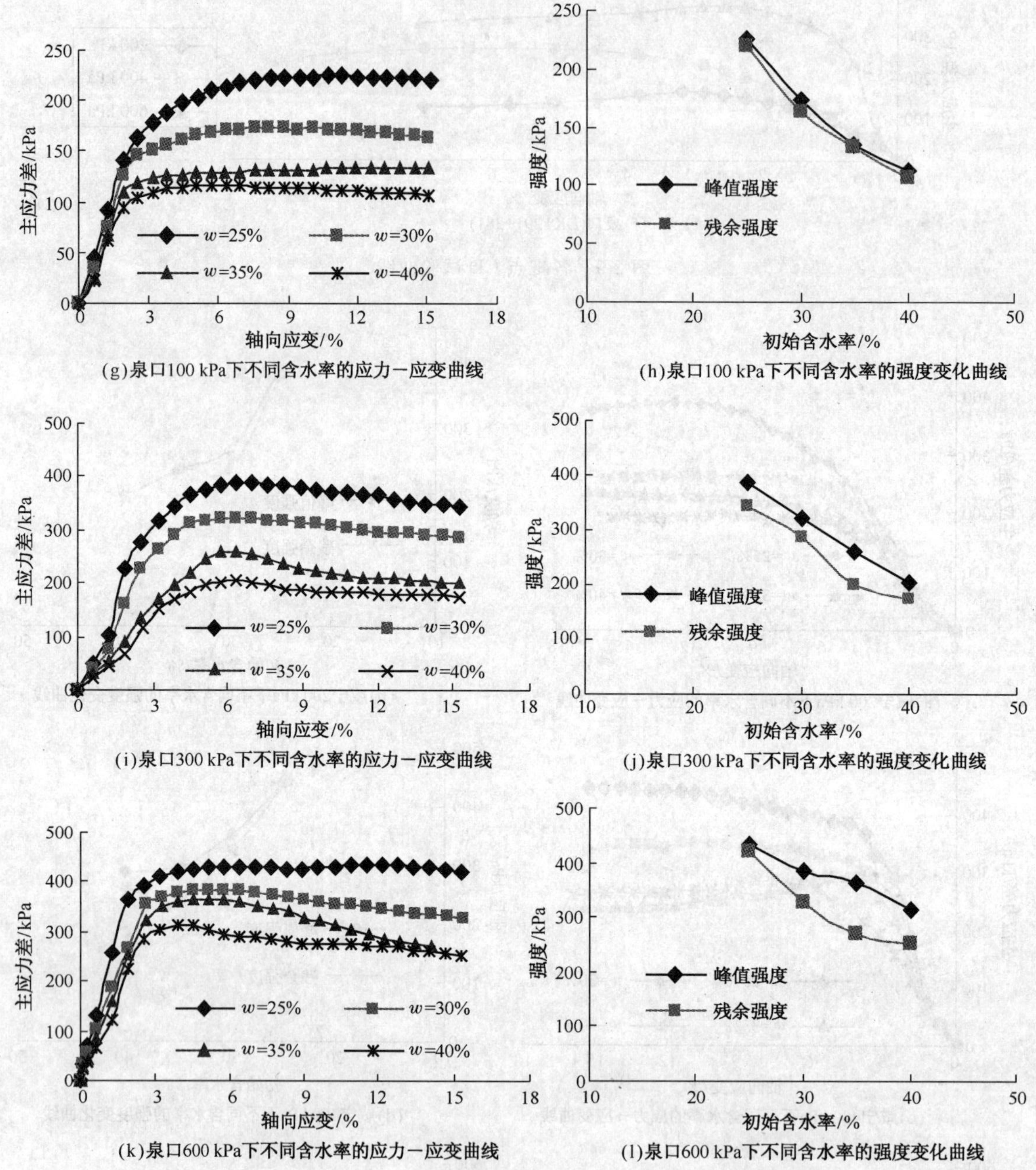

(g)泉口100 kPa下不同含水率的应力－应变曲线

(h)泉口100 kPa下不同含水率的强度变化曲线

(i)泉口300 kPa下不同含水率的应力－应变曲线

(j)泉口300 kPa下不同含水率的强度变化曲线

(k)泉口600 kPa下不同含水率的应力－应变曲线

(l)泉口600 kPa下不同含水率的强度变化曲线

图 2-10　二个工点不同初始含水率下的应力—应变曲线和强度曲线

在压力较小(100 kPa、200 kPa)的情况下,红黏土的剪切破坏成应变硬化模式,残余强度受含水率影响较小,破坏后的残余强度与峰值强度相差不大。在压力较大(400 kPa、600 kPa)的情况下,发现红黏土剪切破坏的模式与初始含水率相关:含水率较小(25%、30%)时,红黏土呈应变硬化模式破坏;含水率较大(35%、40%)时,红黏土呈应变软化模式破坏。尽管整体上红黏土的残余强度与峰值强度相差不大,但是个别差值仍大于 100 kPa,由于边坡的长期稳定性取决于土体的残余强度[7~8],因此,依据峰值强度来分析边坡的长期稳定性,或片面以减小填筑土体的含水率来维持红黏土边坡的稳定,尤其是长期稳定性,结果是偏于危险的。因此在武广高速铁路的设计和施工中,用峰值强度来分析红黏土边坡的长期稳定性是偏于危险的,建议选用残余强度参数来分析其边坡稳定性。

b. 初始含水率对红黏土内聚力和内摩擦角的影响

通过对三个工点红黏土不同含水率的三轴试验(固结不排水剪切试验和固结排水剪切试验)发现(如图 2-11、表 2-12 所示),红黏土的初始含水率对内聚力的影响很大,而对内摩擦角的影响较小。

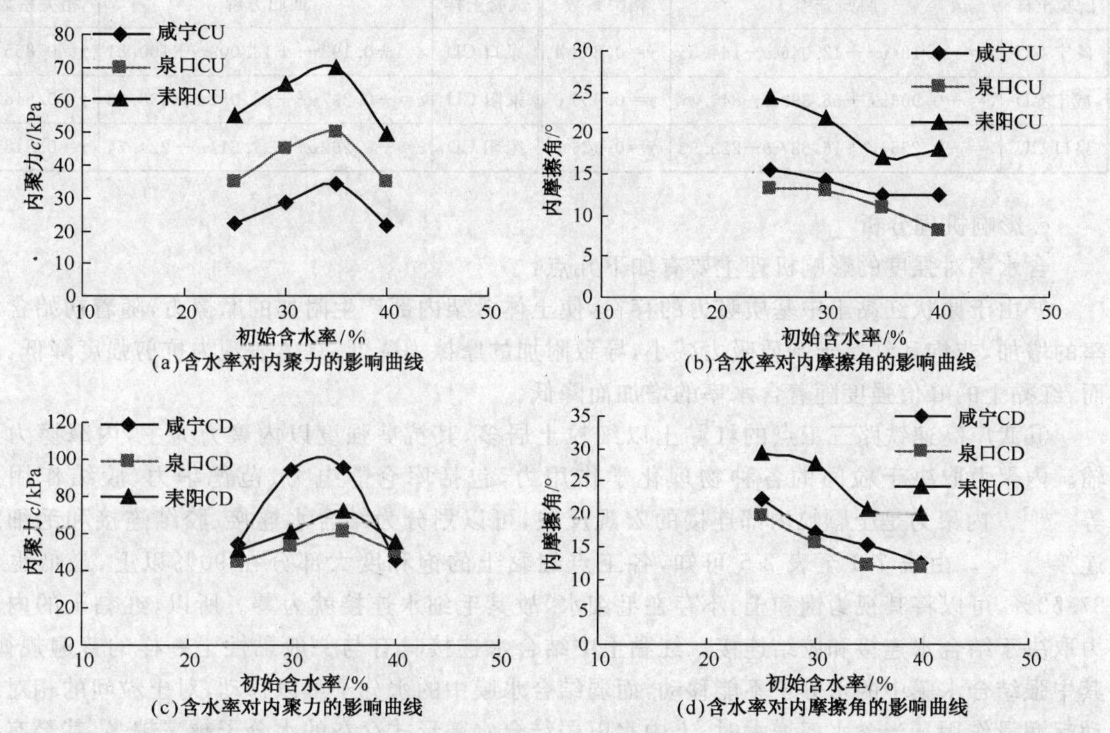

图 2-11 强度指标随初始含水率的变化情况

表 2-12 不同初始含水率下的 c、φ 值

试验土样 \ 初始含水率	25%		30%		35%		40%	
	c	φ	c	φ	c	φ	c	φ
咸宁 CU	22.36	15.59	28.37	14.12	34.08	12.37	21.67	12.39
咸宁 CD	54.10	22.39	94.00	17.09	95.87	15.19	45.17	12.45
泉口 CU	35.02	13.33	45.07	12.87	50.45	10.84	34.99	8.12
泉口 CD	44.70	19.87	52.79	15.63	60.86	12.15	49.64	11.63
耒阳 CU	55.37	24.41	64.89	21.81	69.78	17.03	49.62	18.07
耒阳 CD	50.97	29.18	60.56	27.60	72.06	20.67	55.48	20.12

红黏土的内聚力随着初始含水率的增加出现先增加后减小的趋势,这说明内聚力随着含水率的增加存在一个最大值,这个最大值所对应的含水率称为内聚力最佳含水率。小于最佳含水率时,内聚力随含水率的增加而增加,超过最佳含水率则出现内聚力随含水率的增加而减小的趋势。然而,内摩擦角随含水率变化的趋势并不明显,它只是在一个区间内变动,这说明含水率的变化对内摩擦角影响较小。

通过回归分析发现红黏土内聚力与含水率成良好的抛物线关系(表 2-13),回归曲线可以用如下公式表示:

$$c = Aw^2 + Bw + D \tag{2-1}$$

式中 c 为红黏土内聚力,w 为初始含水率,A、B、D 为试验参数。

表 2-13　红黏土内聚力与含水率的关系

试验土样	回归方程	相关系数	试验土样	回归方程	相关系数
咸宁 CU	$c=-0.184w^2+12.046w-164.55$	$\gamma=0.8434$	泉口 CD	$c=-0.193w^2+13.009w-160.81$	$\gamma=0.8654$
咸宁 CD	$c=-0.906w^2+58.392w-840.17$	$\gamma=0.9550$	耒阳 CU	$c=-0.297w^2+93.052w-238.38$	$\gamma=0.9160$
泉口 CU	$c=-0.255w^2+16.687w-223.53$	$\gamma=0.9262$	耒阳 CD	$c=-0.262w^2+17.511w-224.74$	$\gamma=0.8183$

c. 影响机理分析

含水率对强度的影响机理主要有如下几点:

ⓐ由于原状红黏土中基质吸力的存在,使土体骨架内部产生附加的摩擦力,随着初始含水率的增加,非饱和红黏土基质吸力减小,导致附加的摩擦力降低,具体表现为抗剪强度降低,因而,红黏土的峰值强度随着含水率的增加而降低。

ⓑ武广高速铁路三工点的红黏土以细粒土居多,其抗剪强度以内聚力为主,内摩擦力为辅。内聚力取决于粒间的各种物理化学作用力,包括库仑静电力、范德华力、胶结作用力等[9~10]。内聚力是土颗粒内部连接的宏观反映,可以划分为结合水连接、胶结连接和毛细水连接[11~16]。由表 2-3 至表 2-5 可知,各工点红黏土的饱和度大部分在 90%以上,最低也有 87.53%,可以将其视为饱和土,不存在毛细水,故其毛细水连接就为零。所以,红黏土的内聚力取决于结合水连接和胶结连接。红黏土中结合水连接具有与一般黏性土一样的普遍规律,其中强结合水膜中的水分子不能移动,而弱结合水膜中的水分子可以移动,对土粒间的相对运动起润滑作用。当含水率增大时,土中水以弱结合水膜形式存在的水分子越来越多,甚至有些表现为自由水,这些水压力有使土颗粒分开的趋势,随着含水率的增加,结合水膜变厚,土颗粒间距离增大,润滑作用越强,其结果使红黏土土体的强度降低。

ⓒ由ⓑ可知红黏土的内聚力取决于结合水连接和胶结连接。而红黏土中胶结物质主要有氧化铁、氧化铝、二氧化硅等,其中又以游离氧化铁的胶结最为重要。游离氧化铁又与黏土矿物相互吸附,主要是以包膜形式分布在黏土矿物粒团周围,对粒团起到牢固的胶结作用。当 $w<35\%$时,氧化铁包膜的胶结作用对含水率的变化没有明显变动,当 $w>38\%$的时候,胶结连接就会破坏,红黏土的内聚力就会明显降低。

ⓓ水分可以使红黏土中某些起胶结作用的盐溶解,并使某些胶结物软化。当天然胶结物软化以后,水膜和这种软化的胶结物又起润滑作用,使颗粒之间的摩擦减低,一旦土体受外力作用,土颗粒很容易产生滑动,从而使土体的抗剪强度大大降低。

d. 不同围压对红黏土应力—应变曲线特性的影响

对同一初始含水率的红黏土分别施加 200 kPa、300 kPa、400 kPa、600 kPa 四级围压,进行了三组试验,图 2-12 为不同围压下应力—应变的关系曲线与强度变化关系。研究发现围压对红黏土的强度有着较大影响。围压较低时,对土的约束较小,红黏土的强度相对较低,峰值强度对应的剪切应变较小,残余强度降低明显;围压较大时,对土约束较大,红黏土体强度有较大提高。随着侧向压力的增大,峰值后强度有所降低,残余强度反而有较大提高。

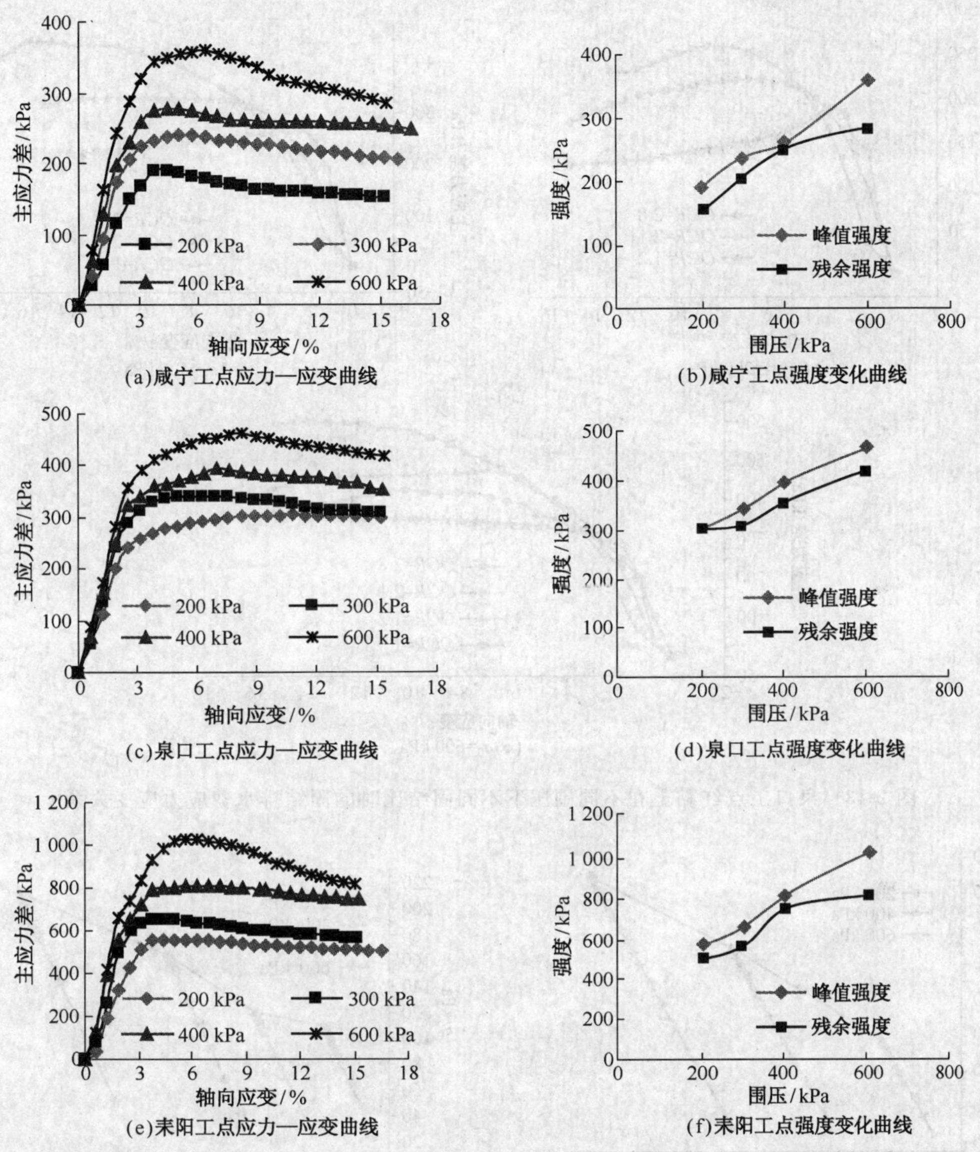

图 2-12　红黏土应力—应变关系曲线与强度变化关系

有的学者把强度的增加归结于压力引起含水率减小的缘故。也有学者认为，含水率降低不足以引起强度增加这么大的幅度，而是因为压力引起有效应力的增加，同时增强了红黏土颗粒间的吸附作用，从而引起了红黏土的凝聚力和内摩擦角的增加。不论何种原因，均可以认为由于外力的约束作用，红黏土的抗剪强度有明显提高。

(3)应力路径研究

应力路径是指土体中的应力随外力的变化而演变的途径。由于土体是散体材料，在不同固结程度时相应的物理力学性质会受到影响，根据课题的需要，为了搞清楚红黏土固结比与应力路径的关系，进行如下研究。

图 2-13 中的各图表示的是相同围压下，不同固结比的红黏土的应力应变关系，从图 2-13 可知，红黏土随固结比减小，应力应变曲线的初始坡度逐渐增大，即当固结比 OCR 大时，达到相同应变值所需的应力较小。图 2-14 是不同固结比的红黏土在不同围压下的应力路径。

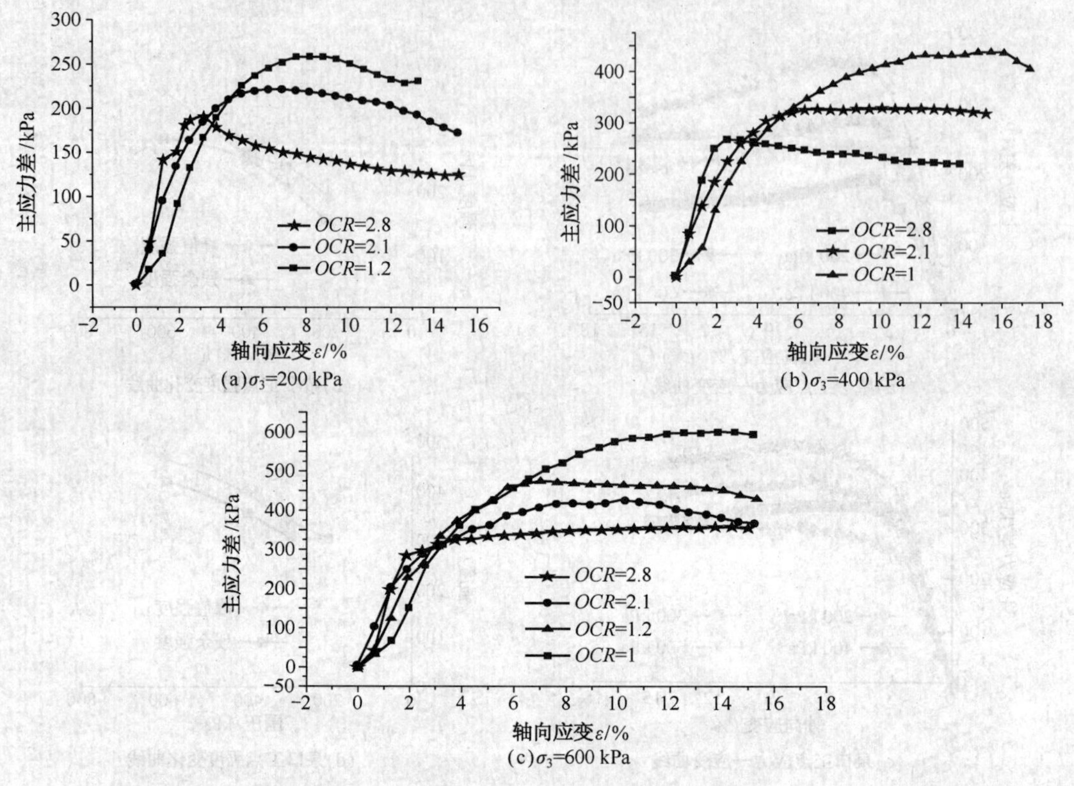

图 2-13　泉口工点红黏土在不同围压下不同固结比时的固结排水剪应力应变关系

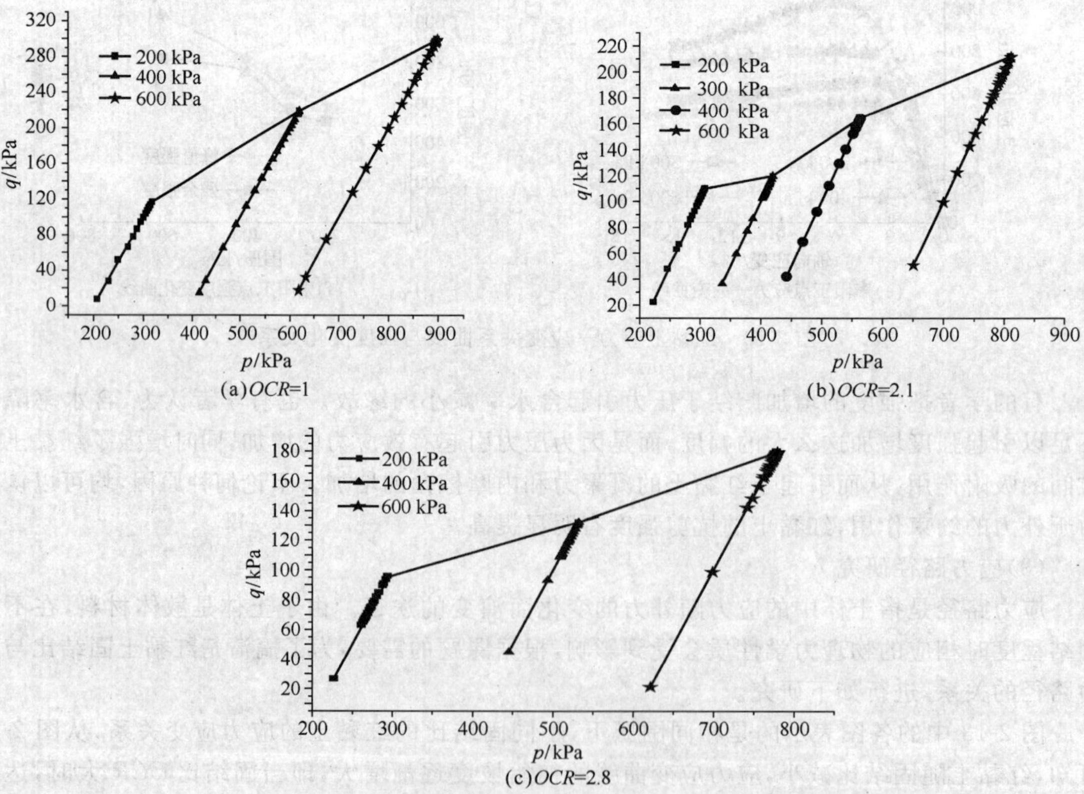

图 2-14　泉口固结排水剪切不同固结比时的应力路径

对于固结排水剪切，从图 2-15 中可看出，不同固结比下的应力路径趋于相同。从红黏土的 q-p 关系也可看出，不同深度处的斜率基本相同。固结排水剪所得黏性土的强度相当于有效应力，因此可得出，固结比对红黏土的有效应力影响不大。

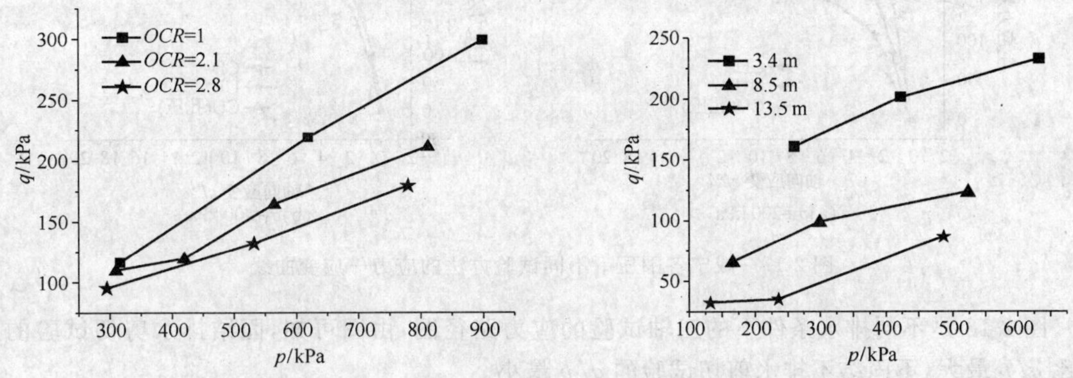

图 2-15 泉口不同固结比和不同深度的 p-q 关系(CD)

(4)强度与深度关系

红黏土的形成过程具有反剖面性，因此有必要研究红黏土的抗剪强度是否随深度的变化而变化。

由图 2-16 各工点固结排水抗剪强度与土层深度的关系可看出，红黏土垂直剖面层上，黏聚力随着土深的增加而增加，而摩擦角 φ 随着土深增加而减小，由于土体的各向异性，各工点固结排水抗剪强度大小变化较大。

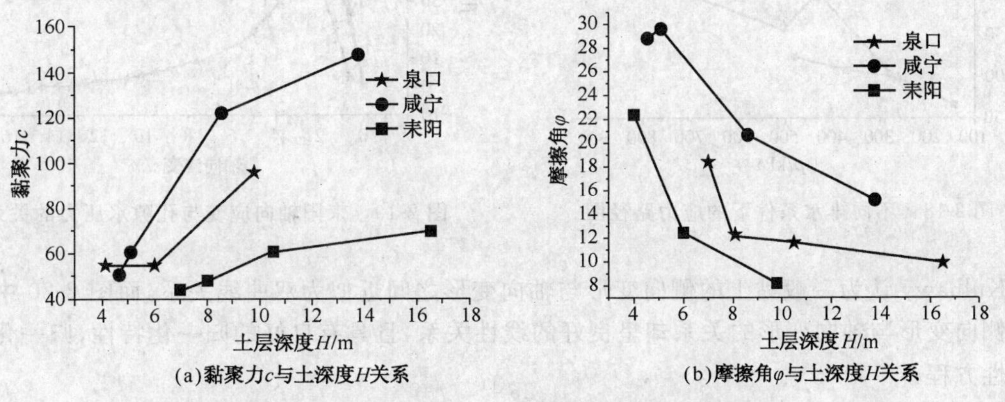

(a)黏聚力c与土深度H关系　(b)摩擦角φ与土深度H关系

图 2-16 各工点固结排水抗剪强度与土深度 H 的关系

(5)不同试验方法对试样变形特性的影响

试样在不同的试验方法下，即不同的排水条件下，其变形特性不同，以下将对此进行分析。

由图 2-17 可知，对于三种不同的试验方法，若要达到同等的轴向应变，CD 剪切需要的应力最大，而 UU 剪切需要的应力最小。由图可知，同深度、同围压而不同的排水条件及剪切速率下，表现出不同程度的应变硬化现象，其中土样在固结排水条件下的硬化现象较明显，而在不排水条件下的硬化现象不明显直至出现塑性流动现象。固结排水试验(CD)的初始剪切模量最大，而不固结不排水试验(UU)的初始模量最小。

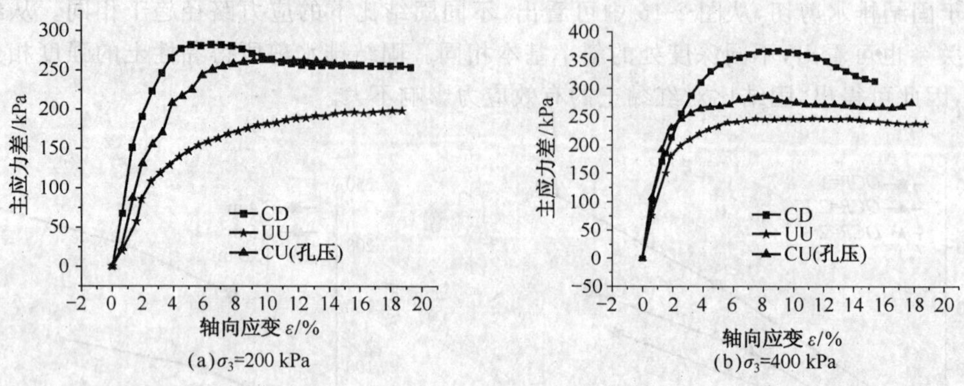

图 2-17　咸宁各围压下不同试验方法的应力—应变曲线

图 2-18 是不同排水条件下的三轴试验的应力路径图，由图可知，固结排水剪切试验的应力比 q/p 最大，不固结不排水剪切试验的 q/p 最小。

由图 2-19 可看出，孔隙水压力随轴向应变增加而增大，在轴向应变达到 2%～3%时最大，然后逐渐减小。孔隙水压力的大小还与围压有关，围压越大，孔隙水压力也越大。

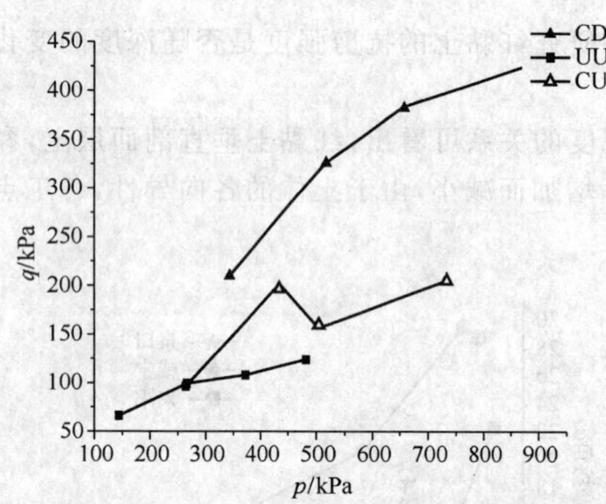

图 2-18　不同排水条件下的应力路径图

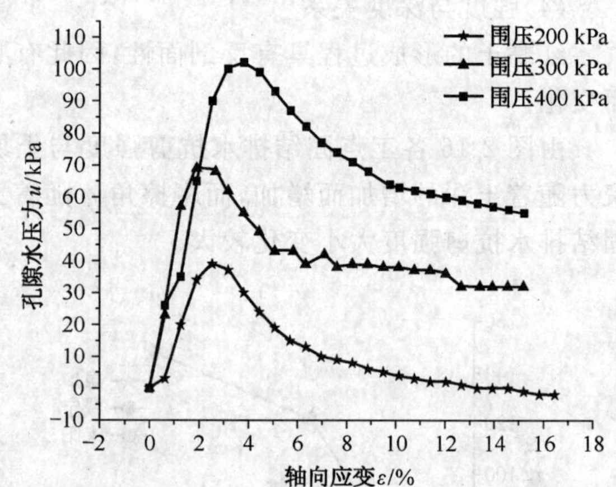

图 2-19　耒阳轴向应变与孔隙水压力的关系

Kulhawy 认为一般黏土的侧向变形与轴向变形之间近似为双曲线关系，而图 2-20 中红黏土的侧向变形与轴向变形的关系却呈良好的线性关系，且具有良好的归一化特性，归一化后得其线性方程：

$$\varepsilon_1 = 0.693 + 2.143\varepsilon_3, \quad R = 0.99$$

2.3.1.4　**三轴试验成果**

(1)从应力应变关系图中可看出，四个工点原状土样的$(\sigma_1 - \sigma_3)$-ε_1 关系曲线均呈非线性关系，证明这些红黏土具有弹塑性特点。

(2)通过对地层中不同深度红黏土试样的三轴试验，发现试样剪切破坏面的形式(包括形状和数量)可能有多个，

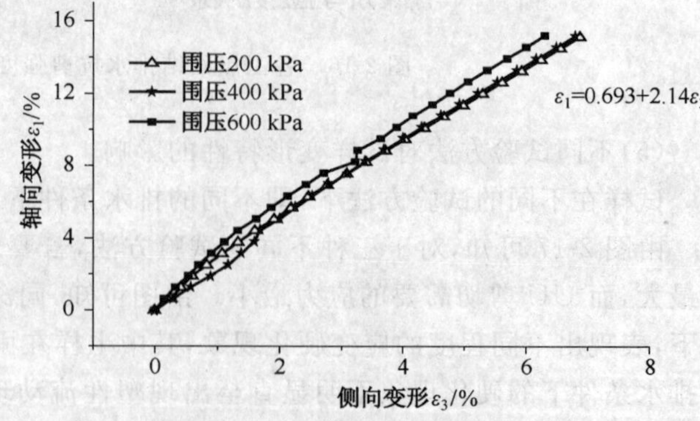

图 2-20　侧向变形与轴向变形的关系

而且其破坏倾角不一定呈 $45°\pm\varphi/2$。分析其原因，可能是由于红黏土较强的结构性，或者是由于其内部裂隙发育的程度不同或颗粒不均匀所致。

(3)从三轴试验应力应变关系图(图 2-21)可看出，该土样从开始即分为弹性应变和塑性应变两部分，应力应变曲线为硬化曲线。

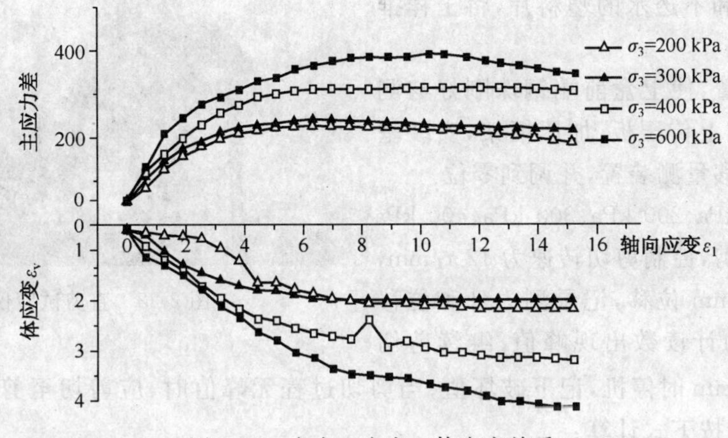

图 2-21　应力—应变—体应变关系

(4)主应力差达到峰值后均下降得不很多，而且很平缓，说明土样为正常固结黏土。

(5)由表 2-14 中四个工点三轴试验数据显示，不固结不排水剪切的黏聚力和内摩擦角最小，固结排水剪的黏聚力和内摩擦角最大。这是由于土样固结后，试样中大部分孔隙水或气排出，土颗粒之间重新排列紧密，致使土样的强度增大，即抗剪强度指标增大。

表 2-14　抗剪强度指标

工点	里　程	CD		CU		UU	
		c_u/kPa	φ/°	c_u/kPa	φ/°	c_u/kPa	φ/°
咸宁	DK1274＋647.1	9～60	11～18	14～50	8～17	9～39	4～9
	DK1260＋240	25～49	13～15	10～19	9～15	10～34	2～5
泉口	DK1293＋427.5	19～60	11～18	14～50	8～17	12～21	4～9
	DK1291＋381	25	12	13	14	—	—
耒阳	DK1784＋887.0	46～112	20～29	49～69	17～23	37～67	4～17
郴州	DK1821＋310	37	16	15	12	10	12

2.3.2　红黏土直剪试验研究

2.3.2.1　试样制备

试样的制作过程和操作方法严格遵守《铁路工程土工试验规程》(GB/TB 10102—2004)，取咸宁、泉口、耒阳 3 个工点的原状土进行试样制备，直剪试验土样是用环刀加工成的直径 61.8 mm、高 20.0 mm 的圆柱体试件。泉口、咸宁两处所用土样为地下水位以下的试样，耒阳工点所用为地下水位以上土样，全部土样均为天然状态含水率。

2.3.2.2　试验仪器

试验采用南京土壤仪器厂生产的电动应变控制式直剪仪(图 2-22)，由剪切盒、垂直加压设备、剪切传动装置、位移量测系统组成；环刀的内径为 61.8 mm，高度为 20 mm；位移计的量程 10 mm，最小刻度 0.01 mm。

2.3.2.3 **试验步骤**

图 2-22 直剪试验仪器

对准剪切容器上下盒，插入固定销，在下盒内放入透水石和不透水的塑料片，将土样推入剪切盒。

移动传动装置，使上盒前端钢珠刚好与测力计接触，依次放上传压板、加压框架，安装垂直位移和水平位移量测装置，并调到零位。

分别在 100 kPa、200 kPa、300 kPa、400 kPa 的压力下进行快剪，控制剪切转速为 12 r/min，试样每产生 0.1 mm 位移，记录测力计和位移计读数，直至测力计读数出现峰值，继续剪切至剪切位移为 4 mm 时停机，记下破坏值；当剪切过程无峰值时，应剪切至剪切位移为 6 mm 时停机，剪应力应按下式计算：

$$\tau=\frac{C\cdot R}{A_0}\times 10 \tag{2-2}$$

式中 τ——试样所受的剪应力，kPa；

R——测力计百分表读数；

C——量力环读数。

剪切结束，吸去盒内积水，退去剪切力和垂直压力，移动加压框架，取出试样，测定试样含水率。并且以剪应力为纵坐标，剪切位移为横坐标，绘制剪应力与剪切位移关系曲线，以便进行数据处理。

2.3.2.4 **直剪试验结果统计分析**

(1)Pearson 相关系数

相关分析通过相关系数来衡量变量之间的紧密程度。相关系数介于−1,1 之间，当大于 0 时称为正相关，表示 A 变量随 B 变量的增大而增大，相关系数小于 0 时称为负相关，表示 A 变量随 B 变量的增大而减小。

本文采用的是 Pearson 相关系数，变量 X 和变量 Y 的相关系数计算式如下：

$$R=\frac{N\sum XY-(\sum X)(\sum Y)}{\sqrt{N\sum X^2-(\sum X)^2}\sqrt{N\sum Y^2-(\sum Y)^2}}$$

(2)置信区间

独立同分布的中心极限定理：设随机变量 $X_1, X_2, \cdots, X_n, \cdots$ 相互独立，并服从同一分布，且具有数学期望和方差：$E(X_k)=\mu, D(X_k)=\sigma^2>0(k=1,2,\cdots)$，当 n 很大时，随机变量之和 $\sum_{k=1}^{n} x_k$ 的标准化变量

$$Y_n=\frac{\sum_{K=1}^{N} X_K-n\mu}{\sqrt{n}\sigma}=\frac{\overline{X}-\mu}{\sigma/\sqrt{N}}$$

近似地服从正态分布，通常情况下方差σ都是未知的，而样本标准差S较易求得且$E(s^2)=\sigma^2$，则$\dfrac{\overline{X}-\mu}{S/\sqrt{N}}\sim t(n-1)$，所以任意指标的置信区间为：

$$\left[\overline{X}-\frac{S}{\sqrt{n}}t_{\alpha/2}(n-1),\quad \overline{X}+\frac{S}{\sqrt{n}}t_{\alpha/2}(n-1)\right]$$

(3)试验统计分析

土的颗粒间存在着相互作用力，其中黏土颗粒—水—电系统间的相互作用是最普遍的；φ值是强度线的倾斜角，反映的是颗粒之间的摩擦性质，受土的性质影响。因此有必要对c值、φ值与其他指标进行双变量相关性分析，以寻求影响c、φ值的主要因素及其作用机理，同时给出相应的统计值。

2.3.2.5 直剪试验统计结果

三个红黏土工点直剪试验结果统计见表2-15～表2-17。

表2-15 咸宁工点直剪统计

咸宁工点	指 标	均值	95%置信区间	98%置信区间	统计个数	分布范围
固结快剪	c/kPa	46.15	39.24～53.06	37.74～54.55	18	26.50～78.0
	φ/°	17.29	16.24～18.34	16.01～18.57	16	14.0～21.06
快 剪	c/kPa	52.94	41.87～64.02	39.56～66.33	24	18～102.3
	φ/°	15.64	13.08～18.19	12.55～18.72	24	4～27.7
慢 剪	c/kPa	18.94	12.67～25.20	11.25～26.62	14	1.5～37.5
	φ/°	22.79	20.48～25.11	19.95～25.64	13	17.0～30.31

表2-16 泉口工点直剪统计

泉口工点	指 标	均值	95%置信区间	98%置信区间	统计个数	分布范围
固结快剪	c/kPa	74.27	55.47～93.07	50.95～97.59	11	31.36～115.0
	φ/°	22.67	18.69～26.66	17.74～27.61	11	13.0～31.77
快 剪	c/kPa	88.85	72.38～105.32	75.18～102.53	29	5～143
	φ/°	22.80	21.17～24.42	20.84～24.75	28	14.24～32.92
慢 剪	c/kPa	61.08	—	—	6	42.0～81.0
	φ/°	22.57	—	—	7	12.0～31.0

表2-17 耒阳工点直剪统计

耒阳工点	指 标	均值	95%置信区间	98%置信区间	统计个数	分布范围
固结快剪	c/kPa	67.70	46.80～88.60	42.12～93.27	15	10.78～148.20
	φ/°	23.73	20.72～26.75	20.05～27.42	15	13.9～35.0
快 剪	c/kPa	62.42	42.91～81.93	38.22～86.62	11	13.1～98.0
	φ/°	17.26	11.49～23.04	10.1～24.43	11	1.27～29.0
慢 剪	c/kPa	33.39	21.83～44.96	19.05～47.74	11	0.00～57.2
	φ/°	25.21	21.72～28.71	20.88～29.55	11	18.0～35.6

2.4 红黏土地基变形特性参数及统计分析

2.4.1 固结试验

天然土体是由矿物颗粒或矿物集合体构成骨架体，孔隙水和气体填充骨架孔隙而组成的三相体系。在外部荷载作用下，土体呈可压缩性。当作用在土体中的应力发生变化时，土的体积随之而改变。

在土力学中，土体在外部荷载作用下完成压缩变形的全过程称之为固结。固结和压缩对土的工程性状有很重要的影响，与工程建筑的稳定、沉降等有密切的关系。诸如，土体在上部结构荷载的作用下发生不均匀沉降，直接影响着建筑物的使用和安全；伴随着固结过程，土体内部的颗粒排列不断调整，粒间的应力不断改变，使土体强度增强。

土力学学科往往将固结与压密等同起来，认为固结过程就是在压力作用下体体积减小、颗粒重新排列、粒间距离缩短、骨架体发生错动、密度增大、粒间有效应力增大的过程。其实，固结的本质是土体强度的增强，压力引起的密度增大和强度增强只是最常见的一种固结。物理化学、化学、生物化学作用等也可以增加土体的强度，也应该是固结。例如，常见的材料改性，就是通过化学作用改变材料的内部结构，增强材料的强度，没有涉及外部压力行为。

研究土体固结及变形特征的室内试验通常采用固结试验。反应土体固结程度的指标主要有先期固结压力 p_c 和超固结比 OCR 等；体现土体变形特征的指标主要有压缩系数 a_v、体积压缩系数 m_v、压缩模量 E_s 和压缩指数 C_c 等(见表 2-18)。红黏土是区域性特殊土，其固结变形特征与一般黏性土、其他区域性特殊土有很大差别。结合固结试验，得出红黏土的主要压缩变形指标，分析红黏土的固结变形特性，揭示红黏土固结变形的特征及其在剖面上的特殊规律。

表 2-18 土体固结变形主要参数

指标	公式	物理意义	实际应用	备注
压缩系数	$a_v=\frac{e_1-e_2}{p_1-p_2}=-\frac{\Delta e}{\Delta p}$	单位有效压力变化时孔隙比的变化	1. 计算地基变形沉降量 2. 评价土的承载力	变形参数
体积压缩系数	$m_v=\frac{a_v}{1+e_0}$	单位有效压力变化时土体的体应变		
压缩模量	$E_s=\frac{1+e_0}{a_v}$	有效压力增量与垂直应变增量之比		
压缩指数	$C_c=-\frac{\Delta e}{\Delta(\lg p)}$	曲线的直线段斜率		
先期固结压力	—	应力历史上经受过的最大垂直有效压力	判断土的应力状态及压密状态	固结参数
超固结比	$OCR=\frac{p_c}{p_0}$	先期固结压力与现上覆土压力的比值		

土的固结试验方法是基于 Terzaghi 的固结理论建立的，试验条件为限制侧向变形并允许双面排水。固结模型可以用一个带有活塞及弹簧的盛水容器来描述。土颗粒骨架相当于弹簧，在施加荷载的瞬间，弹簧不受力，荷载由骨架间的孔隙水来承担。随着孔隙水的流出，弹簧

逐渐受力。最终的结果是孔隙水压力为零,弹簧承担所有的荷载,此时固结完成。

固结试验在国内外常用的方法有标准固结试验法和快速固结试验法两种。标准固结试验是普遍认可的最可靠的方法,国家标准《土工试验方法标准》(GB/T 50123—1999)和水利部行业标准《土工试验规程》(SL 237—1999)都推荐使用该方法。标准固结试验法是增量分级加载法,规定标准加载时间为 24 h 一级,加载率为 1,即每级压力是前一级压力的一倍。

快速固结试验法与标准固结试验法的原理、步骤是一样的,唯一的区别在于加载时间不一样。快速固结试验法的加载时间为 1 h 一级。对于 2 cm 厚的试验,在压力作用下 1 h 的固结度一般可达 90%以上,按此速率进行试验,对试验结果进行校正,也可以得到与标准固结试验法近似的结果。考虑到武广高速铁路工程的重要性,对工后沉降要求严格,所以固结试验采用标准固结试验法。

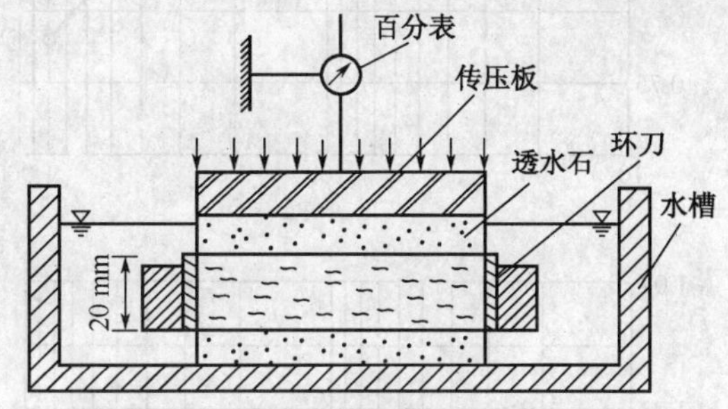

图 2-23　侧限压缩仪(固结仪)示意图

试验仪器为南京土壤仪器有限公司生产的 GDG 系列型高压固结仪。环刀内径为 61.8 mm,高度为 20 mm。固结仪的示意图见图 2-23。

2.4.2　侧限固结压缩变形

以红黏土典型地区泉口工点为代表,研究其压缩固结特性及应力历史。表层土为种植土,深 1.5～2 m,试样的取样深度为 3～16.3 m,进行 24 组固结压缩试验,经整理分析得到红黏土的压缩固结变形参数。该点红黏土的含水率为 20.3%～40%,天然密度为 1.81～2.09 g/cm^3,饱和度 84.0%～100%,孔隙比为 0.6～1.21,液限为 34%～74%,塑限 18.8%～32.5%,液性指数为 −0.28～0.23,塑性指数为 13.5～44。

2.4.2.1　压缩及回弹曲线

地基土在外荷载作用下,水和空气逐渐被挤出,土颗粒之间进行重组,从而引起土的压缩变形。红黏土具有高孔隙性,但单个孔隙的体积很小,固态矿物为较稳定的结晶格架,颗粒间的氧化铁胶结物具有较强的黏结力,细分散颗粒呈稳定的团粒结构。因此,一般状态下红黏土具有较好的力学性能,压缩性不大。

图 2-24 为泉口工点各土层深度压缩曲线。不同深度处红黏土的压缩曲线基本呈光滑曲线,没有突变点,说明红黏土在所施加压力作用下,没有产生明显的破坏;当荷载压力小时,孔隙比变化不大,土体的压缩性较小,当压力增大时,土体产生的压缩量增大,而且随深度的增加,曲线越陡,说明红黏土随深度的增加压缩性增大;从原状土的回弹曲线分析,3～10 m 深的回滞环比 16.3 m 深度处的回滞环略宽,说明上层红黏土的回弹性要好于深层红黏土。

2.4.2.2　红黏土的固结特性

通常说的固结是土体在外荷载作用下,土体孔隙水排出,土体体积减小,骨架体发生错动,颗粒重新排列,粒间有效应力增大,体积随时间的变化过程。黏性土或可压缩性土在静荷载作用下会引起土体的瞬时沉降和长期固结沉降,应力在土体中的分布大小直接影响土体的沉降量。土体是多相体,又是自然历史的产物,土体的变形规律比较复杂,这就决定了土体固结过程的复杂性。

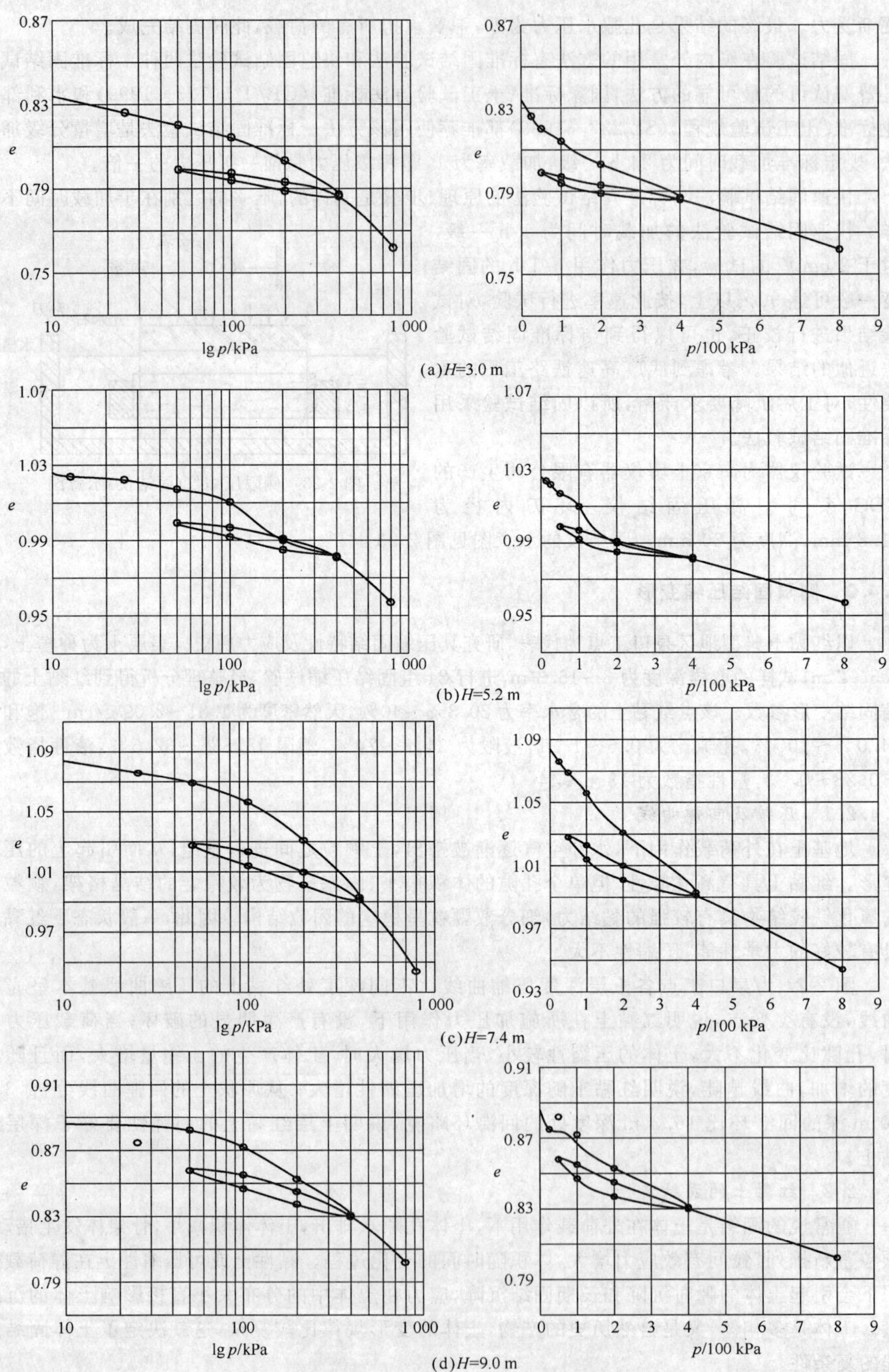

(a) H=3.0 m

(b) H=5.2 m

(c) H=7.4 m

(d) H=9.0 m

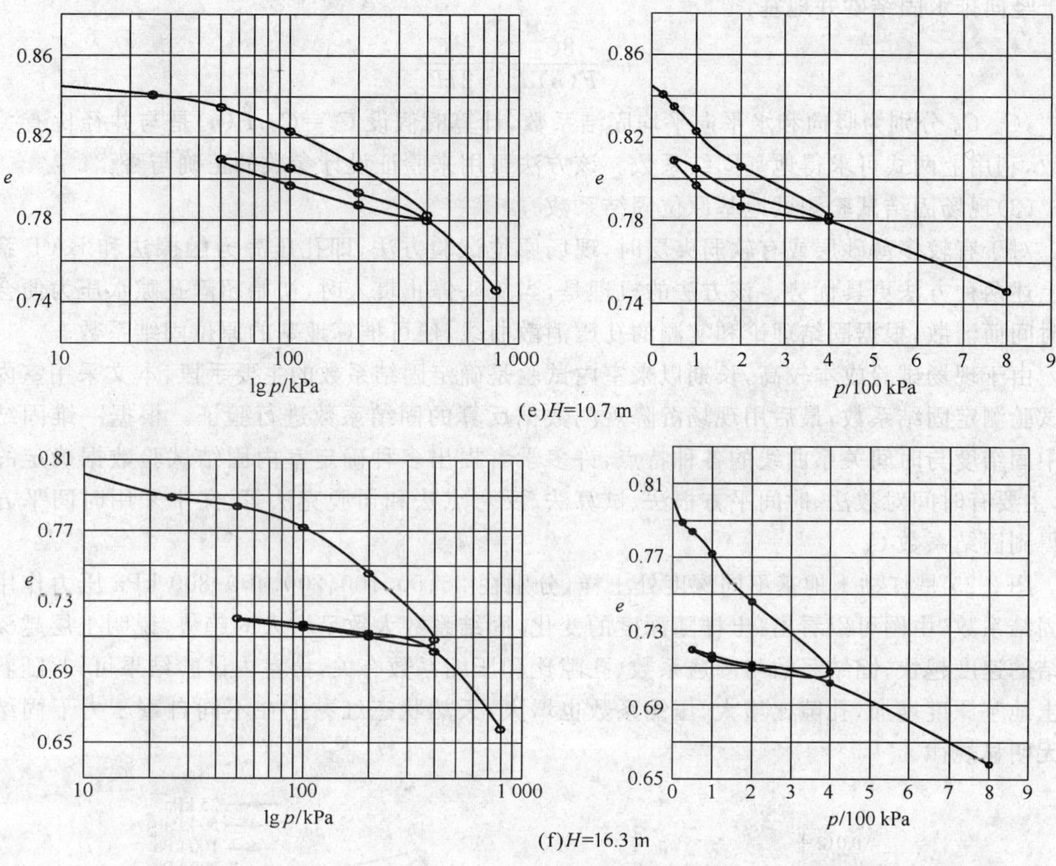

(e) H=10.7 m

(f) H=16.3 m

图 2-24 泉口各土层深度压缩固结 e-lg p 和 e-p 曲线

土体固结的快慢用固结系数来衡量，土体固结系数愈大，固结愈快。固结系数常采用试验方法测定。固结系数是分析地基沉降—时间特性的关键参数，为了正确估算地基固结和建(构)筑物的沉降速率及其工后沉降等，必须准确测定地基的固结系数。目前固结系数的测试方法主要有三种：室内固结试验、现场沉降曲线反算法和现场固结试验。

(1)室内固结试验测定固结系数

目前，室内固结试验是测定地基固结系数的最主要方法，室内固结试验一般采用标准固结试验，用环刀制取土样，分级加载或连续加载得到孔隙比与有效应力的关系曲线，然后推算固结系数。

也可用室内试验测定的渗透系数、孔隙比和压缩系数计算竖向固结系数。

(2)现场沉降曲线反算法

该方法是利用在施工期、预压期和营运期荷载作用下的沉降过程进行反算。曾国熙提出在各种排水条件下上层平均固结度公式为：

$$U=1-\alpha e^{\beta t}$$

从实测曲线沉降—时间关系曲线上选取任意 3 个点(s_1，t_1)，(s_2，t_2)，(s_2，t_2)，并使 $t_2-t_1=t_3-t_2=\Delta t$，则有：

$$\beta=\frac{1}{\Delta t}\ln\frac{s_2-s_1}{s_3-s_2}$$

对于竖向排水固结砂井地基：

$$\beta=\frac{8C_h}{F(n)d_s^2}+\frac{\pi^2 C_v}{2H^2}$$

式中，C_v，C_h 分别为竖向和水平向平均固结系数，计算时假设 $C_v=C_h$；$F(n)$是与井径比有关的系数，利用上两式可求得地基固结系数。该方法可用来验证设计参数的正确与否。

(3)现场固结试验测试地基原位固结系数

对于有较多薄砂层或有软弱夹层时，现场原位试验方法，即孔压静力触探法和 BAT 系统比上述两种方法更具优势。该方法的机理是，当探头停止贯入时，初始超静孔隙水压力便会随着时间而消散，根据固结理论和实测的孔压消散曲线，便可推算地基的原位固结系数。

由于现场试验成本较高，长期以来室内试验是确定固结系数的主要手段，本文采用室内固结试验测定固结系数，最后用现场沉降观测数据反算的固结系数进行验证。根据一维固结理论中固结度与时间关系曲线的各种特点，许多学者提出多种确定室内固结试验数据确定的方法，主要有时间对数法、时间平方根法、试算法、反弯点法和司脱克法等，文中采用时间平方根法得到固结系数 C_v。

图 2-25 是红黏土地基不同深度处土样，分别在 25、50、100、200、400、800 kPa 压力作用下的固结系数，由图可以看出：土样随深度的变化，固结系数大致呈增大的趋势，说明土层越深其固结的速度越快；固结系数与渗透系数、孔隙比和压缩系数有关，由室内试验结果可知，随着红黏土地基深度增加，孔隙比增大，压缩系数也增大，天然状态红黏土在不同自重压力下固结系数无明显规律。

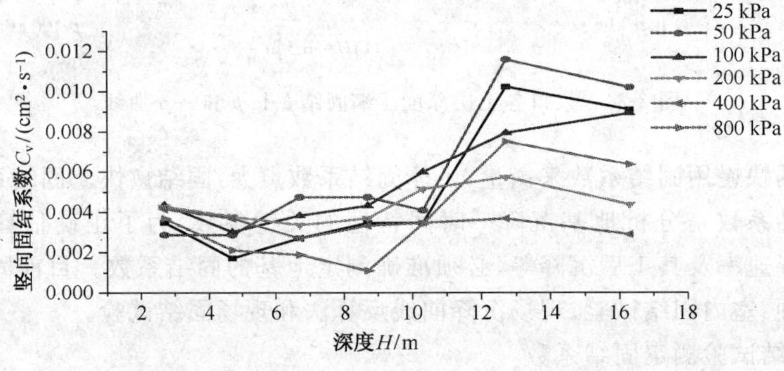

图 2-25 不同深度处各压力下竖向固结系数

2.4.2.3 应力历史

应力历史是指天然土层在历史上所经受过的固结压力，它对土的应力—应变—强度特性等有显著的影响，主要由前期固结压力 p_c 来描述。传统意义上的 p_c 指历史上经历的最大固结压力，也称之为狭义前期固结压力，它是与力学效应相关的，是在卸载条件下形成的。Burland 和 Ladd 认为前期固结压力应当理解成一维固结试验中区别小应变弹性特性和大应变塑性特性的屈服应力。实际中，一维固结试验所确定的前期固结压力往往不单是力学因素造成的，而是多种因素的共同作用。曹宇春建议，在一维情况下，用广义前期固结压力描述应力历史，用广义的概念来包含造成土超固结特性的所有因素，主要因素有：①由于上覆荷载的卸除、地下水位的降低等的力学因素；②由于浅层土水分的蒸发引起的土体干燥；③由于排水蠕变和应变速率等产生的时间效应；④由于土体的矿物组成、化学成分、土的结构性、温度等因素引起的物理化学作用等。

很多工程实践也证明，弄清土体的应力历史是准确计算沉降量的前提条件之一。如果外荷载在土体中的应力超过历史上的最大应力，则土体的主固结和次固结沉降很显著，土体开挖后，坑底将会产生瞬时回弹。但是建筑设计中，一般不考虑该部分回弹沉降，除非回弹很大，超过规定或影响工程正常运作。

由表 2-19 和图 2-26 研究发现，武广残积层红黏土的前期固结应力来源于两点：一是上覆土体的自重应力；二是由红黏土的特殊成因造成的，其组成成分由上至下改变，引起红黏土的前期固结压力随深度发生变化。红黏土上部土层的 p_c 大于下部土层的 p_c，说明红黏土前期固结压力主要由后者造成，而且引起红黏土前期固结压力的因素具有随深度增加而减弱的规律。

表 2-19　红黏土固结及压缩变形指标

土层深度 h/m	自重应力 p_0/kPa	前期固结压力 p_c/kPa	固结比 OCR	压缩系数 α_{1-2}/MPa^{-1}	压缩模量 E_s/MPa^{-1}	压缩指数 C_c/MPa^{-1}	回弹指数 C_s/MPa^{-1}
3.0	50.1	87.5	1.7	0.12	23.51	0.05	0.014 7
4.7	78.5	96	1.2	0.13	18.23	0.06	0.022 3
5.2	86.8	98.5	1.1	0.16	16.34	0.06	0.019 6
7.4	123.5	106	0.8	0.12	12.19	0.11	0.041 3
9.0	150.3	174	1.1	0.14	17.63	0.07	0.031 5
10.7	178.6	164.5	0.9	0.2	12.47	0.08	0.022 3
16.3	272.2	124.32	0.5	0.26	4.87	0.09	0.018 2

前期固结压力的影响因素：

①地质因素引起的超固结。土体过去的历史中由于各种原因引起荷载的变化，致使土中应力发生变化，如各种自然因素引起的风化剥蚀，地下水位的降低，地表干燥引起土中水分的缺失等等。

②临时水位线和湖泊引起的荷载变化，相比于有效土应力，可能引起土的超固结性。

③靠近地表的上部土层，由于气候等因素会产生干湿循环，产生显著的宏观应力，这些会对孔隙比、密度、强度等前期固结应力有关的物理参数产生影响。

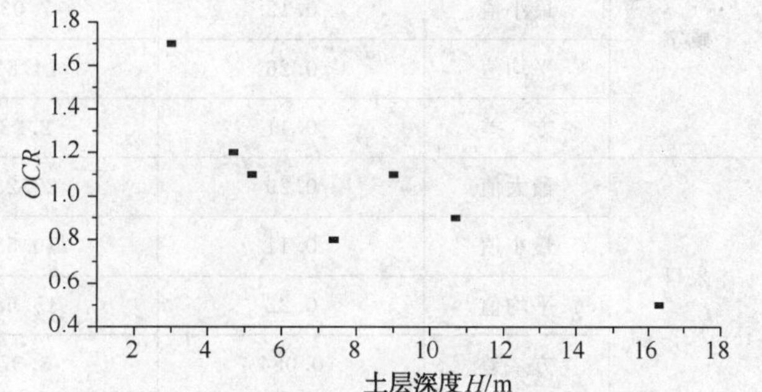

图 2-26　泉口土层深度与固结比的关系

④红黏土由于其特殊性，其前期固结应力除与物理压密有关外，还与其中含有游离氧化物，特别是游离氧化铁的胶结作用有关，致使红黏土具有超固结性，而且从上至下固结比逐渐减小(与氧化铁含量的减小趋势相似)，这点已被贵州大学廖义玲教授证实。

2.4.2.4　红黏土的变形参数

固结及变形指标主要是通过压缩曲线反映出来的。在此仅列几个代表性的红黏土试样数据绘制红黏土的 e-lg p 压缩曲线，泉口工点的 e-lg p 曲线见图 2-24，咸宁工点的 e-lg p 曲线见

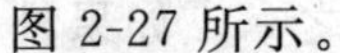

图 2-27 所示。

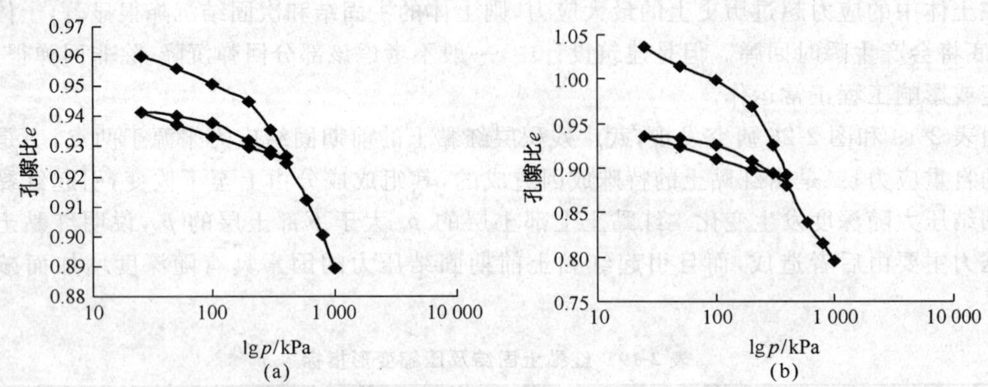

图 2-27　咸宁工点红黏土的 e-lg p 固结压缩曲线

由图 2-24、图 2-27 可知红黏土的压缩曲线总特征是，在压缩的初始阶段，即固结压力小于先期固结压力 p_c 的时候，e-lg p 压缩曲线并没有像一般黏性土那样出现直线段；而当固结压力超过先期固结压力 p_c 后，红黏土的压缩曲线（e-lg p 压缩曲线）呈线性关系。

通过对各工点试验数据的统计整理，武广高速铁路红黏土压缩变形的主要指标见表2-20。其压缩系数平均值在 0.22～0.26 MPa^{-1} 之间，依据规范《建筑地基基础设计规范》(GB 5007—2002)，该红黏土属于中压缩性土。

表 2-20　红黏土固结变形的主要指标

工点	项目	压缩系数 a_v/MPa^{-1}	压缩模量 E_s/MPa	体积压缩系数 m_v/MPa^{-1}	压缩指数 C_c
咸宁	最大值	0.38	27.03	0.215	0.272
	最小值	0.12	7.03	0.037	0.051
	平均值	0.26	14.82	0.067	0.141
	方　差	0.11	2.23	0.098	0.094
泉口	最大值	0.29	27.28	0.095	0.259
	最小值	0.11	10.53	0.037	0.046
	平均值	0.22	15.68	0.064	0.137
	方　差	0.054	3.37	0.034	0.120

2.4.2.5　红黏土的固结参数

(1)红黏土的先期固结压力的推求

先期固结压力 p_c 的推求方法大致有三种：Casagrande 方法(1936)、布麦斯脱方法(1940)、薛迈脱曼方法(1955)。其中，Casagrande 方法最简单，也是目前最常用的一种方法。这种方法是利用 e-lg p 压缩曲线曲率突变点来推求先期固结压力 p_c 的。

虽然目前多采用传统的 Casagrande 方法确定先期固结压力 p_c，但由图 2-27 可见，e-lg p 压缩曲线的最大曲率点很难确定，直线段的特征不明显，人为误差很大。因此，建议采用 ln(1＋e)-lg p 双对数法。

双对数法最早是由 Butterfield(1979)提出的，Onitsuka K，Hong Z(1995,1983)通过大量的试验验证了双对数法的有效性。利用双对数法，红黏土的固结压缩曲线则可以很好的用两条直线表示，如图 2-28 所示。对应于两条直线交点的应力即为先期固结压力 p_c。

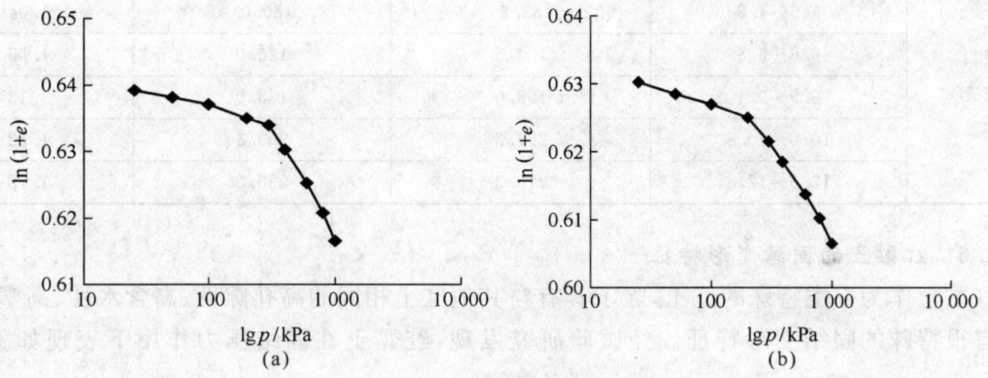

图 2-28 红黏土的双对数固结压缩曲线

(2)红黏土的先期固结压力及超固结比

先期固结压力 p_c 是土体所承受过的最大有效压力。在天然土层中，当某土层的上覆有效压力 p_0 大于 p_c 时，该土层处于欠固结状态；当 p_0 等于 p_c 时，该土层处于正常固结状态；当 p_0 小于 p_c 时，该土层处于超固结状态。为了描述土体的固结状态，土力学中定义了超固结比概念，即超固结比 $OCR=p_c/p_0$，$OCR>1$ 对应于超固结状态，$OCR=1$ 对应于正常固结状态，$OCR<1$ 则表示欠固结状态。红黏土的先期固结压力及超固结比见表 2-21。

表 2-21 红黏土先期固结压力及超固结比

工点	取土深度 H/m	先期固结压力 p_c/kPa	上覆土层压力 p_0/kPa	超固结比 OCR
咸宁	2.4～2.6	450	52	8.7
	3.5～3.7	420	74	5.7
	5.3～5.5	403	110	3.7
	6.4～6.6	356	132	2.7
	7.4～7.6	342	152	2.3
	9.4～9.6	305	192	1.6
	10.4～10.6	295	212	1.4
	12.4～12.6	288	252	1.1
泉口	2.2～2.4	460	52	8.8
	3.5～3.7	475	74	6.4
	5.3～5.5	431	110	3.9
	6.4～6.6	385	132	2.9
	8.4～8.6	364	172	2.1
	9.4～9.6	354	192	1.8
	10.3～10.5	326	210	1.6
	12.3～12.5	308	230	1.3
	13.3～13.5	294	250	1.2

续上表

工点	取土深度 H/m	先期固结压力 p_c/kPa	上覆土层压力 p_0/kPa	超固结比 OCR
泉口（补充）	2.6～2.8	51.0	50.0	1.02
	4.6～4.8	83.2	80.0	1.04
	6.6～6.8	124.5	120.0	1.05
	8.9～9.1	198.0	175.0	1.13
	10.6～10.8	254.3	209.3	1.22
	12.6～12.8	270.3	230.0	1.18

2.4.2.6　红黏土的固结变形特征

红黏土作为一类特殊的红土，除了具有与其他红土相同的高孔隙性、高含水性、高塑性外，还具有很特殊的固结变形特征。经试验研究发现，红黏土在固结压力作用下表现如下几个特征：

(1)红黏土的先期固结压力值 p_c 较大，原状土的 p_c 值在 288～475 kPa 之间，且远大于上覆土层的自重压力。

(2)超固结性特征。固结试验证实了红黏土是超固结性土，同时也解释了其超固结比的剖面特征。从表 2-21 中可以看到，随着埋深的增加，红黏土的超固结比 OCR 反而减小。传统土力学认为土的超固结性是由于剥蚀形成的卸载作用、地下水位上升等原因引起的，而且随着埋深的增加，土体在自重的作用下密度会增加，压缩性减小，固结程度也会越好。很显然，红黏土并非如此，随着埋深的增加固结性反而减弱。

(3)固而不密特征。固而不密特征是指红黏土是超固结性的，但同时又是高孔隙性的。红黏土的超固结比 OCR 远远大于 1，甚至达到 8.7(见表 2-21)，是典型的超固结性土。一般理论认为，超固结土在其应力历史中被上覆压力压实，孔隙比应该很小。然而对红黏土来说，这种规律不尽然。红黏土是超固结性土，但其孔隙比又较大。

(4)固结反剖面特征。两个工点的红黏土的先期固结压力 p_c 及超固结比 OCR 随剖面向下有规律地递减，即"固结反剖面特征"。从表 2-21 可以看出，红黏土的先期固结压力 p_c 在土层上部(埋深约 6 m)出现较大值 403 kPa，在下部(埋深约＞6 m)陡然降到较小的 356 kPa。红黏土的先期固结压力剖面具有"反向"特性，而且这种"反向"具有突变性。固结反剖面特征有力地说明红黏土"上硬下软"工程特性。

(5)红黏土的压缩系数平均值在 0.22～0.26 MPa^{-1} 之间，为中压缩性土。压缩指数平均值在 0.137～0.141 之间，高于老黏性土。单从红黏土的压缩变形参数来看，并不能表明它与其他土类有多大的不同。但若将红黏土与它的高孔隙性、高液限、高塑性等对应起来看，它就具有自身特有的变形特征，即在极高的孔隙性下具有中压缩性特征。

红黏土的压缩变形是目前应力水平下的固结程度的反映。固结性越好，土体越不容易变形。将红黏土的固结特征和变形特征统一起来看，它们是统一的，相互影响的。红黏土疏而不散，是因为它的固结性；疏而变形不大，也是由于它的固结性。红黏土的固结主要是在密度变化极小的情况下，颗粒间强度增加的结果，不属于机械力作用下压密而相伴产生的固结。

2.4.2.7　红黏土固结变形的影响因素

(1)红黏土微观结构分析

土是自然与历史的产物，构成土的元素经过搬运、迁移、沉积等地质、地球演化过程，逐渐产生了与周围环境相适应的结构。天然土都具有结构性。Terzaghi(1925)最早提出,在评价黏性土和岩石的工程地质性质时,必须要考虑其微观结构。

土的结构指单颗粒或粒团等各组分在空间的位置、排列方式和它们之间的相互联结。红黏土中的固相主要为片状黏土矿物,夹杂着少量的原生矿物碎屑及游离氧化物。片状黏土矿物通常以粒团的形式出现,粒团内部的组构多以边—面、面—面的形式排列,粒团构成红黏土结构单元的主体。少量的矿物碎屑多以粒状出现,一般分散在土中,无明显定向性,不构成结构单元的主体。游离氧化物主要起联结作用。

红黏土细微观结构的另一个重要特征就是各组构之间的联结特征。黏性土粒间的联结方式主要有两种:水化膜联结和胶结物联结。红黏土中也存在着这两种联结,但以胶结物联结为主。红黏土中产生胶结联结的胶结物主要是氧化物,包括氧化铁、氧化铝和氧化硅等。氧化物的赋存状态以游离态为主,也有胶体态。红黏土中的结构联结可以分为两个层次:粒团内部联结和粒团间的联结。

据有关研究,粒团内部的联结力主要是由静电引力、范德华力和游离氧化铁的胶结连接所引起的,这种连接有很高的强度和良好的抗水性,将众多的黏土矿物片集合成一个整体。这是一种牢固的、水稳性的连接,机械分散的方法难以破坏。而粒团间的联结是由多水的非晶态或微观态的游离氧化物和黏土矿物组成的复杂的链式联结,这种联结是弱胶结的欠牢固联结,是非水稳性联结。很明显,粒团内部联结强于粒团间联结。

(2)固结变形的微观结构控制机理

结构是成分的表现形式,物质成分在一定的环境条件下会形成相应的微观结构,即物质成分对土的微观结构有一定的制约作用。但当环境不同,相似物质成分以不同的形式存在时,土又会有不同的微观结构形态。微观结构又控制着土的宏观工程性质。相对而言,成分具有相对稳定性,微观结构具有环境敏感性。当土体中的应力、温度等因素发生改变时,物质成分不易改变,而微观结构极易变化。红黏土物质成分和结构对其固结变形特征的控制表现为:

①红黏土的先期固结压力

传统土力学在研究土的压缩和地基沉降的过程中,提出了“先期固结压力 p_c”的概念,并定义为“土层历史上曾经受到过的最大的压力”。传统土力学认为固结是在上覆压力作用下形成的,“先期固结压力 p_c”随着埋深的增加而增大。对于超固结性的解释,一般也认为是由于剥蚀形成的卸荷作用、地下水位上升、干燥作用等引起的。事实上,绝大多数正常沉积的土都遵循这一基本规律,尤其是粒间不存在或存在很弱黏聚力的砂土。绝大多数正常沉积的土也随着埋深的增加,其“先期固结压力 p_c”逐渐增大。

然而红黏土所表现出来的“先期固结压力 p_c”特征并非如传统土力学所述那样,从研究结果可知,红黏土的先期固结压力远远大于上部土层自重压力。即使红黏土在成土过程中发生过剥蚀等外力地质作用,也应该出现剖面下部固结程度好,先期固结压力随着深度增大的情况,然而,表 2-21 所反映的恰恰相反,随着埋深的增加,红黏土的先期固结压力反而减小。

解释土的宏观力学现象,最终要归结到土的物质成分和结构上来。如上述分析,红黏土具有很强的结构性,当荷载小于结构强度时,土体发生弹性变形;超过结构强度以后,土体就产生塑性变形。传统土力学从历史角度出发考虑土的先期固结压力,由应力历史引起的固结仅仅是物理压密过程,而红黏土的结构强度是在其成土历史过程中形成的,是由土本身物质结构决定的。没有外部应力的影响,这种强度也是存在的。因此,传统土力学理论无法解释红黏土的先期固结压力特征,需要从红黏土的物质结构角度来考虑其先期固结压力。

前苏联的杰尼索夫(1956 年)指出，黏性土中的黏聚力分为两种：一种是原始凝聚力，只有原始凝聚力的黏性沉积物是由原级颗粒组成的，各个颗粒被一层黏结水膜所包围，水膜在颗粒连接处的厚度取决于压力的大小。重塑黏土就处于这样的状态。另一种就是固化凝聚力。沉积物在岩化阶段的固化是由两种原因引起的：一种是在压密的过程中原始凝聚力的增加；另一种是在颗粒间的距离不变时出现的颗粒联结强度的增加。后面这种强度是在沉积物的密度基本保持不变的情况下，在某一段时间内发生的。这种附加的凝聚力，称之为固化凝聚力。固化凝聚力的出现主要是由于物理化学作用和化学作用引起的。

红黏土是天然的黏性沉积物，从它形成的最初时刻起，岩化过程就出现了。沉积物在岩化阶段，除有压密作用外，还进行着各种化学的、物理化学的和生物化学的过程，这些过程促进了沉积物的石化作用。红黏土的固化凝聚力是由游离氧化物，特别是游离氧化铁的胶结作用形成的，并表现出很高的先期固结压力。

因此，课题组认为室内固结试验得出的先期固结压力是红黏土微观结构强度的宏观表现，其内在决定因素主要是物质成分和结构——游离氧化物的胶结作用。

②红黏土的超固结性

由表 2-21 可知，红黏土的超固结比远大于 1，有的甚至达到 8.7，是典型的超固结土。传统土力学认为，超固结土是指土层在历史上曾经受过的固结压力大于现在上覆土层的自重应力，即土层在历史上曾经有过相当厚的沉积物，后来由于冲刷、剥蚀等卸荷作用，或由于地下水位的变化以及土体的干缩作用，使土层具有的密实度超过现有的自重应力相对的密实度，而形成超压状态。

即便如此，按照传统土力学的理论，土体剖面由上到下应该是固结性越来越好，超固结比应该是越来越大，然而，试验所得出的红黏土的超固结比由上到下是减小的。

很显然，传统土力学讲的固结性是针对于重塑土样的压密状态而言的，不能应用于像红黏土之类的结构性土。就像前面所叙述的先期固结压力一样，红黏土的超固结性是由结构强度所引起的，也是结构强度的宏观表现形式之一。甚至可以认为红黏土在成土历史中又经历过冲刷、剥蚀等卸荷作用，是完整的天然沉积下来的。如果像土力学中从应力历史的角度考虑，完整沉积下来的土应该是正常固结土。

所以课题组认为，传统土力学将固结与压密两个概念混在一起使用，针对重塑土是可行的，但是对于像红黏土这样的结构性土明显行不通。压密和固结，这两个概念是完全不同的。土是自然界客观存在的地质体，是岩石的风化产物，同时也是时刻在演变的物质。岩石可以风化成土，土也可以岩化成岩石。土与岩石是循环圈中本质相同而形式不同的两种存在方式。土颗粒不断沉积，同时经历着两种作用，一个是压密作用，一个是固结作用。就像前苏联学者杰尼索夫指出的那样，压密只是土颗粒的间距及位置的改变，并没有涉及质变。当土颗粒在新的位置达到平衡状态后，压密作用就结束了，而固结作用远没有结束。固结作用直到土固化成岩石后才逐渐停止。固结的本质是强度的增加，以超固结比的简单概念来描述红黏土的固结性显得有些脆弱。固结有两种方式，一种是物理固结，就是上面所说的压密，这种固结提高的是土的原始凝聚力；另一种是化学固结，对红黏土来说就是游离氧化物的化学胶结等作用，增强的是土的固化凝聚力。

③红黏土的高孔隙性与低压缩性

由上文可知，红黏土具有较高的孔隙比，按照传统土力学理论认为其压缩性一定会很高，工程性质很差。然而，与具有相同孔隙比的其他土类相比，红黏土的可压缩性要低得多。为何会出现这种物理性质与力学性质不一致的情况，还得从红黏土特殊的微观结构来解释。

首先，有必要搞清楚红黏土的孔隙特征。总体而言，红黏土的孔隙特征与结构连接特征是相对应的，微观物质成分、结构决定了孔隙的性质、分布和几何形状。红黏土的微观结构特征分为两个层次，相应也有两个层次的孔隙，一个是粒团内部的细小孔隙；另一个层次的孔隙是粒团之间的较大孔隙。贵州大学廖义玲教授曾根据扫描电镜观察和压汞试验认为，粒团内的孔隙极其发育，约占孔隙总体积的 3/4 以上，呈封闭或半封闭状，受压力作用后，孔隙的数量变化不大，属于受力后具有“惰性”的孔隙；粒团之间的孔隙多呈菱形、狭长形或不规则形，受力后这类孔隙数量大幅减少，是活性孔隙。

粒团内部的联结是牢固的、水稳性的联结，具有一定的刚性，所以内部孔隙在常压下不会有很大变化。在外部荷载的作用下，红黏土体积变化的主要因素是粒团之间的孔隙减少，而粒团之间的孔隙仅占孔隙体积总体积的 1/4，故其压缩性小。

所以说，红黏土具有高孔隙性却是低压缩性土，其最根本原因是红黏土本身微观成分和结构所决定的。

2.5 红黏土地基胀缩性质指标及统计分析

2.5.1 红黏土的胀缩参数指标

通过对武广高速铁路红黏土的胀缩特性试验，得到红黏土胀缩参数指标如表 2-22 所示。

表 2-22 红黏土胀缩特性指标

工点	自由膨胀率 F_s/%	无荷膨胀率 V_H/%	线缩率/%	体缩率/%	收缩系数
咸宁	28.5～38.5	0.46～2.06	0.65～2.07	13.7～24.6	0.10～0.52
泉口	21.0～33.0	0.17～1.77	1.43～2.27	8.7～18.6	0.17～0.28
耒阳	21.0～37.0	0.18～1.00	1.17～6.05	9.7～19.0	0.23～0.84

自由膨胀率是指扰动土经粉碎风干后，在水中没有任何限制的条件下充分吸水产生自由膨胀，体积增大，试样稳定后的体积增量与初始体积之比。由表 2-22 可知，武广高速铁路泉口工点的自由膨胀率在 21%～33%之间；咸宁工点的自由膨胀率在 28.5%～38.5%之间，耒阳工点的自由膨胀率在 21%～37%之间。按膨胀性指标给红黏土分类（自由膨胀率＜40%为非膨胀土），可知红黏土不属于膨胀土的范围。因而，其膨胀性对工程危害较小。

无荷膨胀率是指土样在无荷载而有侧向限制条件下，吸水后沿垂直方向膨胀的增量与试样初始高度之比，以百分数表示。通过土工试验发现，泉口工点的无荷膨胀率在 0.17%～1.77%之间，咸宁工点的无荷膨胀率在 0.46%～2.06%之间，耒阳工点的无荷膨胀率在 0.18%～1.00%之间。三个工点的无荷膨胀率都小于 2.06%，因而膨胀量较小，对工程影响很小。

线缩率包括垂直线缩率和水平线缩率，为土体收缩稳定后垂直方向或水平方向的收缩量与试验初始高度之比，本次试验讨论的是垂直线缩率。

体缩率是原状土或扰动土样，在失水稳定后的体积缩减量与初始体积之比值。

收缩系数指试样在水分蒸发产生收缩的第一阶段内，含水率每减少 1%时的线缩率。

通过室内土工试验，发现三个工点的线缩率均在 0.65%～6.05%之间，大部分线缩率小于 2%，说明三工点的红黏土具有弱收缩性。而三个工点的体缩率在 8.7%～24.6%，按膨胀土分类方法分类则属于弱—中膨胀土,失水具有一定的收缩性。三个工点的缩限在14.27%～20.64%,均大于12%,所以也属于弱—中膨胀土,失水具有一定的收缩性。

综上所述:认为武广高速铁路红黏土基本没有膨胀性,不属于膨胀土,但是如果按收缩性来说其又属于弱—中膨胀土,具有一定的收缩性。因而在施工和设计中要注意红黏土失水后发生收缩,破坏土的结构,降低红黏土力学强度的影响。

2.5.2 红黏土的胀缩时程特性

由图2-29可知,红黏土的膨胀变形曲线可以分为三个阶段:①直线剧烈等速膨胀阶段,持续时间较短,但变形量较大,约占整个膨胀变形量的70%,实际工程中红黏土吸水变形也主要发生在这个时间段内。②外凸弧线减速膨胀阶段,这一阶段的外凸弧线曲率明显增大,膨胀速率变缓,但该阶段的膨胀持续时间明显增长。相比直线剧烈膨胀阶段,这一阶段的膨胀量比较小,约占整个膨胀变形量的25%左右。③直线缓慢膨胀阶段,这一阶段的膨胀曲线近似水平直线,膨胀变形量非常小,占整个膨胀变形量的5%以内,但这一阶段的持续时间非常长,占整个膨胀时间的50%以上。

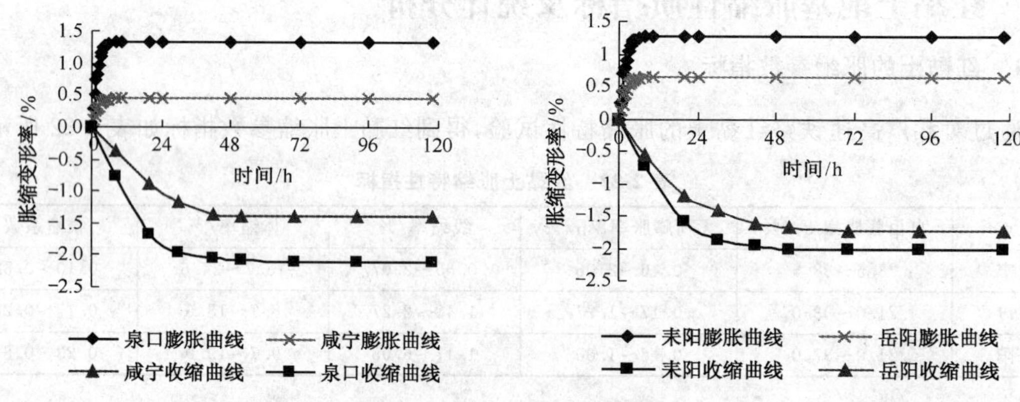

图2-29 红黏土的胀缩时程曲线

第一阶段膨胀变形发生在浸水表面,吸力较大,吸水较快,膨胀速率较高,随着水分由于毛细作用深入土体内部,土水交界面面积扩大,土体开始完全膨胀,进入第二阶段(外凸弧线减速膨胀阶段),随着土体水分的增加,土体内吸力逐渐降低,吸水速度减小,土体的膨胀速率也降低,进入直线缓慢膨胀阶段,等土体完全吸水饱和后,土体膨胀变形也达到稳定。需要说明的是,以上三个阶段间的界限不是绝对的,而是为了方便描述红黏土浸水条件下的膨胀变形时程特性而人为划分的。

红黏土的收缩变形同样可以分为三个阶段:①直线等速收缩阶段,土体收缩与含水率减少成正比,此段时间的长短与土样中黏粒含量多少、制备含水率大小以及蒸发散失条件有关,此段时间一般持续12 h左右;②外凸弧线减速收缩阶段,随着含水率的减少,土体收缩速度减缓,土体收缩率愈变愈小,此段时间一般持续较长;③直线缓慢收缩阶段,含水率继续减少,土体不再收缩或收缩甚微。收缩过程在各个阶段的收缩速度及收缩量不同,在直线等速收缩阶段和外凸弧线减速收缩阶段内所发生的收缩量占总收缩量的95%以上,而在直线缓慢收缩阶段收缩量很小,通常小于5%。

直线等速收缩阶段收缩较快,此时收缩增量Δe_{sl}与蒸发失水量Δw_{sl}成正比($\Delta e_{sl}/\Delta w\approx1$),曲线呈直线段。随时间增加,土中水分逐渐减少,土粒外围水膜逐渐变薄,粒间距离减小,土粒间联结因此逐渐增强，故土收缩量 Δe_{sl} 随时间增加而减少（$\Delta e_{sl}/\Delta w<1$），曲线呈向下凹的曲线状。随时间继续增加，土中水分仍然在减少，但因土中水分很少，粒间距离很近，土粒联结较强，其减少的水量不足以使土的体积收缩，此时 $\Delta e_{sl}/\Delta w\approx 0$，故曲线呈近水平状。

另外，可以发现，红黏土的膨胀变形与收缩变形具有相似性：虽然膨胀、收缩两过程不是可逆过程，但是膨胀、收缩速度曲线的整体特征具有明显的相似性。①膨胀变形曲线、收缩变形曲线的总体变化趋势是一致的，都随着时间的增大，膨胀率和收缩率随之增大，与之相应，膨胀量和收缩量也在增大。②膨胀、收缩过程具有相似的 3 个阶段划分，都经历了从斜直线→凸弧线→平直线的变化过程，但两个过程的各个相应阶段所持续的时间以及所发生的变形量有很大差异，其吸水膨胀速度要比其失水收缩速度快得多。

2.5.3 影响红黏土胀缩性的主要因素

（1）矿物成分

红黏土的矿物成分包括黏土矿物和碎屑矿物。碎屑矿物中大部分为石英、斜长石和云母（主要是水云母），其次为方解石和石膏等矿物。碎屑矿物构成膨胀土的粗粒部分，往往含量有限，对红黏土的胀缩性质影响不大。

黏土矿物构成红黏土的细粒部分，对红黏土的工程性质影响很大，特别是蒙脱石、伊利石、高岭石等矿物。而蒙脱石是高亲水性矿物，这对膨胀土的膨胀性和收缩性具有决定性作用，图 2-30 和图 2-31 为蒙脱石含量与土的活性指数及自由膨胀率的关系曲线。

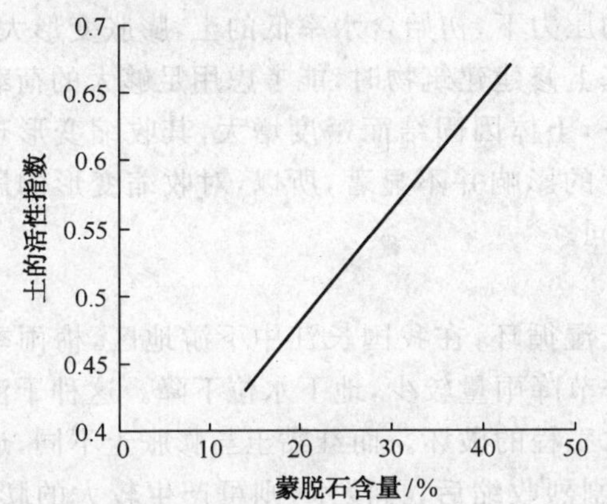

图 2-30 蒙脱石含量与土的活性指数关系曲线

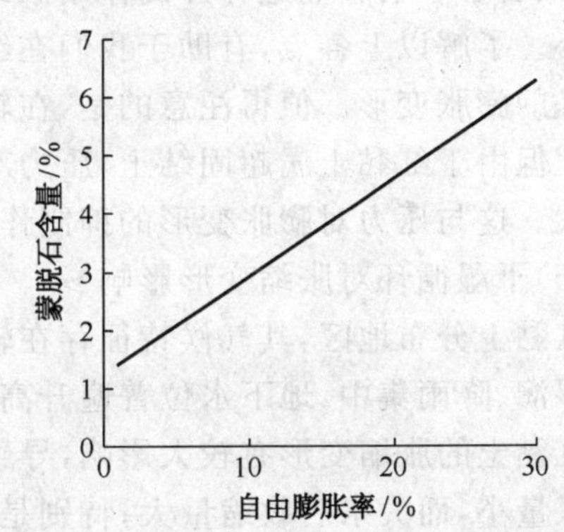

图 2-31 蒙脱石含量与自由膨胀率关系曲线

（2）交换性阳离子

红黏土中交换性阳离子成分对其膨胀性有很大的影响。一阶交换性阳离子对膨胀量的影响要比高阶阳离子大得多。一阶阳离子与高阶阳离子的不同比例对红黏土的膨胀量有很大的影响。同时，一阶交换性阳离子组成的土其收缩性要比二阶、三阶交换性阳离子组成的土要大。因此，可以通过中和红黏土中的一价阳离子保留 Fe^{3+}、Ca^{2+} 等高价离子来减小红黏土的变形。

（3）粒度成分

图 2-32 和图 2-33 所示为黏粒含量和粉粒含量与膨胀的关系，该图表明：膨胀变形与黏粒的百分含量有关。黏粒含量越大，膨胀变形越大，但是，自由膨胀率却随粉粒的增加而减少。同样，土的收缩变形也与土的黏粒含量有关，黏粒含量越大收缩变形越大。同时，土中主要黏

土矿物以及颗粒定向度亦对胀缩变形有影响。具有亲水性较大的蒙脱石矿物的土其胀缩性较大;颗粒定向度较大的土,其胀缩变形也较大。因此,我们可以通过优化红黏土的粒径分布来减少其胀缩变形。

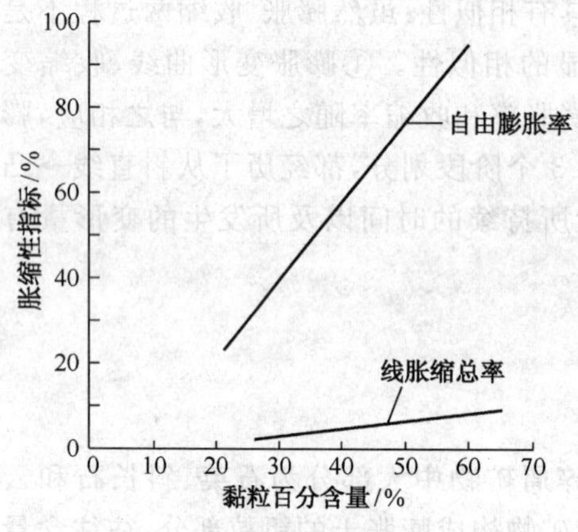

图 2-32 黏粒含量与膨胀的关系

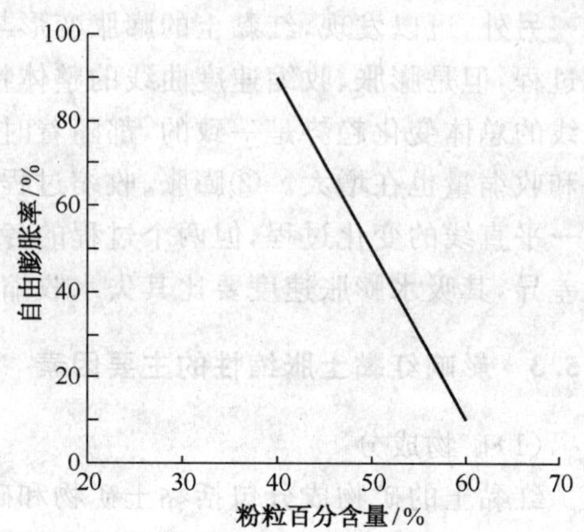

图 2-33 粉粒含量与自由膨胀率的关系

(4)压力对胀缩变形影响

土体的自重以及地基上的建筑物都会给土体带来附加应力。土体在吸水膨胀时,要先克服这一压力。随着压力的增加,膨胀变形明显减少。这实际上是压力对膨胀的抑制作用。另外,初始含水率会影响这种抑制作用。即在相同的压力下,初始含水率低的土,膨胀变形大,反之则小。了解以上各点,有助于我们在红黏土地基上修建建筑物时,能考虑用足够大的荷载抑制地基的膨胀变形。值得注意的是,在较大压力下,土体因固结而密度增大,其收缩变形理应减小。但由于红黏土属超固结土,压力对土体密度的影响并不显著,所以,对收缩变形的影响也不大。这与压力对膨胀变形的抑制作用有所不同。

(5)干湿循环对胀缩变形影响

红黏土分布地区,其气候特征存在较明显的干湿循环,在我国长江中下游地区,梅雨季节气候湿润、降雨集中,地下水位普遍升高,而秋冬季节降雨量较少,地下水位下降。这种干湿循环对红黏土的胀缩变形有较大影响,导致许多土木工程的破坏。而红黏土与膨胀土不同,遇水后膨胀量小,而失水后收缩量大;特别是再失水而剧烈收缩后,再浸水,则可产生较大的膨胀,甚至产生湿化和裂解等现象。红黏土的这种特性对施工不利,如在气温高的季节,基槽或者边坡在开挖后,若不及时处理,则地基表层干缩加剧而迅速龟裂,再加上红黏土具有竖向裂隙,水分能从深层蒸发出来,使裂隙宽度加大,再遇雨水或者地表水入侵,地基反复湿胀、湿化,最后使土的结构遭到破坏,承载力降低,从而引起路基破坏。因而,在红黏土地区施工时,要尽量不使红黏土处于干湿循环的环境,对于开挖的红黏土断面,要采取措施,避免日照和雨水入侵。

另外,红黏土的胀缩变形还表现出各向异性的特征。一般说来,垂直方向的胀缩变形较横向变形要大。

综上所述,可以通过中和红黏土中的高价阳离子,提高土体上覆压力以及减少土体的干湿循环等措施来减少红黏土地基的胀缩变形。

2.5.4 胀缩性研究成果

遇水膨胀、失水收缩是武广高速铁路沿线红黏土的一个重要特征。武广高速铁路沿线红黏土普遍具有不同程度的胀缩性，根据勘查资料和室内土工试验资料统计，可以发现三个工点的红黏土的自由膨胀率在 21.0%～38.50%，其无荷膨胀率在 0.17%～2.06%，体缩率在 8.70%～24.60%，线缩率在 0.65%～6.05%，见表 2-22。其膨胀特征主要有以下两个方面：

(1)弱—中等胀缩性，以缩为主，缩大于胀。总的来说武广高速铁路沿线红黏土受其矿物组成等方面的影响，存在胀缩性但并不十分强烈。如果按膨胀性指标给红黏土分类(自由膨胀率＜40%为非膨胀土)，那么三个工点的红黏土均不属于膨胀土的范畴。但如果按收缩指标划分(体缩率在 16%～23%属于中等膨胀土)，那么三个工点红黏土又都属于中等膨胀土的范畴。因而红黏土有着较强的收缩性，但膨胀性微弱。

(2)土的胀缩变形下层大于上层。根据室内土工试验发现，红黏土下层的胀缩性大于上层，红黏土的这种膨胀特征与我国云南、广西和贵州地区的典型红黏土相类似，主要由土层的含水率和物质成分决定。上层红黏土由于氧化铁的聚集和老化，其亲水性比下层要弱，因而膨胀性能较差，而土的收缩变形则主要是因为下层土的含水率大于上层土的缘故。胀缩作用在坚硬和硬塑状态的红黏土层中形成了大量的裂隙。强烈的失水收缩使红黏土表层裂隙很发育，破坏了土体的完整性，降低了土的强度，增强了透水性。在武广高速铁路沿线的现场勘察中，从钻孔岩芯和井挖的基坑壁上可看出，红黏土中经常可见有大量的裂隙。该种裂隙的特点是：裂隙发育程度从地表向下逐渐减弱，靠近地表处呈张口竖向裂隙，向下逐渐闭合呈网状裂隙。裂隙发育深度一般为 3～4 m。在裂隙中常见有褐红色、黑褐色铁、锰质成分浸染，个别形成条带状。该类裂隙的成因，主要是由于红黏土的吸水作用使土层体积膨胀，脱水作用使土体体积收缩这一往返过程反复作用所引起的。裂隙的存在不仅降低了土体的力学强度，而且由于地表水沿着裂隙渗入，加大了土的吸、脱水速度。这一循环作用，使红黏土的胀缩作用得以加强。这可能会导致红黏土边坡的崩塌以及红黏土地基的破坏。

(3)红黏土以收缩为主的胀缩性，可用判别式 $1.4+0.0066w_L$ 与 w_L 相比较，划分为两类：凡是 $w_L>1.4+0.0066w_L$，胀缩性显著，复浸水后易软化、崩解，强度降低较大的土，属于Ⅰ类胀缩性红黏土；凡是 $w_L<1.4+0.0066w_L$，胀缩性轻微，复浸水不易软化，状态变化不大的土，属于Ⅱ类胀缩性红黏土。

参 考 文 献

[1] Skempton A W. Notes on the Compressibility of clays. Quart. J. of the Geological Soc. of London, Vol. 100, 1944, 119～135.

[2] 刘之葵，梁金城. 喀斯特地基中发育的土洞对地基变形的影响. 勘察科学技术，2004，62 (5)：31～33.

[3] 章明圭. 杭州西郊十里坪系的特性和形成[J]. 浙江农业学报，13(3)：141～146.

[4] Braja M Das. California State University Sacramento, Principles of Geotechnical Engineering(Fourth edition)，PWS Publishing Company，1998，303～365.

[5] 高大钊，魏道垛. 上海软土工程性质的概率统计特征[A]. 第四届土力学及基础工程学术会议论文选集[C]. 北京：中国建筑工业出版社，1986，176～182.

[6] 顾小芸，应用数理统计方法确定海洋土的工程特性[A]. 第四届土力学及基础工程学术会议论文选集[C]. 北京：中国建筑工业出版社，1986：415～421.

[7] 王恭先. 边坡边坡原因分析及防治办法. 重庆建筑，2005. 6.

[8] 邓卫东. 公路边坡稳定技术. 北京：人民交通出版社，2006.

[9] M D Gidigasu. Mode of Formation and Geotechnical Characteristics of Laterite Materials of Ghana in Rela-

tion to Soil Forming Factors. Engineering Geology, February 29, 1972:1～8.

[10] http://zy.swust.edu.cn/01/1/gcdz/kwxx07004.html.

[11] R M Madu. An Investigation Into the Geotechnical and Engineering Properties of Some Laterites of Eastern Nigeria. Engineering Geology, 1977,(11): 101～125.

[12] Bwalya Makasa, Utilisation and improvement of lateric gravels in road bases. http://www.itc.nl/～ingeokri/newsletter/summer98/newpage12.html.

[13] 毕庆涛.红黏土固结变形特征及其形成机制的研究[D].贵州大学,2006,2.

[14] Griffiths F J, Joshi R C. Change in pore size distribution due to consolidation of clay s[J]. Geotechnique, 1989,39(1):159～167.

[15] Rice T J, Weed S B, Buel. Soil-sapsolite profiles derived from Mafic Pocksin the North Carolina Piedment: Ⅱ. A ssociation of free iron oxides with soiland clay[J]. Soil science society of America journal. 1985,49:178～185.

[16] Yang D Q, Shen Z J. Generalized nonlinear constitutive theory of unsaturated soils Droc of 7th int Corf on expansive soils, Dallas, 3-5 Aunust, 1992: 158～162.

[17] 唐大雄.红土的胀缩性及其在红土中的位置[A].第二届全国红土工程地质研讨会论文集[C].贵阳:贵州科技出版社,1991:67～77.

[18] 钱小鄂.红土在 WLAP 图上的位置探讨[A].第二届全国红土工程地质研讨会论文集[C].贵阳:贵州科技出版社,1991:78～82.

[19] 郭沛,余培厚.红黏土的胀缩特性与胀缩机理[A].第二届全国红土工程地质研讨会论文集[C].贵阳:贵州科技出版社.1991:105～100.

3 红黏土地基对比性勘探原位试验

3.1 现场取样及对比性勘探主要技术要求

3.1.1 勘探目的和要求

本勘探是应《武广客运专线无砟轨道灰岩残积层红黏土变形特性与路基边坡稳定性试验研究》科研项目的勘探要求。目的是通过在载荷试验点附近布置100型机动钻孔，连续进行标准贯入试验，并连续采取原状土样，对所取的原状土样进行各种物理性质及力学性质试验，收集各试验的数据，分析地基土的强度、应力、变形特征。为确保室内试验数据的完整与真实性，钻探所取土样必须是一级质量土样。结合对各原位测试进行对比统计分析，总结适合该地段地基土在本地段的载荷试验与其他原位测试的经验关系式。

3.1.2 机具要求

必须使用100型回转机动钻，护壁套管，三重管单动回转取样器(外径108 mm)、推土器、塑料衬管(直径74 mm)、土样箱和标贯器等。

3.1.3 钻进要求

一律采用无水回转钻进，孔壁不稳时，应采用套管护壁。钻探流程：开孔(钻进0.5 m)→连续取样(3～4组)→标贯→套管跟进(必要时)→岩芯管清孔(长50 cm)→连续取样(3～4组)→标贯→套管跟进(必要时)→岩芯管清孔(长50 cm)→……钻至基岩面终孔。

具体操作时，先应慢速旋转，当钻头切入土层时(当遇坚硬土层钻头吃不进土层时可适当加压)改为中速挡钻进。提升时要控制速度，保证孔底形成的空间能被水(或空气)充填，而不至于形成真空。

回次进尺按取样器有效长度控制。

3.1.4 记录要求

(1)钻进记录：按规定的原始记录表记录每一回次进尺的钻进方法。钻具种类、长度及组成，下钻、钻进、起钻等时间，钻速或压力，钻进孔内情况等。在各孔原始记录封面上绘制钻孔的位置示意图，反映各钻孔的相对位置以及与线路的相对关系等。

(2)岩性描述：按规定的原始记录表记录每一回次进尺的土名、塑性状态、颜色、夹杂物的种类、成分、性质、颜色及含量等。

(3)地下水位：记录各孔的初见水位，24 h的稳定水位。

(4)标贯试验：按规定的表格记录每次标贯试验的标贯击数，按每10 cm进行记录。

(5)钻孔编号：按表3-1执行。

(6)原状土样编号与标示见表3-2。

表 3-1 各试验点钻孔编号

试验点里程位置	DK1231＋090	DK1274＋645	DK1293＋430	DK1784＋887
试验点编号	plt1	plt2	plt3	plt9
钻孔编号	Jz-Z1-K1 Jz-Z1-K2	Jz-Z2-K1 Jz-Z2-K2 Jz-Z2-K3 Jz-Z2-K4	Jz-Z3-K1 Jz-Z3-K2 Jz-Z3-K3 Jz-Z3-K4	Jz-Z9-K1 Jz-Z9-K2 Jz-Z9-K3 Jz-Z9-K4

表 3-2 各钻孔原状土样编号

试验点里程位置	DK1274＋645			
试验点编号	Z2			
钻孔编号	Jz-plt2-K1	Jz-plt2-K2	Jz-plt2-K3	Jz-plt2-K4
原状土样编号	plt2-K1-Y1 plt2-K1-Y2 plt2-K1-Y3 plt2-K1-Y4	plt2-K2-Y1 plt2-K2-Y2 plt2-K2-Y3 plt2-K2-Y4	plt2-K3-Y1 plt2-K3-Y2 plt2-K3-Y3 plt2-K3-Y4	plt2-K4-Y1 plt2-K4-Y2 plt2-K4-Y3 plt2-K4-Y4

各土样按表 3-2 要求编号，plt 代表试验工点号，K 代表钻孔编号，Y 代表土样编号，各孔土样自上而下依次编号。

各土样按统一的土样标签内容填写齐全，标明取样时间，钻孔编号，土样深度以及对应的编号，取样时的天气、温度，注意在各土样筒上标明土样的上方与下方。

各试验点取样数量及计划钻孔数见表 3-3 要求，各试验点的原状土样数量不得少于表 3-3 中的数量，如计划钻孔数连续取样仍难以达到表 3-3 规定的取样数量时，应及时提出，考虑是否增加钻孔，试验项目见表 3-4。

表 3-3 各试验点取样数量及计划钻孔数

试验点里程位置	DK1231＋090	DK1274＋645	DK1293＋430	DK1784＋887
试验点编号	plt1	plt2	plt3	plt9
各试验点取样数量	90	140	140	140
各试验点计划钻孔数	2	4	4	4

表 3-4 各试验点应取样数量

试验取样点		DK1231＋090	DK1274＋645	DK1293＋430	DK1784＋887	附 注
试验点编号		plt1	plt2	plt3	plt9	
岩土名称		红黏土或次生红黏土	$Q_{2\sim3}$ 粉质黏土	次生红黏土	红黏土	
常规物理指标	密度、界限含水率					
饱和度						
红黏土含水比/%						
颗粒分析(比重计)						
土化学全量分析						
有机质/%		9	9	9	9	每项指标不少于 6 个数据
黏土矿物分析						
湿化试验						
快剪	内摩擦角 φ/°					
	凝聚力 c/kPa					

续上表

试验取样点		DK1231＋090	DK1274＋645	DK1293＋430	DK1784＋887	附 注
试验点编号		plt1	plt2	plt3	plt9	
岩土名称		红黏土或次生红黏土	$Q_{2\sim3}$粉质黏土	次生红黏土	红黏土	
残余剪切试验	内摩擦角 φ/°	6	6	6	6	
	凝聚力 c/kPa					
膨胀性试验	无荷膨胀率/%					其中蒙脱石含量M与阳离子交换量CEC(NH^+)各取样试验点不少于3组数据。
	有荷膨胀率/%					
	线缩率					
	体缩率					
	缩限/%					
	收缩系数	12	12	12	12	
	自由膨胀率/%					
	蒙脱石含量/%					
	阳离子交换量CEC(NH^+)/(mmol·kg^{-1})					
	膨胀力/kPa					
渗透系数/(cm·s^{-1})		6	6	6	6	
无侧限抗压强度试验	无侧限抗压强度/kPa	12	12	12	12	各项指标不少于6组数据
	灵敏度					
固结试验	固结系数/($10^{-3}cm^3·s^{-1}$)					
	先期固结压力(kPa)					
	压缩指数	15	15	15	15	
	回弹指数					
	压缩系数					
	压缩模量/MPa					
三轴试验	三轴压缩试验	15	15	15	15	
	非饱和三轴试验	15	15	15	15	
	动三轴试验		50	50	50	
合 计	室内筒(75 mm×200 mm)	90	140	140	140	510
	塑料内衬管(75 mm×995 mm)(根)	30	45	45	45	165
所需钻孔数		2	4	4	4	14
双桥静力触探		6	6	6	6	24
孔压静力触探		2	2	2	2	4

根据表3-4中取样数量，进行钻孔数量和深度的布置。根据取样数量，用外径108 mm，衬管内径75 mm，一次取样长995 mm的三重单动取土器进行取土，野外取得的一筒长995 mm的样，可在室内试验室截取得3～4个室内试验所需的原状样(75 mm×200 mm)。

3.1.5　土样的保管和运输

取土器提出孔后，将土试样轻轻拿出，先切去超出衬筒部分，使之与样筒等齐，立即用事先备好的铁皮盖盖住两头，在样筒上标明上下方向，而后把土试样衬筒的外壁用棉纱擦拭干净，用蜡水涂封缝隙处，再用麻纸仔细包裹，纸外涂一层蜡水使其完全密封，然后贴好土样标签。考虑到试样较多，短时间之内难于全部用于试验，为了保持土样的原状性，将土样外表裹一层同土层的泥浆保护，然后在样筒上标明上下方向，贴好土样标签之后，再装进用木屑填好的土试样箱内。土试样筒要放置牢靠，以免振动和来回摆动影响试验结果，包装箱内以 4 个样一箱为宜，不可过多，箱内填充旧棉花，谷糠等防震材料，箱外面注写“防震”和“轻拿轻放”字样，而且运输过程中要限制运输车速。

考虑野外一筒 995 mm 的样太长，摆放、装置、运输等易造成土样变形或扰动，现场应视取体情况可将土样截成长 497 mm 的两段，按上述要求封好装箱，截取时，要特别小心，避免截样过程中破坏土样的原状性。

3.1.6　钻孔布置

为了更好地与其他原位测试相对比，得出本地段原位测试之间的经验关系式，钻孔点的布置，依载荷试验位置而定，沿载荷试验点周围布置钻孔位置，岩土体一般为非均质体，其性状指标是一定空间范围的随机变量，因此取样的位置使一定的单元体内应力在不同方向上均匀分布，以反映趋势性的变化。根据室内试验所需原状土样的数量，确定钻孔数量和深度。钻孔深度要求为 17 m(钻至基岩面终孔)，在需进行动三轴试验的工点，钻孔个数为 4 孔，布置图见图 3-1，其他工点钻孔个数为 2 孔，布置图见图 3-2。原位测试除载荷试验外，在载荷试验点的周围还进行孔压静力触探、双桥静力触探。在进行钻孔和原位测试点的布置时，孔压静力触探和双桥静力触探各布一个点，标准贯入试验可以和钻孔取样一起进行。原位测试的工作量见表 3-3。

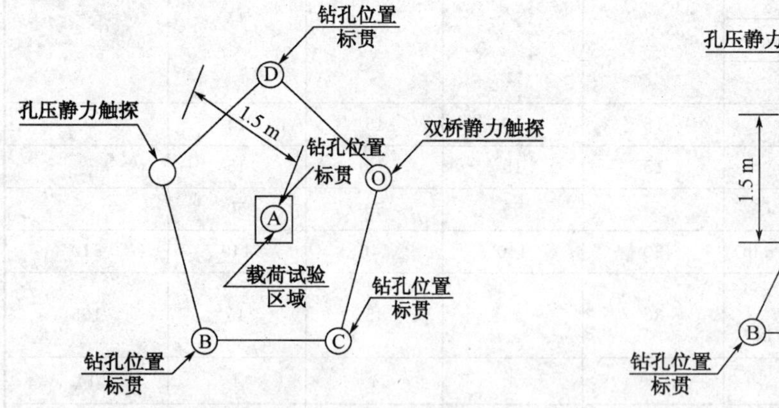

图 3-1　钻孔及原位测试平面布置图

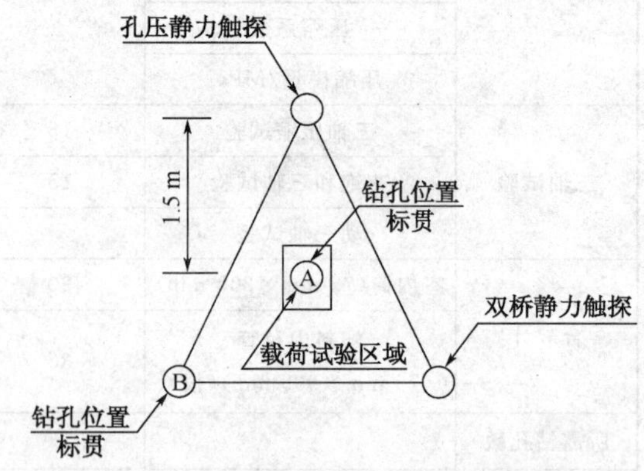

图 3-2　钻孔及原位测试平面布置图

图 3-1 为需进行动三轴试验的工点勘察钻孔平面布置图，在载荷试验点的周围进行钻孔及原位测试，其中 A、B、C、D 为 4 个钻孔位置，另 2 处分别是进行孔压静力触探和双桥静力触探，各施工点距离载荷试验中心点 1.5 m，按正五边形分布；图 3-2 为不进行动三轴试验的勘察钻孔平面布置图，在载荷试验点的周围进行钻孔及原位测试，其中 A、B 为 2 个钻孔位置，另

2 处分别是进行孔压静力触探和双桥静力触探，各施工点距离载荷试验中心点 1.5 m，按正三角形分布。每个钻孔钻完后，应标出坐标、高程、孔深、钻孔间距等各项技术资料。

3.1.7 钻孔深度及取样要求

各钻孔一般钻至基岩面终孔。

为了保持土的天然结构、天然湿度及密度，以免试验数据失真，红黏土的钻探宜采用干钻（对地裂的勘探应采用挖探），原状土样应从地面以下 0.5 m 开始连续取样，每次取 3～4 组，按开孔→连续取样（3～4 组）→标贯→套管跟进（必要时）→岩芯管清孔（长 50 cm）→连续取样（3～4 组）→标贯的次序实施，满足表 3-3 各试验点的取样数量，所取原状土样均必须为一级质量土样。另外，各试验点分层处分别取 3 kg 扰动土样。

3.1.8 钻探的要求和注意事项

（1）一般来说，钻进方法应视地层情况而定。钻探时必须保证钻孔的垂直度和适宜于原状取土器所要求的最小孔径，在缩孔和坍塌的地方，要下套管护壁，以保证取土器顺利下至孔底，防止取土前废土进入衬筒内而影响土试样的原状程度。

（2）地下水以上采用干法钻探，不得注水或使用冲洗液。

（3）采用套管护壁时取样深度应在套管底 3 倍管径以下。因为在一般情况下，套管管靴以下约 3 倍管径范围内的土层会受到严重扰动，在这一范围内无法采取原状试样。

（4）对采用的回转式取土器，要求钻进平稳，钻具不应抖动，转速、泵压、泵量等钻进参数应按实际地层情况和经验进行合理选择。

3.1.9 取原状土样及标准贯入试验要求

3.1.9.1 取原状土样要求

虽然近年来原位测试技术有很大的发展，但是室内土工试验仍然是测试土体工程性质的主要手段，然而室内土工试验是否能真实反映野外岩土体的工程地质性质，是否能对岩土的工程特性做出定量、合理评价，在很大程度上取决于野外原状土样的采取质量。采取原状土样是工程地质勘察中一项关键工序，是为土工试验室提供合格样品，保证土的物理力学性质试验数据合理、准确的必要条件。

为了保持土试样的天然湿度和原状结构，除采用与地层相适宜的钻探工艺和严格遵守取土操作规程以外，还要选用合适的取土器。取土器是取土的直接工具，对土试样扰动的影响最大。取土器要针对不同土层的特点，合理、正确地选择其结构与技术参数，如面积比、内间距比、外间距比、刃角，取样筒的长度、直径、长径比以及取样筒在取土器中的位置等。

采用三重单动管取土器进行原状土的取样，对土样的扰动最小。这种取土器的结构特点是：内管及其上的塑料衬管单动，即不随外管转动；土样上端不受动水冲力和静水压力作用，内管下端的切割靴能随土层的软硬程度自动调节其突出钻头底端的长度，有效地保护土芯不受冲洗液的冲刷破坏，最大外伸量为 5 cm。取土后，把塑料衬管和土样一起从取土器中卸出；将装满土芯的塑料衬管两端挖去 2～3 cm，灌入蜡液，塞上胶塞密封；如土芯未满，则填入木屑等再灌蜡，把已密封的管端再缠上布条固定，以免塞子脱落。

三重管单动回转取土器（图 3-3）以外管外径和衬管内径作为主参数（见表 3-5）。

考虑到室内试验的项目较多，所需原状土样较多，尤其是动三轴试验和静三轴试验，因此试验所需试样也多。而钻孔取样深度控制为 17 m 左右，按每 1.5 m 取 3～4 筒样，一个钻孔只能取约 30～40 筒 75 mm×200 mm 的室内试验原状样。

表 3-5　三重管单动回转取土器种类及参数(单位：mm)

型　号	外管外径	衬管内径	取样管长度	内间隙比/%	内管超前距离
TD 108×74	108	74	995	1～6	20～70
TD 146×110	146	110	1 500		

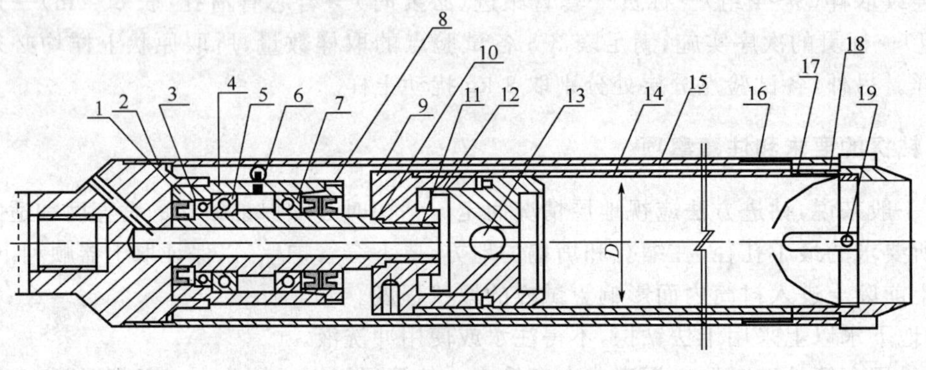

图 3-3　三重管单动回转取土器剖面图

1—胶垫；2—连接头；3—平面轴承；4—轴承夸；5—轴承；6—黄油嘴；7—轴承；8—锁母；9—连接夸；10—“O”形密封圈；11—小轴；12—导正套；13—钢球；14—衬管；15—外管；16—钻头；17—管靴；18—卡簧座；19—平头铆钉

三重管单动回转取土器使用和操作情况同一般的取土器相似，即上一个回次终了，清孔，取净孔底残余土体后，按取土的程序操作(具体操作按原状土取样规范进行)。用正循环回转压入钻进时，注意不得提动取土器，减少对土样的干扰，以保证作业顺利进行，标贯或取土作业完成，提出钻具到地面，打开钻具，取出其中带土样的衬管，套上胶塞，置于标准的样品盒内，清洁钻具。

三重管单动取土器取土器采样后，不但取样时方便和不扰动土样，免去加样盒盖、封胶条、封蜡的工序及这些操作时可能对土样的扰动，而且保管方便，运输容易。开样时切除两端后，即可按上下试验所需的长度，连塑料管一起切取土样，把塑料管当作试验用的环刀，一齐装入试验仪器上进行所需的各项测试，避免了切样时多个工序及作业本身对土样的多次扰动。用这种取样器，从取样、卸样、保管、运输到开样以及土工试验等环节均无扰动土样，故此所获取的土样质量原状程度高、采取率高、不受扰动，而且进行土工试验时土样更接近土的原始状态。所以，土工试验资料可信度高，与原位测试资料的差异降低，从而有效地提高了工程勘察的施工质量和取样质量，满足科研试验的需要。

3.1.9.2　标准贯入试验要求

标准贯入试验是动力触探的一种，它利用一定的锤击动能，将一定规格的对开管式贯入器，根据打入土中的贯入阻抗，判别土层的变化和土的工程性质。贯入阻抗用贯入土中 30 cm 的锤击数 N 表示(也称标贯击数)。绘制标贯击数 N 与深度 h 的关系曲线 N-h，评定土的强度指标、变形指标、地基承载力，估算地基反力系数等。

(1)标准贯入试验技术要求

①钻进方法：为保证标准贯入试验用的钻孔质量，要求采用回转钻进，当钻进至试验标高以上 15 cm 处，应停止钻进。为保证孔壁稳定，必要时可用泥浆或套管护壁。如使用水冲钻进，应使用侧向水冲钻头，不能用底端向下水冲钻头，以使孔底土尽可能少扰动。钻孔直径在 63.5～150 mm 间，钻进时应注意以下几点：

a. 仔细清除孔底残土到试验标高；

b. 在地下水位以下钻进时或遇承压含水层，孔内水位或泥浆始终应高于地下水位足够的高度，以减少土的扰动，否则会产生孔底涌水，大大降低 N 值；

c. 当下套管时，要防止套管下过头，如果套管内的土未清除，贯入器贯入套管内的土使 N 值急增，不反映实际情况；

d. 下钻具时要缓慢下放，避免松动孔底土。

②标准贯入试验所用的钻杆应进行检查，钻杆相对弯曲应小于 1/1 000，接头应牢固，否则受锤击后钻杆会侧向晃动。

③标准贯入试验应采用自动脱钩的自由落锤法，并减小导向杆与锤间的摩阻力，以保持锤击能量恒定，它对 N 值影响极大。

④标准贯入试验时，先将整个杆件系统连同静置于钻杆顶端的锤击系统一起下到孔底，在静重下对贯入器的初始贯入度做好记录，如初始贯入度已超过 450 mm，不作锤击贯入试验，N 值记为零。贯入试验分两段进行：

a. 预打阶段：将贯入器打入土中 150 mm，如锤击已达 50 击，贯入深度未达 150 mm，记录实际贯入度。

b. 试验阶段：将贯入器再打入土中 300 mm，记录每打入 10 cm 的锤击数，累计打入 300 mm的锤击数为标贯击数 N。当累计数已达 50 击，而贯入度未达 300 mm，应终止试验，记录实际贯入度 Δs 及累计锤击数 n。按式(3-1)计算贯入 300 mm 的锤击数 N

$$N=\frac{300n}{\Delta s} \tag{3-1}$$

式中 Δs——对应锤击数 n 的贯入度(mm)。

⑤标贯试验在钻孔全深度范围内等间距进行。间距为 1.0～2.0 m，根据非饱和土黏土和红黏土厚度调整。

(2)资料整理

①标贯试验成果整理时，以下资料应当齐全，包括：钻孔孔径、钻进方式、护孔方式、落锤方式、地下水位及孔内水位、初始贯入度、预打击数、标贯击数、记录深度、贯入器所取扰动土样的鉴别描述等。

②绘制标贯击数 N 与深度关系曲线或在地质剖面图上于 SPT 钻孔旁随深度标出 N 值。对 N 值进行杆长修正、上覆压力修正及地下水位修正。

③结合载荷试验、静力触探试验，依据 N 值在深度上的变化，对土层进行统计。

3.1.10 注意事项

(1)取样前，一次钻进不宜过深，孔内残土厚度不应大于取土器废土段长度。

(2)每道工序完成后及时记录、检查，操作时要紧密配合，并应细致、稳妥及时测量取土深度和取土器入土深度。

(3)卸样时，轻拿轻放，填写标签要清晰、完整并准确注明土样上下端位置。

(4)原状土样试验需进行较长时间,特别是三轴、共振柱和动三轴试验,如集中取样,试样保存时间过长会使原状土试样失真,不利于试验的进行,导致试验结果与现场实际情况不符。因此必须每完成一处试验点钻孔取样,就送样至指定试验室进行试验。

3.1.11 双桥静力触探及孔压静力触探试验要求

试验室一般使用小尺寸试件,不能完全确切地反映天然状态下的岩土性质,因而有必要在现场进行试验,测定岩土体在原位状态下的力学性质及其他指标,以弥补试验室测试的不足。土体原位测试一般是指在岩土工程勘察现场,在不扰动或基本不扰动土层的情况下对土层进行测试,以获得所测土层的物理力学性质指标。载荷试验、静力触探和标准贯入试验是本次试验的重点。

静力触探的优点是连续、快速、精确,可以在现场直接测得土的贯入阻力指标,了解各土层原始状态的有关物理、力学性质。

3.1.11.1 双桥静力触探

双桥静力触探能同时测定锥尖阻力和侧壁摩阻力。利用双桥静力触探可判别土类和划分土层,评定单孔分层的贯入阻力。双桥静力触探技术要求如下:

(1)严格控制均匀的贯入速率,标准贯入速率应控制为(20±5) mm/s。

(2)使用的探杆:最下的5 m探杆在贯入过程中起重要的导向作用,探杆轴线的直线度误差应小于0.05%,以后的探杆的直线度误差小于0.1%。当进行深层静力触探时,为避免断杆事故应量测触探孔的偏斜角,当偏斜角超过30°时应停止贯入。

3.1.11.2 孔压静力触探试验

孔压静力触探试验把测孔隙水压力的传感元件与标准的静力触探组合在一起,以便在测定 q_c,f_s 的同时,量测土的孔隙水压力 u。当停止贯入时,还可量测超孔隙水压力 Δu 的消散过程,直至超孔隙水压力全部消散,达稳定的静止孔隙水压力 u_0。通过孔压静力触探可绘制比贯入阻力与深度的 P_s-h、锥头阻力与深度 q_c-h、侧壁摩阻力与深度 f_s-h 和 R_f($R_f = f_s/q_c \times 100\%$)-$h$ 曲线。通过孔压静力触探成果可以获得土类划分、土的强度参数(红黏土的不排水抗剪强度)、红黏土的变形参数(压缩模量、变形模量)、地基承载力。

(1)孔压静力触探试验的主要技术要求

①探头孔压量测系统的排气与饱和,是保证试验质量的关键,孔压量测系统包括:滤水器和传压空腔。量测时必须排除水和其他介质中的溶解气体和游离气泡。排气的方法有煮沸法和真空法。

②孔压静探探头测力传感器的检验与标定与常规的静探探头相同,包括:非线性误差、重复性误差、滞后误差、归零误差、q_c 与 f_s 测力传感器的相互干扰、绝缘电阻等。除此外,还须进行以下检验与标定:

a. 孔压量测系统饱和检验,主要检验孔压响应时间、有无滞后以及幅值是否相同,用以度量孔压量测系统排气饱和的质量。

b. 测力传感器与孔压传感器之间的相互干扰检验,特别是孔压变化对测力传感器的影响是肯定存在的,必须通过检验,以便对测力传感器测定的 q_c 与 f_s 进行修正。

c. 探头孔压传感器在高压下的绝缘性检验,这些检验应在使用孔压静探探头前进行,如不符合要求,应更换滤水器,重新排气饱和。

③严格控制均匀的贯入速率,贯入速率对量测的孔压有很大的影响,标准贯入速率应控制

为 20 mm/s。

④试验过程中不得提升探杆。

⑤进行孔压消散试验时，应卡紧探杆，不使探杆中的推力卸除。

⑥触探试验终孔后，拔出探头并卸下滤水器，记录不归零的孔压读数。在进行下一个孔压静探前，更换新的滤水器，并认真进行孔压量测系统的排气饱和处理。

(2)资料的整理

①原始数据的修正。

②按下列公式分别计算锥尖阻力 q_c，侧壁摩阻力 f_s，摩阻比 R_f 及孔隙水压力 U。

$$q_c=K_c\cdot\varepsilon_c,\quad f_s=K_f\cdot\varepsilon_f,\quad R_f=f_s/q_c\times100\%,\quad U=K_u\cdot\varepsilon_u$$

以上各式中：K_c、K_u、K_f 分别为双桥探头、孔压探头的锥头的有关传感器及摩擦筒的率定系数；ε_c、ε_u、ε_f 为相对应的应变量(微应变)。

绘制静力触探贯入曲线：通过孔压静力触探可绘制锥尖阻力与深度 q_c-h 曲线、侧壁摩阻力与深度 f_s-h 曲线和摩阻比 $R_f(=f_s/q_c\times100\%)$-h 曲线。

③通过孔压静力触探成果可以获得土类划分、土的强度参数(红黏土的不排水抗剪强度)、红黏土的变形参数(压缩模量、变形模量)、地基承载力。

3.2 平板载荷试验及结果分析

载荷试验是一种最古老的地基土原位测试技术。它实际上是模拟建筑物基础受荷条件的现场模拟试验。此法系在刚性承压板上加荷，测定天然埋藏条件下地基土的变形。可测定地基土的变形模量、评定地基土的承载力、预估实体基础的沉降。

载荷试验是目前公认的确定地基承载力或预估地基变形的有效方法，它的主要特点是：(1)可以充分模拟地基所受建筑物荷载的作用条件；(2)能够充分保持地基土的自然状态；(3)可以描绘地基土在荷载作用下，其宏观力学性质及其演变的全过程。所以载荷试验基本上是一种现场的模拟试验，与实际工作条件相似，其结果比较符合实际，因此，国内外很多学者都倾向于用载荷试验来研究地基的变形特性。盛崇文推荐用桩或土的载荷试验资料、置换率及按经验估计桩土应力比来推算复合地基的变形模量，计算复合地基沉降量[1~2]。林孔锚探讨了碎石桩复合地基小型载荷与大型载荷试验的应力应变相互关系规律，从而可望得到由小型载荷试验资料推求大型载荷试验的结果[3]。段继伟通过现场足尺试验，研究了水泥搅拌桩的荷载传递规律，并采用有限元法进行了分析[4~5]，Leung[6] 对五组不同直径砂桩进行载荷试验，研究砂桩在不同的面积置换率(1%至 16%)桩土荷载分担及应力集中系数。Bergardo[7] 对曼谷黏土进行了不同粒径及不同配合比的砂石桩的大型静载试验。

平板载荷试验(PLT)只反映承压板下 1.5～2.0 倍承压板直径或宽度范围内地基土强度、变形的综合性状。但它受到诸多因素的影响，比如含水率[8]，荷载板尺寸[9~11]等。

3.2.1 试验概述

3.2.1.1 试验的意义和目的

红黏土是一种特殊土，一般上层土较硬，下层土较软，这种特性与其他黏土完全相反。所以如果完全从理论上对武广高速铁路红黏土进行沉降分析具有一定的难度，而且分析结果与实际情况具有很大的偏差。研究地基的实际变形特征必须要进行现场原位试验，以获得实测沉降数据资料，为沉降估算分析提供依据和参数。

武广线武汉至韶关段分布近 100 km 的灰岩残积层红黏土地基，对一般的铁路来说，红黏土进行沉降估算是可以满足设计精度要求的，但对于高速铁路无砟轨道路基，由于对工后沉降要求很严格(要求工后沉降量不大于 15 mm)，仅进行沉降估算显然很难满足设计精度要求，并有可能造成黏性土地基处理费用的不必要增加。为此，《武汉至广州客运专线乌龙泉至花都段修改初步设计审查意见》(初稿)要求针对本线红黏土地基开展现场填筑试验和大型载荷板试验，旨在测试地基土沉降量和变形规律，为本线施工图设计提出验证修订沉降估算的参考方法。

此次平板载荷试验拟通过载荷试验及相关试验测定武广线巨厚层黏土承载力和沉降变形特点，为理论计算路基沉降量提供修正依据。

(1)确定地基土的临塑荷载、极限荷载，为评定地基土的承载力提供依据；

(2)确定地基土的变形模量；

(3)确定地基土基床反力系数。

3.2.1.2 研究思路

(1)首先进行代表性地基载荷试验，即模拟建筑物基础地基土的受荷条件，比较快速直观地反映地基土的变形特性，且较经济。然后据载荷试验成果有针对性地选取部分代表性工点进行现场填筑试验。

(2)载荷试验施加荷载即模拟路堤填筑高度，据荷载—时间—沉降曲线，研究非饱和黏性土或红黏土沉降变形规律；卸载时据地基回弹情况分析非饱和黏性土或红黏土路堑开挖时路基变形规律。

(3)在载荷试验位置补充对应的钻探、土工试验成果、原位测试(静力触探、标贯试验)，取得相应的参数进行对比分析，初步提出供施工图设计的沉降估算参考方法。

3.2.1.3 试验依据及方法

(1)常规载荷试验。依据标准是中华人民共和国行业标准《铁路工程地质原位测试规程》，采用方法是慢速维持荷载法，自加荷开始按 1、2、2、5、5、15、15、15 min 间隔，以后每隔 30 min 观测沉降一次，直至当连续两小时内，每小时的沉降量小于 0.1 mm 时，则认为已达稳定，可施加下级荷载。

(2)非常规载荷试验。将荷载按 8 m 土柱高计算，土柱自重应力为 160 kPa，模拟土柱荷载，观测地基沉降，故此级荷载试验时间相对较长，定为 15 天(具体时间视地基实际沉降变形定)，每 1 h 记录一次地基沉降。

现场测试采用手动油压千斤顶加载、工字钢搭设堆载平台、砂袋堆积提供反力。荷载值通过压力表测量，再由千斤顶的标定曲线换算给出，试点沉降则通过承压板上机械式百分表测量，如图 3-4 所示。

3.2.2 试验基本理论

平板载荷试验是一种缩尺模型试验，是在一定面积的刚性承压板上加荷，测定天然埋藏条件下地基土的变形。平板载荷试验原理，一般是按布辛奈斯克土体应力分布计算公式、配合土的材料常数(变形模量 E_0 和泊松比 μ)建立半无限体表面局部荷载作用下地基土沉降量 S 计算公式。半无限空间表面作用局部荷载时的弹性理论解：假定地基为各向同性半无限体，在地表荷载作用下，地基中所引起的应力，可用弹性理论求解。

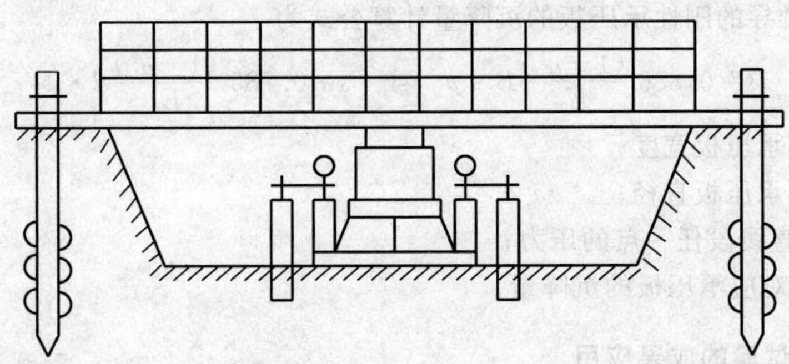

图 3-4 平板载荷试验加载示意图

(1)竖直集中荷载作用时：当竖直集中荷载 P 作用在地表面上，在地基中任一点 N 所引起的应力已于 1885 年为布辛奈斯克(Boussinesq)所解出。设坐标原点选在着力点上，如采用圆柱坐标，如图 3-5 所示，则 z 轴向下为正，土中任一点 $N(r,\theta,z)$ 离原点 O 的距离为 R，R 矢径与 z 的夹角为 β。可以看出，这是一个轴对称问题，只要 z 和 r 不变，在任何 θ 位置上之一点的应力状态都应是相等的。

布辛奈斯克的解答为

$$\sigma_z=\frac{3}{2}\cdot\frac{P}{\pi R^2}\cos^3\beta=\frac{P}{z^2}\cdot k \tag{3-2}$$

式中 k 为地基应力系数，无量纲，可直接计算或查表。

类似的可以写出其他应力分量。通过物理方程转换后可得到应变表达式，对整个地基积分后得到地基表面的变形分布。当地基表面作用有局部分布荷载时，可对式(3-2)改写后进行积分求解。

(2)刚性压板下的地基反力分布

考虑圆形刚性承压板，在中心荷载的作用下，承压板的沉降将是均匀的，承压板下的地基反力分布必然对称于竖直中心轴。这是一个轴对称问题。因为地基中的位移分布复杂且未知，难于用函数表达，可用拟合法求解，也就是假设一个地基反力分布，该应力分布的合力大小与其上作用的荷载相同，运用上述过程求解压板的沉降，然后根据计算结果对地基反力分布进行修正，再进行新一轮试算，直到计算的承压板沉降接近于均匀时为止，如图 3-6 所示。

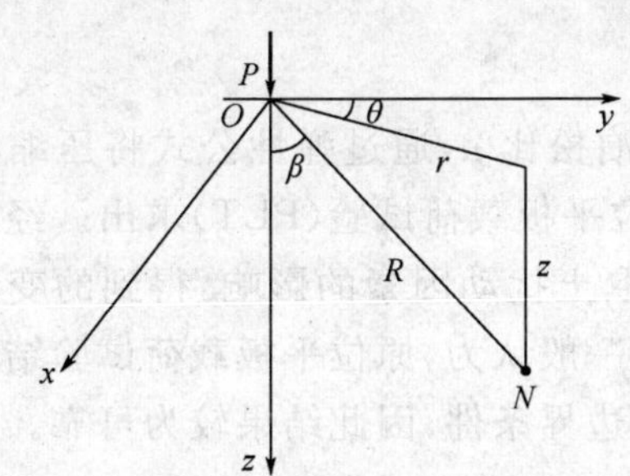

图 3-5 竖直集中荷载作用下的计算图式

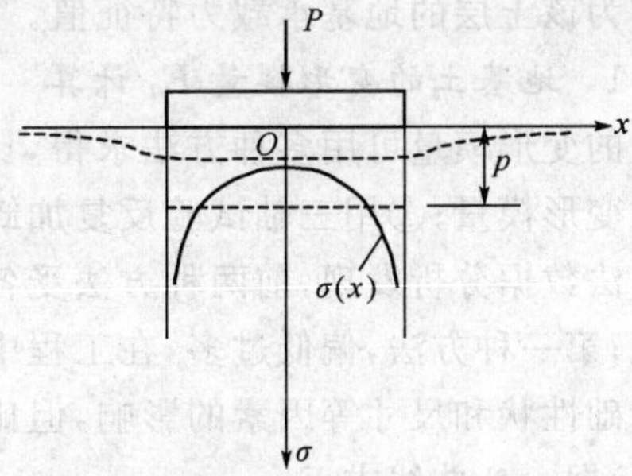

图 3-6 承压板沉降与承压板下的应力分布

应力分布的理论表达式为

$$\sigma(x)=\frac{p}{2\pi R\sqrt{R^2-x^2}}=\frac{p}{2\pi\sqrt{1-(x/R)^2}} \tag{3-3}$$

前苏联什塔耶尔推导的刚性承压板的沉降量计算公式为

$$s=0.886\frac{(1-\mu^2)}{E_0}B\cdot p \quad 或 \quad s=0.785\frac{(1-\mu^2)}{E_0}d\cdot p \tag{3-4}$$

式中 B——方形承压板宽度；

d——圆形承压板直径；

p——p-s 直线段任一点的压力；

s——p 值对应承压板的沉降量。

3.2.3 平板载荷试验的成果应用

(1)低压缩性土

地基受压破坏形式通常为整体剪切破坏，P-S 曲线具有两个明显特征点。P-S 曲线的特征点是决定地基承载力的重要参数，这两个特征点可以把 P-S 曲线分为 3 段，分别反映了地基土逐级受压以至破坏的 3 个变形阶段。

直线变形压密阶段：此阶段中土体颗粒主要产生竖向位移，地基土所受压力较小，主要以压密变形或弹性变形为主，变形较小，处于稳定状态，P-S 关系接近线性关系。直线段端点所对应的压力即为比例界限，此压力可作为地基土的承载力特征值。

局部剪切变形或塑性变形阶段：此阶段中土体颗粒有侧向位移。当压力继续增大超过比例界限时，在承压板边缘，土体出现剪切破裂或称塑性破坏，实际进入屈服状态；随着压力继续增大，剪切破裂区不断向纵深发展，此段 P-S 关系呈曲线形状，曲线末端所对应的压力即为极限界限，此压力可作为地基土极限承载力。当极限荷载值小于比例界限荷载值的 2 倍时，可取极限荷载值的一半，作为地基土承载力特征值。

整体剪切破坏阶段：如果压力继续增加，承压板会急剧下沉。即使压力不再增加，承压板仍会不断急剧下沉，说明地基发生了整体剪切破坏。

(2)中高压缩性土

地基受压破坏形式通常为局部剪切破坏或冲剪破坏，其 P-S 曲线上无明显的拐点。当承压板面积为 0.125～0.150 m^2时，可取 P-S 曲线上沉降量 S 与承压板宽度（或直径）b 之比等于 0.01～0.015 所对应的荷载，作为地基土承载力特征值，但其值不应大于最大加载量的一半。同一土层的试验点不应少于 3 个，当试验实测的级差不超过其平均值的 30%时，取此平均值作为该土层的地基承载力特征值。

3.2.3.1 地基土的变形模量 E_0 计算

土的变形模量可用多种方法求得，比如：①利用土的泊松比 μ，通过弹性公式将压缩模量换算成变形模量；②用三轴试验反复加卸荷求出；③用原位平板载荷试验(PLT)求出。经过对不同方法数据分析发现，前两种方法受各种因素，特别是取土扰动因素的影响，得到的变形模量偏低；第一种方法，偏低过多，在工程中恐难直接使用。一般认为，原位平板载荷试验结果虽会受基础性状和尺寸等因素的影响，但比较符合实际力学边界条件，因此结果较为可靠。

(1)据 σ-S 曲线求 E_0

在武广高速铁路沿线的平板载荷试验中，对各个工点均进行了加载—卸载—再加载的过程。根据进行的 17 个红黏土工点进行归纳总结，可得描绘的荷载—沉降量曲线图大致如图 3-7所示。（注：曲线上箭头表明加载或卸载）

由于土是弹塑性体，在平板载荷试验中，第一次加载后的第一次卸载，σ-S 曲线当 σ 为零时，S并不为零，即土体由于塑性的存在发生了不可恢复的残余变形。第二次加载时由于消除了土体的部分塑性变形，得到的σ-S曲线就比较接近于直线(反映土体的弹性变形)，理论上如果反复卸载、加载、再卸载、再加载，循环下去，则土体的塑性逐渐消除，最后得到的σ-S曲线就几乎是直线了，这反映出土体的弹性性能。通过试验发现，由于土体表面塑性的影响，第一次加载曲线与第二次加载曲线的形状差别很大，而第二次加载曲线与后几次加载曲线的形状差别较小，可以认为第二次加载曲线基本上可以反映土体本身的弹性性能。若循环反复地进行加、卸载试验需要大量的时间而给现场施工带来很大的不便，因此，用测得的第二次加载曲线来计算土体在力的作用下抵抗变形的能力——变形模量E_0是比较科学合理的。但变形模量E_0试验有两个终止加载条件[12]，一是承载板中心的沉降量达到了5 mm，二是承载板下应力达到了500 kPa。

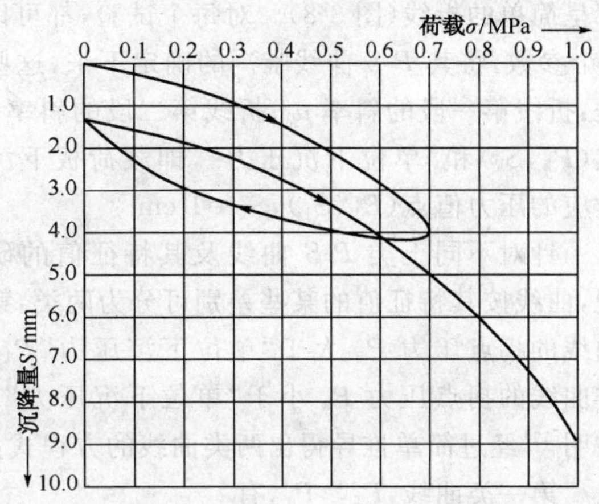

图 3-7 荷载σ-S沉降量曲线

对于图3-7中直线变形阶段可以用弹性理论来分析压力与变形的关系，当刚性承压板作用在半空间表面或近表面时，土的变形模量为：

$$E_0=I_0(1-\mu^2)\frac{Pd}{S} \tag{3-5}$$

式中 d——承压板直径(或方形承压板边长)；

I_0——承压板位于表面的影响系数；对于圆形刚性压板$I_0=0.785$，对于方形刚性压板$I_0=0.886$；

μ——土的泊松比。取值如表3-6所示[13]。

表 3-6 不同类别土相应泊松比取值

土类	粗粒土	黏粉砂土	低塑性黏土	高塑性黏土	饱和软黏土
μ	0.3～0.5	0.4～0.5	0.5～0.6	0.6～0.8	0.8～1.0

但诸多学者对于变形模量的计算进行了大量的实践研究[14～18]，提出应在式(3-5)的基础上进行相关修正。

$$E_0=I_0I_1I_2(1-\mu^2)\frac{Pd}{S} \tag{3-6}$$

式中 I_1——承压板埋深为z时的修正系数。当$z\leqslant d$，$I_1=1-0.27\dfrac{z}{b}$；当$z\geqslant d$；$I_1=0.5+0.23\dfrac{b}{z}$。

I_2——与泊松比有关的相关系数。$I_2=1+2\mu^2+2\mu^4$。

对于1.0 m×1.0 m方形承压板，埋深为1.8 m时，与埋深z有关的修正系数$I_1=0.5+0.23b/z=0.5+0.23\times1/1.8=0.63$。对于直径为0.7 m圆形承压板，埋深为1.8 m时，与埋深z有关的修正系数$I_1=0.5+0.23b/z=0.5+0.23\times0.7/1.8=0.59$。与泊松比有关的相关系数$I_2=1+2\mu^2+2\mu^4=1+2\times0.4^2+2\times0.4^4=1.37$。

(2)据 $\lg P$-$\lg S$ 曲线求 E_0

对载荷试验结果的分析发现，如果将试验的压力 P 与变形 S 的关系绘于双对数坐标内，都呈简单的折线(图 3-8)。对每个试验，都可以找到 4 个参数，将其 P-S 曲线唯一的确定下来，这些参数是：折线第一段的斜率 μ_0；折线第二段的斜率 μ_1；折点(P_k，S_k)和“单位下沉压力”，即载荷板下沉 1 cm 对应的压力值点(P_1，S_1)，$S_1=1$ cm。

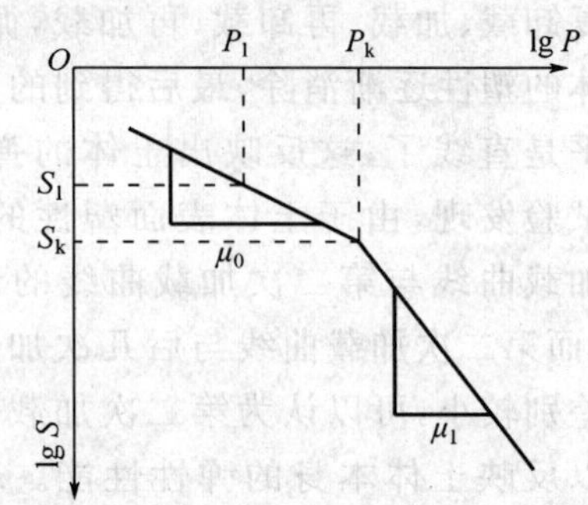

图 3-8 双对数荷载试验曲线关系示意图

针对不同土类 P-S 曲线及其特征值的研究发现，曲线按其特征值的某些差别可分为两类：第一类曲线的拐点压力 P_k 大于“单位下沉压力”P_1；第二类曲线的拐点压力 P_k 小于“单位下沉压力”P_1，张在明[19]经过简单推导得出两类曲线的方程式如下：

第一类曲线，$P_k \geqslant P_1$，有

$$E_0=\varphi_1 P^{\left(1-\frac{1}{\mu_0}\right)},\quad \varphi_1=P_1^{\frac{1}{\mu_0}} b(1-\mu^2) \tag{3-7}$$

第二类曲线，$P_k < P_1$，有

$$E_0=\varphi_2 P^{\left(1-\frac{1}{\mu_0}\right)},\quad \varphi_2=(P_1/P_k)^{\frac{1}{\mu_1}} P_k^{\frac{1}{\mu_0}} b(1-\mu^2) \tag{3-8}$$

(3)根据压缩模量值推算 E_0

$$E_0=\beta E_S=\frac{(1+\mu)(1-2\mu)}{1-\mu}E_S \tag{3-9}$$

3.2.3.2 地基土基准基床系数 K_{v2} 计算

根据 P-S 曲线可按下式计算载荷试验基床反力系数 K_{sa}(kN/m^3)：

$$K_{sa}=\frac{P}{S} \tag{3-10}$$

式中 P/S 为 P-S 关系曲线直线段的斜率，如 P-S 关系曲线初始无直线段，P 可取临塑荷载之半(kPa)，S 为相应于该 P 值的沉降值(m)。

对黏性土，基准基床反力系数 K_{v2} 可由载荷试验基床反力系数 K_{sa} 推算(kPa)[20]。

$$K_{v2}=3.28\cdot b\cdot K_{sa} \tag{3-11}$$

国内很多学者都对地基土的准基床系数的计算进行了相关研究，指出基床系数的大小与土体的类别、物理力学性质、结构物基础部分的形状、大小、刚度、位移有关以外，还和埋深、应力水平、应力状态、地下水、时间效应等因素有关，这些因素共同决定了基床系数是一个不容易确定的指标[21]。其中文献[22]结合室内试验，总结出 K_{v2} 与室内压缩模量具有良好的线性相关性；Terzaghi[23]认为基床系数具有很明显的尺寸效应。

3.2.4 工程实例

3.2.4.1 非常规载荷试验点试验结果及成果分析

(1)载荷试验点(DK 1231+090 左 10 m)试验结果及分析

①试验工点地质概况

上覆残积层红黏土，硬塑。表层 0.4 m 为素填土、0.4～16.3 m 为黏土，棕红色，硬塑，载荷试验主要测试此层黏土承载力和沉降变形；下伏灰岩，弱风化。稳定水位埋深 5.8 m。

②多级荷载作用下地基试验沉降量统计及数据分析

此工点采用了加载—卸载—再加载—再卸载的模式，其第二次加载卸载时现场原始数据如图 3-9 所示。

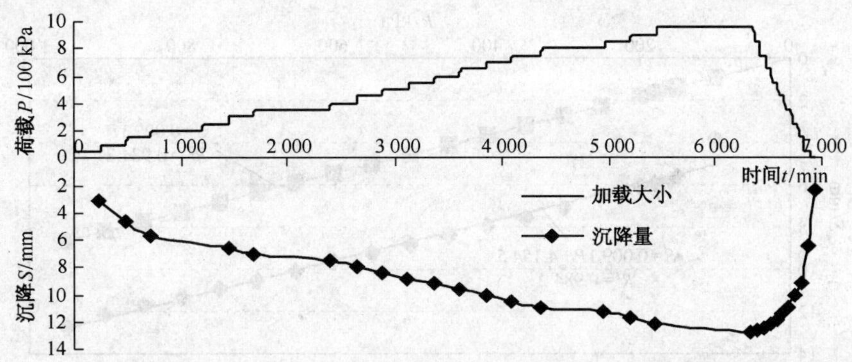

图 3-9　工点 DK1231＋090 左 10 m 沉降板 P-t-S 实测曲线

将图中数据进行曲线拟合和趋近分析，详见图 3-10 所示。

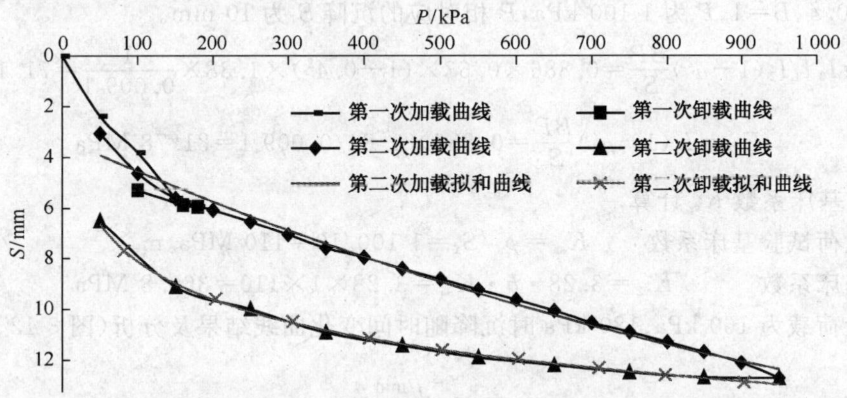

图 3-10　工点 DK1231＋090 左 10 m 沉降板 P-S 实测曲线

此工点采用方形承压板进行平板荷载试验，且是 1.0 m×1.0 m 方形板，故最终的 Q-S 曲线和 P-S 曲线无异。根据绘制的 P-S 曲线，进行曲线拟合和趋近分析，可知对于地基进行连续加载和卸载量测的地基沉降值与上部施加荷载具有比较好的相关关系。选择用多项式中的二次曲线和对数曲线进行回归分析，所得的试验结果与相关文献中证明的结论相同，具体如下：

二次加载阶段：　$S=-4\times10^{-6}P^2+0.0131P+3.2751$　$(R^2=0.989)$　(3-12)

二次卸载阶段：　$S=2.1628\ln P-1.8466$　$(R^2=0.996)$　(3-13)

a. 承载力特征值 P_a 确定

由图 3-11 可知，该工点处 P-S 曲线线性关系很好，加载过程主要以压密变形或弹性变形为主，变形较小，处于稳定状态，P-S 曲线关系中，直线段端点所对应的压力即为比例界限，可作为地基土的承载力特征值。由试验采集数据可知，该工点地基载荷试验并未加到使地基产生破坏的阶段，只是做到了沉降变形趋于稳定的阶段，我们也无法通过试验曲线得出其比例极限值，一般情况下采用比例极限值或稍微修正后的值作为承载力特征值，因此要通过该工点的 P-S 情况得出承载力特征值基本上不太可能，我们只能初步估计承载力特征值 $P\geqslant950$ kPa. 如果采用沉降量为板宽的 0.01 倍即 10 mm 时对应的荷载为该试验点承载力特征值，得沉降量为 10 mm 时的荷载值为 1 100 kPa，由于并未加载至 1 100 kPa，故该值只能说作为估测值，再与理论计算和其他原位测试对比确定。

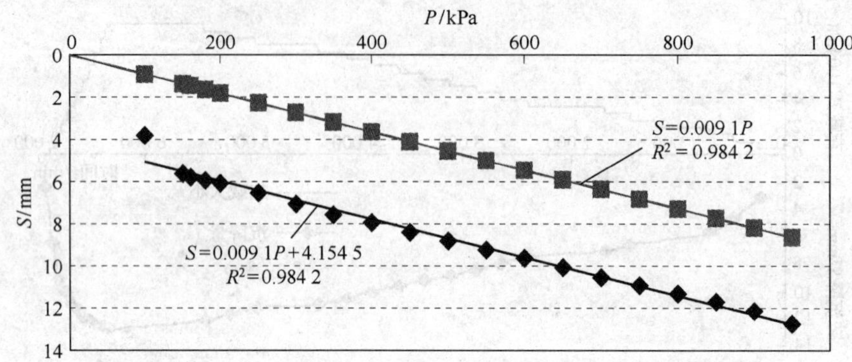

图 3-11　修正前后 DK1231＋090 处的 P-S 曲线

b. 变形模量 E_0 计算

取 $\mu=0.4$，$B=1$，P 为 1 100 kPa，P 相对应的沉降 S 为 10 mm。

$$E_{01}=I_0 I_1 I_2(1-\mu^2)\frac{BP}{S}=0.886\times0.63\times(1-0.4^2)\times1.38\times\frac{1}{0.009\ 1}=71.1\ \text{MPa}$$

$$E_{02}=I_0(1-\mu^2)\frac{BP}{S}=0.886\times0.84/0.009\ 1=81.78\ \text{MPa}$$

c. 基准基床系数 K_{v2} 计算

平板载荷试验基床系数　　$K_{sa}=p_a/S_a=1\ 100/10=110\ \text{MPa/m}$

基准基床系数　　$K_{v2}=3.28\cdot b\cdot K_{sa}=3.28\times1\times110=360.8\ \text{MPa}$

③试验荷载为 160 kPa、180 kPa 时沉降随时间变化曲线结果及分析（图 3-12、图 3-13）

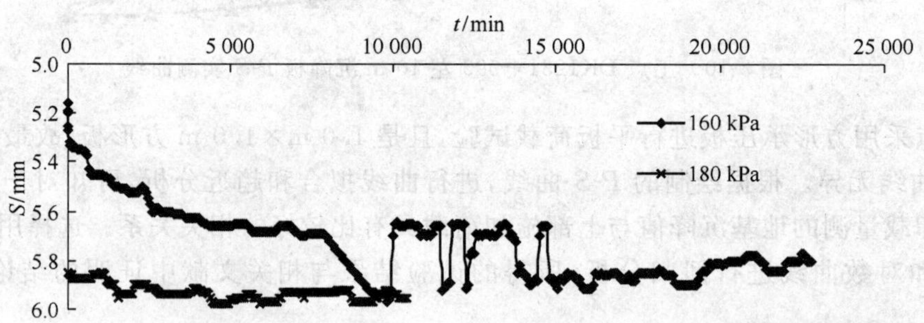

图 3-12　工点 DK1231＋090 左 10 m 载荷试验 160 kPa 和 180 kPa 时 S-t 曲线

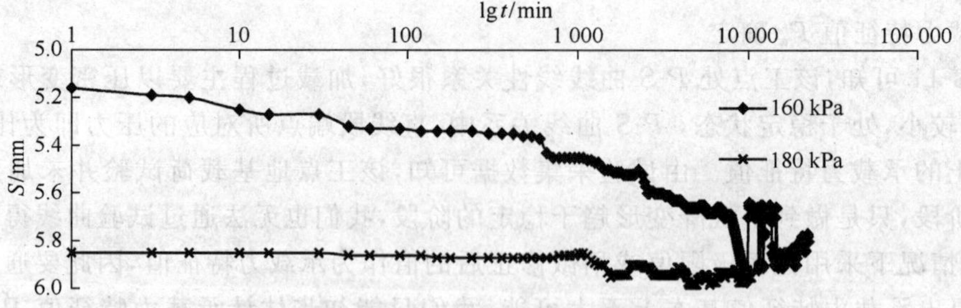

图 3-13　工点 DK1231＋090 左 10 m 载荷试验 160 kPa 和 180 kPa 时 S-lg t 曲线

a. 按 8 m 土柱高计算，即试验荷载为 160 kPa 时，试验时间为 22 740 min(15.8 d)，其沉降为 1.98 mm，从 15 000 min(10.4 d)后，沉降基本稳定；试验荷载为 180 kPa 时，试验时间为 10 440 min(7.3 d)，其沉降为 0.15 mm，5 000 min(3.5 d)后，沉降基本稳定。

b. 图 3-12 和图 3-13 中曲线是荷载为 160 kPa 和 180 kPa 时沉降随时间变化曲线。从图中可知，试验荷载为 160 kPa 时，在完成试验时间 22 740 min(15.8 d)内，沉降随时间变化有一定规律，其相关关系是 $S=4.903\,1t^{0.017\,3}$，($R^2=0.753\,5$)；其中，试验到 8 220 min(5.7 d)之前，当 $t\leqslant 600$ min，$S=0.032\,5\ln t+5.168\,6$，($R^2=0.947\,8$)；当 $660\leqslant t\leqslant 8\,220$ min，$S=0.121\ln t+4.62$，($R^2=0.958\,4$)；当试验到 8 220 min 之后，因台风"泰利"带来的暴风雨影响，波动较大，并且有一定程度的回弹。在 19 000 min 之后恢复到原来的状态。试验荷载为 180 kPa 时，当 $t<720$ min，沉降 S 随时间 t 变化有一定规律，$S=0.003\,5\ln t+0.029\,2$，($R^2=0.873\,7$)；其后，沉降基本稳定，曲线起伏主要由温差引起。

(2)载荷试验点(DK1274＋645 右 2.5 m)试验结果及分析

①试验工点地质概况

上覆第四系更新统粉质黏土。表层 0.5 m 为种植土，黄褐色硬塑，见植物根系；其下为粉质黏土，微红色，硬塑，呈网纹状构造，间灰色，切面不光滑，厚 19 m，下覆泥质粉砂岩，弱风化。稳定水位埋深 3.6 m。载荷试验主要测定红黏土承载力及变形特性，采用边长为 1.0 m×1.0 m的方形承压板。

②多级荷载作用下地基试验沉降量统计及数据分析

此工点采用了加载—卸载—再加载—再卸载的模式，其现场原始数据如图 3-14 所示。

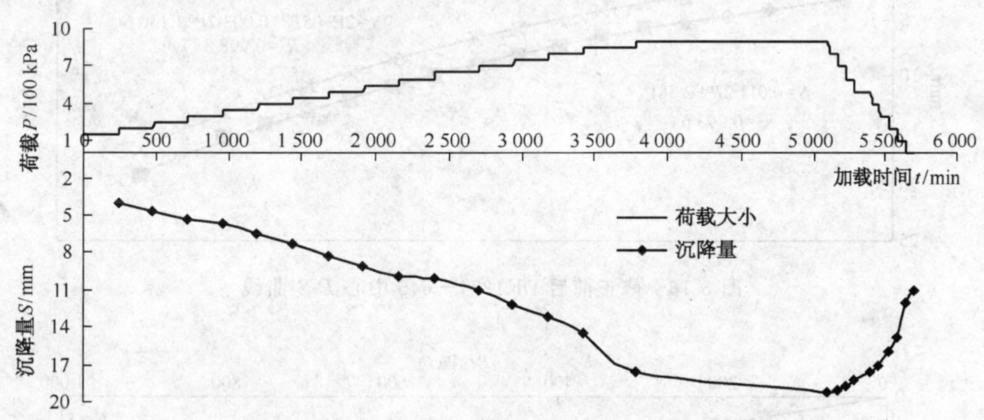

图 3-14 工点 DK1274＋645 右 2.5 m 沉降板 P-t-S 实测曲线

将图中数据进行曲线拟合和趋近分析，详见图 3-15 所示。

对于地基进行连续加载和卸载，量测的地基沉降值与上部施加荷载具有比较好的相关关系。选择用多项式中的二次曲线进行回归分析，所得的试验结果如图 3-16 和图 3-17 所示，拟合公式如下：

二次加载阶段： $S=7\times10^{-6}P^2+0.012\,6P+2.193\quad(R^2=0.991)$ (3-14)

二次卸载阶段： $S=-10^{-5}P^2+0.020\,2P+11.908\quad(R^2=0.988)$ (3-15)

a. 承载力特征值 P_a 确定

由该工点修正前后的 P-S 曲线可知，试验加载到 200 kPa 前，P-S 曲线为直线弹性阶段，曲线特征为近似线性，基本上反映了地基土的弹性性质，$P=200$ kPa 点为比例界限，当

P-S 曲线上有明确的比例界限时，取该比例界限所对应的荷载值，因此取 $P=300$ kPa 为承载力特征值。当加载超过 300 kPa 时，P-S 曲线呈弧形，地基压缩变形进入塑性变形阶段，在塑性发展阶段，曲线特征为曲率加大，表明地基土由弹性过渡到弹塑性，并逐步进入破坏，但是就该工点的试验情况，没有破坏的痕迹，因此加载只是到了塑性变形阶段，得不出极限承载力。

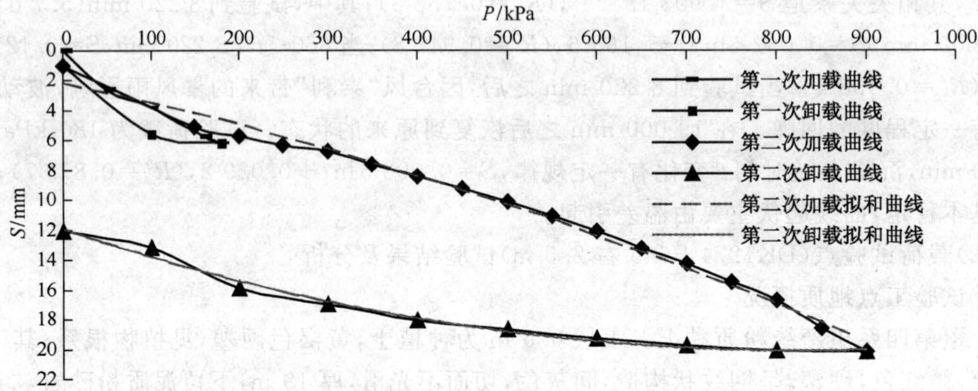

图 3-15　工点 DK1274＋645 右 2.5 m 沉降板 P-S 曲线

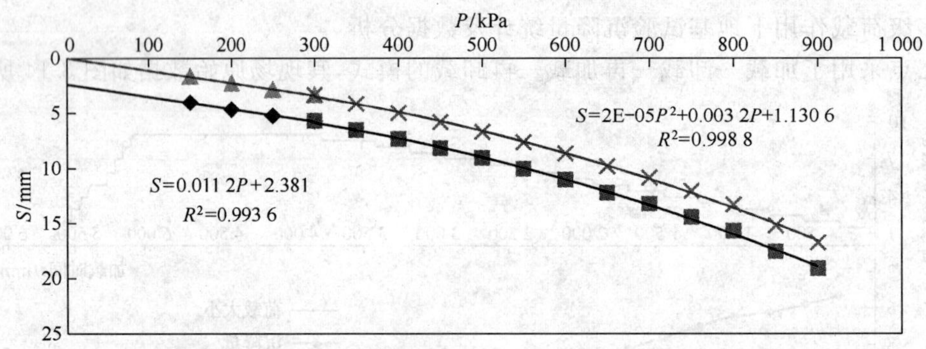

图 3-16　修正前后 DK1274＋645 中心 P-S 曲线

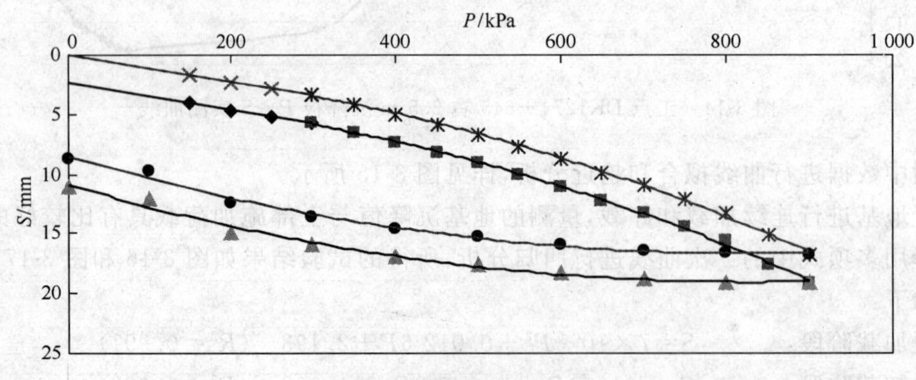

图 3-17　完整加载卸载 DK1274＋645 中心 P-S 曲线

b. 变形模量 E_0 计算

取 $\mu=0.4$，$B=1$，P 为 300 kPa，P 相对应的沉降 S 为 10 mm。

$$E_{01}=I_0 I_1 I_2 (1-\mu^2)\frac{BP}{S}=0.886\times0.63\times(1-0.4^2)\times1.37\times\frac{1}{0.011\ 2}=57.35\ \text{MPa}$$

$$E_{02}=I_0(1-\mu^2)\frac{BP}{S}=0.886\times0.84/0.011\ 2=66.45\ \text{MPa}$$

c. 基准基床系数 K_{v2} 计算

平板载荷试验基床系数　$K_{S_a}=P_a/S_a=1/0.011\ 2=89.3\ \text{MPa/m}$

基准基床系数　$K_{v2}=3.28\cdot b\cdot K_{S_a}=3.28\times1\times89.3=292.9\ \text{MPa}$

③荷载分别为 160 kPa、180 kPa 时沉降随时间变化曲线及成果分析(图 3-18、图 3-19)

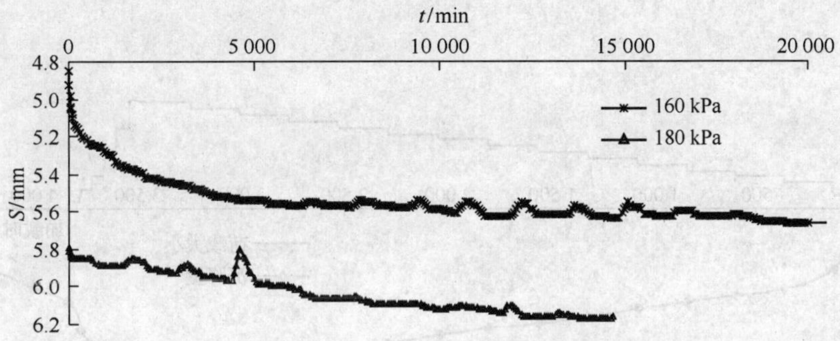

图 3-18　工点 DK1274+645 右 2.5 m 沉降板 160 kPa,180 kPa 时 S-t 曲线

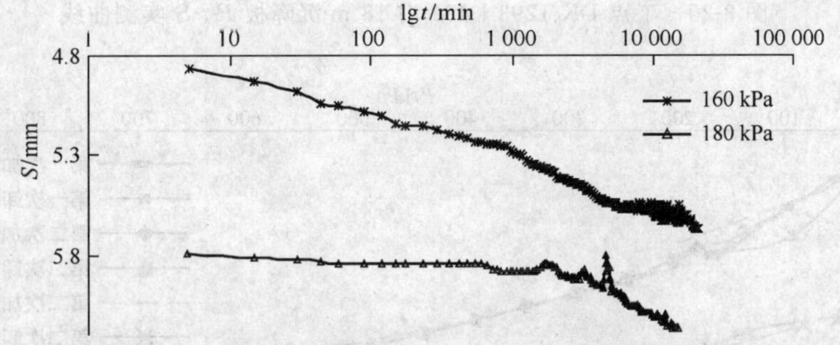

图 3-19　工点 DK1274+645 右 2.5 m 沉降板 160 kPa 和 180 kPa 时 S-$\lg t$ 曲线

a. 试验荷载为 160 kPa 时,试验时间为 20 520 min(14.3 d),本级累计沉降为 1.87 mm,从 18 900 min(13.1 d)后,沉降基本稳定,曲线起伏主要由温差引起;

试验荷载为 180 kPa 时,试验时间为 14 640 min(9 d),本级累计沉降沉降为 0.49 mm,从 12 300 min(8.5 d)后,沉降基本稳定,曲线起伏主要由温差引起。

b. 图 3-18 和图 3-19 分别是荷载为 160 kPa 和 180 kPa 时地基沉降随时间变化曲线。从图中可知,试验荷载为 160 kPa 时,在完成试验时间 20 520 min(14.3 d)内,沉降随时间变化有一定规律,其相关关系是:

乘幂式:$S=4.655t^{0.019\ 7}$,$R^2=0.965$;

直线式:$S=0.244\ 7\lg t+4.604\ 6$,$R^2=0.963$;

试验荷载为 180 kPa 时,在完成试验时间 14 640 min(9 d)内,沉降 S 随时间 t 变化有一定规律:

多项式:$S=0.048\ 1t^3-0.31t^2+5.441$,$R^2=0.942$;

直线式:$S=2\times10^{-5}\lg t+5.851\ 5$,$R^2=0.931$。

从此可看出，随着时间的增加，沉降随时间逐渐增大，但是增长的速率越来越小，即变化曲线斜率越来越小，直至沉降趋于稳定，曲线逐渐接近水平。

(3)PLTS3 载荷试验点(DK 1293＋430 右 18 m)试验结果及分析

①试验工点地质概况

上覆残积层红黏土，硬塑。地层 0～16.8 m 为粉质黏土，棕红色，硬塑，载荷试验主要测试此层黏土承载力和沉降变形；下伏灰岩，弱风化。稳定水位埋深 15.8 m。

②多级荷载作用下地基试验沉降量统计及数据分析

此工点采用了加载—卸载—再加载—再卸载的模式，其现场原始数据如图 3-20 和图 3-21 所示。

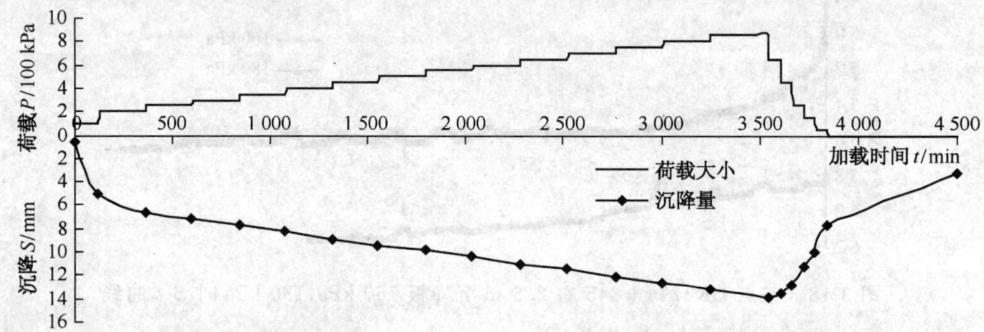

图 3-20　工点 DK 1293＋430 右 18 m 沉降板 P-t-S 实测曲线

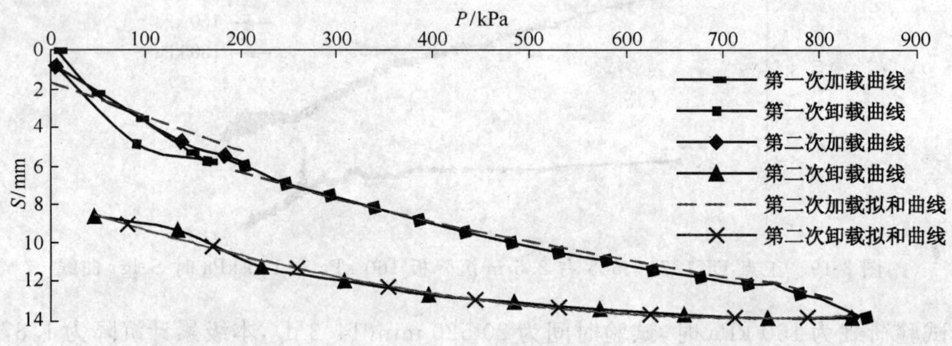

图 3-21　工点 DK 1293＋430 右 18 m 沉降板 P-S 实测曲线

对地基进行连续加载和卸载，量测的地基沉降值与上部施加荷载具有比较好的相关关系。对图 3-21 选择用多项式中的二次曲线和对数曲线进行回归分析，所得的试验结果如下：

二次加载阶段：　$S=0.011\,2P+4.240\,9$　$(R^2=0.997\,1)$　(3-16)

二次卸载阶段：　$S=2.226\,3\ln P-0.989\,3$　$(R^2=0.996\,0)$　(3-17)

根据公式(3-16)可得到荷载沉降统计表，见表 3-7。图 3-22 为修正前后的 P-S 曲线。

由图 3-22 可知，该处工点 P-S 曲线线性关系非常好，主要以压密变形或弹性变形为主，变形较小，处于稳定状态，完整的加载到破坏的 P-S 曲线关系中直线段端点所对应的压力即为比例界限，可作为地基土的承载力特征值。由试验采集数据可知，该工点地基载荷试验并未做到让地基产生破坏的阶段，只是做到了地基趋于稳定的阶段，我们也无法通过试验曲线得出其比例极限值，一般情况下采用比例极限值或稍微修正后的值作为承载力特征值，因此要通过该工点的 P-S 得出承载力特征值基本上不太可能，初步估计承载力特征值 $P\geqslant 850$ kPa。如果采用沉降量为板宽的 0.01 倍即 10 mm 时对应的荷载为该试验点承载力特征值，得沉降量为 10 mm时的荷载值为 890 kPa，由于并未加载至 890 kPa，故该值只能作为估测值，再与理论计算和其他原位测试对比确定。

表 3-7　荷载沉降统计表

荷载 P/kPa	沉降 S/mm	荷载 P/kPa	沉降 S/mm	荷载 P/kPa	沉降 S/mm
100	4.96	400	8.85	650	11.44
200	6.57	450	9.39	700	12.12
250	7.20	500	9.87	750	12.58
300	7.69	550	10.41	800	13.12
350	8.30	600	10.97	850	13.85

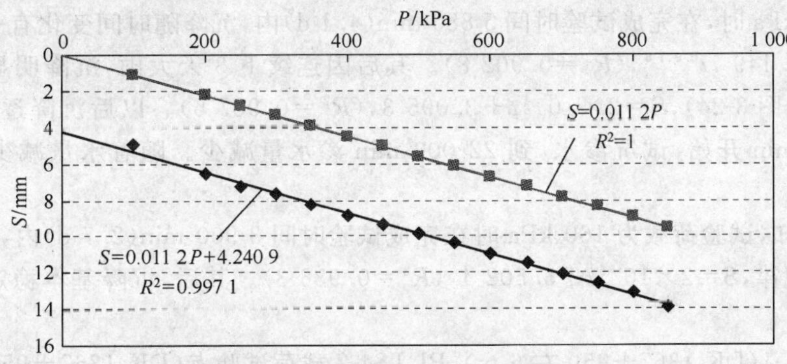

图 3-22　修正前后 DK1293＋430 右 18 m 的 P-S 曲线

通过理论计算该工点红黏土的承载力特征值为：

弹性模量计算：

$$E_{01}=I_0 I_1(1-\mu^2)\frac{BP}{S}=0.886\times0.63\times(1-0.4^2)\times\frac{1}{0.011\,2}=41.86\ \text{MPa}$$

基准基床系数 K_{v2} 计算：

平板载荷试验基床系数　　$K_{S_a}=P_a/S_a=1/0.011\,2=89.3\ \text{MPa/m}$

基准基床系数　　$K_{v2}=3.28\cdot b\cdot K_{S_a}=3.28\times1\times89.3=292.9\ \text{MPa}$

③试验荷载为 160 kPa、180 kPa 时沉降随时间变化曲线及成果分析（图 3-23、图 3-24）

a. 试验荷载为 160 kPa 时，试验时间为 23 580 min(16.4 d)，其沉降为 1.3 mm，从 9 360 min (6.5 d)后，沉降基本稳定，曲线起伏主要由温差引起；试验荷载为 180 kPa 时，试验时间为

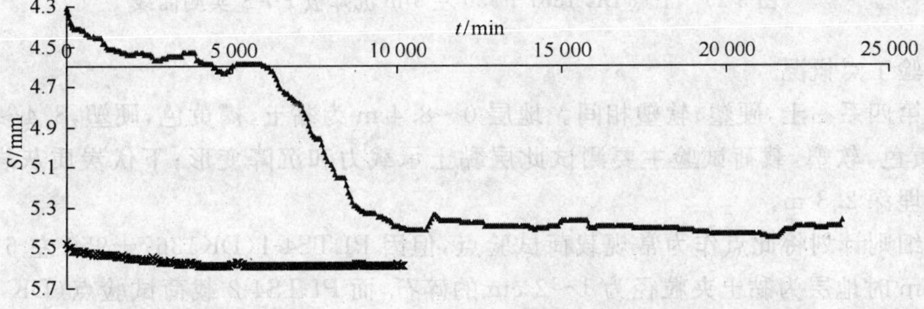

图 3-23　工点 DK 1293＋430 右 18 m 沉降板 160 kPa 时 S-t 曲线

10 200 min(7.1 d),其沉降为 0.2 mm,从 3 900 min(2.7 d)后,沉降基本稳定,曲线起伏主要由温差引起。

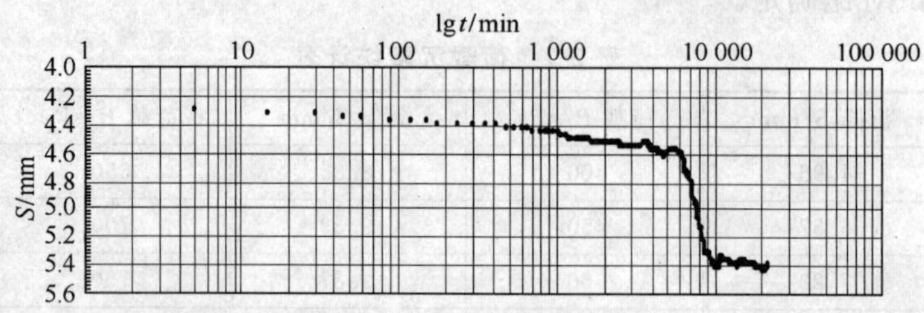

图 3-24　工点 DK 1293+430 右 18 m 沉降板 160 kPa 时 *S*-lg*t* 曲线

b. 图 3-23 和图 3-24 是荷载为 160 kPa 和 180 kPa 沉降随时间变化曲线。从图中可知,试验荷载为 160 kPa 时,在完成试验时间 5 880 min(4.1 d)内,沉降随时间变化有一定规律,其相关关系是 $S=4.149\ 7t^{0.011\ 6}$,($R^2=0.902\ 8$)。其后因连续下 3 天大雨,沉降明显增大,且随时间线性增大(见图 3-24),$S=2\times10^{-4}t+3.095\ 3$,($R^2=0.987\ 6$)。以后沉降逐渐稳定。从试验时间 7 000 min 开始,试坑渗水,到 22 000 min 渗水量减少。随着水量减少,沉降也有所反弹。

从图中可知,试验荷载为 160 kPa 时在完成试验时间 3 900 min(2.7 d)内,沉降 *S* 随时间 *t* 变化有一定规律,$S=2\times10^{-5}t+5.502\ 4$,($R^2=0.936\ 3$)。其后,沉降基本稳定,曲线起伏主要由温差引起。

(4)PLTS4-1(DK 1367+950 左 6 m)、PLTS4-2 载荷试验点(DK 1367+950 左 9 m)试验结果及分析(图 3-25 和图 3-26)

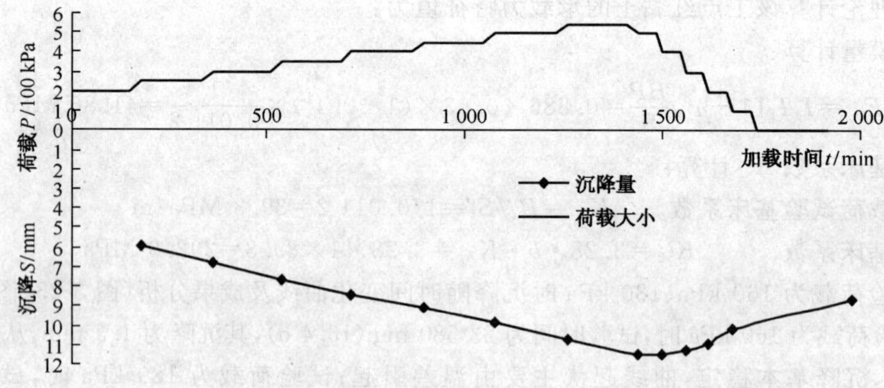

图 3-25　工点 DK 1367+950 左 9 m 沉降板 *P*-*t*-*S* 实测曲线

①试验工点概况

上覆第四系黏土,硬塑、软塑相间。地层 0～8.4 m 为黏土,褐黄色,硬塑,8.4～10.6 m 为黏土,褐黄色,软塑,载荷试验主要测试此层黏土承载力和沉降变形;下伏炭质灰岩,弱风化。稳定水位埋深 2.3 m。

试验细则计划将此点作为常规载荷试验点,但因 PLTS4-1(DK1367+950 左 6 m)试验深度为 1.3 m 时地层为黏土夹粒径为 1～2 cm 的碎石,而 PLTS4-2 载荷试验点(DK 1367+950 左 9 m)试验深度为 1.6 m 时地层为黏土夹粒径为 2～15 cm 的碎石,使第四系非饱和黏土层不具代表性，两点也无对比性，故 PLTS4-1 只做常规载荷试验，而将 PLTS4-2 做非常规载荷试验。

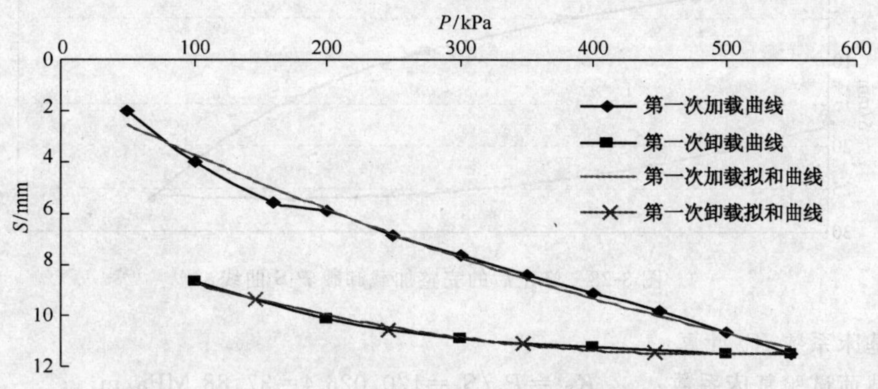

图 3-26　工点 DK 1367＋950 左 9 m 沉降板 *P-S* 实测曲线

②PLTS4-1(DK 1367＋950 左 9 m)载荷试验结果及分析

此工点进行一次性加载和卸载，量测的地基沉降值与上部施加荷载具有比较好的相关关系。对图 3-26 中曲线选择用多项式中的二次曲线进行回归分析，所得的试验结果具体如下：

加载阶段：　$S=-10^{-5}P^2+0.0255P+1.2842$　　$(R^2=0.989)$　　(3-18)

卸载阶段：　$S=-2\times10^{-5}P^2+0.0181P+7.1171$　　$(R^2=0.987)$　　(3-19)

由该工点修正前后的 *P-S* 曲线可知(图 3-27 和图 3-28)，试验加载到 200 kPa 前，*P-S* 曲线为直线弹性阶段，曲线特征为近似线性，基本上反映了地基土的弹性性质，$P=200$ kPa 点为比例界限，当 *P-S* 曲线上有明确的比例界限时，取该比例界限所对应的荷载值 $P=200$ kPa为承载力特征值。当加载超过 200 kPa 时，*P-S* 曲线呈圆弧形，地基压缩变形进入塑性变形阶段，在塑性发展阶段，曲线特征为曲率加大，表明地基土由弹性过渡到弹塑性，并逐步进入破坏，但是就该工点的试验情况，看不出有破坏的痕迹，因此加载只是到了塑性变形的阶段，得不出极限承载力。

弹性模量的计算：

$$E_{01}=I_0I_1(1-\mu^2)\frac{BP}{S}=0.886\times0.63\times(1-0.4^2)\times\frac{1}{0.0264}=17.76\text{ MPa}$$

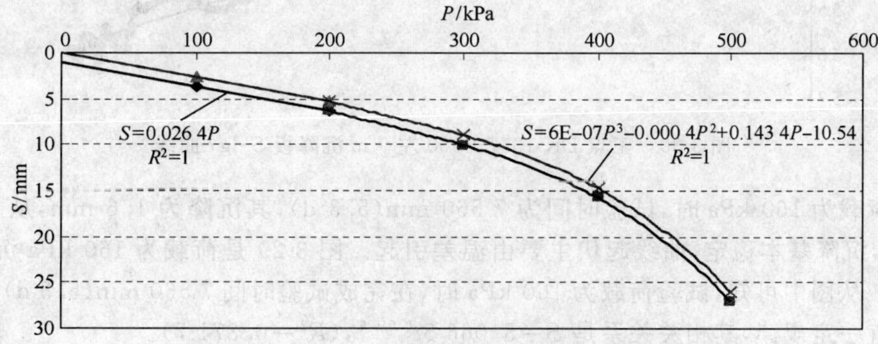

图 3-27　DK1367＋950 左 9 m 修正前后的 *P-S* 曲线

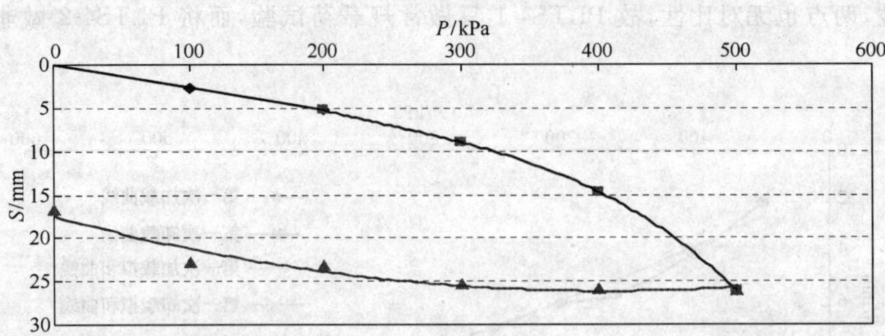

图 3-28　修正后的完整加载卸载 P-S 曲线

基准基床系数 K_{v2} 计算：

平板载荷试验基床系数：　$K_{S_a}=P_a/S_a=1/0.0264=37.88\ \text{MPa/m}$

基准基床系数：　$K_{v2}=3.28\cdot b\cdot K_{S_a}=3.28\times1\times37.88=124.2\ \text{MPa}$

③试验荷载为 160 kPa、180 kPa 时沉降随时间变化曲线及成果分析(图 3-29 和图 3-30)

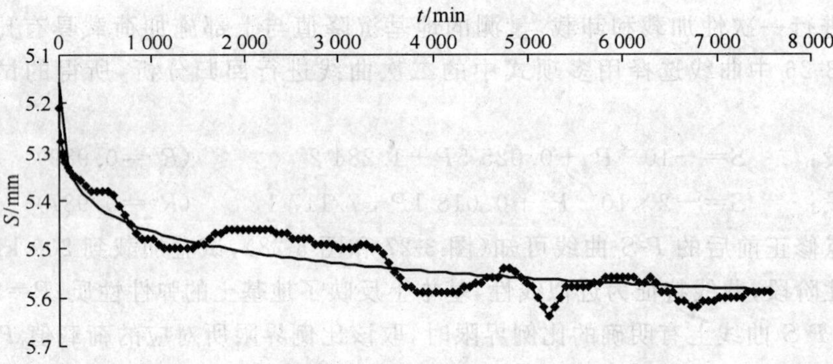

图 3-29　工点 DK 1367＋950 左 9 m 沉降板 S-t 曲线

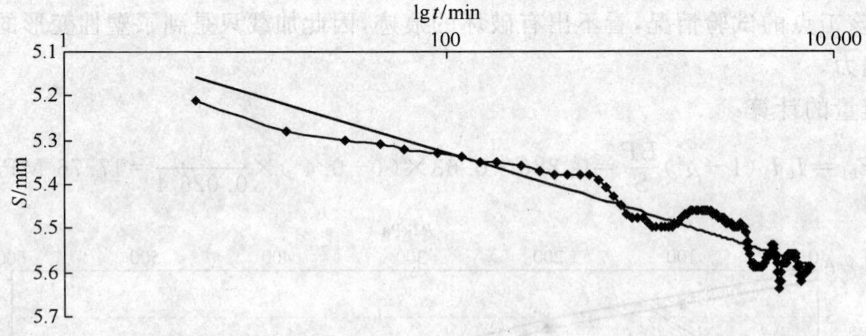

图 3-30　工点 DK 1367＋950 左 9 m 沉降板 S-lg$t$ 曲线

试验荷载为 160 kPa 时，试验时间为 7 560 min(5.3 d)，其沉降为 1.6 mm，从 3 720 min (2.6 d)后，沉降基本稳定，曲线起伏主要由温差引起。图 3-29 是荷载为 160 kPa 沉降随时间变化曲线。从图中可知，试验荷载为 160 kPa 时，在完成试验时间 7 560 min(5.3 d)内，沉降随时间变化有一定规律，其相关关系是 $S=5.0665t^{0.0109}$，($R^2=0.8717$)。

(5)PLTS5 载荷试验点(DK 1443＋145 中心)试验结果及分析

①试验工点地质概况

上覆第四系更新统粉质黏土、黏土，硬塑。地层 0～10 m 为黏土，褐黄色，硬塑，载荷试验主要测试此层黏土承载力和沉降变形；其下为黏土、粗砂互层。稳定水位埋深 10 m。

②多级荷载作用下地基试验沉降量统计及数据分析

此工点采用了加载—卸载—再加载—再卸载的模式，其现场原始数据如图 3-31 所示。

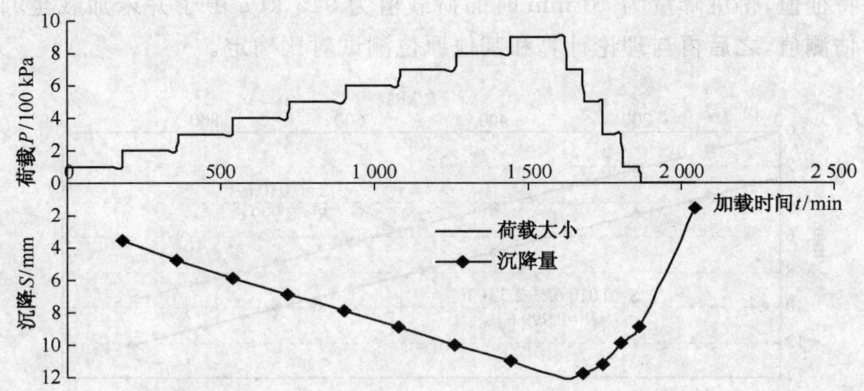

图 3-31　工点 DK 1443＋145 中心沉降板 P-t-S 实测曲线

对于地基进行连续加载和卸载，量测的地基沉降值与上部施加荷载具有比较好的相关关系。对图 3-32 选择用直线式和二次曲线进行回归分析，所得的试验结果具体如下：

二次加载阶段：　$S=0.0119P+1.7271$　$(R^2=0.966)$　(3-20)

二次卸载阶段：　$S=-4\times10^{-6}P^2+0.0079P+8.0681$　$(R^2=0.993)$　(3-21)

将图 3-32 中数据进行曲线拟合和趋近分析，详见表 3-8。

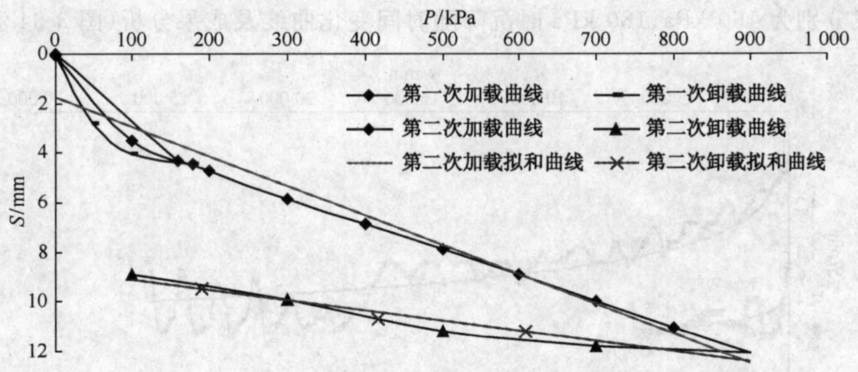

图 3-32　工点 DK 1443＋145 中心沉降板 P-S 曲线

表 3-8　荷载沉降统计表

荷载 P/kPa	沉降 S/mm	荷载 P/kPa	沉降 S/mm	荷载 P/kPa	沉降 S/mm
100	3.53	400	6.91	700	9.97
200	4.73	500	7.88	800	11.03
300	5.84	600	8.91	900	12.10

由图 3-33 可知，该处工点 P-S 曲线线性关系非常好，完整的加载 P-S 曲线中直线段端点所对应的压力即为比例界限，可作为地基土的承载力特征值。由试验采集数据可知，该工点地

基载荷试验并未做到使地基产生破坏的阶段，只是做到了使地基趋于稳定的阶段，我们也无法通过试验曲线得出其比例极限值，一般情况下采用比例极限值或稍微修正后的值作为承载力特征值，因此要通过该工点的 *P-S* 得出承载力特征值基本上不太可能，我们只能初步估计承载力特征值 $P \geqslant 900$ kPa。如果采用沉降量为板宽的 0.01 倍即 10 mm 时对应的荷载为该试验点承载力特征值，得沉降量为 10 mm 时的荷载值为 945 kPa 由于并未加载至945 kPa故该值只能作为估测值，之后再与理论计算和其他原位测试对比确定。

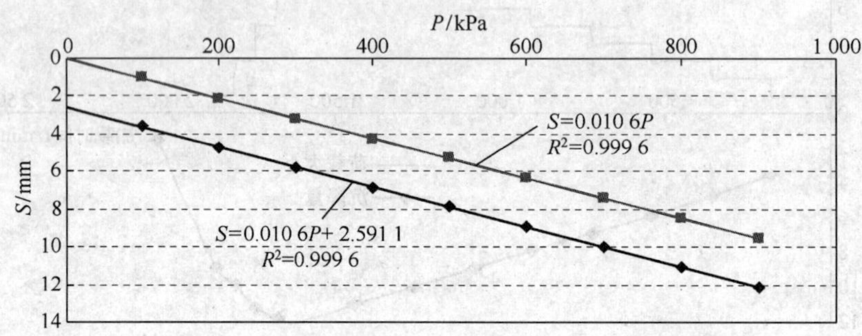

图 3-33　修正前后 DK1443＋145 中心曲线

弹性模量的计算：

$$E_{01}=I_0 I_1(1-\mu^2)\frac{Pd}{S}=0.886\times0.63\times(1-0.4^2)\times\frac{1}{0.0106}=44.23\ \text{MPa}$$

基准基床系数 K_{v2} 计算：

平板载荷试验基床系数：　$K_{S_a}=P_a/S_a=1/0.0106=94.3$ MPa/m

基准基床系数：　$K_{v2}=3.28\cdot b\cdot K_{S_a}=3.28\times1\times94.3=309.3$ MPa

③荷载分别为 160 kPa、180 kPa 时沉降随时间变化曲线及成果分析（图 3-34 和图 3-35）

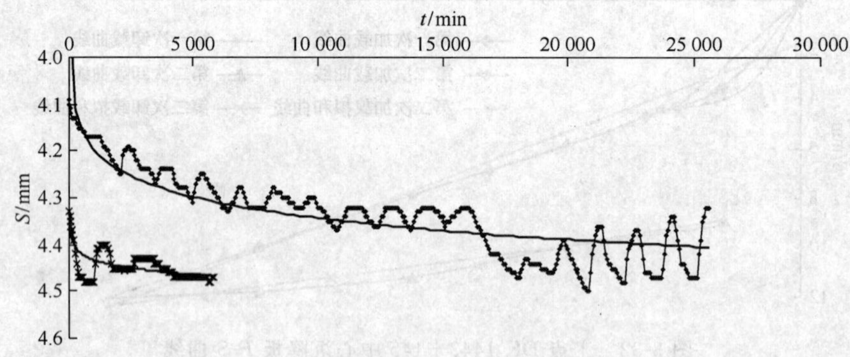

图 3-34　工点 DK1443＋145 中心承压板 160 kPa 时 *S-t* 曲线

a. 试验荷载为 160 kPa 时，试验时间为 25 560 min(17.8 d)，其沉降为 1.31 mm，从 17 220 min(12 d)后，沉降基本稳定，曲线起伏主要由温差引起；试验荷载为 180 kPa 时，试验时间为 5 880 min(4.1 d)，其沉降为 0.15 mm，从 3 720 min(2.7 d)后，沉降基本稳定，曲线起伏主要由温差引起。

b. 图 3-34 和图 3-35 是荷载为 160 kPa 和 180 kPa 时沉降随时间变化曲线。从图中可知，试验荷载为 160 kPa 时，在完成试验时间 25 560 min(17.8 d)内，沉降随时间变化有一定规律，其相关关系是 $S=3.7828t^{0.015}$，$R^2=0.7483$；其中试验时间在 16 800 min(11.7 d)内，其相关

关系是 $S=3.8875t^{0.0113}$，$R^2=0.8547$；其后因下雨和气温下降 6 ℃，沉降明显增大；大约 19 000 min后，沉降基本稳定，曲线起伏较大主要由温差较大引起。

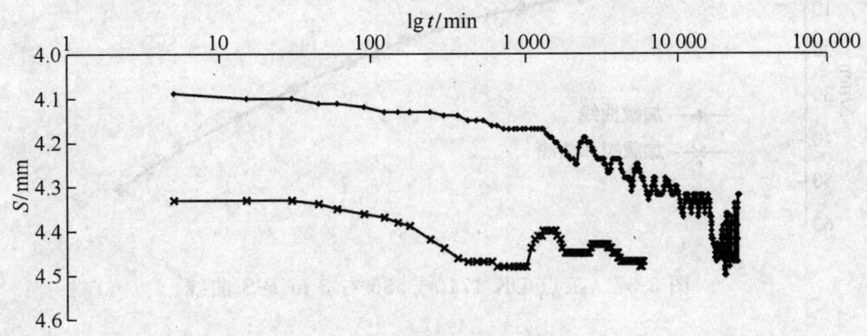

图 3-35 工点 DK1443＋145 中心承压板 160 kPa 时 S-lg t 曲线

3.2.4.2 常规载荷试验点试验结果及成果分析

(1)PLT8-1(DK 1710＋560 中心)、PLT8-2(DK 1710＋555 中心)、PLT8-3(DK 1710＋555 右 3 m)载荷试验点试验结果及分析

试验工点概况：试验点地层为上覆第四系更新统粉质黏土、黏土，硬塑。表层 0.9 m 为种植土，褐黄色，其下为黏土：棕红色间灰白色，外观看似蠕虫状，硬塑。载荷试验主要测定其承载力及变形特性。

承压板为圆形，直径 0.7 m，面积为 0.39 m²，采用快速加载法。试验时，连续降雨，基坑渗水。

a. 工点 DK 1710＋555 右 3 m 试验结果如图 3-36 和图 3-37 所示。

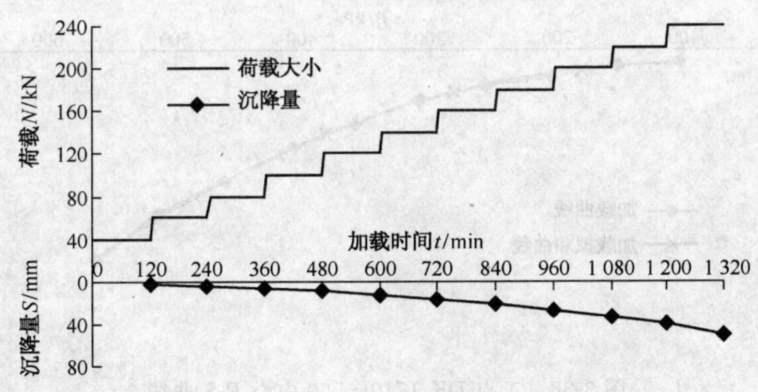

图 3-36 工点 DK 1710＋555 右 3 m N-t-S 曲线

对图 3-37 中曲线进行拟合，可知沉降量与上部荷载之间存在很好的二次曲线相关性。拟合结果如下：

$$S=0.0002P^2-0.0187P+3.8204 \quad (R^2=0.9994) \tag{3-22}$$

试验加载到 615 kPa 时，沉降量为 50.75 mm，试验结果见表 3-9。P-S 曲线呈圆弧形，图中显示当试验压力为 615 kPa 时，地基压缩变形进入塑性变形阶段。综合分析，该试验点承载力特征值为 310 kPa。μ 为泊松比，取 0.4；$d=0.7$；P 为比例界线压力，取 310 kPa，代入式(3-22)得与 P 相对应的沉降为 17.29 mm。

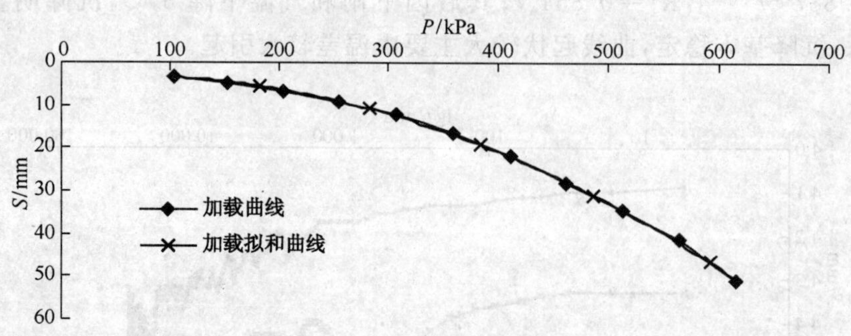

图 3-37 工点 DK 1710＋555 右 3 m P-S 曲线

表 3-9 DK 1710＋555 右 3 m 荷载沉降统计表

荷载 N/kN	40	60	80	100	120	140	160	180	200	220	240
荷载 P/kPa	103	154	205	256	308	359	410	462	513	564	615
沉降 S/mm	3.16	4.76	6.78	9.27	12.28	16.62	21.8	28.2	34.48	41.16	50.75

$$E_0=I_0I_1I_2(1-\mu)^2\frac{Pd}{S}=0.785\times0.59\times1.3125\times(1-0.4^2)\times\frac{310\times0.7}{17.29}=6.41\ \text{MPa}$$

平板载荷试验基床系数：　$K_{S_a}=\dfrac{P}{S}=\dfrac{310}{17.29}=17.93\ \text{MPa/m}$

基准基床系数：　$K_{v2}=3.28\cdot b\cdot K_{S_a}=3.28\times0.7\times17.93=41.16\ \text{MPa}$

b. PLT8-1(DK 1710＋560 中心)试验结果及分析(图 3-38)

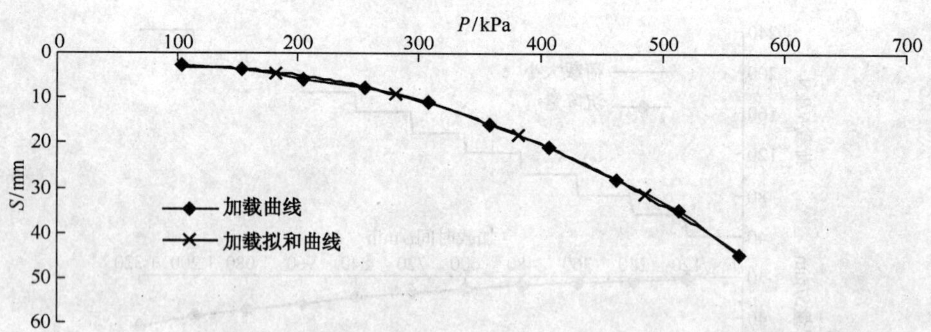

图 3-38 工点 DK 1710＋560 中心 P-S 曲线

对图 3-38 中曲线进行拟合，可知沉降量与上部荷载之间存在很好的二次曲线相关性。拟合结果如下：

$$S=0.0002P^2-0.042P+5.3333\qquad(R^2=0.9991)\tag{3-23}$$

试验加载到 564 kPa 时，沉降量为 44.86 mm，试验结果见表 3-10。P-S 曲线呈圆弧形，见图 3-38，图中显示当试验压力为 564 kPa，地基压缩变形进入塑性变形阶段。综合分析，该试验点承载力特征值为 310 kPa。

μ 取 0.4；$d=0.7$；P 为比例界线压力，取 310 kPa，代入式(3-23)得与 P 相对应的沉降为 11.53 mm。

表 3-10 DK 1710+560 中心荷载沉降统计表

荷载 N/kN	40	60	80	100	120	140	160	180	200	220
荷载 P/kPa	103	154	205	256	308	359	410	462	513	564
沉降 S/mm	2.58	3.74	5.66	7.68	10.69	15.67	20.67	27.94	34.88	44.86

$$E_0 = I_0 I_1 I_2 (1-\mu^2)\frac{Pd}{S} = 0.785\times 0.59\times 1.312\,5\times(1-0.4^2)\times\frac{310\times 0.7}{11.53} = 9.61\ \text{MPa}$$

平板载荷试验基床系数： $K_{S_a} = \frac{P}{S} = \frac{310}{11.53} = 26.89\ \text{MPa/m}$

基准基床系数： $K_{v2} = 3.28\cdot b\cdot K_{S_a} = 3.28\times 0.7\times 26.89 = 61.74\ \text{MPa}$

c. 工点 DK 1710+555 右 3 m 试验结果及分析(图 3-39)

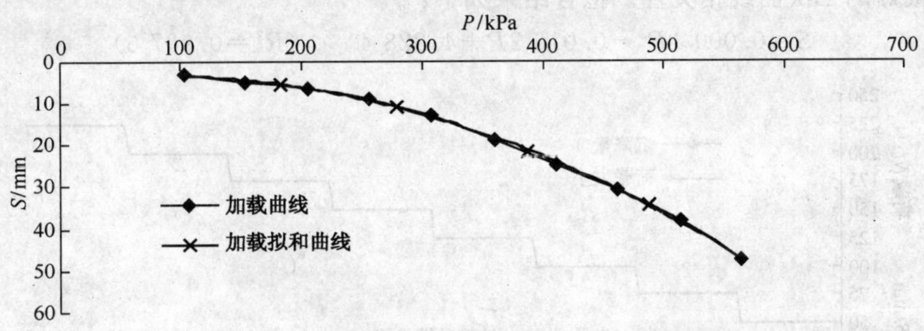

图 3-39 工点 DK 1710+555 右 3 m P-S 曲线

对图 3-39 中曲线进行拟合，可知沉降量与上部荷载之间存在很好的二次曲线相关性。拟合结果如下：

$$S = 0.000\,2P^2 - 0.026\,4P + 4.066\,4 \qquad (R^2 = 0.999\,2) \tag{3-24}$$

试验加载到 564 kPa 时，沉降量为 47.65 mm，试验结果见表 3-11。P-S 曲线呈圆弧形，见图 3-39，图中显示当试验压力为 564 kPa，地基压缩变形进入塑性变形阶段。综合分析，该试验点承载力特征值为 310 kPa。μ 取 0.4，$d=0.7$，P 为比例界线压力，取 310 kPa，代入式(3-24)得与 P 相对应的沉降为 15.1 mm。

表 3-11 DK 1710+555 右 3 m 荷载沉降统计表

荷载 N/kN	40	60	80	100	120	140	160	180	200	220
荷载 P/kPa	103	154	205	256	308	359	410	462	513	564
沉降 S/mm	3.06	4.74	6.69	8.83	12.68	18.62	24.67	30.77	38.31	47.65

$$E_0 = I_0 I_1 I_2 (1-\mu^2)\frac{Pd}{S} = 0.785\times 0.59\times 1.312\,5\times(1-0.4^2)\times\frac{310\times 0.7}{15.10} = 7.33\ \text{MPa}$$

平板载荷试验基床系数： $K_{S_a} = \frac{P}{S} = \frac{310}{15.1} = 20.53\ \text{MPa/m}$

基准基床系数： $K_{v2} = 3.28\cdot b\cdot K_{S_a} = 3.28\times 0.7\times 20.53 = 47.14\ \text{MPa}$

d. PLT8(DK1710+555)第四系更新统粉质黏土、黏土载荷试验点综合评定

按《铁路工程地质原位测试规程》(TB 10018—2003)的规定，因 PLT8-1、PLT8-2、PLT8-3 试验点的承载力特征值分别为 300 kPa、310 kPa、310 kPa，其级差小于 30%，故可取其平均值

作为其基本承载力。则 PLT8(DK1710＋555)第四系更新统粉质黏土、黏土基本承载力为 305 kPa,变形模量 E_0 为 9.25 MPa。平板载荷试验平均基床系数 25.98 kN/m³;基准基床系数 59.64 kPa。

(2)PLT9-1(DK 1784＋887 右 2.5 m)、PLT9-2(DK 1784＋886 左 0.5 m)、PLT9-3(DK 1784＋885 左 2.5 m)载荷试验点试验结果及分析

试验工点概况:试验点地层为上覆残积层红黏土,厚约 18 m,硬塑,底部 2 m 为软塑红黏土;下伏灰岩,弱风化。载荷试验主要测定红黏土承载力及变形特性。承压板为圆形,直径 0.7 m,面积为 0.39 m²,采用快速加载法。试验时,连续降雨,基坑渗水。

a. 工点 DK 1784＋886 左 0.5 m 试验结果及分析

试验结果如图 3-40 和图 3-41 所示。对图 3-41 中曲线进行拟合,可知沉降量与上部荷载之间存在很好的二次曲线相关性。拟合结果如下:

$$S=0.000\,1P^2-0.016\,2P+4.228\,4 \qquad (R^2=0.997\,6) \tag{3-25}$$

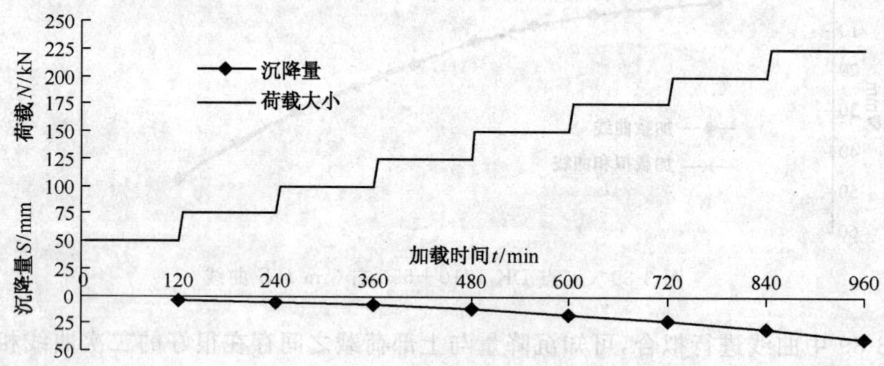

图 3-40 工点 DK 1784＋886 左 0.5 m *N-t-S* 曲线

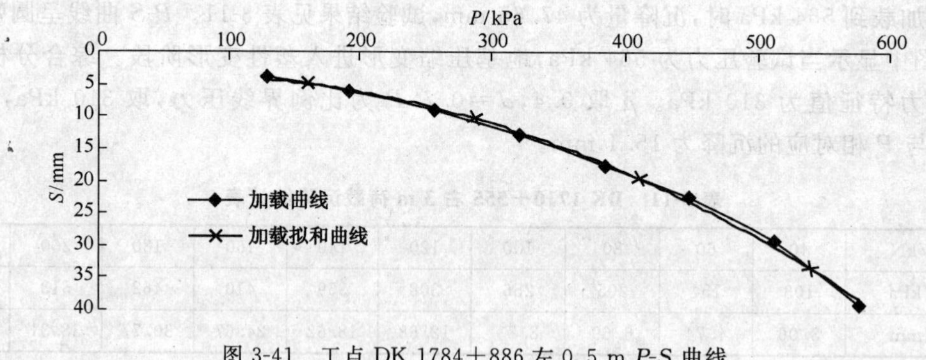

图 3-41 工点 DK 1784＋886 左 0.5 m *P-S* 曲线

试验加载到 577 kPa 时,沉降量为 38.94 mm,试验结果见表 3-12。*P-S* 曲线呈圆弧形(见图 3-41),图中显示当试验压力为 577 kPa 时,地基压缩变形进入塑性变形阶段。综合分析,该试验点承载力特征值为 250 kPa。μ 取 0.4;$d=0.7$,P 为比例界线压力,取 250 kPa,代入式(3-25)得与 P 相对应的沉降为 6.43 mm。

$$E_0=I_0I_1I_2(1-\mu^2)\frac{Pd}{S}=0.785\times0.59\times1.312\,5\times(1-0.4^2)\times\frac{250\times0.7}{6.43}=13.90\text{ MPa}$$

平板载荷试验基床系数: $K_{S_a}=\frac{P}{S}=\frac{250}{6.43}=38.88\text{ MPa/m}$

基准基床系数：　　$K_{v2}=3.28\cdot b\cdot K_{S_a}=3.28\times0.7\times38.88=89.27$ MPa

表 3-12　工点 1784＋886 左 0.5 m 荷载沉降统计表

荷载 N/kN	50	75	100	125	150	175	200	225
荷载 P/kPa	128	192	256	321	385	449	513	577
沉降 S/mm	3.85	6.16	8.92	12.72	17.45	22.5	29.13	38.94

b. 工点 PLT9-1DK 1784＋887 右 2.5 m 试验结果及分析(图 3-42)

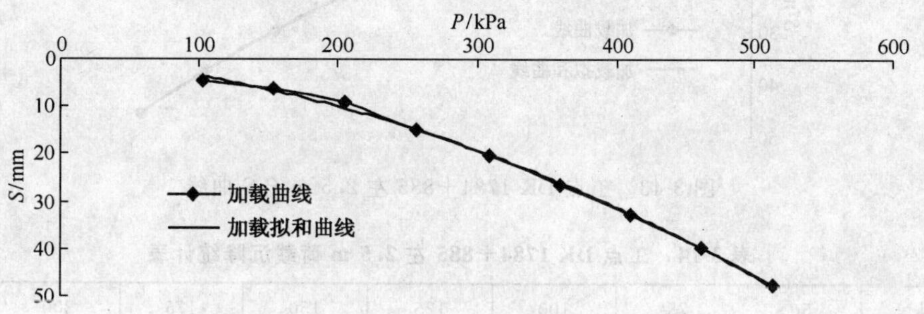

图 3-42　工点 DK 1784＋886 右 2.5 m P-S 曲线

对图 3-42 中曲线进行拟合，可知沉降量与上部荷载之间存在很好的二次曲线相关性。拟合结果如下：

$$S=0.0001P^2+0.0255P-0.4698\qquad(R^2=0.9981)\tag{3-26}$$

试验加载到 513 kPa 时，沉降量为 47.47 mm，试验结果见表 3-13。P-S 曲线呈圆弧形(图 3-42)，图中显示当试验压力为 513 kPa，地基压缩变形进入塑性变形阶段。综合分析，该试验点承载力特征值为 205 kPa。

μ 取 0.4，$d=0.7$，P 为比例界线压力，取 205 kPa，代入式(3-26)得与 P 相对应的沉降为 8.96 mm。

表 3-13　工点 DK 1784＋887 右 2.5 m 荷载沉降统计表

荷载 N/kN	40	60	80	100	120	140	160	180	200
荷载 P/kPa	103	154	205	256	308	359	410	462	513
沉降 S/mm	4.37	6.3	8.96	14.88	20.41	26.59	32.83	39.57	47.47

$$E_0=I_0I_1I_2(1-\mu^2)\frac{Pd}{S}=0.785\times0.59\times1.3125\times(1-0.4^2)\times\frac{205\times0.7}{8.96}=8.18\text{ MPa}$$

平板载荷试验基床系数　　$K_{S_a}=\dfrac{P}{S}=\dfrac{205}{8.96}=22.88$ MPa/m

基准基床系数　　$K_{v2}=3.28\cdot b\cdot K_{S_a}=3.28\times0.7\times22.88=52.53$ MPa

c. 工点 PLT9-3DK 1784＋885 左 2.5 m 试验结果及分析(图 3-43)

对图 3-43 中曲线进行拟合，可知沉降量与上部荷载之间存在很好的二次曲线相关性。拟合结果如下：

$$S=0.0001P^2-0.0172P+7.3163\qquad(R^2=0.9996)\tag{3-27}$$

试验加载到 577 kPa 时，沉降量为 45.54 mm，试验结果见表 3-14。P-S 曲线呈圆弧形(图 3-43)，图中显示当试验压力为 225 kN，地基压缩变形进入塑性变形阶段。综合分析，该试验点承载力特征值为 195 kPa。

μ 取 0.4，$d=0.7$，P 为比例界线压力，取 195 kPa，代入式(3-27)得 S 与 P 相对应的沉降为 7.62 mm。

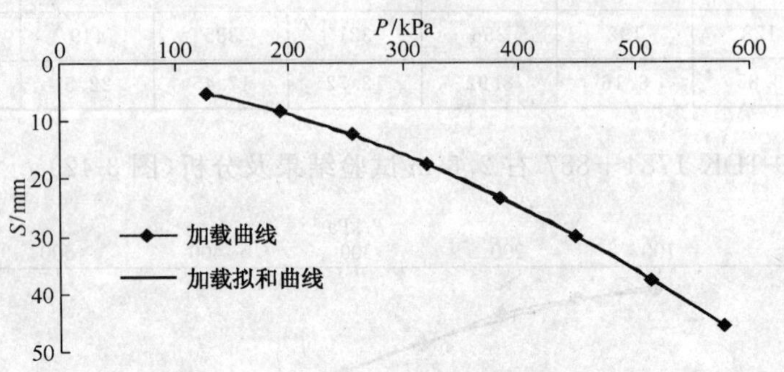

图 3-43　工点 DK 1784＋885 左 2.5 m P-S 曲线

表 3-14　工点 DK 1784＋885 左 2.5 m 荷载沉降统计表

荷载 N/kN	50	75	100	125	150	175	200	225
荷载 P/kPa	128	192	256	321	385	449	513	577
沉降 S/mm	5.46	8.35	12.15	17.56	23.44	30	37.87	45.54

$$E_0=I_0I_1I_2(1-\mu^2)\frac{Pd}{S}=0.785\times0.59\times1.3125\times(1-0.4^2)\times\frac{195\times0.7}{7.62}=9.15\text{ MPa}$$

平板载荷试验基床系数：　$K_{S_a}=\frac{P}{S}=\frac{195}{9.15}=21.31\text{ MPa/m}$

基准基床系数：　　$K_{v2}=3.28\cdot b\cdot K_{S_a}=3.28\times0.7\times21.31=48.93\text{ MPa}$

d. PLT9(DK1784＋887)上覆残积层红黏土载荷试验点综合评定

按《铁路工程地质原位测试规程》(TB 10018—2003)的规定，因 PLT9-1、PLT9-2、PLT9-3 试验点的承载力特征值分别为 205 kPa、195 kPa、250 kPa，其级差小于 30%，故取其平均值作为其基本承载力。PLT9(DK1784＋886)红黏土基本承载力为 215 kPa，变形模量 E_0 为 8.85 MPa。平板载荷试验平均基床系数 28.76 MPa/m；基准基床系数 56.86 kPa。

地基载荷试验是确定红黏土地基承载力的最直观最可靠的方法之一，也是我国规范规定使用的方法，然而在工程实践中，由于载荷装置、试验费用、实际工程情况、工程施工进度以及试验终止条件等限制，有些试验未能做到破坏阶段，所得的 P-s 曲线并不完整，不能直接得出地基极限承载力及承载力特征值。在坚硬状态及硬塑层进行试验时，很难能够做到破坏阶段，一般情况下只能做到沉降量趋于稳定的阶段，我们只能通过已获得的实测数据，合理地预测地基承载力特征值。

张林锋对桂林红黏土承载力进行了研究总结，通过各种方法估算得出桂林红黏土承载力情况为：

(a)采用理论计算方法计算红黏土地基承载力：弹塑性理论求得的承载力特征值为：229.8～478.0 kPa，采用刚塑性理论计算方法得出的承载力特征值为：157.4～452.5 kPa。

(b)采用土工试验参数确定的地基承载力特征值为：195～301 kPa。

(c)采用标贯击数来评价红黏土地基承载力的方法估算红黏土地基承载力特征值为：

151～306 kPa。

(d)采用载荷试验得出的承载力特征值为：215～240 kPa。

(e)桂林地区采用的红黏土承载力经验值为：180～200 kPa。

故可知桂林红黏土承载力特征值取大约为 180～250 kPa。

重庆大学的钟娅对昆明新机场西试验区未经加固处理过的红黏土地基载荷试验进行总结得出：

(a)强夯法处理区处理前(原地基)的地基承载力特征值在 140～169 kPa 之间，平均为 153 kPa；变形模量在 6.96～12.46 MPa 之间，平均为 11.0 MPa。强夯法处理区处理后的地基承载力特征值在 386～471 kPa 之间，平均为 432 kPa；变形模量在 10.88～15.94 MPa 之间，平均为 12.9 MPa。由此表明地基承载力特征值提高幅度为 182%。

(b)碎石桩处理红黏土地基处理前的极限荷载在 300～320 kPa 之间，平均为 313 kPa；地基承载力特征值在 180～200 kPa 之间，平均为 187 kPa；变形模量在 6.96～12.46 MPa 之间，平均为 10.2 MPa。碎石桩处理红黏土地基后桩身的极限荷载在 880～960 kPa 之间，平均为 933 kPa；地基承载力特征值在 480～540 kPa 之间，平均为 515 kPa；变形模量在 12.44～13.93 MPa之间，平均为 13.0 MPa。采用碎石桩处理后的地基承载力比处理前有较大幅度的增加，地基承载力特征值提高幅度为 116%。

3.2.4.3 理论计算沉降—时间关系曲线与现场载荷试验沉降—时间关系曲线的对比

计算工后沉降达到要求值时，地基土的固结度：

$$U=\frac{S_t}{S_\infty}\times 100\% \tag{3-28a}$$

即

$$S_t=U\times S_\infty \tag{3-28b}$$

因为地基中不同深度的固结度不同，以上公式视为地基的平均固结度，利用固结理论计算固结度的公式：

$$U=1-\frac{8}{\pi^2}\exp\left(1-\frac{\pi^2}{4}T_v\right) \tag{3-29}$$

得时间因素 T_v：

$$T_v=-\frac{4}{\pi^2}\ln\frac{\pi^2}{8}(1-U) \tag{3-30}$$

根据

$$T_v=\frac{C_v t}{h^2} \tag{3-31}$$

C_v 表示竖向固结系数(cm^2/d)，其公式为：

$$C_v=\frac{k(1+e)}{\rho_w a_v} \tag{3-32}$$

式中，k 为土的渗透系数；e 为土的天然孔隙比；a_v 为土的压缩系数；ρ_w 为水的容重；h 为排水的距离。

沉降所需时间：

$$t=\frac{T_v h^2}{C_v} \tag{3-33}$$

将公式(3-30)和式(3-31)代入式(3-32)，可得时间 t 为：

$$t=\frac{T_v h^2}{C_v}=-\frac{4}{\pi^2}\frac{\rho_w a_v h^2 \ln \frac{\pi^2}{8}(1-U)}{k(1+e)} \tag{3-34}$$

由公式(3-34)可求得在地基土达到不同固结度时，所需的时间。

由于现场载荷试验的影响深度只有 2 m，因此，现场载荷试验得出的沉降—时间关系曲线只适用地表 2 m 以上土体。而理论计算的沉降—时间关系曲线的影响深度有十几米。为了能等价比较，本文特别计算载荷板下 2 m 厚土体的沉降—时间关系曲线，将其与现场载荷试验得到的沉降—时间关系曲线进行比较研究，如图 3-44 和图 3-45 所示。

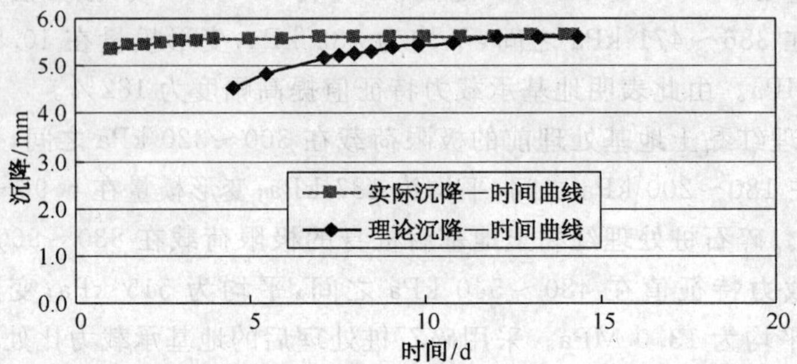

图 3-44　咸宁 160 kPa 荷载下理论和实际沉降—时间关系曲线

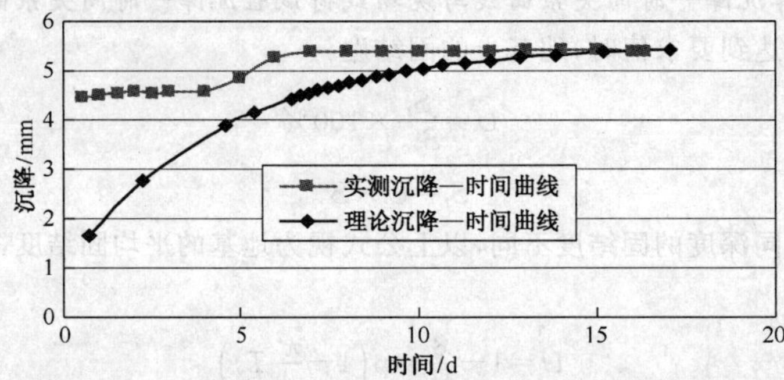

图 3-45　泉口 160 kPa 荷载下理论和实际沉降—时间关系曲线

由图 3-44 和图 3-45 可知，两工点的实际沉降—时间关系曲线与理论沉降—时间关系曲线，在开始阶段相差较大，理论计算的误差较大，但是到了固结度达 80%以后，实际和理论沉降—时间关系曲线基本重合，误差较小。这样的差异是由现场载荷试验的分级加载造成的。现场载荷试验中，先加 50 kN 的荷载，等到土体沉降基本稳定后再加 100 kN，等到沉降稳定后再加载到 160 kN，而这时沉降已经达到了 4 mm 左右。因此，在实际和理论沉降—时间关系曲线的前段两者不是等价的，所以理论计算的误差较大也是正常的。到了后段，两者是基本等价的，两者的沉降—时间关系曲线也基本重合，误差较小。所以理论计算的沉降—时间关系是可靠的。

3.2.5　变形模量 E_0 和压缩模量 E_s 之间的经验关系研究

从时空效应原理来说，地层中的土体在三向应力作用下，再软弱的土体，都能承受来自上覆土层过量的自重压力而保持应力平衡，上覆自重压力可以大于土体自身重量的几倍至几十倍。但土体一旦脱离原始应力状态变成土样时，应力平衡就被破坏，土样产生侧向膨胀、结构变异、孔隙水压力消散、原始有效应力损失。W. M. Kirkpatrick 和 A. T. Khan 通过对储存时间不同的土样进行试验，得知土样贮存 50 天后的残余有效应力仅为取土初始值的 10%～20%，损失高达 80%～90%。因此，土样贮存过程中，表面水分蒸发；扰动区向土样内部深化；卸除总应力及温度变化，溶于孔隙水中的气体逸出以及取土器对土样边缘的扰动其因素影响很大。日本奥村树郎的计算说明，当土体进入取土器时被扰动区厚度 h，土样半径 r，的比值 $h/r=1\%$时，土样残余有效应力为原始状态时的 60%，取土器扰动损失达 40%。在取土、搬运、切样上架过程中对土样的反复扰动，再加上无侧向变形压缩试验仪器等因素影响，所得的室内试验 $E_{s室}$ 远小于原始状态的 E_s 值。陈孝培等在从事上海地面沉降机理研究期间，通过反算求得实测 E_s 值，并与室内压缩试验的 $E_{s室}$ 值对比，发现两者相差 2.5～3.2 倍。

W. W. Skempton 在研究中发现：土样从地层中来到地面时，失去上覆有效应力 35%～55%。土样中尚存平均残余应力为原始上覆有效应力的 55%。取上来的土样上覆有效应力损失 35%～55%，意味着压缩模量 E_s 损失 42%～49%。在进行室内常规压缩试验时，逐级加荷至上覆压力 0.1～0.2 MPa 所得的 $E_{s室}$ 值，理应补偿原始土体变成土样后压缩模量 E_s 损失的 42%～49%。在选用室内试验 $E_{s室}$ 值时，应该乘以补偿系数 ψ_s，$\psi_s=1.42\sim1.49$，这样的 E_s 应近似为 $1.42E_{s室}\sim1.49E_{s室}$，才接近原始土体的 E_s 值。

由于地基土并不是理想弹性体，除其成层性、孔隙率和含水率等因素对弹性性质有显著影响外，在室内试验中还不可避免地存在土样扰动的问题，破坏了土的天然结构，使测得的压缩模量偏小。梁发云将多孔介质理论运用于土体变形模量的估算，认为土体具有多孔介质特性，地基土可视为宏观上均匀，微观上随机分布着孔隙空间的固体物质，孔隙空间充满着气体和孔隙水。从多孔介质力学出发，地基土可近似按弹性多孔介质进行分析，作用在其上的外荷载分别由土骨架、孔隙水和孔隙气体共同承担。在垂直于断面方向上有下列平衡方程：

$$P=\sigma_s A_s+\sigma_w A_w+\sigma_a A_a$$

式中 P——为总断面 A 上承受的总荷载；

A_s——土颗粒的接触面积；

A_w——土颗粒同孔隙中的水的接触面积；

A_a——土颗粒同孔隙中的空气的接触面积。

在 P 作用下产生了土颗粒接触面应力 σ_s、孔隙水压力 σ_w、孔隙气压力 σ_a。

将方程两边除以 A，再用 $P/A=\sigma_z$，$\alpha=A_s/A$，$\eta=A_w/A$ 代替即可得：

$$\sigma_z=\sigma_s\alpha+\sigma_w\eta+\sigma_a(1-\alpha-\eta)$$

由于红黏土饱和度很高，属于高饱和度土，对于高饱和度的土，忽略孔隙气体，即 $1-\alpha-\eta=0$，并按多孔介质理论中的孔隙均匀化的方法，将 α 以孔隙比 e 表示，即：$\alpha=1/(1+e)$，则上式可简化为：

$$\sigma_z=\sigma_s\frac{1}{1+e}+\sigma_w\frac{e}{1+e}$$

在室内压缩试验中，试样受压时孔隙水渗流完成，假定压缩试验完成后，总荷载完全由土骨架承担，则有：$\sigma_z=\sigma_s\dfrac{1}{1+e}$，即：$\sigma_s=\sigma_z(1+e)$，由多孔介质理论，压缩试验得到的土骨架压缩模量为：

$$E_s=\sigma_z(1+e)/\xi_z$$

根据广义虎克定律，土的变形模量为：

$$E_0=[\sigma_z-\mu_0(\sigma_x+\sigma_y)]/\xi_z$$

由于在室内压缩试验中土体侧向不发生变形，故侧向应变为 $\xi_x=\xi_y=0$，有：

$$\sigma_x=\sigma_y=\frac{\mu_0}{1-\mu_0}\sigma_z$$

由以上三式可得：

$$E_0=\beta(1+e)E_s,\quad \beta=\frac{(1+\mu_0)(1-2\mu_0)}{(1-\mu_0)}$$

综上所述：

$$E_0=\psi_s\beta(1+e)E_{s室}$$

由于载荷试验的影响深度为板宽度的 2～3 倍，故取载荷试验板下 2.5 m 范围内土的变形模量，换算为室内压缩模量，再与室内压缩试验得出的压缩模量进行对比分析。(原位试验报告——标准贯入部分工点的室内压缩模量较全，可做对比分析资料)

由泉口试验工点 DK1293＋430 附近的载荷试验结果可知该工点的变形模量为：$E_0=41.86$ MPa；由室内压缩试验得深度为 0.7～4.9 m 的红黏土室内平均压缩模量为：$E'_{s室}=18.55$ MPa；孔隙比为 $e=0.87$；取室内压缩模量补偿系数 ψ_s 为 2.4，泊松比 $\mu_0=0.4$，则由 $E_0=\psi_s\beta(1+e)E_{s室}$ 推算出：

$$E_{s室}=\frac{E_0}{\psi_s\beta(1+e)}=\frac{41.86}{2.4\times0.47\times1.87}=19.8\ \text{MPa}$$

该计算值与室内试验实测值之间的误差为：$\delta=\dfrac{19.8-18.55}{18.55}\times100\%=6.7\%$。

由咸宁工点 DK1274＋645 附近的载荷试验结果可知该工点的变形模量：$E_0=41.86$ MPa 由室内压缩试验得深度为 0.7～4.9 m 深度的红黏土室内平均压缩模量为：$E'_{s室}=15.5$ MPa；孔隙比为 $e=1.2$；假定室内压缩模量补偿系数为 2.4，泊松比 $\mu_0=0.4$，则由 $E_0=\psi_s\beta(1+e)E_{s室}$ 推算出：

$$E_{s室}=\frac{E_0}{\psi_s\beta(1+e)}=\frac{41.86}{2.4\times0.47\times2.2}=16.87\ \text{MPa}$$

该计算值与室内试验实测值之间的误差为：$\delta=\dfrac{16.87-15.5}{15.5}\times100\%=8.8\%$。

由以上两工点的情况说明根据有孔介质理论推导出来的原位载荷试验变形模量 E_0 与室内压缩试验得出的变形模量 E_s 之间的估算关系可用于实际工程中。对红黏土等特殊土，我们调整室内试验补偿系数：

对于泉口：
$$\psi_s^1=\frac{41.86}{18.55\times1.87\times0.47}=2.57$$

对于耒阳：
$$\psi_s^1=\frac{41.86}{15.5\times2.2\times0.47}=2.61$$

故将室内试验补偿系数调整为 2.6。同时我们经过多个工点的反复计算，建议武广高速铁路红黏土变形模量和室内试验压缩模量的经验关系大致为：$E_0=(2.0\sim3.0)E_s$。

3.3 武广线红黏土压缩模量与静力触探指标经验关系研究

压缩模量是反映土体性质的重要参数，也是进行路基沉降计算和预测等必不可少的试验参数。虽然通过现场勘探取样进行室内试验可以得到取样点的准确压缩模量，但是这样耗费的工作量大，周期长，所需费用高，且在全线各个工点取样做试验也很不现实。而现场原位测试试验(如静力触探试验)是确定地基承载力，判别土层类型最可靠的方法。因此找出压缩模量 E_s 与

静力触探指标 q_c 之间的关系就显得十分有意义。虽然在国内外已经总结出很多关于压缩模量 E_s 与静力触探指标之间的经验公式，如文中各表所列。但其研究的工程背景与武广高速铁路沿线的地质条件不同，并且武广高速铁路为无砟轨道路基，工后沉降量小，设计参数精度要求高，试验方法必须可靠，为了便于设计和施工，且节省工程经费，结合代表性红黏土地基工点总结出压缩模量与静力触探指标 q_c（或 p_s），侧摩阻力 f_s 之间的经验公式显得尤为重要。

3.3.1　静力触探试验概述

3.3.1.1　静力触探试验的主要技术要求

常用的静力触探探头分为单桥探头和双桥探头（见图 3-46）及孔压探头。根据实际工程所需测定的地基土层参数选用单桥探头或双桥探头，探头圆周截面积以 10 cm² 为宜，也可以使用 15 cm²。

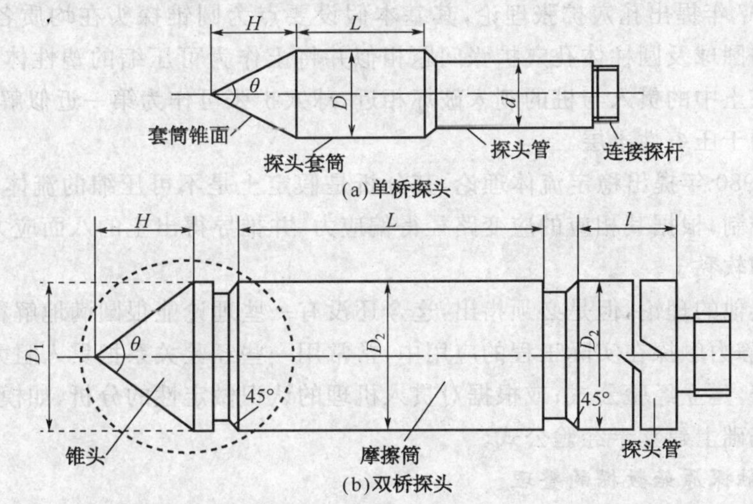

图 3-46　探头示意图

经大量试验研究，按表 3-15 确定的探头规格，则触探结果不受其规格尺寸的影响。

表 3-15　静力触探探头规格

锥头截面积 A/cm²	探头直径 D/mm	锥角 α/°	单桥探头	双桥探头	
			有限侧壁长度 L/mm	摩擦筒侧壁面积/cm²	摩擦筒长度 L/cm
10	35.7	60	57	200	179
15	43.7		70	300	219
20	50.4		81	300	189

在静力触探的整个过程中，探头应均匀、垂直地压入土层中，贯入速率一般控制在（1.2±0.3）m/min。

静力触探探头传感器必须事先进行率定，室内率定非线性误差、重复性误差、滞后误差、温度漂移、归零误差范围应为±（0.5%～1.0%）。现场试验时，应检验现场的归零误差<3%，它的试验质量的重要指标。

静力触探测试时，深度记录误差范围一般为±1%。当贯入深度>50 m 时，应测量触探孔的偏斜度，校正土的分层界线。

3.3.1.2 静力触探的贯入机理

静力触探的贯入机理是个很复杂的问题，而且影响因素也比较多，因此，目前土力学还不能完全综合地从理论上解释圆锥探头与周围土体间的接触应力分布及相应的土体变形问题。已有的近似机理的理论分析可分为三大类：承载力理论分析、孔穴扩张理论分析和稳定贯入流体理论分析

De Beer 于 1945 年提出承载力理论，其大多借助于对单桩承载力的半经验分析，这一理论把贯入阻力视为探头以下的土体受圆锥头的贯入产生整体剪切破坏，由滑动面处土的抗剪强度提供的，而滑动面的形状是根据试验模拟或经验假设。承载力理论分析适用于临界深度以上的贯入情况，但对于压缩性土层是不适应的。提出此承载力理论的学者还有：Kerisel(1972 年)，Berezantzev(1961 年)，Meyerhof(1961 年)等。

Veic 于 1977 年提出孔穴扩张理论，其基本假设要点为圆锥探头在均质各向同性无限体中的贯入机理与圆球及圆柱体孔穴扩张问题相似并将土作为可压缩的塑性体；也有的认为静力触探圆锥头在土中的贯入与桩的刺入破坏相近，球穴扩张可作为第一近似解。因此，孔穴扩张理论分析适用于压缩性土层。

Baligh 于 1980 年提出稳定流体理论，其分析是假定土是不可压缩的流体介质，圆锥探头贯入时受应变控制，根据其相应的应变路径得偏应力，并推导得出土的八面应力。故稳定流体理论适用于饱和软黏土。

还有一些其他的理论，但是必须指出，迄今还没有一些理论能很圆满地解释静力触探的贯入机理。因此，静力触探在实际工程的应用中，常常用一些经验关系把贯入阻力与土的物理力学性质联系起来，建立经验公式；或根据对贯入机理的认识做定性的分析(如模式分析、因子分析等)，并在此基础上建立半经验公式。

3.3.1.3 静力触探原始数据的整理

静力触探试验的主要成果有：比贯入阻力—深度(p_s-h)关系曲线；锥尖阻力—深度(q_c-h)关系曲线；侧壁贯入阻力—深度(f_s-h)关系曲线和摩阻比—深度(R_f-h)关系曲线。摩阻比 R_f 的定义为：

$$R_f=\frac{f_s}{q_c}\times 100\% \tag{3-35}$$

当记录深度与实际深度有出入时，应按深度线性修正深度误差。如触探的同时量测触探杆的偏斜角 θ(相对铅垂线)，也需进行深度的修正。假定偏斜的方位角不变，每 1 m 测一次偏斜角，则深度修正 Δh_i 为：

$$\Delta h_i=1-\cos\left(\frac{\theta_i+\theta_{i+1}}{2}\right) \tag{3-36}$$

式中 Δh_i 为第 i 段深度修正值；θ_i，θ_{i+1} 为第 i 及 $i+1$ 次实测的偏斜角。

3.3.1.4 静力触探试验的成果应用

(1)土类的划分

根据静力触探曲线对地基土进行力学分层，或参照钻孔分层结合静力触探 p_s 或 q_c 及 f_s 值的大小和曲线形态特征进行地基土的力学分层，并确定分层界线。图 3-47 为不同土层贯入曲线的线型特征。

用静力触探曲线划分土层界线的方法为：

①上下层贯入阻力相差不大时，取超前深度和滞后深度的中心，或中点偏向小阻力土层5～10 cm处作为分层界线；

②上下层贯入阻力相差一倍以上时，当由软层进入硬层或由硬层进入软层时，取软层最后一个（或第一个）贯入阻力小值偏向硬层10 cm处作为分层界线；

③上下层贯入阻力无太大变化时，可结合 F_s 或 R_f 的变化确定分层界线。

Kallstenius（1973年）利用比贯入阻力 p_s-h 或锥头阻力 q_c-h 的线性特征结合 p_s 值（或 q_c）大小进行土类划分。

Schmertmann（1971），Sanglerat（1972），I. W. Searle（1979），Douglas和Olsen等学者利用双桥探头的 q_c 和 R_f 进行土类划分。

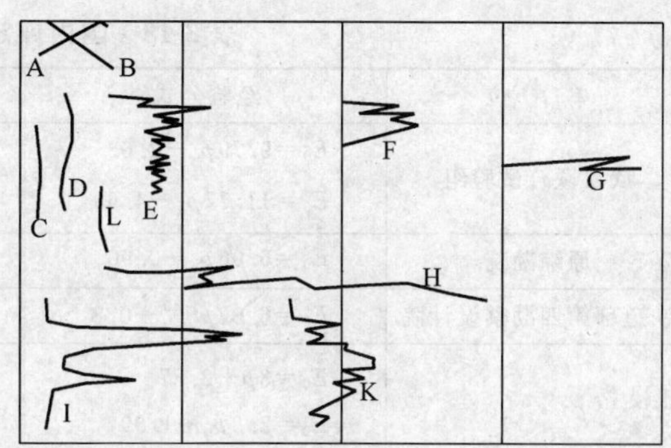

图3-47 不同土层贯入曲线的线型特征

A—硬壳层；B—非黏性土表层；C—软黏土；D—砂填土；E—中密粉土；F—密实粉砂；G—密实砾石；H—向冰渍土过渡；I—黏土与砂土间层；K—粉砂；L—向冰渍黏土过渡

（2）土的变形参数

①黏性土的压缩模量 E_s：

$$E_s = a \cdot q_c \tag{3-37}$$

式中 a 为对各种土 q_c 而变化的经验系数。

学者Mitchell和Gardner（1975）汇总了Sanglerat等（1975）的 a 值，列于表3-16。

表3-16 各种黏性土的 a 值

土类	低塑性黏性土			高塑性饱和黏性土
q_c/MPa	<7	7～20	>20	<20
a	3～8	2～5	1～2.5	2～6

国内在这方面也积累了不少估算 E_s 的经验公式，列于表3-17[24～29]。

表3-17 国内评定黏性土的 E_s 经验关系

单　位	经验公式	适用范围	适用土类
武汉联合试验组	$E_s=3.72p_s+1.26$	$0.3\leqslant p_s\leqslant 5$	淤泥质黏性土，一般黏性土
交通部一航院	$E_s=3.63p_s+1.20$	$p_s\leqslant 5$	淤泥质黏性土，一般黏性土
铁道部第一勘察设计院	$E_s=1.34p_s+3.40$	$0.5\leqslant p_s\leqslant 10$	黏性土及新近沉积土
铁道部第四勘察设计院	$E_s=4.13p_s^{0.687}$	$p_s\leqslant 1.3$	黏性土（I_P>7）
	$E_s=2.14p_s+2.17$	$p_s>1.3$	
北京市勘察院	$E_s=2.17p_s+1.62$	$0.7\leqslant p_s\leqslant 4$	北京新近沉积黏性土
	$E_s=2.12p_s+3.85$	$1\leqslant p_s\leqslant 9$	北京老黏性土
四川综合勘察院	$E_s=1.9p_s+3.23$	$0.4\leqslant p_s\leqslant 3$	
天津市勘察院	$E_s=2.94p_s+1.34$	$0.24\leqslant p_s\leqslant 3.33$	
无锡市建筑设计院	$E_s=3.47p_s+1.01$	$0.3\leqslant p_s\leqslant 3.5$	无锡地区土
贵州省建筑设计院	$E_s=6.3p_s+0.85$		贵州红黏土
湖北勘察院	$E_s=4.965p_s-6.27$	$1.0\leqslant p_s\leqslant 3.5$	一般黏性土
武汉市勘察院	$E_s=2.13p_s+2.03$		一般黏性土
同济大学等	$E_s=3.11p_s+1.14$		上海黏性土

b. 黏性土的变形模量 E_0：国内有关估算 E_0 的经验关系见表 3-18。

表 3-18 国内评定黏性土的 E_0 经验关系

单　位	经验公式	适用范围	适用土类
武汉联合试验组	$E_0=9.79p_s-2.63$	$0.33\leqslant p_s<3$	淤泥质土，一般黏性土，老黏土
	$E_0=11.77p_s-4.69$	$3\leqslant p_s<6$	
原综勘院	$E_0=6.06p_s-0.90$	$p_s<1.6$	淤泥质土，一般黏性土，老黏土
铁道部第四勘察设计院	$E_0=6.03p_s^{1.45}+0.8$	$0.085\leqslant p_s<2.6$	软土，一般黏性土
铁道部第一勘察设计院	$E_0=3p+2.87$	$0.5\leqslant p_s<6$	新近沉积土($I_P>10$)
	$E_0=2.3p_s+1.99$	$0.5\leqslant p_s<10$	黏性土及新近沉积土($I_P\leqslant10$)
	$E_0=13.09p_s^{0.64}$	$0.5\leqslant p_s<5$	新黄土(东南带)
	$E_0=5.95p_s+1.4$	$1\leqslant p_s<5.5$	新黄土(西北带)
	$E_0=5p_s$	$1\leqslant p_s<6.5$	新黄土(北部边缘带)

此外，根据静力触探试验参数，还可以预估地基的承载力，饱和黏性土的不排水模量 E_u（用于预估地基的瞬时变形），黏性土的不排水抗剪强度 c_u 等土层指标。

3.3.2 工程实例

3.3.2.1 泉口工点(DK1293+427.5)

(1)工程地质资料

①0～0.5 m，种植土，见植物根系；

②0.5～7.9 m，黏土，红色，硬塑，呈网纹状构造，间灰白色；其中 3.6～4.0 m，4.9～5.3 m，5.8～6.6 m 中夹 3%成分为石英的细角砾；

③7.9～9.7 m，黏土，褐黄色，硬塑，呈网纹状构造，间灰白色，夹 3%～10%不等的粗细角砾，成分为石英砂岩；

④9.7～10.5 m，黏土，褐黄色，硬塑，网纹状构造，间灰白色，夹 30%粗细角砾，成分为石英，砂岩，灰岩；

⑤10.5～17.4 m，褐黄色黏土，硬塑，含 5%锰质结核；

⑥17.4～22.3 m，同上，夹 3%细角砾，粒径 5～20 mm，22.3～22.8 m，底部冲击反弹。

主要物理力学指标：$w=25.0\%\sim27.7\%$，$\gamma=18.7\sim20.2$ kN/m^3，$e=0.70\sim1.05$，$S_r=97.8\%\sim100\%$，$G_S=2.72\sim2.75$，$w_L=51.6\sim66.9$，$w_P=26.8\sim34.2$，$I_P=27.6\sim32.2$，$P_P=24.1\sim54.7$ kPa；V_{HP}(160 kPa)$=-0.82\sim-3.56$；$V_H=0.39\sim1.38$；快剪 $C=60.0\sim109.8$ kPa；$\varphi=17.1°\sim20.7°$。

(2)E_s-Z 经验关系

按照规范要求，对所取土样进行室内压缩试验，得到不同地层深度 Z 处压缩模量 E_s 值如表 3-19 所列。

表 3-19 泉口工点不同深度 Z 处压缩模量 E_s 室内试验数据

钻孔深度 Z (m)	0.8	1.2	3.8	4.9	10.1	11.0	12.6
压缩模量 E_s(MPa)	19.74	18.52	17.35	15.46	11.17	11.63	10.53

注：此处深度 Z 为取样中间点距离自然地表的深度，以下各处相同。

E_s-Z 拟合公式：

$$E_s=-0.7753Z+19.832,\quad 0.8\leqslant Z\leqslant 12.6\ \text{m},\quad R_2=0.9771 \tag{3-38}$$

(3)q_c-Z,f_s-Z,R_f-Z 经验关系确定

此工点采用双桥探头法，分别在 DK1293＋427.5 右 16.5 m Jz-plt-k1 和 DK1293＋432.5 右 19.5 m Jz-plt-k2 两个钻孔点进行静力触探试验，具体试验结果如图 3-48 所示。

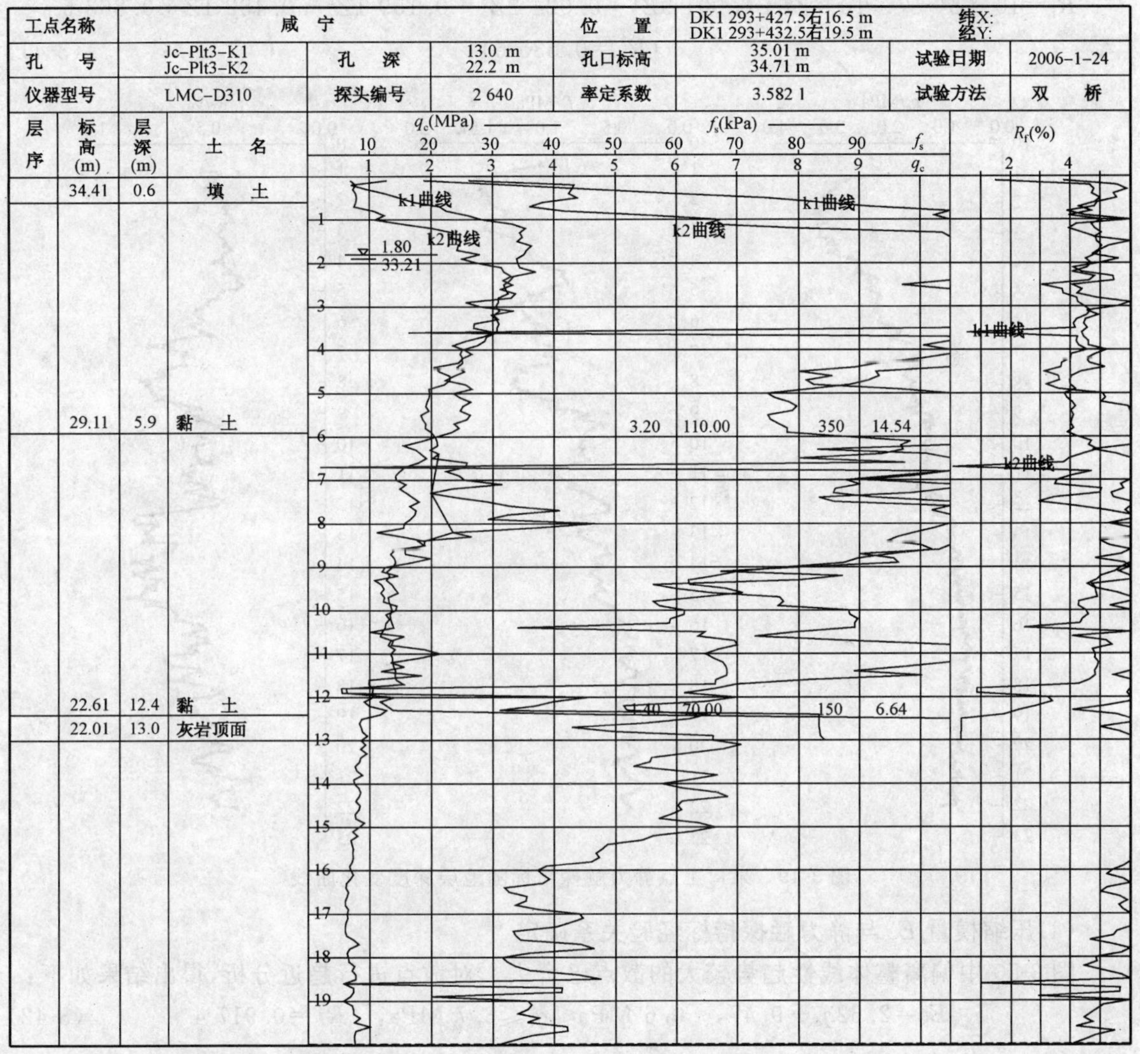

注：全文图中各指标单位：q_c 为 MPa，f_s 为 kPa，R_f 为%。

图 3-48 泉口工点静力触探试验成果图

据图 3-48 可知，Jz-plt-k2 钻孔在 11.6 m 左右处遇见坚硬的土层或者是岩石，触探终止。根据现场的工程地质勘察资料，DK1293＋432.5 右 19 m Jz-plt-k3 的标贯深度可到 22 m，故说明泉口工点静力触探试验 11.6 m 以下的触探指标应以 Jz-plt-k1 为参考依据。

图 3-48 中，Jz-plt-k1 钻孔静力触探曲线整体上变化比较平缓，没有很多的突变点，故不需进行太多的修正或数据整理。而 Jz-plt-k2 钻孔点，在深度 7～8 m 地层时，端阻力 q_c 出现明显的增大，说明该地层属于砂或石夹层，从总体考虑应进行相关的数据调整。

对表中数据进行图形拟合及趋近分析，端阻力 q_c 和侧摩阻力 f_s 与地层深度之间具有很

好的相关性，但摩阻比 R_f 与地层深度的相关性很差(图 3-49)。

$$q_c=-5\times10^{-6}Z^6+0.0003Z^5-0.0097Z^4+0.1331Z^3-0.9008Z^2+2.5008Z+0.7812 \quad (R^2=0.973) \tag{3-39}$$

$$f_s=-7\times10^{-7}Z^6+5\times10^{-5}Z^5-0.0012Z^4+0.0156Z^3-0.0954Z^2+0.1912Z+1.2609 \quad (R^2=0.894) \tag{3-40}$$

$$R_f=10^{-6}Z^6-7\times10^{-5}Z^5+0.0019Z^4-0.0242Z^3+0.1591Z^2-0.4521Z+0.8635 \quad (R^2=0.5356) \tag{3-41}$$

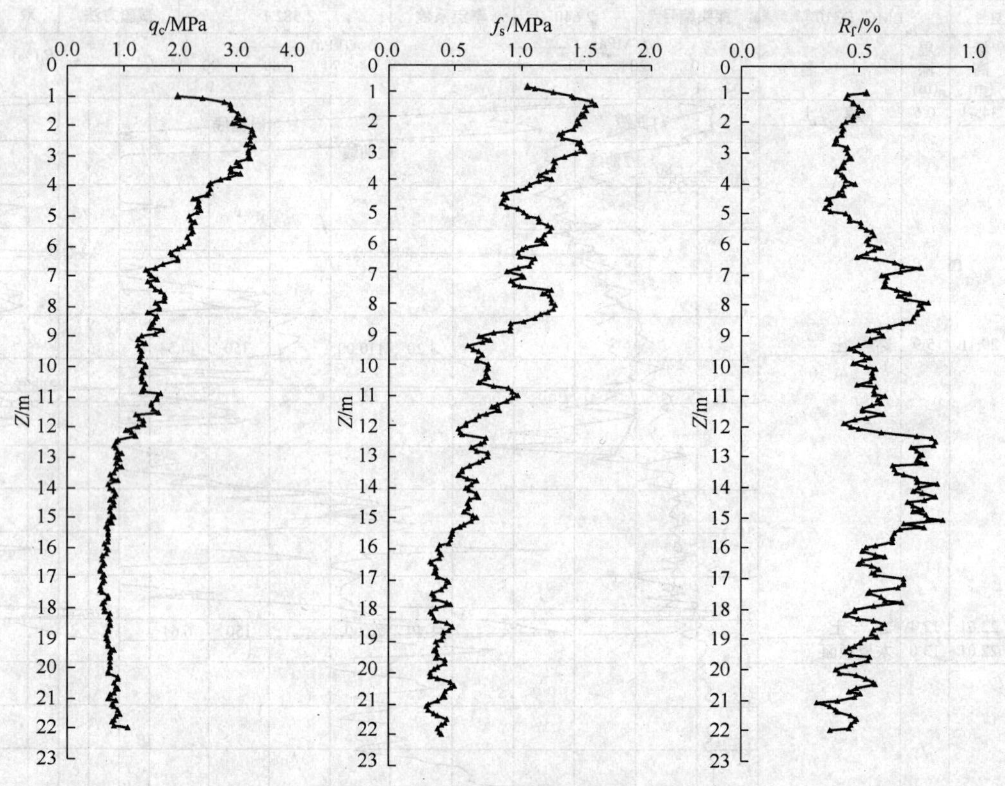

图 3-49 泉口工点静力触探指标随地层深度变化曲线

(4)压缩模量 E_s 与静力触探指标经验关系确定

图 3-50 中偏离整体线性趋势较大的散点已舍去。对散点进行趋近分析，得出结果如下：

$$E_s=2.62q_c+9.47, \quad 0.6\ \text{MPa}\leqslant q_c\leqslant3.7\ \text{MPa}, \quad R^2=0.9174 \tag{3-42}$$

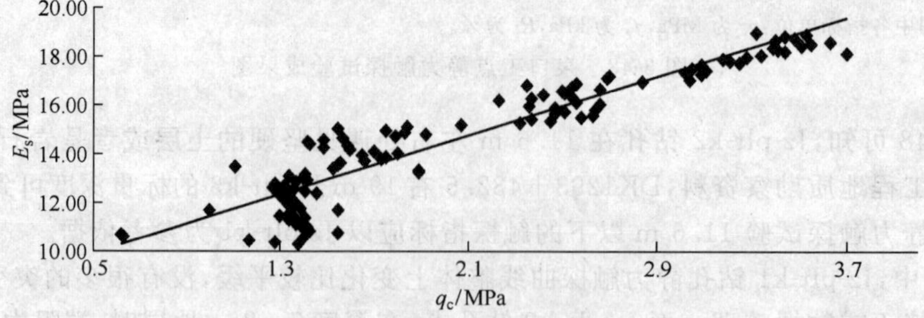

图 3-50 泉口工点室内压缩模量 E_s 与锥尖阻力 q_c 初始拟合曲线

注：本章后文图中凡“×”点均为偏离趋近太远的散点，均舍去，不做考虑。

图 3-51 中散点分布发散，整体没有很好的相关性，但是分段区间 AB 和 BC 都有较好的线性分布趋势。但是据常理，侧摩阻力在一定程度上反映的是地基土的坚硬程度，即侧摩阻力 f_s 越大，地层越坚硬，同理，压缩模量也应越大。故区间 AB 可以舍去。对 BC 段中散点进行分析，舍去偏离整体趋势太远的“×”散点，最终拟合和趋近分析，得出结果如下：

$$E_s = 8.0f_s + 6.0,\quad 0.5\ \text{MPa} \leqslant f_s \leqslant 1.6\ \text{MPa},\quad R^2 = 0.858 \tag{3-43}$$

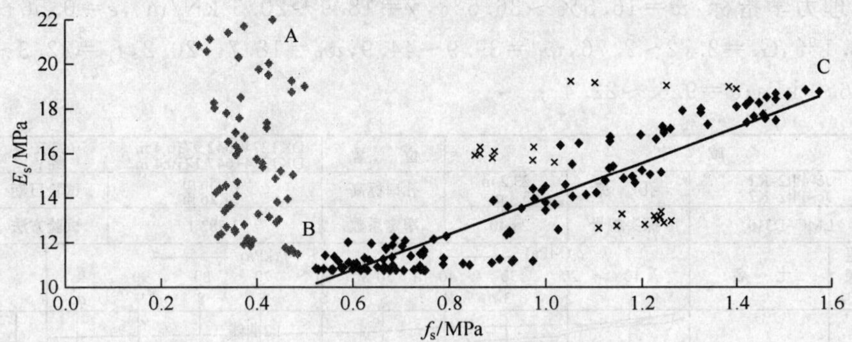

图 3-51　泉口工点室内压缩模量 E_s 与侧摩阻力 f_s 曲线

由图 3-52 可见压缩模量 E_s 与摩阻比 R_f 图形分散严重，相关性不明显。

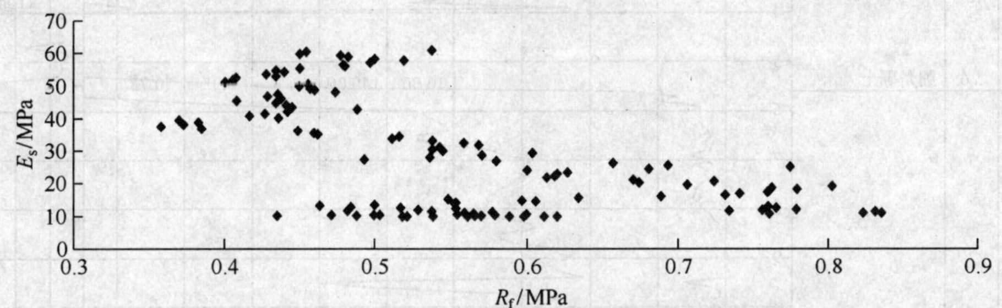

图 3-52　泉口工点室内压缩模量 E_s 与摩阻比 R_f 曲线

如图 3-53 所示，$f_s - q_c$ 拟合公式为：

$$f_s = 0.41q_c + 0.19,\quad 0.6\ \text{MPa} \leqslant q_c \leqslant 3.5\ \text{MPa},\quad R^2 = 0.841 \tag{3-44}$$

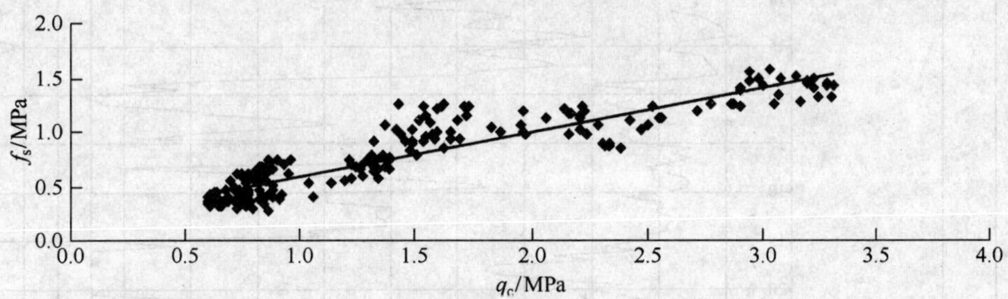

图 3-53　泉口工点静力触探端阻力 q_c 与侧摩阻力 f_s 曲线

3.3.2.2　咸宁工点(DK1274＋642.50)

(1)工程地质资料

①0～0.5 m：为种植土，黄褐色，硬塑，见植物根系。

②0.5～3.6 m：粉质黏土，微红色，硬塑，呈网纹状构造，间灰白色。

③3.6～4.0 m:粉质黏土,微红色夹黄褐色,硬塑,呈网纹状构造,间灰白色,切面不光滑,手捏有颗粒感。

④4.0～16.0 m:含砾粉质黏土,褐黄色,中密饱和,含细角砾 40%,粒径一般 5～20 mm,最大粒径 30 mm。圆棱状,成分砂岩,取样呈松散状,以黏性土填充。

⑤16.0～22.45 m:含细角砾 45%,粒径一般 5～20 mm,最大粒径 45 mm。

主要物理力学指标:w=16.5%～36.5%,γ=18.9～20.5 kN/m^3,e=0.56～0.83,S_r=79.2%～98.1%,G_S=2.72～2.76,w_L=39.9～44.9,w_P=18.7～20.2,I_P=22.3～25.4,快剪 c=12.5～96.0 kPa;φ=9.6°～22.4°。

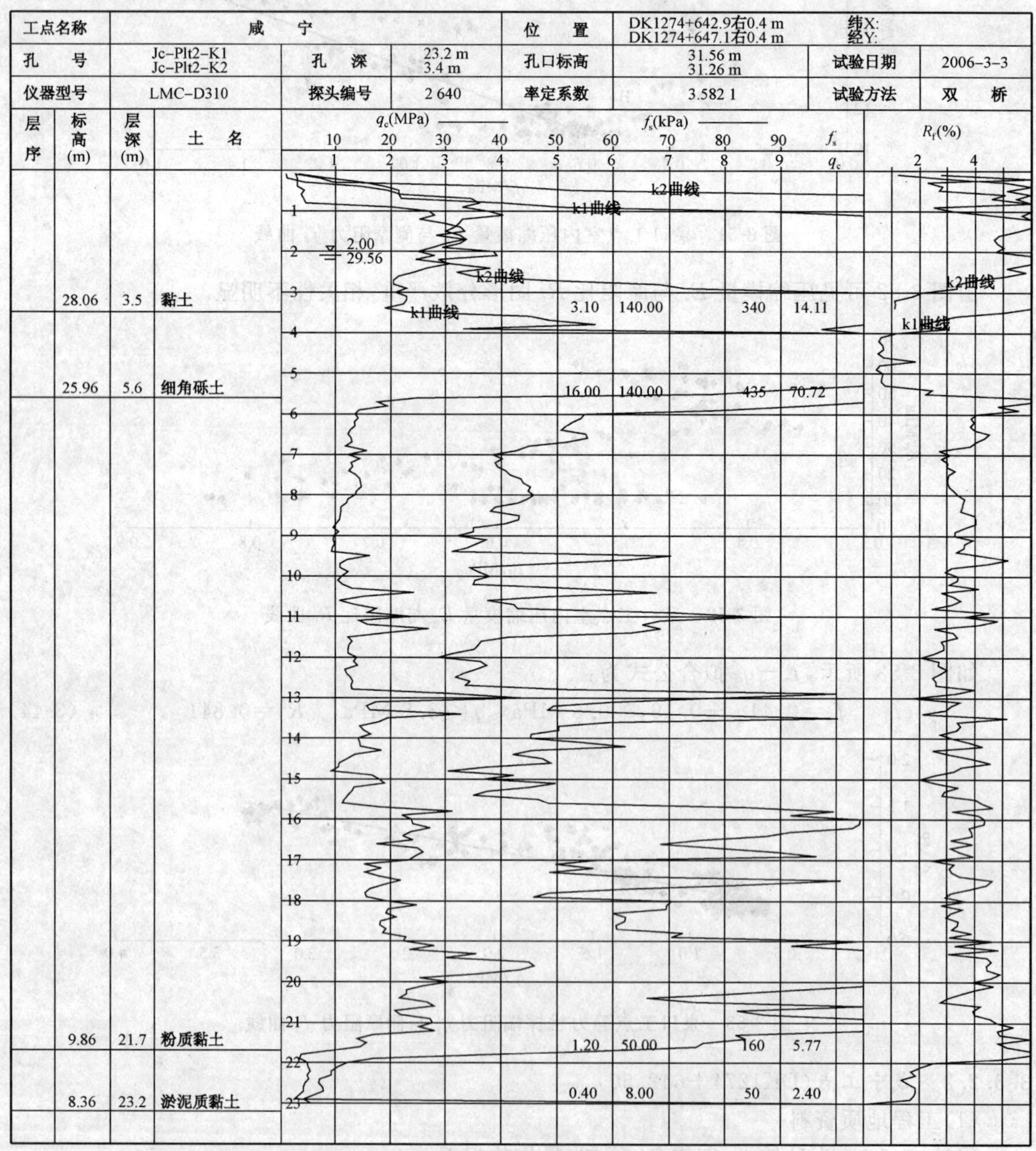

图 3-54　咸宁工点静力触探试验成果图

(2)E_s-Z 经验关系

按照规范要求，对所取土样进行室内压缩试验，得到不同地层深度 Z 处压缩模量 E_s 值如表 3-20 所列。

表 3-20　咸宁工点不同深度 Z 处室内压缩模量 E_s

取样深度 Z/m	0.7	2.7	4.7	6.7	8.7	10.7	11.7	12.7	13.7	14.7
压缩模量 E_s/MPa	15.49	13.26	11.82	11.14	10.42	9.49	8.72	7.81	7.47	7.5

对表 3-20 数据进行曲线拟合及趋近分析，可知 E_s-Z 数学公式为：

$$E_s=-0.53Z+14.95,\quad 0.7\ \text{m}\leqslant Z\leqslant 14.7\ \text{m},\quad R^2=0.977\,7 \tag{3-45}$$

据图 3-54 可知，钻孔点 Jz-plt2-k2 在仅仅 2 m 处遇见坚硬土层或是岩石，静力触探试验终止。在 0～2 m 深度段，两钻孔点端阻力变化曲线差异不大，波动规律几乎一致，故此深度范围内两个钻孔点均可以作为评定地基土的依据。Jz-plt2-k1 钻孔点，在 4～6 m 段存在坚硬夹层，是岩石的可能性最大，导致静力触探端阻力突增，在数据处理时为了更好地研究端阻力随地层深度变化的规律，应做相应的修正或者是剔除。在 9 m 以下，端阻力曲线波动比较大，说明地层分布不是很均匀，与现场的工程地质勘测资料中证实的含有不同程度的细角砾一致。因此在确定最终的静力触探成果数据时，应对一些异常点或者跳跃性点进行适当调整或修正。可研究深度为 23 m。具体过程见下图 3-55。

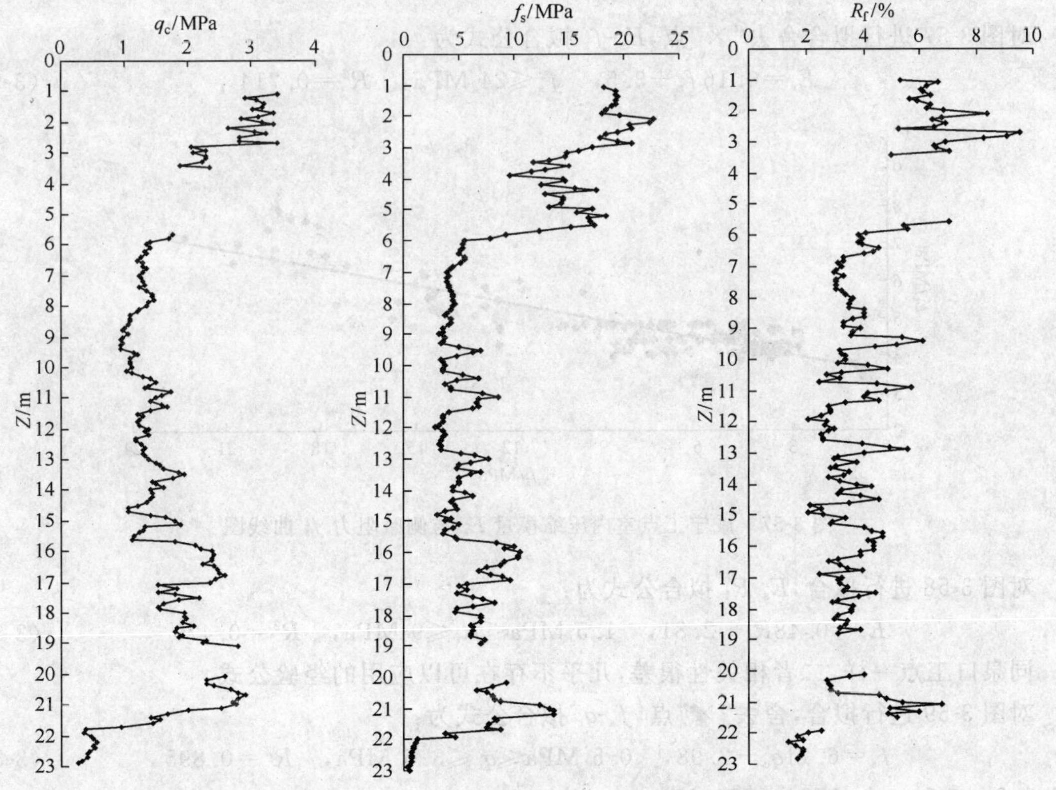

图 3-55　咸宁工点静力触探指标随地层深度变化曲线

图 3-55 中缺口处表示该地层存在夹层，如 3.5～5.5 m 和 19～20 m 两段之内，端阻力、侧摩阻力和摩阻比都突增，故在数据处理时将其删除。最终得咸宁工点静力触探各指标与地层

深度之间的数学关系如下：

$$q_c=-3\times10^{-6}Z^6+0.0002Z^5-0.0047Z^4+0.0559Z^3-0.2853Z^2+0.1657Z+3.4013 \quad (R^2=0.785) \tag{3-46}$$

$$f_s=-3\times10^{-5}Z^6+0.0019Z^5-0.0555Z^4+0.779Z^3-5.2946Z^2+13.376Z+8.7167 \quad (R^2=0.824) \tag{3-47}$$

$$R_f=-10^{-5}Z^6+0.0009Z^5-0.0247Z^4+0.3428Z^3-2.3521Z^2+6.761Z+0.379 \quad (R^2=0.6401) \tag{3-48}$$

(3)压缩模量 E_s 与静力触探指标经验关系确定

将图 3-56 中散点舍去，剩下部分拟合如下：

$$E_s=2.16q_c+8.29,\quad 1.0\ \text{MPa}\leqslant q_c\leqslant 3.0\ \text{MPa},\quad R^2=0.90 \tag{3-49}$$

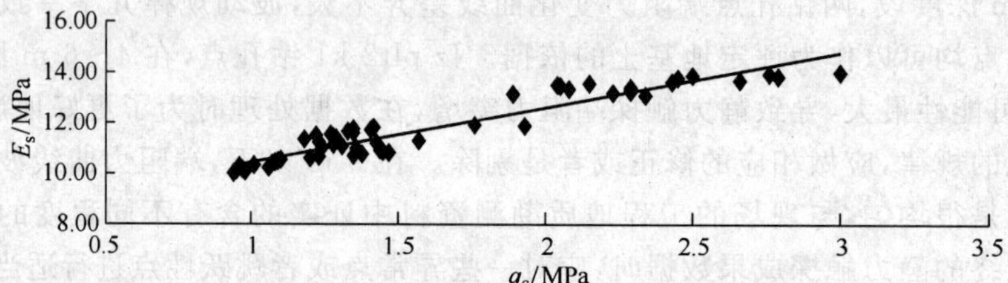

图 3-56 咸宁工点室内压缩模量 E_s 与锥尖阻力 q_c 散点图

对图 3-57 进行拟合舍去“×”点，E_s-f_s 拟合公式为：

$$E_s=0.16f_s+3.5,\quad f_s\leqslant 24\ \text{MPa},\quad R^2=0.714 \tag{3-50}$$

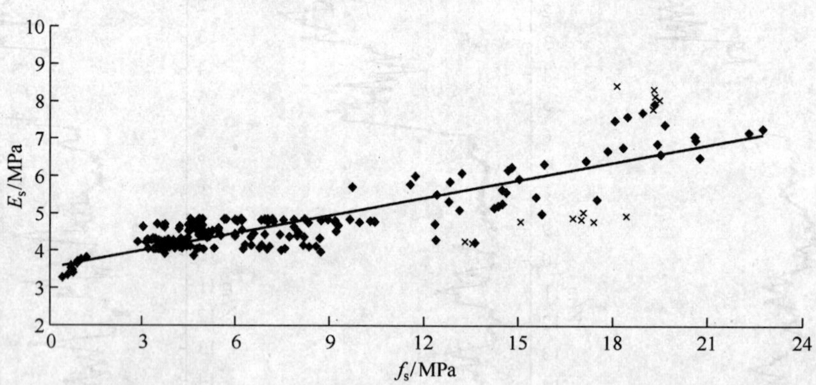

图 3-57 咸宁工点室内压缩模量 E_s 与侧摩阻力 f_s 曲线图

对图 3-58 进行拟合，E_s-R_f 拟合公式为：

$$E_s=0.48R_f+2.81,\quad 1.5\ \text{MPa}\leqslant R_f\leqslant 9\ \text{MPa},\quad R^2=0.479 \tag{3-51}$$

同泉口工点一样，二者相关性很差，几乎不存在可以应用的经验公式。

对图 3-59 进行拟合，舍去“×”点，f_s-q_c 拟合公式为：

$$f_s=6.11q_c-2.98,\quad 0.5\ \text{MPa}\leqslant q_c\leqslant 3.5\ \text{MPa},\quad R^2=0.895 \tag{3-52}$$

3.3.2.3 耒阳工点(1784+884.90)

(1)工程地质资料

①0～0.5 m，种植土，可见植物根系。

②上部为典型的黏土，微红色夹褐黄色，偶尔间灰白色，呈网纹状构造。硬塑，浸水后黏性

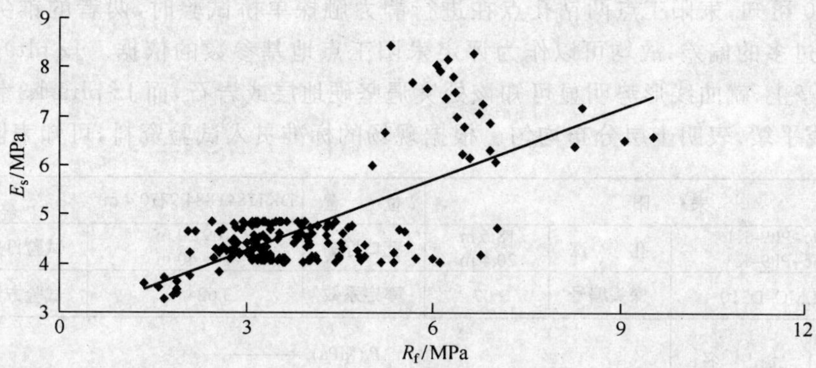

图 3-58　泉口工点室内压缩模量 E_s 与摩阻比 R_f 曲线

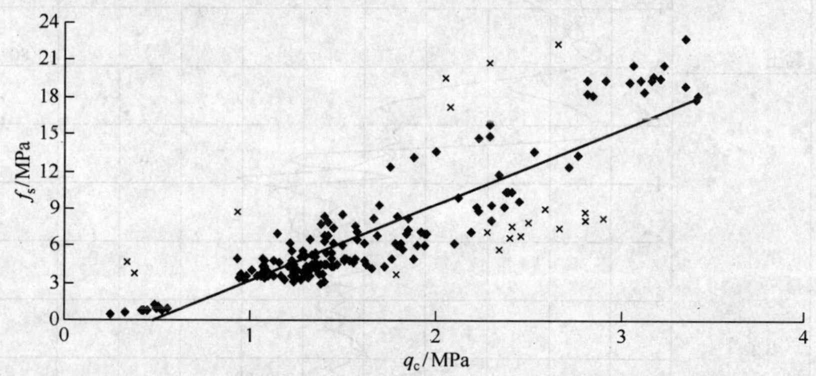

图 3-59　咸宁工点静力触探端阻力 q_c 与侧摩阻力 f_s 曲线

较强。12～15 m 左右时，土层中有 5%锰质结核及 30%砾岩，粒径为 5～15 mm；钻孔至 14.5 m时，夹 15%角砾，粒径 15～30 mm，成分灰岩，标贯轻微反弹。

③14.5～14.9 m 时，冲钻轻微反弹，钻头变形；14.9～15.1 m 时，黏土夹碎石 60%，褐黄色，软塑，粒径 30～70 mm，成分灰岩，冲击困难，反弹严重。

主要物理力学指标：w＝20.0%～27.6%，γ＝19.6～20.5 kN/m³，e＝0.68～0.82，S_r＝73%～100%，G_S＝2.73～2.79，w_L＝38.4～53.3，w_P＝18.7～28.0，I_P＝21.7～30.6，快剪c＝9.4～52.1 kPa，φ＝6.4°～24.4°。

(2)E_s-Z 经验关系

按照规范要求，对所取土样进行室内压缩试验，得到不同地层深度 Z 处压缩模量 E_s 值如表 3-21 所列。

表 3-21　耒阳工点不同深度 Z 处室内压缩模量 E_s

取样深度 Z/m	0.7	2.5	4.9	5.1	7.8	9.3	13.3	15.3
压缩模量 E_s/MPa	13.18	8.18	8.89	8.57	8.27	7.42	7.00	6.06

将表 3-21 中数据进行曲线拟合和趋近分析，可得 E_s-Z 拟合公式为：

$$E_s=-0.503Z+13.24,\quad 0.7\ \text{m}\leqslant Z\leqslant 15.3\ \text{m},\quad R^2=0.985\,3 \tag{3-53}$$

(3)现场静力触探试验指标 p_s-Z 关系确定

据图 3-60 可知，耒阳工点两钻孔点在进行静力触探单桥试验时，两者的锥尖阻力曲线大致一致，没有过多的偏差，故均可以作为评定耒阳工点地基参数的依据。Jz-plt9-k1 钻孔点在 18 m 处试验停止，就曲线形势明显可知该处突遇坚硬地层或岩石，而 Jz-plt9-k3 钻孔点却在此深度段处曲线平缓，表明土层分布均匀。根据现场的标准贯入试验资料，可知耒阳工点的工程

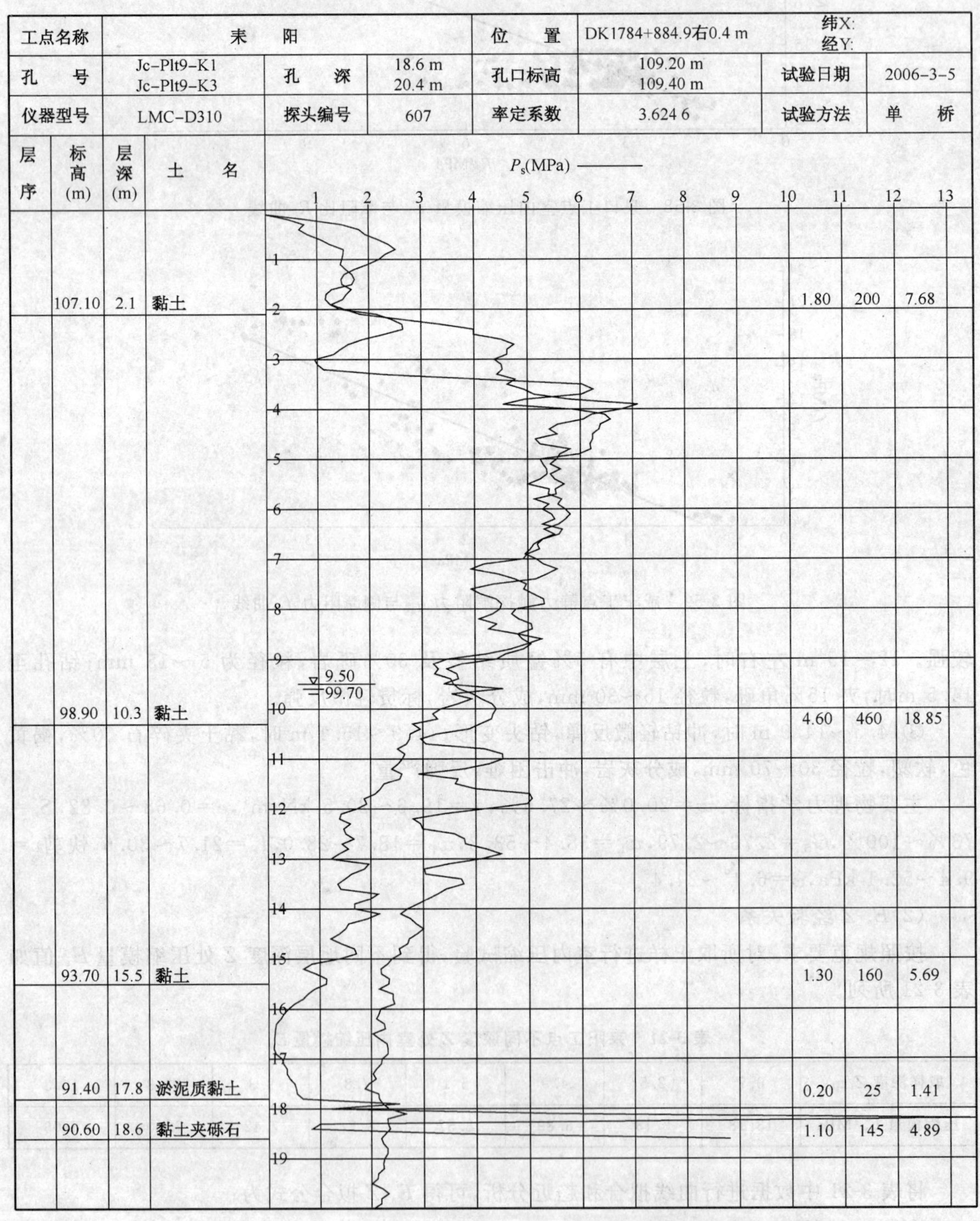

图 3-60　耒阳工点静力触探试验成果图

地质资料与 Jz-plt9-k1 钻孔点相对吻合，故此工点的有效研究深度依据 k1 为准，为 17.8 m。

对图 3-61 曲线进行拟合和趋近分析，可知其静力触探锥尖阻力 q_c 随地层深度变化存在一定的函数关系。拟合后曲线公式如下：

$$q_c=4\times10^{-5}Z^6-0.0021Z^5+0.0465Z^4-0.4747Z^3+2.1386Z^2-2.749Z+2.2656$$

$$(R^2=0.932) \qquad (3\text{-}54)$$

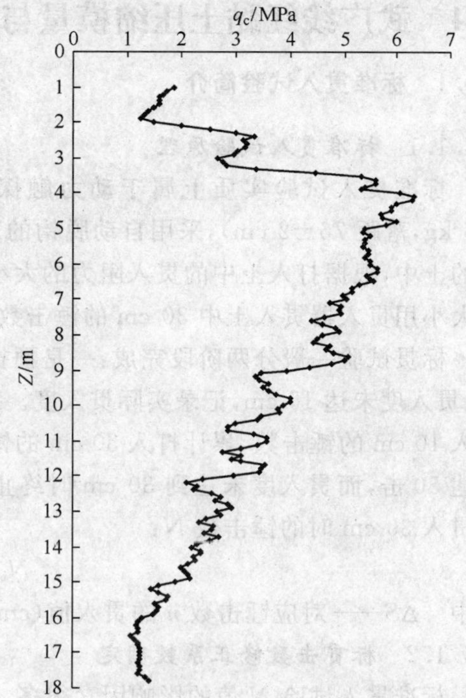

图 3-61 耒阳工点静力触探指标随地层深度变化曲线

(4)E_s-q_c 最终拟合曲线

对图 3-62 整体散点图进行拟合和趋近分析，发现相关系数不足 0.1，没有很好的相关性。但是据图不难发现，散点分布 AB 段、AC 段及 BD 段，都有比较明显的线性相关性。但是 AC 段及 BD 段很明显压缩模量随着锥尖阻力的增大而减小，与事实相违背，故只选择 AB 段进行区域性拟合，如图 3-63 所示。得出其 E_s-q_c 公式为：

$$E_s=1.86q_c+3.71,\quad 2.2\ \text{MPa}\leqslant q_c\leqslant4.5\ \text{MPa}$$

$$R^2=0.8485 \qquad (3\text{-}55)$$

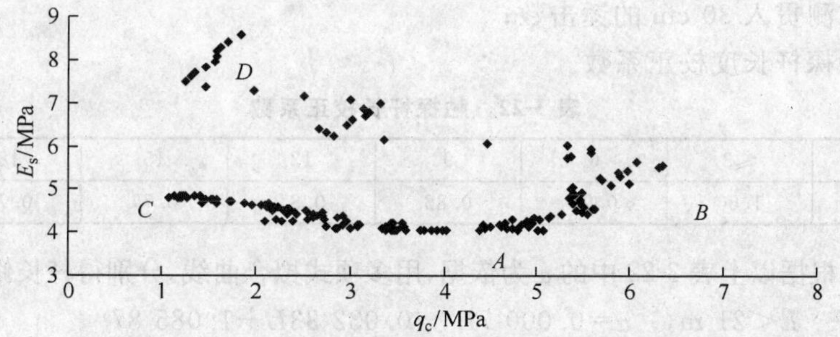

图 3-62 耒阳工点室内压缩模量 E_s 与锥尖阻力 q_c 初始拟合曲线

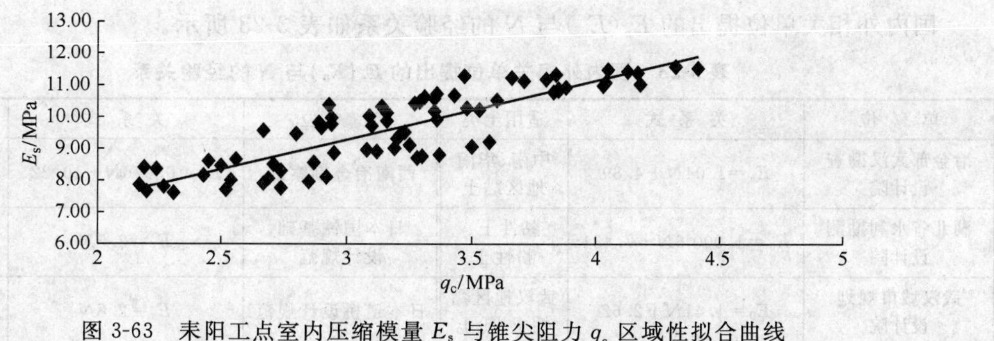

图 3-63 耒阳工点室内压缩模量 E_s 与锥尖阻力 q_c 区域性拟合曲线

3.4 武广线红黏土压缩模量与标贯击数经验关系研究

3.4.1 标准贯入试验简介

3.4.1.1 标准贯入试验原理

标准贯入试验实质上属于动力触探类型之一，它利用一定的锤击能量（锤重 63.5±0.5 kg，落距 76±2 cm），采用自动脱钩的落锤法，将一定规格的对开管式贯入器打入钻孔孔底的土中，根据打入土中的贯入阻力的大小，判别土层的变化情况和土的工程性质。贯入阻力的大小用贯入器贯入土中 30 cm 的锤击数 $N_{63.5}$ 表示。

标贯试验一般分两阶段完成：一是预打阶段：先将贯入器打入土中 15 cm，若锤击已达 50 击，贯入度未达 15 cm，记录实际贯入度。二是试验阶段：将贯入器再打入土中 30 cm，记录每打入 10 cm 的锤击数，累计打入 30 cm 的锤击数即为标贯击数 N。在土层较硬时，若累积击数已达 50 击，而贯入度未达到 30 cm 时终止试验，记录实际贯入度以及累计击数 n。按下式计算贯入 30 cm 时的锤击数 N：

$$N_{63.5}=30n/\Delta S \tag{3-56}$$

式中　ΔS——对应锤击数 n 的贯入值(cm)。

3.4.1.2 标贯击数修正系数确定

标准贯入试验 N 值的影响因素很多，如钻杆长度，锤击能量等。在应用标贯击数 N 评定土的有关工程性质时，应按规范要求对 N 值进行有关修正。

$$N=\alpha N' \tag{3-57}$$

式中　N——标准贯入试验锤击数；

N'——实测贯入 30 cm 的锤击数；

α——触探杆长度校正系数。

表 3-22　触探杆长校正系数

钻杆长度 L/m	≤3	6	9	12	15	18	21
校正系数 α	1.00	0.92	0.86	0.81	0.77	0.73	0.70

有相关学者根据以上表 3-22 中的 α 为依据，用多项式拟合曲线，分别得杆长修正系数 α 值为：

$$\left.\begin{aligned}L<21\ \text{m},\quad \alpha=0.000\,7L^2-0.032\,33L+1.085\,87\\ L\geqslant 21\ \text{m},\quad \alpha=0.000\,134L^2-0.015\,811L+0.976\,432\end{aligned}\right\} \tag{3-58}$$

3.4.2 国内外研究成果

国内外相关单位提出的 $E_s(E_0)$ 与 N 的经验关系如表 3-23 所示。

表 3-23　国内外相关单位提出的 $E_s(E_0)$ 与 N 的经验关系

单　位	关 系 式	适用土类	单　位	关 系 式	适用土类
冶金部武汉勘查设计院	$E_s=1.04N+4.89$	中南、华南地区黏土	西南冶金勘察部	$E_0=0.276N+10.22$	唐山粉砂细砂
湖北省水利勘测设计院	$E_0=1.000\,6N+7.431$	黏性土、粉性土	日本国铁基础设计规范	$E_s=2.5N$	
武汉城市规划设计院	$E_0=1.41N+2.62$	武汉地区黏性土、粉土	日本道桥设计规范	$E_s=2.8N$	

3.4.3 工程实例计算

3.4.3.1 泉口工点(DK1293+427.50)

(1)工程地质资料及室内试验指标(详见 3.3.2.1)

(2)现场标贯试验资料

现场标准贯入试验时,均采用 3 kN 的冲力进行试验,故只需考虑对杆长进行修正,具体如表 3-24 所示。对表 3-24 数据进行曲线拟合,得到 N-Z 的关系式为:

$$N=0.0107Z^2-1.2158Z+26.467(1.7\leqslant Z\leqslant 18.3;R^2=0.9191) \tag{3-59}$$

表 3-24 不同地层深度 Z 对应的室内压缩模量 E_s 与标贯击数 N 汇总表

深度 Z/m	压缩模量 E_s/MPa	标贯数 N	深度 Z/m	压缩模量 E_s/MPa	标贯数 N	深度 Z/m	压缩模量 E_s/MPa	标贯数 N
1.7	24.4	18.7	7.7	17.7	13.3	13.7	11.8	10.8
1.9	24.3	18.6	7.9	17.5	13.1	13.9	11.6	10.9
2.1	24.0	18.3	8.1	17.3	13.0	14.1	11.5	10.9
2.3	23.7	18.2	8.3	17.1	12.8	14.3	11.3	11.0
2.5	23.5	18.0	8.5	16.9	12.7	14.5	11.1	11.0
2.7	23.3	17.8	8.7	16.7	12.5	14.7	10.9	11.1
2.9	23.0	17.7	8.9	16.5	12.4	14.9	10.7	11.2
3.1	22.8	17.5	9.1	16.3	12.2	15.1	10.5	11.3
3.3	22.6	17.3	9.3	16.1	12.1	15.3	10.4	11.4
3.5	22.3	17.1	9.5	15.9	12.0	15.5	10.2	11.6
3.7	22.1	16.9	9.7	15.7	11.8	15.7	10.0	11.7
3.9	21.9	16.7	9.9	15.5	11.7	15.9	9.8	11.8
4.1	21.7	16.6	10.1	15.3	11.6	16.1	9.7	12.0
4.3	21.4	16.4	10.3	15.1	11.5	16.3	9.5	12.2
4.5	21.2	16.2	10.5	14.9	11.4	16.5	9.3	12.4
4.7	21.0	16.0	10.7	14.7	11.3	16.7	9.1	12.6
4.9	20.8	15.8	10.9	14.5	11.2	16.9	9.0	12.8
5.1	20.5	15.6	11.1	14.3	11.1	17.1	8.8	13.0
5.3	20.3	15.4	11.3	14.1	11.1	17.3	8.6	13.3
5.5	20.1	15.2	11.5	13.9	11.0	17.5	8.5	13.5
5.7	19.9	15.1	11.7	13.7	10.9	17.7	8.3	13.8
5.9	19.7	14.9	11.9	13.5	10.9	17.9	8.1	14.1
6.1	19.4	14.7	12.1	13.3	10.8	18.1	8.0	14.4
6.3	19.2	14.5	12.3	13.1	10.8	18.3	7.8	14.7
6.5	19.0	14.3	12.5	12.9	10.8	18.5	7.6	15.0
6.7	18.8	14.1	12.7	12.8	10.8	18.7	7.5	15.4
6.9	18.6	14.0	12.9	12.6	10.8	18.9	7.3	15.8
7.1	18.4	13.8	13.1	12.4	10.8	19.1	7.1	16.1
7.3	18.2	13.6	13.3	12.2	10.8	19.3	7.0	16.5
7.5	18.0	13.4	13.5	12.0	10.8	19.5	6.8	16.9

(3)E_s-N 经验关系确定

根据式(3-38)和式(3-59)，推出同一地层深度处的室内压缩模量和标贯击数。见表 3-24 所列。

将表 3-24 中的室内压缩模量和标贯击数数据进行曲线拟合，其有效深度范围内的散点图如图 3-64(a)所示。

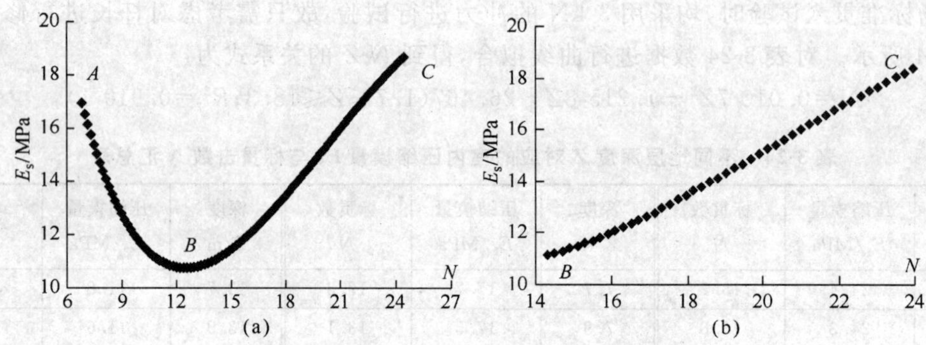

图 3-64　泉口工点室内压缩模量与标贯击数拟合曲线

分析：据常理推断，N 越大表示岩层或者土层越坚硬密实，那么其压缩模量明显会越大，即 E_s 会随着 N 的增大而增大，图 3-64(a)中的曲线 AB 段不符合此大致规律，应舍去。最终可以确定剩余部分 BC 段为可取变化曲线。截取如图(b)所示。

对图(b)数据进行曲线拟合和趋近分析，其结果见表 3-25。

表 3-25　泉口工点 E_s-N 经验公式汇总表

趋近线类型	趋近线方程	相关系数
直线式	$E_s=0.79N-0.41$，　$14.5\leqslant N\leqslant 24$	$R^2=0.9972$
二次多项式	$E_s=0.0115N^2+0.3355N+3.7825$	$R^2=0.9987$

表 3-26 为泉口工点不同深度 Z 处标贯击数 N 试验数据。表 3-27 为泉口工点不同深度 Z 处标贯击数 N 数据汇总。

表 3-26　泉口工点不同深度 Z 处标贯击数 N 试验数据

里程	DK1293+427.50 右 19.00 m					DK1293+427.50 右 16.00 m					DK1293+432.50 右 19.00 m				
桩号	Jz-plt3-k1′					Jz-plt3-k2′					Jz-plt3-k3′				
名称	取样深度 Z/m	杆长 L/m	修正系数 α	原始击数 N'	修正后击数 N	取样深度 Z/m	杆长 L/m	修正系数 α	原始击数 N'	修正后击数 N	取样深度 Z/m	杆长 L/m	修正系数 α	原始击数 N'	修正后击数 N
原始试验数据及处理过程	1.7	3.00	0.9951	25	25	1.7	2.95	0.9965	28	28	3.0	4.3	0.95979	23	22
	3.4	3.78	0.9736	27	26	3.00	3.78	0.9736	24	23	3.4	5.11	0.93894	23	22
	5.1	6.05	0.9158	22	20	3.40	5.05	0.9404	22	21	4.4	6.16	0.91328	23	21
	6.8	7.36	0.8858	25	22	4.42	6.45	0.9064	21	19	6.9	7.75	0.87736	21	18
	8.5	9.73	0.8375	20	17	6.90	7.65	0.8795	21	18	8.2	9.04	0.85081	22	19
	9.8	11.0	0.8146	22	18	8.20	8.80	0.8555	18	15	9.5	11.0	0.81359	22	18
	12.1	13.0	0.7831	18	14	9.50	10.60	0.8218	19	16	10.8	11.5	0.80600	14	11

续上表

里程	DK1293＋427.50 右 19.00 m					DK1293＋427.50 右 16.00 m					DK1293＋432.50 右 19.00 m				
桩号	Jz-plt3-k1′					Jz-plt3-k2′					Jz-plt3-k3′				
名称	取样深度 Z/m	杆长 L/m	修正系数 α	原始击数 N'	修正后击数 N	取样深度 Z/m	杆长 L/m	修正系数 α	原始击数 N'	修正后击数 N	取样深度 Z/m	杆长 L/m	修正系数 α	原始击数 N'	修正后击数 N
原始试验数据及处理过程	15.2	14.72	0.761 6	17	13	10.9	11.72	0.803 1	16	13	12.1	13.2	0.780 39	15	12
											13.6	14.4	0.764 86	15	11
											15.1	16.2	0.745 35	14	10
											18.3	19.5	0.721 36	9	6
											20.3	21.3	0.714 7	10	7

表 3-27 泉口工点不同深度 Z 处标贯击数 N 数据汇总

钻孔深度 Z/m	1.7	3	3.4	4.3	5.1	6.8	8.2	8.5	9.5	9.8	10.9	12.1	13.6	15.1	18.3	20.3
标贯击数 N	25	23	23	20	20	19	17	17	17	18	12	13	11	12	6	7

3.4.3.2 岳阳工点(DK1443＋152.00，DK1443＋138.00)

(1)工程地质资料

①0～0.5 m，种植土层，可见植物根系。

②0.5～4.5 m，黏土，棕红色，坚硬，呈网纹状构造，条纹间灰白色及褐黄色夹细角砾 2%，成分石英砾，粒径 0.5～2 mm。呈棱角状，可手掰开，干钻困难。

③4.5～5.2 m，砾砂，黄褐色，密实饱和，含砾砂 50%左右，粒径 0.5～2 mm，成分石英为主，呈棱角状，夹粗细角砾约 10%，粒径 2～30 mm，最大粒径 40 mm，以黏土充填。

④5.2～9.2 m，切面较光滑，黏着感较强，韧性高，干强度大。

⑤9.2～11.9 m，粉土，褐黄色，密实饱和，取芯呈短柱状，切面不光滑，土芯易碎，手捏有细颗粒感，韧性低，干强度低，不可搓条。

⑥11.9～14.6 m，粗砂，褐黄色，密实饱和，含粗砂约 40%～55%，粒径 0.2～0.5 mm，局部夹 10%细角砾，成分石英，砂岩，含黏土成分较多，取芯呈柱状，易折断，无黏着感。

⑦14.6～19.1 m，粗砂半胶结层，黄褐色，成分石英，砂岩，含粗砂为主，约占 60%左右，细角状次之，约 15%左右，粒径 0.2～5 mm，最大粒径 20 mm，含量不均匀，局部成岩较硬，个别泥质(黏土)含量较多，如 18.7～19.1 m 处，约 50%～70%左右，岩芯较硬，手难折断，锤击易碎，干钻很困难。

(2)室内试验资料

主要物理力学指标：w＝20.3%～23.3%，γ＝19.6～21.8 kN/m^3，e＝0.50～0.71，S_r＝88.8%～100%，G_S＝2.71～2.75，w_L＝44.1～52.0，w_P＝17.1～25.2，I_P＝24.0～26.5，快剪 c＝16.9～69.1 kPa；φ＝21.0°～32.4°。

表 3-28 为岳阳工点不同深度 Z 处压缩模量室内试验数据。拟合后 E_s-Z 拟合公式：

$$E_s=0.190\,5Z^3-3.431\,4Z^2+18.44Z-11.663 \quad (R^2=0.887) \tag{3-60}$$

表 3-28　岳阳工点不同深度 Z 处压缩模量 E_s 室内试验数据

取样深度 Z/m	1.6	1.8	2.7	3.4	4	6.8	9.9
压缩模量 E_s/MPa	11.76	9.78	16	18.02	21.28	14.49	19.42

(3)现场标准贯入试验资料

岳阳工点分别对 DK1443＋152.00 右 5.00 m(Jz-plt4.k2)，DK1443＋138.00 右 5.00 m(Jz-plt4.k1)两个孔进行标贯试验，和泉口工点原始数据一样，对其不同取样深度处的标贯击数进行杆长修正处理，最终的结果如表 3-29 所列。

表 3-29　岳阳工点不同地层深度 Z 处修正后标贯击数 N

深度 Z/m	2.4	2.7	3.9	4.3	5.5	5.9	7	7.7	9.0	9.3	10.9	11.2	13.5
击数 N	45	44	48	37	29	27	25	27	24	26	26	31	44

对表 3-29 中数据进行曲线拟合，得 N-Z 数学公式：

$$N=0.0372Z^3-0.212Z^2-5.0535Z+59.864 \quad (2.4\leqslant Z\leqslant 13.5) \quad (R^2=0.8688) \tag{3-61}$$

(4)E_s-N 经验关系确定

根据公式(3-60)和式(3-61)可知同一深度处的标贯击数和压缩模量值，进行曲线拟合，如图 3-65 所示。

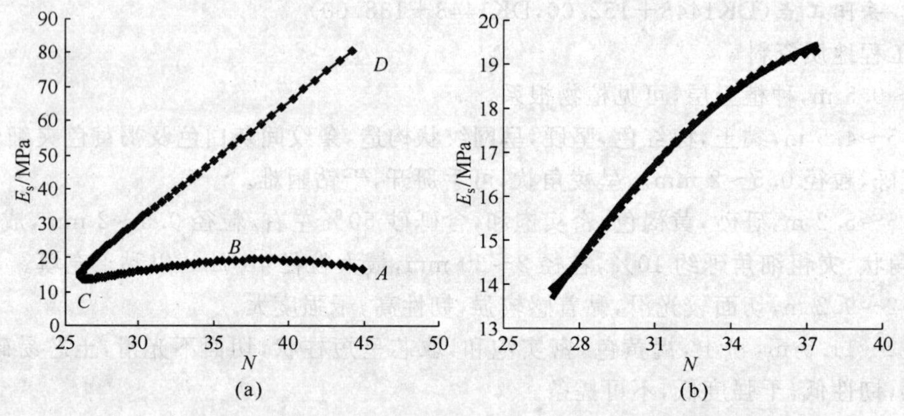

图 3-65　岳阳工点室内压缩模量 E_s 与标贯击数 N 拟合曲线

分析：图 3-65(a)中 AB 段不满足压缩模量应随标贯击数增长而增长的基本规律，故应舍去；CD 段虽然满足压缩模量与标贯击数成正比增长的大规律，但是此段压缩模量取值在 20 MPa～80 MPa 之间，严重偏离了大量资料和文献建议采用的红黏土压缩模量取值分布范围(如表 3-30)，故同样应予以舍去。因此，图(a)中剩余 BC 段曲线为最终可拟合的图形，截取如图(b)所示，对此段数据进行曲线拟合和趋近分析，见表 3-31。

表 3-30　国内不同地区红黏土压缩模量取值范围[29]

不同地区	取值范围(MPa)	不同地区	取值范围(MPa)
湖南新化、涟源、湘乡	3.0～8.3	贵　阳	4.0～20.5
广西河池、桂林、玉林地区	5.0～13.5	六盘水	2.3～7.2
云南地区	6.0～16.0	凯里地区	3.0～28.6

表 3-31 岳阳工点 E_s-N 最终趋近分析结果

趋近线类型	趋近线方程	相关系数
直线式	$E_s=0.57N-1.19$，$27\leqslant N\leqslant 37$	$R^2=0.9778$
二次多项式	$E_s=-0.0304N^2+2.5057N-31.762$	$R^2=0.9986$

3.4.3.3 咸宁工点(DK1274+642.9)

(1)工程地质资料和室内试验指标(详见 3.3.2.2 所述)

(2)现场标贯试验资料

咸宁工点在 DK1274+642.9 右 0.4 m(Jz-plt2-k1)，DK1274+621.10 右 4.6 m(Jz-plt2-k4)，DK1274+642.9 右 4.6 m(Jz-plt2-k2)，DK1274+647.10 右 0.4 m(Jz-plt2-k3)四个钻孔点进行标贯试验，修正后不同地层深度处标贯击数汇总如表 3-32 和图 3-66 所示。

表 3-32 咸宁工点不同地层深度 Z 处修正后标贯击数 N

深度 Z/m	1.7	1.8	3	3.4	4.2	4.5	4.9	5.9	6.2	6.4	7.2	7.7	8.1
击数 N	26	25	25	23	20	24	24	25	11	15	13	18	14
深度 Z/m	8.3	8.5	9.0	9.8	10.3	10.4	11.6	11.7	11.9	12.3	12.9	13.0	13.7
击数 N	15	13	13	16	15	14	17	15	18	18	22	20	20
深度 Z/m	14.0	14.1	14.2	14.6	14.9	15.4	15.8	16.2	16.4	16.7	16.9	17.3	17.6
击数 N	18	19	17	17	20	20	17	22	15	18	46	33	19
深度 Z/m	17.8	18.2	18.5	18.7	19.1	19.4	19.6	20.0	21.4	22.3	22.5		
击数 N	44	30	23	40	32	19	52	32	26	21	26		

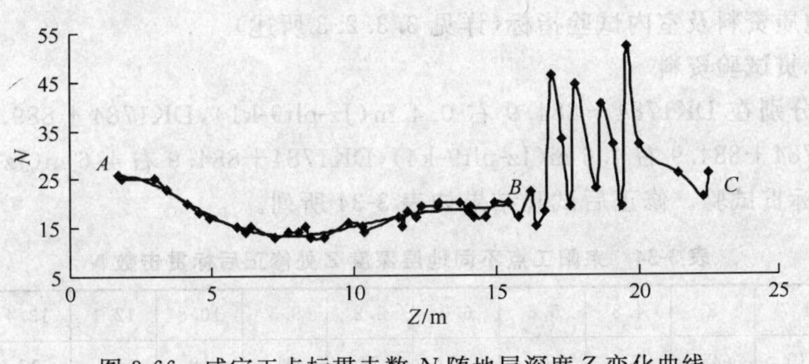

图 3-66 咸宁工点标贯击数 N 随地层深度 Z 变化曲线

当土层深度在 0～15 m 之内时，标贯击数波动不大，整体趋近于变化平缓，可知此深度范围内土层性质比较均匀。而 15～23 m 范围内，标贯击数波动非常大，呈锯齿型分布，可知该地层段黏性土性质不均匀，与地质勘察资料中描述的该地层段含大量粒径比较大的砾石相符。对图中 AB 段进行多项式曲线拟合：

$$N=0.0008Z^5-0.0382Z^4+0.6512Z^3-4.6644Z^2+11.41Z+16.905 \quad (1.7\leqslant Z\leqslant 1.59)$$

$$(R^2=0.9135) \qquad (3\text{-}62)$$

(3)E_s-N 经验关系确定

根据公式(3-45)和式(3-62)可知同一深度处的标贯击数和压缩模量值，进行曲线拟合，如图 3-67 所示。

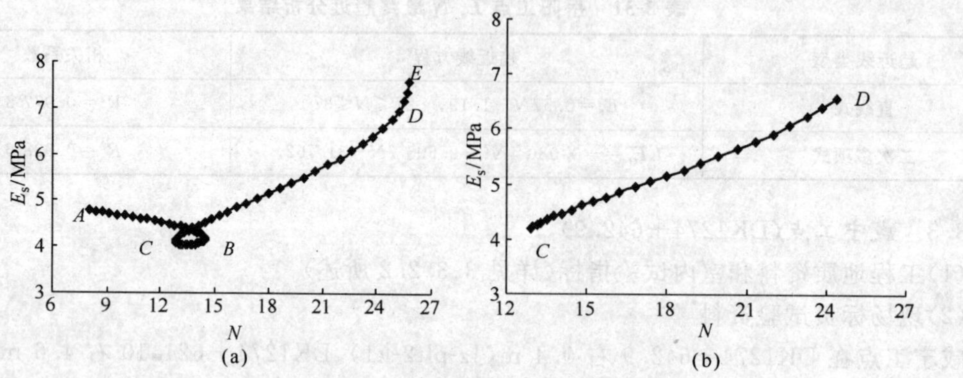

图 3-67 咸宁工点室内压缩模量 E_s 与标贯击数 N 拟合曲线

分析：图 3-67(a)中 AB 段不符合压缩模量随标贯击数增大而增大的基本规律，应舍去；BC 段增长速率太小，几乎为零增长，即标贯击数增长的同时，地层压缩模量几乎保持不变，与实际情况不相吻合，也应舍去；故可取拟合曲线为 CD 段，截取如图(b)所示。对图(b)中曲线进行曲线拟合，并进行趋近分析，见表 3-33 所列。

表 3-33 咸宁工点 E_s-N 最终趋近分析结果

趋近线类型	趋近线方程	相关系数
直线式	$E_s=0.24N+7.36$, $13\leqslant N\leqslant 26$	$R_2=0.8513$
二次多项式	$E_s=0.014N^2-0.318N+12.6$	$R^2=0.811$

3.4.3.4 耒阳工点(DK1784＋884.9)

(1)工程地质资料及室内试验指标(详见 3.3.2.3 所述)

(2)现场标贯试验资料

耒阳工点分别在 DK1784＋884.9 右 0.4 m(Jz-plt9-k1)，DK1784＋889.1 右 0.4 m(Jz-plt9-k3)，DK1784＋884.9 右 4.6 m(Jz-plt9-k4)，DK1784＋884.9 右 4.6 m(Jz-plt9-k2)四个钻孔点进行现场标贯试验。修正后试验结果如表 3-34 所列。

表 3-34 耒阳工点不同地层深度 Z 处修正后标贯击数 N

深度 Z/m	1.7	3	4.3	5.6	6.9	8.2	9.5	10.8	12.1	13.4	13.9	14.7
击数 N	10	25	31	30	29	24	21	18	14	13	14	16

对表中数据进行曲线拟合，并进行趋近分析，可知 N-Z 函数关系为：

$$N=0.0924Z^3-2.5443Z^2+19.628Z-15.157 \quad (R^2=0.9747) \tag{3-63}$$

根据公式(3-53)和式(3-63)，对同一深度处的标贯击数和压缩模量值进行曲线拟合，如图 3-68 所示。

分析：图 3-68 中 AB 段线性相关性良好，但是直线斜率明显过大，即微小的标贯击数改变会引起压缩模量大幅度的波动，故与实际不符，应舍去；BC 段斜率为负，理应舍去；DE 段虽也满足压缩模量随标贯击数增长而增长的基本规律，但是斜率过小，几乎为零增长，故可不予考虑。由此分析可知，图 3-68 中可取曲线为 CD 段。具体截取如图 3-68(b)所示。

对图 3-68(b)中曲线进行拟合，并进行趋近分析，采用两种函数形式，直线式和二次多项

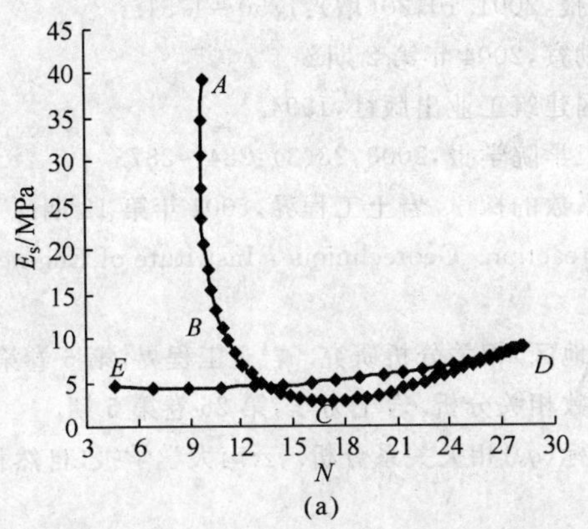

(a)

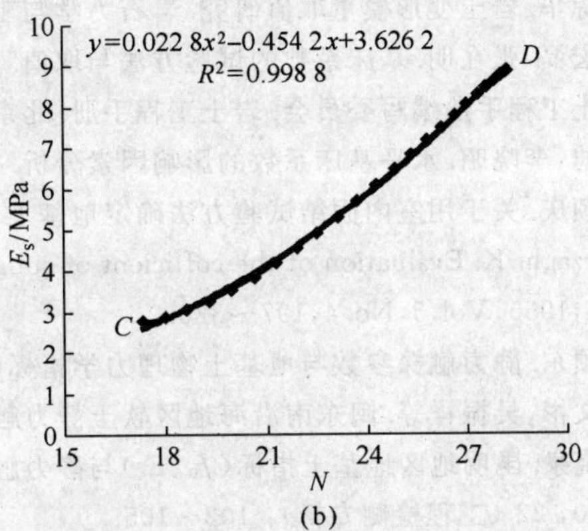

(b)

图 3-68　耒阳工点室内压缩模量 E_s 与标贯击数 N 初始拟合曲线

式，相关性都比较好，能满足精度要求。见表 3-35 所列。

表 3-35　耒阳工点最终趋近分析结果

趋近线类型	趋近线方程	相关系数
直线式	$E_s=0.248N+3.03$，　$13\leqslant N\leqslant 31$	$R^2=0.921$
二次多项式	$E_s=0.0015N^2+0.1806N+3.7035$	$R^2=0.9215$

参 考 文 献

[1] 盛崇文. 碎石桩在软基加固中的应用. 北京：水利水电出版社，1980.

[2] 盛崇文. 碎石桩复合地基的沉降计算. 软土地基学术讨论会论文选集. 北京：土木工程学报，1986，19(1)：72～80.

[3] 林孔锚. 复合地基荷载板面积对试验的影响. 第五届土力学及基础工程学术会议论文选集. 北京：中国建筑工业出版社，1990.

[4] 段继伟. 柔性桩复合地基的数值分析：[学位论文]. 浙江大学，1993.

[5] 段继伟，龚晓南，曾国熙. 水泥搅拌桩的荷载传递规律. 岩土工程学报，1994，16(4)：1～8.

[6] C F Leung，T S Tang. Load Distribution in Soft Clay Reinforced by SandColumns. Proceedings of the internations conference on soft soil engeering. SciencePress，Beijing，China，1993，779～784.

[7] D T Bergardo，F L Lam. Full Scale Load Test of Granular Piles withDifferent Desities and Different Proportions of Gravel and Sand on Soft BangkokClay. Soils and Poundations. 1987，27(1)：86～93.

[8] 龙卫，肖金凤. 变形模量 E_{v2} 与 K_{30} 平板载荷试验的对比分析. 铁道建筑技术，2006(5).

[9] 李小勇. 载荷板尺寸效应的试验研究. 大连理工大学学报，第 36 卷第 1 期 2005 年 1 月.

[10] 肖兵，张敏勇. 平板载荷试验应思考的几个问题. 岩土力学，2003，10.

[11] 周镜. 岩土工程中的几个问题. 岩土工程学报，1999，21(1)：2～8.

[12] 李庆民. 变形模量 E_{v2} 测试仪器及测试方法研究：[硕士论文]. 中国地质大学(北京)，2006 年 5 月.

[13] 罗嘉运. 岩土工程及路基. 北京：中国铁道出版社. 1997.

[14] 顾宝和，周红，朱小林. 深层平板静力载荷试验测定土的变形模量. 工程勘察，2000 (4)：1～2，6.

[15] 岳建勇，高大钊. 再论"深层平板静力载荷试验测定土的变形模量". 工程勘察，2002 年 01 期.

[16] 葛孝椿，王元兴. 用土的现场原始压缩曲线计算土的变形模量. 岩土工程学报，1989，第 5 期.

[17] 土工试验规程(载荷试验 SD128-026-86)，北京：水利电力工业部，1988.

[18] 赖琼华. 岩土变形模量取值研究. 岩石力学与工程学报，2001.10，20(增)：1750～1751.
[19] 周宏磊，张在明. 基床系数的试验方法与取值. 工程勘察，2004 年第 2 期.
[20] 岩土工程手册编写委员会. 岩土工程手册. 北京：中国建筑工业出版社，1994.
[21] 张迪，李晓昭. 水平基床系数的影响因素分析. 桂林工学院学报，2003，23(3)：284～287.
[22] 仲锁庆. 关于用室内固结试验方法确定地基土基床系数的探讨. 岩土工程界，2004 年第 12 期.
[23] Terzaghi K. Evaluation of the cofficient of subgrade reaction. Geotechnique，Inst-itute of Engineer，London，1955，Vol. 5，No. 4，197～326.
[24] 高颂东. 静力触探参数与地基土物理力学指标(天津地区)相关分析研究. 岩土工程界，第 6 卷第 7 期.
[25] 简文彬，吴振祥等. 闽东南沿海地区软土静力触探参数相关分析. 岩土力学，第 26 卷第 5 期.
[26] 徐晓泉. 昆明地区地基土指标(f_0、E_s)与静力触探指标(q_c)相关关系分析. 云南大学学报(自然科学版)，2000，22 (工程检测专辑)：103～105.
[27] 费余绮. 静力触探与土工试验资料相关分析. 河海大学学报，1988 年第 16 卷第 4 期.
[28] 张德波. 静力触探测试土的压缩模量在广州南沙地区的应用研究. 岩土工程界，8(1).
[29] 岩土工程手册编写委员会. 岩土工程手册. 北京：中国建筑工业出版社，1994.

4 红黏土地基沉降计算与预测

4.1 红黏土地基沉降计算分析

武广高速铁路的建设，是我国铁路发展的一个重要里程碑，标志着铁路客货分离新理念的正式实施。武广高速铁路建成后，老武广线将主要承担货运，客流则由武广高速铁路承运。因此，高速铁路必须具备高平顺性、高稳定性、高精度、小残变、少维修等特点。根据其出现的新特点，武广高速铁路主要引进国外无砟轨道设计及施工技术为主。轨道的高平顺性是保障列车高速、平稳运行的基本条件，路基是保持线路平顺性的基础，路基作为轨道的基础，其变形的大小会直接反映在轨面上。控制路基沉降和纵向刚度均匀性变化，是高速铁路路基设计和施工的关键之一[1,2]。因此必须准确预估地基的沉降量，从而采取措施使地基沉降在施工阶段提前完成或使路基建成后地基的工后沉降控制在一定的允许范围内，使之不影响列车安全运行。目前各高速铁路国家确定地基工后沉降的方法主要有两个途径：一种是根据高速行车对线路的要求及线路维修能力来确定；另一种是通过比较前期建设投资与后期养护维修的经济性来确定。有关计算方法是先计算出地基的最终沉降量，然后确定地基拟采用的处理方案，计算出该方案下地基在施工工期内完成的沉降量，两者之差即为工后沉降。

与普通铁路不同，设计速度为 350 km/h 的高速铁路全线采用无砟轨道，对路基沉降的目标要求为“零”工后沉降，在特殊土地段对沉降量要求也很严，要求控制在 20 mm 以内，任意路基地段 20 m 长度范围的不均匀沉降不得大于 20 mm/20 m[3]。无砟轨道对沉降吸收，只允许有很小的沉降，并保证该沉降能够通过调整轨道扣件吸收掉，工后沉降最多只能为 15 mm，这样才能均衡由于荷载产生的 5 mm 的额外弹性位移[4]。武广高速铁路是我国第一条时速达 350 km 的高速铁路线，也是我国目前里程最长、技术标准最高、投资最大的高速铁路专线工程。它要为我国今后的高速铁路建设提供经验，不仅要在工程质量上起到示范作用，而且要在技术规范和施工工艺上提供范本[5]。

对于高速铁路无砟轨道路基，由于对工后沉降要求很严，而红黏土的大孔隙、高含水率、高液限、高塑性、非饱和等特殊性质，使红黏土的沉降估算很难满足设计精度要求，并有可能造成红黏土路基工程地基处理费用的不必要增加。经国内外调研发现，国外对红土的研究主要集中在农林、地质、环境、土壤等领域，国内许多学者从宏观、微观多角度对红黏土的物理力学性质等进行研究，并取得大量的研究成果，但是针对于红黏土地基的沉降变形规律的研究，相关文献资料不多[6,7]。鉴于目前国内尚缺乏深入研究，也是武广高速铁路路基稳定性及变形控制设计与治理综合技术面临的难题，迫切需要进行深入而广泛的研究。

4.1.1 沉降研究现状

地基沉降是土力学及工程实践中主要研究课题之一，早在 20 世纪初，太沙基等人曾建立了经典的地基沉降分析方法，此后又有很多人在此基础上进行了改进和完善。随着计算机技术的发展，用有限元等数值计算方法计算地基沉降也成为可能，但是实用计算中，地基沉降的确定仍然是地基基础工程中的难题[8]。究其原因有：(1)新的理论和技术尚不成熟，且对技术人员的素质和工程测试手段提出很高的要求，有人曾说，虽然有限元技术的发展已为分析地基沉降提供了一种有用的手段，但即使在将来，也不会在工程中完全代替经典分析法；(2)工程技术人员总希望地基沉降的计算方法能够尽可能地简便直观，所需试验参数少而易确定，对工程情况均有良好的适应性，这难免在地基沉降分析中需要加入一定的经验成分；(3)土中自重应力和附加应力的应力传递受场地土性的影响较大，而理论自重应力和理论附加应力计算中几乎没有考虑土性的影响，必然引起较大差异，尤其在土性变化比较大的场地，差异尤为明显；(4)地基沉降的分析中涉及外荷载计算、土体应力的分布、土体固结度计算、土体变形计算，以及土体试验参数的选用等许多环节，各环节之间又互有影响，其相互关系也随时间而变化，因此地基沉降分析是一项复杂系统的工程，每一环节的疏忽都可能导致错误的结果。地基沉降是很复杂的课题，纯经验或纯理论的观点都是不可取的，而经典分析法的简便直观则对工程技术人员来讲具有无限的魅力。目前，我国路基工程中，路基沉降计算常常采用分层总和法、规范推荐法等等，再根据实际情况进行一定的修正。应该说，这种方法把理论计算、地质条件和实际工程经验三者紧密地结合在一起，是比较合理的计算方法。但是，其不足之处在于修正系数的取值粗略，导致最终计算结果与实际值之间仍有较大差异[9]。因此修正系数是沉降计算中理论结合实践的重要途径。沉降理论计算中的修正参数虽然也考虑了土性的影响，但很粗略，没有很好地反映土性对计算结果的影响程度，没有很好地达到修正的目的[10]。

沉降修正系数的取值主要受到地质条件、填土荷载大小、填土速率、地基处理方法等影响[11]。但仅知道这样一个定性的结论对沉降修正系数取何确定值还是无能为力，曾有不少学者和科技工作者在建立沉降影响因素与沉降修正系数的函数模型方面作过很多工作，尽管提出了各种线性的或非线性的关系方程，可能在某个具体工程中结果能较好地符合实际情况，但却在推广应用时显得不尽如人意。

4.1.2 沉降机理

地基土在外力作用下的变形经历了三种不同的阶段[12]，表现为三种类型的变形特征：瞬时变形 S_d，主固结变形 S_c，次固结变形 S_s，则地基的总沉降量 S 为：

$$S=S_d+S_c+S_s$$

计算地基的总沉降量(S)时，一般情况下，按瞬时沉降(S_d)与主固结沉降(S_c)之和计算。当地基为泥炭土、富含有机质黏土或高塑性黏土时，应考虑计算次固结沉降(S_s)。根据勘探取样及试验，本课题所研究地段的土性为高液限黏土，从上至下分别为红色、褐红色、褐黄色或浅黄色，褐红色黏土含有较多砂砾，切土时易碎易崩；褐黄色土含有风化的铁锰结核及高岭土，并含结核及砾石，具有轻微膨胀。因此可不计该土类的次固结沉降，则总沉降为瞬时沉降和主固结沉降之和。

$$S=S_d+S_c$$

4.1.2.1 瞬时变形

瞬时沉降是指在荷载作用下，在加荷瞬间，土中孔隙水来不及排除，孔隙体积没有发生变化，即土不产生体积变化，但荷载产生剪切变形，因地基侧向剪切变形而产生的沉降，一般认为是当路堤填土荷载施加后立即发生并很快完成的，目前一般按弹性理论计算：

$$S_d = F\frac{PB}{E}$$

式中 P——路堤底面垂直荷载；

F——沉降系数(与泊松比、沉降计算点位置、基础形状有关)；

E——土的弹性模量(由无侧限抗压强度试验确定,取分层厚度的加权平均值)。

也可按下列公式计算：

$$S_d = \frac{pb(1-\mu^2)}{E_i}\omega \tag{4-1}$$

式中 p——路基底面的平均压力(kPa)；

b——路基宽度(m)；

E_i——弹性模量,为 $500C_u \sim 1\,000C_u$；

C_u——不排水抗剪强度；

ω——沉降影响系数,取 0.88；

μ——系数,可取 0.5。

4.1.2.2 主固结沉降

工程中常用的是以下几种方法:按 e-p 压缩试验曲线建立的公式;根据压缩模量或压缩系数 a_v 建立的公式;考虑土体应力历史影响的情况按 e-$\lg p$ 压缩曲线建立的公式等。

(1)e-p 法：

$$S_c = \sum_{i=1}^{n}\frac{e_{1i}-e_{2i}}{1+e_{1i}}\cdot h_i$$

式中 e_{1i}——第 i 层中点之土自重应力所对应的孔隙比；

e_{2i}——第 i 层中点之土自重应力和附加应力之和所对应的孔隙比。

(2)a_v 法：

第 i 层土的压缩系数为 $a_v = \dfrac{e_{1i}-e_{2i}}{\sigma_{zi}}$；　$S_c = \sum\limits_{i=1}^{n}\dfrac{a_{vi}}{1+e_{0i}}\sigma_{zi}h_i$

式中 σ_{zi}——第 i 层土平均附加应力。

(3)e-$\lg p$ 法：

考虑应力历史对地基固结沉降的影响,沉降计算如下：

①正常固结土沉降

可利用原始压缩曲线确定压缩指数,计算每层土的压缩量及总的压缩量,则

$$S_c = \sum_{i=1}^{n}S_i = \sum_{i=1}^{n}\frac{h_i}{1+e_{1i}}C_{ci}\cdot\lg\left(\frac{\sigma_{ci}+\Delta\sigma_i}{\sigma_{ci}}\right)$$

式中 σ_{ci}——第 i 层土自重应力的平均值；

$\Delta\sigma_i$——第 i 层土附加应力的平均值。

②超固结土沉降

设 p_c 为前期固结压力,σ_c 为土的自重应力,当某分层土或整个土层的有效应力增量 $\Delta\sigma > p_c - \sigma_c$ 时：

$$S_c = \sum_{i=1}^{n}S_i = \sum_{i=1}^{n}\frac{h_i}{1+e_{1i}}\left[C_{ei}\cdot\lg\left(\frac{\sigma'_{ci}}{\sigma'_{czi}}\right)+C_{ci}\cdot\lg\left(\frac{\sigma'_{czi}+\sigma'_{zi}}{\sigma_{ci}}\right)\right]$$

式中 n——分层数

$\Delta\sigma_i$、σ_{ci}、p_{ci}——第 i 层土附加应力、自重应力的平均值与前期固结压力。

当某分层土或整个土层的有效应力增量 $\Delta\sigma \leqslant p_c - \sigma_c$ 时：

$$S_c = \sum_{i=1}^{n} S_i = \sum_{i=1}^{n} \frac{h_i}{1+e_{1i}} C_{ei} \cdot \lg\left(\frac{\sigma'_{czi} + \sigma'_{zi}}{\sigma'_{czi}}\right)$$

③欠固结土的沉降计算

欠固结土的沉降包括两部分：一部分是由地基的附加应力所引起，另一部分是在自重作用下固结还没有达到稳定，而继续发生固结所引起的那部分沉降值。

$$S_c = \sum_{i=1}^{n} S_i = \sum_{i=1}^{n} \frac{h_i}{1+e_{1i}} C_{ei} \cdot \lg\left(\frac{\sigma'_{czi} + \sigma'_{zi}}{\sigma'_{ci}}\right)$$

土样从地基中取出，做试验时应力被释放，同时土体受到扰动，因此土工试验所得到的 e-p，e-$\lg p$ 曲线实际上为回弹与再压缩曲线。根据河海大学王志亮试验结果[13]，对于正常固结性土，e-p、a_v 法对地基沉降的计算结果一般要小于 e-$\lg p$ 法；而对超固结土，e-p、a_v 法对地基沉降的计算要大于 e-$\lg p$ 法。e-p、e-$\lg p$ 曲线法和 a_v 法都可由常规试验得到参数，所需参数为孔隙比 e、压缩指数 C_c、压缩系数 a_v。

4.1.3 沉降计算方法

4.1.3.1 弹性理论计算

弹性理论法是将土体视为弹性体，测定其弹性常数，以 Boussinesq 位移解为根据，计算土体中的应力与应变量[14]。

其假设条件为：

(1)土的压缩完全是由于孔隙体积减小导致骨架变形的结果，而土粒本身的压缩可不计；

(2)土体仅产生竖向压缩，而无侧向变形；

(3)在土层高度范围内，压力是均匀分布的。

可按下列公式计算： $S = S_d + S_c$

其中，S_c 可按前述 e-p 法计算。S_d 按式(4-1)计算。

地基土体应力应变关系是非线性的，土体的初始模量随深度变化。在荷载作用下，地面的沉降是由地基土体的偏斜变形、固结变形和次固结变形引起。采用弹性理论计算式计算沉降有一定的适用范围。弹性理论计算式常用于计算饱和软黏土地基在荷载作用下的初始沉降。初始沉降是土体处于不排水状态，产生偏斜变形引起的沉降。

4.1.3.2 工程实用法

工程实用法主要包括单向压缩沉降法、三向有效应力法、切线模量法、三向压缩法、应力路径法、物态界面法和利用现场观测资料进行曲线拟合法[15]。这类方法是按弹性理论计算土体中的应力，通过试验提供各项变形参数，利用分层叠加原理，可以方便地考虑到土层的非均质、应力应变关系的非线性以及地下水位变动等实际存在的复杂因素。

(1)分层总和法

将压缩层范围内土层分成 n 层，应用弹性理论计算在荷载作用下各土层中的附加应力，采用侧限条件下，即单向压缩条件下的压缩性指标，分层计算各土层的压缩量，然后求和得到总沉降。沉降计算公式如下：

$$S = \sum_{i=1}^{n} \Delta S_i = \sum_{i=1}^{n} \varepsilon_i H_i$$

式中 ΔS_i——第 i 层土的压缩量；

ε_i——第 i 层土的侧限压缩应变；

H_i——第 i 层土的厚度。

根据获取参数的不同，采用不同的方式，常用的有：ⓐa_v 或 E_s 法，根据压缩系数 α_v 或 E_s 的压力范围的不同，又可分为取实际压力范围和仅取压力变化范围为 100～200 kPa 两类；ⓑe-p 曲线法，选取实际压力变化范围，按照实测压缩曲线进行计算；ⓒe-lg p 法，考虑了应力历史对沉降的影响；ⓓ浙大经验公式法，总结国内外若干工程初始沉降在总沉降中所占的比例，并结合理论分析，建议在考虑先期固结压力计算固结沉降的基础上，通过经验系数 m 考虑初始沉降对总沉降的贡献；ⓔ"规范法"，在以上分层总和法的基础上，各工程部门采用不同的经验系数对沉降量进行修正，形成本部门的"规范法"。

(2)割线模量法

对于正常固结黏土，最终沉降量的计算一般采用分层总和法，用这种方法计算土的最终沉降有两个缺点[16]。一是计算必须依据 e-p 或 e-lg p 曲线数据，而这些数据在形成时都与土样的初始孔隙比 e_0 有关。从土力学原理可知，e_0 是一个计算转换物理参数而不是实测参数，在计算转换时受许多因素的影响，变数很大，所以 e_0 参数的误差可以引起沉降计算的较大误差；第二个缺点是该方法只宜用于手算而不宜用计算机计算。因为 e-p 或 e-lg p 中是用曲线形式表达的关系，计算时必须根据相应荷载在图上查取相应的 e 值，但用在计算机上计算时就很不方便。割线模量法也是基于分层总和法思想，但计算过程中可以避免 e_0 参数的误差，因此用于电算比较方便[17]。

(3)三向应力分析法(黄文熙)

$$S_c = \sum_1^n K_i \frac{\Delta e_i}{1+e_{0i}} H_i$$

式中

$$K = \frac{1}{1-2\mu}\left[(1+\mu)\frac{\sigma_z}{\Theta} - \mu\right];\quad \Theta = \sigma_x + \sigma_y + \sigma_z$$

此方法是考虑了土的三向变形效应的单向压缩法，三向变形计算法考虑了土的三向变形，更接近于实际[18]。虽然这种方法考虑了土体的侧向变形，但应力计算也假定土体为线弹性体，计算中需采用土的泊松比和土的应力、应变关系，要求在模拟实际应力条件下用三轴试验测取计算参数，参数的确定较为繁琐，因此这种计算方法在工程上的应用并不广泛。

(4)地基土的二维计算方法

西安公路交通大学折学森和顾安全将正常固结饱和黏性土地基的加载变形过程与固结过程统一起来进行分析[19]，通过土中一点的竖向应变在时间变化过程中的增量叠加，建立地基土的二维瞬时沉降和固结沉降计算方法。在 K_{c2} 不随时间变化的假定下，根据分层总和法可得地基的固结沉降公式为：

$$S_{ct} = \int_0^H \lambda K_{c2} \ln\left(1 + \frac{\sigma_m}{\sigma_{cm}} U_t\right) dz = \int_0^H K_{c2} \varepsilon_{ct} dz$$

式中 K_{c2} 为地基固结沉降系数，由地基最终固结状态确定：

$$K_{c2} = \frac{1}{2(1-2\mu')}\left(\frac{\sigma_x}{\sigma_m} - 1\right) + \frac{1}{2}$$

在不考虑土的次固结情况下，按照上述的公式推导，可将地基土的总沉降用如下一般公式表示，即

$$S_t = S_d + S_{ct} = \int_0^H K_2 \varepsilon_{vz} dz$$

式中，ε_{vz} 为地基土中一点在时间 t 的体积应变，$\varepsilon_{vt} = \lambda_2 \ln\left(1 + \frac{\sigma_m}{\sigma_{cm}} U_t\right)$。$K_2$ 为二维沉降系数，

$K_2=\frac{1}{2(1-2\mu')}\left(\frac{\sigma_z}{\sigma_m}-1\right)\left[\frac{\lambda_2}{\lambda_1}F(z,t)+1\right]+\frac{1}{2}$，$F(z,t)$为基底下深度 z 和时间 t 的函数，$F(z,t)=\frac{\ln\left(1+\frac{\sigma_m}{\sigma_{cm}}U_{t_0}\right)}{U_{t_0}\ln\left(1+\frac{\sigma_m}{\sigma_{cm}}U_t\right)}$，式中 λ_1 为对应加载瞬时土体试验参数，$\lambda_1=\frac{C_s}{1+e_0}$；$\lambda_2$ 为固结期间的土体试验参数，$\lambda_2=\frac{C_c}{1+e_0}$；$C_s$ 为土的回弹指数；C_c 为土的压缩指数；μ'为土的排水泊松比，$\mu'=\frac{k_0}{1+k_0}$；$\sigma_{cm}=\frac{1}{2}(1+k_0)\sigma_{cz}$；$\sigma_m=\frac{1}{2}(\sigma_x+\sigma_z)$

该方法的二维沉降系数 K_2、土的排水泊松比等参数不易确定，因此该法虽在理论上提出来了，但没有用于工程实际。

(5)应力路径法

土体受荷载作用后，往往有两个过程，首先是形变，然后是体变。加荷初始，孔隙水一时来不及排出，孔隙水压力上升，这就相当于固结不排水过程，体积不变，随着孔隙水压力的消散，体积压缩，有效法向应力增加，而偏应力不变，这相当于固结排水过程。因此，沉降就可分成两部分计算。通过模拟现场实际加荷条件，进行室内固结不排水和固结排水试验，分别量测不排水应变和排水应变，由此求得不排水沉降与固结排水沉降。应力路径法的基本原理是：通过室内试验测定不排水条件下地基土中的应力与竖向应变的关系，据之绘制出不同应力条件作用下的有效应力路径及其竖向应变曲线组，作为沉降计算的基础；之后按照实际工程的应力路径确定其竖向应变差，计算不排水条件下的总沉降值与一维压缩条件下的总沉降值与应力路径的关系，确定不同应力路径作用下的换算系数来计算固结沉降[20]。

有效应力路径法可以克服估计初始超孔隙压力以及固结沉降的衔接上存在不够合理的地方这个缺点，但它仍需用弹性理论来计算土体中的应力增量。应力路径法对于认识沉降机理，分析常规计算中可能产生的误差趋势，都是很有益的。这个方法概念清楚，能考虑不同应力状态下地基的沉降分析，有利于提高沉降计算的准确性，但该法使用较为麻烦，由于应力路径法要求高标准的取样和试验，试验技术要求过高，因而它的实际应用受到了很大的限制，目前尚未被工程界采用。

(6)日本经验公式法[21]

主固结沉降 S_c 由孔隙水压力消散引起，设 m_v 为土的体积压缩系数，H 为土层的厚度，则土层总主固结沉降 S_c 为：

$$S_c=\int_0^H m_v(u_0-u)\mathrm{d}z=\int_0^H m_v u_0 U_z \mathrm{d}z$$

式中 u_0——初始孔隙水压力；

u——t 时刻的孔隙水压力；

U_z——t 时刻 z 深度处的平均固结度，$U_z=1-\frac{u}{u_0}$。

为了简化计算 U_z，统一用总平均固结度来代替(当 m_v 不沿深度变化时，这种代替是精确的)，则 $S_c=\left(\int_0^H m_v u_0 \mathrm{d}z\right)U$，$S_{c\infty}=\int_0^H m_v u_0 \mathrm{d}z$。

对于饱和土：

$$S_{c\infty}=S'_{c\infty}C_p$$

其中：$S'_{c\infty}=\int_0^H m_v\Delta\sigma_1 dz, C_p=\dfrac{\int_0^H m_v\Delta\sigma_i[A+(\Delta\sigma_3/\Delta\sigma_1)(1-A)]dz}{\int_0^H m_v\Delta\sigma_1 dz}$。

对于同一土层，m_v 和 A 为常数，则

$$C_p=A+\alpha(1-A)$$

式中　C_p——侧向变形对固结沉降的影响；

α——与荷载作用区域形状及土层厚度 H 有关，$\alpha=\int_0^H \Delta\sigma_3 dz \int_0^H \Delta\sigma_1 dz$；

A——孔隙水压力系数，与土的应力历史有关，在缺乏试验资料时，对于超固结土 $A=0\sim0.5$；对于正常固结黏土 $A=0.5\sim1.0$；对于特别灵敏黏土 $A>1.0$。

因此，综上所分析，主固结沉降 S_c 可按下式计算：

$$S_c=(S'_{c\infty}C_p)U$$

该方法的参数可由室内试验得到，$\Delta\sigma_1$ 由附加应力得到，$\Delta\sigma_3$ 由侧压力系数 $k_0\cdot p$ 得到，于是反映侧向变形对固结沉降的影响 C_p 由计算得到。

4.1.3.3　经验法

(1)孔压静力触探试验法

利用孔压静力触探试验指标进行沉降计算，以切线模量表达土的变形特性，定义：$M=\dfrac{dp'}{d\varepsilon}$，其中，$dp'$、$d\varepsilon$ 分别为有效应力增量及相应的应变增量。

用孔压静力触探试验可测定总圆锥阻力 q_c。当已知相应深度总上覆压力 γh 后，可确定净贯入阻力 $q_n=q_c-\gamma h$。由挪威经验可知：

$$M=m(q_c-\gamma h)$$

其中，m 为经验常数。

在外荷载作用下，土层的应力由自重应力 p'_0 增大到 $p'_0+\Delta p$，相应的垂直应变为 $d\varepsilon$，土层的起始厚度为 Δh 时，其沉降量为 $dS=d\varepsilon\Delta h=\dfrac{\Delta p}{M}\Delta h$。总沉降量为 $S=\dfrac{1}{m}\sum\limits_{i=1}^{n}\dfrac{\Delta p_i\Delta h_i}{q_c-\gamma h}$。其中，$\Delta p_i$ 为土层承受的附加应力(kPa)；Δh_i 为土层厚度(cm)；$q_c-\gamma h$ 为净贯入阻力(kPa)。这种方法必须利用一工程已知的各土层的 Δp_i、Δh_i 和 $q_c-\gamma h_i$ 的值和实测的沉降量，反算经验系数 m，再利用此 m 值推广计算其他工程的沉降量。可以看出，这种方法就是建立土层沉降与静力触探测试参数之间的经验关系，再根据二者之间经验关系估算沉降[22]。

孔压静力触探能测试土层中孔隙水压力以及超静水压力随时间的消散过程，可用来确定土层的固结系数，估算填土预压期，大量的研究表明：孔压消散试验测得的固结系数偏低，还需建立实际工程推求的固结系数与孔压消散试验测得的固结系数之间的经验关系，纠正孔压消散试验测得的固结系数的偏差。这个方法需要积累大量的触探和沉降监测数据，才能回归出比较可靠的经验关系式，由于土的工程性质的多样性和客观条件的制约，这一步进展比较缓慢。

(2)静力触探与载荷试验法

地基沉降计算方法之一是压缩模量法，压缩模量法是利用土层压缩模量 E_s 计算总沉降量 S。该方法是建立在压缩模量法的基础上的，其适用条件也是压缩模量法的适用条件：ⓐ一维地基上弹性应变；ⓑ对于饱和土，由于每层土的压缩模量 E_s 可能不同，计算中不采用定值，因

此此公式可用于非弹性应变地基。

压缩模量 E_s 可表示为：

$$E_s(z)=\frac{\sigma_z}{\varepsilon}=\frac{d\sigma_z}{d\varepsilon}$$

式中 $d\sigma_z$、$d\varepsilon$ 为有效应力增量(或附加应力)及对应的应变增量。

$$S=\sum ds=\sum d\varepsilon \cdot dz=\sum \frac{d\sigma_z}{E_s(z)}dz$$

利用现场试验得到地基足够小厚度的 E_s 值,利用地基附加压力便可计算得到地基沉降。E_s 值可用静力触探试验经验公式得到。用静力触探试验可测定贯入阻力 q_c,根据国内外的经验:$E_s=mq_c^a$ 或 $E_s=mq_c$,式中 m、a 均为常数。

对于压缩层厚度为 dz 的土层,沉降量为:

$$ds=d\varepsilon \cdot dz=\frac{d\sigma_z \cdot dz}{E_s(z)}=\frac{d\sigma_z \cdot dz}{mq_c(z)^a}$$

或

$$ds=d\varepsilon \cdot dz=\frac{d\sigma_z \cdot dz}{E_s(z)}=\frac{d\sigma_z \cdot dz}{mq_c(z)}$$

总沉降量为:

$$S=\sum ds=\frac{1}{m}\sum \frac{d\sigma_z \cdot dz}{q_c(z)^a}$$

或

$$S=\sum ds=\frac{1}{m}\sum \frac{d\sigma_z \cdot dz}{q_c(z)}$$

式中 $d\sigma_z$——每层地基附加应力值;

dz——每层土层的厚度;

q_c——静力触探端阻值,可由静力触探试验得到。

利用已有的静力触探和现场载荷试验资料及其对应处的实测沉降值,可反求 m 值。附加应力 $d\sigma_z$ 根据布辛奈斯克理论计算,分层厚度 dz 可取 0.1 m。试验常数 a 由经验得在 0.3～1.0 之间,当 $a=0.3$～1.0 时,通过程序反算出 m 值。求出的 m 值是个范围值,在同一地区的土层中,对于某一孔用静力触探反算出的 m 值来说应是此处土层压缩层范围内的平均值。现有土层从上至下是个变量,所得 E_s 从上至下也是个变量,m 值对应于某一个 a 值,与土层的深度呈较好的相关性。

(3)利用载荷试验及标贯试验进行沉降计算

采用现场载荷试验反演法,反演计算压缩模量,利用载荷试验点处的标贯试验的标贯数,得到其与同深度处反演的压缩模量之间的关系。依据压缩变形和沉降计算公式,利用现场载荷试验成果的荷载与沉降的关系,反演压缩模量。利用标贯试验深度与标贯数之间的关系,可得到反演出的压缩模量同标贯数之间的关系。

第 1 步:反演压缩模量

①分层总和法计算沉降的公式:

由 $S=\sum_{i=1}^{n}\frac{1}{E_{si}}\frac{\sigma_i+\sigma_{i+1}}{2}h_i$ 可知:

$$E_s=\frac{\sigma_i+\sigma_{i+1}}{2S}h_i$$

式中 σ_i——第 i 层顶附加压力;

h_i—— 压缩层分层厚度，分别取 $h/b=0.1,0.2,0.3,0.4,1,1.5$ 等，视实际计算情况而定。

②规范推荐公式

由 $S=\frac{p_0}{E_s}(z_i\bar{\alpha}_i-z_{i-1}\bar{\alpha}_{i-1})$ 可知：

$$E_s=\frac{p_0}{S}(z_i\bar{\alpha}_i-z_{i-1}\bar{\alpha}_{i-1})$$

式中 p_0——承压板荷载，相当于基底附加压力；

$\bar{\alpha}_i$——矩形面积上均布荷载作用下角点的平均附加应力系数。

第 2 步：标贯数与压缩模量之间的关系

根据前人的经验，标贯试验与载荷试验之间具有一定的关系，标贯数越大，压缩模量也越大，设想它们成线性关系。假定线性关系为：$E_s=bN+a$，利用载荷试验和标贯试验的成果，线性回归出参数 a，b。

此公式的目的是利用标贯数求得压缩模量，再用公式：$S=\sum ds=\sum d\varepsilon\cdot dz=\sum\frac{d\sigma_z}{E_s(z)}dz$，求得沉降量。

将标贯参数代入上式有：

$$S=\sum ds=\sum d\varepsilon\cdot dz=\sum\frac{d\sigma_z}{bN+a}dz$$

(4)载荷试验与室内土工试验结合

地基土的压缩模量 E_s 通常是地基变形计算中一个非常重要的参数，但室内试验得出的压缩模量与现场载荷试验的实测值往往有较大的差异，如采用室内试验得出的 E_s 值估算地基沉降量，将有较大的偏差[23]。现场载荷试验得出的变形模量固然较准确可靠，但因为载荷试验的试验成本太高，花费太大，而铁路或公路的线路较长，在每个段进行载荷试验不经济也没有必要。因此将现场载荷试验与室内试验结合，能得出现场试验和室内试验之间的相关关系是非常有意义的。

室内试验来源于原状土的扰动、室内试验边界条件与现场实际工况的差异、原状土开样后可能膨胀松弛，力学性质降低、试验过程中的操作问题等都会引起室内试验的压缩模量与实际值不相吻合的情况，甚至有时差异较大，因此，可利用载荷试验得出的压缩模量对室内试验的结果进行修正，得出与实际情况相接近的压缩模量，用于估算地基变形量。

根据《工程地质手册》中的公式进行计算[24]：

$$E_0=(1-\mu^2)\frac{P_0}{Sd}$$

由载荷试验 P-S 的关系，可得出变形模量 E_0，而依前人的众多经验得出的变形模量与压缩模量之间的关系有：

$$E_0=\left(1-\frac{2\mu^2}{1-\mu}\right)E_s$$

根据上述公式

$$E_s=\frac{(1-\mu)^2P_0}{S\cdot d\cdot(1-2\mu)}$$

式中 μ——泊松比，按规范取值，黏土一般取 0.3；

P_0——载荷试验的比例极限乘以载荷试验板的面积；

S——比例极限荷载下对应的沉降变形量；

d——载荷试验板的直径。

由室内试验得出的压缩模量记为 E_s'，载荷试验压缩模量与室内压缩模量的关系可表示为：$E_s'=\eta E_s$ 式中：η 为室内压缩模量的修正系数，根据室内试验与现场试验比较得出，花岗岩残积土的室内压缩模量修正系数为 2.0～2.5。

适用性：此方法对于上下土层均匀的情况较适用，对于压缩层为多层地基而且土层之间无任何相关关系，该方法就不太适用，若进行深层载荷试验，该方法仍可用。

(5)反演法

反演分析法是近十几年发展起来的一项新技术，它是利用施工过程中实测的地基沉降资料反演确定地基土的物理力学模型参数，再将反演得到的参数代回到正分析模型中进行正分析以计算地基沉降量，使正分析得到的结果与实测沉降充分接近。如可以通过反演分析确定原位固结系数，再根据 Temaghi 的一维固结理论推算最终沉降量及沉降发展过程[25]。林代锐等[26]用 Merchant 一维黏弹性固结模型进行了一维反演分析，在不考虑侧向变形的条件下，建立了沉降与沉降速率的计算式，该式包含四个计算参数，分别反映主固结与次固结的沉降大小和发展快慢，用实测沉降进行反演分析，求得这些参数，即可计算总沉降量和沉降速率。

由于采用黏弹性模型，次固结的影响可以得到考虑。谭昌明[27]基于 Merchant 黏弹性模型的一维固结理论解析解和 Biot 固结理论有限元数值解，建立了考虑主次固结的饱和软土地基沉降一、二维反演预测计算公式，参数反演采用直接优化反分析法，根据实际观测值与相应计算量，应用最小二乘法原理建立目标函数，利用数学规划中的直接优化算法，通过寻优的方式获得反演参数的最优估计。

反分析法中土的模型参数是由室内试验确定的，然而土样在取土、运输过程中的扰动，现场和试验两者边界条件的差异，以及地基土分布的不均匀性等会使得由室内试验测定的参数往往与实际值存在较大差异，而根据实测资料反演地基模型的参数，能综合考虑各种复杂因素对土体性质的影响，更加符合实际状况。由于土体本构关系方程常受土性、固结程度和含水率等因素的影响，因此高速公路施工过程的反分析计算首先面临模型合理选择方面的诸多问题，这使得预报计算不得不更加注意结合工程实际情况选择计算模型，并更多地依赖于经验。

4.1.3.4 数值计算法

随着工程建设规模的扩大，工程受力条件日益复杂，地基沉降计算问题日益变得十分复杂和重要，传统的公式解法已不能满足沉降预测的实际需要。正是在这种情形下，不断发展的计算科学使得利用计算机对地基沉降进行数值求解成为现实的可能。数值计算方法依据土的本构关系，建立土的应力应变模型，利用计算机对地基沉降进行数值求解，分析得出地基沉降。先后有多种形式的数值方法被提出。地基沉降计算的数值方法有 5 种形式：差分法、有限元法、无单元法、变分法、加权余量法。目前常用的主要有差分法、有限元法和无单元法[28]。

(1)差分法

Terzaghi 固结理论研究的是土体一维固结，其基本固结方程只有在限定的初始条件和边界条件下才成立。而地基土层的实际固结情形较之复杂，其实际的边界条件和初始条件因具体工程条件而异，此种情形下其固结方程的解析解很难直接获得，采用差分法进行数值求解成为一种可行的选择。差分法解土工问题就是将研究区域用差分网格离散，对每一个节点通过差商代替导数把问题的微分方程转换为差分方程，然后结合初始条件和边界条件求解线性方程组得到沉降的数值解。使用此方法要注意固结系数的选取，应用到平面或轴对称问题时需要校正。

差分法的基本思想是将固结微分方程化为差分方程，求解差分点上的应力和应变。采用这种方法时，必须注意边界条件的变化(透水或不透水边界)，同时还应注意固结系数一般来自一维固结试验，将其应用到平面或轴对称问题时需要校正。对于平面问题，差分方法可得到所研究平面内在各个时间的孔隙压力 u 的分布，因为土的竖向应变为：

$$\varepsilon_x=[(1+\mu)/E][(1-\mu)(\sigma_z-u)-\mu(\sigma_x-u)]$$

地基中(有效压缩层厚度 H)沿着某一竖直线的初始沉降：

$$S_1=\int_0^H\frac{(1+\mu)}{E}[(1-\mu)\sigma_x-\mu\sigma_x]\mathrm{d}H$$

式中，采用不排水变形指标 $E=E_u$，$\mu=0.5$，应用总应力计算，总沉降

$$S=\int_0^H\frac{(1+\mu)}{E}[(1-\mu)(\sigma_z-u)-\mu(\sigma_x-u)]\mathrm{d}H$$

式中 E、μ 随着有效应力而变化，因此上式可得到任何时刻的总沉降。计算最终总沉降时，孔隙压力 u 为 0，对于任意时刻的固结沉降等于 $S=S_c-S_1$。

(2)有限元法

有限单元法可以考虑复杂的边界条件、土体应力应变关系的非线性特性、土体的应力历史、水与骨架上应力的耦合效应，可以模拟现场逐级加荷，能考虑侧向变形、三维渗流对沉降的影响，并能求得任一时刻的沉降、水平位移、孔隙压力和有效应力的变化，使得计算所得总沉降量及沉降速率等结果越来越接近实测结果[29]。对于路基工程，有限元分析时，将路堤和地基作为整体划分网格，取孔隙压力、竖向位移和水平向位移为基本未知量，采用理论上较严密的比奥固结理论，在路堤荷载作用下，根据土体的刚度和渗透性建立方程组，从而解得孔压与位移。

有限元法分为总应力有限元法和有效应力有限元法。总应力法仅考虑土单元承受的总应力，适合于考虑无渗流固结情形。有效应力法将土骨架变形与孔隙水的渗流同步考虑，严格区分土体有效应力和孔隙水压力，考虑问题更为贴近实际。具体应用时，有限元法与差分法的区别之处在于，有限元法是通过变分等方法将固结微分方程转换为有限元方程，然后结合初始条件和边界条件求解线性方程组得到问题的数值解。有限元法的优势在于它的应用范围更广：ⓐ它可以考虑非线性问题；ⓑ可以用于处理非均质材料(在土工中即可以考虑地基土非均质问题)；ⓒ可以考虑更为复杂的边界条件。有限元确实是一种较为完善的方法，有限元法目前已广泛应用于各个领域。但是由于其计算参数多，且(计算参数)需通过三轴试验确定，程序复杂难以为一般工程设计人员接受，在实际工程中没有得到普遍应用，只能用于重要地段的地基沉降计算。

(3)无单元法

自 20 世纪 70 年代起，国际上许多学者致力于探索一类不需要生成网格或单元，仅用一系列离散点对求解域进行离散的数值方法。这类无网格方法摆脱了单元的限制，而且如果选取的权函数及其导数连续，则解及其导数亦连续。无需网格和高阶连续解是这类方法较传统有限元单元法的突出优点。

无单元是一种新的数值方法，与传统有限元法相比，其优点主要体现在：

①前处理简单。它只要求各个结点的独立信息而不要求描述结点间的相互关系（即单元信息），当使用随机生成结点的方法时，前处理工作还将进一步得到简化；

②计算精度高。计算结果表明无单元的精度较有限元有较大的提高，有时结果非常接近理论解，并具有高阶连续性。尤其在局部高梯度、材料的泊松比接近0.50或有限元可能产生网格锁死或体积锁死等现象时，无单元法仍然获得高精度；

③对应力集中和裂纹扩展问题，无单元法具有独特的优势。用传统有限元法来处理裂纹扩展时，通常要修改网格以适应扩展后拓扑边界的变化，而无单元法只要沿着裂纹可能扩展的方向布置结点或在开裂点附近加密布置结点，就可以方便地跟踪裂纹的扩展过程。

4.1.4　沉降修正系数

路基综合沉降修正系数定义为单位厚度压缩土层在有侧向变形时的沉降量与无侧向变形时沉降量比值[30]。沉降系数是对计算沉降量进行修正，存在沉降修正系数的原因有三：

(1)土层的不均匀性造成试验参数的不准确性是首要因素；

(2)沉降计算采用单向固结理论与实际土层三向压缩并不完全相符也是重要的因素之一；

(3)现有沉降计算公式假定基底压力按直线分布，并认为基底压力作用在土体表面。

也有学者认为理论计算与实测值间的比值介于0.7～1.5之间。当用分层总和法计算时，理论值较实测值小，当土层为超固结土时，理论值较实测值大。

沉降系数的选取直接影响到设计计算的准确性和工程质量，还影响到工程的造价。从工程实践可知，软土路基工程沉降系数的影响因素包括填土高度(H)、填料容重(r)、施工速率(V)、地基处理类型(N)、软土层厚度(h_1)、硬壳层厚度(h_2)、软土的强度及渗透固结性质(Y)等等，可用下式表示[31]。

$$m=f(H,\gamma,V,N,h_1,h_2,Y)$$

这些因素可以分为：①荷载因素，包括路堤高度及填土密度、填土速率；②地基因素，包括软土的强度及渗透固结性质、地基处理类型对地基土性的改变、软土层厚度及位置、硬壳层厚度的应力扩散作用等。

从施工实践分析可知，沉降系数是由各种因素的组合与相互作用决定的，其数值是千变万化的，虽然有大量实测资料亦很难统计出一个关系式。此外，沉降系数是一个较小范围内的比较粗略的数字，变化范围一般在0.2～1.4，极端条件下略有扩大，其精度在±0.05范围内一般满足工程要求。因此，可以选择取某一地区的地质条件作为标准地层，找出沉降系数与其他因素的量的关系，对其他地区则按地质条件进行修正，得出一个近似值。例如，根据某高速公路软基试验工程实测沉降系数，结合沉降系数与各影响因素的一般关系，并参考国内其他一些工程的实测资料，经过统计计算，得出沉降系数的综合计算公式[32]：

$$m=0.123\gamma^{0.7}(\theta H^{0.2}+VH)+Y$$

式中，H为路堤高度，γ为路堤填料的容重，θ为地基处理类型系数（表4-1）；V为填土速率修正系数（表4-2）；Y为地质因素修正系数（表4-3）。

表4-1　地基处理类型系数修正值 θ

挤密砂桩类	砂井类	地基未处理
0.70	0.95	1.10

表4-2　填土速率系数修正值 V

分期加载速率<0.02	一般填土率0.02～0.07	速率>0.07
0.85	0.95	1.10

表 4-3　地质因素修正值

地质因素	修正值 Y	地质因素	修正值 Y
软土层中夹有明显的排水层	−0.1	＜3 m	−0.1
软土层中没有明显的排水层	0	硬壳层厚度＜2.5 m	0
软土层平均不排水强度＞25 kPa	−0.1	2.5～5.0 m	−0.1
＜25 kPa	0	5.0～7.0 m	−0.2
软土层厚度＞5 m	0	＞7.0 m	−0.3
3～5 m	−0.05		

沉降修正系数的取值主要受到地质条件、填土荷载大小、填土速率、地基处理方法等影响。但仅知道这样一个定性的结论对沉降修正系数取何确定值还是无能为力的，曾有不少学者和科技工作者在建立沉降影响因素与沉降修正系数的函数模型方面作过很多工作，尽管提出了各种线性的或非线性的关系方程，可能在某个具体工程中结果能较好地符合实际情况，但却在推广应用时显得不尽如人意。

4.1.5　卸荷回弹

4.1.5.1　回弹变形的原因

关于沉降变形量，众多的学者和工程技术人员更多地关注的是路基填筑段的沉降变形量以及沉降随时间的发展变化情况。而路堑开挖基坑底的回弹变形却没有引起足够的重视。这往往与工程的沉降量要求有关，路堑开挖引起的路基土回弹变形量相对较小，这对沉降量控制不严的公路和一般铁路路基来说可以忽略不计，但是对于要进行深基坑开挖的大型建筑，而且沉降量控制到毫米数量级的无砟轨道红黏土地基，在某些地段必须将地基的回弹变形量计入沉降量计算。

回弹变形是由于基坑开挖引起的，坑内土体挖出后，基坑周围土体应力场与位移场发生明显变化，基坑底面的变形量由两部分组成：一是土的回弹；二是土向上隆起。这两种情况虽然都引起基坑底部变形膨胀，但隆起和回弹是两个不同的概念，发生的原因不同，形成的机理截然不同[33]。前者是由于开挖卸载后，土的自重应力得到释放，土发生的弹性变形，引起基底土向上回弹，土体还处在弹性阶段，这部分回弹是不可避免的。另一部分是基坑坑底土向上隆起，隆起是在压力差的作用下，土体发生塑性变形，形成了破坏机制而出现的竖向变形。隆起是必须加以避免，也是可以避免的，一个成功的基坑工程，不应该出现坑底的隆起。基坑底部变形量（上抬量）是一个十分复杂的问题，假设在红黏土路基建设过程中，尽量避免地基的隆起变形，则开挖只计入路基土的卸荷回弹变形量即可。

4.1.5.2　回弹变形量的计算

正确计算基底回弹变形量，是准确计算和预估路基沉降量的前提。对开挖卸荷回弹变形量，通常的计算方法也是建筑地基基础设计规范中推荐的方法，是在布氏解基础上的分层总和法。

日本规范所建议的计算方法也是分层总和法。这种方法是利用固结压缩的原理，参考压缩沉降计算，将回弹变形变成压缩沉降进行的反方向计算，而且能计算开挖面以下任意深度的回弹量。但由于其参数（如回弹模量或回弹系数）的选取比较困难，而且与计算沉降的分层总和法一样，需要选择一个修正系数 φ_c，这给计算带来了一定的不确定性。有学者提出了考虑土体的卸荷应力路径和残余应力的计算新方法，该方法建议应用残余应力原理和应力路径方法，建立的基坑隆起变形计算模型，该计算方法的一个重要参数即土的卸荷模量，是建立在大量的应力路径试验，特别是模拟基坑开挖施工过程中的应力路径之上。刘国彬[34]等用这种方法对上海的软土进行过分析，但由于没有充分的回弹实测资料，因而没有得到很好的验算。

(1)日本规范公式

日本的《建筑基础构造设计基准》中坑底回弹量 S 按照下式计算：

$$S=\sum_{i=1}^{n}\frac{H_i\cdot C_{ri}}{1+e_i}\lg\left(\frac{P_{\mathrm{N}}+\Delta P}{P_{\mathrm{N}}}\right)$$

式中 e——孔隙比；

C_{ri}——膨胀系数(回弹指数)；

P_{N}——原底层有效上覆荷载；

ΔP——挖去的荷载；

H——土层厚度。

该公式的优点是能计算开挖面以下任意深度的回弹量，但是由于回弹指数 C_{ri} 的取值较为困难而不便于工程实际应用。

(2)同济大学经验公式

同济大学对基底隆起进行了系统的模拟试验研究，提出了如下计算基坑回弹量 S 的经验公式[35]：

$$S=-29.17-0.167\gamma H+12.5(D/H)^{-0.5}+5.3rc^{-0.04}(\tan\varphi)^{-0.54}$$

式中 H——基坑开挖深度；

D——墙体入土深度；

γ,c,φ——土的容重、黏聚力和内摩擦角。

该方法适用于基坑土体较软、基坑深度不小于 7 m 的场合，有时计算误差较大。

(3)建筑地基基础设计规范公式

《建筑地基基础设计规范》(GB 50007—2002)中，计算基坑回弹量 S 的公式如下[36]：

$$S=\varphi_{\mathrm{c}}\cdot\sum_{i=1}^{n}\frac{P_{\mathrm{c}}}{E_{ci}}(z_i\,\bar{\alpha}_i-z_{i-1}\,\bar{\alpha}_{i-1})$$

式中 φ_{c}——考虑回弹影响的沉降计算经验系数，通常取 1.0；

P_{c}——基坑底面以上土的自重应力，地下水位以下应扣除浮力；

E_{ci}——土的回弹模量；

z_i、z_{i-1}——坑底至第 i 层土、第 $i-1$ 层底面的距离；

$\bar{\alpha}_i$、$\bar{\alpha}_{i-1}$——坑底计算点至第 i 层土、第 $i-1$ 层土底面范围内平均附加应力系数。

由于坑底隆起包含相当部分的塑性变形，很难采用计算坑底回弹的理论方法计算，考虑到简单、实用，一些学者采用土工离心模型试验资料，得到经验公式：$S=0.5h_0+0.04h_0^2$，其中 h_0 指开挖深度。

4.2 红黏土地基沉降预测分析

路基沉降预测及沉降稳定控制指标的确定是路基信息化施工的重要内容。用土工试验指标按常规的一维固结理论进行计算是路基沉降计算常用的方法，但其结果往往与实测结果相距甚远，这是因为路基沉降多属于三维课题且实际情况又很复杂，因此利用沉降观测资料推算后期沉降(包括最终沉降)有着重要的现实意义。对于地基沉降预测的方法,国内外均开展了较多的研究,陆续推出了许多种预测方法,但都缺乏系统性。

工后沉降是指建(构)筑物的最终沉降量与竣工验收时已发生沉降量之差,即路基竣工铺轨通车后产生的沉降量。

4.2.1 无砟轨道工后沉降的组成

路基工后沉降一般由三部分组成:①路基填土(包括基床与路堤本体)在自重作用下产生的压缩沉降;②地基在轨道、路堤自重及列车动力作用下的固结沉降;③基床表层在动荷载作用下的塑性累积变形。第一部分沉降与路堤填料和压实质量密切相关。根据实测资料显示,当选用合理的填料,且严格控制压实度的情况下,工后沉降一般会在路堤高度的0.2%~0.5%以内,且可在一年内完成。第二部分沉降与列车轴重、运行密度、轨道结构以及基床表层质量有关,需要通过日常维修加以解决。第三部分是工后沉降的主要组成部分,特别是地基为饱和软弱黏性土时,沉降大且完成时间长。

4.2.2 沉降变形预测分析的目的

(1)根据沉降变形预测结果推断预计铺设无砟轨道的时间点。

(2)当预测结果不能满足工程需要时,确定应采取的技术对策。

(3)预计运营开始的时间点。

(4)对特殊工点继续预测无砟轨道运营后可能的沉降变形趋势,确定相应的维修预案。

4.2.3 无砟轨道沉降控制标准

通常确定路基工后沉降标准需考虑以下两方面因素:①路基沉降与线路不平顺发展的维修能力;②根据前期建设投资与后期养护费用的经济比较。

路基上铺设无砟轨道的核心问题是沉降控制。无砟轨道对沉降变形特别敏感,特别是不均匀沉降。此外,无砟轨道铺设后对路基沉降变形的调整范围是很有限的,一般局部的沉降应在扣件的可调范围,大范围的均匀沉降应该满足线路竖曲线圆顺的要求。对于调高量为30 mm的扣件,如果容许在施工中调高+6 mm和−4 mm,则仅剩余20 mm可以调整,在考虑轨道结构变形须留5 mm的余量,则留给运营期间考虑的沉降值仅为15 mm,这是局部调整的极限。对于大范围的均匀沉降,德国8360401行业标准规定:长度大于20 m的沉降比较均匀的路基,允许的最大工后沉降量为扣件允许调高量20 mm,减去5 mm后为15 mm,则这时允许的工后沉降为30 mm。

依据《客运专线无砟轨道铁路设计指南》[37],《客运专线无砟轨道铺设条件评估技术指南》[38],路基工后沉降变形控制标准见表4-4。

表4-4 高速铁路路基工后沉降变形量控制标准

路 基	条 件	允 许 值
基本准则	一般路基	S_R<15 mm(膨胀土地基:隆起量不大于10 mm)
	路桥、路隧过渡段	差异沉降量小于5 mm,路桥、路隧折角小于1‰
允许调整准则	沉降均匀,路基长度大于20 m	S_R≤30 mm,调整轨面高程后的圆顺竖曲线半径大于$0.4v_{max}^2$

注:S_R为路基工后沉降量,v_{max}为最高运营速度;隆起量指标参考德国DS836标准。

根据大量的实测资料，若按照质量控制标准实施，列车动荷载引起的动变形量很小。

4.2.4　沉降预测理论研究现状

在沉降预测推算方面，Terzaghi(1923 年)提出了著名的一维固结理论[39]。根据太沙基的固结理论，得到单向固结孔隙水压力解析解。对于弹性土体，反映孔隙水压力消散程度的固结度 U 与变形间关系。土体的压缩过程理论符合指数曲线关系，沉降过程曲线也就拟合于指数曲线。尼奇波・罗维奇[40]根据一维固结理论公式，提出经验公式 $S_t=S_f[1-\exp(-\beta t)]$。曾国熙[41]根据沙井地基的三向固结度及沙井以下土层的单向固结度结合，并考虑因侧向变形所引起的沉降，导出公式：

$$S_t=(S_f-S_d)[1-\alpha\exp(-\beta t)]+S_d$$

根据 S-t 曲线推算地基沉降。《地基处理手册》、《建筑地基处理技术规范》(JGJ 79—91)以及国内的一些文献推荐采用指数曲线法。指数曲线法要求恒载一年以上，计算时宜选择曲线变缓段，最初的一段和实际相差较大，在曲线后段选择计算起始点，推算出来的最终沉降量接近实测值。该方法适用于施工填土高度已达设计高程，并已经在施工期以后有较长时期的观测资料的路基沉降分析预测[42]。

双曲线法最早由尼奇波・罗维奇提出的，是目前常用的沉降变形推算计算方法之一，从沉降与时间曲线的后部分取任意两点，便可较理想地计算最终沉降量以及任意时间的沉降变形。双曲线法仅局限于沉降基本趋于稳定的曲线后段取点计算，在曲线前段应用便会出现较大偏差。TanTS 和 TanSA 分别将双曲线法应用于大变形固结分析及竖井地基沉降确定，结果表明双曲线推算结果与实测值较接近。魏汝龙根据一个工程实例的检验，认为软黏土压缩曲线的整个形状更加符合双曲线。国内不少工程也采用了双曲线法沉降推算方法。也有不少学者在此基础上，根据特定的工程条件，对传统双曲线法进行改进，如泊松比双曲线法、修正双曲线法及复合双曲线法。泊松比双曲线法拟合沉降曲线，其表达式能反映线性加载或近似线性加载情况下沉降量与时间的关系。在一般双曲线法基础上，修正双曲线法对时间起点选择及公式进行了相应的修正。复合双曲线法是利用沉降观测曲线中连续几次观测填土高度不变的段落，所对应的沉降量观测值，用双曲线法来推得该填土高度下的最终沉降量 S_1，先假定地基土为线弹性变形，即最终沉降量与填土高度(荷载)呈线性关系，以此获得单位填土高度所引起的最终沉降量。考虑到实际土体变形的非线性，乘以修正系数 Ψ，从而推算出设计填土高度 H_2 与实际填土高度 H_1 之差所引起的最终沉降量 $\Psi\cdot\Delta S$，这样就可以得到设计填土高度下路基的最终沉降量。Asaoka(1978 年)将 Mikasa 一维固结状态下以体积应变表示的固结方程，表示为一个包含待定系数的级数形式的微分方程，利用已有的沉降观测资料求出这些未知系数，然后根据这些系数预估总沉降量，即 Asaoka 法。另外，国内学者也根据实测沉降曲线的特点提出了一些推算方法。

邓聚龙(1982 年)提出的灰色预测模型 GM(1,1)，其基本思想是对无规则的数据序列作一定变换，得到比较有规律的序列，从而可以用曲线比较准确地逼近。GM(1,1)模型的实质是指数函数作为拟合函数对等时距数据序列进行拟合。德国生物学家 Verhulst(1837 年)在研究生物繁殖规律时，提出了 Verhulst 模型，其基本思想是生物个体数量是呈指数增长的，受周围环境的限制，增长速度逐渐放慢，最终稳定在一个固定值。在灰色理论提出后，有许多学者对 Verhulst 模型在沉降推算方面做了研究。灰色 Verhulst 模型所模拟的沉降量与时间的关系曲线和实测变化规律相一致，都呈“S”形，能够反映全过程沉降量与时间的关系，因此，对于建筑物沉降等曲线近似S形的序列使用Verhulst模型效果比较好。随后，又有学者提出了一个非线性动态灰色模型——R. Usher模型，并利用R. Usher模型对上海某箱形基础建筑物软土地基的最终沉降量进行了推算，推算结果表明：该模型的推算值通常处于指数曲线法和双曲线法推算值之间，是可靠的。灰色GM(n,1)模型与Asaoka法都是n阶常系数微分方程，当应用灰色理论时，若数据依据以下3个原则选取：①每个数据的时间间隔是相等的；②建模的数据是时间步长中的沉降增量；③数据均选自加荷结束后的观测数据，这时灰色理论方法与Asaoka法是一致的。在满足这3个条件下，灰色模型理论和Asaoka法两者的一阶微分方程是相等的。

4.2.5 路基沉降量预测方法

对于如何控制路基土的固结度、路基的沉降速率和工后沉降量，如何通过现有的实测资料来准确计算和预测最终沉降量，国内外许多学者对这些问题进行了研究，提出了许多的方法，主要分为两类：一是根据固结理论，结合各种土的本构模型，计算地基沉降的各种有限元法。固结理论主要有太沙基固结理论和Biot固结理论等，而本构模型诸如Duncan-Chang模型、K-G模型、Can-Clay模型、Green模型、Cauchy模型、黄文熙模型、沈珠江模型、Skempton-Bjerrum模型、魏汝龙三维沉降法、龚晓南非线性模量法等[43,44]。二是根据实测资料推算沉降量与时间的关系的预测法。如双曲线法、修正双曲线法、泊松曲线法、星野法、浅岗法、三点法、Asoka法、灰色模型法等[45,46]。

4.2.5.1 固结理论法

(1)太沙基固结理论

太沙基一维固结微分方程可表示为：$\dfrac{\partial u}{\partial t}=C_v\dfrac{\partial^2 u}{\partial z^2}$ (4-2)

式中，C_v称为土的竖向固结系数，$C_v=\dfrac{k\cdot(1+e_0)}{\alpha\cdot r_w}=\dfrac{k\cdot E_s}{r_w}$。

上述固结微分方程可以根据土层渗透固结的初始条件与边界条件求出其特解，当附加应力沿土层均匀分布时，孔隙水压力的解答如下：

$$u(z,t)=\frac{4}{\pi}\sigma_z\sum_{m=1}^{\infty}\frac{1}{m}\exp\left(-\frac{m^2\pi^2}{4}T_v\right)\sin\frac{m\pi z}{2H}$$

式中 m——奇正整数(1,2,3,…)；

H——排水最长距离；

T_v——时间因数，即$T_v=\dfrac{C_v t}{H^2}$。

在实际应用中，人们更关心的是土层的平均固结度。地基土层在某一荷载作用下经过时间t后土体固结过程完成的程度称为固结度，即时间t后产生的固结变形量S_{ct}与该土层固结完成时最终固结变形量S_c之比。

$$U=\frac{S_{ct}}{S_c}=\frac{\int_0^H m_v(p_0-u)\mathrm{d}z}{Hm_v p_0}=\frac{Hm_v p_0-m_v\int_0^H u\,\mathrm{d}z}{Hm_v p_0}=1-\frac{\frac{1}{H}\int_0^H u\,\mathrm{d}z}{p_0}=1-\frac{u_t}{p_0} \quad (4\text{-}3)$$

式中 H——土层厚度。

(2)超固结红黏土固结方程建立

应力历史是影响土工程性质的主要因素之一，由于土的类型和应力历史的不同，黏性土的固结特性可能在空间上存在变化。先期固结压力用σ'_c表示，有效垂直荷载应力用σ'_0表示，两者的关系可用应力状态率 SSR 和应力状态差 SSD 表示，应力状态率 SSR 即超固结比 OCR，OCR=σ'/σ'_0，应力状态差 SSD=$\sigma'_c-\sigma'_0$。当应力状态率 SSR>1，或 SSD>0 时，土体属于超固结；当应力状态率 SSR<1，或 SSD<0 时，土体属于正常固结。固结状态不同的黏土在固结过程中性状不同，有研究表明，超固结土的渗透性和压缩性在先期固结压力附近有明显的分段变化。超固结土在外荷载作用下，当压力超过历史上最大的固结压力时，土体进入正常固结状态，成为正常固结土；正常固结土经卸载可以进入超固结状态，成为超固结土。在一定条件下，超固结状态和正常固结状态之间可以相互转变。众多试验结果也表明，不能用某一个简单的模型来统一描述土的不均匀性和非线性。

红黏土由于其胶结性，致使其结构性较强，结构性对固结性影响较大。非线性是土的固有的复杂特性之一，主要指土的各种物理力学性质随深度或荷载变化等情况变化而变化。红黏土固结特性之一是具有剖面性，即超固结比由上至下逐渐减小，基于谢康和、Davis 等研究的基础上，考虑了超固结比随深度变化的特征，得到饱和红黏土的非线性固结度表达式和固结曲线。本次研究针对黏性土固结过程中一个特殊的固结现象进行研究并建立固结模型，即在外荷载作用下，超固结性土可能转变成为正常固结土，从弹塑性理论方面来讲，就是从弹性区域发展到弹塑性表面。针对红黏土从上至下超固结比变化的特性进行研究并建立固结模型。

地基土在外荷载下，可能出现三种固结现象（图 4-1）：①整个土层为超固结。若土的超固结比 OCR 较大，当土层中 $\sigma'_{fi}(z,t)\leqslant\sigma'_{ci}$，$\sigma'_{fi}=\sigma'_{0i}+q_u$，则表示在固结过程中，地基恒处于超固结状态，固结系数取 C_{vei}；②整个土层由超固结变为正常固结。当 $\sigma'_{fi}(z,t)>\sigma'_{ci}$，说明第 i 层土在荷载作用下，最终有效应力大于先期固结压力，若土体最初处于超固结状态，此时第 i 层土则由超固结土变为正常固结土，固结系数取 C_{vi}。当 $\sigma'_{fi}(z,t)$ 足够大时，土体固结开始进行后，土体中的有效应力逐渐增大，当部分土体有效应力 $\sigma'_{fi}(z,t)$ 超过先期固结压力后开始进入正常固结状态，于是出现正常固结土与超固结土的分界面，用 h_c 表示 t 时刻地基中处于超固结状态土层的厚度。由于靠近透水边界处土体有效应力增长快，所以分界面将由透水边界向不透水边界逐渐发展，对于单边排水的情况，分界面 h_c 将随固结的进行，逐渐自上向下发展，最终整个土层都转为正常固结土。③超固结和正常固结土共存。对于红黏土固结性状是由上至下 OCR 逐渐减小，该状态可分为两种情况，若 $\sigma'_{fi}(z,t)$ 不够大时，可能某些土层由超固结变为正常固结。若最终超固结土层和正常固结土层的分界面为主分界面 H_c，固结过程中超固结状态逐渐变化为正常固结状态的分界面为次分界面 h_c。分界面为第 i 层薄土层，则 $\sigma'_{fi}>\sigma'_{ci}$，$\sigma'_{fi-1}<\sigma'_{ci-1}$，$i$ 层土以上部分为超固结状态，i 层以下部分由超固结状态逐渐转为正常固结，其发展面 h_c 不断向分界面扩展，直至达到 H_c。

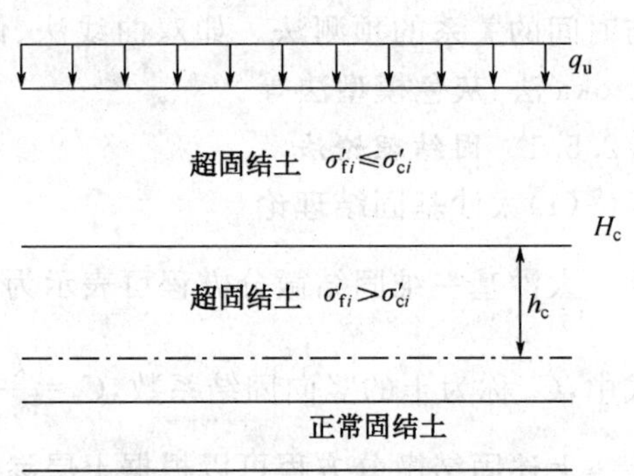

图 4-1 红黏土地基固结示意图

①假设条件

a. 土体完全饱和，孔隙水和土颗粒是不可压缩的，且它们的自重不计；

b. 土体应力应变发生在垂直方向，只产生一维固结，土的侧向变形受限，只在垂直向排水，独立变量是时间和土的竖向应变的函数，关联变量是超孔隙水压力；

c. 垂直方向的总应力是由外部荷载瞬时产生，即荷载不随时间发生变化；

d. 上部较硬的黏土层，假设土骨架在恒定的有效应力作用下，不产生蠕变，只产生小变形，土体的总体积认为不变；

e. 土体中的孔隙水服从达西渗透定律。

②方程建立

根据 Darcy 定律，该 dz 薄土层单位时间内体积变化量为：

$$\frac{\partial \varepsilon_{zi}}{\partial t}\mathrm{d}z=\frac{\partial}{\partial t}\left(\frac{e_{0i}-e_i}{1+e_{0i}}\right)\mathrm{d}z=-\frac{1}{1+e_{0i}}\frac{\partial e}{\partial t}\mathrm{d}z \tag{4-4}$$

式中 ε_{zi}——土层的竖向应变。

由质量平衡方程和达西渗透定律，根据渗透连续性条件，可得超固结饱和黏土的一维非线性固结方程为：

$$\frac{\partial}{\gamma_w \partial z}\left(k_{vi}\frac{\partial u_i}{\partial z}\right)=-\frac{1}{1+e_{0i}}\frac{\partial e}{\partial t}\mathrm{d}z \quad (i=1,2,\cdots,n) \tag{4-5}$$

当土体处于小应变时，孔隙比与有效应力的增量比可以近似看作孔隙比对有效应力的偏导，于是

$$m_v=-\frac{1}{1+e}\frac{\delta e}{\delta \sigma'}\approx -\frac{1}{1+e}\frac{\partial e}{\partial \sigma'} \tag{4-6}$$

$$-\frac{1}{1+e}\frac{\partial e}{\partial \sigma'}=m_{v0}\left(\frac{\sigma_0'}{\sigma'}\right) \tag{4-7}$$

$$m_{v0}=\frac{c_c}{1+e_0}\frac{1}{\sigma_0'\ln 10} \tag{4-8}$$

$$\frac{1}{1+e_0}\frac{\partial e}{\partial t}=\frac{1}{1+e_0}\frac{\delta e}{\delta t} \tag{4-9}$$

则

$$\frac{\partial e}{\partial t}=-\frac{c_c}{\sigma'\ln 10}\frac{\partial \sigma'}{\partial t} \tag{4-10}$$

孔隙比变化与时间有关，因此孔隙比 e 是时间 t 的函数，则

$$\frac{\partial}{\partial t}\left(\frac{e}{1+e}\right)=\frac{1}{(1+e)^2}\frac{\partial e}{\partial t} \tag{4-11}$$

得到渗透系数 k_{vi}

$$k_{vi}=\begin{cases} k_{v0i}\left(\dfrac{\sigma_{0i}'}{\sigma_i'}\right)^{\frac{c_{ci}}{c_{ki}}} & \sigma_i'\leqslant\sigma_{ci}' \\ k_{v0i}\left(\dfrac{\sigma_{0i}'}{\sigma_{ci}'}\right)^{\frac{c_{si}}{c_{ki}}}\left(\dfrac{\sigma_{ci}'}{\sigma_i'}\right)^{\frac{c_{ci}}{c_{ki}}} & \sigma_i'>\sigma_{ci}' \end{cases} \tag{4-12}$$

式中 k_{v0i} 为土层 i 的初始渗透系数。可得到第 i 层土的固结系数为：

$$c_{vi}=\frac{k_{vi}}{\gamma_w m_{vi}}=\begin{cases} c_{v0i}\left(\dfrac{\sigma_{0i}'}{\sigma_i'}\right)^{\frac{c_{ci}}{c_{ki}}-1} & \sigma_i'\leqslant\sigma_{ci}' \\ c_{v0i}\dfrac{c_{si}}{c_{ci}}\left(\dfrac{\sigma_{0i}'}{\sigma_i'}\right)^{\frac{c_{si}}{c_{ki}}-1}\left(\dfrac{\sigma_{ci}'}{\sigma_i'}\right)^{\frac{c_{ci}}{c_{ki}}-1} & \sigma_i'>\sigma_{ci}' \end{cases} \tag{4-13}$$

式中 c_{v0i}——土层 i 的初始固结系数，$c_{v0i}=\dfrac{k_{v0i}}{\gamma_w m_{v0i}}$。

综合式(4-5)至式(4-11)得固结控制方程

$$\frac{\partial}{\partial t}\left(\frac{e}{1+e}\right)=\frac{\partial}{\partial z}\left[\frac{k_{\mathrm{v}}}{k_{\mathrm{v0}}}\frac{\frac{\sigma_{\mathrm{f}}'-\sigma_0'}{\sigma_0'}\frac{c_{\mathrm{c}}}{1+e_0}}{\ln 10}\frac{\partial u}{\partial z}\right]=\frac{\partial}{\partial z}\left[\left(\frac{\sigma'}{\sigma_0'}\right)^{-\frac{c_{\mathrm{c}}}{c_{\mathrm{k}}}}\frac{\frac{\sigma_{\mathrm{f}}'-\sigma_0'}{\sigma_0'}\frac{c_{\mathrm{c}}}{1+e_0}}{\ln 10}\frac{\partial u}{\partial z}\right] \tag{4-14}$$

在瞬时荷载作用下，若考虑到土的应力历史，根据式(4-12)，土层 i 的固结方程：

$$\begin{cases}\dfrac{\partial}{\gamma_{\mathrm{w}}\partial z}\left(k_{\mathrm{v}i}\dfrac{\partial u_i}{\partial z}\right)=\dfrac{\partial}{\gamma_{\mathrm{w}}\partial z}\left[k_{\mathrm{v0}i}\left(\dfrac{\sigma_{0i}'}{\sigma_i'}\right)^{\frac{c_{ei}}{c_{\mathrm{k}i}}}\dfrac{\partial u_i}{\partial z}\right]=-\dfrac{1}{1+e_{0i}}\dfrac{c_{ei}}{\sigma_i'\ln 10}\dfrac{\partial u_i}{\partial t} & u_{ij}\geqslant\sigma_{i\mathrm{f}}'-\sigma_{\mathrm{c}i}'(i=1,2,\cdots,n)\\ \dfrac{\partial}{\gamma_{\mathrm{w}}\partial z}\left(k_{\mathrm{v}i}\dfrac{\partial u_i}{\partial z}\right)=\dfrac{\partial}{\gamma_{\mathrm{w}}\partial z}\left[k_{\mathrm{v0}i}\left(\dfrac{\sigma_{0i}'}{\sigma_{\mathrm{c}i}'}\right)^{\frac{c_{ei}}{c_{\mathrm{k}i}}}\left(\dfrac{\sigma_{\mathrm{c}i}'}{\sigma_i'}\right)^{\frac{c_{\mathrm{c}i}}{c_{\mathrm{k}i}}}\dfrac{\partial u_i}{\partial z}\right]=-\dfrac{1}{1+e_{0i}}\dfrac{c_{\mathrm{c}i}}{\sigma_i'\ln 10}\dfrac{\partial u_i}{\partial t} & u_{ij}<\sigma_{i\mathrm{f}}'-\sigma_{\mathrm{c}i}'(i=1,2,\cdots,n)\end{cases} \tag{4-15}$$

土体的固结其实就是土体中超孔隙水压力的消散，固结状态的改变，与超孔隙水压力有关。为计算方便，对固结过程中时间 t、土层深度 z 和超孔隙水压力 u 进行无量纲处理。

a. 固结时间 t：对 t 进行无量纲化，可令 $\omega=\frac{t}{H^2/C_{\mathrm{v0}}}$，固结系数 C_{v0} 隐藏在无因次量 ω，即时间因子中；

b. 土层深度 z：对厚度为 H 的土层，z 深度处的坐标无量纲化得 $Z=\frac{z}{H}$；

c. 超孔隙水压力 u：饱和黏土的固结过程与超孔隙水压力和有效正应力有关，用孔隙水压力消散水平 $\zeta=\frac{\sigma_{\mathrm{f}}'-\sigma'}{\sigma_{\mathrm{f}}'-\sigma_0'}$ 表示。根据定义，ζ 是[0,1]区间的值，当 $\sigma'=\sigma_0'$ 时，$\zeta=1$，说明超孔隙水压力没有消散；当 $\sigma'=\sigma_{\mathrm{f}}'$ 时，$\zeta=0$，说明超孔隙水压力消散完毕。

再定义四个无量纲关系：$\eta=\frac{c_{\mathrm{c}}}{1+e_0}$，$\theta=1-c_{\mathrm{c}}/c_{\mathrm{k}}$，$\tau=\frac{\sigma_{\mathrm{f}}'-\sigma_0'}{\sigma_0'}$，$\xi=\frac{\sigma'}{\sigma_0'}$。可看出以上 ζ,η,θ,τ 和 ξ 五个变量均在[0,1]区间内变化，经变换可得下面关系：

$$\zeta=\frac{1}{\tau}\left(\frac{\sigma_{\mathrm{f}}'}{\sigma_0'}-\xi\right),\quad \xi=1+\tau(1-\zeta) \tag{4-16}$$

Davis & Raymond、Juarez Badillo 等提出的固结模型都假设固结过程中，土体参数不随超孔隙水压力的消散水平变化。而实际上，根据土体的特殊性质，土层压缩指数等参数会在 ξ 的临界值 ξ_{c} 附近产生突变，这个临界处是在超固结土体中，有效应力达到先期固结压力处，即 $\xi_{\mathrm{c}i}=\sigma_{\mathrm{c}i}'/\sigma_{0i}'$，则超孔隙水压力临界值 ζ_{c} 可用下式表示：

$$\zeta_{\mathrm{c}i}=\frac{1}{\tau_i}(1+\tau_i-\xi_{\mathrm{c}i}) \tag{4-17}$$

当 $\zeta_i\geqslant\zeta_{\mathrm{c}i}$ 时，$\eta_i=\eta_{\mathrm{m}i}=\frac{c_{\mathrm{s}i}}{1+e_{0i}}$，此时土体处于超固结状态；

当 $\zeta_i<\zeta_{\mathrm{c}i}$ 时，$\eta_i=\eta_{\mathrm{M}i}=\frac{c_{\mathrm{c}i}}{1+e_{0i}}$，此时土体处于正常固结状态。

一般对于饱和黏土，土体的回弹指数小于压缩指数，即 $c_{\mathrm{s}i}<c_{\mathrm{c}i}$。若临界值 $\xi_{\mathrm{c}i}\in[1,1+\tau]$，对于固结状态的改变，可用上述表达式描述；若临界值 $\xi_{\mathrm{c}i}$ 在区间[1,1+τ]外面，则表示先期固结应力大于最终有效应力，此时 η_i 将恒定不变，实际上该临界值 $\xi_{\mathrm{c}i}$ 即是土层 i 的超固结比 OCR_i。与压缩指数有关的 η_i 值，在有效应力增大的过程中，不是一个连续变化的值，而是个突变量。

假设土体在外荷载作用下，从超固结状态变为正常固结状态，其一维非线性固结模型的推

导过程中，总体积保持不变，即 $1+e\approx 1+e_0$，式(4-14)可变为

$$\frac{\partial}{\partial t}\left(\frac{e}{1+e}\right)=\frac{\partial}{\partial \omega}\left(\frac{e}{1+e_0}\right)=\frac{\partial}{\partial Z}\left[\left(\frac{\sigma'}{\sigma'_0}\right)^{-\frac{c_c}{c_k}}\frac{\frac{\sigma'_f-\sigma'_0}{\sigma'_0}\frac{c_c}{1+e_0}}{\ln 10}\frac{\partial u}{\partial Z}\right]=\frac{\partial}{\partial Z}\left[(\xi)^{\theta-1}\frac{\tau\eta}{\ln 10}\frac{\partial \zeta}{\partial Z}\right] \tag{4-18}$$

又由

$$\frac{e-e_0}{1+e_0}=-c_c\frac{1}{1+e_0}[\lg\sigma'-\lg\sigma'_0]=-\eta\lg\xi \tag{4-19}$$

两边对时间无量纲因子 ω 求导，得

$$\frac{1}{1+e_0}\frac{\partial e}{\partial \omega}=-\eta'\lg\xi+\eta(\lg\xi)' \tag{4-20}$$

ζ 是时间的函数，将 $\xi=1+\tau(1-\zeta)$ 代入式(4-20)，可得

$$\frac{1}{1+e_0}\frac{\partial e}{\partial \omega}=-\eta'\lg[1+\tau(1-\zeta)]+\eta\frac{-\tau}{[1+\tau(1-\zeta)]\ln 10}\frac{\partial \zeta}{\partial \omega} \tag{4-21}$$

超孔隙水压力消散水平 ζ 不仅是时间的函数，且沿土层深度呈变化趋势，是竖直方向无量纲因子 Z 的函数，对式(4-18)右侧式子进行整理得：

$$\frac{\partial}{\partial Z}\left[(\xi)^{\theta-1}\frac{\tau\eta}{\ln 10}\frac{\partial \zeta}{\partial Z}\right]=\frac{\tau\eta}{\ln 10}\left\{(\theta-1)[1+\tau(1-\zeta)]^{\theta-2}(-\tau)\left(\frac{\partial \zeta}{\partial Z}\right)^2+[1+\tau(1-\zeta)]^{\theta-1}\frac{\partial^2 \zeta}{\partial Z^2}\right\} \tag{4-22}$$

将式(4-21)、式(4-22)代入式(4-18)，有

$$\begin{aligned}&-\eta'\lg[1+\tau(1-\zeta)]+\eta\frac{-\tau}{[1+\tau(1-\zeta)]\ln 10}\frac{\partial \zeta}{\partial \omega}\\&=\frac{\tau\eta}{\ln 10}\left\{(\theta-1)[1+\tau(1-\zeta)]^{\theta-2}(-\tau)\left(\frac{\partial \zeta}{\partial Z}\right)^2+[1+\tau(1-\zeta)]^{\theta-1}\frac{\partial^2 \zeta}{\partial Z^2}\right\}\end{aligned} \tag{4-23}$$

整理得非线性固结方程为

$$\frac{\partial \zeta}{\partial \omega}=(\theta-1)\tau[1+\tau(1-\zeta)]^{\theta-1}\left(\frac{\partial \zeta}{\partial Z}\right)^2-[1+\tau(1-\zeta)]^{\theta}\frac{\partial^2 \zeta}{\partial Z^2} \tag{4-24}$$

将 $\xi=1+\tau(1-\zeta)$ 代入式(4-24)，有

$$\frac{\partial \zeta}{\partial \omega}=(\theta-1)\tau\xi^{\theta-1}\left(\frac{\partial \zeta}{\partial Z}\right)^2-\xi^{\theta}\frac{\partial^2 \zeta}{\partial Z^2} \tag{4-25}$$

若 c_c 与 c_k 同步变化时，$\theta=0$，方程(4-25)简化为 Davis 一维固结方程：

$$\frac{\partial \zeta}{\partial \omega}=-\frac{\tau}{\xi}\left(\frac{\partial \zeta}{\partial Z}\right)^2-\frac{\partial^2 \zeta}{\partial Z^2} \tag{4-26}$$

随着超孔隙水压力的消散，有效应力 σ'_i 逐渐增大，当 $\sigma'_i\geqslant\sigma'_{ci}$ 时，土体由超固结状态转变为正常固结状态，$\xi_i=\frac{\sigma'_{ci}}{\sigma'_{0i}}$ 是土层 i 的固结状态变化的临界值（土层 i 的超固结比 OCR_i），此时临界超孔隙水压力的消散水平 ζ_c 为：

$$\zeta_{ci}=\frac{1}{\tau}(1+\tau-\xi_{ci}) \tag{4-27}$$

当 $\zeta_i\geqslant\zeta_{ci}$ 时，此时土体处于超固结状态；

当 $\zeta_i<\zeta_{ci}$ 时，此时土体处于正常固结状态。

用红黏土固结控制方程(4-25)求解的边界条件及初始条件为：

初始条件：$\omega=0$，$\zeta=1$；边界条件：$Z=0$，$\zeta=0$。

$$Z=1,\begin{cases}\dfrac{\partial\zeta}{\partial Z}=0 & \text{单面排水}\\ \zeta=0 & \text{双面排水}\end{cases} \tag{4-28}$$

4.2.5.2　**曲线拟合法预测路基沉降**

人们在工程实践中发现，沉降—时间曲线形状具有一定的规律性，于是根据这种规律进行曲线拟合建立沉降曲线公式。从而使得利用工程前期沉降观测资料预测后期沉降发展成为一种现实的可能，由此途径提出的沉降计算方法即为基于沉降实测资料的沉降计算方法。

双曲线法、指数曲线法、泊松曲线法属于曲线拟合法。所谓曲线拟合法就是假定地基沉降历程符合某一种已知曲线，利用实测沉降数据拟合曲线的参数，然后利用确定后的曲线公式预估地基在任一时间的沉降值。双曲线法是假定沉降平均速度随时间按双曲线递减；指数曲线法是假定沉降平均速度随时按指数曲线递减；泊松曲线法是假定沉降平均速度随时间按泊松曲线递减。双曲线法和指数曲线法求解时常用回归分析法或图解法，泊松曲线法常用三段法。这几种方法由于比较简单，各参数容易得到，且没有假定参数，因而在实际工程中应用较多，但使用双曲线法预估最终沉降量有时偏大，指数曲线法有时偏小，而且采用双曲线法和指数曲线法时需要有较长时间的沉降实测资料，且只能利用路堤填筑到规定标高后的实测沉降数据建模。

星野法、三点法和沉降速率法是根据太沙基单向固结理论建立的方法。星野法是根据固结度小于 50％时的固结度和时间系数 m 关系建立的，这种方法有四个待定参数，这些参数多采用迭代法求取，标准由线性很好的相关系数的大小确定，这就使得采用星野法时需要反复假定和迭代，计算量比较大，而且在回归分析时，相关系数有时总在趋于增大，或者最佳点出现多次，然而星野法有一个极大值点，那就说明它推出的最终沉降量比较接近实际。三点法是根据固结度理论解的普遍表达式建立的，这种方法只需要利用沉降曲线上任意等间距的三个点，计算比较简单，适合于手算，但有时会由于选取的点和等时间间隔的不同而导致计算结果相差较大。沉降速率法是根据固结沉降公式建立的，计算比较简单，但往往会由于时间为零时的沉降速率不是很容易测定或测准而影响预估的精度。

(1)双曲线法

从实测沉降—时间曲线的拐点开始采用双曲线拟合，利用以下公式可以进行最终沉降值的推算：

$$S=S_0+\frac{t}{A+Bt} \tag{4-29}$$

式中　S——推算的最终沉降值；

S_0——对应拐点处的沉降值；

t——自拐点处起开始计算的时间；

A、B——曲线拟合系数。

变换上式可得到：

$$\frac{t}{S_t-S_0}=A+Bt$$

该法认为时间沉降量为一双曲线，但用该公式的计算结果与实测比较后发现偏离较大，推算的最终沉降量也偏大。研究认为采用双曲线法推算最终沉降值，要求有较长时间的沉降观测资料，实测沉降时间一般要求至少在半年以上。在分析过程中应该剔除反差的数据，否则将造成最终沉降推算值的严重偏差。对于这点，有学者研究采用修正双曲线法：

$$S_t = S_0 + \frac{(t-t_0)^n}{[A+B(t-t_0)^n]}$$

根据短时段观测资料，用修正双曲线法推算的最终沉降量与根据长时间资料用双曲线法推算的最终沉降量相当接近。

(2)指数曲线法

指数曲线法是假定沉降平均速度以指数曲线形式减少的经验推导法[41]。认为指数曲线 $\lg(\Delta S/\Delta t)-t$ 为约呈折线形的三段直线，其经验公式为：

$$(S_t - S_0) = (S_\infty - S_0)e^{\frac{t-t_0}{\eta}}$$

在 $\lg(\Delta S/\Delta t)$—t 直线上选取两点$[t_1,(\Delta S/\Delta t)_1]$和$[t_2,(\Delta S/\Delta t)_2]$，使其满足 $\lg[(\Delta S/\Delta t)_2]-\lg[(\Delta S/\Delta t)_1]=1$，代入上式可得：$\eta=0.434(t_2-t_1)$，由此可得最终沉降量 S_∞ 为：

$$S_\infty = S_0 + \eta\left(\frac{\Delta S}{\Delta t}\right)$$

式中 S_0——对应沉降曲线拐点处的沉降值；

S_∞——推算的最终沉降值；

$(\Delta S/\Delta t)_0$——对应沉降曲线拐点处的沉降速率。

另一指数曲线模型是从土层平均固结度为时间的指数函数出发，依据固结度方程和固结度定义得出的：

$$S_t = [1 - A\exp(-Bt)]\cdot S_\infty$$

式中，S_∞ 为最终沉降量；t 为时间；S_t 为 t 时刻的沉降量；A、B 为两个参数。由于上式存在极限，理论上可肯定 t 越大，S_t 越接近某一个数（最大沉降量 S_∞）。实例计算表明，该模型后期确实拟合较好，但对前期沉降拟合不够稳定。

(3)星野法

星野法沉降计算公式为：

$$S_\infty = S_0 + S_t = S_0 + \frac{AK\sqrt{t-t_0}}{\sqrt{1+K^2(t-t_0)}}$$

式中 S_∞——总沉降值；

S_0——假定的瞬时沉降；

S_t——随时间变化的沉降量；

t_0——假定瞬时沉降时的时间；

A、K——待定参数。

上式可转换为如下直线方程的形式：

$$\frac{t-t_0}{(S_\infty - S_0)^2} = \frac{1}{A^2K^2} + \frac{1}{A^2}(t-t_0)$$

其中$\frac{1}{A^2K^2}$为直线的截距，$\frac{1}{A^2}$为直线的斜率。

具体应用时，从实测沉降数据中选取几组假定的(S_0,S_t)和实测沉降数据点(S,t)，根据假定的最终沉降量 S_∞，在坐标系$\frac{t-t_0}{(S_\infty-S_0)^2}$、$(t-t_0)$中绘制成直线形式，按照线性优化原理从中选择合理的数值，并确定出相应参数 A、K 值。将其再代入前式，计算任意时间的沉降量 S_t。若 $t\to\infty$，则最终沉降 $S_\infty = S_0 + A$。

(4)Asaoka 法

Asaoka 法适用于饱和土,进行实测沉降观测后,根据沉降数据推算其沉降发展值。采用单向固结基本方程式:

$$\frac{\partial \varepsilon}{\partial t}=C_v\frac{\partial^2 \varepsilon}{\partial z},\quad \frac{\partial \varepsilon}{\partial t}=C_v\frac{\partial^2 \varepsilon}{\partial z}$$

时间 t 时刻的沉降量为:

$$S(t)=\int_0^H \mathrm{d}\varepsilon\,\mathrm{d}z$$

可以用一个级数形式的微分方程来表示:

$$S+a_1\frac{\mathrm{d}s}{\mathrm{d}t}+a_2\frac{\mathrm{d}^2 s}{\mathrm{d}t^2}+\cdots+a_n\frac{\mathrm{d}^n s}{\mathrm{d}t^n}=b$$

式中:S 为固结沉降量;$a_1,a_2,\cdots,a_n,b$ 为与土的固结系数和边界条件有关的系数。

Asaoka 法就是利用已有的沉降观测资料求出这些未知系数,然后根据这些系数预估总沉降。用差分代替微分可将上式转换为如下递推关系:

$$S_t=\beta_0+\beta_i S_{i-1}$$

具体应用时可用图解法求解,其步骤如下:

①将时间划分成相等的时间段 Δt,在实测 S-t 曲线上读出 $t_1,t_2,\cdots$ 时沉降值,并制成表格。

②在以 S_{i-1} 和 S 为坐标轴的平面上将沉降值 $S_1,S_2,\cdots$ 以点 (S_{i-1},S_i) 画出,如图 4-2 所示,同时作出 $S_i=S_{i-1}$ 直线即 45°直线。

③过点 (S_{i-1},S_i) 作直线 L,其与 45°直线交点对应的沉降即为最终沉降值。

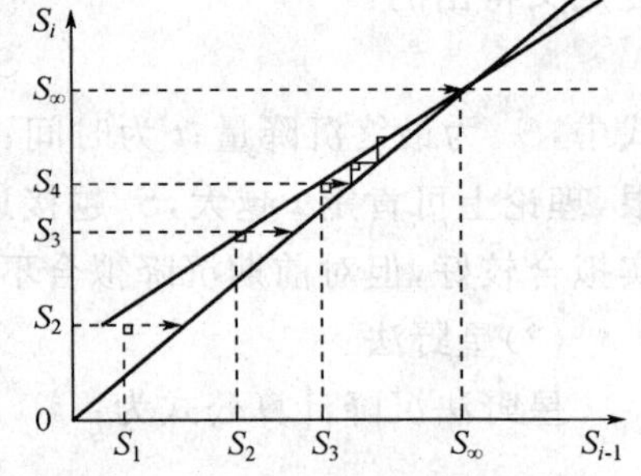

图 4-2 Asaoka 计算原理图

上述是由 Asaoka 最早提出的图解法,其总的思想是以一维固结为前提的 n 阶自回归方程。该法可作为路堤最终沉降的一种简便的预测方法,其突出优点在于可利用较短期的观测资料就能得到较为可靠的最终沉降推算值。其次,还能对是否已进入次固结阶段进行判断,并进行次固结沉降的推算。但存在一些不足之处,最终沉降预测值在一定程度上依赖于时间间隔 Δt,对主、次固结的划分有时存在一定的人为误差。

(5)Logistic 模型

宰金眠、梅国雄在研究地基沉降—时间规律时发现全过程沉降量与时间关系包含两个方面内容:其一是初始沉降不为零;其二是沉降—时间曲线呈现"S"形。加载过程地基沉降的发展可分为 4 个阶段:发生阶段、发展阶段、成熟阶段和到达极限阶段,这与 Logistic 模型所反映的实际事物产生、发展、成熟并达到一定极限的过程是一致的。Logistic 模型,也可称之为增长曲线模型,在时间数列中其一般形式如下:

$$S_t=\frac{b_1}{1+b_2\exp(-b_3 t)}$$

式中,b_1、b_2、b_3 为待定参数。

只要参数选择合理,可很好地拟合几何中的"S"形、"凸"形甚至"凹"形曲线,故适用性较广。

(6)Verhulst 模型

吴雄伟、宋彦辉等基于德国生物学家 Verhulst(1873) 的生物繁殖与人口变化特征模型，提出了下面的沉降预测模型：

$$S(t)=\frac{a/b}{1+\left(\frac{a}{b}\cdot\frac{1}{S_0}-1\right)e^{-a(t-t_0)}}$$

式中，a,b 为常数；t_0 为初始时刻；S_0 为 $S(t)$初始值。

该模型曲线开始段增长慢，中间段增长快，末段增长趋势越来越小。这一规律也很符合饱和黏土的沉降—时间发展关系。当 t 趋向无穷大时，右边值接近 a/b，若作沉降预测式子，这就是地基的最终总沉降。

(7)对数抛物线拟合法

许永明、徐泽中通过对现场观测值的分析，发现路堤建成后的沉降—时间曲线在初期并不表现为双曲线或指数曲线形式，而在沉降—时间对数坐标系中(s-$\lg t$)可看出大致由两部分组成：第一部分可用抛物线公式来拟合；第二部分也即次固结部分可以由直线拟合。第一、二部分发生的量级、时间取决于土层固结后达到的孔隙比所对应的当量固结应力，只要运营期间的有效力小于预压末期的固结应力，次固结可以忽略不计。实践表明，除了有机质含量高的土体外，沉降量主要集中在第一部分，沉降曲线表达式可为：

$$S=A(\lg t)^2+B\lg t+C$$

式中，参数 A、B、C 可用优化求得。

应用该法仅需掌握短期观测资料，即可求得满足工程精度要求的工后沉降量以及铺设路面时的沉降速率，而且该法实际推算结果比双曲线还要可靠。

(8)泊松法

泊松曲线即逻辑曲线(logistic curve)，它来源于人口数学在曲线拟合中对于增长或衰变的"S"形曲线，经常采用如下表达：

$$S_t=\frac{k}{1+ae^{-bt}}$$

因为

$$S_t''=ab^2ke^{-bt}(1+ae^{-bt})^{-3}(ae^{-bt}-1)$$

令

$$M=ab^2ke^{-bt}(1+ae^{-bt})^{-3}>0$$

则

$$S_t''=M(ae^{-bt}-1)$$

当 $t<\frac{\ln a}{b}$时，$S_t''>0$，开口凹向上方；当 $t>\frac{\ln a}{b}$时，$S_t''<0$，开口凹向下方，所以图形呈"S" 形。

而实测 S-t 曲线在某些工程条件下常呈"S"形，故考虑用泊松曲线来拟合实测 S-t 曲线可以用三段法求泊松曲线方程中的各个参数。步骤如下：

①取时间间隔 Δt 相等。

②将时间序列中的数据项数取为 3 的倍数，并把总项数分为 3 段，每段含 $n/3=r$ 项。则第一段为 $t=1, 2, 3\cdots r$；第二段为 $t=r+1, r+2,\cdots 2r$；第三段为 $t=2r+1,2r+2,\cdots 3r$。设 S_1、S_2、S_3 分别为 3 个段内各项数值的倒数和。

$$S_1=\sum_{t=1}^{r}\frac{1}{y_t};\quad S_2=\frac{r}{k}+\frac{ae^{-(r+1)b}(1-e^{-rb})}{k(1-e^{-b})};\quad S_3=\sum_{t=2r+1}^{3r}\frac{1}{y_t}$$

因为

$$\frac{1}{y_t}=\frac{1}{k}+\frac{a\mathrm{e}^{-bt}}{k}$$

所以

$$S_1=\sum_{t=1}^{r}\frac{1}{y_t}=\frac{r}{k}+\frac{a\mathrm{e}^{-b}(1-\mathrm{e}^{-rb})}{k(1-\mathrm{e}^{-b})}$$

同理

$$S_2=\frac{r}{k}+\frac{a\mathrm{e}^{-(r+1)b}(1-\mathrm{e}^{-rb})}{k(1-\mathrm{e}^{-b})},\quad S_3=\frac{r}{k}+\frac{a\mathrm{e}^{-(2r+1)b}(1-\mathrm{e}^{-rb})}{k(1-\mathrm{e}^{-b})}$$

由上三式解得：

$$b=\frac{\ln\left(\frac{S_1-S_2}{S_2-S_3}\right)}{r}$$

$$k=\frac{r}{S_1-\frac{(S_1-S_2)^2}{(S_1-S_2)-(S_2-S_3)}}$$

$$a=\frac{(S_1-S_2)^2(1-\mathrm{e}^{-b})k}{((S_1-S_2)-(S_2-S_3))\mathrm{e}^{-b}(1-\mathrm{e}^{-rb})}$$

则可求得任一时刻 t 的沉降 S_t，进一步将时间趋向无穷，可以得到最终沉降 S_∞。

工后沉降控制问题是影响建成后轨道质量、行车安全和使用寿命的关键性问题。为了正确地估算沉降量，国内外学者提出了许多计算方法，但由于公式推导的假定条件有所不同、地基土的物理力学指标选取方式以及加载方式的不同等原因，沉降计算值与实测值之间出现较大误差。因此，用现场实测沉降资料对土的参数进行反分析及对后期沉降量进行推算已成为沉降控制研究的主要方向。应用实测的沉降—时间曲线推算后期沉降量，除了双曲线法、指数曲线法、三点法、沉降速率法和星野法以外，灰色模型预测法、Asaoka 法和三模式法的应用也较为广泛。应用这些方法推算后期沉降都需要一个长时间恒载期的观测资料，而对于工期较紧和需要动态设计的工程项目，能否用较短时间的实测资料来推算后期沉降量是值得研究的问题。

4.3　武广高速铁路红黏土地基沉降计算及预测

地基沉降是很复杂的课题，纯经验或纯理论的观点都是不可取的，而经典分析法的简便直观则对工程技术人员来讲具有无限的魅力。目前，我国路基工程中，路基沉降计算常常采用分层总和法、规范推荐法等等，再根据实际情况进行一定的修正。应该说，这种方法把理论计算、地质条件和实际工程经验三者紧密地起来了，是比较合理的计算方法。但是，其不足之处在于修正系数的取值粗略，导致最终计算结果与实际值之间仍有较大差异。因此修正系数是沉降计算中理论结合实践的重要途径。

4.3.1　附加应力系数计算

(1)方形承压板

因为现场平板非常规载荷试验中一般采用矩形承压板上受均布荷载作用，故理论计算时也采用相同的受力模式(如图 4-3 所示，采用 1/4 承压板)。

矩形面积受均布荷载作用时角点下附加应力系数为：

$$\alpha_c=\frac{3z^3}{2\pi}\int_0^l\int_0^b\frac{\mathrm{d}x\,\mathrm{d}y}{(x^2+y^2+z^2)^{\frac{5}{2}}}$$

$$=\frac{1}{2\pi}\left[\arctan\frac{m}{n\sqrt{1+m^2+n^2}}+\frac{mn}{\sqrt{1+m^2+n^2}}\times\left(\frac{1}{m^2+n^2}+\frac{1}{1+n^2}\right)\right] \quad (4\text{-}30)$$

式中，$m=\frac{l}{b}$，$n=\frac{z}{b}$（其中 l 为矩形面积的长度，b 为宽度）。

实际计算时，我们只计算承压板下中心处沉降量，故采用 1 m×1 m 承压板时，$l/b=0.5/0.5=1$。因此：

$$\alpha_c=\frac{1}{2\pi}\left[\arctan\frac{1}{2z\sqrt{2+4z^2}}+\frac{4z}{(1+4z^2)\sqrt{2+4z^2}}\right] \quad (4\text{-}31)$$

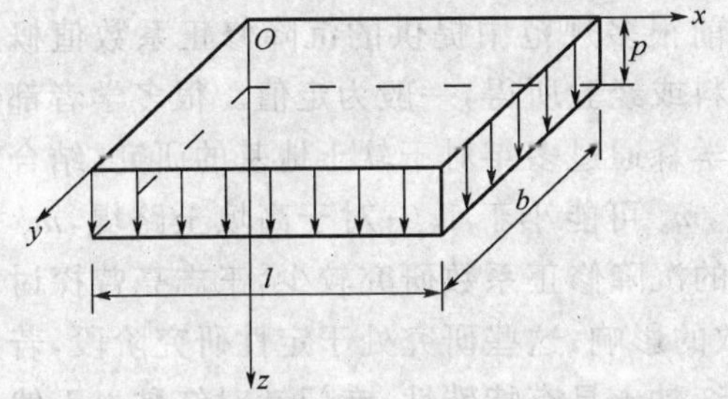

图 4-3　方形承压板地基受力模式示意图

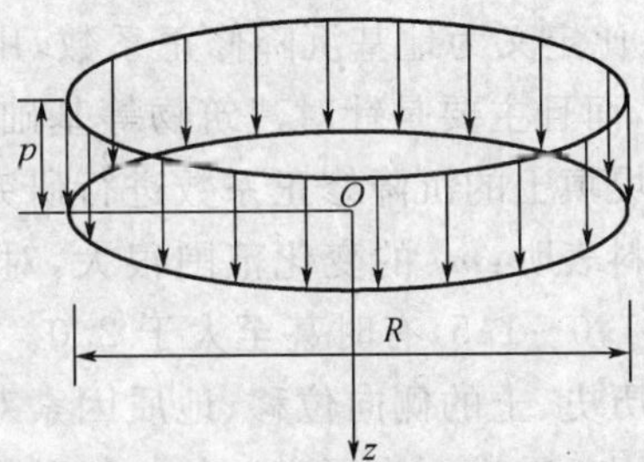

图 4-4　圆形承压板地基受力模式示意图

(2)圆形承压板（图 4-4）

根据圆形面积上受均布荷载的附加应力系数表，可拟合出应力系数与变量 a 之间具有很好相应的函数关系：

$$\alpha_c=0.001a^5-0.021a^4+0.12a^3-0.281a^2+0.061a+0.999 \quad (4\text{-}32)$$

式中 $a=z/R$。

(3)梯形荷载附加应力 σ_i 计算

梯形截面 $agcd$，填土高度为 h，顶宽为 $2b'$，底宽为 $2b$，将边坡 ag，cd 延长后交于 e，三角形 aed 的高为 h'（图 4-5）。

三角形分布的条形荷载下附加应力系数计算公式为：

$$\sigma_z=\frac{p}{\pi}\left[n'\left(\arctan\left(\frac{n'}{m}\right)-\arctan\frac{(n'-1)}{m}\right)-\frac{m(n'-1)}{(n'-1)^2+m^2}\right] \quad (4\text{-}33)$$

式中 p 为三角形荷载的最大值。$n'=\frac{x}{b}$，$m=\frac{z}{b}$，b 为荷载分布宽度（坐标原点在三角形荷载的零点处）。

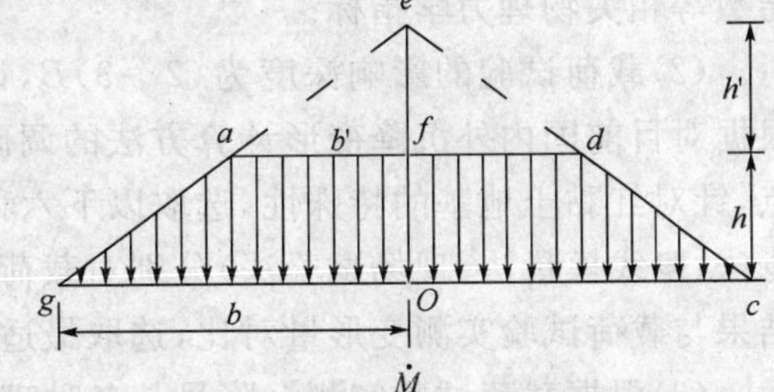

图 4-5　梯形荷载作用下受力示意图

将梯形荷载 $agcd$ 分解为两个三角形荷载 egc 和 ead 之差，利用三角形分布条形荷载的附加应力计算公式并根据对称性有：

$$\sigma_z=2[\sigma_z(ego)-\sigma_z(eaf)]=2\left(\alpha_{s1}\cdot\gamma h-\alpha_{s2}\cdot rh\cdot\frac{b'}{b}\right)=\gamma h\cdot\frac{2}{(1-b'/b)}\left(\alpha_{s1}-\alpha_{s2}\cdot\frac{b'}{b}\right) \tag{4-34}$$

式中 α_{s1} 和 α_{s2} 分别对应△ego 和△eaf 的应力系数。将各式整理可得路堤中线下深度 z(M 点)处的附加应力系数 α_z 为：

$$\alpha_z=\frac{2}{\left(1-\dfrac{b'}{b}\right)}\cdot\frac{1}{\pi}\left(\arctan\frac{1}{m_1}-\frac{b'}{b}\arctan\frac{1}{m_2}\right) \tag{4-35}$$

式中 $m_1=\dfrac{z}{b}, m_2=\dfrac{z}{b'}$。

4.3.2 沉降修正系数的确定

工程上通常用单向的分层总和法求得主固结沉降量后，将实测沉降 S_∞ 与理论计算沉降 S_{cal} 之比定义为地基沉降修正系数，用 m_s 表示。目前很多规范中提供的沉降修正系数值概念笼统，而且主要是针对建筑物等基础的长期观测资料或经验所得，一般为定值。很多学者都针对路堤填土的沉降修正系数进行研究，著名学者折学森通过多年对于软土地基的研究，结合实践资料表明：m_s 的变化范围很大，对于低填土路堤，m_s 可能小于 1.0；对于高填土路堤，m_s 一般为 1.0～1.5，有时甚至大于 2.0。对于天然土基的沉降修正系数研究较少，王志亮曾探讨了应力历史、土的侧向位移、地质因素对沉降修正系数的影响，这些研究处于定性研究阶段，若具体应用仍需进一步研究。与一般黏性土性质不同，红黏土具有特殊性，专门针对红黏土天然地基进行沉降修正系数研究还未有报道。本课题针对红黏土的特殊性，对武广高速铁路沿线的区域红黏土，结合载荷试验和静力触探试验及室内土工试验，研究其合理的计算方法，将载荷试验实测的沉降量与理论计算量对比，得到该区域红黏土的沉降修正系数，用 φ_s 表示。

4.3.3 红黏土地基沉降计算

4.3.3.1 计算思路

沉降计算的计算思路总结如下：

(1)为研究红黏土地基的变形特性，着重选用泉口工点(DK1293＋430)，通过大量的室内外试验，得到大量的参数。根据拟合的 E_s-Z 关系计算不同深度处的压缩模量、压缩指数、回弹指数等相关物理力学指标。

(2)载荷试验的影响深度为(2～3)B，计算载荷试验承压板下 3B 范围内土的沉降变形。根据对目前国内外沉降变形计算方法的调研，结合工程实际的简单、易懂，参数获取容易等特点，针对红黏土地基的特殊性，选取以下六种计算方法(分层总和法、e-lg p 法、三向应力法、规范法、割线模量法、现场试验法)分别对载荷试验影响深度范围内的土层变形进行计算，将计算结果与载荷试验实测变形量对比，选取最适合红黏土地基的沉降计算方法。

(3)根据载荷试验实测沉降量与各种理论计算沉降量相对比，经过统计分析，得到各种方法修正系数，再将修正后的理论沉降量与实测值相对比，符合实测值的计算方法为本课题推荐采用的方法。

4.3.3.2 计算工点概况

武广高速铁路大部分红黏土地基都已作处理，将未处理的红黏土路堑段 DK1294＋065 工点进行分析。通过对该工点的现场勘察和钻孔取样，可知其地质情况大致可分三层，0.5 m 以上为红色夹黄褐色黏土、硬塑，为植被土；0.5～7.2 m 为红色黏土、硬塑，呈网纹状构造，条纹呈灰白色，局部夹粗细角砾；7.2～12.3 m 为褐黄色黏土，硬塑，呈网纹状构造，条纹呈灰白色，夹 5%黑褐色的锰质结核，局部含粗细角砾，12.3 m 以下干钻不下，标贯开始反弹严重，地下稳定水位为 1.8 m。通过大量室内土工试验所得该点红黏土的物理力学性质指标见表 4-5。

表 4-5 泉口(DK1293＋430)试样物理力学指标

土样深度	含水率	密　度	孔隙比	饱和度	相对密度	液限	塑限	塑性指数
m	$w/\%$	$\rho/\mathrm{g/cm^3}$	e	$S_r/\%$	G_s	$w_L/\%$	$w_P/\%$	I_P
0.7～0.9	25.00	2.01	0.70	97.81	2.73	51.1	29.9	21.2
2.4～2.6	25.90	2.02	0.70	100.79	2.73	54.8	24.3	30.6
3.7～3.9	25.59	2.02	0.70	100.18	2.73	57.5	30.0	27.6
4.6～4.8	27.69	1.99	0.76	99.60	2.75	65.9	25.9	40.0
9.7～9.9	39.97	1.85	1.07	100.00	2.74	66.9	34.7	32.2
10.9～11.1	18.60	1.92	0.66	75.62	2.69	61.9	28.0	33.9
12.5～12.7	22.59	1.78	0.87	70.66	2.71	73.9	34.2	39.8

载荷试验埋深 1.9 m，常年地下水位 1.9 m，地基的计算面积为 1 m×1 m，作用均布外荷载 P＝160 kPa，假设载荷试验影响深度范围为 3 m，则土样深度为 0～4.9 m，该范围内土的密度取平均值 2.0 t/m³，饱和容重为 19.6 kN/m³，考虑地下水因素，1.9 m 以下部分土层自重应力计算时应取浮容重 9.8 kN/m³。

泉口工点载荷试验位置见图 4-6，该点载荷试验(DK1293＋430)采用非常规试验方法，载荷板的承压板为方形，面积为 1 m²。试验荷载先分别为 50、100、160、180 kPa，加荷时间分别为 4 h、4 h、16.4 d、7.1 d。见表 4-6 稳定后逐步卸荷为零，再分级加载至 850 kPa，试验加载到 850 kPa 时，沉降量为 13.58 mm。

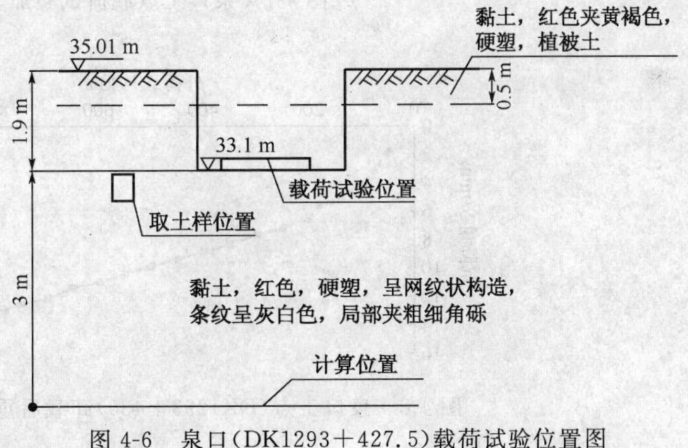

图 4-6 泉口(DK1293＋427.5)载荷试验位置图

表 4-6 泉口载荷试验沉降量与荷载表

试验荷载/kPa		本级荷载加载时间	本级沉降/mm	累计沉降/mm
加　荷	50	4 h	1.82	1.82
	100	4 h	2.27	4.09
	160	16.4 d	1.30	5.39
	180	7.1 d	0.20	5.59
卸　荷	100	1 h	－0.51	5.08
	50	1 h	－1.99	3.09
	0	—	2.33	0.66

图 4-7 是加载至 180 kPa 后再卸载至零的 P-S 曲线，由图可看出，P-S 线呈曲线关系；图 4-8 是卸载后重新加载的曲线。当荷载 $P<200$ kPa 时，P-S 线为曲线；当荷载 $P\geqslant 200$ kPa 时，P-S 关系呈线性，即在压力较小时呈曲线，压力较大时呈直线。出现这种情况可能是由于土体在地基中受到自重应力，挖坑进行载荷试验时，上部土体（约 1.9 m）被挖除后，1.9 m 下部土体由于应力释放，成了超固结土，在试验加荷的初期阶段为再压缩曲线，呈较缓的曲线，当达到前期固结压力时，成为正常固结土。随着荷载 P 进一步增大，可看出 P-S 曲线平缓无明显陡降段，基本呈线性关系，红黏土变形与荷载关系几乎呈直线关系，沉降量并不大。说明当试验压力为 850 kPa 时，地基压缩变形仍为弹性变形阶段，表明土体比较硬，土在加载—卸载—加载的过程中残留变形与弹性变形的数值逐渐减小，土体的变形带有纯弹性，达到弹性压密状态。这说明，红黏土的加荷与卸荷对土体的压缩性影响很显著，应考虑该区域的应力历史对地基沉降计算的影响。图 4-9 为泉口工点曲线直线拟合图。

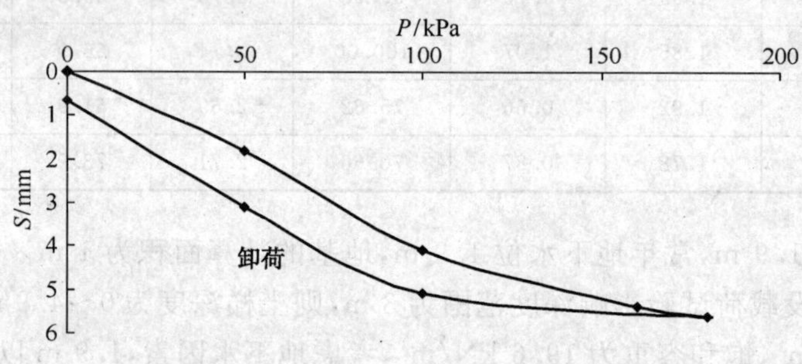

图 4-7　泉口工点载荷试验加、卸荷图

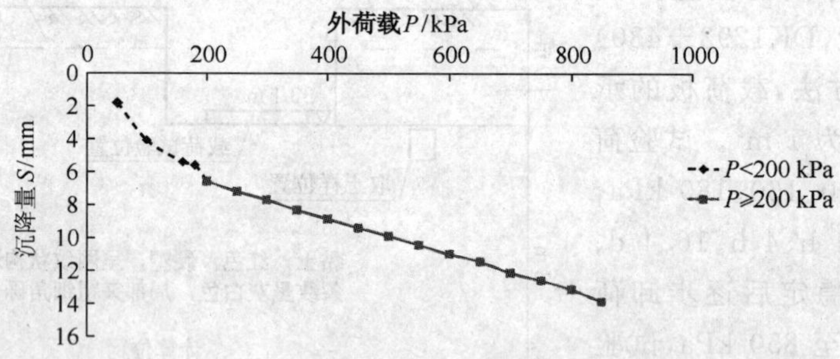

图 4-8　泉口工点(DK1293＋430)卸载后重新加载的 P-S 曲线

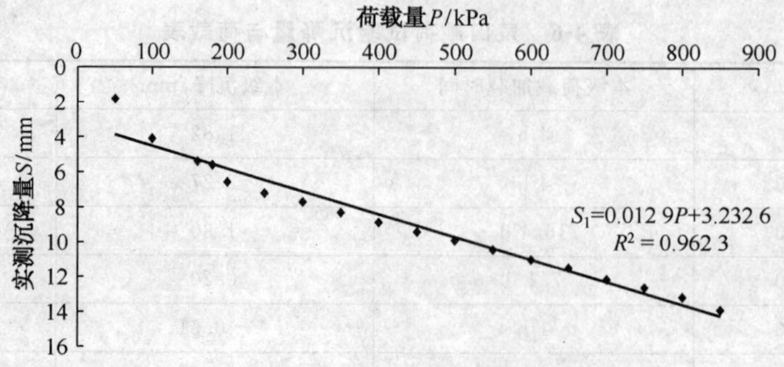

图 4-9　泉口工点(DK1293＋430)P-S 曲线直线拟合

4.3.3.3 分层总和法

分层总和法计算原理是将压缩层厚度以内的土层分成许多薄的水平土层(图4-10、图4-11),然后以无侧胀的假定,求各土层在基础中心轴线上的沉降,最后总和起来,作为基础的最终沉降量。设某一水平土层的厚度为 h_i,压缩变形量为 S_i,则将地基受压层范围内的压缩量为

$$S = S_1 + S_2 + S_3 + \cdots + S_n = \sum S_i = \sum_{1}^{n} m_{vi} \cdot \Delta p_i \cdot h_i \tag{4-36}$$

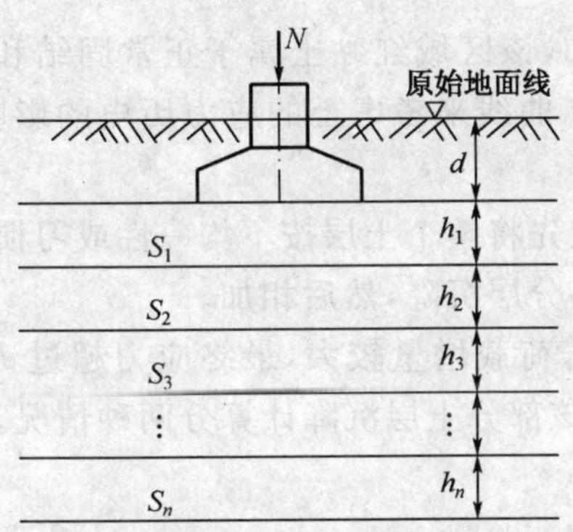

图4-10 分层总和法计算原理示意图

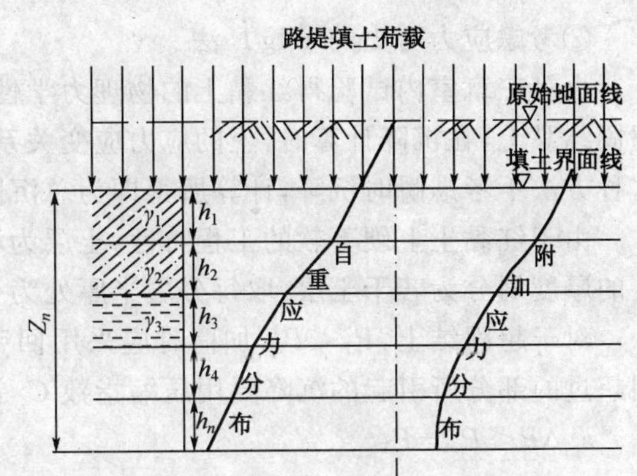

图4-11 分层总和法计算地基沉降示意图

考虑土体变形情况,沉降计算可分为两大类:一是单向压缩沉降计算法;二是考虑侧向变形的情况。

(1)无侧向变形情况

根据获取参数的不同,采用不同的方式,常用的有:①α_v 或 E_s 法,根据压缩系数 α_v 或压缩模量 E_s 的压力范围不同,又可分为取实际压力范围和仅取压力变化范围为100～200 kPa两类;②e-P 曲线法,选取实际压力变化范围,按照实测压缩曲线进行计算;③e-lg P 法,考虑了应力历史对沉降的影响;④浙大经验公式法,该公式总结国内外若干工程初始沉降在总沉降所占的比例,并结合理论分析,建议在考虑先期固结压力计算固结沉降的基础上,通过经验系数 m 考虑初始沉降对总沉降的贡献;⑤"规范法",在以上分层总和法的基础上,各工程部门采用不同的经验系数对沉降量进行修正,形成本部门的"规范法"。

以上①、②、③三种方法是以侧向完全限制的压缩试验结果为依据,沉降计算不能反映侧向变形的影响;④、⑤两种方法是用修正系数来修正前几种方法计算值与实际值之间的误差。以下按 E_s 法、e-lg P 法分别计算沉降进行对比。因浙大经验公式法和"规范法"中的修正系数,没有针对红黏土的修正系数,故不考虑采用。

①E_s 法

土层的压缩被认为是孔隙体积的缩小,则

$$S_i = \frac{\sigma_{zi}}{E_{si}} h_i \tag{4-37}$$

式中 S_i——各分层厚度内沉降值,mm;

σ_{zi}——各分层中心点附加应力,kPa;

h_i——各分层厚度,m;

E_i——各分层中心点压缩模量，MPa。

表 4-7 是利用 E_s 法计算的沉降量与实测沉降量的比较表。

表 4-7　不同荷载作用下的计算沉降值与实测沉降值

荷载量/kPa	50	100	160	180	200	250	300	350	400
实测沉降量/mm	1.82	4.09	5.39	5.59	6.57	7.2	7.69	8.3	8.85
计算沉降量/mm	0.69	3.37	6.6	7.67	8.75	11.44	13.34	16.82	19.51

②考虑应力历史的 e-lg P 法

由第三章室内试验得红黏土的物理力学性质指标可知，该区域红黏土属于正常固结和弱超固结黏土，在沉降计算时，土的应力应变关系采用 e-lg P 曲线来考虑土的应力历史的影响。这种方法不考虑瞬时沉降，计算所得即为总沉降。

由于红黏土上硬下软的工程特性，土层为不均匀性，应先将整个土层按不均一性或习惯规定的厚度划分为若干土层，取每分层半厚处为代表点，求各分层沉降，然后相加。

对于超固结土，$P_1<P_c$，加荷时应采用回弹指数 C_e，若荷载增量较大，最终应力超过 P_c，则超过的部分所引起的沉降要用压缩指数 C_c 计算。因此该部分土层沉降计算分两种情况。

a. $\Delta P<P_c-P_1$

$$S_i=\frac{h}{1+e_{0i}}C_e\lg\frac{P_1+\Delta P}{P_1} \tag{4-38}$$

b. $\Delta P\geqslant P_c-P_1$

$$S_i=\frac{h}{1+e_{0i}}\left(C_e\lg\frac{P_c}{P_1}+C_c\lg\frac{P_1+\Delta P}{P_c}\right) \tag{4-39}$$

通过大量室内外试验研究红黏土地基变形规律及所需参数。试样共取自 DK1274＋647、DK1293＋427、DK1443＋138、DK1784＋889 四个工点的载荷试验点附近的 16 个钻孔。为了使所取土样具有代表性，且能反映红黏土土层的空间性，每个钻孔均从地表钻孔至基岩，每 0.5 m 深连续从不同深度处取红黏土原状土样，共计 150 筒试样。通过对试样进行大量的室内土工试验，得到影响红黏土地基强度和稳定性的各种参数，分析试验结果发现，红黏土天然剖面上，各深度处的颗粒级配相似，红黏土地基随深度增加，含水率、孔隙比、液限、液性指数、塑性指数增大，塑限、压缩模量、密度减小。与一般的黏性土在自重作用下排水固结，密度增大的规律相反，称作红黏土的反剖面特征。前期固结压力 P_c 大多比自重应力 P_0 稍大，其超固结比 OCR 值一般为 1.1～5.0，个别地方有 6～8，但都属于超固结黏土。固结比在剖面上具有与一般黏性土相反的规律，上层土体的固结比大于下部土层。对典型的红黏土工点(DK1274＋240、DK1293＋443)沿深度方向的前期固结压力分析总结如表 4-8 和图 4-12、图 4-13 所示。

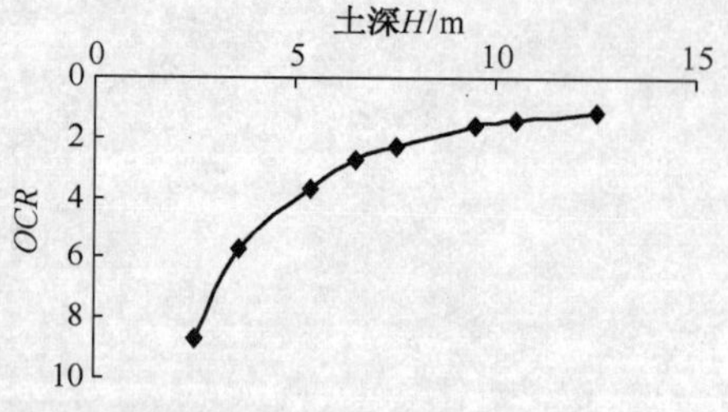

图 4-12　DK1274＋240 土深与超固结比关系

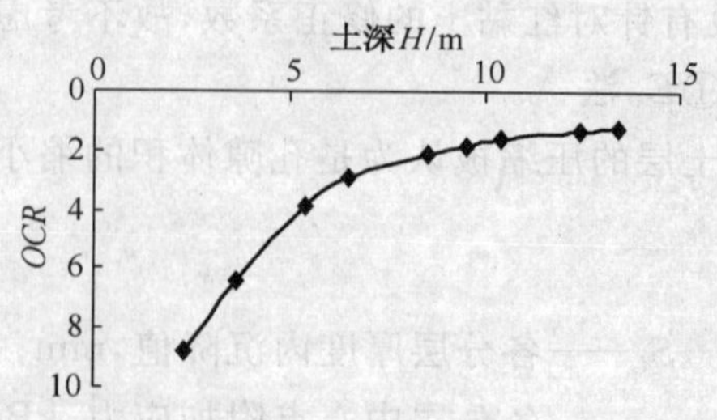

图 4-13　DK1293＋443 土深与超固结比关系

表 4-8 各工点超固结性

工点	取土深度 H/m	先期固结压力 P_c/kPa	上覆土层压力 P_0/kPa	超固结比 OCR	压缩模量 E_s/MPa^{-1}
咸宁 DK1274+240	2.4～2.6	450	52	8.7	11.82
	3.5～3.7	420	74	5.7	8.38
	5.3～5.5	403	110	3.7	14.14
	6.4～6.6	356	132	2.7	9.42
	7.4～7.6	342	152	2.3	8.42
	9.4～9.6	305	192	1.6	6.63
	10.4～10.6	295	212	1.4	6.72
	12.4～12.6	288	252	1.1	7.47
泉口 DK1293+443	2.2～2.4	460	52	8.8	15.04
	3.5～3.7	475	74	6.4	14.04
	5.3～5.5	431	110	3.9	10.34
	6.4～6.6	385	132	2.9	12.27
	8.4～8.6	364	172	2.1	12.59
	9.4～9.6	354	192	1.8	12.18
	10.3～10.5	326	210	1.6	9.15
	12.3～12.5	308	230	1.3	11.32
	13.3～13.5	294	250	1.2	10.98

黏性土的前期固结应力若单纯由自重压力引起，则形成的先期固结压力随深度呈线性增大，由试验可知红黏土的 P_c 随深度反而线性减小，见图 4-12 和图 4-13，因此该类黏土受自重应力的影响较小，主要取决于其他因素，具体表现在粒度、矿物成分、交换离子类型及含量、游离氧化物、结构类型、含水率、围压及温度等，这些因素中主要的是成分、结构和所处环境。红黏土的 P_c 值是土层保留有一定结构性的反应，不仅能反映土的受荷历史、胶结强度等，还能在某种程度上反映土的力学性质。造成超固结应力的因素有很多，不论成因如何，P_c 是影响沉降分析的重要因素，当土体所受应力 $\sigma'_v>\sigma'_p$ 时，则土体的压缩性增大 2～10 倍，刘醇栋通过整理大量试验资料，提出 $C_c=(2\sim10)C_r$ 的统计关系。由固结试验对红黏土的压缩变形进行研究发现，试样的室内再压缩曲线比初始压缩曲线要平缓得多，这表明试样经历的应力历史不同将使它具有不同的压缩特性。武广高速铁路沿线红黏土由固结试验所得其压缩指数与回弹指数的关系为：$C_c=(2.08\sim4.95)C_r$。证明该区域红黏土具有超固结特性，在沉降计算中，若不考虑该超固结性，将高估地基的沉降量，因此分析红黏土的变形时，要考虑应力历史的影响。

由 e-lg$P$ 方法可以求得各级荷载作用下，考虑应力历史的沉降量，如表 4-9。

表 4-9 不同荷载作用下的计算沉降量值与实测沉降量值

荷载量/kPa	50	100	160	180	200	250	300	350	400
实测沉降量/mm	1.82	4.09	5.39	5.59	6.57	7.2	7.69	8.3	8.85
计算沉降量/mm	0.59	2.63	7.59	9.09	10.78	14.73	18.13	21.78	25.05

从其计算结果与实测结果的对比可看出，实测沉降量与计算沉降量值之间存在较大的误差，这是因为分层总和法沉降计算的前提有很多的假设条件，如土体是均值弹性体，当地基土压缩时不考虑侧向变形等等。而天然地基土都是不均匀的，即使遇到均一土层，随着深度的变化，土的某些物理力学指标也在改变，而且在土体实际受力过程中必然会产生侧向位移。

(2)侧向变形情况

土体在荷载作用下，考虑其三向变形的方法包括：ⓐ三向应力法，即 Skempton-Bjerrum 法，分析饱和黏土单元土体在荷载作用下的剪切变形和固结变形的应力路径，对一维固结沉降加初始沉降的计算模式提出修正。ⓑ黄文熙三维压缩法，考虑地基在荷载作用下的变形，实际上处于三维压缩状态，建议采用三维压缩公式计算各分层的沉降量。ⓒ龚晓南三维压缩非线性模量法，采用非线性弹性模量方程，考虑土体三维压缩，采用分层总和法计算地基沉降。虽然侧向变形是引起沉降的重要因素，但是上述方法由于参数确定较困难，尚未得到推广应用。课题作为研究需要，在大量的室内三轴试验基础上得到相关参数，采用三向应力法(Skempton-Bjerrum 法)计算沉降，与其他方法进行比较。

三向应力法考虑一般地基固有的三向变形特性，将单向压缩过程中 ΔP 以不排水条件下饱和土瞬时加荷产生的孔隙水压力增量 Δu 代替，认为沉降过程即为孔隙水压力消散的过程。按 Skempton 和 Bjerrum 理论，当饱和土同时受压力增量 $\Delta\sigma_1$ 和 $\Delta\sigma_3$ 作用时，孔隙水压力增量 Δu 为：

$$\Delta u = B[\Delta\sigma_3 + A(\Delta\sigma_1 - \Delta\sigma_3)]$$

对于饱和土，$B=1$，则沉降公式可为：

$$S_c = \int_0^H m_v \cdot \Delta u \cdot dz = \int_0^H m_v \cdot \Delta\sigma_1 \left[A + (1-A)\frac{\Delta\sigma_3}{\Delta\sigma_1}\right] dz \tag{4-40}$$

对比式(4-36)可知：

$$S_c = \mu_c \cdot S \tag{4-41}$$

式中，S 为用式(4-36)计算的沉降，μ_c 为修正系数，用下式表示：

$$\mu_c = \frac{\int_0^H m_v \cdot \Delta\sigma_1 \left[A + (1-A)\cdot\frac{\Delta\sigma_3}{\Delta\sigma_1}\right] dz}{\int_0^H m_v \cdot \Delta\sigma_1 dz} \tag{4-42}$$

如果体积压缩系数 m_v 和孔隙压力系数 A 为常数量，则有：

$$\mu_c = A + (1-A)\alpha, \quad \alpha = \frac{\int_0^H \Delta\sigma_3 dz}{\int_0^H \Delta\sigma_1 dz} \tag{4-43}$$

在计算地基土的附加应力 $\Delta\sigma_1$ 和 $\Delta\sigma_3$ 时，饱和土不排水条件下可取泊松比为 0.5，则 α 仅与基础形状、压缩土层厚度 H 和基础短边之比 H/B 有关。

而式(4-43)中的 A 值由三轴不排水试验测得，它随土的应力历史而不同。对于圆形或方形基础，可按式(4-43)计算，也可查图获得。

按上述方法计算，应考虑瞬时沉降 S_i，故最终沉降为：

$$S = S_i + S_c$$

这是考虑三向变形效应的单向压缩沉降计算方法。这种方法最大的优点就是计算简单，指标容易确定，可以考虑各种土层条件、地下水位、基础性状，还能考虑压缩指标修正和地基土的应力历史等。简单的单向压缩沉降计算方法适用于压缩土层埋藏较深或基础面积大大超过压缩层厚度，而在较坚硬的地基土条件下，取样的扰动常常高估了沉降量。三向变形效应，即考虑土的侧向变形的单向压缩沉降计算方法，既考虑了土体应力历史的影响又计及了土的剪胀性，能较好地反映土的变形。

①瞬时沉降计算

斯肯普顿提出黏性土层初始不排水变形所引起的瞬时沉降可用弹性力学公式进行计算，通过室内大比例尺模型试验和现场实测结果表明，当饱和的或接近饱和的黏性土在受到中等的应力增量的作用时，整个土层的弹性模量可近似地假定为常数。

黏性土地基上基础的瞬时沉降 S_i 按下式计算：

$$S_i=\omega(1-\mu^2)p_0\cdot b/E$$

式中 b——矩形荷载板的宽度或圆形荷载板的直径；

ω——沉降影响系数。按基础的刚度、底面形状及计算点位置而定，泉口工点的载荷试验为 1 m×1 m 的方形承载板，由表查得值为 0.88；

p_0——基底附加应力；

μ、E——土的泊松比和弹性模量，斯开普顿考虑饱和黏性土在瞬时加荷时体积变化等于零的特点，根据广义胡克定律确定泊松比 $\mu=0.5$。

②固结沉降

根据泉口工点固结不排水三轴试验可确定，孔隙水压力系数 $A=0.53$，体积压缩系数 m_v 可根据三轴试验体应变与垂直压力之比求得 $m_v=0.05$，根据三轴试验得出土样在固结后加荷剪切时的泊松比为 $\mu=0.35$，$K_0=0.53$。

由按单向压缩沉降算得 S_c。

按考虑三向应力效应计算的总沉降为 $S=S_i+S_c$。图 4-14 为附加应力与深度的关系图。

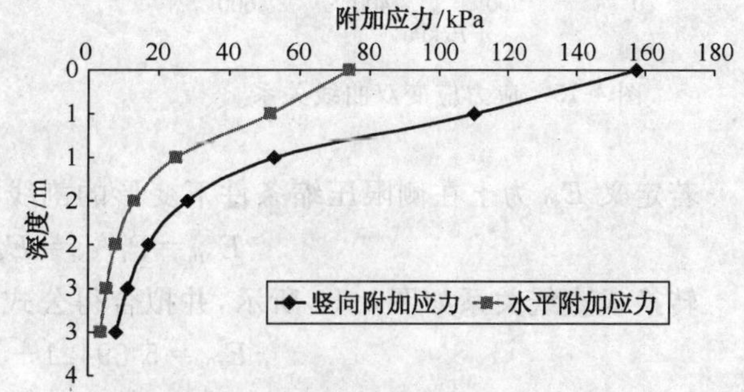

图 4-14 附加应力与深度的关系

用上述方法可计算不同荷载作用下考虑三向应力效应的总沉降量(表 4-10)。

表 4-10 不同荷载作用下计算沉降量值与实测沉降量值

荷载量/kPa	50	100	160	180	200	250	300	350	400
实测沉降量/mm	1.82	4.09	5.39	5.59	6.57	7.2	7.69	8.3	8.85
计算沉降量/mm	1.04	5.14	10.06	11.7	13.34	17.44	21.54	25.64	29.74

4.3.3.4 割线模量法

割线模量法是利用侧限一维压缩试验，得到应力应变曲线，根据康德纳建议，用双曲线对应力应变曲线进行拟合，得到各荷载作用下的割线模量，利用割线模量计算沉降量公式：

$$S_\infty=\sum_{i=1}^{n}\frac{E_{s0}}{E_{s0i}E'_{s0i}}\Delta P_iH_i$$

式中 E_{s0i}——第 i 层土的相应于平均自重应力时的割线模量值；

E'_{s0i}——第 i 层土相应于平均自重应力加附加应力时的割线模量值；

ΔP_i——第 i 层土平均附加应力值。

在侧限一维压缩条件下土样在某级荷载作用下的稳定变形为 S_i，土样在未加荷时的高度

为 H_0，则可定义：

$$\varepsilon_{si}=S_i/H_0$$

ε_{si} 为土样在 i 级荷载作用下的侧限压缩应变，则常规压缩试验资料就可整理成 ε_i-P 关系，见图 4-15。该关系可用下述公式表达：

$$\varepsilon_{si}=\frac{P_i}{E_{s0}+BP_i}$$

式中　E_{s0}——初始割线模量；

B——试验确定的参数。

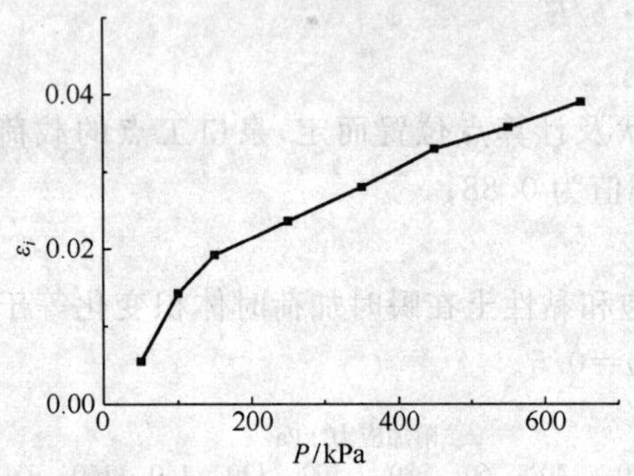

图 4-15　应力应变双曲线关系

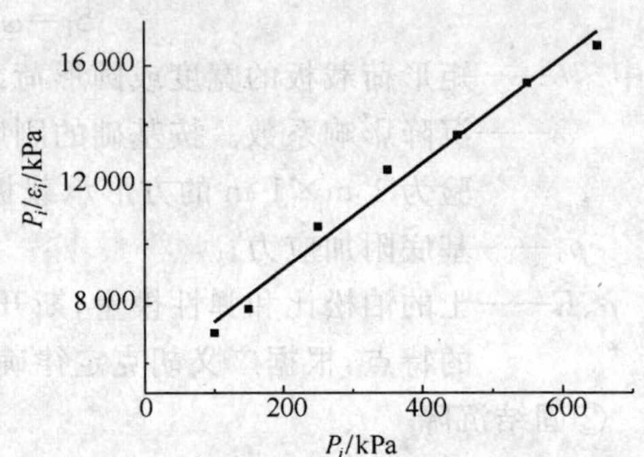

图 4-16　应力应变转换直线关系

若定义 E_{s0i} 为土在侧限压缩条件下变形的割线模量，则 E_{s0i} 可用下式表达：

$$E_{s0i}=P_i/\varepsilon_{si}=E_{s0}+BP_i$$

转换成直线关系如图 4-16 所示，并拟合得公式如下：

$$E_{s0i}=5\ 594.1+17.75P_i$$

计算不同荷载下红黏土地基土的沉降量值，如表 4-11。

表 4-11　不同荷载作用下沉降量值

载荷试验加载量/kPa	基底附加应力	实测沉降量/mm	计算沉降量	修正系数
50	12.76	1.82	1.64	1.10
100	62.76	4.09	7.50	0.54
160	122.76	5.39	13.56	0.39
180	142.76	5.59	15.39	0.36
200	162.76	6.57	17.13	0.38
250	212.76	7.20	21.17	0.34
300	262.76	7.69	24.83	0.30
350	312.76	8.30	28.16	0.29
400	362.76	8.85	31.22	0.28

从表 4-11 可看出，随着荷载的增大，计算沉降量迅速增大，沉降修正系数呈减小趋势，这是由于土体受力分析时，理论与实际存在偏差。土体中应力分布是按弹性半空间理论计算，而实际工程中，土体受力达到一定程度时，土体可能发生了塑性变形，按弹性理论计算必定比实际值大。当荷载 $P<50$ kPa 时，沉降修正系数大致为 1；当荷载为 50～160 kPa 时，沉降修正

系数取为 0.5；当荷载为 160～400 kPa 时，将实测沉降量与理论沉降量对比，可知沉降修正系数在 0.28～0.39 之间分布，修正的区间并不大，较为稳定。

4.3.3.5 现场试验法

地基沉降计算方法之一是压缩模量法，压缩模量法是利用土层压缩模量 E_s 导出计算总沉降量 S。现场试验方法是建立在压缩模量法的基础上的，其适用条件也是压缩模量法的适用条件：①一维地基上弹性应变；②对于饱和土，由于每层土的压缩模量 E_s 可能不同，计算中不采用定值，因此，此公式可用于非弹性应变地基。

压缩模量 E_s 可表示为：

$$E_s(z)=\frac{\sigma_z}{\varepsilon}=\frac{d\sigma_z}{d\varepsilon}$$

式中 $d\sigma_z$、$d\varepsilon$ 为有效应力增量(或附加应力)及对应的应变增量。

$$S=\sum ds=\sum d\varepsilon\cdot dz=\sum\frac{d\sigma_z}{E_s(z)}dz$$

现场试验法本质上也是分层总和法中的 E_s 法，与传统 E_s 法不同之处就是 E_s 值的获取是由现场试验与室内试验的经验公式得到的。本专著结合在现场进行的三种现场试验(静力触探、载荷试验和标贯)分别得到 E_s 的经验公式。

(1)基于静力触探

利用现场试验得到地基足够小厚度的 E_s 值，利用地基附加压力便可计算得到地基沉降。E_s 值可用静力触探试验经验公式得到。静力触探试验可测定贯入阻力 q_c，根据国内外的经验：

$$E_s=mq_c^a$$

式中 m、a 均为常数。或

$$E_s=aq_c+b$$

式中 a、b 均为试验常数。

尽管所得公式不同，经实践经验证实，土的压缩模量与锥尖阻力存在的相关关系，可用函数表示：

$$E_s=f(q_c)$$

对于压缩层厚度为 dz 的土层，沉降量为：

$$ds=d\varepsilon\cdot dz=\frac{d\sigma_z\cdot dz}{E_s(z)}=\frac{d\sigma_z\cdot dz}{f(q_c)}$$

总沉降量为：

$$S=\sum ds=\frac{1}{m}\sum\frac{d\sigma_z\cdot dz}{f(q_c)}$$

式中 $d\sigma_z$——每层地基附加应力值；

dz——每层土层的厚度；

q_c——静力触探端阻值，可由静力触探试验得到；

$f(q_c)$——静力触探与压缩模量的函数关系。

为了得到该地区红黏土静力触探锥尖阻力与压缩模量的关系，进行了室内外试验，在现场进行载荷试验、静力触探的试验点处取原状土样进行室内试验，得到不同深度处的压缩模量与静力触探参数。

由勘察结果知，0～2 m 的土层为表层植被土，载荷试验点埋深为 1.9 m，载荷试验点下为正常红黏土，因此静力触探得到的 q_c-H 的关系(图 4-17)，忽略 2 m 以上土层的数据，对 2 m 以下的数据分析可知，随着土体深度的增加，q_c 呈明显减小的趋势，而且可用线性关系将之拟合，公式为：

$$q_c = 3.82 - 0.28H \quad R^2 = 0.89 \quad (H \geqslant 2.0\ \text{m})$$

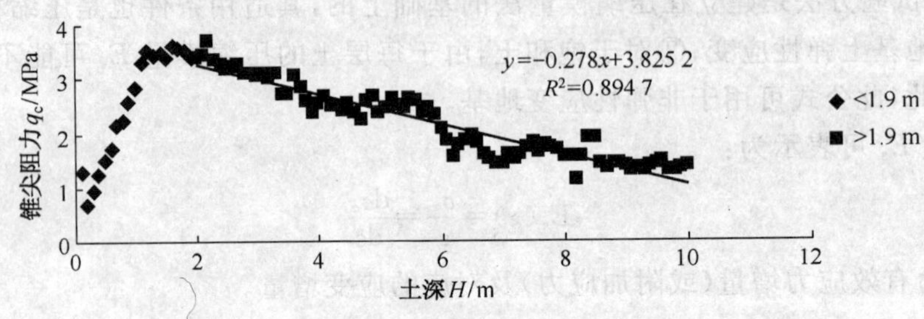

图 4-17 锥尖阻力与土深的关系

由室内试验得不同深度处压缩模量值，见表 4-12。

表 4-12 不同土深压缩模量值

土深 H/m	0.7	0.8	2.5	2.7	2.8	3.3	4.9	5.1	5.2
压缩模量/MPa	13.18	9.57	8.18	18.93	19.12	13.49	8.89	8.27	17.22
土深 H/m	6.2	7.8	8.9	9.2	9.3	9.7	12.2	13.3	15.3
压缩模量/MPa	12.53	8.57	8.88	9.19	7.42	7.64	18	7	6.06

由表中数据可得到压缩模量 E_s 与土深度 H 之间的关系，见图 4-18。由图 4-18 可知，压缩模量沿土层深度呈减小趋势，可用负的线性将其拟合，拟合公式为：

$$E_s = 14.589 - 0.593H \quad R^2 = 0.71$$

结合静力触探与土体深度的关系，可得到静力触探的锥尖阻力与压缩模量的关系如下：

$$E_s = 5.281 + 2.578q_c$$

将其代入由压缩模量计算沉降量的公式：

$$S = \sum_{i=1}^{n} S_i = \sum_{i=}^{n} \frac{\bar{\sigma}_{zi}}{E_{si}} h_i$$

可得到基于静力触探计算沉降公式：

$$S = \sum_{i=1}^{n} S_i = \sum_{i=1}^{n} \frac{\bar{\sigma}_{zi}}{(5.281 + 2.578q_c)} h_i$$

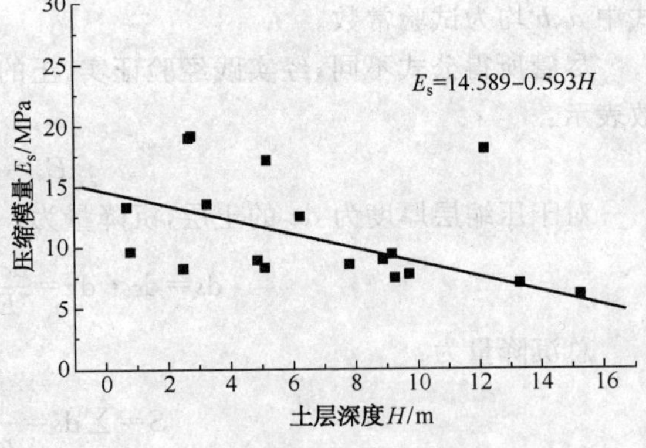

图 4-18 压缩模量与土深的关系

为修正静力触探的沉降计算公式，需将其与载荷试验所得实测沉降量进行对比，根据上式，由静力触探公式得到的计算沉降量见表 4-13。

表 4-13 静力触探计算值与实测值

荷载量/kPa	50	100	160	180	200	250	300	350	400
实测沉降量/mm	1.82	4.09	5.39	5.59	6.57	7.2	7.69	8.3	8.85
计算沉降量/mm	0.93	4.58	8.97	10.43	11.90	15.55	19.21	22.86	26.52

(2)基于载荷试验

根据《工程地质手册》中公式进行计算：

$$E_0=(1-\mu^2)\frac{\omega P_0 d}{S}$$

由载荷试验 P-S 的关系，可得出变形模量 E_0，而依前人的众多经验得出的变形模量与压缩模量之间的关系有：

$$E_0=\left(1-\frac{2\mu^2}{1-\mu}\right)E_s$$

根据上述公式

$$E_s=\frac{(1-\mu)^2 P_0\cdot d\cdot\omega}{S\cdot(1-2\mu)}$$

式中 μ——泊松比，按规范取值，黏土一般取 0.38；

P_0——载荷试验的比例极限乘以载荷试验板的面积；

S——比例极限荷载下对应的沉降变形量；

d——载荷试验板的直径。

由室内试验得出的压缩模量记为 E_s'，载荷试验与室内压缩模量的关系可表示为：

$$E_s'=\eta E_s$$

式中 η 为室内压缩模量的修正系数，根据室内试验与现场试验比较得出，花岗岩残积土的室内压缩模量修正系数为 2.0～2.5。对泉口、咸宁和耒阳三个工点所取原状红黏土样进行大量的室内试验，并结合现场试验得出，红黏土的室内压缩模量修正系数 $\eta=1.67$。

用该系数对泉口工点的载荷试验，根据以上公式算得该土层的压缩模量 $E_s=18.55$ MPa，将其代入沉降量计算公式：

$$S=\sum_{i=1}^{n}S_i=\sum_{i=}^{n}\frac{\bar{\sigma}_{zi}}{E_{si}}h_i$$

当 $P=160$ kPa 时，$S=6.35$ mm；$P=180$ kPa 时，$S=7.39$ mm。

(3)基于标贯试验

利用标贯试验深度与标贯数之间的关系，可得到反演出的压缩模量同标贯数之间的关系。

第 1 步：反演压缩模量

①分层总和法计算沉降的公式：

由 $S=\sum_{i=1}^{n}\frac{1}{E_{si}}\frac{\sigma_i+\sigma_{i+1}}{2}h_i$ 可知：

$$E_s=\frac{\sigma_i+\sigma_{i+1}}{2S}h_i$$

式中 σ_i——第 i 层顶附加压力；

h_i——压缩层分层厚度，分别取 $h/b=0.1,0.2,0.3,0.4,1,1.5$ 等，视实际计算情况而定。

②规范推荐公式

由 $S=\frac{p_0}{E_s}(z_i\bar{\alpha}_i-z_{i-1}\bar{\alpha}_{i-1})$ 可知，$E_s=\frac{p_0}{S}(z_i\bar{\alpha}_i-z_{i-1}\bar{\alpha}_{i-1})$，式中 p_0 为承压板荷载，相当于基底附加压力；$\bar{\alpha}_i$ 为矩形面积上均布荷载作用下角点的平均附加应力系数。

第 2 步：标贯数与压缩模量之间的关系

根据前人的经验，标贯试验与载荷试验之间具有一定的关系，标贯数越大，压缩模量也越大，设想它们成线性关系。

假定线性关系为：$E_s=bN+a$。利用载荷试验和标贯试验的成果，可线性回归出参数 a，b。再用公式：$S=\sum ds=\sum d\varepsilon \cdot dz=\sum \frac{d\sigma_z}{E_s(z)}dz$，求得沉降量。

将标贯参数代入：
$$S=\sum ds=\sum d\varepsilon \cdot dz=\sum \frac{d\sigma_z}{bN+a}dz$$

课题组对几个工点统计分析，根据原位测试报告，得标贯击数与压缩模量的关系为：$E_s=0.781N-0.412$。将 E_s 代入可得：

$$S=\sum ds=\sum d\varepsilon \cdot dz=\sum \frac{d\sigma_z}{0.781N-0.412}dz$$

根据原位测试试验报告，在载荷试验影响范围内（取 3 m），标贯击数与深度的关系见表 4-14。

表 4-14　不同深度处标贯击数和压缩模量的关系

深度 H/m	1.7	3	3.4	4.42	6.9	8.2	9.5	10.9
标贯击数 N	28	24	22	21	21	18	19	16
压缩模量 E_s/MPa	21.45	18.33	16.77	15.99	15.99	13.64	14.42	12.08

在 $P=160$ kPa 时，$S=6.63$ mm；$P=180$ kPa 时，$S=7.71$ mm。

以上是利用五种不同计算方法对红黏土地基的计算，其计算结果见图 4-19。该计算结果为没有修正的沉降量，由图可看出，几种理论计算方法基本上随外荷载的增加呈线性变化，这是由于理论计算基底压力呈直线分布。由图可知，随着荷载的继续增大，理论沉降计算所得沉降值偏离实测沉降曲线越远，当外荷载较小时（$P<100$ kPa），理论计算方法偏小；当外荷载较大时（$P\geqslant 100$ kPa），理论计算方法偏大，而且外荷载越大，理论值越偏大。从理论计算值与实测值比较来看，规范法计算的沉降量值较其他方法最接近实测值，三向应力法偏离得较大。这是由于荷载的应力较小时，假设土体为线性弹性体，路基土体沉降变形处于弹性状态，地基的应力—应变特征，即荷载与沉降量关系，基本符合直线关系；当荷载应力较大（但尚未达到塑性破坏）时，土体应假设为刚性塑性体，应力—应变明显偏离直线，路基土体沉降变形趋于稳定。地基是弹性塑性体和各向异性体，但目前还没有精确、成熟的计算方法，工程中用规范推荐的方法进行沉降理论计算时，一直将其视为半无限空间弹性体，于是出现荷载增大到一定值后，计算沉降量值远大于实测沉降量。因此需要对理论计算沉降曲线进行修正，由实测值和计算值进行对比，经计算可得沉降修正系数。

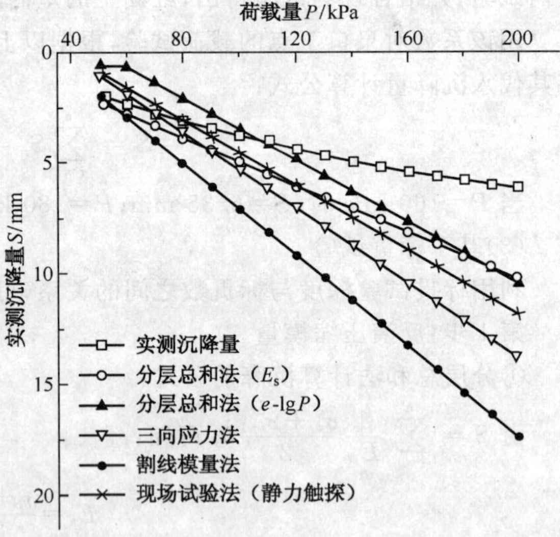

图 4-19　实测沉降量与计算沉降量（$P<200$ kPa）

4.3.4 各计算方法的修正

4.3.4.1 基于实测值修正

对以上各种计算理论方法，根据实测沉降量分别进行修正。将修正系数 φ_s 定义为实测值与理论值的比值，其计算如表 4-15 所示。不同载荷作用下，沉降修正系数值不是唯一的，而是小于 1 的区间，这点与软土地基不同，软土地基沉降修正系数在 0.7～1.4 之间，当用 E_s 法计算时，理论值较实测值小，当土层为超固结土时，理论值较实测值大。当荷载作用较小时，理论值比较接近实测值，φ_s 值接近于 1；当荷载较大时，φ_s 值较小。考虑到工程实践中，以路堤高度 $H \leqslant 8$ m 考虑，路基面上荷载量应该不超过 200 kPa，因此本课题对 $P \leqslant 200$ kPa 的情况，计算不同方法的修正系数。

选取泉口工点作为算例工点，利用不同计算方法计算地基沉降，将计算结果与实测数据进行对比分析，得到各计算方法的沉降修正值，见表 4-15。

表 4-15 各种沉降计算方法得出的沉降值及修正系数表

计算方法	荷载/kPa	50	75	100	150	160	175	200	均值
	实测值/mm	1.82	2.91	4.09	5.52	5.63	6.35	7.22	
单向压缩法	计算值/mm	0.66	1.92	3.81	5.71	6.21	6.97	8.24	
	修正系数 φ_s	2.76	1.52	1.20	0.97	0.91	0.91	0.88	0.97
e-lg$P$ 法	计算值/mm	0.59	1.74	2.63	6.09	6.82	7.85	9.41	
	修正系数 φ_s	3.08	1.67	1.55	0.91	0.83	0.81	0.77	0.97
三向应力法	计算值/mm	0.92	2.70	4.48	8.05	8.77	9.85	11.63	
	修正系数 φ_s	1.97	1.08	0.91	0.69	0.64	0.65	0.62	0.71
规范法	计算值/mm	0.69	1.88	3.12	5.60	6.09	6.84	8.08	
	修正系数 φ_s	2.64	1.55	1.31	0.99	0.92	0.93	0.90	1.01
割线模量法	计算值/mm	0.82	2.44	4.04	7.27	7.92	8.89	10.5	
	修正系数 φ_s	2.22	1.19	1.01	0.76	0.71	0.72	0.69	0.78
标准贯入法	计算值/mm	0.69	2.04	3.39	6.09	6.63	7.44	8.79	
	修正系数 φ_s	2.64	1.43	1.21	0.91	0.85	0.86	0.83	0.93

将实测沉降量与不同计算方法获得的理论计算 P-S 曲线进行拟合，分别得到拟合曲线见表 4-16。

表 4-16 P-S 曲线拟合

实测沉降量	$S=-9E-0.5P^2+0.050\,7P-0.388\,5$，$R^2=0.97$	$P \leqslant 200$ kPa
分层总和法(E_s 法)	$S=0.053\,7P-1.999\,3$，$R^2=1$	$P \leqslant 200$ kPa
分层总和法 e-lg$P$ 法	$S=0.070\,1P-3.517$，$R^2=0.98$	$P \leqslant 200$ kPa
三向应力法	$S=0.085\,1P-3.173\,5$，$R^2=1$	$P \leqslant 200$ kPa
割线模量法	$S=0.103\,2P-3.202\,5$，$R^2=0.997$	$P \leqslant 200$ kPa
静力触探法	$S=0.073\,1P-2.729$，$R^2=1$	$P \leqslant 200$ kPa

表 4-17 为采用修正系数修正后的计算沉降值与实测沉降值对比统计表。图 4-20 为常规计算方法得出的沉降值与实测值对比图。

表 4-17 采用修正系数修正后的计算沉降值与实测沉降值对比统计表

实测数据	4.09	5.52	5.63	6.35	7.22	误差范围
单向压缩法	3.61	5.41	5.88	6.60	7.80	2.04～11.8%
规 范 法	3.15	5.66	6.15	6.91	8.16	2.46～23.0%
现场试验法	3.14	5.65	6.15	6.90	8.15	2.3～12.9%
e-lg P 法	2.56	5.93	6.64	7.64	9.15	7.3～26.8%
三向应力法	3.18	5.72	6.23	6.99	8.26	3.5～22.2%
割线模量法	3.14	5.65	6.15	6.91	8.16	2.3～23.2%

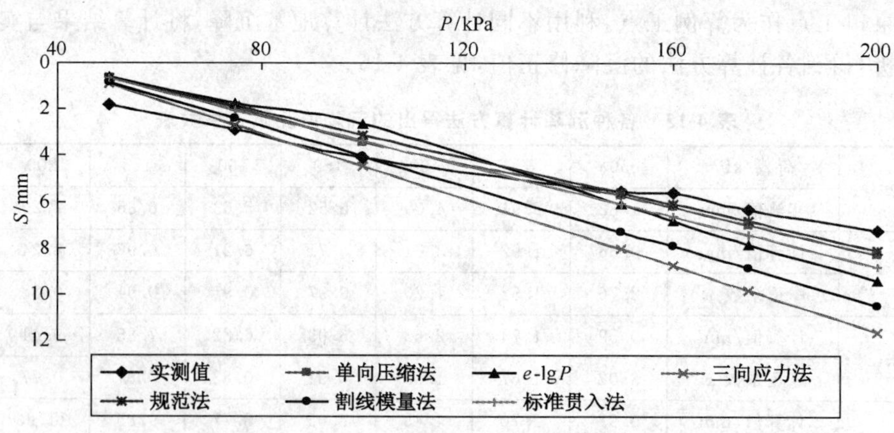

图 4-20 常规计算方法得出的沉降值与实测值对比图

将 P<200 kPa 时的实测沉降量与理论沉降量对比，得到各计算方法在不同荷载下的沉降修正系数，对这些系数进行统计分析可得其统计值，见图 4-21 和表 4-18。

表 4-18 各计算方法的修正系数 φ_s（P<200 kPa）

E_s 法	e-lg P 法	三向应力法	割线模量法	现场试验法（静力触探）
0.76	0.86	0.62	0.52	0.72

由计算结果可得出以下结论：

由于土体在地基中受到自重应力，挖坑进行载荷试验时，上部土体被挖除后，下部土体由于应力释放，成为超固结土，在试验加荷的初期阶段为再压缩阶段，当加荷到前期固结压力时，成为正常固结土。在这个阶段载荷试验测得的沉降值偏大，使用这个阶段的沉降值进行分析不合理，在处理数据的时候应该剔除这些不合理的数据。因此，在处理数据的时候，75 kPa 以下的沉降修正系数应被剔除，采用加荷大于 75 kPa 的各修正系数求均值作为每种计算方法的修正系数。

就本课题红黏土特殊土地基而言，从理论计算值与实测值的对比来看，单向压缩法计算的沉降值较其他方法更接近实测值，修正后其误差范围也最小。其次是标准贯入法，标准贯入法采用了标贯击数与室内压缩模量的经验关系，在计算时用标贯击数参数代替室内压缩模量的参数，而原位试验指标比室内试验指标更可靠，所以其计算结果误差较小。

由表 4-18 可知，利用修正系数修正后得出的沉降值，再与载荷试验的实测值进行对比，发

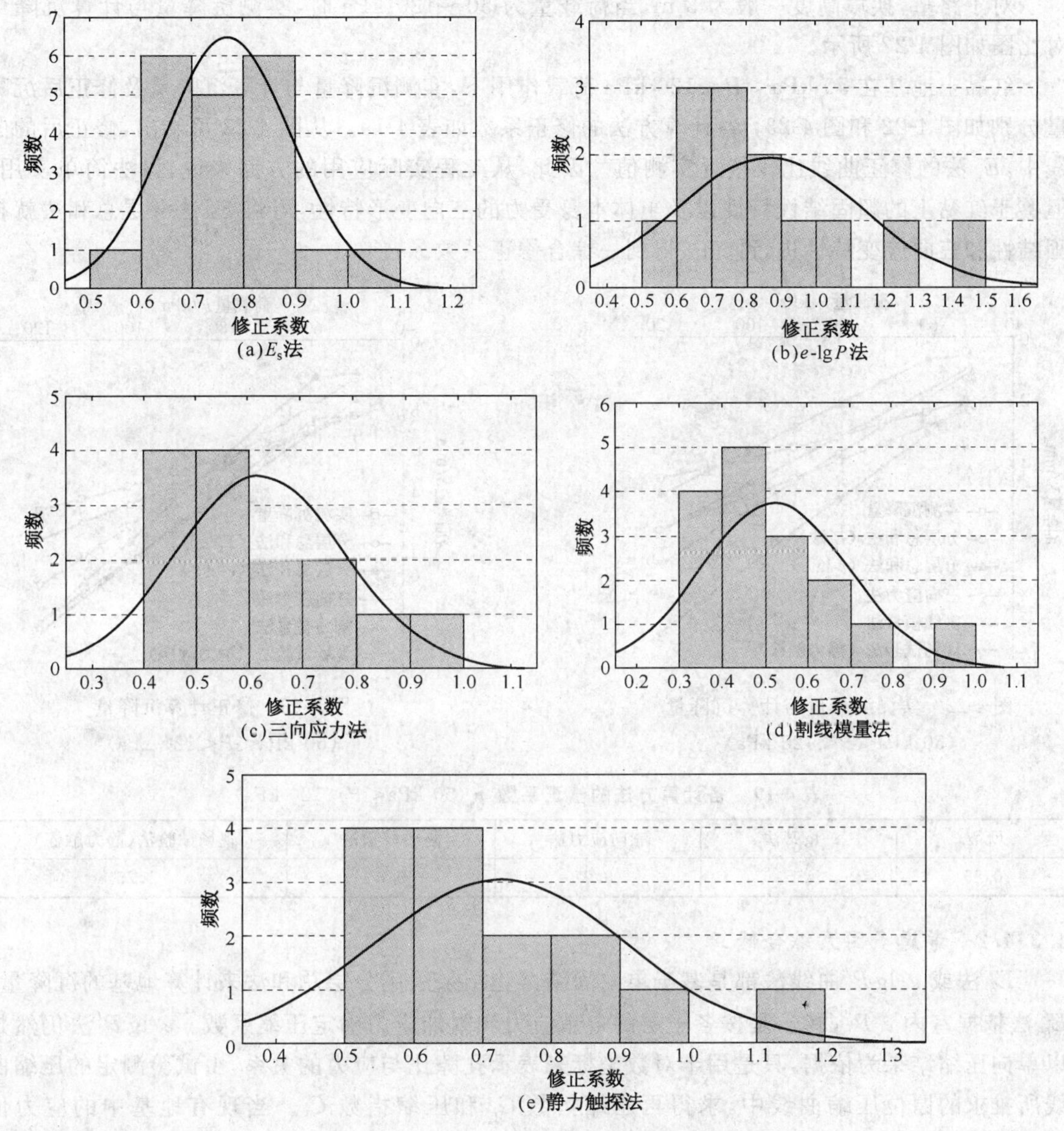

图 4-21 各种方法修正系数统计分布图

现即使采用修正系数修正后的理论计算值仍然和载荷试验实测值有较大误差。通过对载荷试验的分析可知，载荷试验大部分工点的 P-S 曲线都呈现出直线形式，而计算也发现沉降随荷载的变化基本上是线性的。根据两条直线关系的常识，如果两条直线不平行或重合，那么这两条直线之间的距离将会随着它们的延伸而不断增加，这也是为什么随着荷载的增加，理论计算值与实测值之间的误差越来越大的原因。规范中在沉降计算时采用了变化范围在 0.2～1.4 之间的一个经验修正系数，对硬土其经验修正系数小于 1.0，对软土其经验修正系数大于 1.0。从这里我们可以看出就现有的各种沉降计算方法来讲，大部分方法计算出来的结果对软土来说偏小，对硬土来说偏大，而以上各种计算方法得出的理论计算值也证明了这一点，从表 4-17 可以看出：当荷载较小($P\leqslant$100 kPa)时，理论计算值偏小；当外荷载较大($P\geqslant$150 kPa)时，理论计算值偏大，而且随着荷载的增大，理论值也越来越偏大。

对于路堑，换填高度一般为 3 m，当荷载量为 50～120 kPa 时，实测沉降量与计算沉降量对比图如图 4-22 所示。

红黏土地基在 50 kPa＜P＜120 kPa 荷载作用下，实测沉降量与计算沉降量及修正后沉降量分别如图 4-22 和图 4-23，各计算方法的修正系数如表 4-19。从图 4-23 可看出，修正后的曲线中，E_s 法的修正曲线比较接近实测值。因此，从工程实际应用的方面来说，该法简单实用，但鉴于红黏土的超固结性特性以及土体本身受力的三向变形特性，可将 E_s 法分层总和法就超固结性和三向应变特性进行修正，得到一综合修正系数。

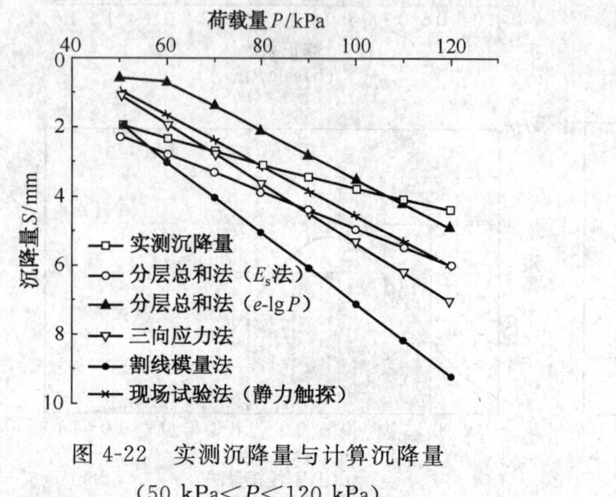

图 4-22 实测沉降量与计算沉降量（50 kPa＜P＜120 kPa）

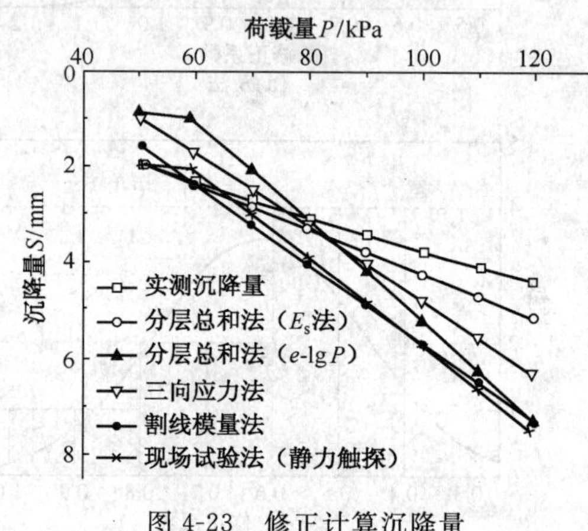

图 4-23 修正计算沉降量（50 kPa＜P＜120 kPa）

表 4-19 各计算方法的修正系数 φ_s（50 kPa＜P＜120 kPa）

E_s 法	e-lg$P$ 法	三向应力法	割线模量法	现场试验法(静力触探)
0.86	1.5	0.9	0.8	1.25

4.3.4.2 考虑多因素综合修正

E_s 法或 e-lg P' 曲线法都是基于单向固结试验结果采用分层总和法来计算地基的沉降量。E_s 法依据室内 e-P' 曲线，是按各土层的自重应力和附加应力确定压缩系数。e-lg P' 法仍然是以单向压缩结果为依据，只是用半对数坐标来表示孔隙比与应力的关系，由试验测定的压缩曲线所推求的原位压缩曲线中，求得再压缩指数 C_e 和压缩指数 C_c。当现有地基中的应力值 $p_0+\Delta P'$ 大于前期固结应力 P_c 时，需分别选用 C_e 和 C_c 计算沉降，故该法能考虑应力历史对沉降的影响。在工程实际中，路堤填筑达到 8 m 是高路堤，此时荷载大致为 150～200 kPa，因此计算中，取最大荷载为 200 kPa 进行计算。本专著用 E_s 法、e-lg P' 法、三向应力法对武广高速铁路红黏土载荷试验点 DK1294＋455 作了地基变形计算，并与计算结果进行比较，成果见表 4-20。

表 4-20 荷载与沉降关系

荷载/kPa	实测值/mm	E_s 法/mm	e-lg P'/mm	三向应力法/mm	修正系数 M_{s1}	修正系数 M_{s2}
50	1.82	0.69	0.59	1.04	0.855	1.507
100	4.09	3.37	2.63	5.14	0.780	1.525
160	5.39	6.60	7.59	10.06	1.150	1.524
180	5.59	7.67	9.09	11.70	1.185	1.525
200	6.57	8.75	10.78	13.34	1.232	1.525

由以上分析可知，e-lg P'法与 E_s 法的沉降差异，实际上反映了土的超固结影响，可以用 M_{s1}来表示影响系数，它近似等于 e-lg P'法与 E_s 值的计算结果的比值，即 $M_{s1}=S_{e\text{-lg}P}/S_{Es}$。由表 4-20 可看出，三向应力法的总沉降量比 e-lg P' 法普遍要大，增加的部分主要是土侧向位移产生的附加沉降量。我们仍定名一个反映土的侧向变形对沉降影响的修正系数 M_{s2}，它可以用三向应力法与 E_s 计算沉降量的比值来近似确定，即 $M_{s2}=S_{三向应力}/S_{Es}$。由上表可看出，在 50～200 kPa 范围内，修正系数 M_{s1} 的变化范围为 0.78～1.23，修正系数 M_{s2} 的变化范围在 1.507～1.525 之间。M_{s1} 和 M_{s2} 都在荷载为 50 kPa 时与其他荷载值相差较大，也许是实测沉降量在荷载刚施加时由于表层土质松软致使实测沉降量偏大。

按照课题提出估算沉降量公式：

$$S_{总}=M_{s1}\times M_{s2}\times S_{Es}$$

或

$$S_{总}=M_{s2}\times S_{(e\text{-lg}P')}$$

考虑了应力历史因素和侧向变形因素的计算总沉降量 $S_{总}$ 与实测沉降量 $S_{测}$ 用 M_s 修正，则 $M_s=S_{测}/S_{总}$，M_s 表示综合其他因素的修正系数，见表 4-21。

表 4-21 沉降修正系数表

荷载/kPa	实测值/mm	M_{s1}	M_{s2}	$S_{总}$	M_s
50	1.82	0.855	1.507	0.89	2.05
100	4.09	0.780	1.525	4.01	1.02
160	5.39	1.15	1.524	11.57	0.47
180	5.59	1.185	1.525	13.87	0.40
200	6.57	1.232	1.525	16.43	0.40

以上分析，综合考虑红黏土的超固结特性，和土体在外荷载作用下侧向变形因素和其他综合影响因素，红黏土的最终沉降估计值建议公式为：

$$S=M_s\cdot M_{s1}\cdot M_{s2}S_{Es}$$

或

$$S=M_s\cdot M_{s2}\cdot S_{e\text{-lg}P}$$

该段红黏土的修正系数 M_{s1} 取为 0.86～1.23，M_{s2} 取为 1.51～1.53，M_s 取为 0.4～1.02。

4.3.5 利用固结理论计算沉降过程

4.3.5.1 太沙基固结理论

工程实践中，往往需要了解基础在施工期间或竣工以后某一时间的沉降量，以便控制施工速度，因此了解地基土变形与时间的关系，对于施工非常有必要。在本课题中，对于 3 个工点的地基土，通过室内试验研究表明，其饱和度大部分在 90%以上，接近于饱和土，在分析其固结变形时，所研究的地基土视为饱和土，按饱和黏土的固结变形理论计算。

对于达到沉降要求所需的时间，由于没有长时间的沉降观测资料，不能用曲线拟合分析获到所需的时间，因此设想用已计算的最终沉降量，基于太沙基渗透固结理论，推算达到所要求的沉降需要的时间。

渗透固结计算沉降所需时间：

①先利用前面方法计算地基最终沉降 S_{∞}，各计算方法计算的沉降值 S 见前章。

②计算工后沉降达到要求值时，地基土的固结度：

$$U=\frac{S_t}{S_\infty}\times 100\% \quad S_t=U\times S_\infty$$

③因为地基中不同深度的固结度不同，以上公式视为地基的平均固结度，利用固结理论固结度公式：

$$U=1-\frac{8}{\pi^2}\exp\left(-\frac{\pi^2}{4}T_v\right)$$

得时间因素 T_v：

$$T_v=-\frac{4}{\pi^2}\ln\frac{\pi^2}{8}(1-U)$$

根据

$$T_v=\frac{C_v t}{h^2}$$

其中 C_v 表示竖向固结系数（cm^2/年），其公式为：

$$C_v=\frac{k(1+e)}{\rho_w a_v}$$

式中，k 为土的渗透系数；e 为土的天然孔隙比；a_v 为土的压缩系数；ρ_w 为水的容重；h 为排水的距离。可得沉降所需时间：

$$t=\frac{T_v h^2}{C_v}$$

于是可得时间 t 为：

$$t=\frac{T_v h^2}{C_v}=-\frac{4}{\pi^2}\frac{\rho_w a_v h^2\ln\frac{\pi}{8}(1-U)}{k(1+e)}$$

由上式可求得在地基土达到不同固结度时所需的时间。

分级加载固结沉降计算见表 4-22。

表 4-22　现场载荷试验沉降与时间的关系

试验荷载/kPa	累计加荷时间/min	本级沉降/mm	累计沉降/mm
50	240	1.82	1.82
100	480	2.27	4.09
160	24 060	1.30	5.39
180	34 260	0.20	5.59

根据前述的一维固结理论计算固结沉降与时间的关系，为了与现场载荷试验相对比，取载荷板下 3 m 深度的土层进行固结计算，但假定荷载是一次全部加到地基土上的，而实际施工过程中，在整个修建期间是逐步加上去的，因此按此方法求得的沉降与时间的关系曲线需作修正：

(1)在加载期间 t_c 终了时达到的沉降量等于荷载一次加上去经过 $t_c/2$ 时间达到的沉降量。

(2)加载期间内某一时间 t 达到的沉降量等于全部荷载一次性加上去经过 $t/2$ 时间达到的沉降量乘以 P'/P 值，沉降量为 $t_n=(t_{n1})P'/P$。

(3)在加载期间以后任一时间 t' 达到的沉降量等于荷载一次加上去经过 $(t'-t_c/2)$ 时间达

到的沉降量。

表 4-23 为泉口工点固结沉降与时间计算表。

表 4-23 泉口工点 160 kPa 荷载作用下固结沉降与时间计算

固结度	时间因子	时间 t/min	沉降量 S/mm						
			E_s 法	e-lg$P$ 法	三向应力法	割线模量法	基于静力触探	基于载荷试验	基于标贯
0.1	0.007	560.7	0.816	0.77	1.04	1.33	0.90	0.64	0.74
0.2	0.031	2 242.8	1.632	1.54	2.09	2.66	1.79	1.27	1.48
0.3	0.070	5 046.4	2.448	2.31	3.13	3.99	2.69	1.91	2.22
0.4	0.125	8 971.4	3.264	3.08	4.18	5.32	3.59	2.54	2.96
0.5	0.196	14 017.8	4.08	3.85	5.22	6.66	4.49	3.18	3.70
0.6	0.286	20 448.4	4.896	4.62	6.26	7.99	5.38	3.81	4.43
0.7	0.402	28 774.7	5.712	5.39	7.31	9.32	6.28	4.45	5.17
0.8	0.567	40 509.9	6.528	6.16	8.35	10.65	7.18	5.08	5.91
0.9	0.848	60 571.4	7.344	6.93	9.40	11.98	8.07	5.72	6.65

图 4-24 为固结理论计算沉降量与时间的关系。

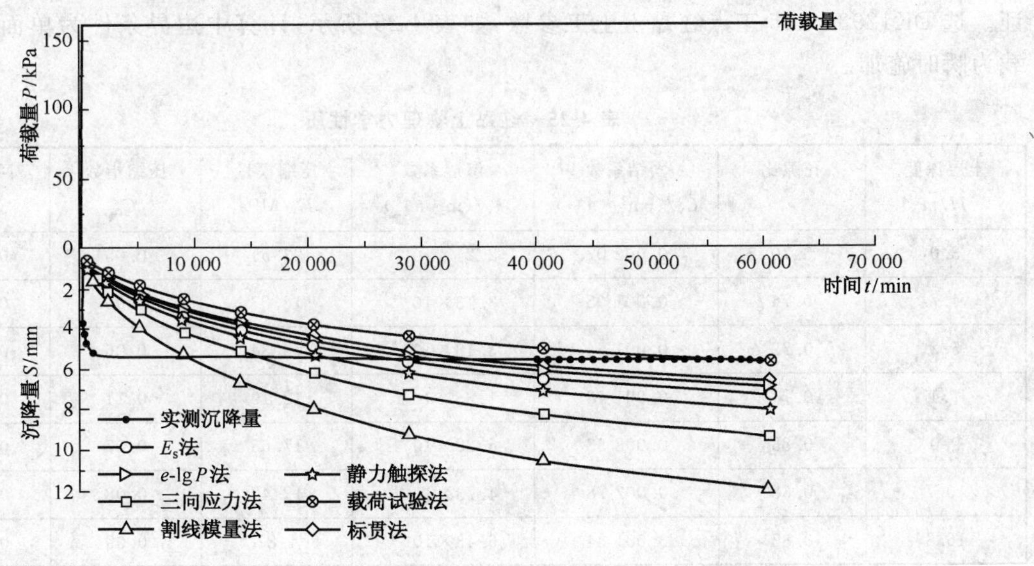

图 4-24 固结理论计算沉降量与时间的关系

根据前所述基于实测资料的最终沉降量计算方法，Asaoka 法计算所得最终沉降量 $S_\infty=0.63$ mm。由沉降变形拟合曲线 $S=0.151\,8t^{0.159\,5}$，固结度定义 $U_t=S_t/S_\infty$，可计算当固结度分别为 30%、40%、50%、60%、70%、80%、90%时所需的时间。

根据太沙基一维固结理论公式，当固结度大于 30%时：

$$T_v=-\frac{4}{\pi^2}\ln\left[\frac{\pi^2}{8}(1-U)\right]$$

又由于 $T_v=\frac{C_v t}{h^2}$，假设载荷试验板下影响深度为 $2B\sim3B$ 时，即 2～3 m，若该段土层为双面排水，则 $h=1\sim1.5$ m，当 h 分别为 1 m、1.5 m 时，可反算出 C_v，见表 4-24。

表 4-24　完成各固结度所需的时间

固结度	30%	40%	50%	60%	70%	80%	90%
沉降量 S/mm	0.189	0.252	0.315	0.378	0.441	0.504	0.567
时间 t/min	3.95	23.99	97.21	304.89	801.44	1 851.22	3 874.03
时间因子	0.059 4	0.121 9	0.195 8	0.286 2	0.402 8	0.567 2	0.848 1
$C_v/(m^2\cdot s^{-1})(h=1.5\ m)$	5.64E-04	1.91E-04	7.55E-05	3.52E-05	1.88E-05	1.15E-05	8.21E-06
$C_v/(m^2\cdot s^{-1})(h=1\ m)$	2.51E-04	8.47E-05	3.36E-05	1.56E-05	8.38E-06	5.11E-06	3.65E-06

由图 4-24 可知，红黏土地基上的载荷试验，沉降大部分是瞬时发生的，在 160 kPa 荷载恒载作用下，沉降的变化量不大。而用太沙基固结理论计算的固结过程，相比载荷试验要缓慢得多。因此用载荷试验所得最终沉降与计算沉降相比较可以看出，用太沙基固结理论解释载荷试验所得的固结沉降过程有些不太相符，比较合理的是用现场监测沉降过程相对比来研究红黏土的固结过程。

4.3.5.2　超固结红黏土固结公式计算

对于所建立的超固结红黏土固结方程，采用有限差分法对其进行求解，并用实例进行验证。选 DK1293+445 工点红黏土土工参数，如表 4-25 所示，计算中边界条件为单面排水，荷载为瞬时施加。

表 4-25　红黏土物理力学性质

土层深度 H/m	孔隙比 e	固结系数 $C_v/(cm^2\cdot s^{-1})$	渗透系数 $k_v/(m\cdot s^{-1})$	压缩模量 E_s/MPa	压缩指数 C_c	回弹指数 C_s
3.0	0.70	0.002 07	2.24×10^{-6}	23.51	0.05	0.014 7
4.7	0.76	0.001 05	3.13×10^{-7}	18.23	0.06	0.022 3
5.2	0.72	0.001 64	3.13×10^{-7}	16.34	0.06	0.019 6
7.4	0.74	0.001 48	1.25×10^{-7}	12.19	0.11	0.041 3
9.0	0.83	0.002 33	6.28×10^{-8}	17.63	0.07	0.031 5
10.7	0.68	0.002 78	4.73×10^{-8}	12.47	0.08	0.022 3
16.3	0.82	0.001 34	6.43×10^{-8}	4.87	0.09	0.018 2

由固结理论可知，土体的固结即是土层内孔隙水压力的消散，本专著用孔隙水压力的消散水平表示土体的固结。对于超固结比沿深度变化的红黏土土层，不同深度处其孔隙水消散程度不同，如图 4-25 所示。从图上可知，红黏土的孔隙水消散水平在时间因子较小时，就陡降得较快，说明红黏土的固结速率较快；不同深度固结速率不同，浅层的红黏土土层固结速率快于深层的红黏土。

(1)荷载的影响

每层土的最终有效应力 σ'_{fi} 为每层土由外荷载引起的附加应力，若假设地基上作用的荷载

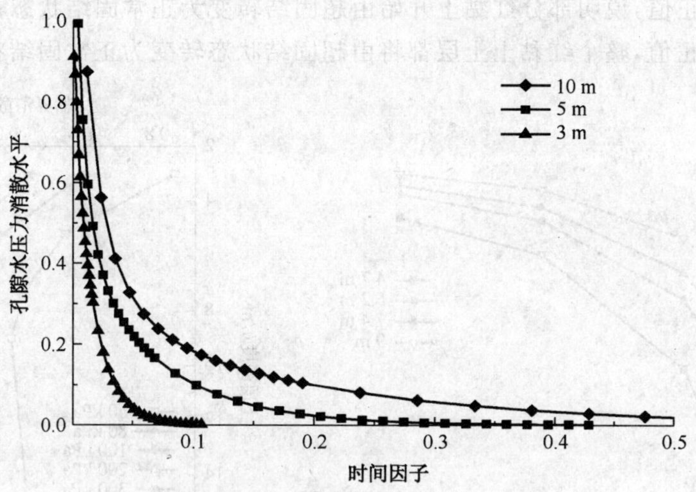

图 4-25 红黏土孔隙水压力消散曲线

为条形带状均布荷载，则地基土体内的附加应力值 σ_z 为：

$$\sigma_z=\frac{P}{\pi}\left\{\arctan\frac{1-2(x/b)}{2(z/b)}+\arctan\frac{1+2(x/b)}{2(z/b)}-\frac{4(z/b)[4(x/b)^2-4(z/b)^2-1]}{[4(x/b)^2+4(z/b)^2-1]^2+16(z/b)^2}\right\}$$

若求地基中心线下的附加应力，则取 $x=0$，有

$$\sigma_z=\frac{P}{\pi}\left\{2\arctan\frac{b}{2z}+\frac{4(z/b)[4(z/b)^2+1]}{[4(z/b)^2-1]^2+16(z/b)^2}\right\}$$

外荷载 q_{u} 在地基土体内引起的应力 $q_{\mathrm{u}i}$ 相当于 σ_{zi}：

$$q_{\mathrm{u}i}=\frac{P}{\pi}\left\{2\arctan\frac{b}{2h_i}+\frac{4(h_i/b)[4(h_i/b)^2+1]}{[4(h_i/b)^2-1]^2+16(h_i/b)^2}\right\}$$

$\sigma'_{fi}=q_{\mathrm{u}i}+\sigma'_{0i}$，当有效应力 σ'_i 达到前期固结应力 σ'_{ci} 时，孔隙水压力消散水平临界值 ζ_{ci} 为：

$$\zeta_{ci}=\frac{q_{\mathrm{u}i}+\sigma'_{0i}-\sigma'_{ci}}{q_{\mathrm{u}i}}=1+\frac{\sigma'_{0i}-\sigma'_{ci}}{q_{\mathrm{u}i}}=1+\frac{\sigma'_{0i}-\sigma'_{ci}}{\frac{q_{\mathrm{u}}}{\pi}\left\{2\arctan\frac{b}{2h_i}+\frac{4(h_i/b)[4(h_i/b)^2+1]}{[4(h_i/b)^2-1]^2+16(h_i/b)^2}\right\}}$$

$$(OCR\geqslant 1)$$

式中 h_i——土层深度，m；

b——荷载宽度，m；

q_{u}——外荷载，kPa。

图 4-26 为不同荷载作用下临界超孔隙水压力消散水平图。从图中可看出，在较低荷载作用下，红黏土的临界超孔隙水压力消散水平 ζ_{ci} 较小，甚至为负。当 $\zeta_{ci}<0$ 时，红黏土地基土体在外荷载作用下，没有改变固结性状；荷载越大，消散水平 ζ_{ci} 越大，土体越容易从超固结转变为正常固结。

(2)土层深度的影响

图 4-27 为不同深度处土层的临界消散水平。从图 4-27 可看出，不同土层深度的临界消散水平呈规律变化。随着土深度的增加，临界消散水平先增大后减小，在 8～10 m 处达到最大，说明在该深度范围内，红黏土的固结特性相对较容易转变。而且红黏土固结特性的改变与荷载有较大关系，在 60 kPa 荷载作用下，临界消散水平 ζ_{ci} 呈负值，说明在该荷载作用下，红黏土的固结特性没有改变，土体没有从超固结状态转变为正常固结状态；当荷载增大至 80 kPa

时，ζ_{ci}出现了部分正值，说明部分红黏土开始由超固结转变为正常固结状态；当荷载为200 kPa以上时，ζ_{ci}全部为正值，整个红黏土土层都将由超固结状态转变为正常固结状态。

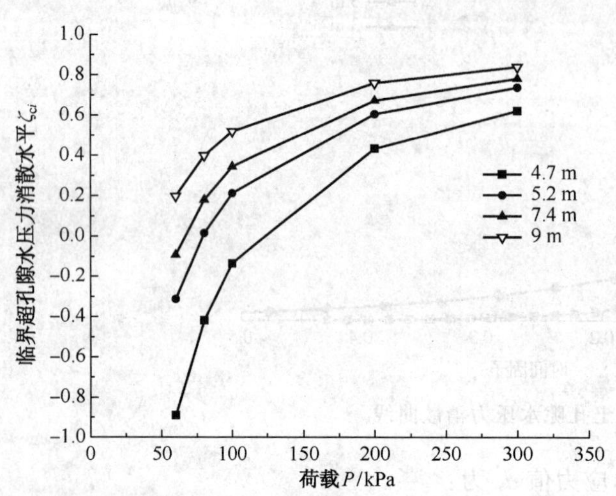

图 4-26 不同荷载作用下临界超孔隙水压力消散水平

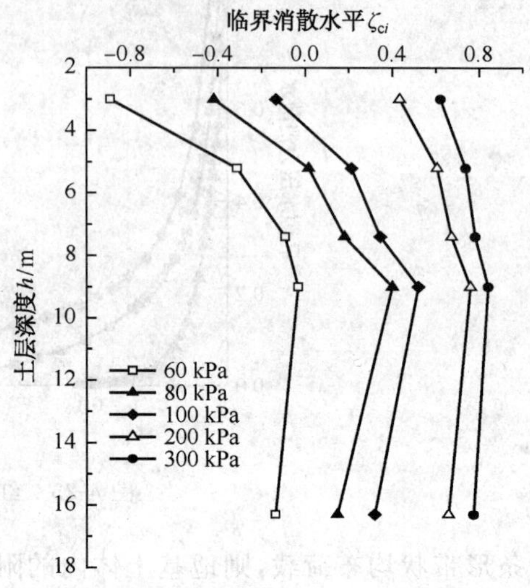

图 4-27 不同深度处土层的临界消散水平

4.3.6 基于实测资料的沉降计算

以上是根据室内试验所得参数，经理论计算得到红黏土地基沉降量。理论计算法因为存在较多的假设，与地基的实际沉降量仍有较大的差异。该类沉降是室内小土样试验得到的应力—应变关系为依据的。这种试验在应力水平、加荷的速率及边界条件等方面，都与实际工程情况有很大的差别。根据实测沉降资料进行的沉降计算是工程中应用较多的计算方法，以下是基于实测资料进行的沉降计算。

4.3.6.1 计算原理

用沉降与时间关系曲线推算最终沉降量，沉降过程曲线通常可用如下经验式表示：

$$S_{\mathrm{t}}=S_{\mathrm{d}}+(S_{\infty}-S_{\mathrm{d}})U$$

式中 S_{t}——时间 t 时的沉降；

S_{d}——瞬时沉降；

S_{∞}——最终沉降(由沉降曲线推算的沉降量)；

U——时间 t 的函数，通常用双曲线或指数函数表示。

上式适用于瞬时施加荷载的情况，对于施工期逐渐增大的荷载，沉降过程曲线应加以修正。

4.3.6.2 基于实测值计算

根据武广高速铁路施工单位中铁十一局沉降板观测资料，分别对比分析用 CFG 桩处理后的地基(DK1293＋412)和压实处理后(DK1293＋387.5)的地基。

(1)考虑填筑施工期沉降

①DK1293＋387.50

对 DK1293＋387.5 工点的沉降进行分析。该点地基只经过压实处理，可认为是未处理地基。2007 年 11 月 6 日对该地基进行分级填筑，2008 年 3 月 24 日填筑完成，该数据观测至

2008 年 6 月 8 日。沉降与荷载的关系如图 4-28 所示。

在施工期 139 天完成路基的填筑，荷载 P 从 0 增加到 60 kPa，最后一级荷载量增加的不多，可认为在前一级荷载 55 kPa 时就已经完成，这个时间为 46 d。总体来说可认为该路段分两级加载：$t=6$ d 和 $t=46$ d。目前的经验计算方法是针对瞬时加荷的，但作用于地基上的荷载总是在施工期内逐渐增大的，因此对沉降过程曲线加以修正。修正原则考虑面积：$o-a-b-c-c_1=o'-o''-c-c_1$，图 4-28 中虚线段表示修正的沉降量，后一段是根据修正后的 S-t 曲线计算出来的。

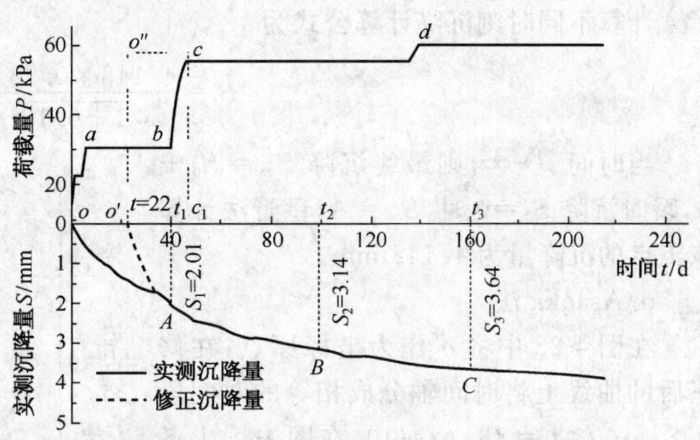

图 4-28 DK1293＋387.5 沉降过程曲线

o'原来的坐标为(22,0)，修正后，将 o'视为时间的起点(0,0)，则原横坐标往前推 22 d。因为地基的瞬时沉降不易确定，为了简化，假定 $S_d=0$。为了计算需要，在图 4-28 中的 S-t 曲线上选出 A、B、C 三点，时间分别为用 t_1、t_2、t_3 表示。这三点选取的原则是，要求 A 和 C 点尽量接近于曲线规律性较好部分的两端，并使 $t_2-t_1=t_3-t_2$。针对于修正后的沉降曲线，三个点分别选在 $t_1=18$ d，$t_2=78$ d，$t_3=138$ d，$\Delta t=60$ d。这三个点的沉降值分别为 $S_1=2.01$ mm、$S_2=3.14$ mm 和 $S_3=3.64$ mm，写成坐标点形式 (t,S_t) 即 $S_1(18,2.01)$、$S_2(68,3.14)$、$S_3(118,3.64)$。

a. 双曲线法

假定 $S_d=0$，双曲线方程为：$S_t=S_1+(S_\infty-S_1)\dfrac{(t-t_1)}{a+(t-t_1)}$。利用双曲线计算方法得参数 $a=94.286$，$S_\infty=4.916$ mm。

双曲线计算任意时间的沉降量方程为：

$$S_t=2.01+\frac{1.13\times(t-18)}{94.286+(t-18)}$$

b. 指数曲线法

假定 $S_d=0$，指数曲线方程为：$S_t=S_1+(S_\infty-S_1)[1-e^{-r(t-t_1)}]$。利用指数曲线计算方法得参数 $r=0.014$，最终沉降量 $S_\infty=4.578$ mm。

指数曲线计算任意时间的沉降量方程为：

$$S_t=2.01+1.13\times[1-e^{-0.014(t-18)}]$$

c. 星野法

星野法的计算公式为：$S_\infty=S_0+S_t=S_0+\dfrac{AK\sqrt{t-t_0}}{\sqrt{1+K^2(t-t_0)}}$

同以上几种方法，不考虑瞬时沉降，设瞬时沉降 $S_0=0$，则 $t_0=0$，上面的公式可变成：

$$S_\infty=S_t=\frac{AK\sqrt{t}}{\sqrt{1+K^2t}}$$

将沉降观测修正曲线上 $S_1(18,2.01)$ 和 $S_2(78,3.14)$ 代入上式，得到参数 A，K 的值：$A=$

4.148，$K=0.13$。

计算不同时刻沉降计算公式为

$$S_t=\frac{4.148\times 0.13\sqrt{t}}{\sqrt{1+0.13^2 t}}$$

当时间 $t\to\infty$，则最终沉降 $S_\infty=S_0+A$，瞬时沉降 $S_0=0$ 时，$S_\infty=A$，星野法计算该工点的沉降量为 4.148 mm。

d. Asaoka 法

在图 4-28 中将 o' 作为坐标原点，在修正后的曲线上将时间轴分成相等的时间段 $t_1,t_2,\cdots,t_n$，$t_1=18$，$\Delta t=10$，在图中读出各点的沉降量如表 4-26 所示。

以坐标（S_i，S_{i-1}）将各沉降点绘于图 4-29，M 点所对应的横坐标即是最终沉降量。由图可知，该方法计算的该点最终沉降量为 3.81 mm。

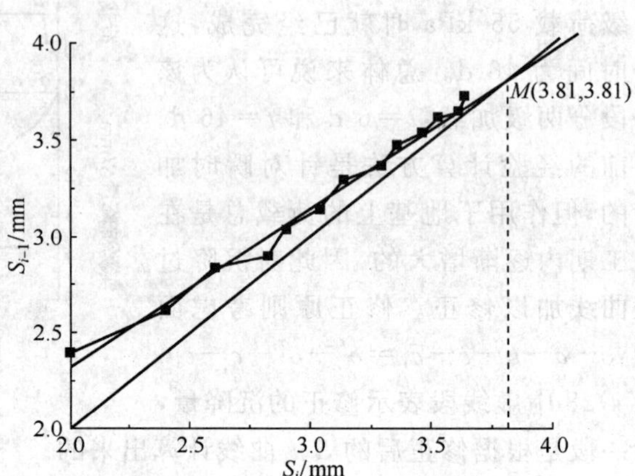

图 4-29　Asaoka 法计算沉降图

根据实测资料，得到以上几种方法计算未处理地基的最终沉降量值，见表 4-27。

表 4-26　修正曲线上各时间点的沉降量值

t/d	18	28	38	48	58	68	78
S/mm	2.01	2.40	2.61	2.83	2.90	3.04	3.14
t/d	88	98	108	118	128	138	148
S/mm	3.29	3.36	3.47	3.53	3.61	3.64	3.71

表 4-27　修正曲线上各时间点的沉降量值

t/d	18	28	38	48	58	68	78
S/mm	1.72	2.0	2.28	2.48	2.74	2.91	2.96
t/d	88	98	108	118	128	138	148
S/mm	2.99	3.10	3.11	3.27	3.33	3.39	3.42

以上几种方法中，Asaoka 法不能用来分析沉降过程，其他几种方法的沉降过程计算曲线如图 4-30 所示。

②DK1293＋412.00

该点地基经过灌浆和 CFG 桩处理。2007 年 11 月 6 日对该地基进行分级填筑，2008 年 3 月 24 日填筑完成，试验数据观测至 2008 年 6 月 8 日。沉降与荷载的关系如图 4-31所示。

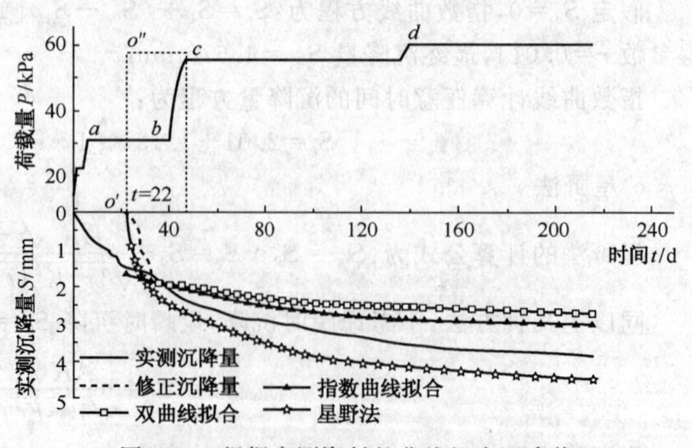

图 4-30　根据实测资料的曲线拟合沉降值

在施工期 103 d 完成路基的填筑，荷载 P 从 0 增加到 115 kPa，最后一级荷载量增加的不多，可认为在前一级荷载时就已经完成，这个时间为 60 d。总体来说可认为该路段分两级加载：$t=8$ d 和 $t=60$ d。目前的经验计算方法是针对于瞬时加荷的，但作用与地基上的荷载总是在施工期内逐渐增大的，因此对沉降过程曲线加以修正。修正原则考虑面积：$o-a-b-c-c_1=o'-o''-c-c_1$，图 4-31 中虚线段表示修正沉降量，以下是根据修正后的 S-t 曲线进行计算。

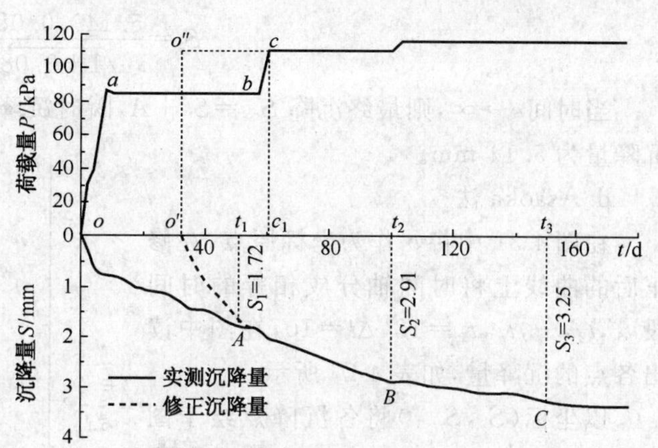

图 4-31 DK1293＋412 沉降过程曲线

o'原来的坐标为(32,0)，修正后，将 o'视为时间的起点(0,0)，则原横坐标往前推 32 d。因为地基的瞬时沉降不易确定，为了简化，假定 $S_d=0$。为了计算需要，在图 4-31 中的 S-t 曲线上作出 A、B、C 三点，时间分别为用 t_1、t_2、t_3 表示。这三点选取的原则是，要求 A 和 C 点尽量接近于曲线规律性较好部分的两端，并使 $t_2-t_1=t_3-t_2$。针对于修正后的沉降曲线，三个点分别选在 $t_1=18$ d，$t_2=68$ d，$t_3=118$ d，$\Delta t=50$ d。这三个点的沉降值分别为 $S_1=1.72$ mm、$S_2=2.91$ mm 和 $S_3=3.25$ mm，写成坐标点形式 (t, S_t) 即 $S_1(18,1.72)$、$S_2(68,2.91)$、$S_3(118,3.25)$。

a. 双曲线法

假定 $S_d=0$，双曲线方程为：$S_t=S_1+(S_\infty-S_1)\dfrac{(t-t_1)}{a+(t-t_1)}$。利用双曲线计算方法得参数 $a=40.056$，最终沉降量 $S_\infty=3.387$ mm。

双曲线计算任意时间的沉降量方程为：

$$S_t=1.72+\frac{1.667\times(t-18)}{40.056+(t-18)}$$

b. 指数曲线法

假定 $S_d=0$，指数曲线方程为：$S_t=S_1+(S_\infty-S_1)[1-e^{-r(t-t_1)}]$。利用指数曲线计算方法得参数 $r=0.025$，最终沉降量 $S_\infty=3.387$ mm。

指数曲线计算任意时间的沉降量方程为：

$$S_t=1.72+1.667\times[1-e^{-0.025(t-18)}]$$

c. 星野法

星野法的计算公式为：

$$S_\infty=S_0+S_t=S_0+\frac{AK\sqrt{t-t_0}}{\sqrt{1+K^2(t-t_0)}}$$

同以上几种方法，不考虑瞬时沉降，设瞬时沉降 $S_0=0$，则 $t_0=0$，上面的公式可变成：

$$S_\infty=S_t=\frac{AK\sqrt{t}}{\sqrt{1+K^2 t}}$$

将沉降观测修正曲线上 $S_1(18,1.72)$ 和 $S_2(68,2.91)$ 代入上式，得到参数 A，K 的值，$A=$

5.14,$K=0.08$。

计算不同时刻沉降计算公式为

$$S_t=\frac{5.14\times 0.08\sqrt{t}}{\sqrt{1+0.08^2 t}}$$

当时间 $t\to\infty$,则最终沉降 $S_\infty=S_0+A$,瞬时沉降 $S_0=0$ 时,$S_\infty=A$,星野法计算该工点的沉降量为 5.14 mm。

d. Asaoka 法

在图 4-31 中将 o' 作为坐标原点,在修正后的曲线上将时间轴分成相等的时间段 $t_1,t_2,\cdots,t_n$,$t_1=18$,$\Delta t=10$,在图中读出各点的沉降量,如表 4-27 所示。

以坐标(S_i,S_{i-1})将各沉降点绘于图 4-32,M 点所对应的横坐标即是最终沉降量。由图可知,由此方法计算得该点的最终沉降量为 3.51 mm。

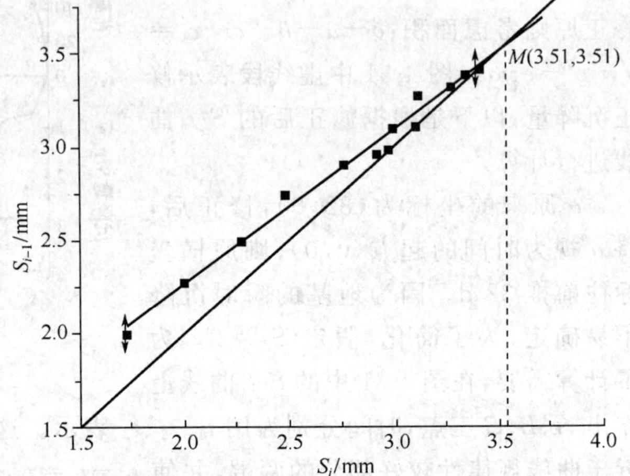

图 4-32 Asaoka 法计算沉降图

根据实测资料,得到以上几种方法计算的最终沉降量值,见表 4-29。

以上几种方法中,Asaoka 法不能用来分析沉降过程,其他几种方法的沉降过程计算曲线见图 4-33。

表 4-28 实测资料的曲线拟合法计算未处理地基(DK1293+387)最终沉降值 S

拟合曲线	公式	参数	计算点	拟合公式	最终沉降量 S/mm
双曲线法	$S_t=S_1+(S_\infty-S_1)\frac{(t-t_1)}{a+(t-t_1)}$	$a=94.286$	S_1(18, 2.01) S_2(68, 3.14) S_3(118, 3.64)	$S_t=2.01+\frac{1.13\times(t-18)}{94.286+(t-18)}$	4.916
指数曲线法	$S_t=S_1+(S_\infty-S_1)[1-e^{-r(t-t_1)}]$	$r=0.014$	同 上	$S_t=2.01+1.13\times[1-e^{-0.014(t-18)}]$	4.578
星野法	$S_\infty=S_0+S_t=S_0+\frac{AK\sqrt{t-t_0}}{\sqrt{1+K^2(t-t_0)}}$	$A=4.148$, $K=0.13$	同 上	$S_t=\frac{4.148\times 0.13\sqrt{t}}{\sqrt{1+0.13^2 t}}$	4.148
Asaoka 法	—	—		—	3.810

表 4-29 实测资料的曲线拟合法计算 CFG 处理的地基(DK1293+412)最终沉降值 S

拟合曲线	公式	参数	计算点	拟合公式	最终沉降量 S/mm
双曲线法	$S_t=S_1+(S_\infty-S_1)\frac{(t-t_1)}{a+(t-t_1)}$	$a=40.056$	S_1(18, 1.72) S_2(68, 2.91) S_3(118, 3.25)	$S_t=1.72+\frac{1.667\times(t-18)}{40.056+(t-18)}$	3.387
指数曲线法	$S_t=S_1+(S_\infty-S_1)[1-e^{-r(t-t_1)}]$	$r=0.025$	同 上	$S_t=1.72+1.667\times[1-e^{-0.025(t-18)}]$	3.387

续上表

拟合曲线	公式	参数	计算点	拟合公式	最终沉降量 S/mm
星野法	$S_\infty=S_0+S_t=S_0+\dfrac{AK\sqrt{t-t_0}}{\sqrt{1+K^2(t-t_0)}}$	$A=5.14$，$K=0.08$	同上	$S_t=\dfrac{5.14\times0.08\sqrt{t}}{\sqrt{1+0.08^2t}}$	5.140
Asaoka 法	—	—		—	3.510

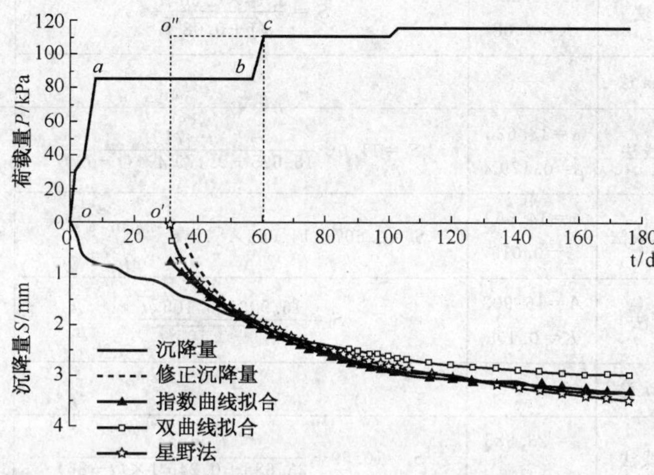

图 4-33 根据实测资料的曲线拟合沉降值

图 4-33 是根据实测资料进行沉降过程的拟合，从图 4-33 中可看出，双曲线和指数曲线在前期(荷载填筑期)，都拟合得有些偏差，不是非常理想，但双曲线稍好点，而星野法在前期都拟合得非常好。星野法由于最终沉降量的计算偏大，因此在填筑完成之后，慢慢偏离实测曲线，指数曲线在填筑完成后，其拟合曲线非常接近实测曲线，该地区红黏土的沉降可用星野法和指数曲线组合进行拟合，用星野法预测前期沉降，用指数曲线预测后期沉降。

用同样的方法对其他工点的沉降进行分析。为了方便绘制表格，作如下规定：设 t_{01} 为观测开始时间(d)；t_{02} 为观测结束时间(d)；S_1 为实测沉降；S_2 为预测沉降。

(2)沉降预测汇总表(表 4-30)

表 4-30 沉降预测汇总表

里程	拟合曲线	参数	拟合公式	实测沉降量 S_1/mm	最终沉降量 S_2/mm
DK1293+387	双曲线法	$\alpha=94.286$ β—1.0	$S_t=2.01+\dfrac{1.13\times(t-18)}{94.286+(t-18)}$	4.51	4.916
	指数曲线法	$a=1.13$ $b=0.014$	$S_t=2.01+1.13\times[1-e^{-0.014(t-18)}]$		4.578
	星野法	$A=4.148$， $K=0.13$	$S_t=\dfrac{4.148\times0.13\sqrt{t}}{\sqrt{1+0.13^2t}}$		4.148
	Asaoka 法	—	—		3.81

续上表

里　程	拟合曲线	参　数	拟合公式	实测沉降量 S_1/mm	最终沉降量 S_2/mm
DK1293＋412	双曲线法	$\alpha=40.056$ $\beta=1.0$	$S_t=1.72+\frac{1.667\times(t-18)}{40.056+(t-18)}$	3.37	3.387
	指数曲线法	$a=1.667$ $b=0.025$	$S_t=1.72+1.667\times[1-e^{-0.025(t-18)}]$		3.387
	星野法	$A=5.14$， $K=0.08$	$S_t=\frac{5.14\times0.08\sqrt{t}}{\sqrt{1+0.08^2t}}$		5.14
	Asaoka 法	—	—		3.51
DK1291＋752	双曲线法	$\alpha=18.625$ $\beta=0.1794$	$S_t=11.0+\frac{t-71}{18.625+0.1794\times(t-71)}$	15.16	16.57
	指数曲线法	$a=14.669$ $b=0.013$	$S_t=0.607+14.669\times[1-e^{-0.013(t-0.8)}]$		15.28
	星野法	$A=16.903$ $K=0.105$	$S_t=\frac{16.903\times0.105\sqrt{t}}{\sqrt{1+0.105^2t}}$		15.04
	Asaoka 法	—			16.9
DK1291＋800	双曲线法	$\alpha=23.685$ $\beta=0.2451$	$S_t=10.59+\frac{t-86}{23.685+0.2451\times(t-86)}$	13.61	14.67
	指数曲线法	$a=12.785$ $b=0.015$	$S_t=0.815+12.785\times[1-e^{-0.015(t-0.8)}]$		13.60
	星野法	$A=14.907$ $K=0.116$	$S_t=\frac{14.907\times0.116\sqrt{t}}{\sqrt{1+0.116^2t}}$		14.907
	Asaoka 法	—			14.82
DK1291＋090	双曲线法	$\alpha=26.647$ $\beta=0.4549$	$S_t=6.15+\frac{t-84}{26.647+0.4549\times(t-84)}$	8.02	8.35
	指数曲线法	$a=7.576$ $b=0.014$	$S_t=0.446+7.576\times[1-e^{-0.014(t-1.5)}]$		8.02
	星野法	$A=8.671$ $K=0.125$	$S_t=\frac{8.671\times0.125\sqrt{t}}{\sqrt{1+0.125^2t}}$		8.67
	Asaoka 法	—	—		8.08
DK1291＋040	双曲线法	$\alpha=34.381$ $\beta=0.4365$	$S_t=5.8+\frac{t-80}{34.381+0.4365\times(t-80)}$	7.61	8.09
	指数曲线法	$a=7.19$ $b=0.014$	$S_t=0.429+7.19\times[1-e^{-0.014(t-0.81)}]$		7.62
	星野法	$A=8.544$ $K=0.108$	$S_t=\frac{8.544\times0.108\sqrt{t}}{\sqrt{1+0.108^2t}}$		8.54
	Asaoka 法	—	—		7.65

续上表

里　程	拟合曲线	参　数	拟 合 公 式	实测沉降量 S_1/mm	最终沉降量 S_2/mm
DK1293+020	双曲线法	$\alpha=11.724$ $\beta=0.1292$	$S_t=5.59+\frac{t-29}{11.724+0.1297\times(t-29)}$	11.45	13.3
	指数曲线法	$a=10.181$ $b=0.015$	$S_t=1.269+10.181\times[1-e^{-0.015(t-0.89)}]$		11.45
	星野法	$A=13.608$ $K=0.088$	$S_t=\frac{13.608\times0.088\sqrt{t}}{\sqrt{1+0.088^2t}}$		13.61
	Asaoka 法	—	—		11.32
DK1293+060.28	双曲线法	$\alpha=9.940$ $\beta=0.1122$	$S_t=7.05+\frac{t-29}{9.9399+0.1122\times(t-29)}$	13.79	13.79
	指数曲线法	$a=11.927$ $b=0.015$	$S_t=1.877+11.927\times[1-e^{-0.015(t-0.91)}]$		13.80
	星野法	$A=16.013$ $K=0.097$	$S_t=\frac{16.013\times0.097\sqrt{t}}{\sqrt{1+0.097^2t}}$		16.01
	Asaoka 法	—	—		13.67
DK1293+090	双曲线法	$\alpha=12.496$ $\beta=0.1557$	$S_t=7.57+\frac{t-39}{12.496+0.1557\times(t-39)}$	13.48	13.99
	指数曲线法	$a=12.882$ $b=0.01$	$S_t=0.745+12.882\times[1-e^{-0.01(t-0.74)}]$		13.63
	星野法	$A=14.434$ $K=0.101$	$S_t=\frac{14.434\times0.101\sqrt{t}}{\sqrt{1+0.101^2t}}$		14.43
	Asaoka 法	—	—		12.46
DK1293+264.93	双曲线法	$\alpha=11.8$ $\beta=0.1838$	$S_t=5.96+\frac{t-28}{11.8+0.1838\times(t-28)}$	11.27	11.41
	指数曲线法	$a=10.308$ $b=0.015$	$S_t=0.993+10.308\times[1-e^{-0.015(t-1.53)}]$		11.30
	星野法	$A=11.704$ $K=0.196$	$S_t=\frac{11.704\times0.196\sqrt{t}}{\sqrt{1+0.196^2t}}$		11.70
	Asaoka 法	—	—		11.04
DK1293+310	双曲线法	$\alpha=29.64$ $\beta=0.3545$	$S_t=6.20+\frac{t-61}{29.64+0.3545\times(t-61)}$	8.83	9.02
	指数曲线法	$a=9.127$ $b=0.024$	$S_t=0.174+9.127\times[1-e^{-0.024(t-0.57)}]$		9.30
	星野法	$A=9.209$ $K=0.178$	$S_t=\frac{9.209\times0.178\sqrt{t}}{\sqrt{1+0.178^2t}}$		9.21
	Asaoka 法	—	—		8.65

续上表

里　程	拟合曲线	参　数	拟合公式	实测沉降量 S_1/mm	最终沉降量 S_2/mm
DK1293＋610	双曲线法	$\alpha=14.52$ $\beta=0.3148$	$S_t=6.0+\dfrac{t-43}{14.52+0.3148\times(t-43)}$	8.74	9.17
	指数曲线法	$a=8.574$ $b=0.018$	$S_t=0.186+8.574\times[1-e^{-0.018(t-0.76)}]$		8.76
	星野法	$A=9.407$ $K=0.148$	$S_t=\dfrac{9.407\times0.148\sqrt{t}}{\sqrt{1+0.148^2t}}$		9.41
	Asaoka 法	—	—		8.54
DK1294＋010	双曲线法	$\alpha=7.457$ $\beta=0.143$	$S_t=0.84+\dfrac{t-3}{7.457+0.143\times(t-3)}$	6.78	7.83
	指数曲线法	$a=5.954$ $b=0.016$	$S_t=0.836+5.954\times[1-e^{-0.016(t-3)}]$		6.78
	星野法	$A=7.274$ $K=0.141$	$S_t=\dfrac{7.274\times0.141\sqrt{t}}{\sqrt{1+0.141^2t}}$		7.27
	Asaoka 法	—	—		6.71
DK1294＋095	双曲线法	$\alpha=4.978$ $\beta=0.1469$	$S_t=1.08+\dfrac{t-3}{4.978+0.1469\times(t-3)}$	7.24	7.89
	指数曲线法	$a=6.458$ $b=0.013$	$S_t=0.829+6.458\times[1-e^{-0.013(t-2.3)}]$		7.29
	星野法	$A=8.006$ $K=0.118$	$S_t=\dfrac{8.006\times0.118\sqrt{t}}{\sqrt{1+0.118^2t}}$		8.01
	Asaoka 法	—	—		7.04
DK1847＋453.13	双曲线法	$\alpha=0.107$ $\beta=0.187$	$S_t=\dfrac{t}{0.107+0.187\times t}$	5.31	5.34
	指数曲线法	$a=5.318$ $b=0.11$	$S_t=5.318\times(1-13.56e^{-0.11t})$		5.318
	星野法	$A=5.278$ $K=0.92$	$S_t=\dfrac{5.278\times0.92\sqrt{t}}{\sqrt{1+0.92^2t}}$		5.28
	Asaoka 法	—	—		5.34
DK1847＋897.00	双曲线法	$\alpha=498.75$ $\beta=10.91$	$S_t=0.89+\dfrac{t-55}{498.75+10.91\times(t-55)}$	0.96	0.981
	指数曲线法	$a=0.525$ $b=0.032$	$S_t=0.428+0.525\times[1-e^{-0.032(t-20)}]$		0.953
	星野法	$A=0.994$ $K=0.273$	$S_t=\dfrac{0.994\times0.273\sqrt{t}}{\sqrt{1+0.273^2t}}$		0.994
	Asaoka 法	—	—		0.954

续上表

里 程	拟合曲线	参 数	拟 合 公 式	实测沉降量 S_1/mm	最终沉降量 S_2/mm
DK1848+025.00	双曲线法	$\alpha=3.2843$ $\beta=0.1675$	$S_t=0.86+\frac{t-7}{3.2843+0.1675\times(t-7)}$	5.86	6.83
	指数曲线法	$a=5.86$ $b=0.071$	$S_t=5.86\times(1-e^{-0.071t})$		5.86
	星野法	$A=6.428$ $K=0.222$	$S_t=\frac{6.428\times0.222\sqrt{t-12.5}}{\sqrt{1+0.222^2(t-12.5)}}$		6.42
	Asaoka 法	—	—		5.90
DK1848+040.00	双曲线法	$\alpha=3.5132$ $\beta=0.1639$	$S_t=0.87+\frac{t-7}{3.5132+0.1639\times(t-7)}$	5.89	6.97
	指数曲线法	$a=5.89$ $b=0.081$	$S_t=5.89\times(1-e^{-0.081t})$		5.89
	星野法	$A=6.59$ $K=0.202$	$S_t=\frac{6.59\times0.202\sqrt{t-12}}{\sqrt{1+0.202^2(t-12)}}$		6.59
	Asaoka 法	—	—		5.94
DK1847+465.00	双曲线法	$\alpha=2.2893$ $\beta=0.1894$	$S_t=0.91+\frac{t-1}{2.2893+0.1894\times(t-1)}$	5.81	6.19
	指数曲线法	$a=5.212$ $b=0.05$	$S_t=0.658+5.212\times[1-e^{-0.05(t-0.6)}]$		5.87
	星野法	$A=6.312$ $K=0.188$	$S_t=\frac{6.312\times0.188\sqrt{t}}{\sqrt{1+0.188^2t}}$		6.31
	Asaoka 法	—	—		5.88
DK1847+481.00	双曲线法	$\alpha=2.5102$ $\beta=0.1868$	$S_t=0.95+\frac{t-1}{2.5102+0.1868\times(t-1)}$	5.88	6.30
	指数曲线法	$a=5.225$ $b=0.046$	$S_t=0.715+5.225\times[1-e^{-0.046(t-0.75)}]$		5.94
	星野法	$A=6.442$ $K=0.179$	$S_t=\frac{6.442\times0.179\sqrt{t}}{\sqrt{1+0.179^2t}}$		6.44
	Asaoka 法	—	—		5.98
DK1847+530.00	双曲线法	$\alpha=7.552$ $\beta=0.6449$	$S_t=\frac{t}{7.5522+0.6449t}$	1.39	1.55
	指数曲线法	$a=1.39$ $b=0.066$	$S_t=1.39(1-e^{-0.066t})$		1.39
	星野法	$A=1.462$ $K=0.315$	$S_t=\frac{1.462\times0.315\sqrt{t-12}}{\sqrt{1+0.315^2(t-12)}}$		1.46
	Asaoka 法	—	—		1.39

续上表

里 程	拟合曲线	参 数	拟 合 公 式	实测沉降量 S_1/mm	最终沉降量 S_2/mm
DK1847+610.00	双曲线法	$\alpha=10.551$ $\beta=0.582$	$S_t=\dfrac{t}{10.551+0.582t}$	1.45	1.72
	指数曲线法	$a=1.452$ $b=0.052$	$S_t=1.452(1-e^{-0.052t})$		1.45
	星野法	$A=1.588$ $K=0.238$	$S_t=\dfrac{1.588\times0.238\sqrt{t-12}}{\sqrt{1+0.238^2(t-12)}}$		1.59
	Asaoka 法	—	—		1.47
DK1847+660.00	双曲线法	$\alpha=9.283$ $\beta=0.6198$	$S_t=\dfrac{t}{9.2826+0.6198t}$	1.42	1.61
	指数曲线法	$a=1.411$ $b=0.055$	$S_t=1.411(1-e^{-0.055t})$		1.41
	星野法	$A=1.485$ $K=0.295$	$S_t=\dfrac{1.485\times0.295\sqrt{t-12}}{\sqrt{1+0.295^2(t-12)}}$		1.49
	Asaoka 法	—	—		1.41
DK1847+700.00	双曲线法	$\alpha=10.73$ $\beta=0.5746$	$S_t=\dfrac{t}{10.73+0.5746t}$	1.48	1.74
	指数曲线法	$a=1.472$ $b=0.052$	$S_t=1.472(1-e^{-0.052t})$		1.47
	星野法	$A=1.583$ $K=0.254$	$S_t=\dfrac{1.583\times0.254\sqrt{t-12}}{\sqrt{1+0.254^2(t-12)}}$		1.58
	Asaoka 法	—	—		1.49
DK1847+862.00	双曲线法	$\alpha=7.829$ $\beta=0.6206$	$S_t=\dfrac{t-3}{7.829+0.6206(t-3)}$	1.43	1.61
	指数曲线法	$a=1.443$ $b=0.049$	$S_t=1.443(1-e^{-0.049t})$		1.44
	星野法	$A=1.542$ $K=0.261$	$S_t=\dfrac{1.542\times0.261\sqrt{t-12}}{\sqrt{1+0.261^2(t-12)}}$		1.54
	Asaoka 法	—	—		1.45
DK1847+870.00	双曲线法	$\alpha=7.5148$ $\beta=0.6062$	$S_t=\dfrac{t-3}{7.5148+0.6062(t-3)}$	1.43	1.65
	指数曲线法	$a=1.47$ $b=0.063$	$S_t=1.47(1-e^{-0.063t})$		1.47
	星野法	$A=1.568$ $K=0.277$	$S_t=\dfrac{1.568\times0.277\sqrt{t-12}}{\sqrt{1+0.277^2(t-12)}}$		1.57
	Asaoka 法	—	—		1.48

续上表

里　程	拟合曲线	参　数	拟 合 公 式	实测沉降量 S_1/mm	最终沉降量 S_2/mm
DK1847＋920.00	双曲线法	$\alpha=1.848$ $\beta=0.485\ 7$	$S_t=\dfrac{t-3}{1.848\ 4+0.485\ 7(t-3)}$	2.02	2.06
	指数曲线法	$a=1.424$ $b=0.031$	$S_t=0.599+1.424[1-e^{-0.03(t-3.15)}]$		2.02
	星野法	$A=2.068$ $K=0.34$	$S_t=\dfrac{2.068\times0.34\sqrt{t-4}}{\sqrt{1+0.34^2(t-4)}}$		1.57
	Asaoka 法	—	—		2.0
DK1847＋897.00	双曲线法	$\alpha=8.139$ $\beta=0.664$	$S_t=\dfrac{t}{8.139+0.664t}$	1.34	1.51
	指数曲线法	$a=1.347$ $b=0.065$	$S_t=1.347(1-1.707e^{-0.065t})$		1.35
	星野法	$A=1.434$ $K=0.213$	$S_t=0.05+\dfrac{1.434\times0.213\sqrt{t-6.5}}{\sqrt{1+0.213^2(t-6.5)}}$		1.48
	Asaoka 法	—	—		1.35
DK1847＋660.00	双曲线法	$\alpha=7.286$ $\beta=0.645\ 9$	$S_t=\dfrac{t}{7.286+0.645\ 9t}$	1.39	1.55
	指数曲线法	$a=1.401$ $b=0.064$	$S_t=1.401(1-1.401e^{-0.064t})$		1.40
	星野法	$A=1.544$ $K=0.177$	$S_t=0.06+\dfrac{1.544\times0.177\sqrt{t-5}}{\sqrt{1+0.177^2(t-5)}}$		1.60
	Asaoka 法	—	—		1.41

通过以上计算分析知道，对于双曲线法、指数曲线法、星野法及 Asaoka 法四种方法，双曲线法和星野法预测的最终沉降值均大于实测沉降，但差值不超过 1 mm，其余两种方法的预测值与实测值基本相等；考虑到工程实际情况比较复杂以及工程的安全性，建议采用双曲线法和星野法进行预测地基的最终沉降。

4.3.6.3　反"S"形成长曲线模型

反"S"形成长曲线模型包括 Verhulst 模型，Gompertz 模型，Logistic 模型，Weibull 曲线模型四种，以下将以郴州工点的 DK1823＋388 点作为沉降预测分析工点，利用上述四种模型进行沉降计算分析如图 4-34。其结果如表 4-31。

对各种基于实测数据的生长曲线预测结果进行分析，由图 4-34 可知：

①通过比较 Verhulst 模型预测效果曲线与实测曲线可知，用 Verhulst 模型预测的沉降值较实测值偏大，但基本上能反应实测曲线的性状和线形发展趋势，而且与其他生长曲线模型和实测值比较可知，用 Verhulst 模型预测的误差较小，其曲线较其他曲线更接近于实测曲线。

②通过比较 Gompertz 模型预测效果曲线与实测曲线可知，该模型的预测曲线也能够较好的反应实测曲线的线形发展趋势，两条曲线相互交织，重合部分较少，但是根据对实测曲线的修正原理：实际加荷曲线与时间坐标轴所围面积与修正后的加荷曲线与时间坐标轴所围面

积相等这一原理可知，用 Gompertz 模型预测的效果最好。其最终沉降量较实测值稍微大一点，但误差完全在可接受的范围内。

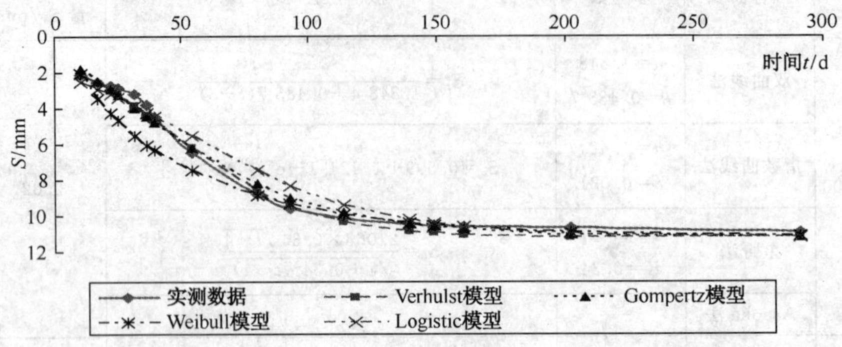

图 4-34 从 0 到 291 天实测及各种生长曲线拟合的沉降曲线图

表 4-31 生长型曲线预测模型表

实测工点	预测方法	预测公式	参数取值
DK1823＋388	Verhulst 模型	$S(t)=\dfrac{a/b}{1+\left(\dfrac{a}{b}\times\dfrac{1}{S_0}-1\right)\times e^{-a(t-t_0)}}$	$a/b=11.2$，$S_0=2.1$，$t_0=10$ $a=0.038$
	Gompertz 模型	$y=a\,e^{-e^{(b-ct)}}$	$a=11.2$，$b=0.363\,1$，$c=0.015\,3$
	Weibull 模型	$S_w=a-(a-b)\exp[-(kt)^c]$	$a=11.2$，$b=2.1$，$c=0.92$，$k=0.02$
	Logistic 模型	$S_t=\dfrac{b_1}{1+b_2\exp(-b_3\times t)}$	$b_1=11.2$，$b_2=4.548$，$b_3=0.028$

③通过比较 Weibull 模型预测效果曲线与实测曲线可知，其预测沉降量在 $t=100$ d 以前比实测沉降量偏大，效果较差；$t=100$ d 以后与实测沉降量非常接近，效果较好。整个预测期的沉降曲线趋势基本上能反应实测曲线的线形发展趋势，但是如果单独采用该模型预测红黏土地基的沉降并不合适。

④通过比较 Logistic 模型预测效果曲线与实测曲线可知，用该模型预测的沉降量在 $t\leqslant 50$ d时较实测值偏大，而在 50 d$\leqslant t\leqslant$150 d 时偏小，在 $t\geqslant$150 d 时与实测值之间的误差较小。整个预测期的沉降曲线趋势基本上能反应实测曲线的线形发展趋势，建议不单独使用该模型预测红黏土地基沉降。

由此可见，几种生长曲线模型在预测精度要求不高的情况下，完全可以用于预测红黏土地基的沉降，但是如果在精度要求很高的情况下，也不能完全预测出沉降曲线的整个发展过程。通过观察可知，Weibull 模型预测值与 Logistic 模型预测值均匀分布在实测值的两侧，因此可以考虑组合该两种模型，建立变权重组合模型来预测红黏土地基的沉降。

4.3.6.4 基于多种预测模型的变权重组合预测方法

在预测的过程中，如果想当然地认为某个单项预测方法的预测误差较大，就放弃该种预测方法，这可能造成部分有用的信息丢失。合理的做法是：将不同的预测方法进行适当组合，以便综合利用各种预测方法所提供的信息，尽可能地提高预测精度。为此，Bates. J. M 和 Granger. C. W. J 首次提出组合预测方法的概念，即综合考虑各单项预测方法的特点，将不同的单项预测方法进行组合，也就是说即使一个预测误差较大的预测方法，如果它包含系统独立的信息，当它与一个预测误差较小的预测方法组合后，完全可以增加系统的预测性能。

目前国内外学者主要提出的组合预测方法有：最小方差方法、无约束最小二乘方法、约束最小二乘方法、Bayes 方法、基于不同准则和范数的组合预测方法、递归组合预测方法等。以上各种不同的组合预测方法中，实际应用和理论研究最多的是最小方差方法，且大多以绝对误差作为准则来计算出组合预测方法的权系数向量。预测误差平方和是反映预测精度的一个指标。预测误差平方和越大，表明该项预测模型的预测精度就越低，从而它在组合预测中的重要性就降低。重要性的降低表现为它在组合预测中的加权系数就越小。反之，对预测误差平方和较小的单项预测模型在组合预测中的应赋予较大的加权系数。

基于多种预测模型的变权重组合预测方法利用下面的推导过程求出各单项的权系数。对某一预测问题，取 n 种预测模型，N 个时间点，并假设：$y(t)$为第 t 期的实际观测值，$t=1,2,\cdots N$；$\hat{y}_i(t)$为第 i 个模型在第 t 期预测值；$\omega_i(t)$为第 i 个预测模型在第 t 期的加权值，且满足：

$$\sum_{i=1}^{n} w_i(t) = 1,\quad (i=1,2,\cdots,n;\ t=1,2,\cdots,N)$$

则变权重组合预测模型可表示为：

$$\hat{y}(t) = \sum_{i=1}^{n} w_i(t)\ \hat{y}_i(t)$$

其中$\hat{y}(t)$为变权重组合预测模型的第 t 期值。再假设 e_{it} 为第 i 种模型在第 t 期的预测误差：

$$e_{it}=|y(t)-y_i(t)|\quad (i=1,2,\cdots,n;\ t=1,2,\cdots,N)$$

最佳变权系数 $\omega_i(t)$可利用最小二乘法求得：

$$\min S = \sum_{i=1}^{N}[\hat{y}(t) - y(t)]^2 = \min_{w_1,\cdots,w_N}(e_1^2 + e_2^2 + \cdots + e_N^2)$$

又因为　$$e_t = \hat{y}(t) - y(t) = \sum_{i=1}^{N} w_i(t)[\hat{y}_i(t) - y(t)] = [w_1(t),\cdots,w_n(t)][e_{1i},\cdots,e_{ni}]^{\mathrm{T}}$$

所以

$$e_t^2=w_t^{\mathrm{T}}A_t w_t$$

其中　$w_t=[w_1(t),\ \cdots,\ w_n(t)]^{\mathrm{T}}$；　$A_t=[e_{1t},\ \cdots,\ e_{nt}]^{\mathrm{T}}\cdot[e_{1t},\ \cdots,\ e_{nt}]$

即

$$S = \sum_{t=1}^{N} e_t^2 = \sum_{t=1}^{N} w_t^{\mathrm{T}}A_t w_t$$

此外，权系数均非负，故该问题可以转化为用数学中的规划方法求解非负权重组合预测模型，即：

$$\min S = \min\sum_{t=1}^{N} w_t^{\mathrm{T}}A_t w_t$$

假设 $R=(1,\cdots,1)^{\mathrm{T}}$ 为 n 维向量，则可以得到：

$$w_t=\frac{A_tR}{R^{\mathrm{T}}A_tR}=[w_{1t},\ w_{2t},\ \cdots,\ w_{nt}],\quad (t=1,2,\cdots,N)$$

若在 t 期出现分量 $w_i(t)=0$，则表示第 t 期 i 个模型不能参与组合，因此在第 t 期若有 k 个模型被筛选掉，则将第 t 期$(n-k)$个模型重新组合，由以上方法再次得到最优组合权重系数向量：

$$w_t=[w_{k+1t},\ w_{k+2t},\ \cdots,\ w_{nt}]$$

将 $0\sim N$ 时刻的$\hat{y}_i(t)$代入 $N+1$ 时刻的单项预测值：

$$\hat{y}(t+1)=\sum_{i=1}^{n} w_i(t)\ \hat{y}_i(t+1)$$

可得到真正意义上的组合预测值，进而求出预测精度，即最小误差平方和。当采用变权重组合模型预测时，可以用下式计算 $N+j(j=1,2,\cdots)$ 期各模型的变权重系数，即：

$$w_j(N+j)=\sum_{i=1}^{N} w_i(r)/N \quad (i=1,2,\cdots,n)$$

采用变权重组合预测方法，先计算出无非负权重约束下的 t 期权系数后，将 $w_{it}\leqslant 0$ 的模型进行筛选并将其权系数设为 0，重新组合剩余的模型得出曲线拟合段各时期各种模型的变权系数，再由上述的预测方法得出曲线预测段的变权系数，最后由变权系数组合各个模型得到最终的组合预测值。

4.3.7 变权重组合沉降预测方法预测红黏土地基沉降

4.3.7.1 算例一

取工点 DK1823＋388 点作为试算的第一个工点，取本章所提到的四种生长曲线模型作为变权重组合预测的基本模型，经过组合以后，发现 Verhulst 模型的权系数 $w_{it}\leqslant 0$，故剔除该模型，重新组合剩余的三种模型，在 matlab 中通过编程实现组合，并求得相应的各模型基本参数及随时间变化的权系数，然后再利用这些参数求得组合预测的沉降值，结果如表 4-32。图4-35 为变权重组合预测沉降值与实测沉降值比较图。

表 4-32 DK1823＋388 变权重组合沉降预测表

时间/d	变权系数 w_{it}			变权重组合预测值/mm	实测值/mm
	Gompertz 模型	Logistic 模型	Weibull 模型		
10	0.206 9	0.112 2	0.680 8	2.38	2.10
17	0.277 3	0.193 2	0.529 5	2.64	2.51
22	0.068 8	0.064 8	0.866 4	2.85	2.88
32	0.208 5	0.179 2	0.612 3	3.19	3.23
37	0.197 5	0.157 7	0.644 8	3.65	3.81
40	0.196 8	0.151 2	0.651 9	4.39	4.47
54	0.071 6	0.114 8	0.813 6	6.36	6.48
80	0.155 1	0.186 7	0.658 2	8.63	8.80
93	0.100 1	0.144 6	0.755 2	9.29	9.58
114	0.002 4	0.067 2	0.930 5	10.07	10.15
139	0.145 7	0.068 0	0.786 3	10.32	10.45
149	0.247 8	0.168 8	0.583 4	10.35 `	10.52

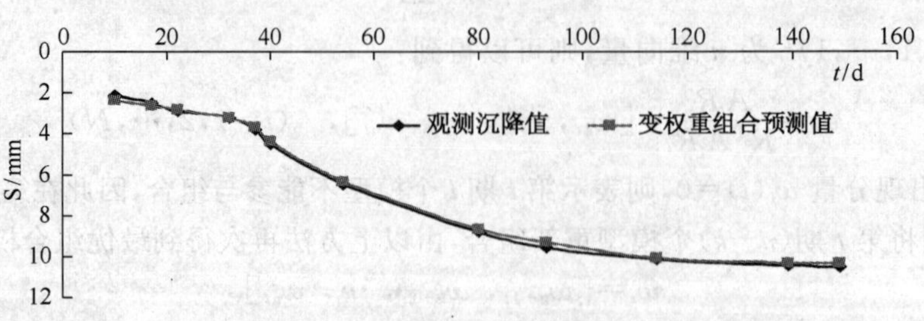

图 4-35 DK1823＋388 变权重组合预测沉降值与实测沉降值比较

由图 4-35 可知,变权重组合预测方法预测的沉降曲线与实测沉降曲线之间的误差非常小,曲线的发展趋势也能够吻合得很好,说明变权重组合预测方法对沉降预测很有效,预测的精度也很高,它的预测效果比其他的曲线拟合法,以及各种生长曲线模型独立预测的效果要好很多,误差要小很多,因此应该加以推广应用,下面我们将这种方法推广到其他工点,来验证其预测效果。

4.3.7.2　算 例 二

选取郴州工点的 DK1821＋736 点作为验证变权重组合预测方法的验证工点。由于基于沉降观测曲线的各种生长曲线模型组合预测方法的基础是沉降观测曲线,因此与地基的实际工程概况、土层分布和地基是否加固处理均无关,所以在此就不描述该工点的工程概况。图 4-36 为预测沉降与实测沉降对比图。

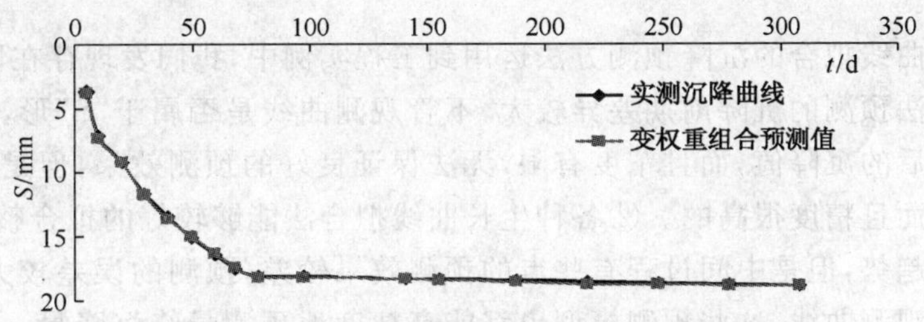

图 4-36　DK1821＋736 变权重组合预测沉降值与实测沉降值对比

通过验证可知:变权重组合预测方法的预测值与实测数据之间的误差非常小,从精度上来说有很大的优势,是一种值得运用和借鉴的预测方法,但是这种预测方法的优势也是其劣势,因为权重系数是随时间改变的随机参数,所以可以将误差化解得非常小,可是也正是由于其参数的多变性而非常系数,因此必须要有一个观测值才能用数学的方法推算出其权重系数,也就是说要有一个观测值才能得出一个预测值,而不是根据一个确定参数的曲线方程就可以得出其随时间的沉降预测值。表 4-33 为 DK1821＋736 变权重组合沉降预测表。

表 4-33　DK1821＋736 变权重组合沉降预测表

时间/d	变权系数 w_{it}			变权重组合预测值/mm	实测值/mm
	Gompertz 模型	Logistic 模型	Weibull 模型		
5	0.023 3	0.494 5	0.482 2	3.81	3.71
10	0.113 1	0.440 8	0.446 1	7.31	7.08
20	0.174 3	0.378 2	0.447 5	9.19	9.18
29	0.160 1	0.408 7	0.431 2	11.81	11.71
39	0.138 3	0.411 4	0.450 3	13.71	13.48
49	0.117 5	0.403 1	0.479 4	15.02	15.08
59	0.089 7	0.414 3	0.496	16.32	16.44
68	0.042 5	0.416 6	0.540 9	17.40	17.5
78	0.032 4	0.480 3	0.487 3	18.19	18.06
97	0.089 3	0.410 5	0.500 2	18.19	18.14
141	0.133 5	0.413 8	0.452 7	18.33	18.29
155	0.168 4	0.401 5	0.430 1	18.45	18.33

续上表

时间/d	变权系数 w_{it}			变权重组合预测值/mm	实测值/mm
	Gompertz 模型	Logistic 模型	Weibull 模型		
188	0.191 3	0.309 2	0.499 5	18.56	18.45
218	0.210 3	0.304 6	0.485 1	18.74	18.54
248	0.224 8	0.400 3	0.551 7	18.74	18.63
278	0.229 9	0.308 4	0.461 7	18.89	18.77
308	0.229 9	0.301 8	0.467 1	18.91	18.94

4.3.8 最优组合沉降预测模型

通过将多种曲线拟合的沉降预测方法运用到工程实例中，我们发现存在以下问题：①各种非生长曲线拟合法预测的沉降前期差异较大，不管观测曲线是否属于"S"形，只能预测出观测曲线第一拐点以后的沉降值，而且精度有限，无法保证良好的预测效果，但是对最终沉降量的预测仍然是可靠而且精度很高的。②各种生长曲线拟合法能够较好的拟合整个施工期及工后的沉降曲线发展趋势，但是中间过程有些点的预测效果较差，预测的误差较大，不过根据长时间的完整的沉降观测曲线，这些预测模型也都能高精度地预测最终沉降量。③基于多个预测模型的变权重组合预测方法能够很好的提高预测的精度，而且能够完整地拟合出沉降观测曲线的发展趋势，是一种高精度而且可靠的预测方法，但是这种预测方法的缺陷就是要有一个观测值才能预测出一个预测值，所以即使通过前期观测资料求出了几种组合预测模型的参数，建立了曲线方程，也无法求得其按时间变化的权重系数，无法预测后期的沉降值，这也是这种方法致命的缺陷。因此为了解决这些方法所存在的问题，综合各种预测方法的优势，在提高精度的同时又能保证观测曲线的完整的发展趋势，本课题组希望建立符合红黏土地基沉降预测的最优组合沉降预测方法，通过大量计算，找出最适合红黏土地基沉降预测的两种组合模型，通过最优的组合，采用常系数权重，确定预测的各分部模型，进而确定组合预测模型，然后通过多个工点的反复计算验证该方法的可靠性。

组合预测集结各单项预测方法的特点，按组合预测加权系数计算方法的不同，组合预测方法可以分为最优组合预测方法和非最优组合预测方法。最优组合预测方法的基本思想就是根据某种准则的构造目标函数，在一定的约束条件下求得目标函数的最大值或最小值，从而求得组合预测方法加权系数，最优组合预测方法一般可以表示成数学规划问题求解。非最优组合预测方法的基本思想是以预测绝对误差作为预测精度的衡量指标来确定各预测模型的加权系数。

课题组以预测误差平方和达到最小的线性组合预测模型对已有模型进行最优组合预测。

算例一：

选用前面的工点 DK1823＋388 进行尝试，对 Verhulst 模型、Weibull 模型、Logistic 模型和 Gompertz 模型进行两两随机组合，然后对组合后的精度和可靠性分别通过精度评价指标和稳定性指标进行评价，找出精度和稳定性最好的组合方式，如表 4-34 所示。发现 Weibull 模型和 Logistic 模型组合的效果最好，如图 4-37 所示。根据前面变权重组合预测的效果可以看出，Weibull 模型和 Logistic 模型的权重最大，加起来达到 0.9 以上，也有力地证明了这一点，因此建立基于 Weibull 模型和 Logistic 模型的最优组合沉降预测模型，求出其最优组合预测权系数，建立组合预测模型。

表 4-34 DK1823＋388 最优组合沉降预测表

时间	实测值	Weibull 模型	Logistic 模型	最优组合模型	误差
10	2.1	2.10	2.13	2.12	0.02
17	2.51	2.70	2.48	2.58	0.07
22	2.7	2.88	2.75	2.81	0.11
25	2.88	3.08	2.93	2.99	0.11
32	3.23	3.43	3.36	3.39	0.16
37	3.81	4.01	3.69	3.83	0.02
40	4.47	4.66	4.48	4.56	0.09
54	6.48	6.51	6.32	6.40	0.08
80	8.8	8.27	8.86	8.60	0.20
93	9.58	9.53	9.42	9.47	0.11
114	10.15	10.08	10.05	10.07	0.08
139	10.45	10.53	10.50	10.52	0.07
149	10.52	10.83	10.62	10.71	0.19
160	10.62	10.93	10.72	10.81	0.19
202	10.68	10.95	10.91	10.93	0.25
291	10.91	11.18	10.99	11.08	0.17

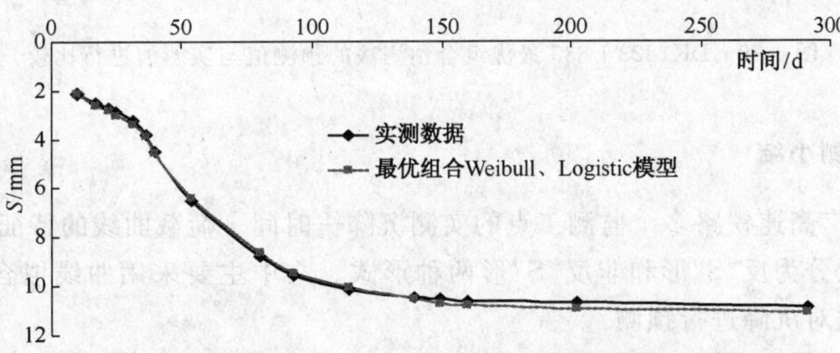

图 4-37 最优组合预测法对 DK1823＋388 点的沉降值与实测值对比

假设 Weibull 模型预测的沉降值为 $s_{1t}(t=1,\cdots,N)$，权系数为 ω_1；Logistic 模型预测的沉降值为 $s_{2t}(t=1,\cdots,N)$，权系数为 ω_2；则其最优权系数解为：

$$\omega_1=\left(\sum_{t=1}^{N}s_{2t}^2-\sum_{t=2}^{N}s_{1t}s_{2t}\right)\Big/\left[\sum_{t=1}^{N}(s_{1t}^2+s_{2t}^2-2s_{1t}s_{2t})\right] \tag{4-45}$$

$$\omega_2=\sum_{t=1}^{N}(s_{2t}^2-s_{1t}s_{2t})\Big/\left[\sum_{t=1}^{N}(s_{1t}^2+s_{2t}^2-2s_{1t}s_{2t})\right] \tag{4-46}$$

将 Weibull 模型和 Logistic 模型预测的沉降值代入上面的公式，求得最优组合的权重系数为：$\omega_1=0.44$；$\omega_2=0.56$。

算例二：

使用同样的预测方法对郴州工点的另外两点：DK1821＋736 和 DK1823＋835 进行最优

组合预测，验证这种预测方法，分别求得最优组合的权重系数为：①DK1821＋736 工点：ω_1＝0.356；ω_2＝0.644。②DK1823＋835 工点：ω_1＝0.425；ω_2＝0.575。

由图 4-37、图 4-38 和图 4-39 可知，该方法预测的效果也很好，误差很小，预测的精度和可靠性很高，有效地解决了前面的各单项预测方法所存在的问题，该方法的实质是对变权重组合预测方法进行二次数学处理，进行简化和优化，同时引进既能优化变权重组合预测方法又能保证预测精度的组合预测方法，值得推广应用。

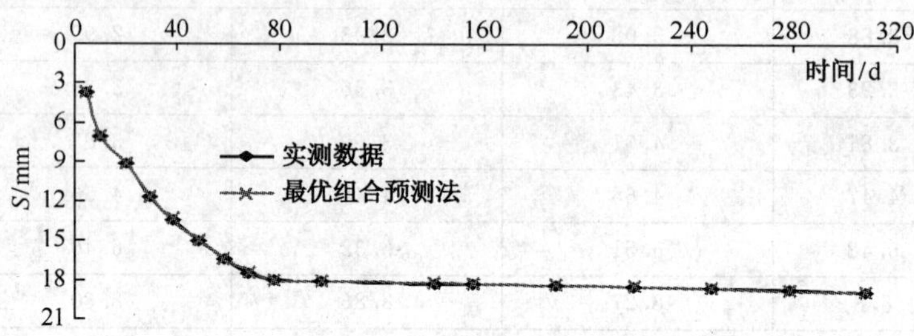

图 4-38　DK1821＋736 最优组合预测法的预测值与实测值进行对比

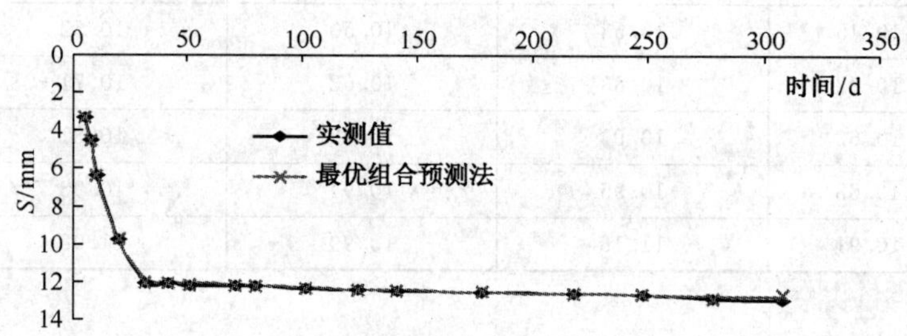

图 4-39　DK1823＋835 最优组合预测法的预测值与实测值进行比较

4.3.9　沉降预测小结

(1)根据武广高速铁路多个监测工点的实测沉降—时间—荷载曲线的特征，将观测曲线的沉降—时间曲线分为反“S”形和非反“S”形两种形式。文中主要采用曲线拟合法及各种曲线模型的组合方法对沉降进行预测。

(2)非生长曲线对地基填筑期间的沉降值预测的误差很大，生长曲线的预测结果要好于非生长曲线，但在中间过程的预测误差较大。

(3)采用变权重组合预测方法来预测沉降，可有效的解决预测精度偏低的问题，可靠性也更高，但是这种方法的缺陷是必须要有一个观测值才能得到一个对应的预测值，因此很难推广利用，无法达到我们要预测的目的，但是这种预测方法对最终沉降量的预测依然是很有效的。

(4)为了解决各种预测方法存在的问题，我们建议采用基于 Weibull 模型和 Logistic 模型的最优组合预测方法对红黏土地基沉降进行预测。通过 DK1821＋736、DK1823＋835、DK1823＋388 三个工点的检验，证明该方法是一种非常适合红黏土地基沉降预测的方法，值得推广应用，但该法的缺点是计算过程复杂，工程实际应用性差。

通过本节的分析研究知道，各种模型都有其自身的优劣性，计算精度也基本都能满足实际要求，考虑到实际工程中设计施工人员总是希望计算方法简单方便，以及实际工程最关心的也是地基的最终沉降，而对沉降过程要求不是很高的特点，课题组建议采用双曲线法和星野法进行地基的沉降预测。

4.3.10 红黏土路基回弹变形分析

从基本概念上说，沉降计算的结果加回弹变形等于总的变形量；对深基坑，如果不考虑回弹变形，计算的沉降量少了因回弹产生的再压缩量。对回弹计算的研究工作，上海在 20 世纪 70 年代就已经开始了，那时在基坑开挖时还埋设了回弹标点，但量测非常困难，结果不理想；在室内试验方面，虽然没有标准化的试验，但可以用高压固结试验或常规的固结试验做回弹再压缩试验，前者得到回弹指数，后者得到回弹模量，两者的回弹变形计算公式是不同的。《建筑地基基础设计规范》列入了回弹计算，用的是回弹模量的方法，方向是对的，但工作没有做到家，比较粗糙，不完整，不好使用，应当加以完善。回弹模量的计算存在几个问题：其一在地基规范的计算公式中，有一个 n 值，这是在回弹变形计算范围内的土层层数，但规范没有说明怎么确定计算深度。也就是说，这个方法还没有达到标准化的程度；其二是公式中的这个回弹模量用什么试验得到的，也没有个标准。比较现实的办法是计算指标用回弹指数，计算公式用半对数公式。

红黏土路堑段，由于开挖前没有埋设沉降观测仪，无法测出开挖时路堑的回弹情况，按理论方法对路基回弹进行计算。

4.3.10.1 DK1260＋460 工点

该工点上覆第四系更新统粉质黏土。表层 0.5 m 为杂填土；其下为粉质黏土，褐黄色间灰白色，硬塑，下伏泥质粉砂岩，弱风化。稳定水位埋深 3.6 m。若计算深度取为 10 m，则开挖坑底回弹量 S 计算如下：

$$S=\sum_{i=1}^{n}\frac{H_i\cdot C_{ri}}{1+e_i}\lg\left(\frac{P_N+\Delta P}{P_N}\right)$$

式中，e 为孔隙比；C_{ri} 为膨胀系数（回弹指数）；P_N 为原底层有效上覆荷载；ΔP 为挖去的荷载；H 为土层厚度。

计算结果见表 4-35。

表 4-35 DK1260＋460 工点红黏土回弹计算表

取样深度 /m	天然容重 $\gamma/(kN\cdot m^{-3})$	自重应力 /kPa	各层土的自重应力/kPa	压缩指数 C_c	回弹指数 C_s	孔隙比 e	各土层的回弹量 S/mm
2.7	19.11	51.59	51.59	0.10	0.020 2	1.075	2.82
4.7	19.11	89.81	38.22	0.08	0.032 1	1.008	2.62
6.7	18.62	127.05	37.24	0.10	0.030 8	0.876	2.63
8.7	17.05	161.16	34.10	0.14	0.031 2	0.859	2.48
10.0	17.24	183.57	22.41	0.06	0.018 4	0.721	0.69
12.7	18.81	233.91		0.06	0.022 7	—	
16.3	18.91	302.00		0.09	0.018 2	—	
						合计	11.24

4.3.10.2 DK1291＋380 工点

该工点表层 0～0.5 m 为种植土，见植物根系；0.5～7.9 m，黏土，红色，硬塑，呈网纹状构造，间灰白色；其中 3.6～4.0 m，4.9～5.3 m，5.8～6.6 m 中夹 3%成分为石英的细角砾；

7.9～9.7 m,黏土,褐黄色,硬塑,呈网纹状构造,间灰白色,夹 3%～10%不等的粗细角砾,成分为石英、砂岩;9.7～12 m,黏土,褐黄色,硬塑,网纹状构造,间灰白色,夹 30%粗细角砾,成分为石英、砂岩、灰岩。

回弹计算见表 4-36。

表 4-36　DK1291＋380 工点红黏土回弹计算表

取样深度/m	密度 ρ/(t·m^{-3})	自重应力/kPa	各层土的自重应力/kPa	压缩指数 C_c	回弹指数 C_s	孔隙比 e	各土层的回弹量 S/mm
3.0	1.94	57.330	57.036	0.05	0.014 7	0.838	2.82
4.7	1.99	90.483 4	33.153 4	0.06	0.022 3	0.767	1.55
5.2	2.03	100.430 4	9.947	0.06	0.019 6	0.661	0.14
7.4	2.00	143.550 4	43.120	0.11	0.041 3	1.079	4.00
9.0	1.94	173.969 6	30.419 2	0.07	0.031 5	0.883	1.78
10.7	1.95	206.456 6	32.487	0.08	0.032 2	0.848	2.10
						合计	12.38

参 考 文 献

[1] 杨广庆,刘树山,刘田明.高速铁路路基设计与施工.北京:中国铁道出版社,1999.

[2] 苏谦,蔡英.高速铁路地基变形控制初探.铁路现代化,1998,(4):5～8.

[3] Muller G, Yifeng Hu.武广客运专线路基技术设计和施工部分咨询结果. 武广铁路客运专线建设技术汇编.成都:西南交通大学出版社,2007,8:138～141.

[4] 京沪高速铁路设计暂行规定(铁建设[2004]157 号).北京:中国铁道出版社,2004.

[5] 罗成,熊林敦.武广客运专线路基技术咨询总结. 武广铁路客运专线建设技术汇编.成都:西南交通大学出版社,2007,8:145～149.

[6] 韦时宏，廖义玲，秦刚.黔中地区红黏土的超固结性及低密实度和变形特征[J]. 贵州工业大学学报(自然科学版)，2006，35(4):9～12.

[7] 钱征宇.红黏土地区铁路工程的主要技术问题及其对策.中国铁路.2007,2:41～45.

[8] 陈希哲.土力学地基基础.北京:清华大学出版社,1997.

[9] 郭丽菊,张钦喜. 地基沉降计算方法的分析与改进. 山西建筑,2006,32(22):109～112.

[10] 邓永锋.沉降修正系数 m_s 确定的一种新方法[J]. 路基工程，2008,3:47～50.

[11] 李小勇,白晓红,谢康和.岩土参数概率分布统计意义上的优化分析[J]. 岩土工程技术,2000,(3):130～133.

[12] 陈祥福.沉降计算理论与工程实例[M].北京:科学出版社,2005.

[13] 王志亮,高峰,殷宗泽,等. 考虑侧向变形的路堤沉降一维法计算修正系数研究[J]. 岩土力学,2005,26(5):763～769.

[14] 折学森.软土地基沉降计算[M].北京:人民交通出版社,1999.

[15] 李广信.高等土力学.北京:清华大学出版社.2004.

[16] 王铁行,赵树德. 计算地基沉降分层总和法缺陷的分析及改进. 西安建筑科技大学学报,1996,28(2):179～182.

[17] 杨光华,王鹏华,乔有梁. 地基非线性沉降计算的原状土割线模量法[J]. 土木工程学报,2007,40(5):49～52.

[18] 黄文熙,土的工程性质[M].北京:水利电力出版社,1984.

[19] 折学森,顾安全. 饱和黏性土地基的二维沉降计算[J]. 长安大学学报(自科版),1995,3.
[20] 钱家欢,殷宗泽. 土工原理与计算[M]. 北京:中国水利水电出版社,1996.
[21] Rohan Walker. Analytical solutions for modeling soft soil consolidation by vertical drains. University of Wollongong, NSW Australia [A thesis of Doctor of Philosophy]:35～40.
[22] 薛禹群,张云,叶淑君. 我国地面沉降若干问题研究. 高校地质学报,2006,12(6):153～160.
[23] 龙卫,肖金凤. 变形模量 E_{v2} 与 K_{30} 平板载荷试验的对比分析. 铁道建筑技术,2006(5):36～40.
[24] 铁道部第一勘测设计院. 工程地质试验手册. 北京:中国铁道出版社,1995.
[25] 郑华,王志亮. 基于参数反演的软土路基沉降计算与分析. 水文地质工程地质,2004,(3):89～93.
[26] 林代锐,李国维,黄少杰. 汕汾高速公路软基超载预压卸载控制[J]. 河海大学学报(自科版),2002,4.
[27] 谭昌明,周建,罗嗣海. 公路路堤软土地基沉降的二维反演与预测[J]. 公路交通科技,2001,18(05):34～38.
[28] 周镜. 软土沉降分析中的某些问题[J]. 中国铁道科学,1996,20(2):17～29.
[29] 沈珠江. 用有限单元法计算软土的固结变形[J]. 水利水运科技情报,1977,(1):7～12.
[30] 王志亮,孙锡杰. 考虑土体应力历史影响的沉降修正初探[J]. 岩土力学,2006,27(10):1723～1726.
[31] 谭世霖,罗志强. 软基路基沉降系数的影响因素分析. 广东工业大学学报,2007, 24(01):66～70.
[32] 张留俊,王福胜,刘建都. 高速公路软土地基处理技术[M]. 北京:人民交通出版社, 2002.
[33] 将晨旭. 土体竖向卸荷性状分析及基坑回弹问题探讨[D]. 上海大学,2007,3:1～10.
[34] 刘国彬,侯学渊. 软土基坑隆起变形的残余应力法[J]. 地下工程与隧道,1996(2).
[35] 刘国彬. 黄院雄. 侯学渊基坑回弹的实用计算法[J]. 天津城市建设学院学报,2000(4),9.
[36] GB 50007—2002,建筑地基基础设计规范[S].
[37] 铁建设函[2005]754 号,客运专线无砟轨道铁路设计指南[S].
[38] 铁建设函[2006]158 号,客运专线无砟轨道铺设条件评估技术指南.
[39] 朱小林,杨桂林. 土体工程. 上海:同济大学出版社,1996.
[40] 王盛源. 变荷载下的黏弹性体一维固结问题[J]. 水利水运科学研究,1981,2:10～17.
[41] 门福录. 上海黏土流变性质及地面沉降问题初步研究[J]. 自然灾害学报 1999,8(3):117～126.
[42] 王志亮,徐庆华,郝震东. 高速公路沉降预测的固结度配合型经验公式法. 建井技术,2003,24(2):31～35.
[43] 张云,薛禹群. 一维非线性地面沉降模型参数敏感性分析. 水文地质工程地质,2005,(3):1～3.
[44] 李镜培,何长根. 地基沉降的预测方法[J]. 上海公路,2001,3.
[45] 宰金珉,梅国雄. 泊松曲线的特征及其在沉降预测中的应用,重庆建筑大学学报,2001,23.
[46] 张仪萍. 地基沉降泊松曲线拟合的概率方法. 岩土工程学报[J],2005,27(7):837～841.

5 红黏土基床动态稳定性研究

5.1 概　　述

路基在铁路交通动力荷载作用下的稳定性，特别是长期动力稳定性，一直是人们十分关心的问题，因为它直接关系到火车运营的安全性、舒适性和铁路的维护费用。

所谓路基的长期动力稳定性，是指在设计生命周期内，道砟、基床和地基土在列车运营动力荷载作用下不发生明显的颗粒重分布和颗粒粉碎现象以及相应的塑性变形，即路基始终处在低后续变形状态。颗粒重分布和颗粒粉碎现象是指同一材料内部土结构对动力作用的反应和结果。不同材料的界面在动力荷载作用下也可能发生接触侵蚀，导致土结构发生变化而产生附加变形。如果动力荷载和水同时出现，那么情况会更糟。

目前铁路路基长期动力稳定性研究主要包括三个方面的研究：一是路基的动力荷载设计参数的研究；二是路基长期动力稳定性分析的理论和方法研究；三是路基在动力荷载作用下的附加沉降研究。

关于路基的动力荷载设计参数的研究，自 20 世纪 80 年代以来进行了大量的理论分析和现场测试，取得了一些成果。理论分析可以解决一些机理问题，即对一些基本现象进行分析和解释，为解决工程问题提供宏观上的指导。实际上，理论计算本身是非常复杂的，而且只能在比较理想的条件下分析列车驶过路基时在路基中产生的动力荷载和反应。所以，用于路基长期动力稳定性设计的动力荷载还应该在分析、总结大量实测数据的基础上，结合理论分析的结果，经过简化加以确定。这样确定的路基动力荷载设计参数比纯理论分析要可靠、实用。

关于路基长期动力稳定性分析的理论和方法研究，目前主要包括三种不同的方法：第一种方法是动剪应变法，德国欧博迈亚咨询公司的胡一峰博士，从土动力学原理出发，系统地提出了以动剪应变为控制参数的路基长期动力稳定性理论和分析方法。第二种方法是有效合成振速法，德国 DS 836 草案(1997)[1]给出了有效振动速度合成值，可以作为路基动力稳定性分析设计参数的参考值。第三种方法是临界动应力法，指在路基设计中，考虑基床动态效应，把临界动应力 σ_{dcr} 作为确定路基基床换填厚度及评价路基动力稳定性的控制指标之一。

关于路基稳定性评价中涉及的附加沉降变形计算，包括常规经验公式计算法、以动三轴试验为基础的非线性数值计算法和现场实测法。

铁路路基长期动力稳定性分析需要相应的动力参数和用于稳定性对比分析的实测数据，因此需对路基土进行相关的室内动力试验和现场动力检测，并对试验数据和检测数据进行整理分析，归纳出各动力参数的影响因素及其变化规律，全面掌握路基土的动力特性。

5.1.1　室内动力试验与动力参数

5.1.1.1　室内动力试验

(1)动力试验及仪器

土的室内动力试验研究在国内外十分普遍，众多学者从不同方向、不同深度及不同层面对土的动力特性进行了各具特色的试验研究，取得了丰富的土动力特性试验成果。室内动力试验主要包括动三轴强度试验、动三轴模量和阻尼试验、动三轴疲劳试验、共振柱和自振柱的模量和阻尼试验、共振柱短时及疲劳试验等。

试验方式按试验设备分有循环三轴试验、循环扭剪试验、循环单剪试验、共振柱试验等；按试验时的控制方式分有应力控制式和应变控制式；按循环试验方式分有单向循环试验和双向循环试验；按试验方法的不同有单向激振试验和双向激振试验。循环三轴试验是指在三轴试样的一端或两端施加轴向循环荷载或同时施加轴向和径向循环荷载的试验；循环扭剪试验是指在试样上施加循环扭剪力的动力试验；循环单剪试验是指在试样上施加循环剪切力的试验；共振柱试验是指在试样的一端施加扭剪或轴向力，在该力作用下通过改变动荷频率使试样共振，以获得土样的剪切波速或压缩波速，继而得到试样的动力学性质的试验。应力(荷载)控制式循环试验是指试验时施加的循环动荷载使试样上的应力幅值保持不变，而应变控制式循环试验是指试验过程中施加的循环动荷载使试样上的应变幅值保持不变的试验。单向循环试验是指循环试验过程中施加的动荷载使试样始终处于压或拉应力状态，而双向循环试验是指循环试验过程中施加的动荷载使试样始终处于压和拉交替应力状态。单向激振动三轴试验又叫常侧压动三轴试验，是将试样所受的水平轴向应力保持静态恒定，只周期性地改变竖向轴压的大小。双向激振动三轴试验也叫变侧压动三轴试验，是同时施加轴向和径向循环荷载，并可以通过控制荷载的大小和相位差来改变土体的受力，它可以克服单向激振试验的某些不足。不同试验方式模拟土样的不同循环振动形式，研究的侧重面不同，所得的试验结果存在差异甚至不同是可以理解的。因此在比对试验结果时需要考虑试验方式的影响。

随着土动力测试研究的不断深入，室内土动力测试仪器也在迅速发展。常见的动力测试仪器有：①动三轴仪。使用方便，易于控制应力状态，因而得到广泛的应用。②振动剪切仪。可分为振动单剪仪和振动扭剪仪，可更真实地模拟地基振动前后的应力条件。③共振柱仪。共振柱试验是根据共振原理使一个圆柱形状试样振动，改变其振动频率使其产生共振，并测求试样的动模量和阻尼比等动力特性参数。④振动台。振动台试验是 20 世纪 70 年代发展起来专用于土的液化性状研究的室内大型动力试验。⑤离心机。土工离心模型试验技术研究土的动力特性问题，最先由英国剑桥大学在 20 世纪 70 年代末进行，由于离心机可满足应力水平相同的关键相似条件，加之近年来激振技术的不断改进和提高，它已逐步成为岩土工程研究领域的重要手段之一。⑥自振柱仪。2003 年，南京工业大学岩土工程研究所的陈国兴等人，在动三轴试验机的基础上研制成功 GZZ-1 型自振柱试验机，并实现了计算机自动控制及数据处理程序化[2]。

(2)动荷载

蒋军等[3]采用正弦波、三角波、锯齿波和矩形波荷载进行了长期循环加载固结试验，认为加载波形对循环荷载试验结果影响不大，而 Seed 等[4]，Thiers 等[5]认为三角波加载的循环强度比矩形波加载的循环强度高大约 10%。宫全美等人[6]发现在单向脉冲应力作用下，试样的孔隙水压力增长均小于正弦应力荷载下的试验值。Towhata 等[7]为了研究波浪荷载引起的主应力轴旋转对饱和砂土抗液化性能和超静孔隙水压力的影响，采用空心扭剪仪，对饱和砂土样进行了循环不排水试验。发现主应力轴旋转会大大加速砂土的超静孔压发展，使得砂土抗液化能力急剧减弱。在相同动应力比的情况下，主应力轴旋转使得达到相同应变或孔压时所需的振次减少。

振动频率是指周期振动的频率或不规则振动的主频。循环荷载频率为动荷作用的一个主要因素，对软土的动力特性的影响目前还没有定论。一些研究者通过荷载控制式循环三轴或循环单剪试验，研究了循环频率对重塑黏土或应力各向异性黏土不排水动力性状的影响，得出了不同的结论。

Matsui 等[8]，Procter 和 Khaffaf[9]，Ansal 和 Erken[10]，Boulanger 等[11]，Jian Zhou 和 Xiaonan Gong 等[12]研究认为，循环频率对黏土的不排水动力性状有显著影响。Hardin 和 Black[13]认为在小应变幅（小于 10^{-4} 时）振动时频率对土的小应变剪切模量没有影响。Yasuhara 等[14]认为，循环荷载频率对黏土动强度和变形模量几乎没有影响，但较高的循环频率产生较大的孔压。而 Brown 等[15]和 Hyde 等[16]的研究表明，循环荷载频率对黏土的动力性状没有影响。Chen 等人[17]研究了频率对原状海洋土不排水特性的影响，试验中荷载频率从 0.05 Hz 变化到 1 Hz，研究发现频率越高，土体的应变发展越慢，动强度越低。但频率对极限最小循环强度没有影响。

振幅是指动荷载的大小，如剪应力水平或剪应变水平等，而振次是指循环荷载作用次数或振动作用时间。目前土动力学研究的主要是振幅与振次对孔压和应变的影响问题。

Matsui 等[8]认为，不同围压下孔隙水压力与循环次数之间的关系可由固结围压来加以归一，而剪应力水平 τ_d/τ_f 则对孔压发展有较大影响。当剪应力水平 $\tau_d/\tau_f>0.5$ 时，孔压随 $\lg N$ 的增大而迅速增大，反之则变化缓慢。该研究表明，存在一个剪应力水平界限值 $(\tau_d/\tau_f)_0$，当 τ_d/τ_f 小于该值时无孔压产生，对于 Seni 黏土 $(\tau_d/\tau_f)_0=0.2$，而对于 Drammen 黏土，$(\tau_d/\tau_f)_0$ 值也非常接近 0.2。另外，当 $\tau_d/\tau_f>0.5$ 时孔压发展速率迅速增大，表明当 $\tau_d/\tau_f>0.5$ 时黏土更易发生破坏，0.5 即为所谓的临界应力水平值。Hyde[16]等指出，临界应力水平与试样的应力历史和加载应力路径有关。Azzour 等[18]通过应变控制式循环单剪试验得到塑性指数 $I_P=21$ 的 Boston 蓝黏土的临界应力水平 $(\tau/\sigma_{vc})_{cr}=0.5$。郭中华等人[19]通过循环三轴试验得到了有效应力和加荷周数的关系，发现剪应变与加荷周数成对数型函数关系，在有效应力在上升阶段与加荷周数成指数型函数关系，在下降阶段成多项式函数关系，间接地反映了孔压和应变的关系。

(3)试验材料

室内动力试验所研究的材料，不仅局限于砂性土、细粒土，还涉及黄土、膨胀土、冻土等各种具有特殊特性的区域性土，并延伸至尾矿料、粉煤灰、海洋土及垃圾等。不同的土性具有不同的动力特性。

土的物理特性是指土的含水率、孔隙比、颗粒级配、液塑限、塑性指数等。这些参数反映了土的状态和颗粒性质、颗粒间物理化学力等性质，特别是软土的塑性指数对软土的性质影响很大。Procter 和 Khaffa[9]研究 $I_P=26$ 的重塑 Derwent 黏土，Ansal 和 Erken[10]研究了 $I_P=40$ 重塑高岭土，Matsui 等[8]及 Yasuhara 等[14]则分别研究了 $I_P=55$ 的重塑 senri 黏土和 $I_P=58$ 的高塑性重塑 Ariake 海洋软土的循环特性，这些土的循环特性具有一定的差异。吴明战等人[20]引入等效超固结比的概念，对强度及模量做了回归分析后得到了应力应变的双曲线模型。认为黏土强度愈低，循环荷载作用后的土的强度与刚度的退化就愈严重。

土的结构是指土是原状土、扰动土还是重塑土，是均质土、沉积结构土还是应力异性土。原状土是指采用合适的勘探取样、运输和保存方式得到的除了固结围压释放外土样结构和层理仍基本上保持天然状态的土样；扰动土是指由于取样扰动、运输和保存不当造成的具有一定原状结构和层理的土样；重塑土是指土的结构已被完全破坏后重新形成的土样。均质土是指土样结构各向相同的土，一般重塑土是均质土；沉积结构土是指由于沉积的环境而自然或人为沉积的具有结构和沉积层理的土；应力异性土是指由于受力状态不同而形成的异性土。

土的结构不同，循环荷载作用下就表现出不同的特性。陈颖平等[21]将交通移动荷载引起的动应力简化为规则的正弦波形式，研究了结构性软黏土的变形和强度特性，发现随着固结压力的增大，原状结构性土的动强度逐渐趋向于重塑土动强度。

5.1.1.2 动力参数的试验研究

(1)临界动应力

塑性高的黏土在静载作用下能保持稳定，但在动载的重复作用下，其强度将逐渐降低，变形随之发展，直到形成各种病害，导致线路功能降低甚至破坏，这就是路基土体的疲劳失稳问题。高速铁路基床土承受的荷载是列车产生的长期重复作用的动应力，在它的作用下，基床的破坏或过大的有害变形不是短期发生的，而是长期累积发展的结果，这是疲劳破坏的表现形式。因此，必须考虑列车动载下路基土体的疲劳特性(包括强度疲劳特性、变形疲劳特性两方面)。

英国学者 Heath(1972)在研究土的疲劳特性时，用伦敦黏土试样在动三轴仪上做动二轴重复加载试验[22]，其累积应变和荷载作用次数关系曲线如图 5-1 所示。不同动应力作用下的 ε_d-N 曲线存在两种不同走向的试验曲线，一种是变形逐渐发展直到破坏，另一种是变形速率逐渐缓慢最后达到稳定状态(弹性条件)。因为土体存在一个临界动应力 σ_{cr}，当动应力超过 σ_{cr} 时，则塑性变形不断发展，直到破坏，而当动应力小于 σ_{cr} 时，土体塑性变形随振次的增加而趋于稳定。

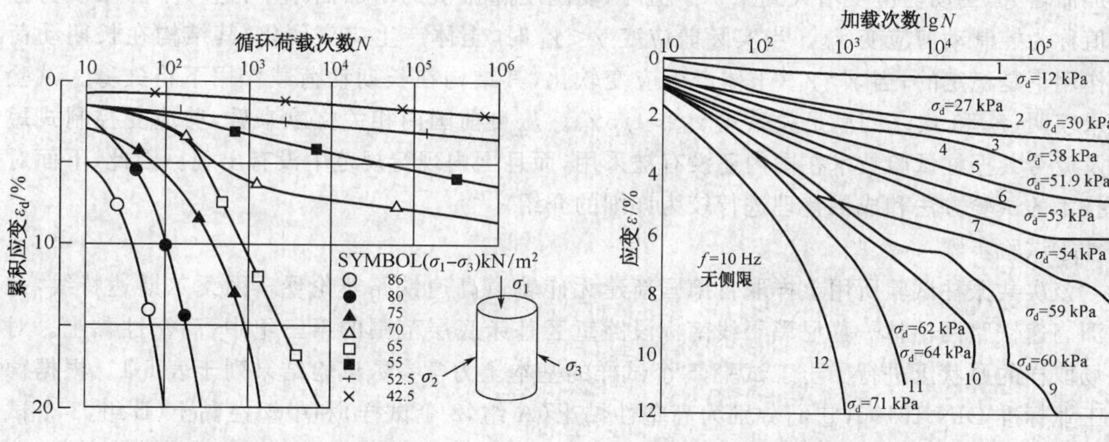

图 5-1 累积应变与振次关系(Heath,1972)

图 5-2 累积应变与振次关系(西南交大,1996)

西南交大的蔡英教授采用成都黏土进行动三轴疲劳试验获得了相似的试验结果[23]，试验成果见图 5-2。图 5-2 中的试验曲线组基本上可以分为三组，其中一组为破坏型曲线，其应变随试验振次的增加而逐渐发展直到破坏，如图 5-2 中的曲线 9、10、11、12。另一组为衰减型曲线，其变形速率逐渐缓慢最后达到稳定状态，如曲线 1、2、3、4、5。介于这两组曲线之间的摆动型曲线如曲线 7、8。显然，摆动型曲线的应力水平标志着一个区分破坏型和衰减型的界限，这个界限应力即为临界动应力 σ_{cr}，所谓临界动应力是指临界弹性应变(有的文献中也叫极限弹性应变或门槛弹性应变等)所对应的动应力。

汤康民研究红黏土动力特性时发现[24]，在列车动荷载作用下，路基土的变形包括弹性变形和塑性变形，列车荷载较小且作用次数较少时，基床土将显示出近似弹性体特征，当列车荷载较大且作用次数较大时，由于颗粒间的相互滑移，形成新的排列关系，基床土产生压密，出现不可恢复的永久变形。

Barksdale[25]通过对不同颗粒材料的永久变形进行研究后得出：在动应力水平较低时，塑性变形的累积率随荷载作用次数的增大而减小，当动应力水平超过某一临界值后，塑性变形的累积随荷载次数的增大而增大，并得到了轴向塑性变形的计算式。

铁道部科学研究院也对路基土的动力特性做了研究，对路基土永久变形的研究得出：①在低应力水平下，路基土主要表现为可恢复的弹性变形，塑性应变累积很小，与重复荷载次数成半对数关系。②随动应力水平的增大，塑性应变随荷载作用次数增加有较大的增长，但当塑性应变累积达到一定程度后，变形趋于稳定。③当动应力水平继续增大时，试样因塑性变形的急剧增长而破坏，此时塑性应变与重复荷载次数成指数关系。

有些文献表明[22]~[26]，不同土体的临界动应力 σ_{cr} 不同，σ_{cr} 的影响因素包括土的种类、含水率、密实度、动弹性模量、围压大小、荷载波形和作用频率等。σ_{cr} 随围压的增加而增加，随频率的增加而减小，通常粗粒土 σ_{cr} 比细粒土的大，细粒土的饱和度越低或密度越高，其 σ_{cr} 越大。

(2)体积动剪应变门槛与控制动剪应变

德国 OBERMEYER 公司的胡一峰博士利用剪应变控制式共振柱仪，分别对中、高塑性黏性土进行了短时和疲劳共振试验[27][28]。由短时共振试验得到不同黏性土试样的线弹性动剪应变门槛 γ_{tl}、体积动剪应变门槛 γ_{tv}。由疲劳共振试验成果发现，不同大小的动剪应变水平下，试样动刚度（自振频率）随振次的变化规律不一致，即当动剪应变水平较低时，动刚度随振次的增加而增大，当动剪应变增大到某一个值时，动刚度随振次的增加而减小，这一个界限动剪应变值称为控制动剪应变 γ_{dc}。当实际剪应变 $\gamma<\gamma_{dc}$ 时，土体产生应变硬化，其结构在长期动荷载作用下是稳定的；当 $\gamma>\gamma_{dc}$，土体产生应变软化，其结构在长期动荷载作用下将失稳。试验成果表明，γ_{dc} 和 γ_{tv} 之间满足关系式 $\gamma_{dc}\approx 1/5\gamma_{tv}$。从目前国内相关文献来看，剪应变控制式短时及疲劳共振柱试验技术在国内还没有被采用，而且国内现行规范中没有出现。因此，下面对该技术的试验方法和成果整理进行较为详细的介绍。

①试验步骤

该次共振柱试验所用土样取自德国新建无砟轨道高速铁路纽伦堡—因戈尔斯达特线，是欧洲高速铁路网柏林—慕尼黑干线南标段路堑区基床底层范围的第三纪中、高塑性黏土。对现场取样的原状土进行了土工试验，5 个试样的基本土力学参数试验结果列于表 5-1。根据德国工业标准 DIN 18196，它们分别为高塑性黏土（A 组，2 个试样）和中塑性黏土（B 组，3 个试样）。A 组土的饱和度 S_r 为 85.7%～94.1%，B 组为 97.6%～99.4%，相应的液性指数 I_L 分别为－0.06～0.05 以及 0.24～0.44。可见，A 组试样，土的状态处在坚硬～硬塑之间，而 B 组试样土的状态基本为可塑。

共振柱试验是在天然含水率条件下进行的，即试样完成安装后，没有人为地施加饱和压力。基本的试验方案和边界条件归纳如下：

ⓐ根据上部结构自重和轮轴荷载估计土的静围压为 $\sigma_s=35$ kPa（最不利条件，即不考虑换填），试样在这个围压下经过 24 h 完成固结。

ⓑ用动剪应变试验确定土动力学基本参数，采用分级技术，即剪应变从 $\gamma=1\times10^{-6}$ 逐步提高到 1×10^{-3}。

ⓒ用等剪应变短时动力试验，确定土的体积剪应变门槛 γ_{tv}，每级加载持续时间为 $t=10$ s

(剪应变到达设定值时起算)。

ⓓ等剪应变疲劳动力试验，加载持续时间 $t>1\ 000$ min，约为 300 万次循环。

表 5-1　常规土力学试验结果

样品号	A 组		B 组		
	33907	33908	34234	34235	34236
根据 DIN 18196 的土分类	高塑性土	高塑性土	中塑性土	中塑性土	中塑性土
土容重 $\rho/(g\cdot cm^{-3})$	2.04	1.94	1.96	1.91	1.99
颗粒密度 $\rho_s/(g\cdot cm^{-3})$	2.70	2.70	2.58	2.58	2.61
天然含水率 w/%	22.1	26.1	25.0	27.4	23.5
孔隙率 n/%	41.0	42.8	39.4	42.0	38.4
孔隙比 e	0.70	0.75	0.65	0.72	0.62
饱和度 S_r/%	85.7	94.1	99.4	97.6	98.6
液限 w_L/%	61.8	62.1	43.8	44.0	46.4
塑限 w_P/%	24.8	24.1	14.7	16.2	18.6
塑性指数 I_P	37.0	38.0	29.1	27.8	27.9
液性指数 I_L	−0.06	0.05	0.40	0.44	0.24

试样完成固结后，动力加载以 $\gamma=1\times10^{-6}$ 开始逐级提高。每级荷载下首先通过调整激振频率，使试样达到共振状态，以确定其相应的自振频率。然后在相应的剪应变作用下使试样受载 $t=10$ s，同时测定试样的竖向塑性变形 $\Delta\varepsilon_1^p$。然后继续下一级剪应变水平的试验，直至理论分析所估计的运营状态控制剪应变水平。

完成短时动力试验后，让试样在静围压作用下稳定 24 h，以部分消除短时剪切对其结构的损伤和影响，使试样在长期动力试验前基本恢复其结构。

根据短时动力试验的结果，即 C_s-γ 关系，计算确定相应条件下路基基床底层顶部区域在运营条件下的控制剪应变幅值。然后以该值为基础进行相应的疲劳动力试验。

完成运营条件下控制剪应变幅值动力疲劳试验后，继续短时动力试验，即在动剪应变大于运营条件下的控制剪应变幅值条件下，分级施加直至共振柱仪所能达到的最大剪应变。这样，短时动力试验结果 C_s-γ 关系曲线得以完整。

在进行等剪应变短时和疲劳动力试验时，试样底部的滤石和排水阀门始终打开。在短时动力试验条件下，由于所试验的土渗透性很小，加载时间很短($t\approx10$ s)，可以视其为完全不排水条件。疲劳动力试验时($t>1\ 000$ min)，试样在加载初期处于不排水状态，当加载到一定时间后，试样内部聚集的孔隙水压力通过滤石和排水阀门发生局部排水是可能的。由于列车运营时的动力荷载是间歇性的，用完全不排水条件过于保守，所以这里采用了折中的方案。

②短时共振柱试验结果

剪切波波速 C_s 和动剪模量 G_d 与动剪应变幅值的关系分别在图 5-3 和 5-4 给出。可见，剪切波波速 C_s 和动剪模量 G_d 随动剪应变幅值的提高而逐渐下降。

确定体积剪应变门槛 γ_{tv} 主要依据试样在每级剪应变短时动力作用下的竖向塑性变形，因为它直接表征了土结构在相应剪应变短时作用下是否有明显的变化。如图 5-5 示，当剪应变幅值从 $\gamma\approx1\times10^{-6}$ 逐级加大到 1×10^{-4} 时，试样没有发生竖向塑性变形，当剪应变幅值提高到

4.5×10^{-4}时，10 s 加载后发生的竖向塑性变形为 $\Delta\varepsilon_1^p=1.5‰$。根据这个结果，体积剪应变门槛 γ_{tv}应在 1×10^{-4}到 4.5×10^{-4}之间，确定为 $\gamma_{tv}=2.5\times10^{-4}$。

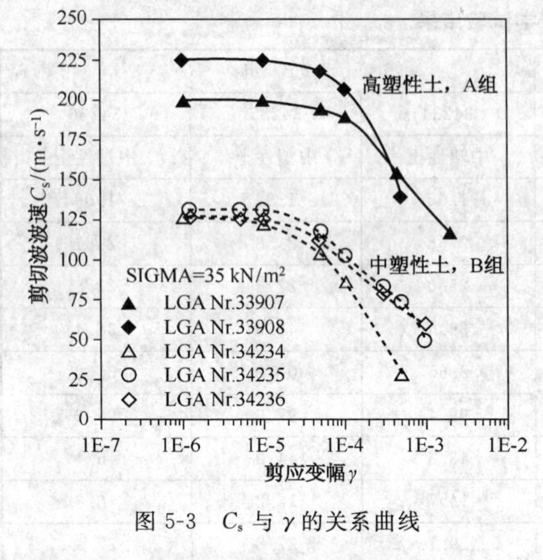

图 5-3　C_s 与 γ 的关系曲线

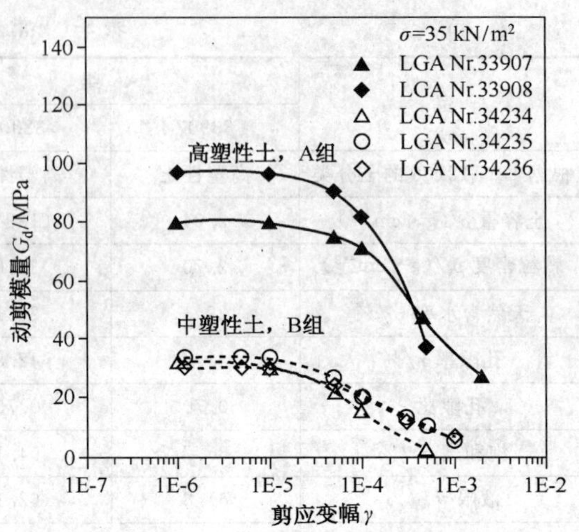

图 5-4　G_d 与 γ 的关系曲线

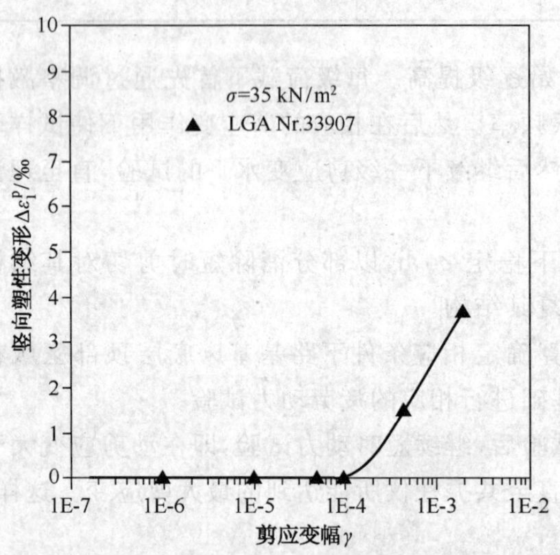

图 5-5　在每级剪应变短时作用下(t=10 s)试样 33907 号的竖向塑性变形

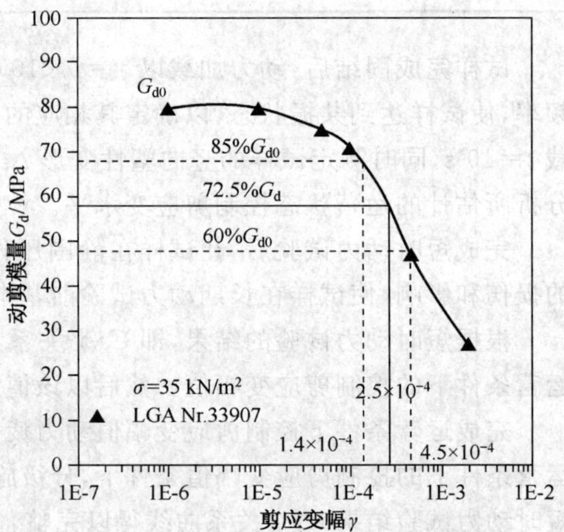

图 5-6　G_d-γ 的经验关系作为辅助准则确定体积剪应变门槛

γ_{tv}也可用 Vucetic 在文献[29]中给出的经验关系作为辅助准则确定，体积剪应变门槛，见图 5-6，即 γ_{tv}所对应的 G_d/G_{dmax}介于 0.6 到 0.85 之间，以这个方式确定的 γ_{tv}比直接根据塑性变形准则确定的值稍微小一些。

图 5-7 给出了所有 5 个试样各级剪应变短时加载(t=10 s)后发生的竖向塑性变形结果。可见，转折点或者说体积剪应变门槛 γ_{tv}与试样的状态(液性指数 I_L)关系并不大，它们基本在$(2\sim3)\times10^{-4}$范围。

确定线性剪应变门槛 γ_{tl}采用以下方式，即 γ_{tl}等于 G_d-γ 关系曲线上动剪模量 G_d 开始发生微小下降时的剪应变值。根据图 5-4，得出线性剪应变门槛 γ_{tl}分别为 1×10^{-5}(A 组)和 5×

10^{-6}(B 组)。

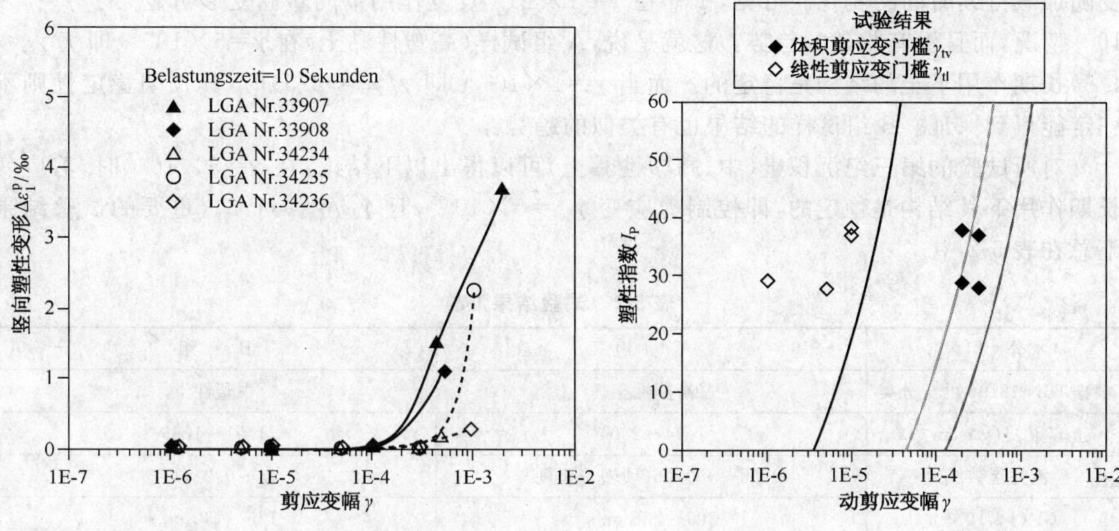

图 5-7 剪应变短时作用下 5 个试样的竖向塑性变形　　图 5-8 剪应变门槛 γ_{tv} 和 γ_{tl} 的试验结果

将以上根据短时共振柱试验得出的两个剪应变门槛值 γ_{tv} 和 γ_{tl} 标示在文献[29]给出的统计曲线上，见图 5-8，可以得出以下结论，对所研究的中、高塑性黏土，体积剪应变门槛 γ_{tv} 的试验结果处于文献统计下限值和平均值之间，靠近下限值。线性剪应变门槛 γ_{tl} 与文献[29]的统计曲线基本平行，但小于它们的平均值。

③疲劳共振柱试验结果

图 5-9 为 A 组试样在 $\gamma=5\times10^{-5}$ 和 $\gamma=1\times10^{-4}$ 剪应变反复作用下，其自振频率 f_R 随时间的变化。可见，当剪应变为 5×10^{-5} 时，试样的自振频率(反映土的动刚度)不但稳定，而且略有增加。这意味着土样的结构没有发生明显的变化，而且略有硬化。与此相反，当剪应变增加到 $\gamma=1\times10^{-4}$ 时，试样的自振频率随加载持续时间出现下降现象，即 f_R 从初始的 68.7 Hz 减小到 52 min后的 68.1 Hz。这个衰减表征了土结构在长期动剪应变作用下发生了一定的变化。

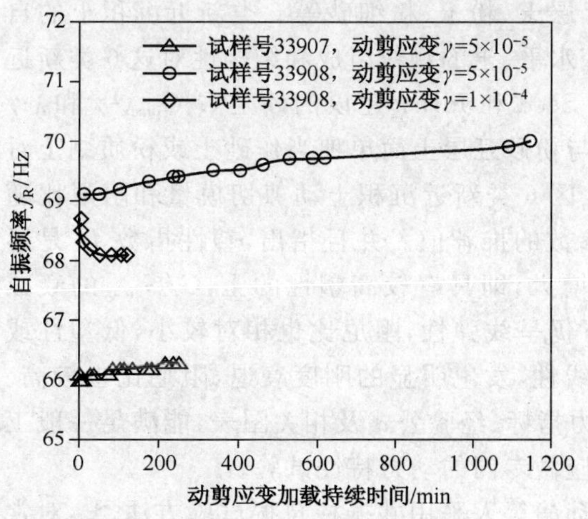

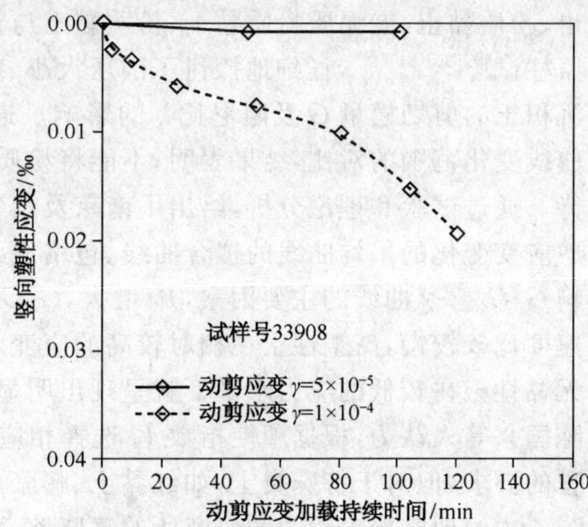

图 5-9 试样自振频率随动剪应变加载持续时间变化的试验结果　　图 5-10 33908 号试样在不同动剪应变下竖向塑性应变与加载持续时间关系

图 5-10 为 33908 号试样在动剪应变 $\gamma=5\times10^{-5}$ 和 $\gamma=1\times10^{-4}$ 作用下的实测竖向塑性应变随加载持续时间的变化。可见，试样在 $\gamma=1\times10^{-4}$ 反复作用下的塑性变形明显大于 $\gamma=5\times10^{-5}$ 情况，而且没有收敛的趋势。这就是说，A 组试样(高塑性黏土)在 $\gamma=5\times10^{-5}$(即 $\gamma/\gamma_{tv}\approx1/5$)长期作用下土的结构是稳定的。而当 $\gamma=1\times10^{-4}$(即 $\gamma/\gamma_{tv}\approx2/5$)时，其长期稳定性则不一定能得到保证。B 组试样的结果也有类似的趋势。

对所试验的第三纪沉积土(中、高塑性黏土)可以得出以下结论：在 $\gamma=5\times10^{-5}$ 时，剪应变长期作用下其结构是稳定的，即控制剪应变 $\gamma_{dc}=5\times10^{-5}$，且 $\gamma_{dc}/\gamma_{tv}\approx1/5$。重要的试验结果汇总在表 5-2 中。

表 5-2 试验结果汇总

分 组	A 组	B 组
根据 DIN 18196 的土分类	高塑性土	中塑性土
土容重 $\rho/(\mathrm{g\cdot cm^{-3}})$	1.94～2.04	1.91～1.99
液性指数 I_L	0.05～−0.06(硬塑～坚硬)	0.44～0.24(可塑)
$C_{s0}(\gamma\leqslant10^{-6})$	200～225 m/s	125～130 m/s
$G_{d0}(\gamma\leqslant10^{-6})$	80～97 $\mathrm{MN/m^2}$	30～34 $\mathrm{MN/m^2}$
$C_s(\gamma\approx5\times10^{-4})$	139～154 m/s	28～73 m/s
$G_d(\gamma\approx5\times10^{-4})$	37～47 $\mathrm{MN/m^2}$	1.6～10.2 $\mathrm{MN/m^2}$
γ_{tv}	2.6×10^{-4}(平均值)	2.6×10^{-4}(平均值)
γ_{tl}	1×10^{-5}(平均值)	5×10^{-5}(平均值)
长期动力稳定性	在 $\gamma\leqslant5\times10^{-5}(\gamma/\gamma_{tv}\approx1/5)$ 长期作用下土结构保持稳定 在 $\gamma\geqslant1\times10^{-4}(\gamma/\gamma_{tv}\approx2/5)$ 长期作用下土结构发生变化	在 $\gamma\geqslant1\times10^{-4}(\gamma/\gamma_{tv}\approx2/5)$ 长期作用下土结构发生变化

(3)动剪模量和阻尼比

南京工业大学岩土工程研究所的陈国兴等人通过对南京及其邻近地区河漫滩相成因的黏土、粉质黏土、淤泥质粉质黏土、粉质黏土与粉砂互层土、粉土、粉细砂等 6 类新近沉积土的自振柱试验[30][31][32]，详细地探讨了围压大小、剪应变水平、土的颗粒组成和结构性对这 6 类新近沉积土的剪切模量 G 及阻尼比 λ 的影响。通过与 Seed 和 Idriss 建议的砂土 G/G_{dmax}-γ 和 λ-γ 曲线变化范围的对比，结果表明，不能将粉质黏土与粉砂互层土简单地当作砂土或粉质黏土对待。通过试验和理论分析，给出了南京及其邻近地区 6 类新近沉积土动剪切模量和阻尼比随剪应变变化的平均曲线的拟合曲线、包络线及其参数的推荐值。并且指出，塑性指数 I_P 是影响 G/G_{dmax}-γ 曲线的主要因素，I_P 增大，G/G_{dmax} 也增大，即具有较高塑性的土，G/G_{dmax} 的衰减速度比较较慢，高塑性土在相对较高的应变水平下仍呈线弹性，阻尼比也相对较小，低塑性或无黏性土在较低的应力水平下就呈现出明显的非线性，发生明显的刚度衰退，阻尼比也较高。陈国兴等人认为，根据塑性指数 I_P 选择相应的动力指标、经验公式及相关图表，能满足一般工程的要求，但对于特殊类土，如红黏土、膨胀土等，应做专门的动力特性试验。

中国地震局工程力学研究所的袁晓铭、孙锐、孙静等人采用共振柱自振试验方法[33]，对常规土类(包括黏土、粉质黏土、粉土、砂土、淤泥和淤泥质土)的动剪切模量比和阻尼比进行了深入的试验研究，采用折线双曲线拟合动剪模量比及阻尼比随动剪应变衰减的关系。

河海大学岩土工程研究所的鲍陈阳、余湘娟等人，采用室内共振柱试验对云南粉土的动力特性进行了试验研究，并对试验结果进行了归一化处理和双曲线拟合分析。

后勤工程学院的曹继东、陈正汉等人，应用共振柱仪对厦门软黏土动剪模量和阻尼比进行了试验研究[34]，试验结果表明：动剪模量随剪应变的增加而逐渐减小，随围压的增大而增大；阻尼比随剪应变的增加而增加，随围压的增大而减小。

(4)动强度、动弹模量和阻尼比

周建、龚晓南等人(2000 年)[35]利用应力控制的循环三轴试验，研究分析了循环应力比、加荷周数、频率及超固结比对循环荷载作用下杭州市正常固结饱和软黏土应变和孔压的影响，确定了杭州市正常固结饱和软黏土的临界循环应力比和门槛循环应力比。廖红建，宋丽等人(2001 年)[36]通过对黏性土进行一系列动三轴试验，测定并分析了动荷载作用下黏性土的动剪应力、轴向应变及超孔隙水压力随时间的变化规律，分析了破坏时不同固结比的黏性土对静、动剪强度和孔隙水压力影响规律，得出了黏性土的动剪强度随固结比变化的关系式，并对黏性土的动剪强度判别方法的标准进行探讨。彭社琴，赵其华等人(2002 年)[37]从分析实际动荷载作用特点入手，利用振动三轴试验仪，对成都地区具代表性的两类土的动强度进行了动三轴试验研究，获得了其动强度指标及一系列有益的认识。刘胜群、陈玉平(2006 年)[38]通过对杭州紫金港正常固结饱和软黏土进行应力控制的循环三轴试验，研究了循环次数、循环应力水平、初始偏应力对动弹模量及动阻尼比的影响。试验结果表明，随着循环次数的增加，土体动弹模量逐渐减小，而阻尼比有所增加，但增加幅度与循环应力水平有关。循环应力水平的提高、初始偏应力的施加将加快动弹模量的衰减，从而导致阻尼比逐渐增大。与动模量不同，偏应力对阻尼比有着更为显著的影响。王汝恒、贾彬等人(2006 年)[39]通过砂卵石土室内动三轴试验，对不同饱和度的砂卵石土的动力特性进行研究。主要分析围压、固结比和振动频率对砂卵石土动强度的影响。试验结果表明：①砂卵石土的动应力随固结比的增大而略有增加，随振动频率的增大而有较大增幅，而且其动强度随着围压的增大而显著增大；②在相同围压下，随动应力增加，破坏振次减小；③砂卵石土的动弹性模量随动应变的增大而减小，随围压增大而增大；④砂卵石土的阻尼比随动应变的增大而增大，明显表现在微小动应变中。

Seed 等(1955 年)[40]在研究车辆行驶重复荷载对公路路基土强度和变形影响的工作中，开始采用了应力控制和重复加载三轴仪，使试件轴向累积应变 ε_d 达一定值，如 5%，并用此时的重复加载应力值 σ_d 与相应的重复次数 N_f 关系曲线作为评价土在重复荷载作用下的强度标志。随后，Seed(1960 年)[41]和 Seed 等人(1968 年)[42]又将此试验方法推广应用于研究地震作用下饱和黏性土的强度问题，他们采用了不排水动三轴试验的方法。

Sangrey(1968 年)[43]、Francet Sangrey 等人(1977，1980 年)[44]做了低速率下的循环三轴试验，研究黏土中循环应力与应变的关系。Houston 等(1980)通过对海洋黏土施加双向和单向循环应力的应力控制三轴试验，分析了加载次数及循环应力比对应力、应变的影响，并指出了双向循环更易引起黏土的循环剪切破坏。Anderson 等人[45]应北海重力式石油平台建设的需要曾对德勒门(drammen)黏土进行了系统而广泛的研究。Matsui 等人[46]的研究则较多地关注孔隙水压力的发展变化，分析了残余孔压与剪应变之间的相互关系以及循环荷载作用历史对剪切特性的影响。Atilla 和 Ayfer(1989 年)[47]通过对正常固结黏土和重塑土进行不同循环剪应力大小和不同循环加载速率下的试验，研究对比了重塑土和原状土的循环剪切角应变。

伊能忠敏等[48]通过室内三轴试验，对三种频率 3 Hz、37 Hz、53 Hz 下黏土的动强度进行了研究，得出随着振次的增加，土的动强度逐步降低，并最后趋于稳定的结论。孙遇棋[49]的试验研究结果也得出:当振动超过一确定次数后,土的动强度指标将趋于稳定。一般认为,土的动强度特性主要与土体的特性(土的种类、含水率、密实度等)及作用荷载的特性(荷载大小、作用频率、作用次数等)有关,在土的含水率和密实度一定的前提下,其动强度一般是随振动次数、振动频率、动应力等动力因素的增大而有所降低[48]~[52]。

5.1.2 基床动力特性现场测试

基床的动力特性包含两方面内容:一方面指基床对列车动荷载的响应,涉及应力场、应变场、加速度场、幅频特性和动力学分析计算等内容。另一方面指基床土的疲劳特性与临界动应力、有效合成振速及动剪应变门槛等概念,它们是指导基床设计和既有线路基床病害整治的基本思想。

重复荷载作用下路基的疲劳特性有两个方面的含义:一是土的强度疲劳失稳,二是土的变形疲劳失稳。强度疲劳失稳是现行规范在静力基础上考虑动荷载作用下土的强度大小及破坏问题,而变形疲劳失稳则突破了现行规范的强度控制思路,转向了针对高速铁路的特点,考虑列车行进的舒适度、安全性前提下的允许动弹性变形和累积残余变形或称塑性变形问题。因此,高速铁路的疲劳问题需要研究动强度、动变形和两者的相互作用问题。

在铁路路基动态响应的特征方面,主要侧重于路基土体动变形、动应力及其影响因素的研究。高速铁路路基的动态响应包括路基土体的动变形、动应力及加速度等。路基动力响应的大小及其过程直接影响到路基的设计、使用和维修,并关系到路基的强度疲劳特性、累积变形及其动力稳定性。轨下结构中的路基填料和地基本构特性各异,在重复荷载作用下,路基土体产生强度疲劳特性和变形疲劳特性,路基土体的动强度和动变形特性关系到高速铁路路基及其过渡段在列车重复荷载作用下功能的保持及其维修等。

5.1.2.1 *路基动应力实测*

列车驶过时在基床和路基中引起的动应力可通过理论计算和现场实测两种方法确定。其大小和分布主要受以下几个因素的影响:车型、轮轴荷载大小、列车速度、轨道形式和状态以及深度。其中,轮轴轴重由车型决定,作为静力荷载可以视为确定的。下面的讨论侧重于列车速度、轨道形式和深度这三个因素对路基动应力的影响。

日本铁道技术研究所就新干线高速列车对环境振动影响进行了现场测试[53],分析了车辆、轨道、桥梁等不同部位的振动特点。路基动应力实测结果表明,当车速超过一定数值后车速对路基应力也无影响,动应力随频率增大而增加,但增幅较小或不明显,当频率到一定值后,这一影响很小。

蔡英[54]等对大秦线实测结果进行分析得到:当车速在 70 km/h 以下时,车速对动应力没有影响,路基基床面及沿深度方向动应力大小表现如下规律:对于低速铁路(车速 $V \leqslant 80$ km/h),基床面动应力在 60～120 kPa,基面 0.6～0.7 m 以下动应力衰减可达 60%,基面以下 1.4～1.5 m动应力变化稳定,基面 3.0 m 处动应力只有基面动应力的 10%左右,可用双对数坐标及指数关系来模拟路基动应力沿深度分布。

周神根[55]根据铁道部科学研究院试验线与广深线测试结果分析得出:路基面动应力随列车速度速度增加而增加,当列车车速 $V<160$ mk/h 时,基面动应力与车速关系为 $\sigma_{dmax}=52(1+0.003\,5V)$。

王炳龙[56]对沪宁线客货车产生的路基动应力测试结果分析也得出:随着列车速度提高,路基动应力略有增加,列车速度从 20～40 km/h 提高到 100～120 km/h,轨下路基面动应力增加约 10 kPa，枕木端头下和道心下的路基面动应力增加约 6 kPa 和 5～10 kPa。

我国铁科院建议按图 5-11 计算路基面动应力的最大值 σ_{dmax}，并以此作为高速铁路路基的设计荷载。当静轮载 $P_s=200$ kN，枕距 $a=56$ cm，车速 $V=300$ km/h 时，计算得 $\sigma_{dmax}\approx 100$ kPa。

图 5-12 为我国秦沈线试验段路基测点轨下动应力与速度数据散点分布图及拟合曲线。从拟合曲线可看出，行车速度越大，动应力越大，且动应力与行车速度呈现线性关系，在静止(列车速度为 0)的列车荷载作用下，基床表层轨下应力值约为 30 kPa，其比例系数为 0.04 左右，各测点最大动应力为 46.5 kPa[57]。

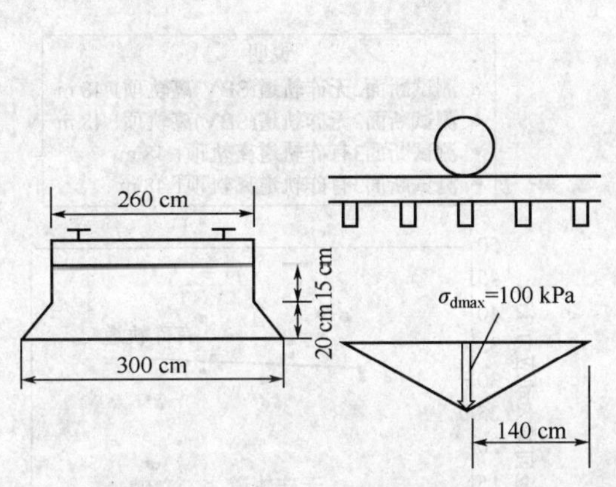

图 5-11　路基面动应力最大值计算图

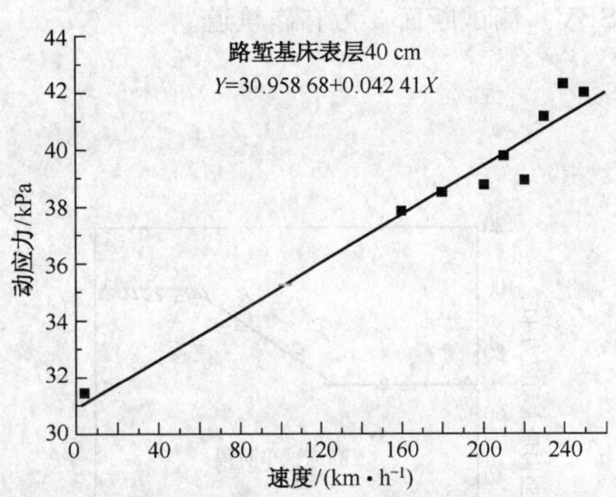

图 5-12　动应力随行车速度变化曲线

列车荷载以动力波的形式通过道床传递到基床面，再向深层传播。在动力波传播的过程中要消耗能量，或者说由于阻尼作用土要吸收能量，因此，动应力沿深度的增加而衰减(图 5-13)。一般的说，路基面以下 0.6 m 范围内(距枕底约 1 m)动应力的衰减最急剧。根据西南交通大学在大秦线的实测资料，基面以下 0.6 m 深处的动应力已衰减 60%，即若基面动应力为 100 kPa，基面以下 0.6 m 深度处为 40 kPa。欧美国家的实测资料表明动应力的最大影响深度为 4 m。日本资料认为基面下 3.0 m 处的动应力约为自重应力的 10%，它对路堤变形的影响已可忽略不计，因此日本把 3.0 m 范围定为基床厚度，路基面动应力大小及其沿深度的衰减可按 Boussinesq 弹性半空间理论公式计算。

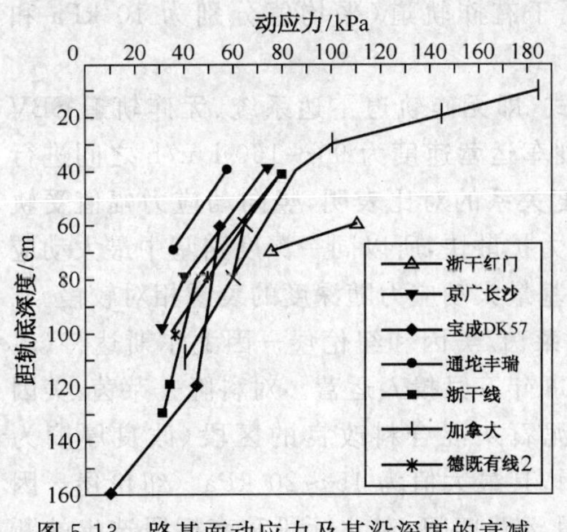

图 5-13　路基面动应力及其沿深度的衰减

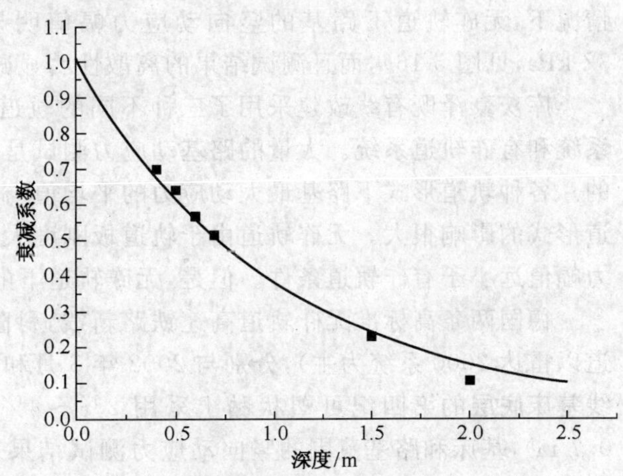

图 5-14　秦沈线路基动应力沿深度方向衰减

图 5-14 为我国秦沈线试验段路基动应力沿深度衰减的实测散点及拟合曲线[57]。如图 5-14所示，基床面下 0.4、0.5、0.6、0.7、1.5 和 2.0 m 处动应力衰减系数分别为：0.70、0.64、0.57、0.52、0.23、0.11。拟合衰减曲线为指数型，在基床表面衰减较快，在超出 1.5 m 范围后衰减趋于平缓。由此可见：高速铁路轨道结构上部为动应力影响显著部位，在设计与施工时应引起足够的重视。

图 5-15 为德国铁路汉诺威—威尔斯堡线试车时，测试断面 1 基床中离轨顶 1.15 m 处土的竖向动应力和列车速度的实测关系[58]。图 5-16 为德国库茨豪泽既有线改造工程的测试断面 2 和 3 处离轨顶 1.48 m 处竖向动应力与车速的关系[59]，其中测试断面 2 为无砟轨道(SBV)，测试断面 3 为有砟轨道。

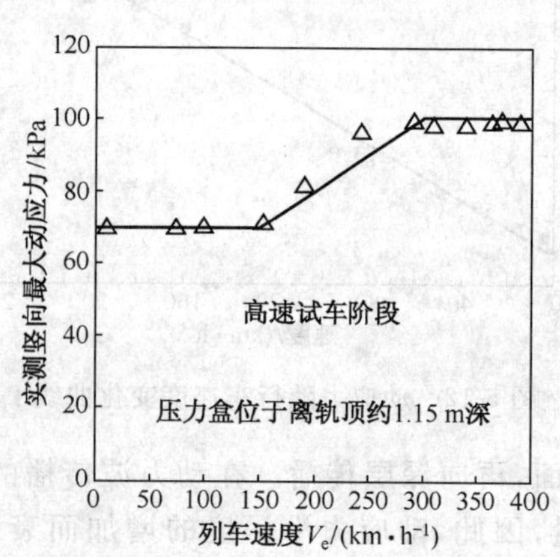

图 5-15 汉诺威—威尔斯堡高速铁路有砟轨道路基竖向动应力幅值和列车速度的关系

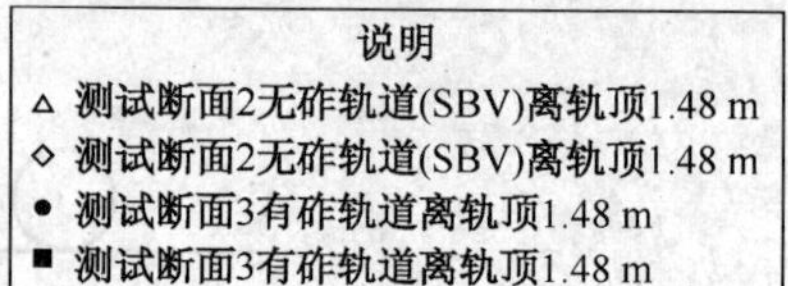

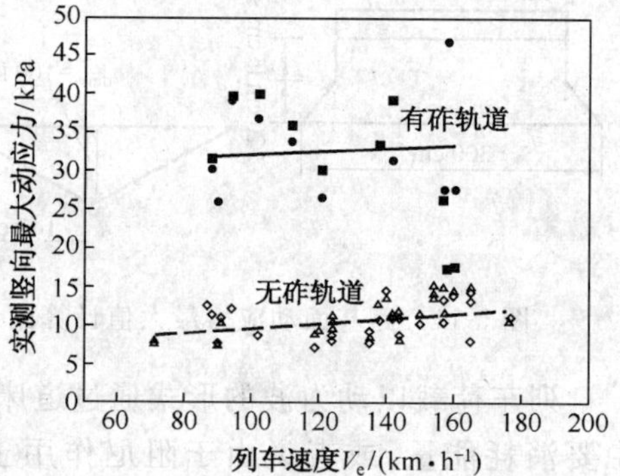

图 5-16 库茨豪泽既有线改建工程路基竖向动应力幅值和列车速度的关系

从这两个实测结果可见，列车在低速/普速运营时，路基中的动应力随列车速度的增加并不明显，而当列车运营速度高于 150 km/h 时，动应力幅值明显增加，见图 5-15。此外，当列车速度约在 300～320 km/h 以上时，动应力幅值则又基本保持在同一水平。在其他条件不变的情况下，无砟轨道下路基的竖向动应力幅值明显低于有砟轨道(平均值分别为 10 kPa 和 32 kPa，见图 5-16)，而且测试结果的离散性明显减小。

库茨豪泽既有线改建采用了三种不同的轨道形式，即无砟轨道雷达系统、无砟轨道 SBV 系统和有砟轨道系统。大量的路基动应力测试是在列车运营速度为 90～160 km/h 之间进行的。各种轨道形式下路基最大动应力的平均值与深度关系的对比表明，竖向动应力幅值受轨道形式的影响很大。无砟轨道由于轨道板刚度大，应力扩散快，所以同一深度路基中最大动应力幅值远小于有砟轨道条件。但是，无砟轨道下的路基最大动应力随深度的衰减相对较慢。

德国两条高标准无砟轨道高速铁路新线，科隆—莱茵/美因和纽伦堡—因戈尔斯达特(轨道以雷达 2000 系统为主)，分别与 2002 年 8 月和 2006 年 5 月投入运营。对科隆—莱茵/美因线基床底层的第四纪可塑状黏土采用 2%～4%水泥石灰混合料改良的区段(改良厚度为 0.7 m)，基床和路基范围的竖向动应力测试结果表明，其最大值为 15～20 kPa。纽伦堡—因戈尔斯达特线在 2006 年 4 月试车期间和 2006 年 9 月运营期间，对北标段和南标段选出的断面共进行了三次测试，车型为 ICE-T.7 和 ICE 3，见相关文献[60]。结果表明，列车运营速度为 220 km/h 和 297 km/h 时，基床和路基范围竖向动应力最大值分别为 13～17 kPa 和 15～20 kPa（$f<15$ Hz）。从这两条线的测试结果可见，高标准的无砟轨道路基设计和施工提高了线路的平顺性和稳定性，使得运营交通荷载引起的路基动应力进一步减小并保持恒定。

表 5-3 为我国部分有砟轨道路基面动应力实测数据。综合国内外铁路路基动应力实测结果得出：①基床及路基范围内竖向动应力大小与行车速度、深度及轨道类型有关。②行车速度越大，动应力越大。③竖向动应力沿深度近似按指数函数衰减。④同等条件下，有砟轨道基床及路基中动应力大于无砟轨道，且无砟轨道下动应力衰减速度慢，影响深度大。有砟轨道路基面动应力幅值的集中域一般在 50～70 kPa 左右，最大值可达 110 kPa。而基床和路基范围内竖向动应力一般在 15～40 kPa 范围内，路基面最大动应力一般在 50 kPa 以下，但沿深度衰减相对较慢，影响深度达 5 m 左右。

表 5-3 有砟轨道铁路路基面动应力实测数据分布范围

试验工点	秦沈线	宝成线	成昆线	模型试验
动应力分布范围/kPa	20～110	30～120	40～100	40～100

5.1.2.2 振动速度实测

基床和路基的振动速度首先取决于列车的车型、时速和轨道形式，此外还与轨道的状态（位置和平顺性以及是否设置减振单元）和车辆的状态（维护）有关。

图 5-17 为德国汉诺威—维尔斯堡有砟轨道高速铁路在 20 世纪 90 年代中期实测的有效振动速度合成值与列车时速的关系[61]，包括了城际列车和货车驶过时的测试数据。可见，在其他条件完全相同的情况下，轨枕底部的有效振动速度合成值与列车速度基本成线性关系。

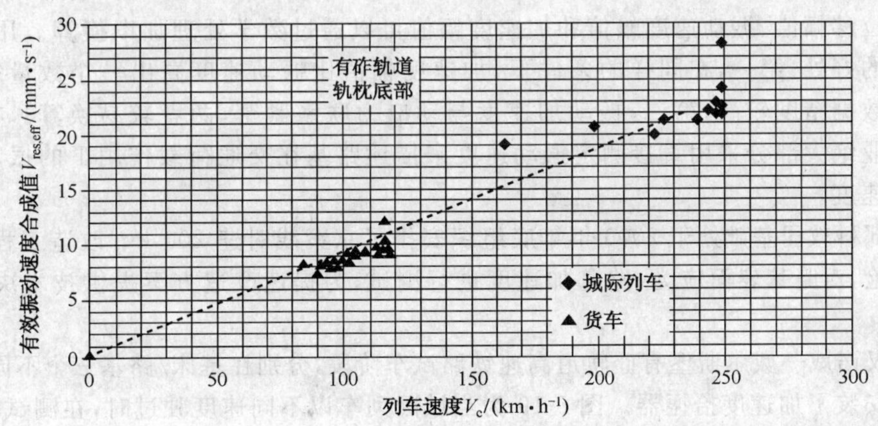

图 5-17 汉诺威—威尔斯堡有砟轨道高速铁路轨枕底部有效振动速度合成值与列车速度关系

不同轨道形式对基床和路基振动速度的影响，可利用库茨豪泽既有线改建后大量的实测结果来说明，见图 5-18[59]。由于无砟轨道线路位置的稳定性和平顺性优于有砟轨道，所以同一深度处路基的最大竖向振动速度明显低于有砟轨道条件，而且规律性好，基本与列车速度成线性关系，见图 5-18。与此相比，在相同条件下，有砟轨道路基振动速度测试数据的离散性很大。

从相关研究可以得出以下三个结论：第一，轨道形式对路基振动速度影响很大，在其他条件相同时,无砟轨道下的路基振动速度大约只有有砟轨道下路基振动速度的四分之一;第二,无砟轨道条件下路基的振动速度随深度的衰减慢于有砟轨道条件;第三,从有砟轨道路基振动速度初测(1988 年)和终测(1990 年)的差别上看,随着运营时间的增加,同样条件下有砟轨道位置(沉降变形)和平顺性的变化明显大于无砟轨道。相比之下,无砟轨道 SBV 系统和雷达系统,运营二年前后路基振动速度的变化很小,这说明无砟轨道系统的稳定性明显优于有砟轨道系统。

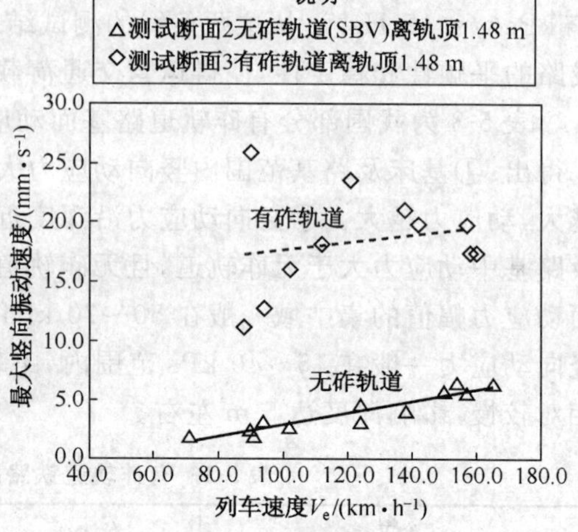

图 5-18 库茨豪泽改建不同轨道形式下基床最大竖向振动速度和列车速度的实测关系

20 世纪 90 年代以来,德国铁路路基行业逐渐用振动速度有效值来代替振动速度最大值作为路基动力荷载参数。振动速度有效值是以实测振动速度一时间函数为基础,通过 0.125 s 时间窗口积分过滤平滑处理后获得的参数,它反映了振动荷载中对路基动力稳定性起控制作用的部分。

一般来说,振动速度的有效值远小于实测的振动速度最大值。实测结果表明,有效竖向振动速度值约为最大值的 1/3。大量的测试数据分析表明,路基振动速度随深度的变化可以近似地用指数函数来拟合。

5.1.2.3 路基振动加速度实测

与振动速度相对应,理论上同样可以用加速度来描述路基在交通荷载作用下的振动反应。振动位移幅值、振动速度幅值和加速度幅值可以通过数学处理加以换算。用加速度参数有以下的好处:第一,在同样的条件下,加速度幅值比振动速度高出一个数量级,因此实测获得的数据精度较高;第二,振动加速度与动应力联系紧密,两者较易换算。在德国,铁路路基行业绝大部分采用直接测定振动速度来描述路基在交通荷载作用下的振动,很少直接测定加速度。

铁道部科教司基础处于 2000 年年底组织安排了京秦线时速 200 km 改造工程第一次实车运行试验,对路基表面应力、路基加速度进行测试,为提速改造方案提供技术决策依据和参考[63]。

德国汉诺威—威尔斯堡有砟轨道高速铁路试车阶段,分别在基床/路基三个不同深度的土压力盒中安装了加速度拾振器。图 5-19 为当城际列车以不同速度驶过时,在测试断面 3 中,三个不同深度土的竖向振动加速度实测幅值与时速的关系[58]。可见,路基的竖向振动加速度幅值随列车时速的提高而增加,两者基本成线性关系。当列车速度达 280 km/h,离轨顶 0.85 m处的加速度峰值约为 50 m/s^2。如果将土压力盒实测的土动压力幅值与加速度实测幅值对应起来,它们之间几乎成线性关系,而且不同深度的对应关系基本平行,见图 5-20[58]。

图 5-21 和图 5-22 为我国秦沈线试验段测点轨下最大加速度与列车速度的关系曲线[57]。从图中可知,列车速度对路基振动有显著影响,随着列车速度增加,路基振动强度增加,其峰值呈上升趋势,但在一定速度范围内(200~220 km/h)加速度峰值有所降低,这与基床结构本身振动特性有关。

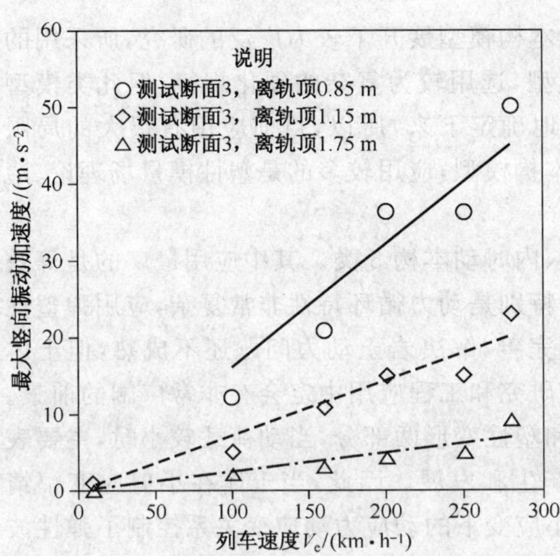

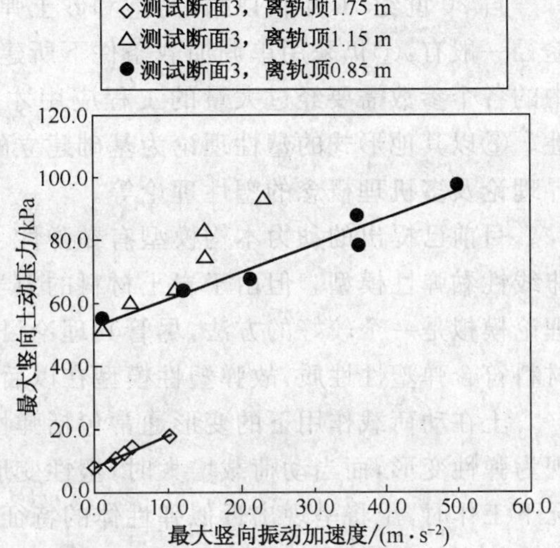

图 5-19 有砟轨道路基不同深度最大竖向振动加速度与车速关系

图 5 20 有砟轨道路基不同深度最大竖向振动加速度与最大竖向土动压力的关系

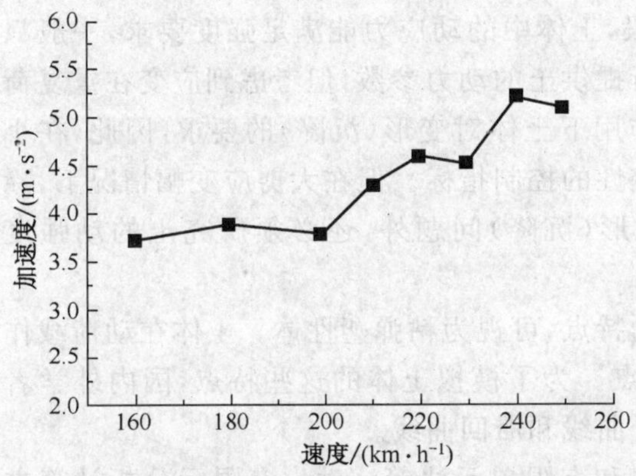

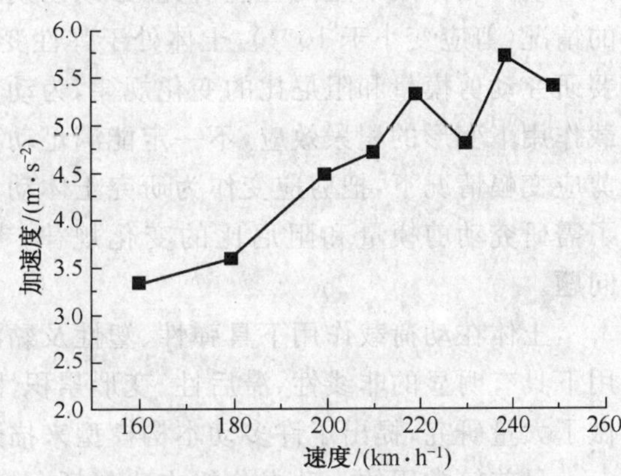

图 5-21 路堤基床表层 60 cm 时加速度随列车速度变化曲线

图 5-22 路堤基床表层 70 cm 时加速度随列车速度变化曲线

日本曾对新干线高速列车路基面进行振动测试，最大加速度(波峰到波谷)为 5～20 m/s^2，路基面的主要频率为 42～63 Hz。

5.1.3 土动力特性理论研究

5.1.3.1 动力本构模型与数值计算

土的动力本构关系是了解土体在动荷载作用下相互作用体系动力特性的基础，也是利用数值计算手段进行动力分析的前提。

土体的实际性状十分复杂，为此中外学者建立了诸多本构模型对土体的不同性状进行模拟。其中，建立在现代塑性理论基础上的弹塑性模型是土体本构模型中发展最完善、应用最广泛的一类模型。按性质分类，弹塑性问题应属于材料非线性问题，应变不仅依赖于当前的应力状态，而且还与整个加载历史有关。所以，从实际意义上讲，应力与应变关系只能是增量关系，相应的迭代解法也只能是增量形式。

自 20 世纪 70 年代以来，对饱和砂土弹塑性动本构模型展开了较为广泛的研究，所采用的途径一般有：①仍采用单调加载条件下所建立的模型，选用较为复杂的硬化规律，但此类模型中的各个参数需要经过大量的工程应用才能正确地确定下来，所以，目前应用有很大的局限性。②以其他形式的塑性理论为基础建立的动力本构模型，应用较多的是塑性模量场理论、边界理论及多机理概念的塑性理论等。

目前已提出的动力本构模型有黏弹性、弹塑性、内时动本构 3 类。其中应用最广的是等效非线性黏弹性模型。但由于岩土材料的力学特性，特别是动力循环特性非常复杂，应用弹塑性理论模拟是一个较好的方法，尽管其理论目前并不完善，解决岩土动力问题还不成熟，但土体材料符合弹塑性性质，故弹塑性模型在以后的试验研究和工程应用中定会有非常广阔的前景。

土在动荷载作用下的变形通常包括弹性变形和塑性变形两部分，当动荷载较小时，主要表现为弹性变形，而当动荷载增大时，塑性变形逐渐产生和发展。因此，当土体在小剪应变幅情况下工作时，土将呈现出近似弹性体的特征，这种小应变下的动应力动应变关系控制了弹性波在土体中的传播速度。但是当动剪应变增大时，动荷载会引起土体结构的改变，从而引起土体的永久变形和强度的损失，使土的动力特性明显不同于小应变幅的情况。

动荷载作用下土的性能研究，必须区别小应变幅和大应变幅两种情况。对于小剪应变幅的情况（剪应变小于 10^{-4}），土体处于弹性变形阶段，土体中的动应力能满足强度要求，一般只要研究动剪模量和阻尼比的变化规律，为动力分析提供土的动力参数，但考虑到应变在重复荷载作用下变形的积累效应，不一定能满足动荷载作用下土体对变形（沉降）的要求，因此，在小剪应变幅情况下，把剪应变作为研究土体动力稳定性的控制指标。但在大剪应变幅情况下，除了需研究动剪模量和阻尼比的变化规律，考虑变形（沉降）问题外，还必须研究土的动强度问题。

土体在动荷载作用下具弹性、塑性及黏滞性的特点，可视为粘弹塑性体。土体在动荷载作用下具有明显的非线性、滞后性、变形累积性的特点。为了模拟土体的这些特点，国内外学者做了大量研究，提出了许多动本构模型来描述骨干曲线和滞回曲线。

目前较常用的土动力分析方法包括：总应力法和有限单元法等。动力有限元分析计算方法可根据解析域的不同分为三类：时域分析法、频域分析法和振型叠加法，每种计算方法各有其适用范围。而运动方程的建立是动有限元分析的基础，实际上运动方程是动力位移的数学表达式，描述结构或系统在动荷载作用下的位移—时间过程。运动方程的解就是位移。建立运动方程通常有直接平衡法、虚位移原理及哈密顿（Hamilton）原理三种方法。

系统的动力响应，在时域内常表现为振幅反应随时间变化的过程。时域分析法的要点是将时间过程离散化，并在每一个小时段内将动力问题视为拟静力问题求解，然后通过叠加得到总体反应。

用于地震反应分析的时域分析方法又称直接积分法，即在积分运动方程前不进行方程形式的变换，而直接进行逐步数值积分。直接积分法主要有：中心差分法、Houbolt 法、Wilson θ 法、Newmark 法[66]。这些方法中又可分为显式与隐式两种。显式是指仅仅用前面已知时刻的向量表示一个新的向量，隐式是指新的向量要有迭代法才能求解。显式积分计算量小，但其步长有严格限制。隐式积分计算量大，但步长可适当取大。高频振动采用显式积分，低频振动采用隐式积分[66]。

频域分析法是将频域离散化，并对每一个小频率段内的动力问题运用频域传递函数求解，然后叠加得到总体动力反应。

模态(振型)叠加法通过对系统振动的离散,实现系统动力反应特征的离散。然后根据实际需要选取部分主导特征反应,运用叠加原理求取体系的总体动力反应。其中对振型主导特征反应量的计算,既可采用时域分析法,也可采用频域分析法。

20 世纪 90 年代,Tosikazu. H[67]等在动态弹性有限元基础上引入了一种数解方法,分析公路上车辆引起的地面振动,它通过引入波传导单元和完全能量传递边界,利用波动的可叠加性,将动载进行了狄拉克函数模拟。

我国学者李军世、李克钏[68]用动力有限元分析方法模拟列车荷载,对铁路路基在高速列车作用下的动力响应进行分析,该方法考虑了列车荷载的一些性质如轴重、轴距、列车速度等对轨下基础动力特性的影响,但没有考虑路基轨道—车辆系统耦合特性。

翟婉明[69]~[78]从车辆轨道耦合动力学原理出发,以轨道不平顺为激励源,应用大系统思想综合考虑机车车辆、轨道线路、轮轨界面三个方面的影响,研究轨道结构动力响应。其研究突破了传统子系统简化研究的局限性,将轨道结构动力学研究提高到一个新层次。

Wu S. F.[79]等用有限元方法确定了多轮车辆作用下轨道—地基的动力响应,基于车辆及其悬挂系统的动力平衡,得到了车辆特征矩阵,利用直接积分法求出了路基—车辆的动力响应。

J. T. Shanhu[80]建立了三维线弹性轨道路基有限元模型,在其模型中钢轨被离散为一维梁单元,轨枕、道床、路基离散为 20 节点块体单元,通过 16 节点面单元连接,利用该模型分析了基床模量、道床厚度、钢轨惯性距、轨枕间距对轨道路基动力响应影响。

Cai zhenqi[81]提出的车辆—轨道动力响应分析模型能考虑:①系统自振频率;②轨道系统在频域内响应;③轨道在静止的冲击力下的响应;④移动轮轨作用力下轨道系统的响应。该模型中,无限长钢轨处理为有限长周期支承于文克尔地基上的欧拉—伯努力梁和铁木辛柯梁两种情况,轨枕为不连续刚体质量块,钢轨与轨枕通过模拟减振效果的阻尼—弹簧连接,轨枕位于模拟道床的一系列弹簧—阻尼上。在考虑轨道不平顺对动力响应的影响时,引入 4 自由度集中质量弹簧轮对模型,轨道系统运动方程由牛顿定律得到,轨道结构自由振动特性通过梁振动理论求出,轨道系统运动方程的通解由模态分析理论求出,在频域内求解时利用傅立叶变换,在时域内求解时应用龙格—库塔数值方法。

Dong R. G.[82]为研究车辆—轨道系统动力响应,建立了较全面的车辆—轨道系统有限元模型。车辆采用集中质量块,钢轨模拟为由离散的垫块—轨枕—道砟支承的铁木辛柯梁,轨枕视为刚体,垫块和道砟为弹簧—阻尼单元,该模型考虑了轮轨接触的非线性,钢轨与轨枕分离以及轨枕与道砟分离,通过多点轮轨接触分析轨道不平顺引起的垂向与纵向轮轨力。该模型计算结果中混凝土轨枕振动频率、轮轨接触应力、钢轨一垫块间作用力以及钢轨动应变与英国铁路公司和加拿大太平洋铁路公司所测结果符合得很好。并用该模型分析了高速列车作用下车辆—轨道系统的稳态响应,指出:车辆的冲击力主要受车辆轴重、列车速度、轨道等代刚度的影响,车辆—轨道系统共振频率主要与簧上质量、轨枕间距、道砟阻尼与轨道刚度有关。

娄平、曾庆元[83]用有限元法分析了板式轨道在移动荷载作用下的动力响应。视板式轨道为如下模型:钢轨为离散黏弹性支点支承的长梁,轨道板为连续黏弹性基础支承的短梁。视板式轨道及移动荷载为一个系统,运用弹性系统动力学总势能不变值原理及形成矩阵的“对号入座”法则建立该系统的振动方程组。研究了移动荷载速度、钢轨类型和钢轨支点弹性系数对钢轨及轨道板动力响应的影响。金寿延根据实测加速度波形及其能量谱密度图,采用二自由度钢轨振动理论,定性地分析道床板结对钢轨振动的影响。

Ekevid Torbjorn[84]等用边界元法分析了高速列车动力荷载在路基中的传播特性,建立的地基振动三维模型有效模拟了轨道结构各部件,同时考虑了路基无限边界,提出了以位移为基础将传统有限元法和边界元法相结合的杂交方法。

R. Paolucci A. maffeis[85]将列车与轨道分离,建立二维与三维轨道路基结构模型,利用谱元素对地基进行离散,对 X-2000 列车在 Ledsgagvd 线上引起的路基振动进行数值分析。二维与三维模型所得钢轨变形与实测结果吻合得很好,三维模型更准确反映路基振动随距离的衰减趋势。

Lars Hall[86]利用商业软件 ABAQUS 建立了列车荷载作用下路基 3D 计算模型。钢轨用梁单元模拟,通过共同节点与轨枕连接,路基采用八节点块体单元,利用吸收 S 波与 P 波的阻尼单元模拟无限边界,列车荷载用移动点荷载模拟,材料为线弹性模型,瑞利阻尼。用该模型所得的计算结果与在 Ledsgaard 线测试的结果符合得很好。

5.1.3.2 *路基动力响应理论研究*

在对路基的动力响应研究中,路基通常模拟为半空间体。Hong Hao[87]等人利用波在黏弹性半空间传播的能量谱密度分析了由交通荷载引起的地面振动响应问题,他们用单轴双自由度体系模型模拟交通车辆,采用现场实测路面粗糙度计算地面动力响应,计算结果与实测结果比较吻合。通过对反应谱分析还能够证明由交通荷载引起的地面振动主要影响因素是瑞利面波,而其中的体波部分相对来说较少并且衰减很快。

Hung[88]将地基模拟为黏弹性半空间体,把交通荷载分成恒载与振动荷载两部分,利用 Helmholtz 分解与三维傅立叶变换,研究了四种移动荷载(单个点荷载、均布轮荷载、弹性分布轮荷载及多个弹性分布轮荷载)在“亚音速”“跨音速”“超音速”下半空间体的竖向动力响应,结果表明:荷载临界速度受荷载振动频率影响;荷载振动频率对路基振动加速度、位移影响很大;“跨音速”与“超音速”下地基响应衰减小于“亚音速”下的衰减;移动荷载数目增加引起地基位移增大,对地基振动加速度与速度无影响。

张昀青[89]以杜哈姆积分为基础,应用动力互等定理,得到了移动荷载作用下半无限大弹性连续介质空间上任意点动力响应的广义杜哈姆积分表达式;将列车荷载简化考虑为一系列具有一定间距的集中荷载,采用 Floquet 变换与傅立叶变换,得到一个集中移动荷载作用下任意拾振点的动力响应在频域和频率波数域内的表达式,由叠加原理得到列车荷载作用下的动力响应解。

谢伟平、王国波、于艳丽[90]用薄层单元法(Thin-Layered Element Method)计算移动荷载作用下地基土动力响应,得到了地基土的位移和加速度。

Grundmann[91]等将列车简化为移动周期荷载,对时间与空间进行傅立叶变换,研究了层状半空间表面的响应,利用小波变换给出半空间体响应数值解,分析荷载频率、地基刚度变化对动力响应影响。

为了更精确得到轨道路基动力响应,不少学者提出了轨道路基耦合作用模型。阿部和久将碎石垫层和轨枕与车轮一起考虑,用格林函数的时域积分方程式来表示轨道振动响应,得到系统时间域的解。

Kaynia[92]等将地基视为层状黏弹性半空间体,钢轨视为欧拉—伯努力梁,建立了移动荷载作用下地基—轨道系统计算模型,并建立了相应的动力方程,用格林函数计算了地基—轨道接触点处土层的刚度矩阵,最后通过积分变换得到了时间域的响应。Kaynia 用该模型计算高速列车在“亚音速”“跨音速”“超音速”下运行所产生的地面振动。亚音速表示列车的运行速度低于场地土体的瑞利波速，超音速表示列车的运行速度大于场地的纵波速度，跨音速表示列车运行速度介于以上两者之间，并且在瑞典做过不同车速和不同场地土条件下的地面振动模拟试验，结果表明，试验结果与计算结果一致，在此基础上他们发现增加地基刚度能显著降低路基振动水平。

Matsuura[93][94]针对新干线轨道用格林法计算了移动简谐荷载作用下轨道—地基协同工作时体系的响应，同时考虑了成层土对传播的影响，作出了不同情形下轨道系统的时间—加速度谱、频率—振幅谱、递函数响应谱、波动特征衰减曲线等。指出轮距和车厢数目对地面振动的影响至关重要。

谢伟平[95][96]基于格林函数法推导出了半无限地基及成层地基的响应函数与传递系数，以轨道地基系统为对象将轨道地基系统简化为半无限地基及层状地基上的文克尔梁模型，对高速移动荷载作用下梁—地基系统的协同工作进行分析，得到了轨道与地基表面的动力响应。

5.1.3.3 路基动荷载设计参数(简化)

铁路路基实测动力荷载为分析它的长期动力稳定性和变形提供了一个十分重要的基础。对基床/路基进行长期动力稳定性分析时，一般需进行动三轴试验或共振轴试验。这两种室内试验的荷载输入方式，除了静应力(围压)外，分别要求给定相应的动应力幅值/频率以及动剪应变幅值/频率。

(1)动应力作为设计参数

在轨道(包括有砟和无砟)状态良好以及设置轨道弹性垫层(静力弹性系数在 20～40 kN/mm 之间)的条件下，均匀区段(包括无异常冲击振动的路基区段和路基/刚性结构物过渡段)基床/路基的最大动应力值可简化为图 5-23 所示的形式，基于实测结果建议的简化动力荷载放大系数 K_{dyn} 与轨道形式和列车时速的关系为：

$$\text{有砟轨道}\ K_{\mathrm{dyn}}=\begin{cases}1.0, & 0\leqslant V_{\mathrm{e}}\leqslant 150\ \mathrm{km/h}\\ 1.0+\dfrac{V_{\mathrm{e}}-150}{150}\times 0.7, & 150\ \mathrm{km/h}<V_{\mathrm{e}}\leqslant 300\ \mathrm{km/h}\\ 1.7, & V_{\mathrm{e}}>300\ \mathrm{km/h}\end{cases} \tag{5-1}$$

$$\text{无砟轨道}\ K_{\mathrm{dyn}}=\begin{cases}1.0, & 0\leqslant V_{\mathrm{e}}\leqslant 150\ \mathrm{km/h}\\ 1.0+\dfrac{V_{\mathrm{e}}-150}{150}\times 0.3, & 150\ \mathrm{km/h}<V_{\mathrm{e}}\leqslant 300\ \mathrm{km/h}\\ 1.3, & V_{\mathrm{e}}>300\ \mathrm{km/h}\end{cases} \tag{5-2}$$

路基中动应力随时间的变化是很复杂的，它与车型、时速、轨道形式以及深度有关。室内试验一般以动应力幅值和控制频率为基础，用正弦函数来近似地模拟路基动应力随时间的变化。真实的频率受各种激振因素影响，由多个部分组成。许多研究表明，就路基的长期动力稳定性而言，一般情况低频部分起控制作用。所以，在为室内试验选择动应力—时间关系时，应将低频作为控制频率。

激振频率可分为与列车时速相关部分和无关部分。取决于列车时速的激振频率可用以下公式估计：

$$f=\frac{V_{\mathrm{e}}}{L} \tag{5-3}$$

式(5-3)中，L 为扰动波长度。

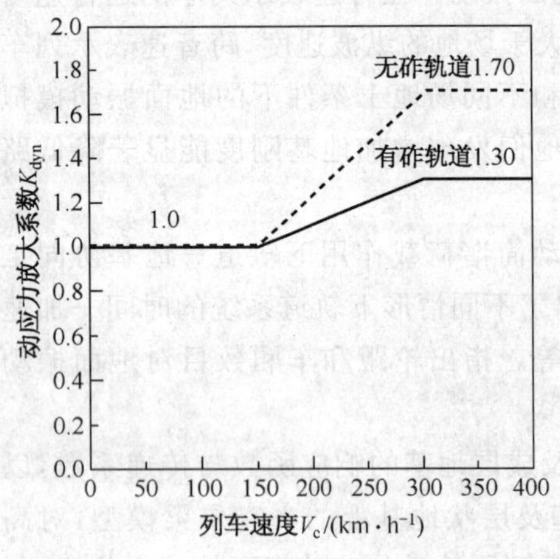

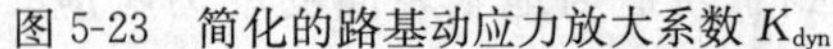
图 5-23　简化的路基动应力放大系数 K_{dyn}

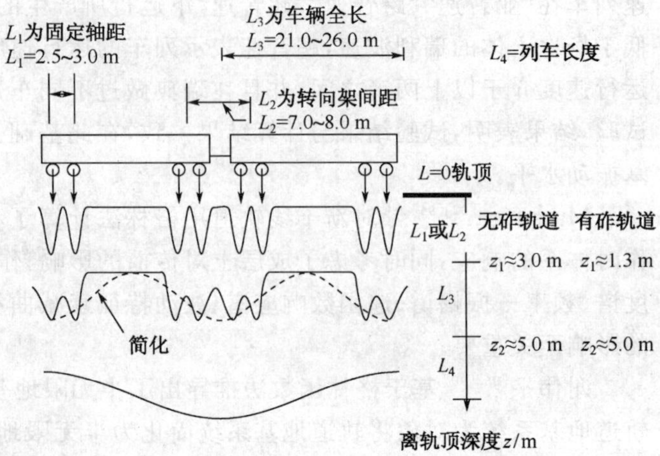

图 5-24　简化的路基动应力控制频率 f

文献[64]给出了无砟和有砟轨道条件下不同深度处各种扰动波的长度，见图 5-24。由此，可以确定相应深度处土的动应力控制频率，作为动三轴试验的输入参数之一。

(2)有效振动速度合成值作为设计参数

在试验室对土样进行共振柱试验，研究其长期动力稳定性时，要求给定动剪应变幅值和频率。理论上，动剪应变幅值可以通过振动速度和土的剪切波速度确定，即 $\gamma=\dfrac{V_{res,eff,z}}{C_s}$。与动剪应变幅值和静应力(围压)相比，动剪应变频率对土的长期动力稳定性的影响相对较小。所以，下面只介绍有效振动速度合成值设计参数。

Ril 836 (文献[65]) 的前身 DS 836 (文献[1]) 给出了有效振动速度合成值，可以作为路基动力稳定性分析设计参数的参考值。根据 DS 836，一般情况下，当列车时速小于 V_e = 100 km/h 时，而且过渡段状况良好，路基的振动速度可以忽略不计；当时速大于 V_e = 100 km/h 时，一般应考虑路基的振动速度以及对路基长期动力稳定性的影响；如果经过实测证明有效振动速度合成值小于 5 mm/s，那么就不必考虑振动的影响。

作为分析路基长期动力稳定性的荷载参数，路基参照点有效振动速度合成值 $V_{res,eff,0}$ 可用表 5-4 中的数值估计。它主要取决于列车速度、车型、轨道的结构形式、轨道状态(均匀区段或潜在扰动区段)以及地基情况。表 5-4 中的数值是以轮轴荷载 20 t 且轨道设置有弹性垫层或单元(刚度系数 20～40 kN/mm)为条件的。一般情况，表中的参数可视为保守的估计，即作为设计值是偏安全的。

表 5-4　参照点(z=0)有效合成振动速度 $V_{res,eff,0}$ 设计值[1]

上部结构形式	区域	地基情况	城际列车 ICE 或类似车型 V_e/(km·h^{-1})					其他车型 V_e/(km·h^{-1})			
			100	160	200	250	300	60	100	160	200
无砟轨道	均匀区段	有利情况	4	6	8	10	12	3	5	8	10
		不利情况	5	8	10	13	15	4	6	10	12
	潜在扰动区	有利情况	5	8	10	13	15	4	6	10	12
		不利情况	7	11	14	18	21	5	8	13	16

续上表

上部结构形式	区域	地基情况	城际列车 ICE 或类似车型					其他车型			
			$V_e/(\mathrm{km\cdot h^{-1}})$					$V_e/(\mathrm{km\cdot h^{-1}})$			
			100	160	200	250	300	60	100	160	200
有砟轨道	均匀区段	有利情况	7	11	14	18	21	6	9	14	18
		不利情况	9	14	18	23	27	7	11	18	22
	潜在扰动区	有利情况	11	17	22	28	33	8	14	22	28
		不利情况	13	21	26	33	39	10	16	26	32

路基参照起点 $z=0$:无砟轨道指混凝土支承层底部,有砟轨道指轨枕底部。

有效合成振动速度随深度的变化可以近似地用式(5-4)估计。

$$V_{\mathrm{res,eff},z}=V_{\mathrm{res,eff},0}\times \mathrm{e}^{-z/a} \tag{5-4}$$

式中,z 为深度,无砟轨道以混凝土支承层底部为参照起点,有砟轨道以枕底为参照起点,单位 m;a 为衰减系数,无砟轨道 $a\approx5$,有砟轨道 $a\approx2$;$V_{\mathrm{res,eff},0}$ 为参照点有效合成振动速度,见表 5-4。

5.1.4 铁路路基长期动力稳定性评价

所谓路基的长期动力稳定性,是指在设计生命周期内,道砟、基床和地基土在列车运营动力荷载作用下不发生明显的颗粒重分布和颗粒粉碎现象以及相应的塑性变形,即路基始终处在低后续变形状态。颗粒重分布和颗粒粉碎现象是指同一材料内部土结构对动力作用的反应和结果。不同材料的界面在动力荷载作用下也可能发生接触侵蚀,导致土结构发生变化而产生附加变形。如果动力荷载和水同时出现,那么情况会更坏。

一般情况,铁路路基的长期动力稳定性问题可分为以下三大类。

第一类问题:在动力荷载作用下,土体反复受剪其骨架发生变化(颗粒重分布),使路基发生相应的体积变化及塑性变形,导致附加沉降。对黏性土,在某些条件下可能出现残留的超静孔隙水压力。第一类问题在上部结构为无砟和有砟轨道条件下都可能发生。

第二类问题:土颗粒在长期强振作用下发生持续的颗粒击碎,包括颗粒形状的变化和颗粒变细,导致路基发生明显的附加变形。这类问题在有砟轨道的道砟结构内,特别是在高速运营条件下,显得十分突出。对基床表层,德国根据长期的研究和工程经验,通过控制同批级配碎石样品连续进行 5 次轻型普氏击实试验前、后的细颗粒含量来解决这类稳定问题。对基床表层以下的天然土和填料,一般不必考虑颗粒击碎引起的长期动力稳定问题。

第三类问题:动力接触稳定,即不同材料界面在动力荷载作用下发生的颗粒迁移、侵蚀现象,引起附加变形。第三类问题一般只对有砟轨道的道砟床与下卧基床的接触面有意义,在规范中,这类动力稳定性问题一般是通过限制上下不同材料的颗粒级配和粒径或设置起隔离作用的土工合成材料来解决的。

铁路基床在列车动荷载长期作用下是否稳定,直接决定了基床是否需要换填处理。过去的普通列车路基基床表层厚度基本上是采用经济方法确定,没有一个明确的控制性技术指标。但是,随着高速铁路及无砟轨道高速铁路的日益增多,在路基设计中,考虑基床动力响应并对基床的动力稳定性进行评价是十分必要的。从国内外文献来看,目前评价铁路路基动力稳定性的方法主要有三种,即临界动应力法、有效振速法及动剪应变法。目前,我国在铁路路基的设计及稳定性评价中仍采用临界动应力法,而德国、法国、美国等国家主要采用后两种方法对高速铁路路基动力稳定性进行评价，但都未纳入正式规范。

5.1.4.1 临界动应力法

所谓临界动应力法是指在路基设计中，考虑基床动态效应，把临界动应力作为确定路基基床换填厚度及评价路基动力稳定性的控制指标之一。如果基床实际动应力小于基床地层的临界动应力，则基床累积永久变形便会得到有效的控制。这个概念启发我们，各种不同的基床结构形式包括道床的厚度和基床加固厚度（换填厚度）的设计都应当使基床内产生的实际动应力控制在临界应力的范围内。

Heath(1972)在著名的"Design of conventional rail track foundation"[22]一文中研究了土体在重复荷载作用下的疲劳变形问题，提出了临界动应力（是衰减型曲线和破坏型曲线的动应力分界点，也可作为土体强度指标）的概念，并指出轨下基础的设计应以永久变形作为控制指标。过去对路基特别是基床部分可能产生的变形影响认识不足，路基设计以强度作为控制指标，认为铁路路基只要能保证强度稳定就能满足工程要求[97]。

临界动应力 σ_{dcr} 一般可通过室内及现场动力疲劳试验确定，其大小与土的种类、含水率、密实度、围压大小、荷载的大小及其作用频率等因素有关。其中围压大小相当于深度大小，荷载频率与列车速度有关。临界动应力随加载频率 f 的提高而减小（见图 5-25）。临界动应力随深度 σ_{3c}（围压）的增大而增大（如图 5-26）。

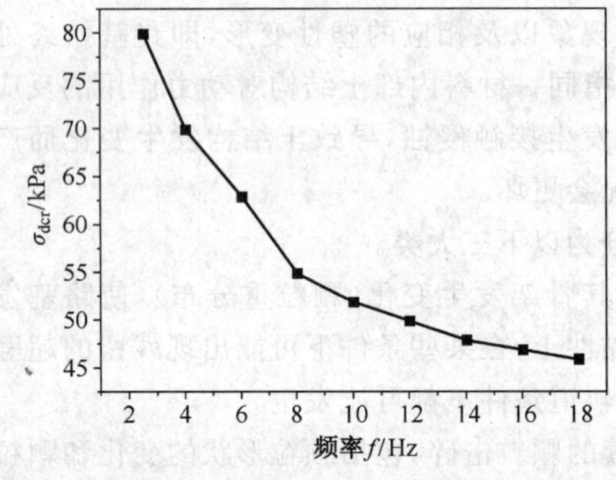

图 5-25 加荷频率与临界动应力关系

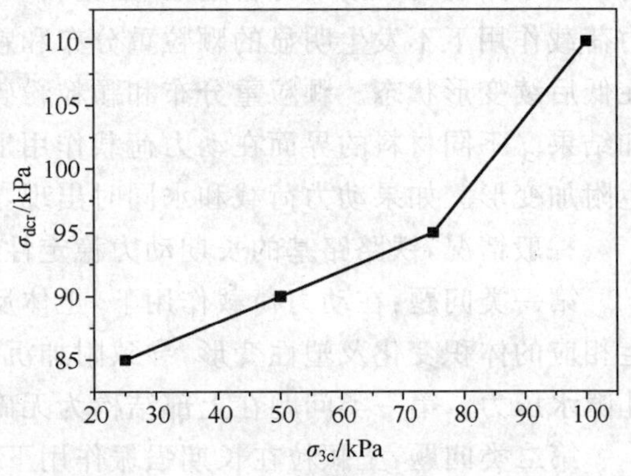

图 5-26 临界动应力与围压关系

高速铁路基对变形的要求非常高，路基在达到强度破坏前，可能已经出现了不能容许的过量变形。日欧各国虽然实现了高速铁路，但他们是通过采用高标准的轨道结构和高质量的养护维修技术弥补这方面的不足。

无砟轨道对工后沉降的控制非常严格，运营荷载引起的允许附加沉降要求控制在 5 mm 内。路基土中动应力满足临界动应力的要求，只表明地基塑性变形速率逐渐缓慢最后达到稳定状态，但是其塑性变形可能超过无砟轨道允许要求，因此是否可用临界动应力评价高速铁路无砟轨道路基的长期动力稳定性需作进一步研究。

5.1.4.2 有效振动速度法

德国铁路公司 DB 在 1997 年版的 DS 836[1]草案中引入了以临界振动速度为控制参数的动力稳定性分析方法。这种方法是以机器基础下某种砂土有限数量的模型试验结果为基础结合经验提出的，并扩展到其他土类。对铁路路基，它缺乏充分的理论依据和支撑，其普遍适用性尚待工程实践的全面检验。所以，2000 版的德国铁路路基指南 Ril 836 没有采纳该方法，但特别留出一节(文献[1]第 836.0402 节)作为路基动力稳定性设计的指导原则。并指出,尽管目前发行的 Ril 836 没有采纳 DS 836 草案的方法,但为了保证铁路建设和运营维护的安全性和经济性,铁路路基的设计原则上应考虑运营交通动力荷载的影响,对某些不利的路基情况,应请有关方面专家对其动力稳定性进行具体的分析和验证。但是,Ril 836 没有给出具体的分析、证明方法,路基动力稳定性分析的理论和方法尚待进一步发展。

(1)有效振速的确定

有效振速 $V_{res,eff,z}$ 取决于深度 z,其确定方法有两种:一种是进行有效动载实测;另一种是按 RUMP et al.(1996 年)提出的经验公式(5-5)近似计算,要求估算值与现场实测结果一致。

$$V_{res,eff,z}=V_{res,eff,SU}\cdot e^{-\varepsilon z} \tag{5-5}$$

式中:z 是指地基及下层土的深度(m),ε 是指路基及下层土的吸收系数,对有砟轨道上部结构约取 0.5,对无砟板式轨道约取 0.2;$V_{res,eff,SU}$ 为板式或枕式轨道底面处总有效振速(mm/s),主要与列车速度、施工及其他物理参数有关,可用专门的动态有限元程序,如 SOFISTIK,ANSYS,ABAQUS,PLAXIS 等 FEM 数值法以及类似程序计算出 $V_{res,eff,SU}$ 值的典型范围,也可按实测数据拟合的经验公式(5-6)近似计算。该公式是根据 REHFELD(2000)和 GOTSCHOL9(2002)公布的实测结果进行拟合的。

$$V_{res,eff,SU}=K_1 e^{K_2 V_{zug}} \tag{5-6}$$

式中,V_{zug} 为机车的行驶速度(km/h);K_1 和 K_2 为经验常数,见表 5-5。

表 5-5 GOTSCHOL 经验常数

经验常数	道砟上部结构		无砟板式轨道
	有利的轨道位置	不利的轨道位置	
K_1	0.9	0.9	0.2
K_2	0.007 5	0.009	0.011

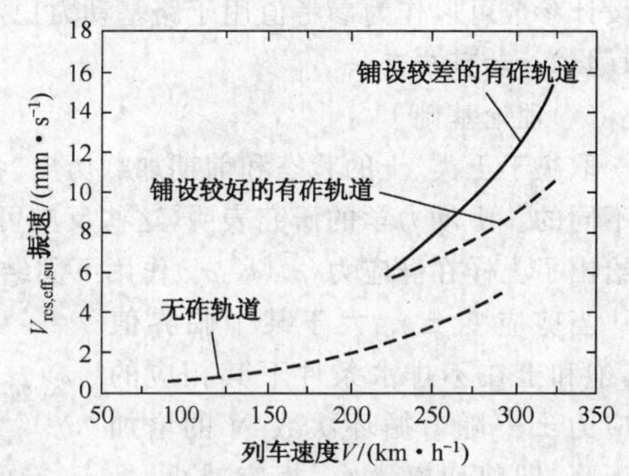

图 5-27 不同轨道的振速图

通常,板式有砟轨道的 $V_{res,eff,SU}$ 值为 6~16 mm/s,板式无砟轨道的 $V_{res,eff,SU}$ 值通常为 1~8 mm/s,显然,板式无砟轨道应力分布较均匀,$V_{res,eff,SU}$ 值相对较小,更有利于路基及其下土层的动态稳定性。图 5-27 是板式有砟及无砟轨道 HBL 下有效振速 $V_{res,eff,SU}$ 的主要取值范围。

(2)路基动态稳定性证明程序

在德国 DS 836 (1997)草案,着重阐述了振速的三种临界状态。对于无黏性土路基采用振速的第一临界状态($V_{krit,t}$ 的最小值)及振速的第二临界状态($V_{krit,2}$ 的最小值)进行动态稳定性评判,评判标准见式(5-7)及式(5-8);对于黏性土及有机土路基采用振速的第三临界状态进行评判,评判标准见式(5-9)。式(5-7)能确保无黏性土路基结构没有变化,即没有产生塑性变形;式(5-8)能证明无黏性土路基是否达到极限破坏。

$$\gamma_{dyn1}\cdot V_{res,eff}<V_{krit1} \quad \text{第一临界状态} \tag{5-7}$$

$$\gamma_{dyn2}\cdot V_{res,max}<V_{krit2} \quad \text{第二临界状态} \tag{5-8}$$

$$\gamma_{dyn3}\cdot V_{res,eff}<V_{krit3} \quad \text{第三临界状态} \tag{5-9}$$

式中，γ_{dyn1}、γ_{dyn2}、γ_{dyn3}是安全系数，$\gamma_{dyn1}=1.4$，$\gamma_{dyn2}=1.2$，$\gamma_{dyn3}=1.5$，在正常密度下，一般认为$V_{krit2}=V_{krit1}$，$V_{krit3}=\xi\cdot I_c^{1.5}$，对于非固结有机土而言，$V_{krit3}<3$ mm/s，I_c为稠密指数，按式(5-10)计算，ξ为参考速度，固结黏性土取40 mm/s，非固结黏性土取25 mm/s。

$$I_c=\frac{w_L-w}{w_L-w_P} \tag{5-10}$$

粗粒土的临界振速$V_{krit}=30\cdot I_D$（I_D为密度指数），对黏性土而言，$V_{krit}=25\cdot I_P^{1.5}$（$I_P$为塑性指数）。

图5-28举例反映了不同轨道形式、不同列车速度、车轮几何形状下，有效振速在深度上的变化规律，同时也显示了各层稳定极限线。该图说明路基的动态稳定性与列车速度、车轮形状有关。

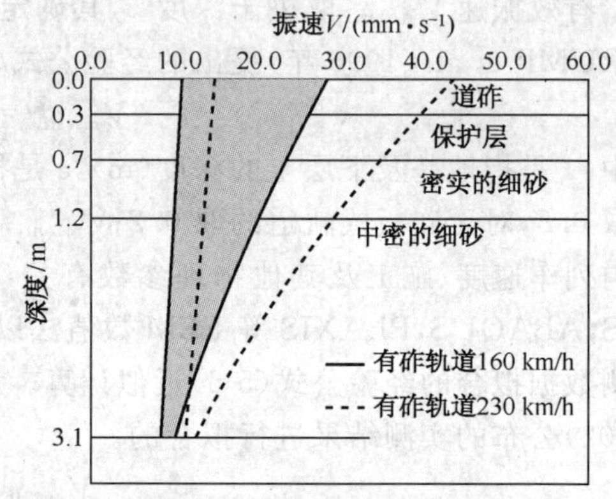

图5-28 轨枕下不同深度处动态稳定性及振速

由于德国DS836草案（1997年）建议的动力稳定性验算方法完全是以经验为基础，缺乏充分的理论依据，所以Ril836（1999年版）没有采纳，并指出动力稳定分析验算方法尚待发展。但是DS836草案（1997年）给出的有效振动速度合成值设计参数可以作为参考值用于路基动力稳定性分析。

5.1.4.3 **动剪应变法**

(1)理论基础

取决于土类、土的状态和前期加载历史，各种土在反复（动力）剪切加载作用下的反应可以是不同的。土动力学的研究表明，这些反应可以大致归纳为几种典型的情况。图5-29示意性地给出了土样在静应力(σ_v，$K_0\sigma_v$)作用下固结完成后承受反复双向等剪应变的反应。

当剪应变$\pm\gamma_c$大于某个临界值时，饱和土在不排水条件下其相应的剪应力$\pm\tau_c$随着循环次数N的增加而下降，即剪切模量G_d相应减小，见图5-29左下角。在不排水条件下，根据土的不同先期加载历史，饱和土还会出现累积增加的超静孔隙水压力或超静负孔隙水压力。干土或含水率低的土在反复受剪作用下会出现塑性体应变，见图5-29右下角。这三种现象，原理上都可以归于同一类：当剪切应变超过某一临界值时，土结构或骨架将发生永久性（塑性）变形，即发生塑性体积应变，土将被迫适应这个变化。在相应的边界条件下，根据土的种类、初始状态、饱和度以及排水条件，可以分别表现为图5-29其中一种或多种形式。

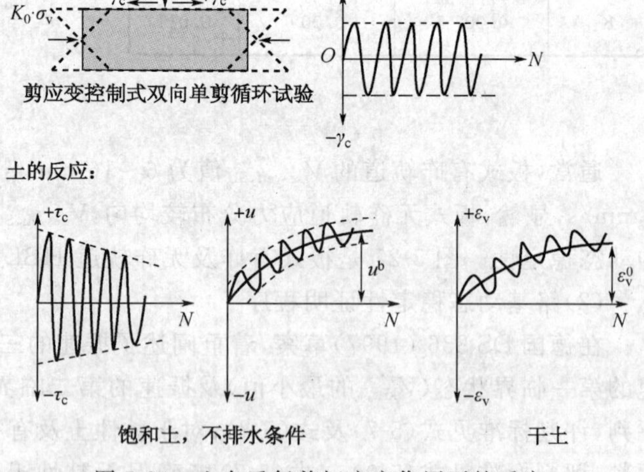

图5-29 土在反复剪切应变作用下的反应

可见，路基的动剪应变γ是分析其动力稳定性的关键参数。作为一个无量纲参数，它同时

反映了动力荷载的大小(振动速度)和土的动力刚度(剪切波速)的影响。根据剪切波传播理论,动剪应变幅可以表达为:

$$\gamma=\frac{V}{C_s} \tag{5-11}$$

式中:V 为土的振动速度,mm/s;C_s 为土的剪切波速,可由 $C_s=\sqrt{G_d/\rho}$ 确定,m/s。其中 G_d 为土的动剪模量,MN/m^2;ρ 为土的密度,g/cm^3。

Vucetic[29]在分析、总结大量不同类型的土在动力或循环荷载作用下室内试验结果的基础上,将土的反应用二个剪应变门槛来分类,它们分别称为体积剪应变门槛 γ_{tv} 和线性剪应变门槛 γ_{tl}。

这些分析表明,如果短时动力荷载作用引起的动剪应变超过体积剪应变门槛 γ_{tv},土骨架将发生不可恢复的体积变形(塑性变形)。这个门槛的大小和土的种类有关,粗颗粒土的体积剪应变门槛低于细颗粒土的相应值。一般趋势是随着土颗粒变细和塑性指数 I_P 的增加,体积剪应变门槛相应提高。这意味着,与细颗粒土相比,粗颗粒土在相对较低的剪应变水平将发生不可恢复的塑性变形。在统计大量室内试验结果的基础上,Vucetic 给出了体积剪应变门槛 γ_{tv} 和塑性指数 I_P 的相关关系,见图 5-30。同时,Vucetic 还给出了与 γ_{tv}-I_P 几乎平行的 γ_{tl}-I_P 相关性曲线。利用这条曲线可以区分土的线弹性和非线性反应区。如果动剪应变位于线性剪应变门槛 γ_{tl} 的左边,土的反应将呈现线弹性性状。

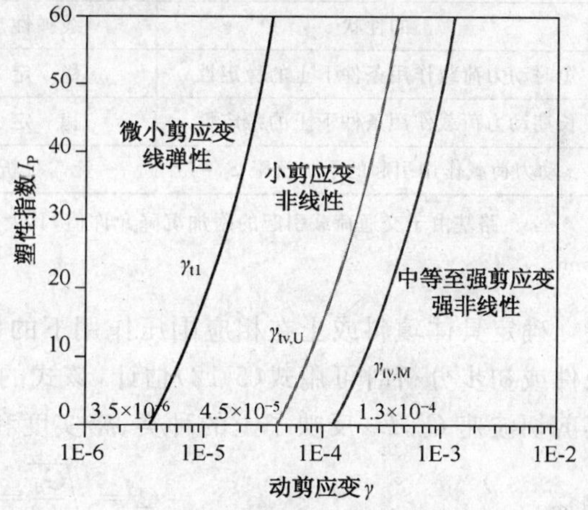

图 5-30 剪应力门槛和塑性指数的相关关系[29]

体积剪应变门槛 γ_{tv} 可以用来评判土在短时、高强度动剪应变作用下的反应,例如强烈地震或爆炸引起的振动。相比而言,在列车运营条件下路基的动剪应变属于小剪应变范围,即小于体积剪应变门槛 γ_{tv}。在高速铁路建设和运营中,我们关心的是路基在小幅剪应变长期重复作用下是否能够保持土骨架的稳定而不产生轨道系统无法承受的附加变形。

如前所述,高速铁路路基的动剪应变一般位于 γ_{tl} 和 γ_{tv} 之间。尽管每次动力加载循环时,土体基本上处于弹性区域,但已出现微量的结构变化。如果这种动力加载只是短期的,那么发生的塑性变形量可以忽略不计。但是,在长期反复的动力加载条件下,这种微量的塑性变形不断累积,出现的附加沉降可能大于系统允许的值。如果是黏性土,不排水条件下,这时还可能产生超静孔隙水压力。

为了限制这类附加沉降或者超静孔隙水压力的出现,以保证路基的长期动力稳定性和适用性,有必要引入一个特别的评判准则。首先,利用前述的线性剪应变门槛 γ_{tl} 和体积剪应变门槛 γ_{tv} 可以初步确定路基在动荷载作用下相应的反映类别。

如果运营时路基的动剪应变 γ 小于相应的线性剪应变门槛 γ_{tl},那么它的反映将是弹性的,即长期动力稳定性是有保证的。如果动剪应变 γ_{tl} 超过体积剪应变门槛 γ_{tv},路基将在短时动力加载条件下发生破坏或很大的塑性变形。

如果 γ 处于 γ_{tl} 和 γ_{tv} 之间,那么土体在长期动力荷载作用下将会发生随时间或循环次数逐渐增加的永久(塑性)变形。这时,路基是否满足长期稳定性要求取决于动剪应变 γ 的大小。如果运营时路基的动剪应变 γ 接近线性剪应变门槛 γ_{tl},塑性变形累计量将会很小,路基就能满足系统长期耐久性的要求。相反,如果运营时路基的动剪应变 γ 接近 γ_{tv},这个塑性变形累积量可能会较大,路基很可能满足不了系统长期耐久性的要求。这种情况就要对路基的长期动力稳定性作进一步的研究。

(2)动剪应变法评价路基动力稳定性方法及准则

路基长期动力稳定性分析评判准则见表 5-6。动力荷载控制参数剪应变 γ,可直接采用表 5-6 给出的振动速度有效合成值和式(5-11)确定。

表 5-6　路基动力稳定性的动剪应变评判准则

动剪应变大小 $\gamma=V_{res,eff}/C_s$	$\gamma\leqslant\gamma_{tl}$	$\gamma_{tl}<\gamma<\gamma_{tv}$	$\gamma\geqslant\gamma_{tv}$
土的性状	线弹性	小剪应变非线性	中等至强剪应变强非线性
短时动力荷载作用条件下土的稳定性	稳　定	稳　定	不稳定
长期动力荷载作用条件下土的稳定性	稳　定	稳定,如果 $S_N\leqslant S_v$ *	不稳定
动力荷载作用引起的附加沉降 S_N	无需分析	需要进一步分析	动力失稳破坏

* :s_v:路基由于交通荷载引起的附加沉降允许值,其大小取决于轨道系统,例如无砟轨道 300 km/h 等级条件下一般为 5 mm。

确定具体填料或土在相应围压作用下的剪切波速 C_s 可利用共振柱试验技术。缺乏试验条件或初步分析时可用式(5-12)估计,该式的优点在于路基刚度检测指标 E_{v2} 可直接用于估计其剪切波速 C_s,E_{v2} 反映了土的种类、密实度和填筑碾压方式的综合影响。

$$C_s=\sqrt{\frac{G_d}{\rho}}=\sqrt{\frac{\alpha\beta(1-\mu)E_{v2}}{2\rho}} \tag{5-12}$$

式中,μ 为土的泊松比;α 为土的动弹性模量 E_{sd} 与静态侧限压缩模量 E_s 之比,可参考德国岩土工程学会推荐的经验曲线估计,见文献[98],见图 5-31;β 表示非线性折减系数,见图5-32。当剪应变 γ 在 3.5×10^{-6} 和 5×10^{-5} 之间时约为 1.0～0.8。

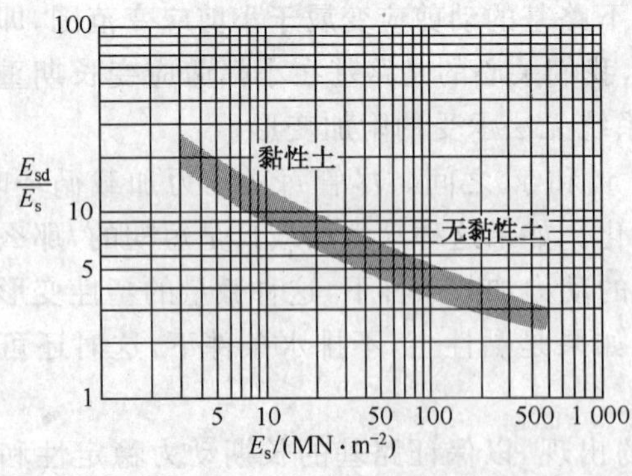

图 5-31　土的动弹性模量 E_{sd} 和静态侧限压缩模量 E_s 之比与压缩模量 E_s 的相关性[98]

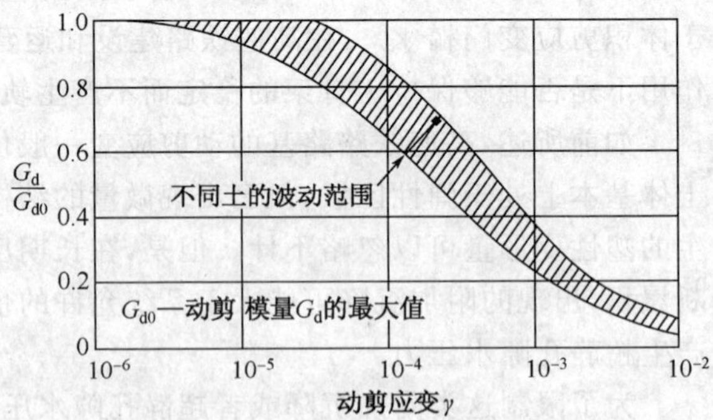

图 5-32　土的归一化动剪模量与动剪应变的关系[98]

进行路基长期动力稳定性评价,首先应分析运营时路基中出现的动剪应变 γ 是否小于体积剪应变门槛 γ_{tv},然后分析路基在长期动力荷载作用下的塑性变形是否超过允许值。如果土的动剪应变 γ 小于或等于其线性动剪应变门槛 γ_{tl},就不必再进行塑性变形分析。

在初步设计时，如果缺乏具体土的动力试验结果，可以利用图 5-30 的相关关系估计体积剪应力门槛 γ_{tv}，建议采用图中统计结果的下限值 γ_{tvU}，即核算以下关系：

$$\gamma < \gamma_{tvU} \tag{5-13}$$

技术和经济统一的解答可在满足以下两个条件的范围内寻找，即

$$\gamma_{tl} < \gamma < \gamma_{tvU} \tag{5-14}$$

$$S_N \leqslant S_v \tag{5-15}$$

其中 S_N——列车运营引起的附加沉降（塑性变形）；

S_v——允许的附加沉降，取决于轨道系统。

如果要寻求技术上可靠、经济上合理的分析，例如在路堑区出现中、高塑性黏土，确定基床底层是否要换填以及换填深度时，应针对具体的土样进行土动力学室内试验，例如共振柱试验，以确定其在相应边界条件下接近真实的剪切波速 C_s、线性和体积剪应变门槛 γ_{tl} 和 γ_{tv}，为动力稳定性分析提供可靠的参数。

长期动力稳定性分析的第二步即对式(5-15)的验证是很复杂的。特别是，在无砟轨道条件下，路基填筑的标准高，同时路基允许的附加沉降很小。这样的附加沉降量级按目前的技术水平是很难准确计算确定的。所以，一般情况建议通过共振柱技术对土样进行动剪应变作用下的疲劳试验，观察土结构在长期循环剪应变作用下反映的变化，例如动力刚度和塑性变形随加载时间的变化，以界定土的塑性变形量级，判定其长期动力稳定性。

根据德国经验，按德铁规范 Ril836 中 300 km/h 无砟轨道等级通用路基方案进行设计和施工时（见图 5-33），路基因运营交通荷载引起的附加沉降一般不超过 5 mm。这种情况下，$S_N \leqslant S_v$ 可以认为自动满足，一般不必作进一步的研究分析。且这时采用前述方法估算的动剪应变 γ 约为 VUCETIC(1994)曲线体积动剪应变门槛统计平均值 γ_{tvM} 的 2/5。

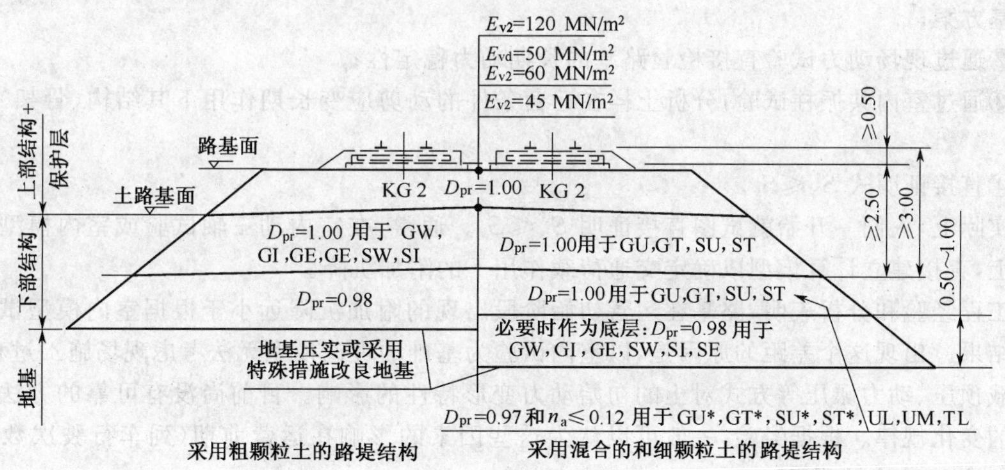

图 5-33 德铁规范 Ril 836 无砟轨道 300 km/h 等级通用路基方案[97]

德国埃尔富特—莱比锡新线路基动力稳定性试验结果[99]表明，该现场长期动力稳定性的控制剪应变幅值约为文献[29]中体积剪应变门槛统计平均值 γ_{tvM} 的 3/5。

可见，在没有具体的室内动力试验结果以及完整的现场路基刚度参数作为分析基础的情况下，采用前述剪应变理论和方法分析路基长期动力稳定性结果是可行的。

表 5-6 中路基长期动力稳定性评判准则中最难确定的一个参数是附加沉降 S_N，为此胡一峰博士采用共振柱技术，对纽伦堡—因戈尔斯达特南标段路堑区基床底层范围的第三纪沉积

土(属中、高塑性黏土)进行了短时及疲劳剪应变控制式共振柱试验。对试验的中、高塑性黏土,试验得出的体积剪应变门槛与文献[29]中的统计下限值 γ_{tvU} 基本一致。不同剪应变幅下的疲劳试验表明,它们的长期动力稳定性控制剪应变为 $\gamma_{dc}\leqslant 1/5\gamma_{tvU}$。通过分析所研究的中、高塑性黏土的试验结果,有液性指数 I_L 表征的黏土状态,对其长期动力稳定性起控制作用。这是因为,黏土的状态对其动力刚度(剪切波波速 C_s)影响很大,进而对运营条件下的动剪应变大小起控制作用。根据这个试验结果,对所研究的第三纪沉积中、高塑性黏土现场同时用以下三个控制条件(或现场不换填的条件)来保证基床底层的长期动力稳定性:

$$I_L\leqslant 0.0;\quad \rho\geqslant 1.95\ \text{g/cm}^3;\quad E_{v2}\geqslant 60\ \text{MPa}$$

从目前情况看,以 Ril836 为原则设计的纽伦堡—因戈尔斯达特 300 km/h 等级无砟轨道,运营状态下其路基的振动和附加沉降很小(小于 1 mm)。根据本章的长期动力稳定性理论和试验方法,确定的基床底层范围局部保留中、高塑性黏土的现场控制条件是合适的。高标准优质路基一方面保证了线路的平顺和稳定,同时使路基中运营交通荷载引起的振动明显减小,这又为减小附加沉降保证路基的长期动力稳定性提供了十分有利的条件。

综上所述,为了避开复杂的交通荷载下附加沉降的计算,胡一峰等人建议采用共振柱试验技术对相应的土样进行短时和疲劳动力试验。通过观察土样的动刚度以及塑性变形量级随动力循环次数的变化来间接地判断其长期动力稳定性。

(3)高速铁路路基在长期动力荷载作用下的附加沉降

如果运营状态下土的动剪应变处于线性和体积剪应变门槛之间时(大部分情况),为了证明路基的长期动力稳定性,需要确定交通荷载作用下的附加沉降是否小于相应轨道系统给定的允许值:即 $S_N\leqslant S_v$。工程实际中解决这个问题主要有以下四种方式:

①对经过工程实践检验的路基设计方案,自动认为满足 $S_N\leqslant S_v$,例如德铁 Ril836 中的通用路基方案;

②通过现场动力试验直接检验路基的长期动力稳定性;

③通过室内共振柱试验,分析土样在运营条件的动剪应变长期作用下其结构(骨架)的稳定性;

④直接证明式 $S_N\leqslant S_v$。

实际上,人们一开始就试图直接证明 $S_N\leqslant S_v$。通常,在室内动三轴试验或室内模型试验基础上,直接建立计算模型以确定交通荷载作用下的附加沉降。

工程经验和分析表明,路基在运营初始阶段出现的附加沉降远小于根据室内模型试验预测的结果。出现这个差距的原因是,以室内试验为基础的理论模型无法考虑现场施工过程,例如超载预压、动力碾压等方式对土的初始动力变形特性的影响。目前尚没有可靠的方法确定它们的变化规律。根据经验,一般可以认为这些因素的影响在运营前期(列车行驶次数 $N<$ 1 000～2 000)比较明显。

因此,以 $S_N\leqslant S_v$ 为基础的计算附加沉降的方法很难合理地描述现场填料真实的变形机理,其参数的确定方法没有可靠的依据,所以无法合适地确定长期动力荷载作用下引起的附加沉降 S_N,它对工程设计没有太大的实际意义。事实上,Ril836(2000)并没有推荐这个方法。

工程实例的反分析表明,以机器基础模型试验结果为出发点提出的附加沉降常规计算公式 $S_N\leqslant S_v$,不能很好地描述现场实测的附加沉降。首先,循环系数 C_N 不是一个常数,它随着循环次数 N 的增加而提高。其次,列车第一次驶过后($N=1$)路基残留的沉降(塑性变形)S_1 无法用常规的土力学参数可靠地确定,即使有室内动三轴试验结果也很难准确地确定。这是因为室内试验无法考虑现场施工过程，例如动力碾压等方式对土的初始动力变形特性的影响。经验表明，这些因素的影响在运营前期(N<1 000～2 000)比较明显，所以，在运营初始阶段出现的附加沉降一般远小于根据常规计算公式或室内动三轴试验预测的结果。

基于室内动力试验参数，采用非线性动力有限元方法计算附加沉降，这从机理上优于前述的常规计算方法。但是，一方面，目前在工程中大量采用动三轴试验技术确定参数尚有困难，而且对粗颗粒填料，试样尺寸的要求和制样存在一定困难。另一方面，与常规计算方法一样，这种方法同样无法考虑现场施工方式，例如振动碾压对路基初始动力变形特性的影响。所以，这类计算模型的预测准确性仍然是有条件的。经验表明，运营初期出现的附加沉降一般小于计算值。而经过一定的循环动力加载后，例如 N>3 000，拟静力非线性有限元法计算的附加沉降与路基实测值相近。

总之，直接证明 $S_N \leqslant S_v$ 从目前看实际意义并不是很大，特别是对高标准的无砟轨道路基，其允许附加沉降量本来就很小。相比之下，以上述的前三种方法证明其长期动力稳定性对工程实际更有效。

为了预测线路建成后运营分阶段行车引起的附加沉降量，各国都十分重视沉降规律的研究，做了大量室内和现场试验，并对运营线路进行了大量调查，在此基础上提出了各种经验公式。最具代表性的是日本的佐藤吉彦和平野雅之提出的估算附加沉降(包括道床和路基两部分)的方法，但各种估算方法都不很准确，且也很难区分道床和路基各多少。由于高速铁路路基不允许有显著的附加沉降量，且附加沉降量主要发生在承受列车动荷载的基床部分，特别是基床表层，它是轨道的直接基础，是路基的最重要部分。在动荷载作用下高速铁路基床的附加沉降量，我国目前还缺乏实测数据，不过在基床设计中已经考虑了按临界动应力进行限制，因此附加沉降量在经过一段时间行车后(例如一年)能够逐渐趋于稳定。据日本实测资料，当强化基床表层的 $K_{30} \geqslant 150$ MPa/m 时，道床嵌入基床的下陷量甚微；当基床底层 $K_{30} \approx 68.6$～108 MPa/m，荷载作用次数约为 150 万次(相当于日本主要干线一年的作用次数)时的附加沉降约为 1～2 mm 左右，同一般土基床相比约小 10 倍(试验结果)。我国缺乏这方面的实测数据，需要进行现场激振试验，建立我国高铁路基累积沉降模式，确定高速铁路线路的维修周期，并通过弹性变形评价线路运营质量等。

5.2 武广线红黏土地基动力特性室内试验

为全面了解红黏土地基动力特性并对其进行长期动力稳定性评价，课题组于 2006 年、2007 年、2008 年及 2009 年先后四次进行了室内动三轴试验、自振柱试验、短时及疲劳动三轴试验，获得了丰富的红黏土动力试验数据，下面按试验先后顺序进行叙述。

5.2.1 动三轴试验

5.2.1.1 咸宁(DK1274)红黏土动三轴试验

(1)试验仪器、试验标准

本试验采用北京市新技术应用研究所生产的 DDS-70 型微机控制电磁式振动三轴试验系统。试样尺寸直径为 39.1 mm，高为 80 mm 的圆柱体试件，试验振动频率为 10 Hz。

本次试验采用的标准为中华人民共和国水利部发布的《土工试验规程》(SL 237—1999)。固结稳定标准：等向固结时，关闭排水阀后，5 min 孔隙水压力不上升；不等向固结时，5 min 内轴向变形不大于 0.005 mm。破坏标准：均等固结压力（$K_c=1.0$）时采用全幅值应变 5%，非均等固结压力（$K_c>1.0$）时采用综合应变 5%。

（2）动强度试验成果分析与评价

①τ_d-N_f 曲线

咸宁工点红黏土 τ_d-N_f 曲线如图 5-34 所示。该曲线反映在不同固结比、不同围压下红黏土动剪应力随振次的增加而减小的规律。固结比一定时，围压越大，动强度越大，且动强度随振次的衰减速率基本一致。

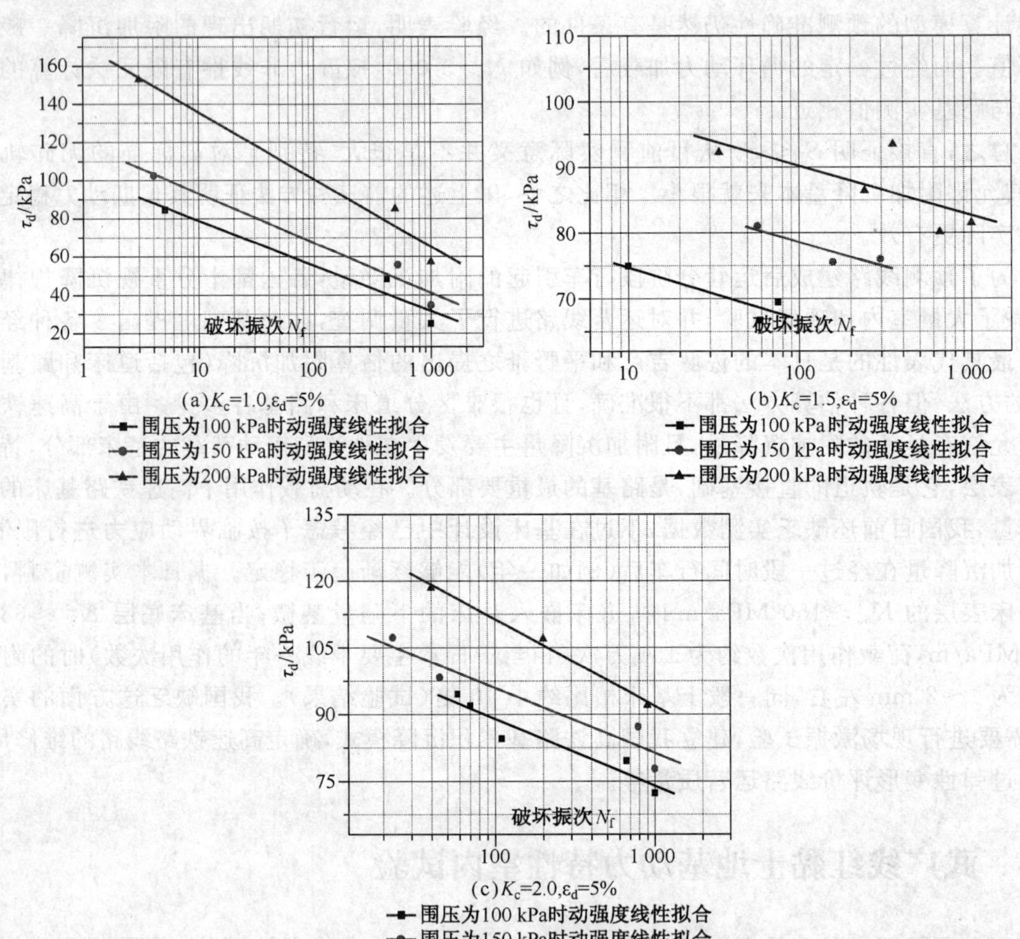

图 5-34　咸宁工点红黏土不同固结比下的 τ_d-N_f 曲线

从图 5-34 曲线上查得破坏振次为 10 周、100 周、500 周对应的动强度 τ_d（见表 5-7）。由表 5-7可知，动强度的大小受围压、固结比及振次的影响。其他因素一定时，动强度随围压的增大而增大，随振次的增大而减小，随固结比的增大而增大。

②动强度指标 C_d、φ_d

动强度是指土在一定的应力循环次数作用下产生某一指定应变所需的动应力。Mohr-Coulomb 强度理论仍适用于动荷载情况。动强度按式 $\tau_d=\sigma\tan\varphi_d+C_d$ 计算，以总剪应力 $\tau_{sd}=\dfrac{\sigma_{1c}-\sigma_{3c}+\sigma_d}{2}$ 为纵坐标，以主应力 σ 为横坐标，以 $\left(\dfrac{\sigma_{1c}+\sigma_{3c}+\sigma_d}{2},0\right)$ 为圆心，以 $\dfrac{\sigma_{1c}-\sigma_{3c}+\sigma_d}{2}$ 为半径

绘制总应力剪切强度包线(见图 5-35),求得不同破坏振次下动内摩擦角 φ_d 和动凝聚力 C_d(见表 5-8)。由表 5-8 及图 5-36 可知:C_d、φ_d 的大小受固结比 K_c 及振次 N 的影响。随 K_c 的增大,C_d、φ_d 明显增大;K_c 一定时,C_d、φ_d 值随振次 N 的增大而减小,但其衰减速率随 K_c 的增大而逐渐减小,当固结比达到某一个值时,C_d、φ_d 值随振次的衰减逐渐减小,最后趋于稳定。

表 5-7 不同围压、不同固结比、不同振次下的动应力统计表

固结比	围压	10 周		100 周		500 周	
	σ_3	τ_d	σ_d	τ_d	σ_d	τ_d	σ_d
K_c	kPa	kPa	kPa	kPa	kPa	kPa	kPa
1.0	100	90.0	80.0	60.8	121.6	46.5	93.0
	150	105.5	211.0	73.0	146.0	55.0	110.0
	200	125.0	250.0	85.5	171.0	65.5	131.0
1.5	100	74.8	149.6	66.8	133.6	62.0	124.0
	150	86.5	173.0	78.8	157.6	73.6	147.2
	200	98.5	197.0	90.2	180.4	85.0	170.0
2.0	100	95.7	191.4	92.2	184.4	89.7	179.4
	150	100.6	201.2	96.4	192.8	93.5	187.0
	200	105.8	211.6	100.4	200.8	96.9	193.8

表 5-8 动抗剪强度指标统计表(咸宁工点)

固结比	10 周		100 周		500 周	
	C_d	φ_d	C_d	φ_d	C_d	φ_d
K_c	kPa	度	kPa	度	kPa	度
1.0	37	15.1	30	11.4	23	9.2
1.5	42	19.1	38	18.9	30	18.5
2.0	58	22.1	50	21.6	43	21.4

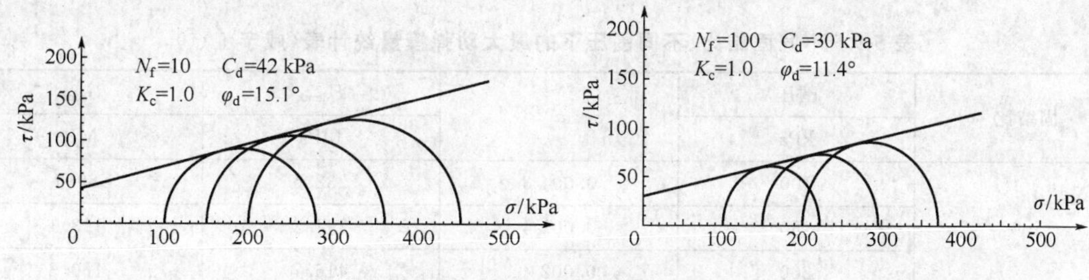

图 5-35 动抗剪切强度包线

(3)动弹模量试验成果分析与评价

①试验条件和方法

试样分别在围压 σ_3=100、150、200 kPa 的条件下进行固结。固结后在不排水条件下逐级加大动应力进行振动试验,记录其每级动荷载作用下的动应力和动应变,每组动荷载为 5~6 级。每组试验采取在一个试样上进行分级施加动荷载的方法。为了消除前一级动荷载产生的孔压对后一级的影响，在每级动荷载后快速开关排水阀门一次，以消除孔压增量。每级动荷载振动 10 次。

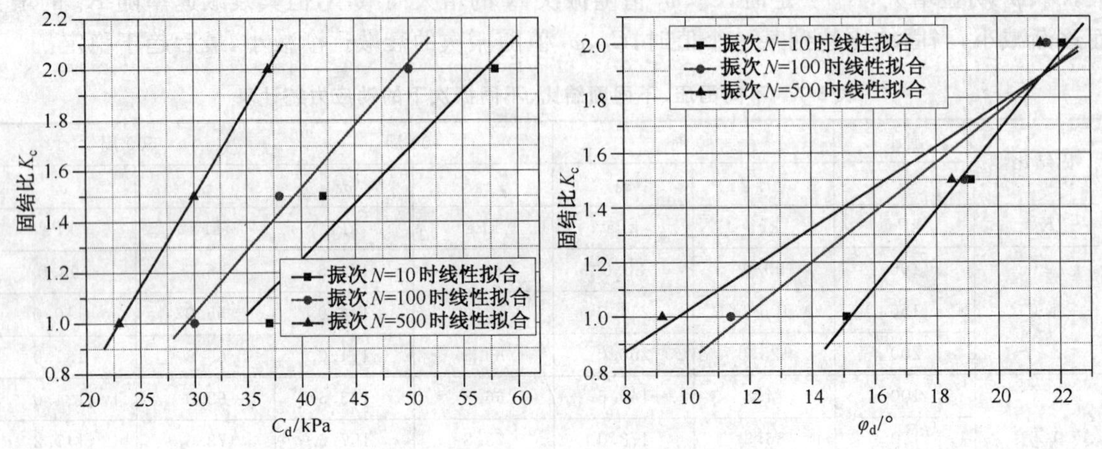

图 5-36　不同振次 N 时 K_c 对 C_d 及 φ_d 的影响(咸宁工点)

②数据处理及图表

a. 最大动弹模量 E_{dmax} 的确定

由于土的应力—应变关系具有明显的非线形特征，在周期荷载作用下应变幅值与应力的关系可近似作为双曲线，即：

$$\sigma_d=\frac{\varepsilon_d}{a+b\cdot\varepsilon_d}\quad 或\quad E_d=\frac{\sigma_d}{\varepsilon_d}=\frac{1}{a+b\cdot\varepsilon_d}$$

式中 E_d 为动弹模量；ε_d 为轴向应变幅值；σ_d 为相应 ε_d 时的动应力。

$$E_{dmax}=\lim_{\varepsilon_d\to 0}\frac{1}{a+b\cdot\varepsilon_d}=\frac{1}{a}$$

绘制 $1/E_d$-ε_d 关系曲线，取其在纵坐标上的截距 a，其倒数为最大动弹模量 E_{dmax}(见表 5-9)。由表 5-9 可知，最大动弹模量受固结比和围压的影响。其他条件一定时，最大动弹模量随固结比的增大而增大，随围压的增大而增大。

表 5-9　不同固结比、不同围压下的最大动弹模量统计表(咸宁工点)

固结比	围压 kPa	a	E_{dmax} MPa	G_{dmax} MPa
1.0	100	0.004 3	232.6	89.4
	150	0.003 4	294.2	113.1
	200	0.002 4	416.7	160.3
1.5	100	0.005 2	192.3	74.0
	150	0.004 4	227.3	87.4
	200	0.002 3	434.3	167.0
2.0	100	0.001 4	714.3	274.7
	150	0.001 2	833.3	320.5
	200	0.001 1	909.1	349.5

最大动弹模量 E_{dmax} 也可近似按式 $E_{dmax}=k\cdot P_a(\sigma_{3c}/P_a)^n$ 计算。式中：P_a 为大气压强，可近似取为 100 kPa。K,n 为与土质有关的试验常数，本次试验所用红黏土可按表 5-10 取值。

表 5-10 K,n 取值

固结比 K_c	试验常数		
	k_E	k_G	n
1.0	2 326	893	0.798
1.5	1 923	740	1.105
2.0	7 143	2 747	0.351

b. E_d-ε_d 关系曲线

图 5-37 为咸宁红黏土的 E_d-ε_d 关系曲线，具有明显的非线性特征。E_d 大小主要受固结比 K_c、围压及动应变 ε_d 的影响：K_c 一定时，围压越大，动模量 E_d 越大；相同围压下，K_c 越大，E_d 越大；E_d 随 ε_d 的增大而非线性减小。当 $\varepsilon_d>5\times10^{-3}$ 时，K_c、围压及 ε_d 对 E_d 大小的影响非常微小，E_d 逐渐趋于稳定。

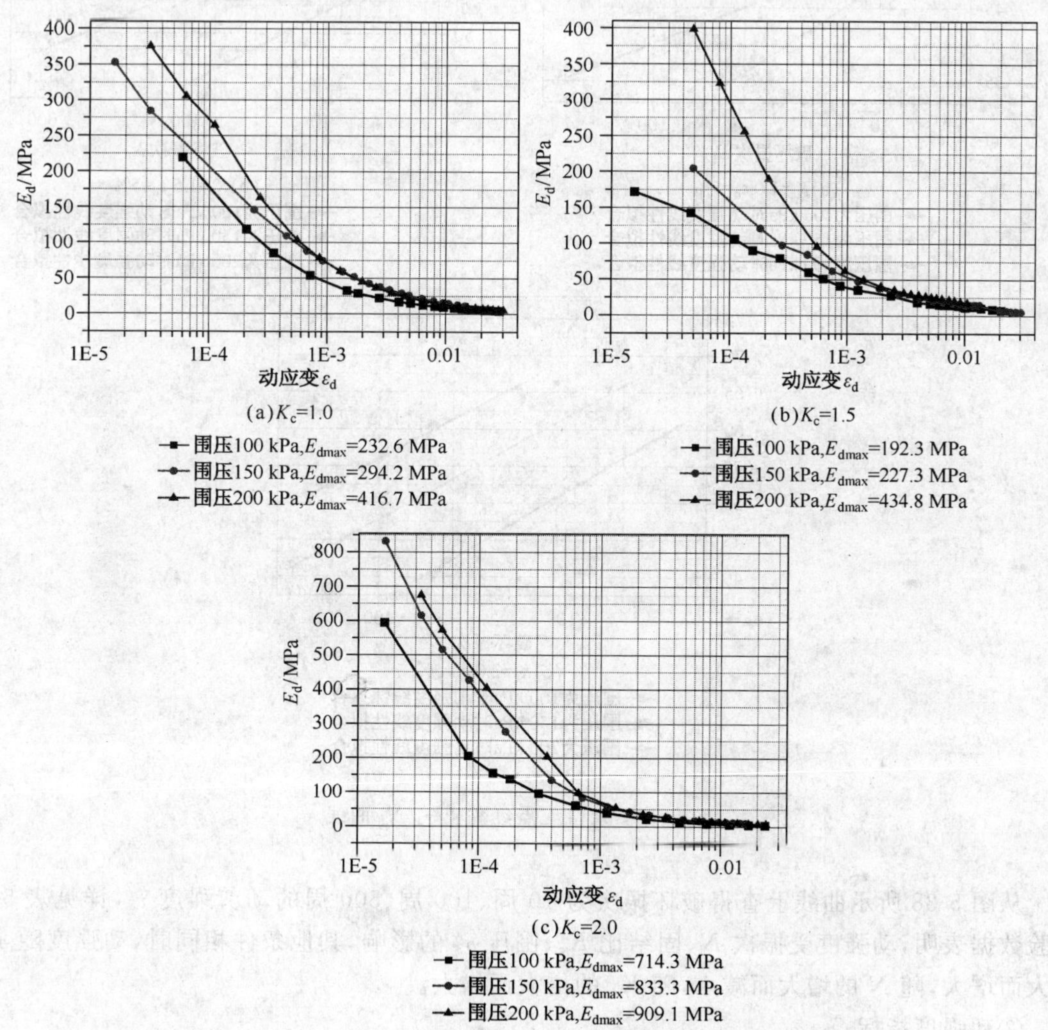

图 5-37 咸宁工点红黏土 E_d-ε_d 关系曲线

5.2.1.2 **泉口工点(DK1293)红黏土动三轴试验**

本次试验所采用的试验仪器及试验标准、试验原理及理论计算公式与 5.2.1.1 节中相关内容相同,在此不再重复,只给出有关的试验数据、成果图表,并对试验成果作出初步分析与评价。

(1)动强度试验成果分析与评价

①τ_d-N_f 曲线

泉口工点红黏土 τ_d-N_f 曲线如图 5-38 所示。该曲线反映在不同固结比、不同围压下红黏土动剪应力随振次的增加而减小的规律。固结比一定时,围压越大,动强度越大,且动强度随振次的衰减速率基本一致。

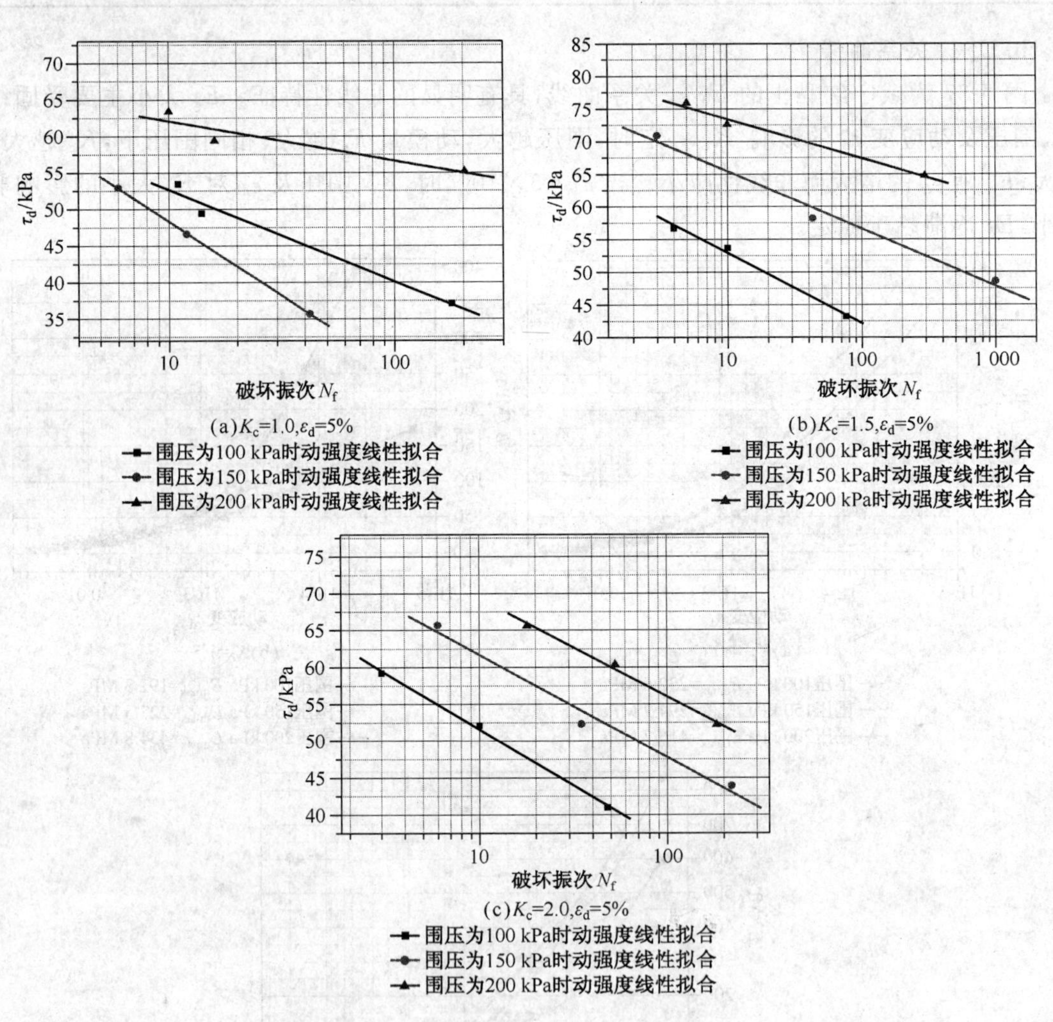

图 5-38 泉口工点红黏土 τ_d-N_f 曲线

从图 5-38 所示曲线上查得破坏振次为 10 周、100 周、500 周的动剪强度 τ_d,详见表 5-11。试验数据表明,动强度受振次 N、固结比 K_c、围压 σ_3 的影响,其他条件相同时,动强度随 σ_3 的增大而增大,随 N 的增大而减小,随 K_c 的增大而增大。

②动强度指标 C_d、φ_d

泉口工点红黏土动剪切强度包线见图 5-39 所示,动强度指标 C_d、φ_d 见表 5-12。由图 5-40

可知，C_d、φ_d 受固结比 K_c 及振次 N 的影响。振次一定时，C_d、φ_d 随 K_c 的增大而增大；固结比一定时，C_d、φ_d 随 N 的增大而减小，且 C_d 随 N 的增大而明显减小，φ_d 随 N 的增大却只有微小的减小，几乎没有变化。

表 5-11　不同固结比、不同围压、不同振次下的动应力

固结比	围压	10 周		100 周		500 周	
	σ_3	τ_d	σ_d	τ_d	σ_d	τ_d	σ_d
K_c	kPa	kPa	kPa	kPa	kPa	kPa	kPa
1.0	100	51.8	103.6	39.2	79.2	33.0	66.0
	150	59.4	118.8	49.0	98.0	42.5	85.0
	200	67.9	135.8	58.0	116.0	51.8	103.6
1.5	100	52.6	105.2	44.0	88.0	39.0	78.0
	150	65.2	130.4	56.0	112.0	50.8	101.6
	200	75.8	151.6	68.0	156.0	63.4	126.8
2.0	100	48.2	96.4	32.8	65.6	24.9	49.8
	150	91.7	123.4	47.6	95.2	39.6	79.2
	200	72.8	145.6	60.3	120.6	53.0	106.0

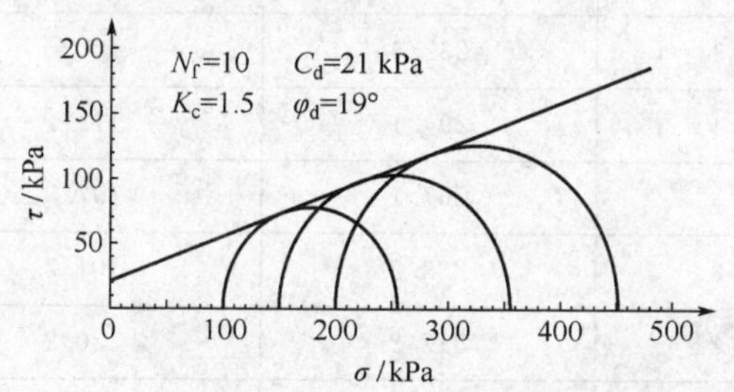

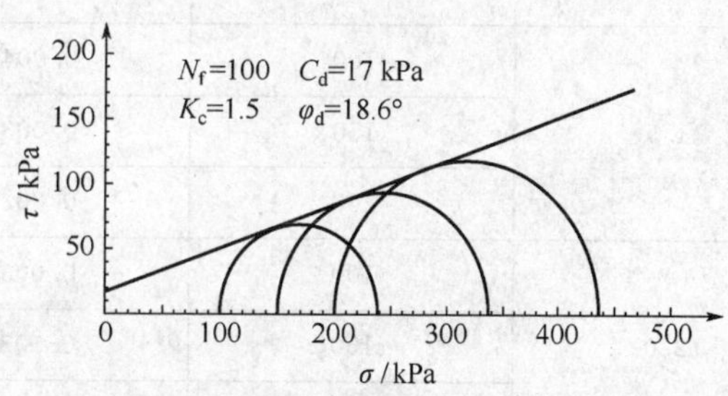

图 5-39　泉口工点红黏土动剪强度包线

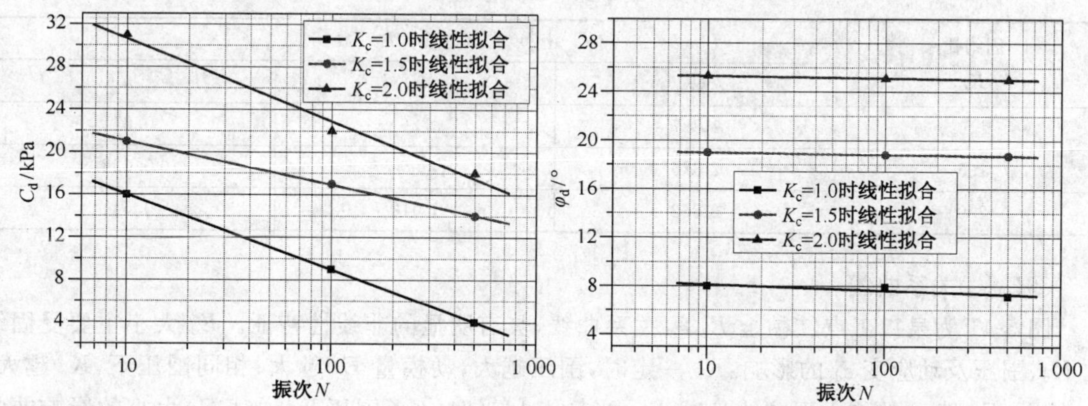

图 5-40　不同固结比 K_c 时振次 N 对 C_d 及 φ_d 的影响（泉口工点）

表 5-12 动强度参数

固结比	10 周		100 周		500 周	
	C_d	φ_d	C_d	φ_d	C_d	φ_d
K_c	kPa	度	kPa	度	kPa	度
1.0	16	8.0	9	7.9	4	7.7
1.5	21	19.0	17	18.8	14	18.7
2.0	31	25.3	22	25.1	18	25.0

(2)动模量试验成果分析与评价

①最大动弹模量 E_{dmax} 的确定

按 5.2.1.1 节所述动应力与动应变双曲线关系推导确定 E_{dmax}，试验成果详见表 5-13。分析表 5-13 可得出与咸宁工点相似的结论：E_{dmax} 主要受 K_c、σ_3 的影响。其他条件一定时，E_{dmax} 随 K_c 及 σ_3 的增大而增大。试验常数 k，n 可参考表 5-14 取值。

表 5-13 不同固结比、不同围压下的最大动模量统计表

固结比	围压	a	E_{dmax}	G_{dmax}
	kPa		MPa	MPa
1.0	100	0.005 3	188.7	72.6
	150	0.003 9	256.4	98.6
	200	0.002 9	344.8	132.6
1.5	100	0.004 3	232.6	89.5
	150	0.003 4	294.1	113.1
	200	0.002 8	267.1	197.3
2.0	100	0.003 8	263.2	101.2
	150	0.003 2	312.2	120.2
	200	0.002 7	370.4	142.5

表 5-14 K，n 取值

固结比	试验常数		
K_c	k_E	k_G	n
1.0	1 887	726	0.811
1.5	2 326	895	0.638
2.0	2 632	1 012	0.541

②E_d-ε_d 关系曲线

图 5-41 为泉口工点红黏土 E_d-ε_d 关系曲线，具有明显的非线性特征。E_d 大小主要受固结比 K_c、围压及动应变 ε_d 的影响：K_c 一定时，围压越大，动模量 E_d 越大；相同围压下，K_c 越大，E_d 越大；E_d 随 ε_d 的增大而非线性减小。当 $\varepsilon_d>10^{-2}$ 时，K_c、围压及 ε_d 对 E_d 大小的影响非常微小，E_d 逐渐趋于稳定。

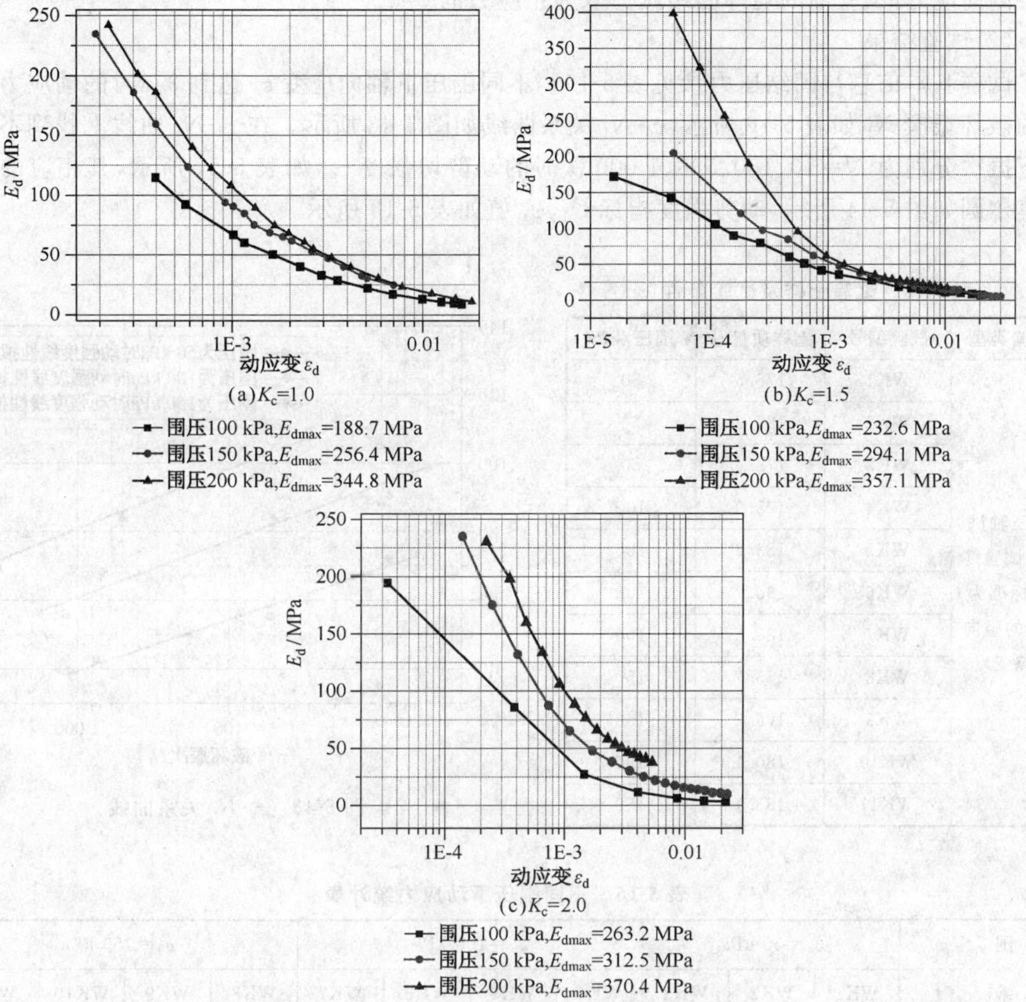

(a) K_c=1.0

■ 围压100 kPa, E_{dmax}=188.7 MPa
● 围压150 kPa, E_{dmax}=256.4 MPa
▲ 围压200 kPa, E_{dmax}=344.8 MPa

(b) K_c=1.5

■ 围压100 kPa, E_{dmax}=232.6 MPa
● 围压150 kPa, E_{dmax}=294.1 MPa
▲ 围压200 kPa, E_{dmax}=357.1 MPa

(c) K_c=2.0

■ 围压100 kPa, E_{dmax}=263.2 MPa
● 围压150 kPa, E_{dmax}=312.5 MPa
▲ 围压200 kPa, E_{dmax}=370.4 MPa

图 5-41 泉口工点红黏土 E_d-ε_d 关系曲线

5.2.1.3 泉口工点(DK1294)红黏土动三轴试验

(1)试验仪器与试验方法

本次试验采用南京工业大学土木学院自行研制的 DSZ-1 型动三轴试验系统(如图 5-42 所示),该系统由主机、气压管路、振动控制和测试四部分组成,DSZ-1 动三轴仪由计算机控制,试验过程中的动应力、动变形和孔压由主机采集并进行处理,控制和测试成为有机联系的系统。动抗剪强度试验原理与 5.2.1 节相同,试验中固结比 K_c = 1.0,围压分别是 50 kPa、100 kPa 和 150 kPa。通常实际地层正应力

图 5-42 GZZ-1 型自振柱及 DSZ-1 型动三轴试验系统

大于侧向应力，试验用的均等固结压力取为正应力的 2/3。

(2)试验结果

试样基本信息与固结压力参见表 5-15。不同围压下轴向应变 ε_d 达到 3%时的动应力及相应的破坏振次 N_f 如表 5-16 所示，τ_d-N_f 关系曲线如图 5-43 所示。在 τ_d-N_f 曲线上找到不同围压下振次分别为 N=10、100、500、1 000 次时的动剪切强度 τ_d，如表 5-17 所示，其相应的动应力莫尔圆如图 5-44 所示，动剪强度指标 C_d、φ_d 值如表 5-18 所示。

表 5-15　试验土样及试验条件

试验类型	试验编号	土样质量/g	围压/kPa
动三轴试验(试验终止标准为3%的竖向应变)	WK1	176.5	50
	WK2	187.2	50
	WK3	178.4	50
	WK4	178.9	100
	WK5	183.3	100
	WK6	190.7	100
	WK7	188.5	100
	WK8	175.7	150
	WK9	175.2	150
	WK10	180.1	150
	WK11	183.1	150

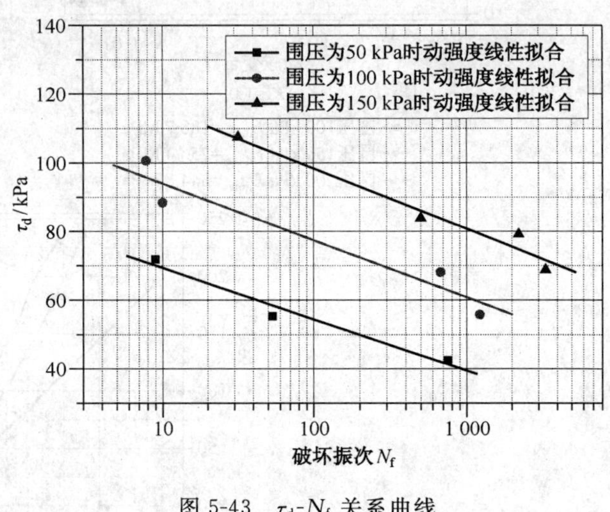

图 5-43　τ_d-N_f 关系曲线

表 5-16　不同围压下动应力统计表

围　压	σ_3=50 kPa			σ_3=100 kPa				σ_3=150 kPa			
编　号	WK1	WK2	WK3	WK4	WK5	WK6	WK7	WK8	WK9	WK10	WK11
循环次数 N_f	53.5	9	753.2	10	1 218	7.8	675.3	31.8	2 217.8	501.8	3 347
动应力 σ_d/kPa	110.7	143.8	85	176.8	111.5	201.1	136.2	215	158.4	167.8	137.6
动剪应力 τ_d/kPa	55.35	71.9	42.5	88.4	55.75	100.55	68.1	107.5	79.2	83.9	68.8

表 5-17　不同循环振次和围压下的动剪切强度 τ_d

围压/kPa \ 振次 N	10	100	500	1 000
50	69.36	54.38	43.92	39.41
100	93.97	77.40	65.81	60.82
150	115.82	98.31	86.07	80.79

表 5-18　土的动剪强度指标取值

N_f	C_d/kPa	φ_d/°
10	33.5	18.5
100	23.0	18.0
500	17.3	17.3
1 000	13.7	17.1

分析本动三轴试验成果可知，泉口工点红黏土动剪强度 τ_d 受振次 N、围压 σ_3 及固结比 K 的影响。其他条件相同时，τ_d 随 σ_3 及 K_c 的增大而增大、随振次的增大而减小。动黏聚力 C_d 随振次 N 的增大而明显减小；内摩擦角 φ_d 随 N 的增大仅有微小减小。

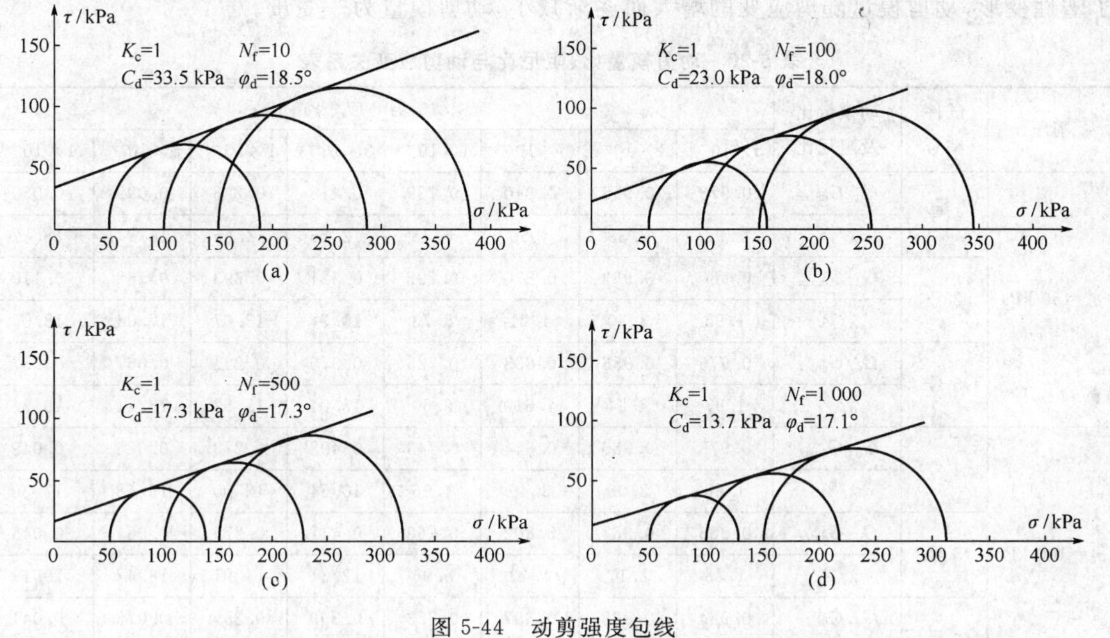

图 5-44 动剪强度包线

5.2.2 泉口工点(DK1294)红黏土自振柱试验

5.2.2.1 试验仪器与试验方法

土的动剪切模量和阻尼比试验采用 DZZ-1 型共振柱仪，自由扭转激振，计算机控制试验过程及采集试验数据，故该设备具有良好的试验测试精度。按试验预定条件制备试样；安装试样；给试样施加等向固结压力并使其固结；逐级增加振动应力，测取试样扭转方向的自振频率和相应的剪应变、阻尼振动线，计算动剪切模量和阻尼比。

本次试验所用红黏土取自泉口工点(DK1294)，共作 6 组自振柱试验，固结比 K_c=1.0，其中三组围压为 50 kPa，另外三组围压为 100 kPa，土样尺寸：直径 D=3.91 cm，高 H=8.00 cm，其余土样参数见表 5-19。

表 5-19 试验土样的基本信息及固结压力 σ_c

试验类型	试验编号	土样质量/g	σ_c/kPa
自振柱试验	1	184.6	50
	4	188.1	100
	2	180.9	50
	5	188.2	100
	3	184.0	50
	6	181.0	100

5.2.2.2 自振柱试验成果及分析

各组试件在不同剪应变下的动剪模量 G_d/G_{dmax} 比及阻尼比 λ 见表 5-20。其 G_d/G_{dmax}-γ_d 关系曲线、λ-γ_d 关系曲线如图 5-45 所示。

由表 5-20、图 5-45 可知，其他条件一定时，动剪模量 G_d 随围压增大而增大、随动剪应变幅值的增大而非线性减小。红黏土的动 τ_d-γ_d 关系曲线可由 G_d/G_{dmax}-γ_d 曲线反映。由图5-45可看出，红黏土的 G_d/G_{dmax}-γ_d 曲线呈非线性，表现一般黏性土的塑性特征。该曲线可用两个参数的双曲线模型或三参数的 Davidenkov 模型进行拟合，实践表明 Davidenkov 模型适用性更好。当 $\gamma \leqslant 10^{-5}$ 时，该曲线基本上呈线性变化，此时红黏土在动荷载作用下基本上处于线弹性变形阶段，动剪模量近似为一常数；当 $\gamma > 10^{-5}$ 时，出现了明显的弯曲和方向的偏转，此时产生了塑性变形，动剪模量随剪应变的增大而逐渐减小，动剪模量为一变量。

表 5-20 动剪模量比、阻尼比与动剪应变关系表

围压	试件编号	动模量比及阻尼比	动剪应变 γ_d							
			5×10^{-6}	1×10^{-5}	5×10^{-5}	1×10^{-4}	5×10^{-4}	1×10^{-3}	5×10^{-3}	1×10^{-2}
$\sigma_3=50$ kPa	1号	G_d/G_{dmax}	0.978	0.958	0.840	0.739	0.418	0.288	0.099	0.059
		λ/%	1.97	2.33	4.50	6.35	12.26	14.65	18.14	18.87
	2号	G_d/G_{dmax}	0.980	0.963	0.870	0.792	0.521	0.393	0.168	0.110
		λ/%	1.95	2.30	4.21	5.73	10.77	13.07	17.04	18.06
	3号	G_d/G_{dmax}	0.976	0.956	0.833	0.725	0.375	0.241	0.067	0.037
		λ/%	1.97	2.34	4.610	6.60	13.04	15.52	18.71	19.28
$\sigma_c=100$ kPa	4号	G_d/G_{dmax}	0.979	0.960	0.844	0.743	0.408	0.273	0.085	0.049
		λ/%	1.88	2.06	3.49	4.96	10.54	13.00	16.58	17.30
	5号	G_d/G_{dmax}	0.983	0.967	0.862	0.763	0.417	0.275	0.081	0.045
		λ/%	1.88	2.17	4.13	5.96	12.31	14.91	18.47	19.13
	6号	G_d/G_{dmax}	0.984	0.968	0.857	0.753	0.399	0.259	0.075	0.041
		λ/%	1.68	1.84	3.22	4.75	10.83	13.46	17.10	17.77

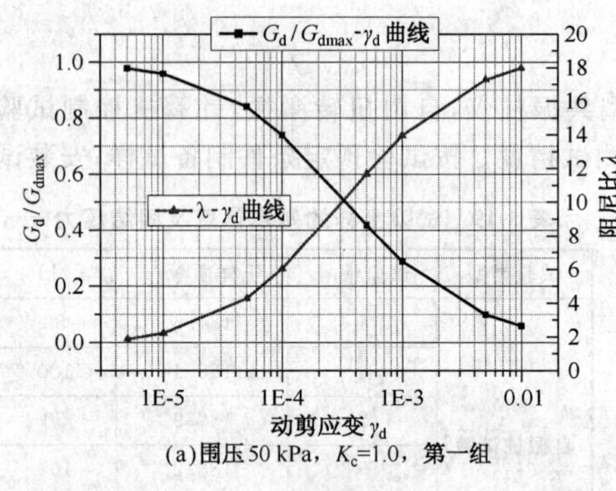

(a)围压 50 kPa，K_c=1.0，第一组

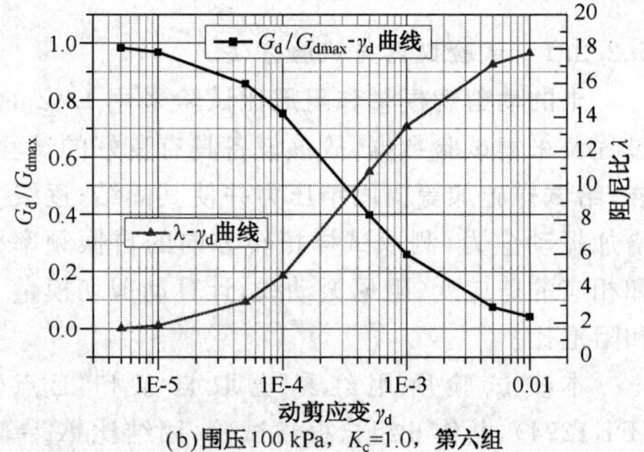

(b)围压 100 kPa，K_c=1.0，第六组

图 5-45 G_d/G_{dmax}-γ_d 及 λ-γ_d 关系曲线

阻尼比 λ 是反映动荷载作用下因土的内阻损失能量的性质，是土动力特性的一个重要指标。由表 5-20、图 5-45 可知，λ 随剪应变 γ_d 的增大而增大，围压随 γ_d 的增大而越小。当 $\gamma<10^{-5}$ 时，λ-γ_d 关系曲线基本呈线性，说明此时红黏土主要产生了弹性变形；当 $\gamma>10^{-5}$ 时，该曲线逐渐呈现非线性，此时已产生塑性变形。由图 5-45 可知，λ-γ_d 关系曲线呈非线性，该曲线可用对数函数关系进行拟合。

5.2.3 泉口工点(DK1294)红黏土短时及疲劳动三轴试验

5.2.3.1 试验方案

(1)试验目的及要求

①通过一组短时动三轴试验和一组动三轴疲劳试验，验证采用动三轴试验代替共振柱试验的可行性，为后续平行试验方案的优化、调整提供依据。

②确定动剪应变门槛 γ_{tv} 及控制动剪应变 γ_{dc}，并计算 $K=\gamma_{dc}/\gamma_{tv}$ 的值。

③本次试验采用正弦波动荷载，频率 $f_z=8$ Hz，围压 $\sigma_{3c}=50$ kPa，固结比 $K_c=1.5$ 或 2.0，短时动三轴试验振次均为 800 次，疲劳动三轴试验振次在 10 000 次以上。试件尺寸：ϕ39.1 mm×80 mm，并尽量使各试件具有相同的结构和土质条件。

(2)试验步骤

①短时动三轴试验

a. 按相关操作规程装好试样，同时施加静固结压力，打开排水阀，让试样在围压作用下充分排水固结。

b. 在排水条件下(注意在整个试验过程中始终打开排水阀门)，施加第一级竖向动应力水平如 25 kPa。各级动应力水平从小到大依次施加，如 25 kPa、35 kPa、45 kPa、55 kPa、65 kPa、75 kPa、85 kPa、95 kPa、105 kPa、115 kPa、125 kPa 等，各级动应力水平可根据具体的试验情况进行调整。记录试样在该级动应力作用 1 min 时(此时间可作适当调整)产生的竖向动应变 ε_d。然后卸掉竖向动应力，让试样在固结压力作用下静置一段时间(至少 1 h，施加的竖向动应力越大，静置的时间越长)，使土样的结构得到充分的恢复。

c. 同样的方法实测土样在其他各级动应力水平 σ_d 作用 1 min 时所产生的竖向动应变 ε_d。

d. 绘制 σ_d-ε_d 关系曲线，根据该曲线拐点坐标计算体积动剪应变门槛 γ_{tv}。

②疲劳试验

a. 按相关操作规程装好试样，同时施加静固结压力，打开排水阀，让试样在围压作用下充分排水固结。

b. 在排水条件下(注意在整个试验过程中始终打开排水阀门)，施加第一级竖向动应力水平 σ_{d1}，从小到大记录不同循环次数 N 时所对应的竖向动应变 ε_d。然后拆除竖向动应力，让试样在固结压力作用下静置一段时间(至少 1 h，施加的竖向动应力越大，静置的时间越长)，使土样的结构得到充分的恢复。

c. 同样的方法实测土样在其他各级动应力水平下，每一次循环所对应的竖向动应变。

d. 在同一坐标下绘制各级动应力水平所对应 ε_d-lg N 关系曲线，根据各曲线的特征，确定临界动应力 σ_{dcr}。

e. 绘制 E_d-ε_d 关系曲线，根据该曲线走势特点计算控制动剪应变 γ_{dc}。

5.2.3.2 红黏土试件及其基本物理指标

本次试验所用土样为开挖原状土样，取自泉口工点(DK1294+050 右侧侧沟平台顶)，为坚硬～硬塑红黏土，常规物理指标统计值见表 5-21，典型试件照片如图 5-46 所示。

表 5-21 红黏土常规物理指标统计表

统计参数	含水率	密度	土粒容重	孔隙比	饱和度	液限	塑限	塑性指数	液性指数
	W/%	ρ/(g·cm^{-3})	G_s	e	S_r/%	w_L/%	w_P/%	I_P	I_L
范围	26.4～28.8	1.88～1.95	2.77～2.78	0.799～0.984	81.4～91.8	50.5～53.0	28.8～30.4	21.5～23.0	−0.04～−0.12
平均值	27.5	1.91	2.78	0.864	88.7	51.6	29.4	22.2	−0.09

由表 5-21 可知，红黏土塑性指数 $I_P=21.5\sim23.0$，其平均值为 22.2。与图 5-9 中 VUCETIC(1994)曲线有关的短时动力试验没有考虑固结比的影响，均为等压固结($K_c=$

1.0)。$I_P=22.2$ 在图 5-9 中所对应的体积动剪应变平均值 $\gamma_{tv,M}=4.2\times10^{-4}$；体积动剪应变下限值 $\gamma_{tv,U}=1.5\times10^{-4}$；线性动剪应变 $\gamma_{tl}=1.3\times10^{-5}$。

图 5-46　硬塑红黏土典型试件照片

5.2.3.3　短时疲劳动三轴试验成果

(1)固结比 $K_c=1.5$

图 5-47 为固结比 $K_c=1.5$ 时短时试验的 σ_d-ε_d 关系曲线，图 5-48 为 $K_c=1.5$ 时疲劳试验的 ε_d-lg N 关系曲线，图 5-49 为 $K_c=1.5$ 时疲劳试验的 E_d-lg N 关系曲线。

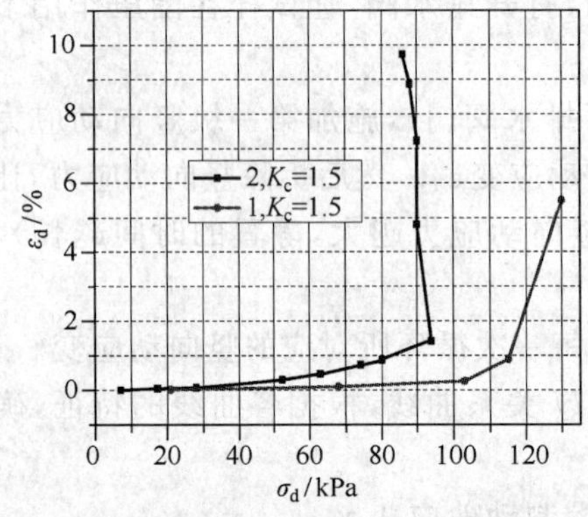

图 5-47　ε_d-σ_d 曲线($K_c=1.5$)

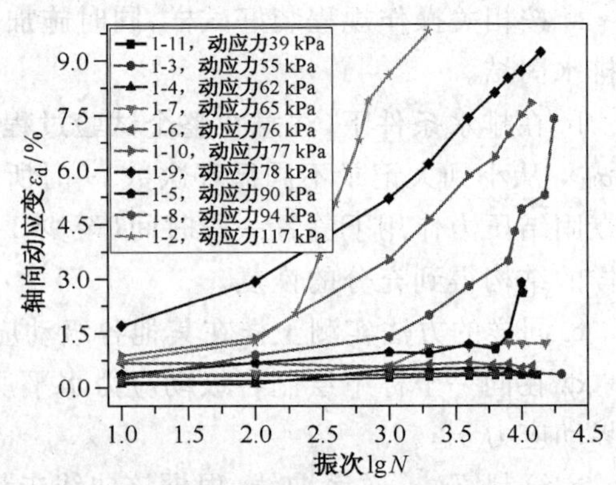

图 5-48　ε_d-lg N 曲线($K_c=1.5$)

由图 5-47 可知，1 号土样 σ_d-ε_d 曲线走势第一变化点大约在 $\sigma_d=103$ kPa 及 $\varepsilon_d=2.63\times10^{-3}$ 坐标点处，该点即为曲线的第一拐点。按以下方法计算体积动剪应变门槛 γ_{tv}：

设 1 号土样竖向动应变为 $\varepsilon_{d1}=\varepsilon_d=2.63\times10^{-3}$，侧向动应变为 $\varepsilon_{d2}=0.5\varepsilon_{d1}=1.315\times10^{-3}$，以 $r=\frac{\varepsilon_{d1}-\varepsilon_{d2}}{2}=6.575\times10^{-4}$ 为半径，以 $\frac{\varepsilon_{d1}+\varepsilon_{d2}}{2}=1.9725\times10^{-3}$ 为圆心，绘制应变莫尔圆，则其最大剪应变 $\gamma_{dmax}=6.575\times10^{-4}$，即体积动剪应变门槛 $\gamma_{tv}=6.575\times10^{-4}$。

2 号土样 σ_d-ε_d 曲线第一拐点坐标为 $\sigma_d=74.0$ kPa 及 $\varepsilon_d=7.3\times10^{-3}$，按上述方法计算得其体积动剪应变门槛 $\gamma_{tv}=1.825\times10^{-3}$。

综合上述 1 号、2 号样短时试验成果，得出 $K_c=1.5$ 时红黏土的体积动剪应变门槛 $\gamma_{tv}=(6.575\sim18.25)\times10^{-4}$，其平均值 $\gamma_{tv,M}=1.24125\times10^{-3}$。

根据图 5-48 中各曲线走势，1-11 号、1-3 号、1-6 号为衰减型曲线，1-4 号、1-7 号为临界型曲线，其余各曲线均属破坏型曲线。所以固结比 $K_c=1.5$ 的坚硬状态红黏土的临界动应力

$\sigma_{dcr}=65\sim76$ kPa,其平均值为 70.5 kPa。

由图 5-49 可知:ⓐ固结比 $K_c=1.5$ 的坚硬状态红黏土,在第一级(1-3 号,39 kPa)、第二级(1-6 号,55 kPa)动应力水平下,动模量 E_d 随振次 $\lg N$ 的增大而增加,呈现递增趋势,从第三级动应力(1-11 号,62 kPa)开始,动模量随振次呈递减趋势。ⓑ由此可以推断,当动应力小于等于 55 kPa 时土体是长期动力稳定的,而当动应力大于或等于 62 kPa 时,土体结构破坏,即处于长期动力不稳定状态。ⓒ取动模量 $E_d=16$ MPa,泊松比 $\mu=0.32$,动应力 $\sigma_d=55$ kPa,按公式 $E_d=\frac{\sigma_d}{\varepsilon_d}\left(1-\frac{2\mu^2}{1-\mu}\right)$计算出对应的动应变 $\varepsilon_d=2.41\times10^{-3}$。ⓓ绘制应变莫尔圆,从莫尔圆上读出对应的最大动剪应变 γ_{dmax},即为控制土体结构不发生破坏的控制动剪应变 γ_{dc},$\gamma_{dc}=\gamma_{dmax}=6.025\times10^{-4}$。令 $K=\frac{\gamma_{dc}}{\gamma_{tv}}=\frac{6.025\times10^{-4}}{18.25\times10^{-4}}\approx0.33$,即 $\gamma_{dc}\approx\left(\frac{1}{5}\sim\frac{2}{5}\right)\gamma_{tv}$。

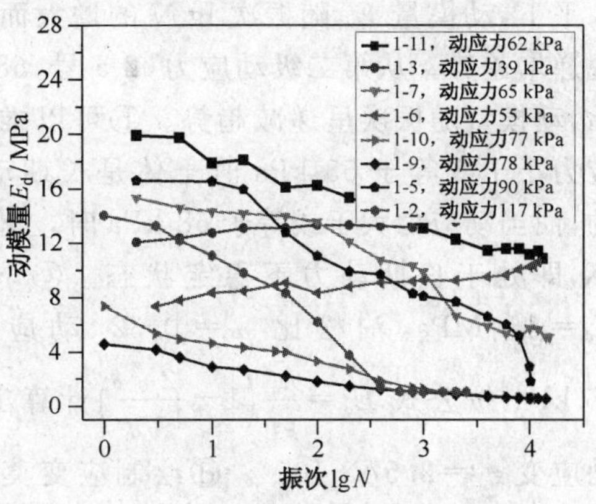

图 5-49 E_d-$\lg N$ 曲线($K_c=1.5$)

(2)固结比 $K_c=2.0$

图 5-50 为 $K_c=2.0$ 时短时试验的 σ_d-ε_d 曲线。图 5-51 为固结比 $K_c=2.0$ 时 ε_d-$\lg N$ 关系曲线,图 5-52 为固结比 $K_c=2.0$ 时 E_d-$\lg N$ 关系曲线。

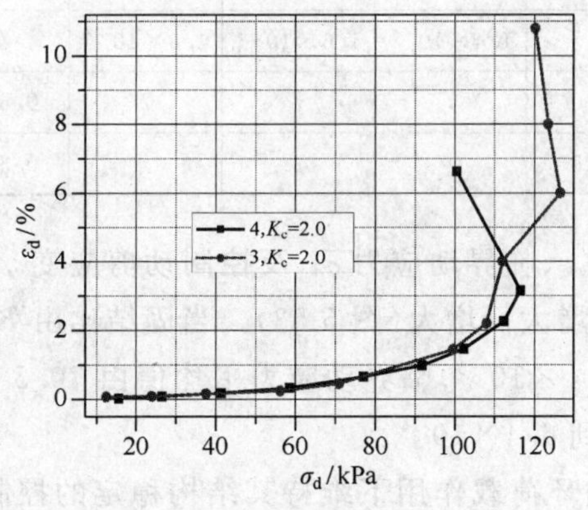

图 5-50 ε_d-σ_d 曲线($K_c=2.0$)

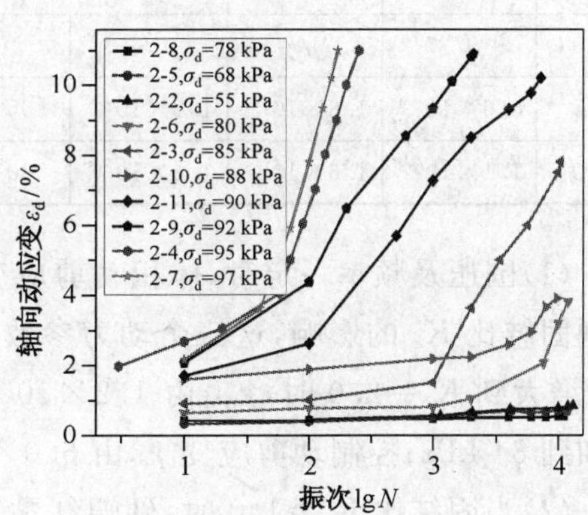

图 5-51 ε_d-$\lg N$ 曲线($K_c=2.0$)

由图 5-50 可知,3 号土样 σ_d-ε_d 曲线第一拐点坐标为 $\sigma_d=70.9$ kPa 及 $\varepsilon_d=4.5\times10^{-3}$,按上述方法计算得其体积动剪应变门槛 $\gamma_{tv}=1.125\times10^{-3}$。4 号土样 σ_d-ε_d 曲线第一拐点坐标为 $\sigma_d=77$ kPa及 $\varepsilon_d=6.5\times10^{-3}$,同理可得其体积动剪应变门槛 $\gamma_{tv}=1.625\times10^{-3}$。

综合上述 3 号、4 号样短时试验成果,$K_c=2.0$ 时红黏土的体积动剪应力门槛值 $\gamma_{tv}=(11.25\sim16.25)\times10^{-4}$,其平均值 $\gamma_{tv,M}=1.375\times10^{-3}$。

根据图 5-51 中各曲线走势,2-2 号、2-5 号、2-8 号为衰减型曲线,2-6 号、2-3 号、2-10 号为临界型曲线,其余各曲线均属破坏型曲线。所以固结比 $K_c=2.0$ 的坚硬状态红黏土的临界动应力

$\sigma_{dcr}=80\sim88$ kPa，其平均值为 84.0 kPa。

由图 5-52 可知：ⓐ固结比 $K_c=2.0$ 的坚硬状态红黏土，在第一级（2-2 号，55 kPa）动应力水平下，动模量 E_d 随振次 $\lg N$ 的增大而增加，呈现递增趋势。从第二级动应力（2-5 号，68 kPa）开始，动模量随振次呈递减趋势。ⓑ可以推断，当动应力小于或等于 55 kPa 时土体是长期动力稳定的，而当动应力大于或等于 68 kPa 时，土体结构破坏，即处于长期动力不稳定状态。ⓒ取动模量 $E_d=15$ MPa，泊松比 $\mu=0.32$，动应力 $\sigma_d=55$ kPa，按公式 $E_d=\frac{\sigma_d}{\varepsilon_d}\left(1-\frac{2\mu^2}{1-\mu}\right)$ 计算出对应的动应变 $\varepsilon_d=2.57\times10^{-3}$。ⓓ绘制应变莫尔圆，从莫尔圆上读出对应的最大动剪应变 γ_{dmax}，即为控制土体结构不发生破坏的控制动剪应变 γ_{dc}，$\gamma_{dc}=\gamma_{dmax}=6.425\times10^{-4}$。令 $K=\frac{\gamma_{dc}}{\gamma_{tv}}=\frac{6.425\times10^{-4}}{16.25\times10^{-4}}\approx0.395$，即 $\gamma_{dc}\approx\frac{2}{5}\gamma_{tv}$。

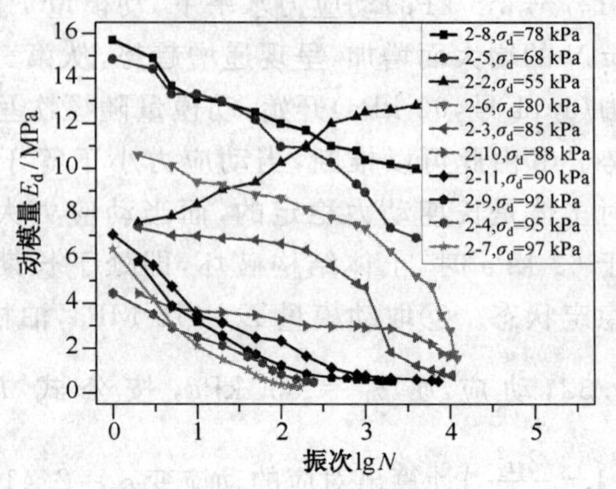

图 5-52 E_d-$\lg N$ 曲线（$K_c=2.0$）

5.2.3.4 试验成果的分析与评价

本次试验的主要成果见如表 5-22 所示。由此得到以下的主要试验结论：

表 5-22 短时及疲劳动三轴试验成果汇总（围压 $\sigma_3=50$ kPa，频率 $f=8$ Hz）

固结比 K_c	短时动三轴试验			疲劳试验		VUCETIC 成果			$K=\frac{\gamma_{dc}}{\gamma_{tv}}$
	γ_{tv1}	γ_{tv2}	γ_{tvM}	σ_{dcr}/kPa	γ_{dc}	γ_{tl}	γ_{tvU}	γ_{tvM}	
1.0	/	/	/	/	/	1.4×10^{-5}	1.6×10^{-4}	4.3×10^{-4}	/
1.5	6.6×10^{-4}	1.8×10^{-3}	1.2×10^{-3}	65～76	6.0×10^{-4}	/	/	/	0.330
2.0	1.1×10^{-3}	1.6×10^{-3}	1.4×10^{-3}	80～88	6.4×10^{-4}	/	/	/	0.395

(1)围压及频率一定时，体积动剪应变门槛值 γ_{tvM}、临界动应力 σ_{dcr} 及控制动剪应变 γ_{dc} 均受到固结比 K_c 的影响，这三个动力参数均随 K_c 的增大而增大（图 5-53）。当固结比由 $K_c=1.5$ 增大到 $K_c=2.0$ 时，γ_{tvM} 由 1.2×10^{-3} 增大到 1.4×10^{-3}；临界动应力平均值由 70.5 kPa 增加到 84 kPa；控制动剪应变 γ_{dc} 由 6.0×10^{-4} 增大到 6.4×10^{-4}。

(2)当固结比 $K_c>1.0$ 时，硬塑红黏土在长期循环荷载作用下维持其结构稳定的控制动剪应变 γ_{dc} 是体积动剪应变门槛 γ_{tv} 的 0.330～0.395 倍，即 $\gamma_{dc}\approx\left(\frac{3}{10}\sim\frac{4}{10}\right)\gamma_{tv}$，该结论比胡一峰博士在德国用剪应变控制式共柱疲劳试验得出的结论 $\gamma_{dc}\approx\left(\frac{1}{5}\sim\frac{2}{5}\right)\gamma_{tv}$ 略大一些，这是因为本次红黏土试验所用固结比 $K_c=1.5$ 或 2.0 大于胡一峰试验用固结比 $K_c=1.0$。

(3)本次试验所用红黏土的塑性指数（$I_P=22.2$），它在 VUCETIC(1994)曲线上所对应的 $\gamma_{tvM}=4.3\times10^{-4}$（见表 5-22），小于 $K_c=1.5$ 及 2.0 所对应的 γ_{tvM} 试验值。而 VUCETIC(1994)曲线有关的试验是在等压固结比 $K_c=1.0$ 下完成的，进一步证明体积动剪应变门槛值随固结比 K_c 的增大而增大。

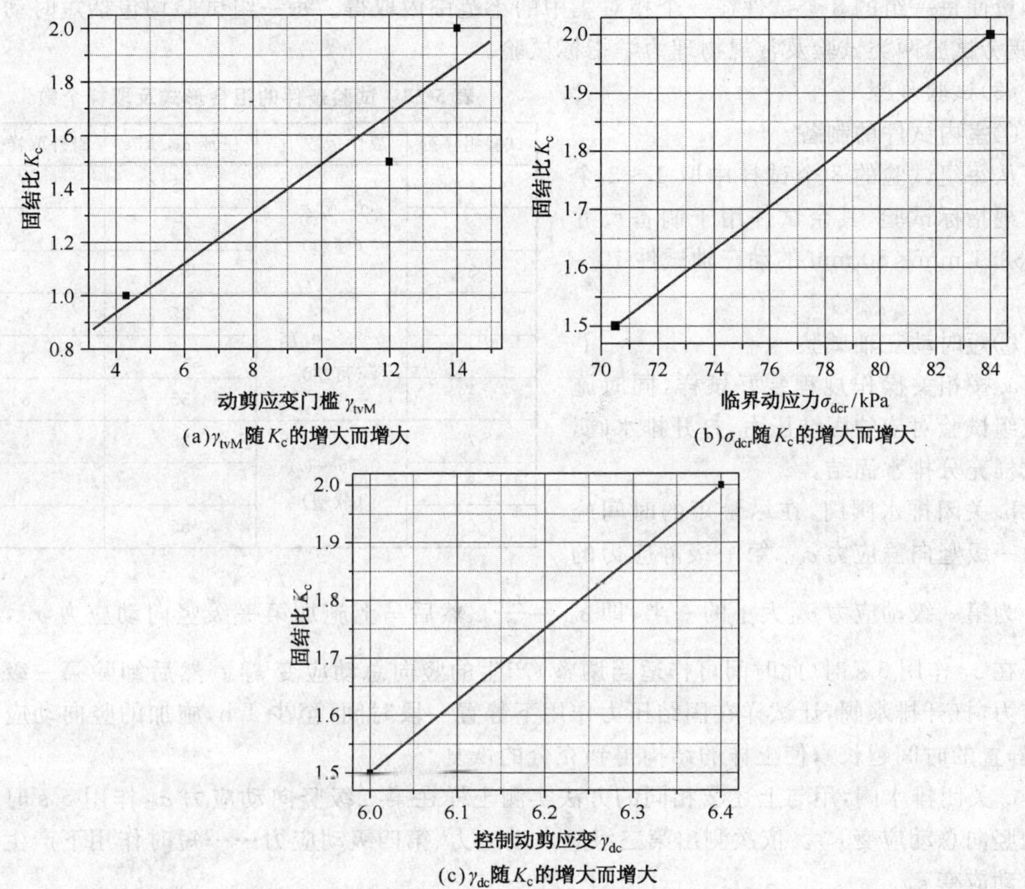

图 5-53　固结比 K_c 对 γ_{tvM}、σ_{dcr}及 γ_{dc}的影响

5.2.4　郴州工点(DK1820)红黏土短时及疲劳动三轴试验

5.2.4.1　试验方案及试验数据整理方法

(1)试验目的

在第一组短时及疲劳动三轴试验成果的基础上,改变动力加载方式及排水条件,对不同干湿状态(硬塑、可塑及软塑)红黏土在不同围压下进行短时及疲劳动三轴试验。获得不同干湿状态不同围压下红黏土的体积动剪应变门槛 γ_{tv}、临界动应力 σ_{dcr}及控制动剪应变 γ_{dc}。

体积动剪应变门槛 γ_{tv}是指土体在短时动应力作用下产生明显塑性变形所对应的体积剪应变。临界动应力 σ_{dcr}是指疲劳试验中土体结构即将破坏时所对应的那一级动应力。控制动剪应变 γ_{dc}是指疲劳试验过程中土体动刚度(E_d)随振次的增加而增大逆转到动刚度随振次的增大而减小所对应的界限动剪应变。

(2)试验要求

本次短时及疲劳动三轴试验,统一采用频率 8 Hz,等压固结,固结比 K_c=1.0,围压分别35 kPa、45 kPa、55 kPa。野外采取原状结构圆柱体试件,试件尺寸 ϕ(80～100) mm×(160～200) mm;室内小圆柱体试件尺寸:ϕ39.1 mm×80 mm。不同试验条件的组合形式见表 5-23,每一种组合形式称为一组试验,共需作 9 组试验,野外采样组数 8 个×9 组=72 个。现场取样时尽量使每一组的 8 个试件在一个相对集中的小范围内取得。每一组试验均包括短时动力试验、疲劳试验两类试验及常规物理力学指标试验。

(3)试验步骤

①室内试件的制备

从每组试验的 8 个试样中取 1～2 个作常规指标试验，其余试件用于制备尺寸为 ϕ39.1 mm×80 mm 的动三轴试件 10～14 个。

表 5-23 试验条件的组合形式及取样个数

试验组序列	液性指数 I_L	围压 σ_{3c}/kPa	野外取样个数
1	0～0.25（硬塑）	35	8
2		45	8
3		55	8
4	0.25～0.75（可塑）	35	8
5		45	8
6		55	8
7	0.75～1.0（软塑）	35	8
8		45	8
9		55	8

②短时动三轴试验

a. 按相关操作规程装好试样，同时施加该组试验对应的固结压力，打开排水阀，让试样充分排水固结。

b. 关闭排水阀门，在尽量短的时间施加第一级竖向静应力 σ_{01}，第一级静应力的大小为第一级动应力 σ_{d1} 大小的一半，即 $\sigma_{01}=\frac{\sigma_{d1}}{2}$。然后马上施加第一级竖向动应力 σ_{d1}，测得试样在 σ_{d1} 作用 5 s 时(此时间可作适当调整)产生的竖向总动应变 ε_{d1}。然后卸除第一级竖向动应力，打开排水阀，让试样在固结压力作用下静置一段时间(至少 1 h，施加的竖向动应力越大，静置的时间越长)，使土样的结构得到充分的恢复。

c. 关闭排水阀，用与上述②相同的方法实测土样在第二级竖向动应力 σ_{d2} 作用 5 s 时所产生的竖向总动应变 ε_{d2}。依次测出第三级竖向动应力、第四级动应力……短时作用下产生的竖向总动应变 ε_{di}。

d. 绘制短时动应力作用下的 σ_d-ε_d 关系曲线，并根据该曲线特点确定动应力门槛值 σ_{dtv}，绘制应变莫尔圆确定体积动剪应变门槛值 γ_{tv}。

e. 各级竖向动应力从小到大可取为：如 5 kPa、10 kPa、15 kPa、20 kPa、25 kPa、30 kPa、35 kPa、40 kPa、45 kPa、50 kPa…，各级动应力水平可根据具体的试验情况进行调整。

③动三轴疲劳试验

a. 按相关操作规程装好试样，施加该组试验所规定的固结压力，打开排水阀，让试样充分排水固结。

b. 关闭排水阀，在尽量短的时间施加第一级竖向静应力 σ_{01}，第一级静应力的大小为第一级动应力 σ_{d1} 大小的一半，即 $\sigma_{01}=\sigma_{d1}/2$，然后马上施加第一级竖向动应力 σ_{d1}，动应力的循环次数不少于 10 000 次，得到各循环次数 N 所对应的竖向总动应变 ε_{d1}。然后卸除第一级竖向动应力，打开排水阀，让试样在固结压力作用下静置一段时间(至少 1 h，施加的竖向动应力越大，静置的时间越长)，使土样的结构得到充分的恢复。

c. 关闭排水阀，用与②相同的方法实测土样在第二级竖向动应力 σ_{d2} 长期作用下，各循环次数所对应的竖向总动应变 ε_{d2}。依次测出第三级竖向动应力、第四级动应力……长期作用下产生的竖向总动应变。

d. 在同一坐标下绘制各级动应力水平所对应的循环次数 N 与竖向总应变 ε_d 的关系曲线，即 ε_d-lg N 曲线，根据各曲线的特征，得到该土样的临界动应力 σ_{dcr}。

e. 计算出各级动应力作用下不同振次 N 时的动模量 E_d，在同一坐标系下绘制不同动应

力水平时的 E_d-N 曲线，根据各曲线特征，计算出该组红黏土的控制动剪应变 γ_{dc}。

f. 各级动应力水平从小到大取值，如 5 kPa、10 kPa、15 kPa、20 kPa、25 kPa、30 kPa、35 kPa、40 kPa、45 kPa、50 kPa…，具体取值视当时的试验情况调整。

(4)试验数据整理方法

以围压为 55 kPa 时软塑红黏土的短时及疲劳试验数据整理为例。

①短时动三轴试验数据整理

a. 如表 5-24 列出各级短时动应力作用下所产生的动应变。

表 5-24　围压 55 kPa 时软塑红黏土短时动应力及动应变

试验序号	最大振动次数 N_{max}	轴向动应变 ε_d/%	轴向动应力 σ_d/kPa	试验序号	最大振动次数 N_{max}	轴向动应变 ε_d/%	轴向动应力 σ_d/kPa
424-1	40	0.133	4.5	424-6	40	2.99	24.9
424-2	40	0.437	17.3	424-7	40	3.67	25.4
424-3	40	1.01	22.3	424-8	40	5.58	27.3
424-4	40	1.0	23.8	424-9	40	5.66	28.4

b. 以动应力 σ_d 为横坐标，动应变 ε_d 为纵坐标，绘制 σ_d-ε_d 曲线，如图 5-54 所示。

c. 分析 σ_d-ε_d 曲线的走势特点，确定土样由弹性变形到塑性变形的转折点。

如图 5-54 所示，σ_d-ε_d 曲线大致分为三段：第一阶段，ab 直线段（弹性变形阶段），在低动应力短时作用下，土样以压缩变形为主，主要产生弹性变形，动应力与动应变之间基本呈线性关系；第二阶段，bc 曲线段（塑性变形阶段或剪切阶段），土体处于塑性极限平衡状态，动应力与动应变之间呈非线性关系；第三阶段，cd 破坏阶段（又称塑性流动阶段），动应力与动应变之间呈很陡的线性关系。

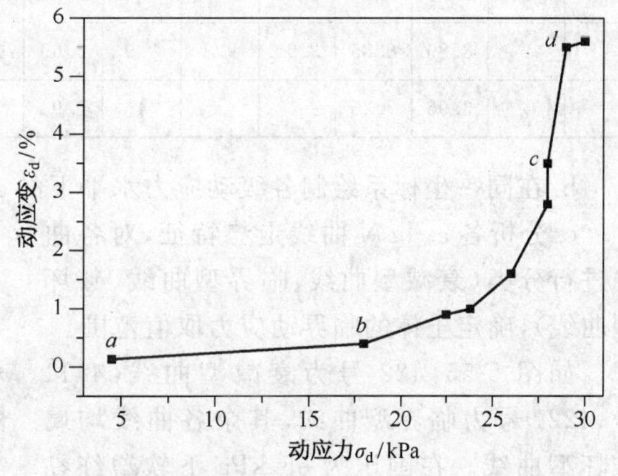

图 5-54　围压为 55 kPa 时软塑红黏土 ε_d-σ_d 关系曲线

d. 计算确定体积动剪应变门槛 γ_{tv}。

图 5-54 中界限点 b 的坐标为 $\sigma_d = 17.3$ kPa，$\varepsilon_d = 4.37\times10^{-3}$，该转折点所对应的轴向动应力和轴向动应变即为门槛动应力和门槛动应变。设土样竖向动应变为 $\varepsilon_{d1} = \varepsilon_d = 4.37\times10^{-3}$，侧向动应变为 $\varepsilon_{d2} = 0.5\varepsilon_{d1} = 2.185\times10^{-3}$，以 $r = \dfrac{\varepsilon_{d1}-\varepsilon_{d2}}{2} = 1.092\,5\times10^{-3}$ 为半径，以点 $\left(\dfrac{\varepsilon_{d1}+\varepsilon_{d2}}{2} = 3.277\,5\times10^{-3}, 0\right)$ 为圆心，绘制应变莫尔圆，则其最大剪应变 $\gamma_{dmax} = 1.092\,5\times10^{-3}$，即体积动剪应变门槛 $\gamma_{tv} = 1.092\,5\times10^{-3}$。

②疲劳动三轴试验数据整理

a. 从各级动应力水平下的疲劳试验数据中选取有代表性的振次及对应的轴向动应变，如表 5-25 所示。

表 5-25　轴向动应变 ε_d 与振次 lg *N*

422 号,动应力 10.0 kPa		4411 号,动应力 16.0 kPa		361 号,动应力 17.5 kPa		362 号,动应力 18.5 kPa		363 号,动应力 19 kPa		4221 号,动应力 20 kPa		441 号,动应力 22 kPa		421 号,动应力 25 kPa	
lg *N*	ε_d /%	lg *N*	ε_d /%	lg *N*	ε_d /%	lg *N*	ε_d /%	lg *N*	ε_d /%	lg *N*	ε_d /%	lg *N*	ε_d /%	lg *N*	ε_d /%
0	0.076	0	0.56	0	1.15	0	1.02	0	1.07	0	0.39	0	1.42	0	0.88
1	0.14	1	1.26	1	2.09	1	1.57	1	1.79	1	0.53	1	2.62	1	1.96
2	0.025	1.7	2.0	1.7	3.18	1.7	1.90	1.7	2.16	1.7	0.95	1.7	4.30	1.7	2.97
2.6	0.14	2	2.32	2.03	4.2	2	2.24	2	2.47	2	1.28	2	5.26	2	3.51
3.0	0.1	2.3	2.69	2.7	5.27	2.3	2.43	2.3	2.8	2.3	1.55	2.3	6.37	2.3	4.09
3.6	0.069	2.6	3.05	3.0	6.18	2.7	3.28	2.6	3.2	2.6	1.95	2.6	7.72	2.6	5.47
3.8	0.063	3.0	3.6	3.3	7.05	3	3.78	2.9	3.77	2.9	2.8	2.9	9.51	3	6.33
4.0	0.13	3.3	4.2	3.61	7.95	3.3	4.55	3.18	4.14	3	3.15	3	10.4	3.2	7.39
		3.63	4.8	3.78	8.6	3.6	5.64	3.3	4.35	3.3	4.06	3.1	11.0	3.3	8.35
		3.78	5.96	3.90	9.06	3.78	6.35	3.6	5.02	3.6	5.0			3.4	9.24
		3.89	6.85	3.96	9.3	3.9	6.69	3.9	5.97	3.8	5.63			3.5	10.1
		3.95	7.25			4	6.93	4	6.27	3.9	5.98			3.6	10.9

b. 在同一坐标系绘制各级动应力水平下的 ε_d-lg *N* 曲线,如图 5-55 所示。

c. 分析各 ε_d-lg *N* 曲线走势特征,对各曲线进行分类(衰减型曲线、临界型曲线、破坏型曲线),确定土体的临界动应力取值范围。

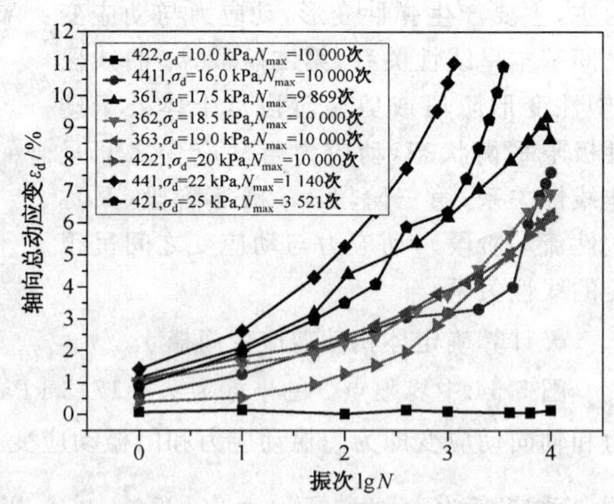

图 5-55　围压 55 kPa 软塑红黏土 ε_d-lg *N* 曲线

如图 5-55,422 号为衰减型曲线,4411 号、4221 号为临界型曲线,其余各曲线均属破坏型曲线。在围压为 55 kPa 下软塑红黏土的临界动应力 $\sigma_{dcr}=16.0\sim20.0$ kPa,其平均值为 18.0 kPa。

d. 按公式 $E_d=\dfrac{\sigma_d}{\varepsilon_d}\left(1-\dfrac{2\mu^2}{1-\mu}\right)$ 计算各级动应力水平下每一振次所对应的动模量 E_d(其中柏松比 μ 的取值按:软塑红黏土取 $\mu=0.38$;可塑红黏土取 $\mu=0.35$;硬塑红黏土取 $\mu=0.32$)。

e. 选取有代表性的振次及对应的动模量 E_d,如表 5-26 所示。

f. 在同一坐标系绘制各级动应力水平下的 E_d-lg *N* 曲线,如图 5-56 所示。

g. 分析各 E_d-lg *N* 曲线走势特征,按以下方法确定土体结构发生破坏前(或动刚度发生逆转)的控制动剪应变 γ_{dc}。

表 5-26　动模量 E_d 与振次 $\lg N$

422 号,动应力 10.0 kPa		4411 号,动应力 16.0 kPa		361 号,动应力 17.5 kPa		362 号,动应力 18.5 kPa		363 号,动应力 19 kPa		4221 号,动应力 20 kPa		441 号,动应力 22 kPa		421 号,动应力 25 kPa	
$\lg N$	E_d	$\lg N$	E_d	$\lg N$	E_d	$\lg N$	E_d	$\lg N$	E_d	$\lg N$	E_d	$\lg N$	E_d	$\lg N$	E_d
0	15.69	0	3.00	0.00	1.94	0	1.72	0	3.28	0	3.58	0.00	1.88	0.30	2.16
1	10.32	1	1.23	1.00	1.99	1	1.20	1	1.69	1	1.60	0.70	1.25	1.00	1.24
1.7	13.98	1.7	0.78	1.70	0.62	1.7	0.87	1.7	1.20	1.7	1.82	1.00	0.95	1.70	0.73
2	19.92	2	0.67	2.00	0.51	2	0.81	2	0.97	2	1.28	1.30	0.74	2.00	0.59
2.3	24.13	2.3	0.58	2.30	0.42	2.3	0.70	2.3	0.80	2.3	1.09	1.60	0.59	2.18	0.54
2.6	8.78	2.6	0.46	2.60	0.36	2.6	0.61	2.6	0.66	2.6	0.85	1.90	0.46	2.30	0.50
2.9	9.62	2.9	0.36	2.90	0.30	2.9	0.47	2.9	0.55	2.9	0.69	2.00	0.44	2.48	0.43
3.0	9.27	3.0	0.38	3.00	0.29	3.0	0.45	3.0	0.51	3.0	0.60	2.30	0.36	2.60	0.39
3.3	9.62	3.3	0.38	3.30	0.25	3.3	0.39	3.3	0.43	3.3	0.47	2.48	0.31	2.78	0.34
3.6	10.32	3.6	0.01	3.60	0.23	3.6	0.36	3.6	0.36	3.6	0.40	2.60	0.29	2.90	0.29
3.78	11.60	3.78	0.26	3.78	0.21	3.78	0.31	3.78	0.32	3.78	0.37	2.70	0.26	3.00	0.30
3.9	9.55	3.9	0.22	3.90	0.20	3.9	0.30	3.9	0.30	3.9	0.34	2.90	0.23	3.11	0.27
4.0	9.29	4.0	0.21	3.99	0.18	4.0	0.28	4.0	0.28	4.0	0.34	3.00	0.21	3.20	0.24
												3.06	0.20	3.30	0.22

如图 5-56,第一级动应力水平(10.0 kPa)下的动模量 E_d 随振次的增大而增加,从第二级动应力(16 kPa)开始,红黏土动模量随振次的增加而减小,且减小梯度基本一致。可以推断,当动应力为 10 kPa 时土体是长期动力稳定的,而当动应力增大到 16 kPa 时,土样结构破坏,即处于长期动力不稳定状态。第一、第二级动应力水平下的 E_d-$\lg N$ 曲线起点所对应的动模量平均值为 $E_d=6.0$ MPa,取软塑红黏土的泊松比为 0.38,动应力取 10.0 kPa,按公式 $E_d=\dfrac{\sigma_d}{\varepsilon_d}\left(1-\dfrac{2\mu^2}{1-\mu}\right)$计算出对应的动应变 $\varepsilon_d=8.9\times10^{-4}$。按前述短时动三轴试验相同的方法,绘制应变莫尔圆,从莫尔圆上读出对应的最大动剪应变 γ_{dmax},即为控制土体结构不发生破坏的控制动剪应变 γ_{dc},$\gamma_{dc}=\gamma_{dmax}=2.225\times10^{-4}$,令 $K=\dfrac{\gamma_{dc}}{\gamma_{tv}}=\dfrac{2.225\times10^{-4}}{10.925\times10^{-4}}\approx0.20$。

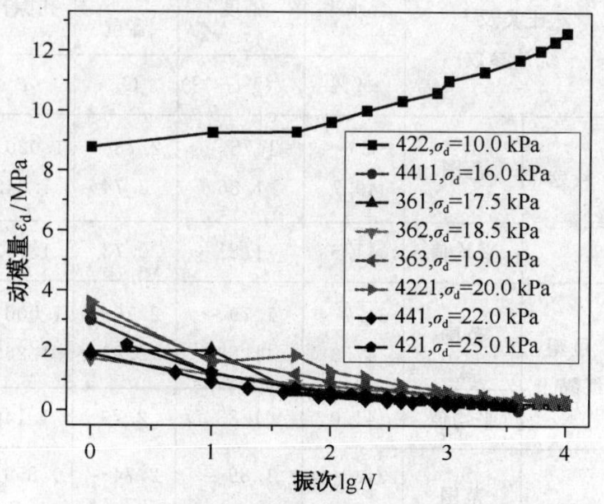

图 5-56　围压 55 kPa 软塑红黏土 E_d-$\lg N$ 曲线

5.2.4.2　红黏土常规物理指标

本次动三轴试验所用土试件取自郴州工点 DK1820＋190～DK1821＋154 的石灰岩类红

黏土，该处红黏土样中大多夹有 5%左右的灰白色或灰黑色碎石，其常规物理指标见表 5-27，典型试件照片如图 5-57 所示。

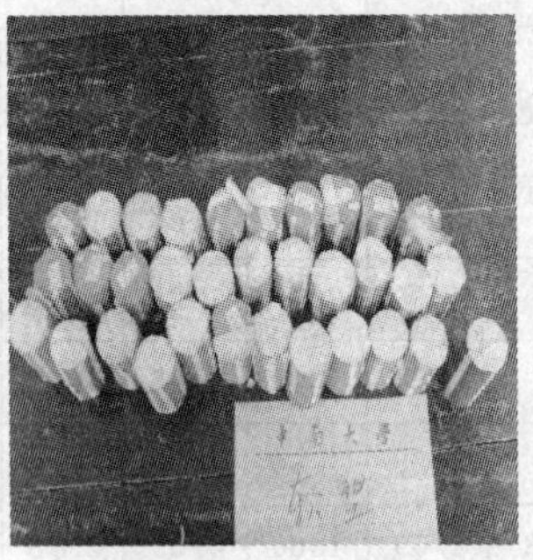

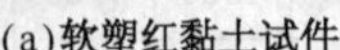

(a)软塑红黏土试件

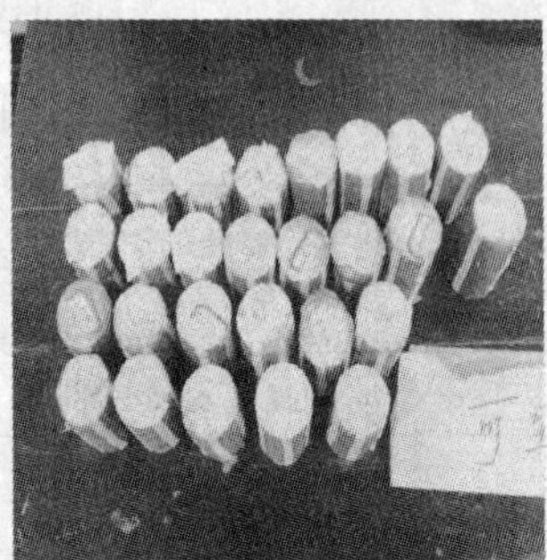

(b)可塑红黏土试件

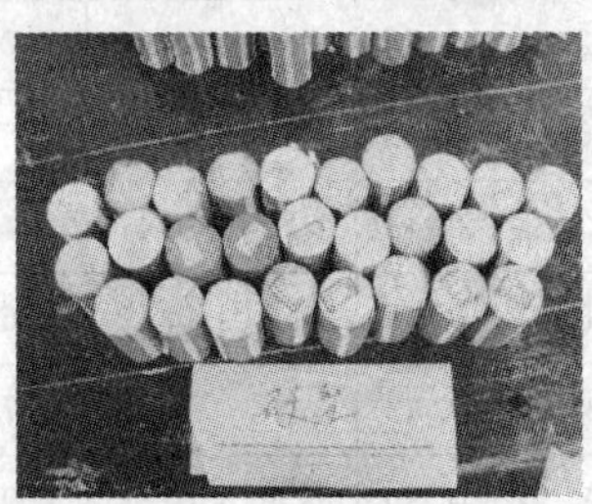

(c)硬塑红黏土试件

图 5-57 不同含水状态红黏土典型试件照片

表 5-27 红黏土常规物理指标统计表

土类及统计参数		含水率 w/%	密度 ρ/(g·cm^{-3})	土粒容重 G_s	孔隙比 e	饱和度 S_r/%	液限 w_L/%	塑限 w_P/%	塑性指数 I_P	液性指数 I_L	含水比 α_w
软塑红黏土	范围	37.6～49.7	1.75～1.86	2.73～2.74	1.020～1.342	93.9～100.0	39.1～50.6	24.6～34.3	14.3～16.3	0.80～0.97	0.96～0.98
	平均值	41.6	1.81	2.73	1.142	99.1	43.0	27.9	15.1	0.91	0.97
可塑红黏土	范围	34.2～47.3	1.79～1.88	2.76～2.83	1.000～1.268	93.9～100.0	48.0～67.0	22.1～35.2	20.1～34.3	0.28～0.67	0.71～0.76
	平均值	41.0	1.83	2.79	1.146	98.5	48.0	28.3	27.0	0.47	0.72
硬塑红黏土	范围	31.0～36.9	1.89～1.96	2.74～2.80	0.859～1.000	96.4～100.0	53.9～66.7	29.8～38.0	20.0～29.0	−0.13～0.23	0.60～0.61
	平均值	33.6	1.92	2.77	0.933	98.8	58.0	33.5	24.5	0.00	0.60
坚硬红黏土	范围	26.4～28.8	1.88～1.95	2.77～2.78	0.799～0.984	81.4～91.8	50.5～53.0	28.8～30.4	—	−0.04～−0.12	0.52～0.54
	平均值	27.5	1.91	2.78	0.864	88.7	51.6	29.4	—	−0.1	0.53

5.2.4.3　软塑红黏土短时及疲劳动三轴试验成果

(1)围压 35 kPa 软塑红黏土短时及疲劳动三轴试验成果

图 5-58(a)为短时动三轴试验得到的 σ_d-ε_d 曲线，通过分析计算得到围压为 35 kPa 时软塑红黏土的体积动剪应变门槛 $\gamma_{tv}=7.5\times10^{-4}$。

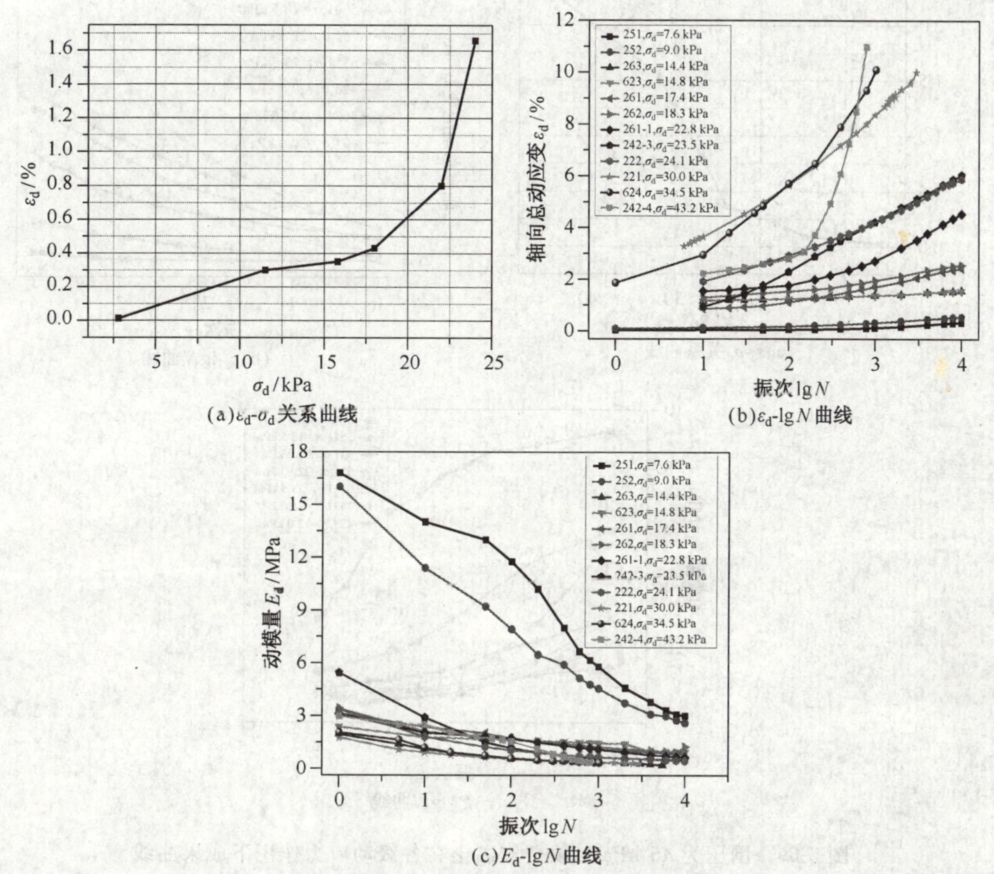

(a)ε_d-σ_d关系曲线　(b)ε_d-lg$N$曲线

(c)E_d-lg$N$曲线

图 5-58　围压为 35 kPa 时软塑红黏土在各级动应力作用下成果曲线

图 5-58(b)为疲劳动三轴试验得到的 ε_d-lg N 曲线。根据图 5-58(b)中各曲线走势，251 号、252 号为衰减型曲线，263 号、623 号为临界型曲线，其余各曲线均属破坏型曲线，通过分析计算得到围压为 35 kPa 时软塑红黏土的临界动应力 $\sigma_{dcr}=9.0\sim14.4$ kPa，其平均值为 11.7 kPa。

图 5-58(c)为疲劳动三轴试验得到的 E_d-lg N 曲线。由图 5-58(c)可知，各级动应力水平下的动模量 E_d 均随振次的增大而减小，且施加的轴向动应力越小，动模量越大，动模量递减梯度越大。本组疲劳试验没有动模量随振次的增加而增大的曲线，说明本组试验所施加的最小动应力还不是足够小。从理论上讲，当动应力水平较低时，随振次的增加，土样结构不断密实，会出现动模量随振次增加而增大的现象。由于无法从图线上估计土样动模量(或结构)发生逆转的控制动应力，因此就不能确定围压为 35 kPa 时软塑红黏土的控制动剪应变 γ_{dc}。

(2)围压 45 kPa 软塑红黏土短时及疲劳动三轴试验成果

图 5-59(a)为短时动三轴试验得到的 σ_d-ε_d 曲线，通过分析计算得到围压为 45 kPa 时软塑红黏土的体积动剪应变门槛 $\gamma_{tv}=9.0\times10^{-4}$。

图 5-59（b）为疲劳动三轴试验得到的 ε_d-lg N 曲线。根据图 5-59(b)中各曲线走势，564 号为衰减型曲线，5641 号为临界型曲线，其余各曲线均属破坏型曲线，围压为 45 kPa 时软塑红黏土的临界动应力 σ_{dcr} =10.6～18.5 kPa，其平均值为 14.6 kPa。

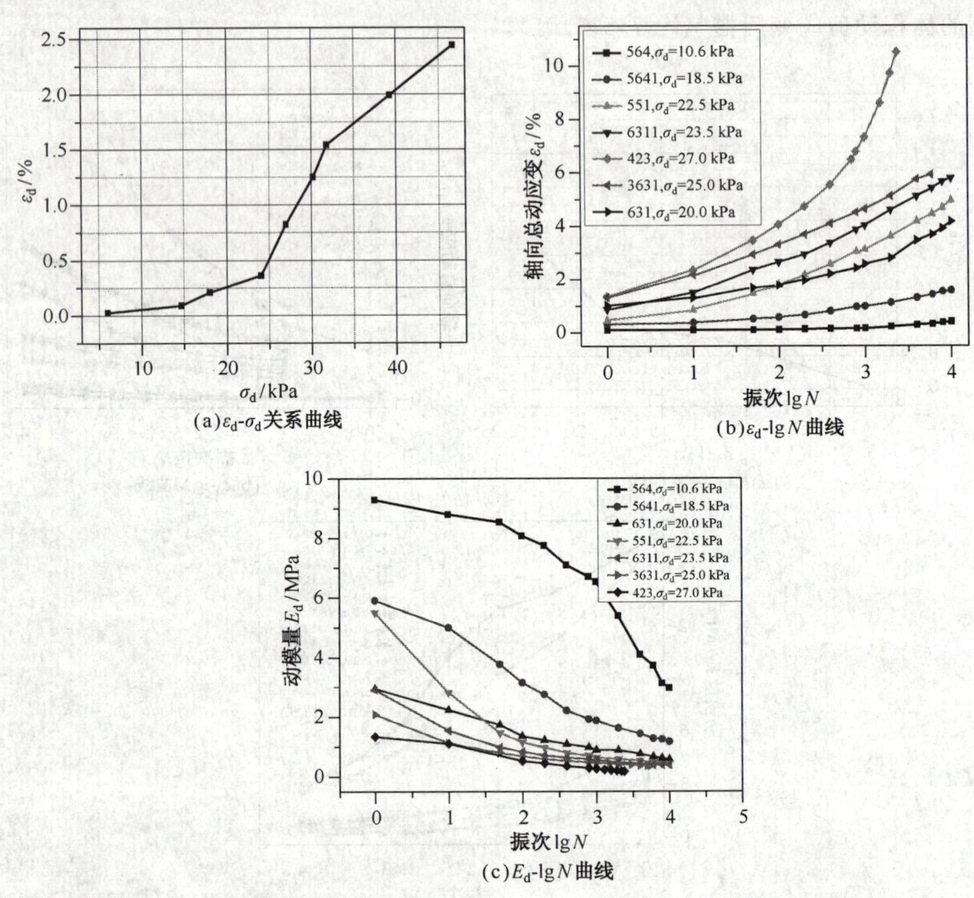

图 5-59　围压为 45 kPa 时软塑红黏土在各级动应力作用下成果曲线

图 5-59(c)为疲劳动三轴试验得到的 E_d-lg N 曲线。由图 5-59（c）可知，各级动应力水平下的动模量 E_d 均随振次的增大而减小，且施加的轴向动应力越小，动模量越大，动模量递减幅度越大。本组疲劳试验没有动模量随振次的增加而增大的曲线，说明本组试验所施加的最小动应力还不是足够小。从理论上讲，当动应力水平较低时，随振次的增加，土样结构不断密实，会出现动模量随振次增加而增大的现象。由于无法从图线上估计土样动模量（或结构）发生逆转的控制动应力，因此就不能确定围压为 45 kPa 时软塑红黏土的控制动剪应变 γ_{dc}。

(3)围压 55 kPa 软塑红黏土短时及疲劳动三轴试验成果

图 5-60(a)为短时动三轴试验得到的 σ_d-ε_d 曲线，通过分析计算得到围压为 55 kPa 时软塑红黏土的体积动剪应变门槛 $\gamma_{tv}=1.0925\times10^{-3}$。

图 5-60(b)为疲劳动三轴试验得到的 ε_d-lg N 曲线。根据图 5-60(b)中各曲线走势，422 号为衰减型曲线，4411 号、4221 号为临界型曲线，其余各曲线均属破坏型曲线。在围压为55 kPa 下软塑红黏土的临界动应力 σ_{dcr}=16.0～20.0 kPa，其平均值为 18.0 kPa。

图 5-60(c)为疲劳动三轴试验得到的 E_d-lg N 曲线。由图 5-60（c）可知，围压增加到 55 kPa时的软塑红黏土，E_d-lg N 曲线走势与围压为 35 kPa 及 45 kPa 时的走势有所不同，即

第一级动应力水平(10.0 kPa)下的动模量 E_d 随振次的增大而增加。从第二级动应力(16 kPa)开始,红黏土动模量随振次的增加而减小,且减小梯度基本一致。可以推断,当动应力为 9 kPa 时土样是长期动力稳定的,而当动应力增大到 16 kPa 时,土样结构破坏,即处于长期动力不稳定状态。按前述方法确定保证土体结构稳定控制动剪应变 γ_{dc},取 $E_d=6.0$ MPa,$\mu=0.38$,$\sigma_d=10.0$ kPa,按公式 $E_d=\frac{\sigma_d}{\varepsilon_d}\left(1-\frac{2\mu^2}{1-\mu}\right)$计算出对应的动应变 $\varepsilon_d=8.9\times10^{-4}$,绘制应变莫尔圆,从莫尔圆上读出对应的最大动剪应变 γ_{dmax},即为保证土体结构不发生破坏的控制动剪应变 γ_{dc},$\gamma_{dc}=\gamma_{dmax}=2.225\times10^{-4}$。令 $K=\frac{\gamma_{dc}}{\gamma_{tv}}=\frac{2.225\times10^{-4}}{10.925\times10^{-4}}\approx0.20$,即满足 $\gamma_{dc}\approx\frac{1}{5}\gamma_{tv}$。

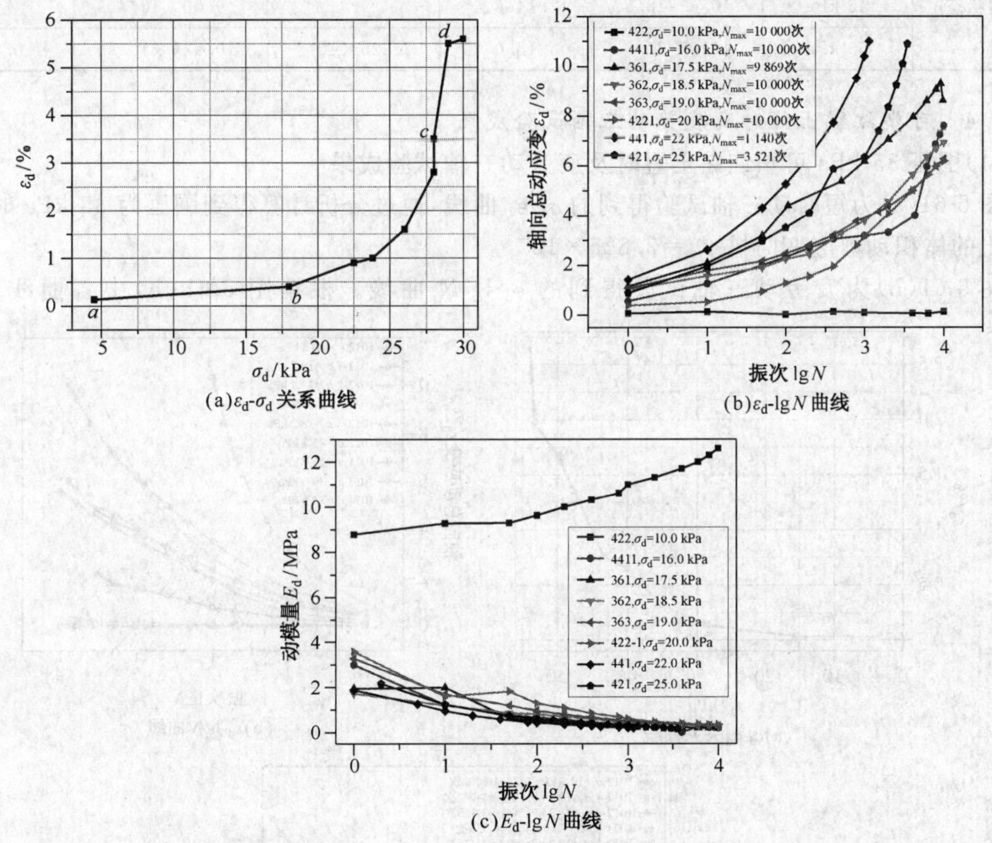

图 5-60 围压为 55 kPa 时软塑红黏土在各级动应力作用下成果曲线

(4)软塑红黏土短时及疲劳动三轴试验成果分析与评价

软塑红黏土短时及疲劳动三轴试验成果如表 5-28 所示,由表 5-28 可知:

①软塑红黏土的临界动应力 σ_{dcr} 及体积动剪应变门槛 γ_{tv} 均随围压的增大而增大。

②围压为 55 kPa 时软塑红黏土在循环动应力作用下保持结构稳定的控制动剪应变 γ_{dc} 与体积动剪应变门槛 γ_{tv} 满足关系式 $\gamma_{dc}\approx\gamma_{tv}/5$。

③围压为 55 Pa 时对应的 E_d-lg$N$ 曲线特征不同于围压为 35 kPa、45 kPa 的曲线特征,即 422 号动模量 E_d 随振次的增加而增大,说明 422 样在较低的第一级动应力水平(10 kPa)循环作用

下，土结构逐渐变得密实。当动应力增加到 16 kPa 时，动模量随振次衰减，土结构发生破坏。

④围压为 35 kPa、45 kPa 的 E_d-lg N 曲线组表明，动模量 E_d 均随振次 N 的增加而减小，没有出现动模量随振次的增加而增大的曲线，说明本组试验所施加的最小动应力还不足够小。从理论上讲，当动应力水平较低时，随振次的增加，土样结构不断密实，会出现动模量随振次增加而增大的现象。由于无法从图线上估计土样动模量（或结构）发生逆转的控制动应力，因此就不能确定围压为 45 kPa 时软塑红黏土的控制动剪应变 γ_{dc}。

表 5-28　软塑红黏土短时及疲劳动三轴试验成果

含水状态	围压 σ_{3c}/kPa	临界动应力 σ_{dcr}/kPa		控制动剪应变 γ_{dc}	体积动剪应变门槛 γ_{tv}	$K_c=\gamma_{dc}/\gamma_{tv}$
		范　围	平均值			
软塑状态	35 kPa	9.0～14.4	11.7	/	7.50×10^{-4}	/
	45 kPa	10.6～18.5	14.6	/	9.00×10^{-4}	/
	55 kPa	16.0～20.0	18.0	2.225×10^{-4}	10.925×10^{-4}	0.20

5.2.4.4　可塑红黏土短时及疲劳动三轴试验成果

(1)围压 35 kPa 可塑红黏土短时及疲劳动三轴试验成果

图 5-61(a)为短时动三轴试验得到的 σ_d-ε_d 曲线，通过分析计算得到围压为 35 kPa 时可塑红黏土的体积动剪应变门槛 $\gamma_{tv}=2.825\times10^{-4}$。

图 5-61(b)为疲劳动三轴试验得到的 ε_d-lg N 曲线。根据图 5-61(b)中各曲线走势，

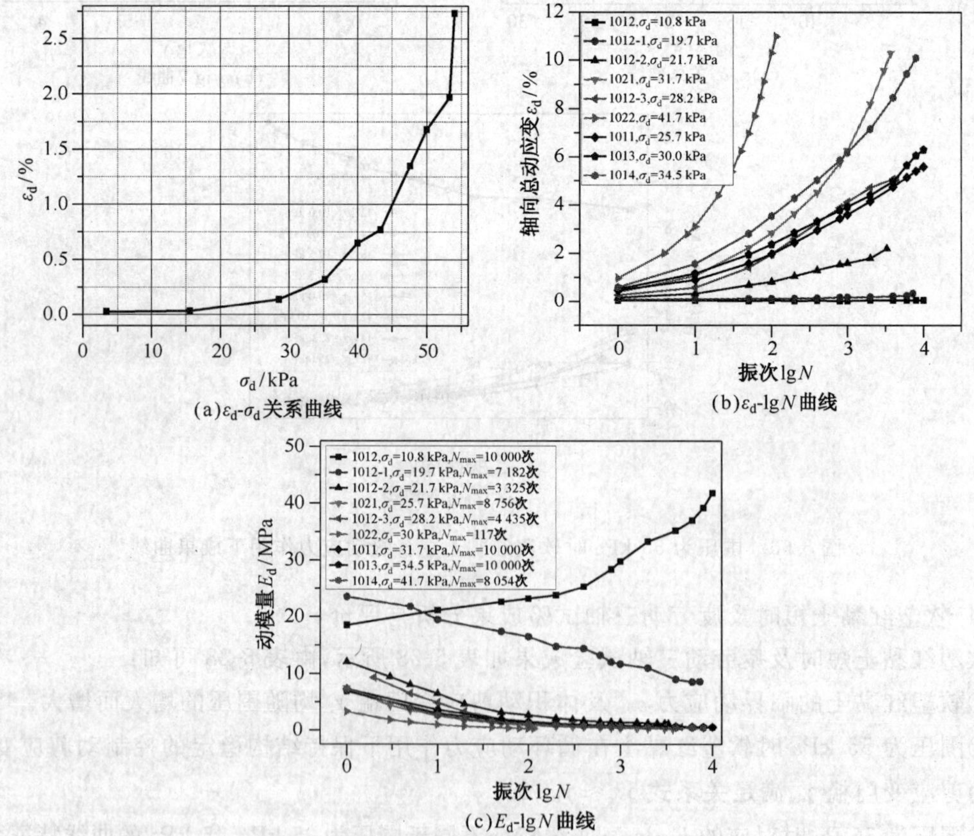

图 5-61　围压为 35 kPa 时可塑红黏土在各级动应力作用下的成果曲线

1012 号为衰减型曲线，1012-1 号、1012-2 号为临界型曲线，其余各曲线均属破坏型曲线。在围压为 35 kPa 下可塑红黏土的临界动应力 σ_{dcr} 为 18.7～21.7 kPa，平均值为 20.2 kPa。

图 5-61(c)为疲劳动三轴试验得到的 E_d-lg N 曲线。由图 5-61 (c)可知：ⓐ围压为35 kPa 时的可塑红黏土，在第一级动应力水平(10.8 kPa)下动模量 E_d 随振次的增大而增加，从第二级动应力(19.7 kPa)开始，动模量随振次的增加而减小，除 1012-1 号样动模量随振次减小的梯度稍大外，其余各试样的动模量减小梯度相对较小，且基本一致。ⓑ可以推断，当动应力为 10.8 kPa 时土体是长期动力稳定的，而当动应力增大到 19.7 kPa 时，土体结构破坏，即处于长期动力不稳定状态。ⓒ施加的动应力越小，对应的动模量越大，即土样刚度越大。ⓓ取动模量 $E_d=22$ MPa，泊松比 $\mu=0.35$，动应力 $\sigma_d=10.8$ kPa，按公式 $E_d=\frac{\sigma_d}{\varepsilon_d}\left(1-\frac{2\mu^2}{1-\mu}\right)$ 计算出对应的动应变 $\varepsilon_d=3.06\times10^{-4}$。ⓔ绘制应变莫尔圆，从莫尔圆上读出对应的最大动剪应变 γ_{dmax}，即为控制土体结构不发生破坏的控制动剪应变 γ_{dc}，$\gamma_{dc}=\gamma_{dmax}=7.65\times10^{-5}$。令 $K=\frac{\gamma_{dc}}{\gamma_{tv}}=\frac{7.65\times10^{-5}}{28.25\times10^{-5}}\approx0.27$。

(2)围压 45 kPa 可塑红黏土短时及疲劳动三轴试验成果

图 5-62(a)为短时动三轴试验得到的 σ_d-ε_d 曲线，通过分析计算得到围压为 45 kPa 时可塑红黏土的体积动剪应变门槛 $\gamma_{tv}=3.75\times10^{-4}$。

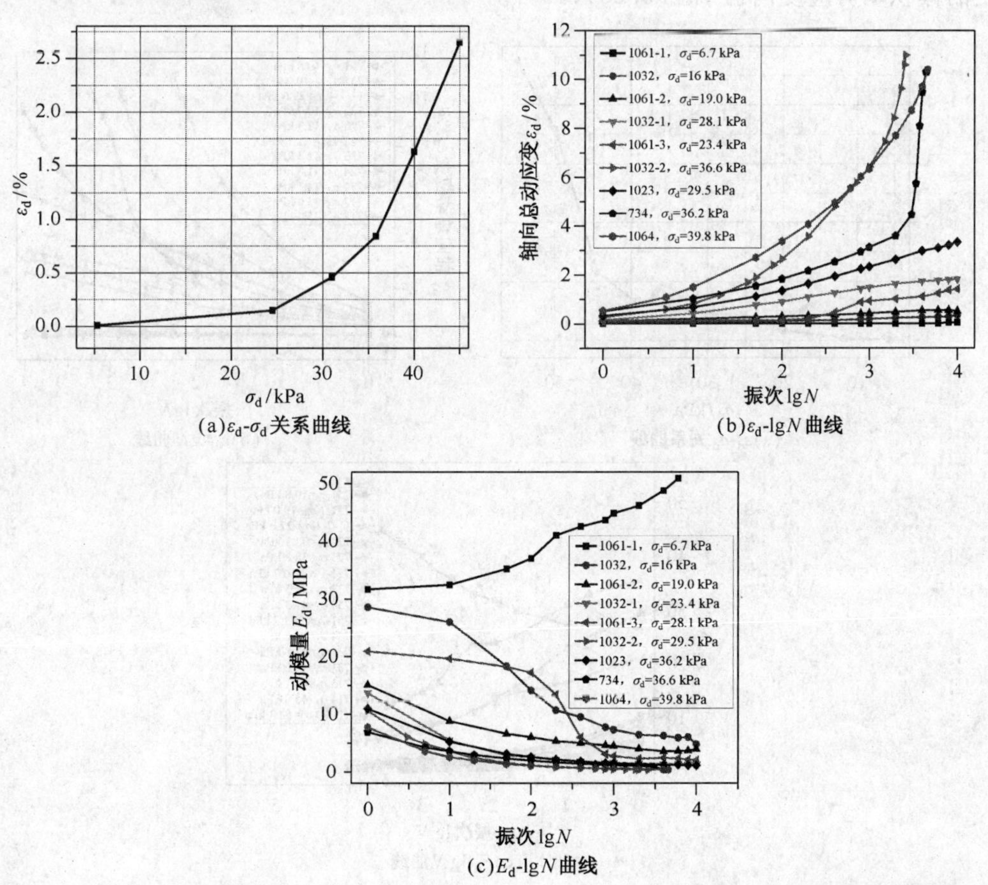

(a)ε_d-σ_d关系曲线　(b)ε_d-lg$N$ 曲线

(c)E_d-lg$N$曲线

图 5-62　围压为 45 kPa 时可塑红黏土在各级动应力作用下的成果曲线

图 5-62 (b)为疲劳动三轴试验得到的 ε_d-lg N 曲线。根据图 5-62 (b)中各曲线走势，1061-1 号、1032 号、1061-2 号为衰减型曲线，1061-3 号、1032 号、1023 号为临界型曲线，其余各曲线均属破坏型曲线。在围压为 45 kPa 下可塑红黏土的临界动应力 σ_{dcr} 为 23.4～29.5 kPa，平均值为 26.5 kPa。

图 5-62 (c)为疲劳动三轴试验得到的 E_d-lg N 曲线。由图 5-62 (c)可知：ⓐ围压为45 kPa 时的可塑红黏土，第一级动应力水平(7.2 kPa)下动模量 E_d 随振次的增大而增加，从第二级动应力(16.0 kPa)开始，动模量随振次的增加而减小，且动模量减小梯度基本一致。ⓑ可以推断，当动应力为 7.2 kPa 时土样是长期动力稳定的，而当动应力增大到 16.0 kPa 时，土样结构破坏，即处于长期动力不稳定状态。ⓒ施加的动应力越小，对应的动模量越大，即刚度越大。ⓓ取动模 $E_d=20.0$ MPa，泊松比 $\mu=0.35$，动应力 $\sigma_d=11.6$ kPa，按公式 $E_d=\frac{\sigma_d}{\varepsilon_d}\left(1-\frac{2\mu^2}{1-\mu}\right)$计算出对应的动应变 $\varepsilon_d=3.614\times10^{-4}$。ⓔ绘制应变莫尔圆，从莫尔圆上读出对应的最大动剪应变 γ_{dmax}，即为控制土体结构不发生破坏的控制动剪应变 γ_{dc}，$\gamma_{dc}=\gamma_{dmax}=9.035\times10^{-5}$。令 $K=\frac{\gamma_d}{\gamma_{tv}}=\frac{9.035\times10^{-5}}{37.5\times10^{-5}}\approx0.24$。

(3)围压 55 kPa 可塑红黏土短时及疲劳动三轴试验成果

图 5-63(a)为短时动三轴试验得到的 σ_d-ε_d 曲线，通过分析计算得到围压为 55 kPa 时可塑红黏土的体积动剪应变门槛 $\gamma_{tv}=5.25\times10^{-4}$。

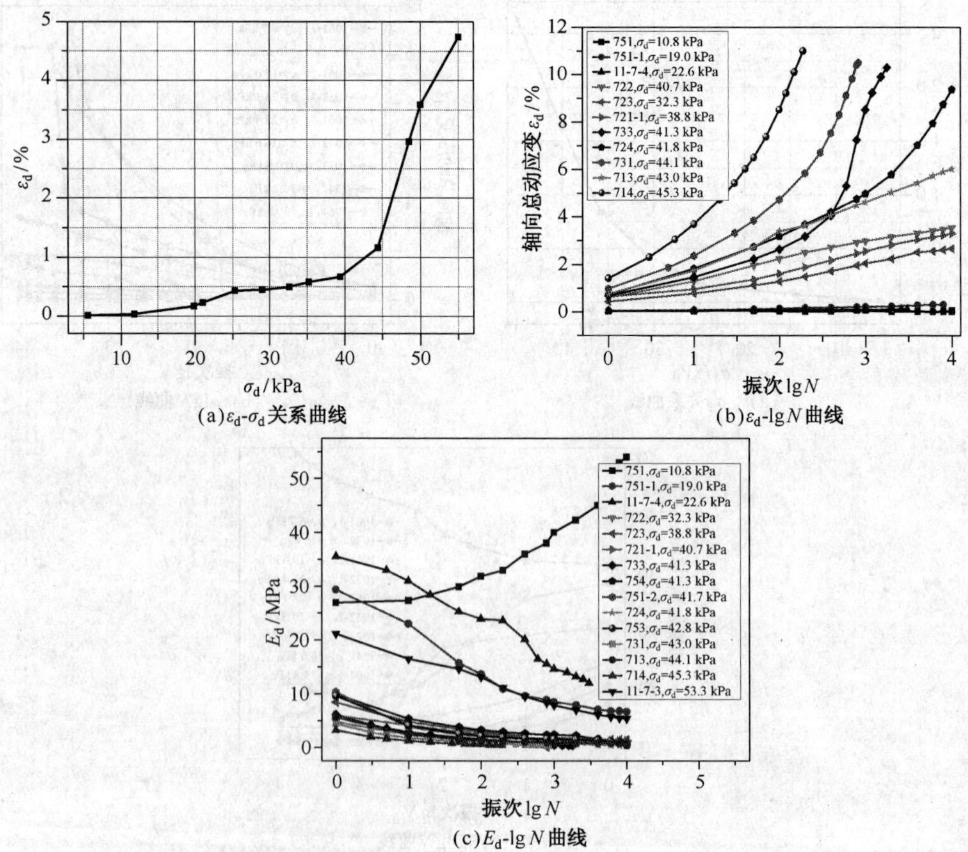

图 5-63　围压为 55 kPa 时可塑红黏土在各级动应力作用下成果曲线

图 5-63(b)为疲劳动三轴试验得到的 ε_d-lg N 曲线。根据图 5-63 (b)中各曲线走势，751 号、751-1 号、11-7-4 为衰减型曲线，723 号、721-1 号、722 号为临界型曲线，其余各曲线均属破坏型曲线。在围压为 55 kPa 下可塑红黏土的临界动应力 σ_{dcr} 为 32.3～40.7 kPa，平均值为 36.5 kPa。

图 5-63(c)为疲劳动三轴试验得到的 E_d-lg N 曲线。由图 5-63 (c)可知：ⓐ围压为55 kPa 时的可塑红黏土，第一级动应力水平(10.8 kPa)下动模量 E_d 随振次的增大而增加，从第二级动应力(19.0 kPa)开始，动模量随振次的增加而减小，且动模量减小梯度基本一致。ⓑ可以推断，当动应力为 10.8 kPa 时土样是长期动力稳定的，而当动应力增大到 19.0 kPa 时，土样结构破坏，即处于长期动力不稳定状态。ⓒ取动模量 $E_d=18.0$ MPa，泊松比 $\mu=0.35$，动应力 $\sigma_d=14.0$ kPa，按公式 $E_d=\frac{\sigma_d}{\varepsilon_d}\left(1-\frac{2\mu^2}{1-\mu}\right)$ 计算出对应的动应变 $\varepsilon_d=4.85\times10^{-4}$。ⓓ绘制应变莫尔圆，从莫尔圆上读出对应的最大动剪应变 γ_{dmax}，即为控制土体结构不发生破坏的控制动剪应变 γ_{dc}，$\gamma_{dc}=\gamma_{dmax}=1.212\,5\times10^{-4}$，令 $K=\frac{\gamma_d}{\gamma_{tv}}=\frac{1.212\,5\times10^{-4}}{5.25\times10^{-4}}\approx0.23$。

(4)可塑红黏土短时及疲劳动三轴试验成果分析与评价

可塑红黏土短时及疲劳动三轴试验成果如表 5-29 所示，由表 5-29 可知：

①可塑红黏土的临界动应力 σ_{dcr}、体积动剪应变门槛 γ_{tv} 及控制动剪应变 γ_{dc} 均随围压的增大而增大。

②在不同围压下，保持可塑红黏土在循环动应力作用下结构稳定的控制动剪应变 γ_{dc} 与体积动剪应变门槛 γ_{tv} 满足关系式 $\gamma_{dc}\approx\left(\frac{2}{10}\sim\frac{3}{10}\right)\gamma_{tv}$。

表 5-29 可塑红黏土短时及疲劳动三轴试验成果

含水状态	围压 σ_{3c}/kPa	临界动应力 σ_{dcr}/kPa		控制动剪应变 γ_{dc}	体积动剪应变门槛 γ_{tv}	$K_c=\gamma_{dc}/\gamma_{tv}$
		范围	平均值			
可塑状态	35 kPa	18.7～21.7	20.2	7.65×10^{-5}	2.825×10^{-4}	0.27
	45 kPa	23.4～28.1	26.5	9.035×10^{-5}	3.750×10^{-4}	0.24
	55 kPa	22.6～32.3	36.5	$1.212\,5\times10^{-4}$	5.250×10^{-4}	0.23

5.2.4.5 硬塑红黏土短时及疲劳动三轴试验成果

(1)围压 35 kPa 硬塑红黏土短时及疲劳动三轴试验成果

图 5-64(a)为短时动三轴试验得到的 σ_d-ε_d 曲线，通过分析计算得到围压为 35 kPa 时硬塑红黏土的体积动剪应变门槛 $\gamma_{tv}=1.545\times10^{-4}$。

图 5-64 (b)为疲劳动三轴试验得到的 ε_d-lg N 曲线。根据图 5-64(b)中各曲线走势，943-1 号、943-2 号、932 号为衰减型曲线，932-1 号、932-2 号、944 号、923 号为临界型曲线，其余各曲线均属破坏型曲线。在围压为 35 kPa 下硬塑红黏土的临界动应力 $\sigma_{dcr}=31.5$～39.0 kPa，平均值为 35.3 kPa。

图 5-64 (c)为疲劳动三轴试验得到的 E_d-lg N 曲线。由图 5-64(c)可知：ⓐ围压为35 kPa 时的硬塑红黏土，第一级动应力水平(5.0 kPa)下动模量 E_d 随振次的增大而增加，从第二级动应力(15.3 kPa)开始，动模量随振次的增加而减小。ⓑ可以推断，当动应力为 5.0 kPa 时土样是长期动力稳定的，而当动应力增大到 15.3 kPa 时，土样结构破坏，即处于长期动力不稳定状

态。ⓒ取动模量 $E_d=20.0$ MPa，泊松比 $\mu=0.32$，动应力 $\sigma_d=5.0$ kPa，按公式 $E_d=\frac{\sigma_d}{\varepsilon_d}\left(1-\frac{2\mu^2}{1-\mu}\right)$ 计算出对应的动应变 $\varepsilon_d=1.75\times10^{-4}$。ⓓ绘制应变莫尔圆，从莫尔圆上读出对应的最大动剪应变 γ_{dmax}，即为控制土体结构不发生破坏的控制动剪应变 γ_{dc}，$\gamma_{dc}=\gamma_{dmax}=4.375\times10^{-5}$。令 $K=\frac{\gamma_d}{\gamma_{tv}}=\frac{4.375\times10^{-5}}{15.45\times10^{-5}}\approx0.28$。

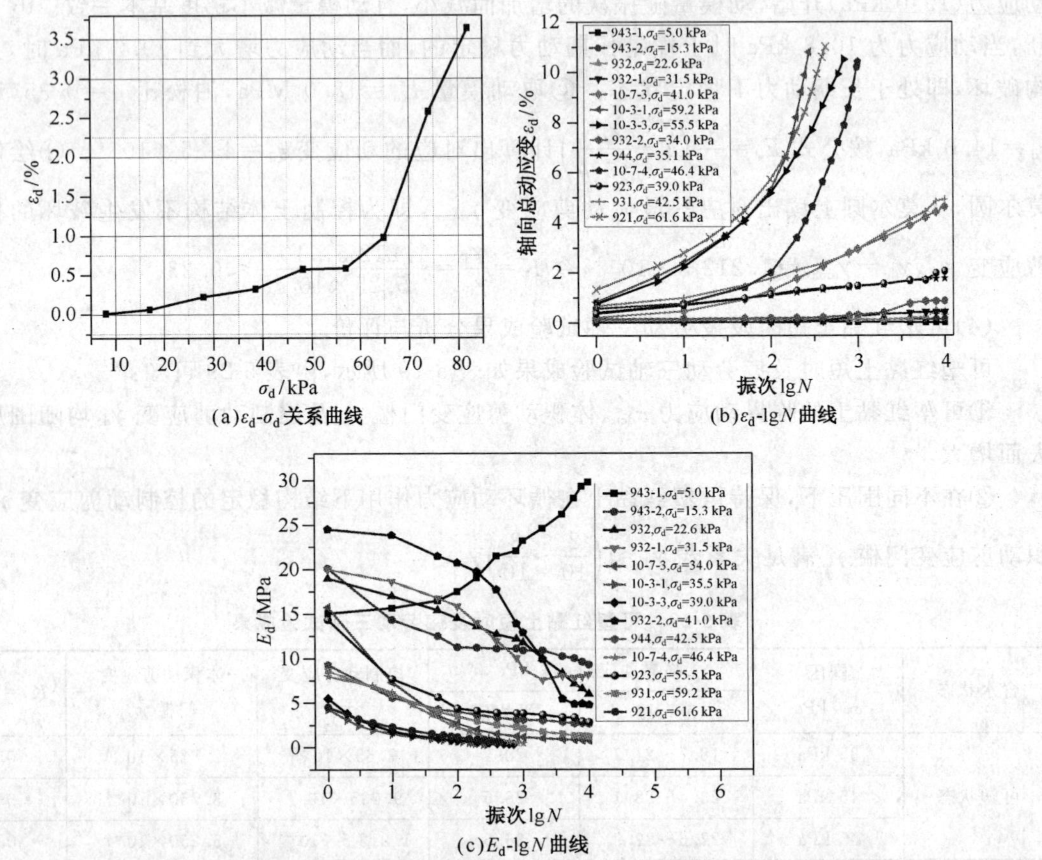

图 5-64 围压为 35 kPa 时硬塑红黏土在各级动应力作用下成果曲线

(2)围压 45 kPa 硬塑红黏土短时及疲劳动三轴试验成果

图 5-65(a)为短时动三轴试验得到的 σ_d-ε_d 曲线，通过分析计算得到围压为 45 kPa 时硬塑红黏土的体积动剪应变门槛 $\gamma_{tv}=2.35\times10^{-4}$。

图 5-65 (b)为疲劳动三轴试验得到的 ε_d-lg N 曲线。根据图 5-65(b)中各曲线走势，984 号、984-1 号、983 号、984-2 号为衰减型曲线，962 号为临界型曲线，其余各曲线均属破坏型曲线。在围压为 45 kPa 下硬塑红黏土的临界动应力 $\sigma_{dcr}=40.5$ kPa。

图 5-65 (c)为疲劳动三轴试验得到的 E_d-lg N 曲线。由图 5-65(c)可知：ⓐ围压为45 kPa时的硬塑红黏土，第一级动应力水平(12.2 kPa)下动模量 E_d 随振次的增大而增加，从第二级动应力(19.8 kPa)开始，动模量随振次的增加而减小。ⓑ可以推断，当动应力为12.2 kPa时土样是长期动力稳定的，而当动应力增大到 19.8 kPa 时，土样结构破坏，即处于长期动力不稳定状态。ⓒ施加的动应力越小，对应的动模量越大。ⓓ取动模量 $E_d=57.0$ MPa，泊松比 $\mu=$

0.32，动应力 $\sigma_d=16.0$ kPa，按公式 $E_d=\frac{\sigma_d}{\varepsilon_d}\left(1-\frac{2\mu^2}{1-\mu}\right)$ 计算出对应的动应变 $\varepsilon_d=1.96\times10^{-4}$。ⓔ绘制应变莫尔圆，从莫尔圆上读出对应的最大动剪应变 γ_{dmax}，即为控制土体结构不发生破坏的控制动剪应变 γ_{dc}，$\gamma_{dc}=\gamma_{dmax}=4.9\times10^{-5}$，令 $K=\frac{\gamma_d}{\gamma_{tv}}=\frac{4.9\times10^{-5}}{23.5\times10^{-5}}\approx21$，即满足 $\gamma_{dc}\approx\frac{1}{5}\gamma_{tv}$。

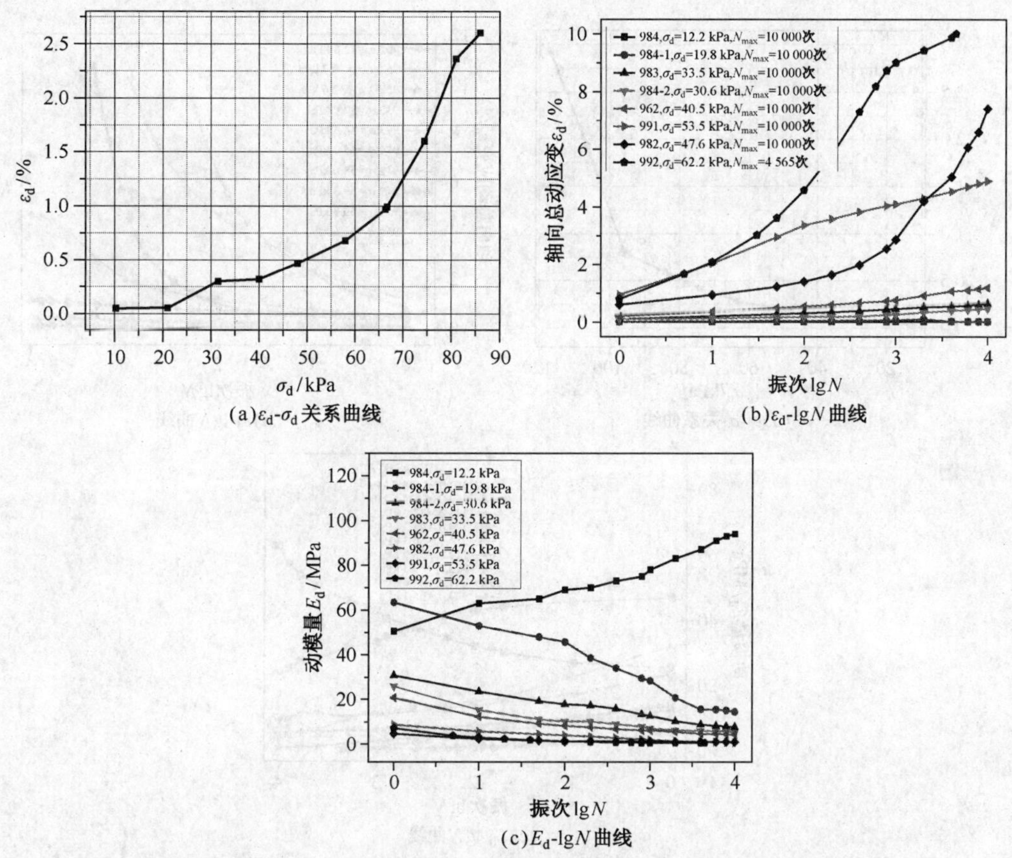

图 5-65　围压为 45 kPa 时硬塑红黏土在各级动应力作用下的成果曲线

(3)围压 55 kPa 硬塑红黏土短时及疲劳动三轴试验成果

图 5-66(a)为短时动三轴试验得到的 σ_d-ε_d 曲线，通过分析计算得到围压为 55 kPa 时硬塑红黏土的体积动剪应变门槛 $\gamma_{tv}=4.0\times10^{-4}$。

图 5-66 (b)为疲劳动三轴试验得到的 ε_d-lg N 曲线。根据图 5-66 (b)中各曲线走势，952 号、952-1 号、952-2 号、933 号为衰减型曲线，973 号、912 号为临界型曲线，其余各曲线均属破坏型曲线。在围压为 55 kPa 下硬塑红黏土的临界动应力 $\sigma_{dcr}=44.3\sim50.3$ kPa，平均值为 47.3 kPa。

图 5-66 (c)为疲劳动三轴试验得到的 E_d-lg N 曲线。由图 5-66(c)可知：ⓐ围压为55 kPa 时的硬塑红黏土，第一级动应力水平(12.6 kPa)下动模量 E_d 随振次的增大而增加，从第二级动应力(19.7 kPa)开始，动模量随振次的增加而减小。ⓑ可以推断，当动应力为 12.6 kPa 时土样是长期动力稳定的，而当动应力增大到 19.7 kPa 时，土样结构破坏，即处于长期动力不稳

定状态。ⓒ施加的动应力越小，对应的动模量越大。ⓓ取动模量 $E_d=36.5$ MPa，泊松比 $\mu=0.32$，动应力 $\sigma_d=16.2$ kPa，按公式 $E_d=\dfrac{\sigma_d}{\varepsilon_d}\left(1-\dfrac{2\mu^2}{1-\mu}\right)$ 计算出对应的动应变 $\varepsilon_d=3.11\times10^{-4}$。ⓔ绘制应变莫尔圆，从莫尔圆上读出对应的最大动剪应变 γ_{dmax}，即为控制土体结构不发生破坏的控制动剪应变 γ_{dc}，$\gamma_{dc}=\gamma_{dmax}=7.775\times10^{-5}$，令 $K=\dfrac{\gamma_d}{\gamma_{tv}}=\dfrac{7.775\times10^{-5}}{40.0\times10^{-5}}\approx0.194$，即满足 $\gamma_{dc}\approx\gamma_{tv}/5$。

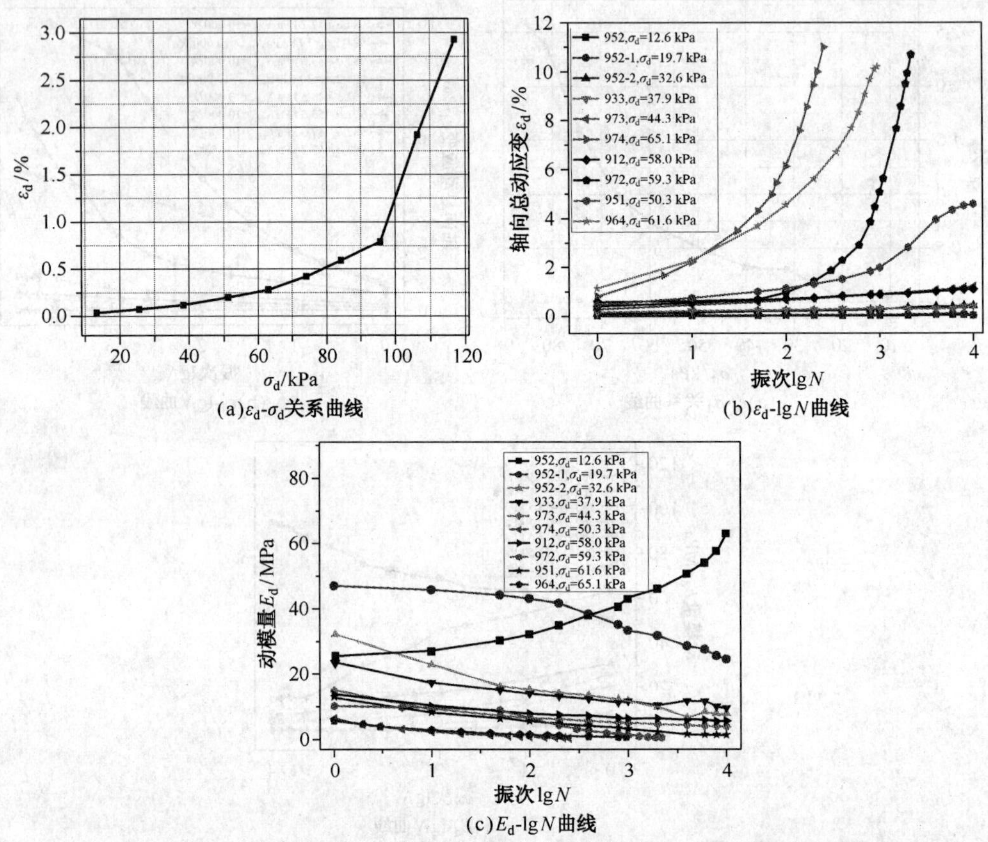

(a) ε_d-σ_d 关系曲线　(b) ε_d-lg$N$ 曲线　(c) E_d-lg$N$ 曲线

图 5-66　围压为 55 kPa 时硬塑红黏土在各级动应力作用下成果曲线

(4)硬塑红黏土短时及疲劳动三轴试验成果分析与评价

硬塑红黏土短时及疲劳动三轴试验成果如表 5-30 所示，由表 5-30 可知：

表 5-30　硬塑红黏土短时及疲劳动三轴试验成果

含水状态	围压 σ_{3c}/kPa	临界动应力 σ_{dcr}/kPa		控制动剪应变 γ_{dc}	体积动剪应变门槛 γ_{tv}	$K_c=\gamma_{dc}/\gamma_{tv}$
		范　围	平均值			
硬塑状态	35 kPa	31.5～39.0	35.3	4.375×10^{-5}	1.545×10^{-4}	0.28
	45 kPa	40.5	40.5	4.9×10^{-5}	2.350×10^{-4}	0.21
	55 kPa	44.3～50.3	47.3	7.775×10^{-5}	4.000×10^{-4}	0.194

①硬塑状态下红黏土临界动应力 σ_{dcr}；体积动剪应变门槛 γ_{tv} 及控制动剪应变 γ_{dc} 均随围压的增大而增大。

②在三种围压下，保持可塑红黏土在循环动应力作用下结构稳定的控制动剪应变 γ_{dc} 与体积动剪应变门槛 γ_{tv} 满足关系式 $\gamma_{dc}\approx\left(\frac{2}{10}\sim\frac{3}{10}\right)\gamma_{tv}$。

5.2.4.6　红黏土短时及疲劳动三轴试验成果分析

(1)试验成果

本次红黏土短时及疲劳动三轴试验成果如表 5-31 和图 5-67～图 5-72 所示，主要结论如下：

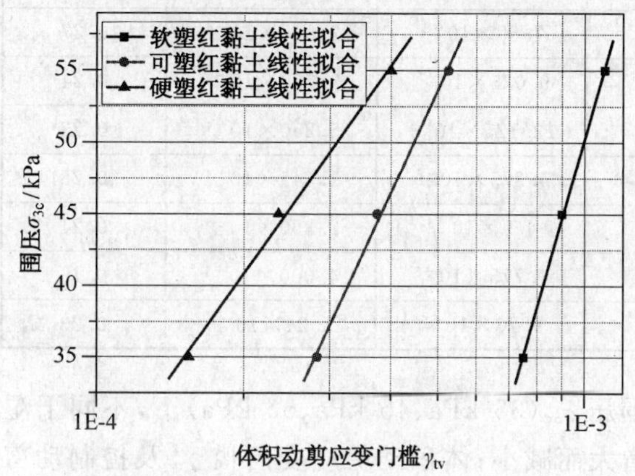

图 5-67　不同塑性状态下围压对体积动剪应变门槛影响

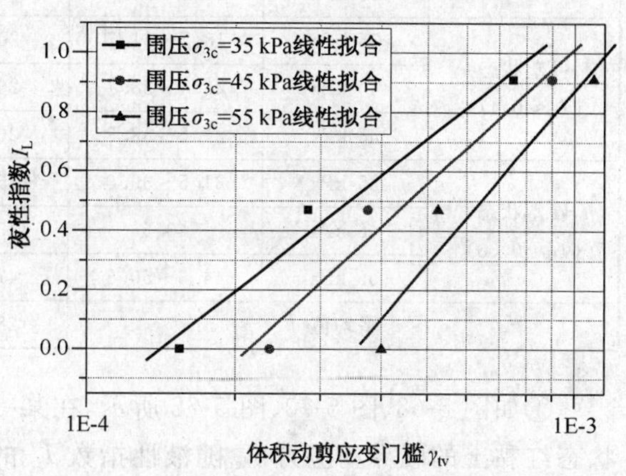

图 5-68　不同围压下液性指数对体积动剪应变门槛影响

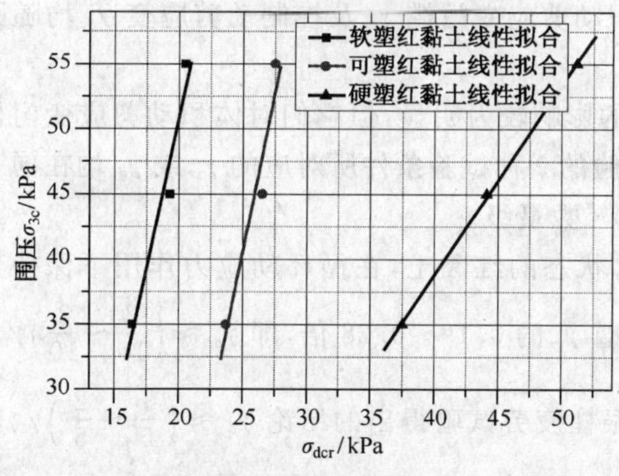

图 5-69　不同塑性状态下围压对临界动应力影响

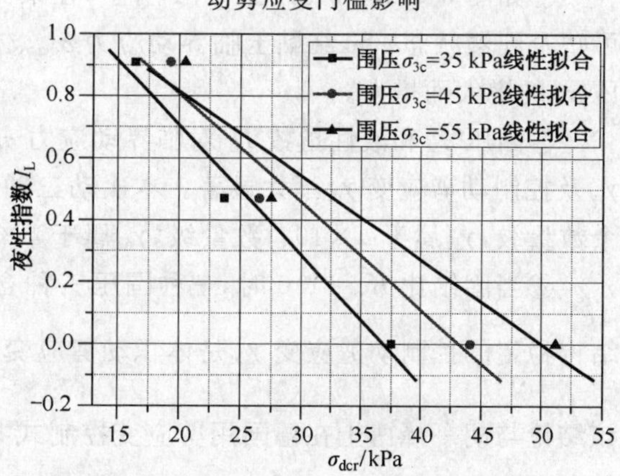

图 5-70　不同围压下液性指数对临界动应力影响

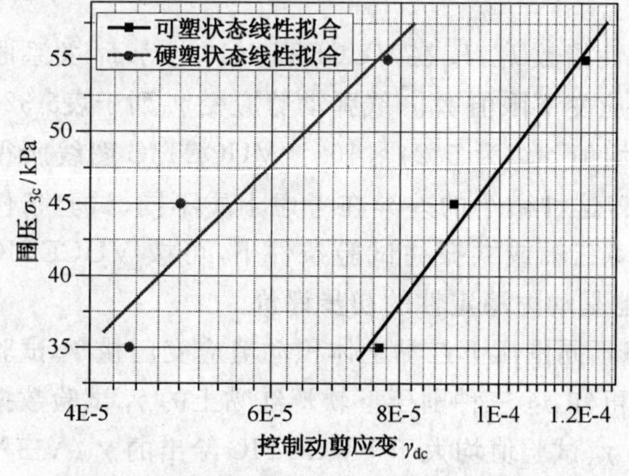

图 5-71　不同塑性状态下围压对控制动剪应变影响

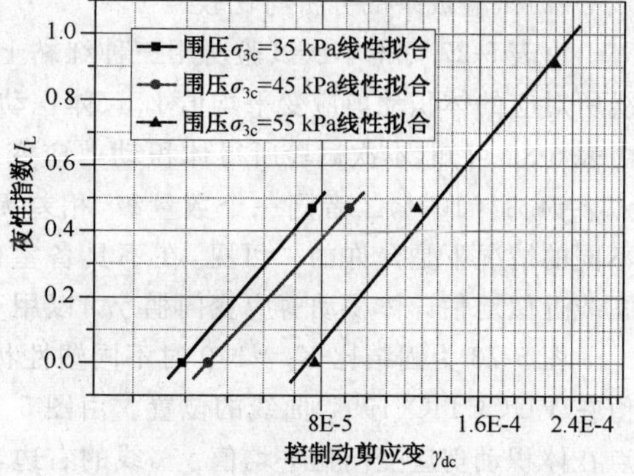

图 5-72　不同围压下液性指数对控制动剪应变影响

表 5-31 红黏土短时及疲劳动三轴试验成果表($K_c=1.0$, $f=8$ Hz)

含水状态	围压 σ_{3c}/kPa	临界动应力 σ_{dcr}/kPa		控制动剪应变 γ_{dc}	体积动剪应变门槛 γ_{tv}	$K_c=\gamma_{dc}/\gamma_{tv}$
		范 围	平均值			
软塑状态 ($I_L\approx0.91$)	35 kPa	9.0～14.4	11.7	/	7.50×10^{-4}	/
	45 kPa	10.6～18.5	14.6	/	9.00×10^{-4}	/
	55 kPa	16.0～20.0	18.0	22.25×10^{-5}	10.925×10^{-4}	0.20
可塑状态 ($I_L\approx0.47$)	35 kPa	18.7～21.7	20.2	7.65×10^{-5}	2.825×10^{-4}	0.27
	45 kPa	23.4～28.1	26.5	9.035×10^{-5}	3.750×10^{-4}	0.24
	55 kPa	22.6～32.3	36.5	12.125×10^{-5}	5.250×10^{-4}	0.23
硬塑状态 ($I_L\approx0.00$)	35 kPa	31.5～39.0	35.3	4.375×10^{-5}	1.545×10^{-4}	0.28
	45 kPa	40.5	40.5	4.9×10^{-5}	2.350×10^{-4}	0.21
	55 kPa	44.3～50.3	47.3	7.775×10^{-5}	4.000×10^{-4}	0.19
平均值			28.1	9.73×10^{-5}	5.24×10^{-4}	0.23

①如图 5-68、图 5-70、图 5-72 所示，在某一围压 σ_{3c}(35 kPa、45 kPa、55 kPa)下，不同干湿状态红黏土的临界动应力 σ_{dcr} 随液性指数 I_L 的增大而减小；体积动剪应变门槛 γ_{tv} 及控制动剪应变 γ_{dc} 随 I_L 的增大而增大。

②如图 5-67、图 5-69、图 5-71 所示，在某一干湿状态(按液性指数 I_L 的大小可分为软塑、可塑及硬塑状态)下，红黏土临界动应力 σ_{dcr}、体积动剪应变门槛 γ_{tv} 及控制动剪应变 γ_{dc} 均随围压 σ_{3c} 的增大而增大。

③围压 σ_{3c} 和液性指数 I_L 对临界动应力 σ_{dcr} 的影响较为明显，但它们对体积动剪应变门槛 γ_{tv} 及控制动剪应变 γ_{dc} 不太显著。本次动三轴试验的 9 种试验条件所对应的 γ_{tv} 或 γ_{dc} 均在同一个数量级，γ_{tv} 属于 $a\times10^{-4}$ 数量级，γ_{dc} 属于 $a\times10^{-5}$ 数量级。

④当固结比 $K_c=1.0$ 时，三种围压三种含水状态的红黏土，在循环动应力作用下保持其结构稳定的控制动剪应变 γ_{dc} 是体积动剪应变门槛 γ_{tv} 的 0.19～0.28 倍，即 $\gamma_{dc}\approx\left(\frac{2}{10}\sim\frac{3}{10}\right)\gamma_{tv}$，该结论与胡一峰博士在德国用剪应变控制式共振柱疲劳试验得出的结论 $\gamma_{dc}\approx\left(\frac{1}{5}\sim\frac{2}{5}\right)\gamma_{tv}$ 基本一致。

(2)试验成果的分析与比较

由表 5-27 可得本次试验所用三种红黏土塑性指数 I_P，I_P 在 VUCETIC(1994)γ-I_P 关系曲线所对应的体积动剪应变平均值 γ_{tvM}、体积动剪应变下限值 γ_{tvU}、线弹动剪应变 γ_{tl} 列于表5-32。由表 5-32 可知，本次试验所得体积动剪应变平均值 γ_{tvM} 为 5.24×10^{-4}，VUCETIC 图线所得 $\gamma_{tvM}=4.3\times10^{-4}$，二者同一个数量级，相差无几，这种微小的差异在考虑土质不同、试验条件不同的情况下是允许的。可见，在不具备室内动三轴或共振柱试验条件下，可按 VUCETIC 图线近似地估计体积动剪应变门槛 γ_{tv}，以用于地基动力稳定性的初步评价。

图 5-73 为固结比 $K_c=1.0$ 时不同塑性状态不同围压下红黏土体积动剪应变门槛 γ_{tv} 试验值在 VUCETIC(1994)曲线的位置。由图 5-73 可知：ⓐ三种围压下软塑红黏土的 γ_{tv} 试验数据点在体积动剪应变门槛平均值 γ_{tvM} 线的右边，其 γ_{tv} 试验值均大于 VUCETIC 给出的 γ_{tvM}；三种围压下可塑及硬塑红黏土的 γ_{tv} 试验数据点基本上位于体积动剪应变门槛下限值 γ_{tvU} 线和 γ_{tvM}

表 5-32　红黏土 γ_{tv} 试验值及其在 VUCETIC 图线上的对应值（$K_c=1.0$，$f=8$ Hz）

试验用红黏土物理状态		体积动剪应变试验值		VUCETIC 曲线值		
含水状态	塑性指数 I_P	γ_{tv}		体积动剪应变门槛		线弹动剪应变
				γ_{tvM}	γ_{tvU}	γ_{tl}
软塑状态（$I_L\approx0.91$）	15.1	35 kPa	7.50×10^{-4}	3.0×10^{-4}	1.2×10^{-4}	8.3×10^{-6}
		45 kPa	9.00×10^{-4}			
		55 kPa	10.925×10^{-4}			
可塑状态（$I_L\approx0.47$）	27.0	35 kPa	2.825×10^{-4}	5.1×10^{-4}	1.8×10^{-4}	1.8×10^{-5}
		45 kPa	3.750×10^{-4}			
		55 kPa	5.250×10^{-4}			
硬塑状态（$I_L\approx0.00$）	24.5	35 kPa	1.545×10^{-4}	4.8×10^{-4}	1.7×10^{-4}	1.6×10^{-5}
		45 kPa	2.350×10^{-4}			
		55 kPa	4.000×10^{-4}			
平均值			5.24×10^{-4}	4.3×10^{-4}		

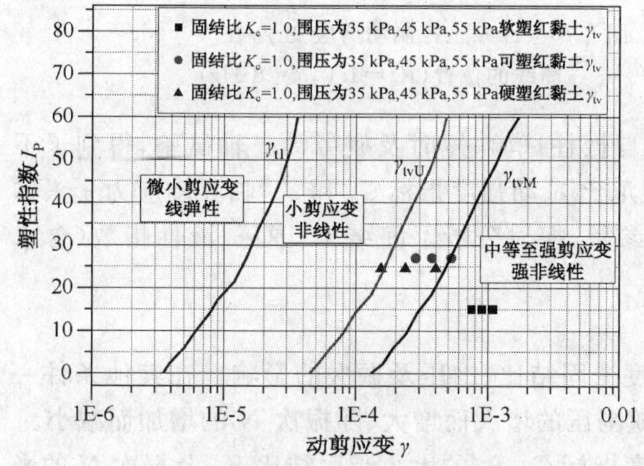

图 5-73　红黏土 γ_{tv} 试验值在 Vucetic 图线的位置（$K_c=1.0$）

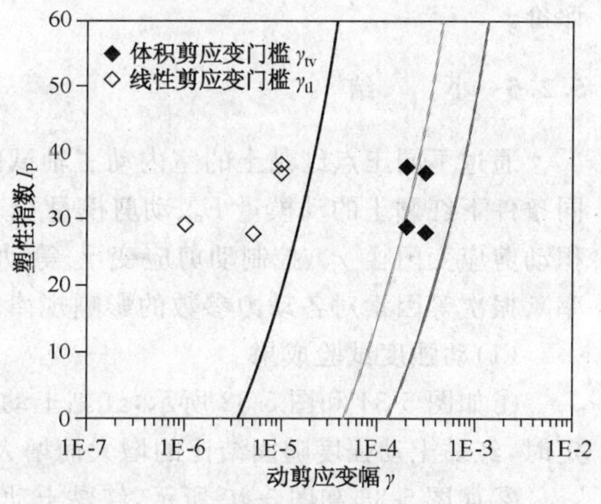

图 5-74　德国硬塑～可塑黏土 γ_{tv} 试验值在 Vucetic 图线的位置（$K_c=1.0$）

线之间及其附近，它们的 γ_{tv} 试验值介于 VUCETIC 给出的 γ_{tvU} 值和 γ_{tvM} 值之间或二者附近。ⓑ图 5-73 中各试验点体积动剪应变门槛 γ_{tv} 试验值均小于或等位 γ_{tvU} 值，即没有一个试验点在 γ_{tvU} 线左边，且各试验点基本上分布于体积动剪应变门槛平均值 γ_{tvM} 线附近，这说明本次红黏土体积动剪应变门槛 γ_{tv} 试验值的正确性和本次试验方案及数据处理方法的合理性，证明了 VUCETIC 在 1994 提出的 γ_{tvU} 线和 γ_{tvM} 线的普遍适用性和合理性。ⓒ胡一峰博士采用剪应变控制式共振柱试验技术，对德国新建无砟轨道高速铁路纽伦堡—因戈尔斯达特线南标段路堑区基床底层范围的第三纪沉积层的硬塑～可塑黏土进行了短时及疲劳共振柱试验。试验所用硬塑黏土液性指数 $I_L=-0.06\sim0.05$，塑性指数 $I_P=37.0\sim38.0$；可塑黏土液性指数 $I_L=0.40\sim0.44$，塑性指数 $I_P=27.8\sim29.1$，试验中取固结比 $K_c=1.0$。该试验结果如图 5-74 所示，其体积动剪应变门槛 γ_{tv} 试验值基本上介于 VUCETIC 给出的 γ_{tvU} 线和 γ_{tvM} 线之间略偏向 γ_{tvU} 线。比较图 5-73 和图 5-74 发现，采用应力控制式短时动三轴试验得到硬塑及可塑红黏土的 γ_{tv} 值所在位置，与胡一峰采用剪应变控制式短时共振柱试验得到上述硬塑及可塑黏土的

γ_{tv}值所在位置基本一致。可见在试验条件、土的性质基本相似的情况下，两种不同的试验技术得到的试验结论基本相似，进一步证明了用我国常见的应力控制式动三轴试验技术代替我国目前还没有的剪应变控制式共振柱试验技术测定体积动剪应变门槛是可行的。

图 5-75 为固结比 $K_c=1.0$ 时，三种塑性状态和三种围压下红黏土控制动剪应变 γ_{dc} 试验值在 VUCETIC(1994)曲线的位置。由图 5-75 可知：除围压为 55 kPa 软塑红黏土的 γ_{dc} 试验点在体积动剪应变门槛下限值 γ_{tvU} 和平均值 γ_{tvM} 线之间外，其余各 γ_{dc} 试验点均位于 γ_{tl} 线和 γ_{tvU} 线之间且靠近 γ_{tvU} 线，即红黏土 γ_{dc} 试验值满足关系式 $\gamma_{tl}<\gamma_{dc}<\gamma_{tvU}$。因此在不具备室内疲劳动三轴试验或共振柱试验条件下，可按 VUCETIC 图线近似地估计控制动剪应变 γ_{dc}，以用于地基长期动力稳定性的初步评价。

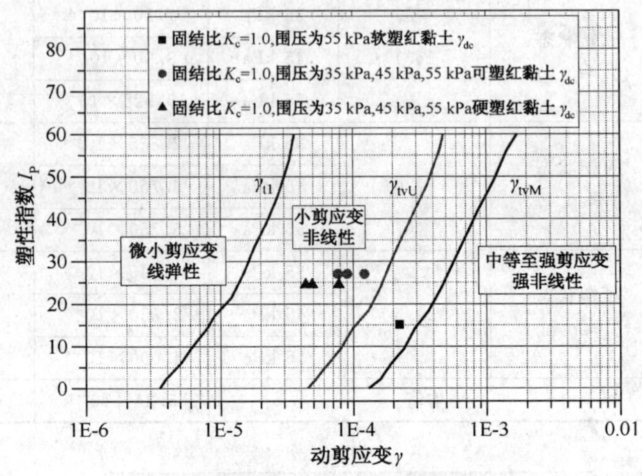

图 5-75　红黏土控制动剪应变 γ_{dc}在 Vucetic 图线的位置($K_c=1.0$，$f=8$ Hz)

5.2.5　小　　结

通过不同工点红黏土的室内动三轴试验、自振柱试验、短时及疲劳动三轴试验，得到了不同条件下红黏土的动模量 E_d、动剪模量 G_d、阻尼比 λ、动强度指标 C_d 和 φ_d、临界动应力 σ_{dcr}、体积动剪应变门槛 γ_{tv}、控制动剪应变 γ_{dc} 等动力参数，探讨分析了固结比、围压、液性指数(含水率)、振次等因素对各动力参数的影响规律。

(1)动强度试验成果

①如图 5-34 和图 5-38 所示，红黏土动强度受固结比、围压及振次的影响。在其他条件一定时，红黏土动强度随固结比的增大而增大、随围压的增大而增大、随振次 N 的增加而减小。

②如图 5-36 和图 5-40 所示，红黏土动强度指标 C_d、φ_d 的大小受固结比 K_c 及振次 N 的影响。其他条件一定时，C_d、φ_d 值随 K_c 的增大明显增大；C_d 值随振次 N 的增大明显减小；φ_d 值随振次 N 的增大有微小减小趋势。

(2)动模量试验成果

如图 5-37 和图 5-41 所示，E_d 大小主要受固结比 K_c、围压及动应变 ε_d 的影响。K_c 一定时，围压越大，动模量 E_d 越大；相同围压下，K_c 越大，E_d 越大；E_d 随 ε_d 的增大而非线性减小。当 $\varepsilon_d>10^{-2}$时，K_c、围压及 ε_d 对 E_d 大小的影响非常微小，E_d 逐渐趋于稳定。红黏土 E_d-ε_d 关系曲线，具有明显的非线性特征，可用双曲线进行拟合。

(3)自振柱试验成果

如图 5-45 所示，其他条件一定时，动剪模量 G_d 随围压增大而增大、随动剪应变幅值的增大而非线性减小。红黏土的 τ_d-γ_d 关系曲线可由$\dfrac{G_d}{G_{dmax}}$-γ_d 曲线反映。红黏土的$\dfrac{G_d}{G_{dmax}}$-γ_d 曲线呈非线性，表现一般黏性土的塑性特征。该曲线可用两个参数的双曲线模型或三参数的 Davidenkov 模型进行拟合，实践表明 Davidenkov 模型适用性更好。当 $\gamma\leqslant10^{-5}$时，该曲线基本上呈线性变化，此时红黏土在动荷载作用下基本上处于线弹性变形阶段，动剪模量近似为一常数；当 $\gamma>10^{-5}$ 时，出现了明显的弯曲和方向的偏转，此时产生了塑性变形，动剪模量随剪应变的增大而逐渐减小，动剪模量为一变量。

阻尼比 λ 是反映动荷载作用下因土的内阻损失能量的性质，是土动力特性的一个重要指标。由图 5-45 可知，λ 随剪应变 γ_d 的增大而增大，围压随的增大而越小。当 $\gamma<10^{-5}$ 时，λ-γ_d 关系曲线基本呈线性，说明此时红黏土主要产生了弹性变形；当 $\gamma>10^{-5}$ 时，该曲线逐渐呈现非线性，此时已产生塑性变形。λ-γ_d 关系曲线呈非线性，该曲线可用对数函数关系进行拟合。

(4)短时及疲劳动三轴试验成果

试验成果表明，固结比 K_c、液性指数 I_L 及围压 σ_{3c} 对红黏土体积动剪应变门槛 γ_{tv}、临界动应力 σ_{dcr} 及控制动剪应变幅值 γ_{dc} 均有明显的影响。具体表现为：

①如表 5-33 及图 5-76 所示，红黏土的 γ_{tv}、σ_{dcr} 及 γ_{dc} 均随 K_c 的增大而增大。

表 5-33　固结比对动剪应变门槛及临界动应力的影响(围压 50 kPa，频率 8 Hz)

固结比	短时动三轴试验		疲劳动三轴试验		$K=\frac{\gamma_{dc}}{\gamma_{tv}}$	VUCETIC 成果		
K_c	γ_{tvU}	γ_{tvM}	σ_{dcr}/kPa	γ_{dc}		γ_{tl}	γ_{tvU}	γ_{tvM}
1.0	1.545×10^{-4}	4.0×10^{-4}	44.3～50.3	7.775×10^{-5}	0.19	1.4×10^{-5}	1.6×10^{-4}	4.3×10^{-4}
1.5	6.6×10^{-4}	1.2×10^{-3}	65.0～76.0	6.0×10^{-4}	0.330	/	/	/
2.0	1.1×10^{-3}	1.4×10^{-3}	80～88	6.4×10^{-4}	0.395	/	/	/

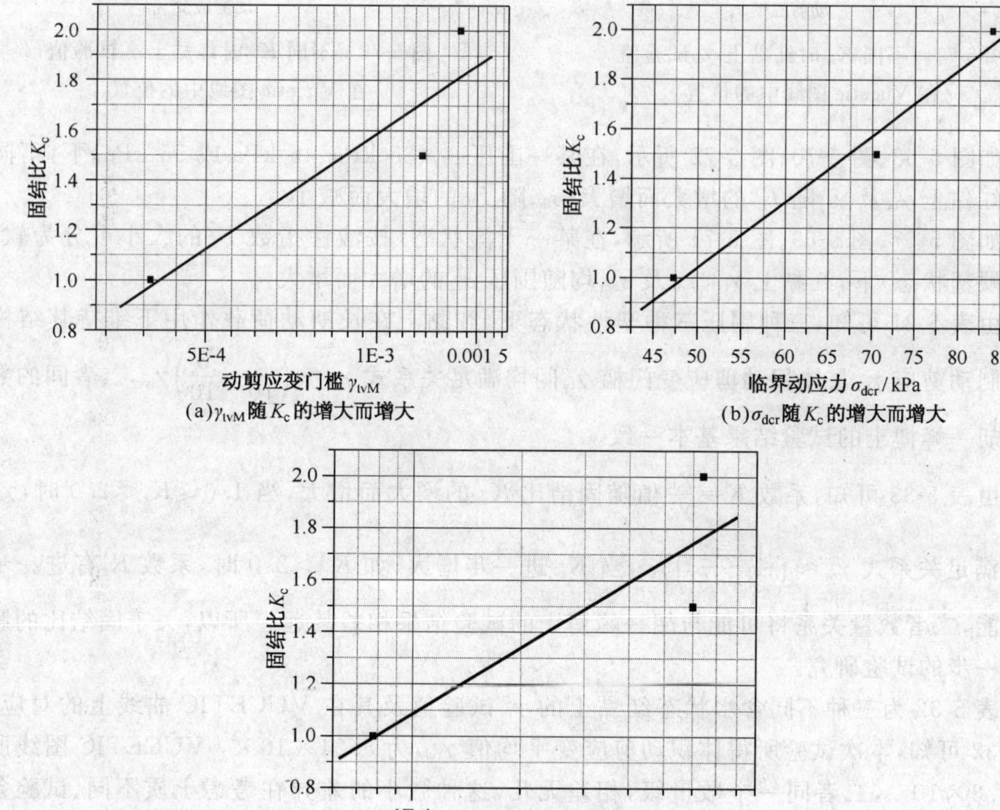

(a) γ_{tvM} 随 K_c 的增大而增大

(b) σ_{dcr} 随 K_c 的增大而增大

(c) γ_{dc} 随 K_c 的增大而增大

图 5-76　固结比 K_c 对 γ_{tvM}、σ_{dcr} 及 γ_{dc} 的影响

②图 5-77、图 5-78 分别为围压为 50 kPa 不同固结比时，红黏土 γ_{tv} 及 γ_{dc} 试验值在 VUCETIC 曲线上的位置，由图 5-77 可看出，$K_c=1.0$ 时红黏土 γ_{tv} 试验点非常接近 γ_{tvM} 线，$K_c=1.5$ 及 2.0 时红黏土 γ_{tv} 试验点已远离 γ_{tvM} 线。由图 5-78 可知，$K_c=1.0$ 时红黏土 γ_{dc} 试验点介于 γ_{tvU} 线和 γ_{tl} 线之间，$K_c=1.5$ 及 2.0 时红黏土 γ_{dc} 试验点位于 γ_{tvM} 线右侧。由红黏土 γ_{tv} 及 γ_{dc} 试验值在 VUCETIC 曲线上的位置特点可得出：$K_c=1.0$ 时红黏土试验结果与 VUCETIC 统计结果较为接近，胡一峰博士也得出了相似的试验结果；而 $K_c=1.5$ 及 2.0 时红黏土试验结果与 VUCETIC 统计结果相差较远。因此在缺乏试验条件利用 VUCETIC 统计曲线确定红黏土的 γ_{tv} 及 γ_{dc} 时，需要考虑固结比的影响。

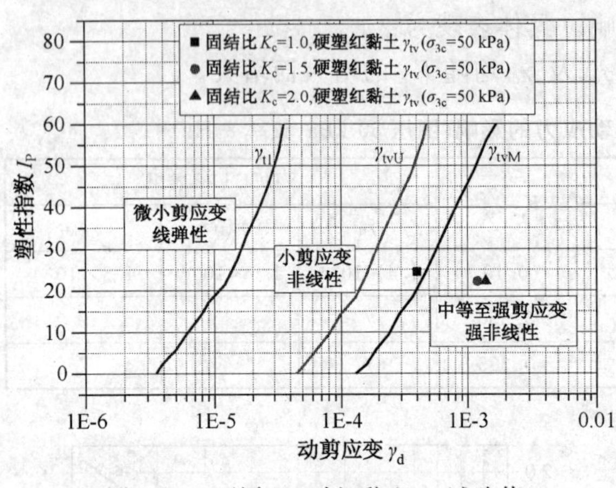

图 5-77 不同 K_c 时红黏土 γ_{tv} 试验值在 Vucetic 图线中的位置

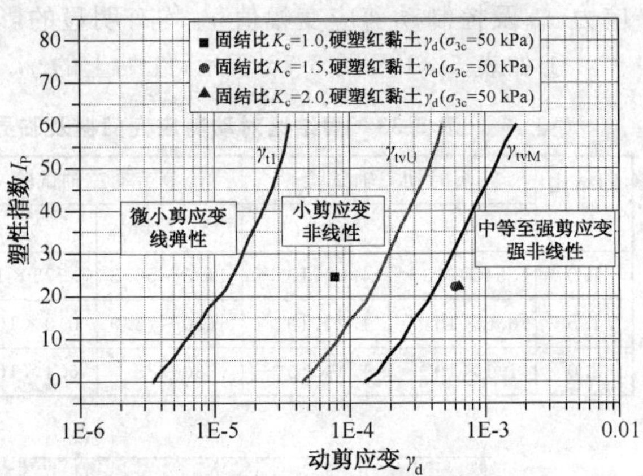

图 5-78 不同 K_c 时红黏土 γ_d 试验值在 Vucetic 图线中的位置

③如图 5-68、图 5-70、图 5-72 所示，在某一围压 σ_{3c}(35 kPa、45 kPa 或 55 kPa)下，不同干湿状态红黏土 γ_{tv} 及 γ_{dc} 随 I_L 的增大而增大、σ_{dcr} 随 I_L 的增大而减小。

④如图 5-67、图 5-69、图 5-71 所示，在某一干湿状态(按液性指数 I_L 的大小可分为软塑、可塑及硬塑状态)下，红黏土 γ_{tv}、γ_{dc} 及 σ_{dcr} 均随围压 σ_{3c} 的增大而增大。

⑤由表 5-31 可知，三种围压三种塑性状态下，红黏土在长期动荷载作用下维持其结构稳定的控制动剪应 γ_{dc} 与体积动剪应变门槛 γ_{tv} 间均满足关系式 $\gamma_{dc}\approx\left(\frac{2}{10}\sim\frac{3}{10}\right)\gamma_{tv}$，二者间的数量关系与胡一峰博士的试验结果基本一致。

⑥由表 5-33 可知，系数 $K=\frac{\gamma_{dc}}{\gamma_{tv}}$ 值随固结比 K_c 的增大而增大，当 $1.0\leqslant K_c\leqslant 2.0$ 时，γ_{dc} 与 γ_{tv} 之间满足关系式 $\gamma_{dc}\approx\left(\frac{1}{5}\sim\frac{2}{5}\right)\gamma_{tv}$，当 K_c 进一步增大，如 $K_c>2.0$ 时，系数 K 有进一步增大的可能，二者数量关系将可能与胡一峰博士的试验结果相差甚远。所以，关于固结比的影响仍需进一步的试验研究。

⑦表 5-32 为三种不同含水状态红黏土的 γ_{tv} 试验值及其在 VUCETIC 曲线上的对应值。由表 5-32 可知，本次试验所得体积动剪应变平均值 γ_{tvM} 为 5.24×10^{-4}，VUCETIC 图线所得 $\gamma_{tvM}=4.3\times10^{-4}$，二者同一个数量级，相差无几，这种微小的差异在考虑土质不同、试验条件不同的情况下是允许的。可见，在不具备室内动三轴或共振柱试验条件下，可按 VUCETIC 图线近似地估计体积动剪应变门槛 γ_{tv}，以用于地基动力稳定性的初步评价。

⑧图 5-73 为固结比 $K_c=1.0$ 时不同含水状态不同围压下红黏土体积动剪应变门槛 γ_{tv} 试

验值在 VUCETIC(1994)曲线的位置。由图 5-73 可知:ⓐ三种围压下软塑红黏土的 γ_{tv} 试验数据点在体积动剪应变门槛平均值 γ_{tvM} 线的右边,其 γ_{tv} 试验值均大于 VUCETIC 给出的 γ_{tvM};三种围压下可塑及硬塑红黏土的 γ_{tv} 试验数据点基本上位于体积动剪应变门槛下限值 γ_{tvU} 线和 γ_{tvM} 线之间及其附近,它们的 γ_{tv} 试验值介于 VUCETIC 给出的 γ_{tvU} 值和 γ_{tvM} 值之间或二者附近。ⓑ图 5-85 中各试验点体积动剪应变门槛 γ_{tv} 试验值均小于或等位 γ_{tvU} 值,即没有一个试验点在 γ_{tvU} 线左边,且各试验点基本上分布于体积动剪应变门槛平均值 γ_{tvM} 线附近,这说明本次红黏土体积动剪应变门槛 γ_{tv} 试验值的正确性和本次试验方案及数据处理方法的合理性,证明了 VUCETIC 在 1994 年提出的 γ_{tvU} 线和 γ_{tvM} 线的普遍适用性和合理性。

⑨图 5-74 所示为胡一峰博士采用剪应变控制式共振柱试验技术,得到的硬塑~可塑黏土体积动剪应变门槛 γ_{tv} 在 VUCETIC 统计图上的位置,其体积动剪应变门槛 γ_{tv} 试验值基本上介于 VUCETIC 给出的 γ_{tvU} 线和 γ_{tvM} 线之间略偏向 γ_{tvU} 线。比较图 5-73 和图 5-74 发现,采用应力控制式短时动三轴试验得到硬塑及可塑红黏土的 γ_{tv} 值所在位置,与胡一峰采用剪应变控制式短时共振柱试验得到上述硬塑及可塑黏土的 γ_{tv} 值所在位置基本一致。可见在试验条件、土的性质基本相似的情况下,两种不同的试验技术得到的试验结论基本相似,进一步证明了用我国常见的应力控制式动三轴试验技术代替我国目前还没有的剪应变控制式共振柱试验技术测定体积动剪应变门槛 γ_{tv} 是可行的。

⑩图 5-75 为固结比 $K_c=1.0$ 时三种含水状态三种围压下红黏土控制动剪应变 γ_{dc} 试验值在 VUCETIC(1994 年)曲线的位置。由图 5-75 可知:除围压为 55 kPa 软塑红黏土的 γ_{dc} 试验点在体积动剪应变门槛下限值 γ_{tvU} 和平均值 γ_{tvM} 线之间外,其余各 γ_{dc} 试验点均位于 γ_{tl} 线和 γ_{tvU} 线之间且靠近 γ_{tvU} 线,即红黏土 γ_{dc} 试验值满足关系式 $\gamma_{tl}<\gamma_{dc}<\gamma_{tvU}$,此结论与胡一峰博士的试验结果基本一致。因此在不具备室内疲劳动三轴试验或共振柱试验条件下,可按 VUCETIC 图线近似地估计控制动剪应变 γ_{dc},以用于地基长期动力稳定性的初步评价。

⑪表 5-34 为先后两次红黏土短时及疲劳动三轴试验成果汇总,由上述分析与对比可知,在缺乏室内动三轴或共振柱试验条件下,表 5-34 中各种试验条件不同含水状态红黏土的 γ_{tv}、γ_{dc} 及 γ_{dcr} 值,可根据具体工程情况选用,直接用于红黏土基床的长期动力稳定性初步评价。

表 5-34 红黏土短时及疲劳动三轴试验成果表汇总

固结比 K_c	含水状态	围压 σ_{3c}/kPa	短时试验	疲劳试验			$K=\frac{\gamma_{dc}}{\gamma_{tv}}$
			γ_{tv}	σ_{dcr}/kPa		γ_{dc}	
				范 围	平均值		
1.0	软塑状态 ($I_L\approx0.91$)	35 kPa	7.50×10^{-4}	9.0~14.4	11.7	/	/
		45 kPa	9.00×10^{-4}	10.6~18.5	14.6	/	/
		55 kPa	10.925×10^{-4}	16.0~20.0	18.0	22.25×10^{-5}	0.20
	可塑状态 ($I_L\approx0.47$)	35 kPa	2.825×10^{-4}	18.7~21.7	20.2	7.65×10^{-5}	0.27
		45 kPa	3.750×10^{-4}	23.4~28.1	26.5	9.035×10^{-5}	0.24
		55 kPa	5.250×10^{-4}	22.6~32.3	36.5	12.125×10^{-5}	0.23
	硬塑状态 ($I_L\approx0.00$)	35 kPa	1.545×10^{-4}	31.5~39.0	35.3	4.375×10^{-5}	0.28
		45 kPa	2.350×10^{-4}	40.5	40.5	4.9×10^{-5}	0.21
		55 kPa	4.000×10^{-4}	44.3~50.3	47.3	7.775×10^{-5}	0.19
1.5	坚硬状态 ($I_L\approx-0.09$)	50 kPa	1.2×10^{-3}	65.0~76.0	70.5	6.0×10^{-4}	0.330
2.0			1.4×10^{-3}	80~88	84.0	6.4×10^{-4}	0.395

⑫在不具备试验条件下确定红黏土控制动剪应变 γ_{dc} 时，可根据红黏土塑性指数 I_P 在 VUCETIC 统计图上得到相应 γ_{tvU}。对于 $K_c=1.0$ 的情况，建议取 $\gamma_{dc}=(2/10\sim3/10)\gamma_{tvU}$；对于 $1.0<K_c\leqslant2.0$ 的情况，建议取 $\gamma_{dc}=(3/10\sim4/10)\gamma_{tvU}$。

5.3 武广高速铁路红黏土动力特性

综合咸宁工点(DK1274)及泉口工点(DK1293、DK1294)红黏土的室内动三轴试验成果、泉口工点(DK1294)红黏土的室内自振柱试验成果、泉口工点(DK1294+050)右侧侧沟沟顶及郴州工点(DK1820～1821)红黏土的短时及疲劳动三轴试验成果，分析了红黏土的动力特性。

5.3.1 红黏土动本构关系

由室内动三轴试验可知，红黏土在不同围压 σ_{3c} 下的 σ_d-ε_d 关系曲线(图 5-79)具有明显的非线形特征。图 5-80 是上述条件下 $1/E_d$ 与 ε_d 的关系曲线，近似为一条直线，其表达式可写为 $1/E_d=a+b\varepsilon_d$(其中 a 为该直线的截距，b 为该直线的斜率)。该式可变换为 $E_d=1/(a+b\varepsilon_d)$，而 $E_d=\sigma_d/\varepsilon_d$，所以 $\sigma_d=\varepsilon_d/(a+b\varepsilon_d)$，可见红黏土在循环动荷载作用下的动应力与动应变关系仍可用 R. L. Kondner 的双曲线模型描述。

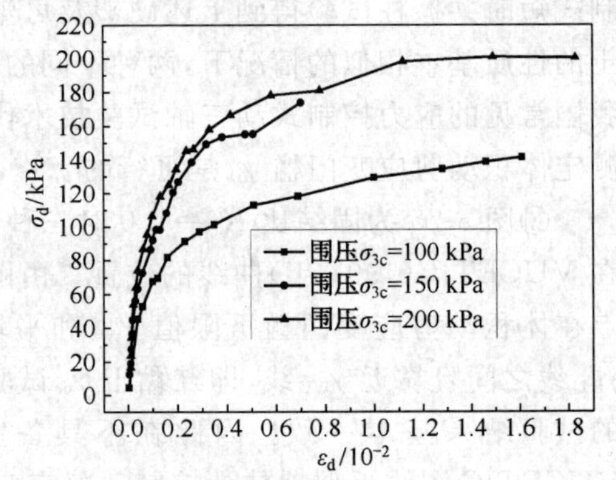

图 5-79 红黏土 σ_d-ε_d 曲线

红黏土的动本构关系也可用 τ-γ 关系曲线表示，一般用 G/G_{max}-γ 曲线间接地反映红黏土的 τ-γ 关系，如图 5-81 所示，红黏土的 G/G_{max}-γ 曲线呈非线性，这说明红黏土具有一般黏性土的应力应变本构关系特性。三参数的 Davidenkov 模型能很好地拟合红黏土 G_d/G_{dmax}-γ 曲线。该模型数学关系式为：$G_d=G_{dmax}[1-H(\gamma)]$，其中 $H(\gamma)=\left[\frac{(\gamma/\gamma_0)^{2B}}{1+(\gamma/\gamma_0)^{2B}}\right]^A$，$A$、$B$ 和 γ_0 为拟合参数。

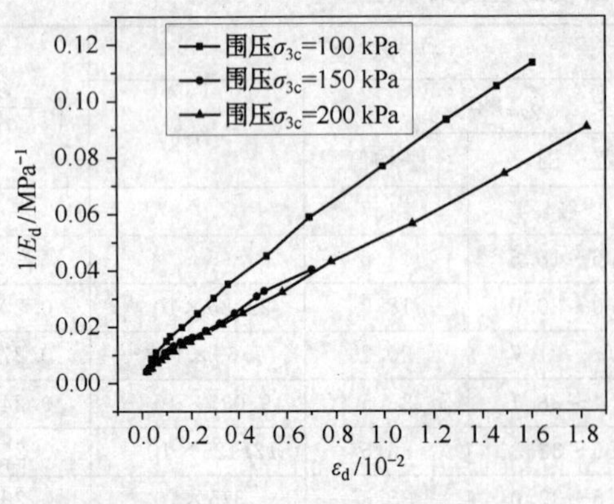

图 5-80 红黏土 $1/E_d$-ε_d 曲线

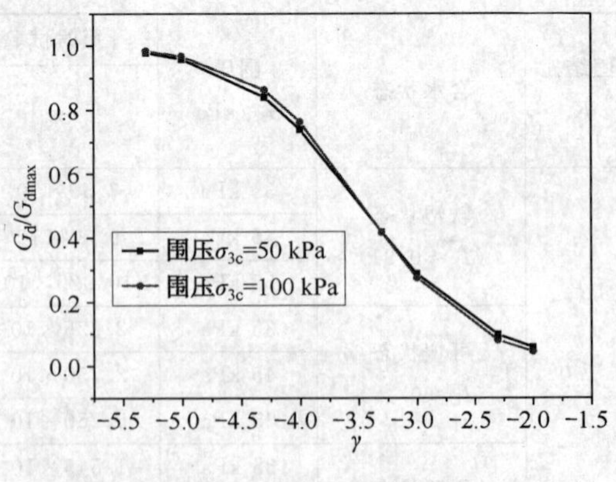

图 5-81 G/G_{max}-γ 曲线

如图 5-81 所示，当 $\gamma\leqslant10^{-5}$ 时，该曲线基本上呈线性变化，说明此时红黏土在动力作用下基本上处于线弹性变形阶段，动剪模量不变，为一常数；当 $\gamma>10^{-5}$ 时，出现了明显的弯曲和方向的偏转，说明这时红黏土在动力作用下产生了塑性变形，动剪模量随剪应变的增大而逐渐减小，这时的动剪模量是一变量。红黏土动剪切模量随剪应变的这种变化趋势，反映了其动应力—动应变关系的非线性、滞后性的一般规律。

5.3.2 红黏土的阻尼比

阻尼比是反映土体在动荷载作用下能量因土体内阻损失变化的性质，是土动力特性的一个重要指标。红黏土具有一般黏性土的性质，其内部存在阻尼。图 5-82 为不同围压 σ_{3c} 下红黏土的动应变 ε_d 与阻尼比 λ 的关系曲线，二者呈非线性关系。当固结比一定时，红黏土阻尼比 λ 随动应变 ε_d 的增大而增大，在微小应变时，阻尼比随动应变的增加而迅速增长，此后，ε_d-λ 曲线趋于平缓。这种红黏土阻尼比随动应变的变化规律说明，在振动过程中应变的变化滞后于应力的变化是有一极限值的，相应的，加、卸荷载过程在土体中的能量损失也有一定阈值；另外，红黏土阻尼比随围压的增大而减小，这说明围压对土样的刚度具有强化作用，围压越大，刚度越大，阻尼越小。可见，影响阻尼比 λ 的主要因素有动应变 ε_d 和围压 σ_{3c}。

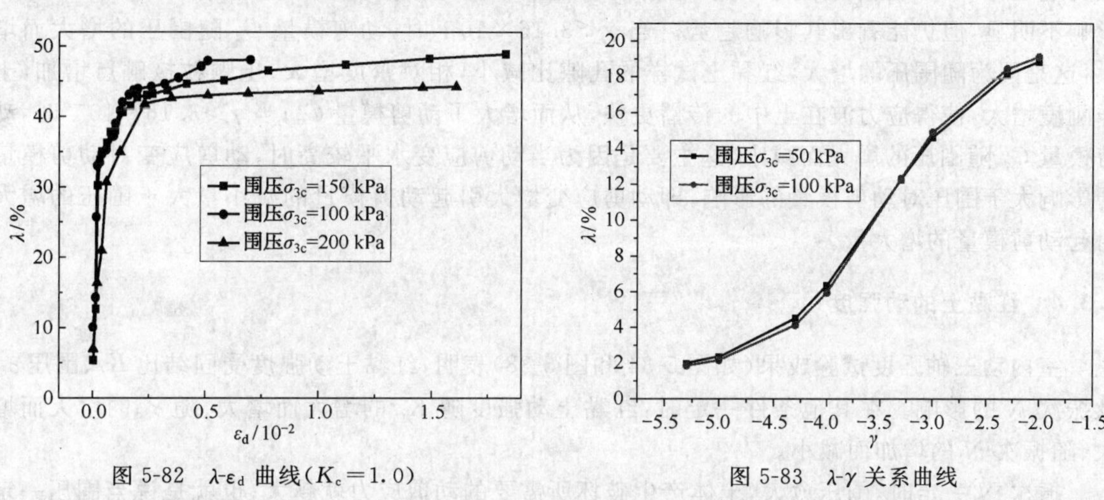

图 5-82 λ-ε_d 曲线（$K_c=1.0$）　　图 5-83 λ-γ 关系曲线

由室内自振柱试验成果可知，红黏土的 λ-γ 关系曲线呈非线性（见图 5-83）。在固结比相同时，剪应变越大，阻尼比 λ 越大，动剪应变是影响红黏土阻尼的主要因素；围压越大，阻尼比越小。在小剪应变水平下（$\gamma<10^{-5}$），λ-γ 关系曲线基本呈线性，λ 变化不大，说明此时红黏土主要产生弹性变形，还没有产生塑性变形，即红黏土的塑性特征还没发挥出来；随着剪应变的增大（当 $\gamma>10^{-5}$ 时），λ 增长加快，曲线逐渐呈现非线性，此时已开始产生塑性变形。由图 5-83 可知，围压对红黏土阻尼比 λ 的影响不显著，但仍看出其变化趋势。当 $\gamma<3.16\times10^{-4}$ 时，红黏土阻尼比随围压的增大有轻微减小；当 $\gamma>3.16\times10^{-4}$ 时，红黏土阻尼比随围压的增大而轻微增大。根据对红黏土实测数据进行拟合，红黏土的 λ-γ 关系曲线可近似按经验公式 $\lambda=\lambda_{max}(1-G/G_{max})^m$ 进行描述。

5.3.3 红黏土的动模量

图 5-37 和图 5-41 为不同固结比不同围压下红黏土 E_d-ε_d 关系曲线。由图可知，动模量 E_d 随动应变 ε_d 的增大而减小，且应变较小时（$\varepsilon_d<0.5\%$）这种趋势更加明显，即在图线上表现为斜率较大；而应变较大时（$\varepsilon_d>0.5\%$）这种趋势不再明显，且逐渐趋于平缓，这表明红黏土与一般黏性土有相似非线性特征。其他条件一定时，动模量 E_d 及最大动模量 E_{dmax} 均随围压 σ_{3c}、固结比 K_c 的增大而增大，这说明围压和固结比能有效地提高了土试样的密度和刚度。因此，

动应变 ε_d、围压 σ_{3c} 及固结比 K_c 是影响红黏土动模量 E_d 的主要因素，红黏土动模量并不是常量，在工程实践上可以通过增大红黏土路基的上覆压力来减小其动变形。

如图 5-37 和图 5-41 所示，红黏土的 E_d-ε_d 关系曲线有一个拐点，但不是特别明显。E_d 随着动应变的增加而减小，其中拐点之前的陡峭段，红黏土的应变增大非常小，而应力急剧增大，应力的增长速率远远大于拐点之后的平缓段，E_d 与动应变基本成线性关系，土体处于弹性阶段。而拐点之后的平缓段，其应变增长较大而应力增长相对较小，这是红黏土与其他土类的显著区别。红黏土具有特殊的微观结构，由氧化物胶结粒团组成土体，而氧化物的胶结较牢固。在 E_d-ε_d 曲线的初始阶段，红黏土的结构没有破坏，只有压缩变形，而红黏土的压缩性较低，因而其动变形特别小而 E_d 急剧减小。过了拐点之后，由于红黏土的结构已经破坏，故其动应变增长较快，而 E_d 减小较慢。

由图 5-81 可知，动剪切模量 G_d 是剪应变 γ 的函数，随着剪应变的增大而明显减小；当剪应变超过 10^{-4} 后，随剪应变的增大，动剪切模量减小的速度更快。围压对红黏土动剪模量的影响不明显，但仍能看出其影响趋势。当 $\gamma < 3.16\times10^{-4}$ 时，动剪模量 G_d 随围压的增大而增大，这是因为随围压的增大，红黏土试样的孔隙比减小，相对密度增大，土颗粒接触点增加，土样刚度增大，使得应力波在土中的传播更快，从而增大了动剪模量 G_d；当 $\gamma > 3.16\times10^{-4}$ 时，动剪模量 G_d 随围压的增大而减小，这主要是因为当动剪应变水平较高时，动剪应变对动剪模量的影响大于围压对动剪模量的影响，即动剪应变增大引起动剪模量的减小量大于围压的增大引起动剪模量的增大量。

5.3.4 红黏土的动强度

室内动三轴强度试验成果（如图 5-34 和图 5-38）表明，红黏土动强度受固结比 K_c、围压 σ_{3c} 及振次 N 的影响。在其他条件一定时，红黏土动强度随 K_c 的增大而增大、随 σ_{3c} 的增大而增大、随振次 N 的增加而减小。

振次 N 一定时，围压愈大，土体产生破坏所需要的动剪应力就越大；也就是说当围压一定时，动剪应力愈大，发生破坏所需要的循环周数会显著减小。动剪强度随围压增大而增大，这一性质与静力剪切一致，围压愈大，土体抗剪强度愈高。这是因为，土样在低压力下固结时，土体结构较为松散，土颗粒之间空隙较大，颗粒接触不够充分。在受到循环荷载作用时，孔隙水压力的增加使本来就比较松散的土体内部有效应力迅速减小，从而使试样破坏；而围压越大，土的结构就越紧密，颗粒与颗粒之间充分接触，土体内部的摩擦力有所提高。即使在振动过程中孔隙水压力增加，仍不足以克服颗粒间的摩擦力，土样结构不易发生改变，从而提高了土体的动强度 τ_d。

在相同的动剪应力条件下，随着围压的增加，振动破坏周数 N_f 成级数增长。例如当动剪应力 τ_d＝80 kPa 固结压力 σ_3＝100 kPa 时振动约 10 次发生破坏。当 σ_3＝150 kPa 时要振动 200 多次发生破坏，而 σ_3＝200 kPa 时振动次数则达到 1 000 次才发生破坏。因此在高固结压力（σ_3＝200 kPa）下，假如振动应力幅值取得过小，有可能发生无论振动多少周次试验都不会破坏的情况。这是因为高围压下红黏土的刚性大，若施加很小的动应力，土样仅产生极微小的弹性变形，土体一直处于弹性状态无法进入塑性状态。因而土在过小动应力幅值作用下无法破坏。

在其他控制参数相同的情况下，红黏土动强度随着固结比的变化呈如下规律：循环周数一定时，固结比愈大，产生破坏所需的动应力就越大；动剪应力相同时，随着固结应力比的增加，红黏土试样破坏所用的振动次数大幅增加。红黏土的破坏强度随着固结应力比的增加而略有增大，但增幅不均匀。增幅小的地方甚至不及增幅大的地方的 1/3。当红黏土是偏压固结状态时，轴向压力相对于侧向压力大，土体受到初始剪应力作用，内部结构因颗粒间的相互滑移而趋于紧密，颗粒接触力增大。在受到循环荷载时，虽然孔压有所增加，但红黏土是黏性土，其孔隙水压增加甚微，不足以克服颗粒之间的接触力，从而提高了土体的动强度，因此偏压条件下红黏土的破坏应力高于等压固结条件下的其他土样的破坏应力。

围压和固结力比对红黏土动强度的影响本质上是一致的，都是通过改变应力条件来改变土体结构，增大土样密度，使得土颗粒充分接触，增大颗粒之间的摩擦力，从而提高红黏土的动强度。这些规律在实际工程建设中具有重要的指导意义，在实际工程中可以通过增大上覆压力的方式来改变地基土的围压或固结比，以此提高地基土的强度和抗震能力。

由图 5-36 和图 5-40 可知，红黏土动强度指标 C_d、φ_d 的大小受固结比 K_c 及振次 N 的影响。其他条件一定时，C_d、φ_d 值随 K_c 的增大明显增大；C_d 值随振次 N 的增大明显减小；φ_d 值随振次 N 的增大有微小减小趋势。振次 N 对 φ_d 影响非常微小的原因是：红黏土中黏粒含量较一般黏性土大得多，而黏粒是黏聚力的主要来源，红黏土中提供内摩擦角的粗粒土却较少，在振动过程中，随着振次的增加，红黏土中的黏粒在土样中的分布逐渐变得不均匀，导致黏聚力 c_d 值较大幅度的降低，而摩擦角并没受到太大的影响。

5.3.5 红黏土的短时及疲劳特性参数

红黏土短时及疲劳动特性参数主要包括体积动剪应变门槛 γ_{tv}、临界动应力 σ_{dcr} 及控制动剪应变幅值 γ_{dc} 三个，不同试验条件和不同含水状态下红黏土短时及疲劳特性参数见表 5-34。试验结果表明，上述三个参数的大小均受固结比 K_c、液性指数 I_L 及围压 σ_{3c} 的影响。其他条件一定时，γ_{tv}、σ_{dcr} 及 γ_{dc} 均随 K_c 及围压的增大而增大（如图 5-76 及图 5-67、图 5-69、图 5-71 所示），γ_{tv} 及 γ_{dc} 随 I_L 的增大而增大（如图 5-68、图 5-70、图 5-72 所示），σ_{dcr} 随 I_L 的增大而减小（如图 5-68、图 5-70、图 5-72 所示）。

由表 5-34 可知，当 $K_c=1.0$ 时，控制动剪应变幅值 γ_{dc} 与体积动剪应变门槛 γ_{tv} 二者间满足关系式 $\gamma_{dc}\approx(2/10\sim3/10)\gamma_{tv}$；当 $1.0<K_c\leqslant2.0$ 时，二者间满足关系式 $\gamma_{dc}\approx(3/10\sim4/10)\gamma_{tv}$，此结果与胡一峰博士的结果接近。

由表 5-34 及图 5-76 可知，系数 $K=\dfrac{\gamma_{dc}}{\gamma_{tv}}$ 值随固结比 K_c 的增大而增大，当 $1.0\leqslant K_c\leqslant2.0$ 时，γ_{dc} 与 γ_{tv} 之间满足关系式 $\gamma_{dc}\approx\left(\dfrac{1}{5}\sim\dfrac{2}{5}\right)\gamma_{tv}$，当 K_c 进一步增大，如 $K_c>2.0$ 时，系数 K 有进一步增大的可能，二都数量关系将可能与胡一峰博士的试验结果相差甚远。所以，关于固结比的影响仍需进一步的试验研究。

图 5-77、图 5-78 分别为围压为 50 kPa 不同固结比时，红黏土 γ_{tv} 及 γ_{dc} 试验值在 VUCETIC 曲线上的位置，由图 5-77 可看出，$K_c=1.0$ 时红黏土 γ_{tv} 试验点非常接近 γ_{tvM} 线，$K_c=1.5$ 及 2.0 时红黏土 γ_{tv} 试验点已远离 γ_{tvM} 线。由图 5-78 可知，$K_c=1.0$ 时红黏土 γ_{dc} 试验点介于 γ_{tvU} 线和 γ_{tl} 线之间，$K_c=1.5$ 及 2.0 时红黏土 γ_{dc} 试验点位于 γ_{tvM} 线右侧。由红黏土 γ_{tv} 及 γ_{dc} 试验值在 VUCETIC 曲线上的位置特点可得出：$K_c=1.0$ 时红黏土试验结果与 VUCETIC 统计结果较为接近，胡一峰博士也得出了相似的试验结果；而 $K_c=1.5$ 及 2.0 时红黏土试验结果与 VUCETIC 统计结果相差较远。因此在缺乏试验条件利用 VUCETIC 统计曲线确定红黏土的 γ_{tv} 及 γ_{dc} 时，需要考虑固结比的影响。

表 5-32 为三种不同塑性状态红黏土的 γ_{tv} 试验值及其在 VUCETIC 曲线对应值。由表 5-32可知，本次试验所得体积动剪应变平均值 γ_{tvM} 为 5.24×10^{-4}，VUCETIC 图线所得 $\gamma_{tvM}=4.3\times10^{-4}$，二者同一个数量级，相差无几，这种微小的差异在考虑土质不同、试验条件不同的情况下是允许的。可见，在不具备室内动三轴或共振柱试验条件下，可按 VUCETIC 图线近似地估计体积动剪应变门槛 γ_{tv}，以用于地基动力稳定性的初步评价。

图 5-73 为固结比 $K_c=1.0$ 时不同塑性状态不同围压下红黏土体积动剪应变门槛 γ_{tv} 试验值在 VUCETIC(1994)曲线的位置。由图 5-73 可知：ⓐ三种围压下软塑红黏土的 γ_{tv} 试验数据点在体积动剪应变门槛平均值 γ_{tvM} 线的右边，其 γ_{tv} 试验值均大于 VUCETIC 给出的 γ_{tvM}；三种围压下可塑及硬塑红黏土的 γ_{tv} 试验数据点基本上位于体积动剪应变门槛下限值 γ_{tvU} 线和 γ_{tvM} 线之间及其附近，它们的 γ_{tv} 试验值介于 VUCETIC 给出的 γ_{tvU} 值和 γ_{tvM} 值之间或二者附近。ⓑ图 5-73 中各试验点体积动剪应变门槛 γ_{tv} 试验值均小于或等位 γ_{tvU} 值，即没有一个试验点在 γ_{tvU} 线左边，且各试验点基本上分布于体积动剪应变门槛平均值 γ_{tvM} 线附近，这说明本次红黏土体积动剪应变门槛 γ_{tv} 试验值的正确性和本次试验方案及数据处理方法的合理性，证明了 VUCETIC 在 1994 年提出的 γ_{tvU} 线和 γ_{tvM} 线的普遍适用性和合理性。

图 5-74 所示为胡一峰博士采用剪应变控制式共振柱试验技术，得到的硬塑～可塑黏土体积动剪应变门槛 γ_{tv} 在 VUCETIC 统计图上的位置，其体积动剪应变门槛 γ_{tv} 试验值基本上介于 VUCETIC 给出的 γ_{tvU} 线和 γ_{tvM} 线之间略偏向 γ_{tvU} 线。比较图 5-73 和图 5-74 发现，采用应力控制式短时动三轴试验得到硬塑及可塑红黏土的 γ_{tv} 值所在位置，与胡一峰采用剪应变控制式短时共振柱试验得到上述硬塑及可塑黏土的 γ_{tv} 值所在位置基本一致。可见在试验条件、土的性质基本相似的情况下，两种不同的试验技术得到的试验结论相近，进一步证明了用我国常见的应力控制式动三轴试验技术代替我国目前还没有的剪应变控制式共振柱试验技术测定体积动剪应变门槛 γ_{tv} 是可行的。

图 5-75 为固结比 $K_c=1.0$ 时，三种塑性状态和三种围压下红黏土控制动剪应变 γ_{dc} 试验值在 VUCETIC(1994)曲线的位置。由图 5-75 可知：除围压为 55 kPa 软塑红黏土的 γ_{dc} 试验点在体积动剪应变门槛下限值 γ_{tvU} 和平均值 γ_{tvM} 线之间外，其余各 γ_{dc} 试验点均位于 γ_{tl} 线和 γ_{tvU} 线之间且靠近 γ_{tvU} 线，即红黏土 γ_{dc} 试验值满足关系式 $\gamma_{tl}<\gamma_{dc}<\gamma_{tvU}$，此结论与胡一峰博士的试验结果基本一致。因此在不具备室内疲劳动三轴试验或共振柱试验条件下，可按 VUCETIC 图线近似地估计控制动剪应变 γ_{dc}，以用于地基长期动力稳定性的初步评价。

5.4 武广高速铁路红黏土路堑基床动力响应现场测试

5.4.1 基床动力响应现场测试方案

在武广高速铁路 DK1294＋003.08～DK1294＋102.42 石灰岩类红黏土路堑段，选取两个典型剖面作为现场动测工点。该工点位于垄岗岗丘，为杂树林及旱地，相对高差 5～10 m，坡度平缓。该工点前接泉琅大桥，后接独山特大桥，桥桥间为路堑，路堑挖深 1～4 m，上覆黏土液限 $w_L=49.4\%$，为较典型的次生红黏土。两端桥头地基采用 CFG 桩加固，桩间距 1.5 m～1.8 m，DK1294＋027～DK1294＋079 段地基采用重型机械振动碾压加固。表层为 $Q_{2\sim3}^{al+pl}$ 黏土，棕红色间夹棕黄色，坚硬，局部夹砾石，Ⅲ类，厚度约 0～6.6 m；$Q_{2\sim3}^{al+pl}$ 黏土，棕红色间夹棕黄色，硬塑，局部夹砾石，Ⅲ类，厚度约 7.7～19.5 m；局部下为 $Q_{2\sim3}^{al+pl}$ 黏土，棕黄色、棕红色间，流塑，Ⅱ类，厚度约 0～1.85 m。下伏基岩为 T1dy 之灰岩，局部夹角砾灰岩，灰色，弱风化，一般岩层较完整，局部裂隙较发育～发育。土层发育孔隙潜水，补给来源为大气降水。基岩发育岩溶裂隙水。地下水埋深 9.7～17.5 m 左右，随季节水位有变化。

J-1 型动测剖面设置于武广线 DK1294＋060 处，J-2 型动测剖面设置于武广线 DK1294＋045 处，两断面监测元件布置如图 5-84 和图 5-85 所示，在基床内及地基中沿深度布置钢弦式土压力盒 6 个，并沿深度及换填底横向布置应变式土压力盒 13 个、拾振器 11 个、加速度计 11 个、速度计 2 个，研究基床内动态响应沿深度及横向的分布规律，为动力稳定性评价提供依据。

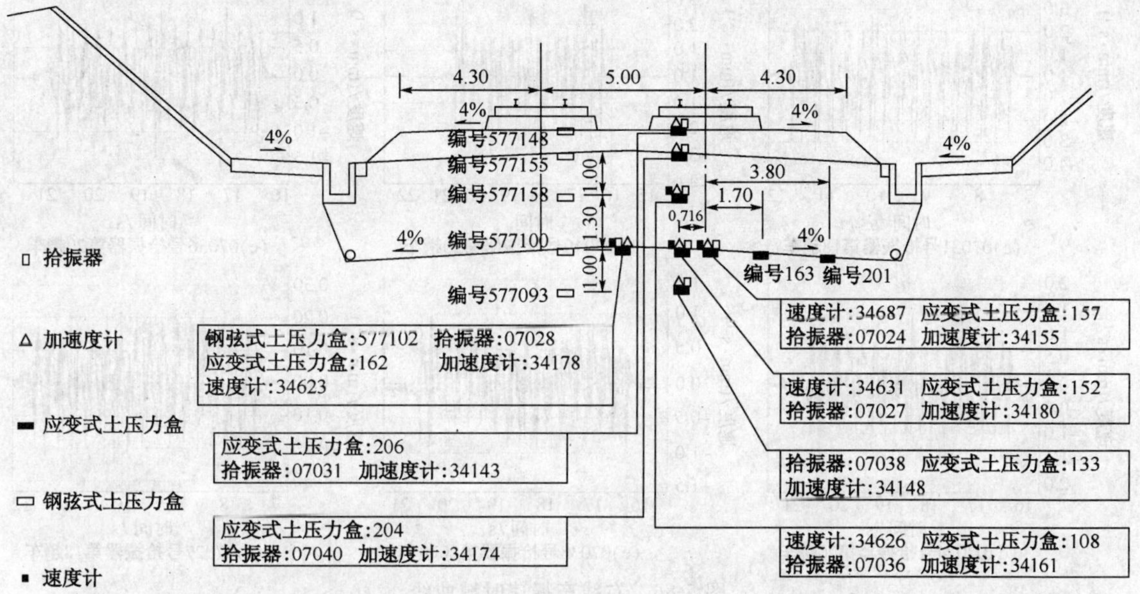

图 5-84　泉口(DK1294＋060)红黏土路堑基床动力响应测试 J-1 断面监测元件布置示意图

4.30　5.00　4.30
4%　4%　4%　4%　4%　4%
1.00　1.30
□ 拾振器
△ 加速度计
▬ 应变式土压力盒
▭ 钢弦式土压力盒
▪ 速度计
应变式土压力盒:154
拾振器:07033　加速度计:34152
应变式土压力盒:124
拾振器:07041　加速度计:34175
速度计:34685　应变式土压力盒:160
拾振器:07022　加速度计:34145
速度计:34630　应变式土压力盒:196
拾振器:07039　加速度计:34171

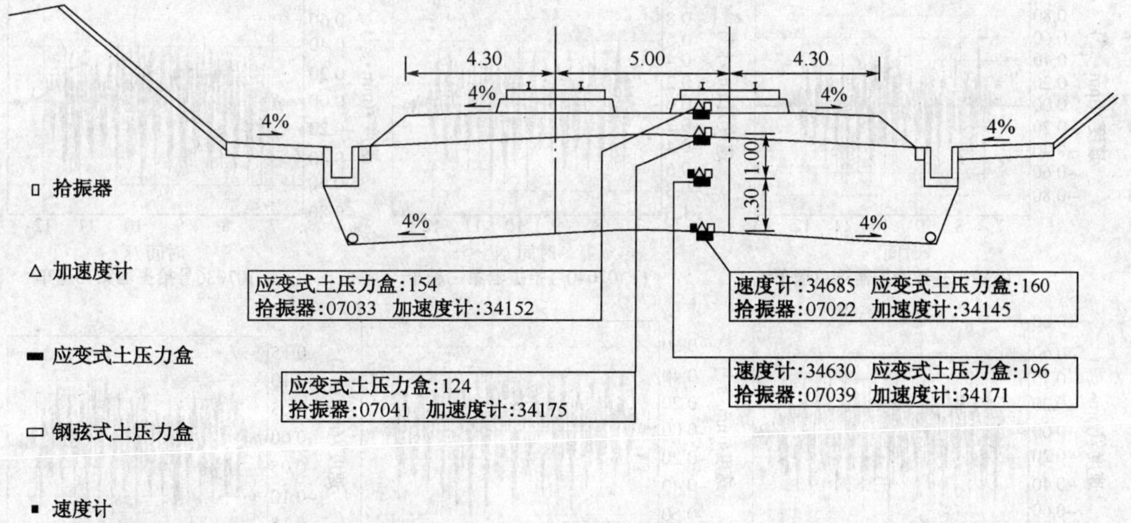

图 5-85　泉口(DK1294＋045)红黏土路堑基床动力响应测试 J-2 断面监测元件布置示意图

5.4.2　路堑基床动力响应现场测试成果

5.4.2.1　路堑基床振动速度现场测试成果

如图 5-84 及图 5-85 所示，J-1 型断面埋设拾振器 7 个。J-2 断面埋设 4 个，其中 07033 号拾振器接线被剪断，无法测试，故 J-2 型断面只获得了 3 个拾振器的数据。通过现场振动速度的测试工作，我们获得了 8 趟右线车、4 趟左线车作用下路堑基床中不同拾振器的振动速度时域曲线及相应的振动速度峰值，而各趟车车速均在 350 km/h 左右。每趟车各拾振器测得的振速峰值见表 5-35，右线车典型振速时域曲线如图 5-86 所示，左线车典型振速时域曲线如图 5-87所示。

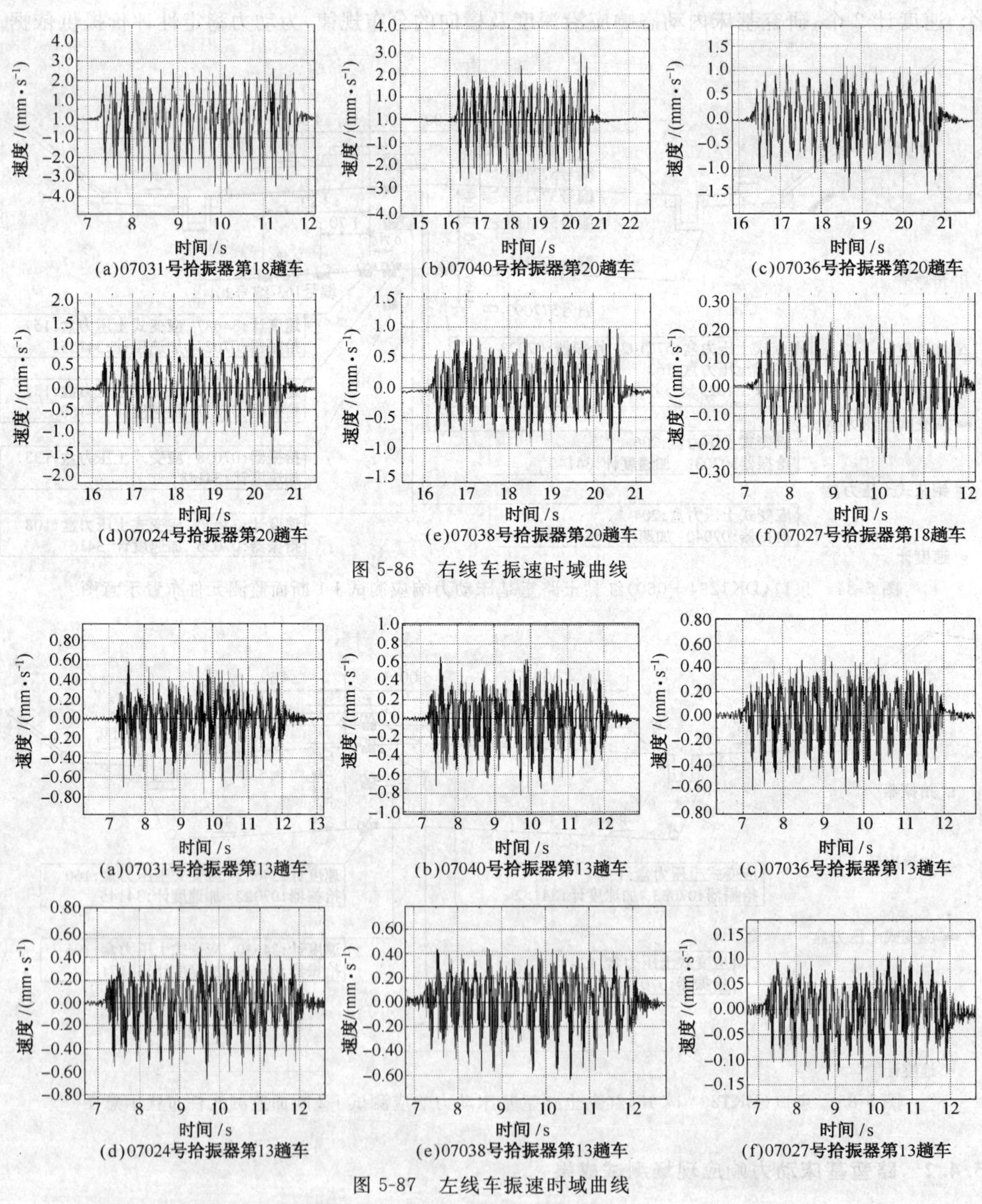

图 5-86　右线车振速时域曲线

图 5-87　左线车振速时域曲线

由表 5-35，右线车最大振速为 14.6 mm/s，左线车最大振速为 5.9 mm/s。沿竖向埋设的拾振器所测得的振速峰值随深度增大而减小，如图 5-88～图 5-91 所示。沿 $Z=3.0$ 水平面上布设的 3 个拾振器所测得的振速峰值随离右线左轨距离变化而变化，详见图 5-92 和图 5-93。

表 5-35　各车次各信道振速峰值统计表

测点位置	DK1294＋045			DK1294＋060						
通 道 号	1	2	3	4	5	6	8	9	10	11
拾振器号	07041	07022	07039	07031	07040	07036	07024	07028	07038	07027
右线车第 10 趟振速峰值/(mm·s^{-1})	0.153	/	/	14.59	3.00	2.58	/	/	/	/
右线车第 14 趟振速峰值/(mm·s^{-1})	0.136	1.59	4.64	9.24	2.79	2.38	1.15	0.82	0.254	1.186
右线车第 15 趟振速峰值/(mm·s^{-1})	0.12	1.55	2.48	8.88	3.08	2.74	1.16	0.97	0.254	1.32
右线车第 17 趟振速峰值/(mm·s^{-1})	0.93	1.67	2.32	14.5	2.96	2.62	1.25	0.97	0.249	1.27
右线车第 18 趟振速峰值/(mm·s^{-1})	0.161	1.70	2.72	14.6	3.36	3.05	2.25	0.96	0.242	1.30
右线车第 19 趟振速峰值/(mm·s^{-1})	异常舍弃	1.55	2.3	14.6	3.00	2.69	1.15	0.845	0.23	1.18
右线第 20 趟振速峰值/(mm·s^{-1})	8.5	1.8	3.0	14.3	3.6	3.27	1.42	1.13	0.30	1.55
右线车第 21 趟振速峰值/(mm·s^{-1})	异常舍弃	1.62	2.7	14.6	3.3	2.95	1.16	0.86	0.24	1.22
8 趟右线车最大振速/(mm·s^{-1})	8.5	1.8	4.64	14.6	3.6	3.27	2.25	1.13	0.30	1.55
左线车第 11 趟振速峰值/(mm·s^{-1})	0.058	/	/	异常舍弃	0.605	0.61	/	/	/	/
左线车第 12 趟振速峰值/(mm·s^{-1})	0.101	0.585	0.61	0.983	0.583	0.58	0.57	0.465	0.127	/
左线车第 13 趟振速峰值/(mm·s^{-1})	4.93	0.718	0.771	异常舍弃	0.746	0.742	0.583	0.575	0.13	0.51
左线车第 16 趟振速峰值/(mm·s^{-1})	0.10	0.45	0.97	5.90	0.545	0.55	0.44	0.400	0.10	0.543
4 趟左线车最大振速/(mm·s^{-1})	4.93	0.72	0.97	5.9	0.75	0.74	0.58	0.56	0.13	0.54

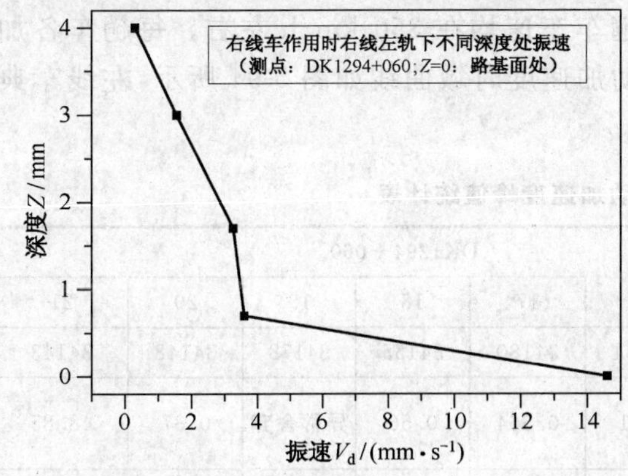

图 5-88　右线车作用时 DK1294＋060 测点右线左轨下振速随深度衰减规律

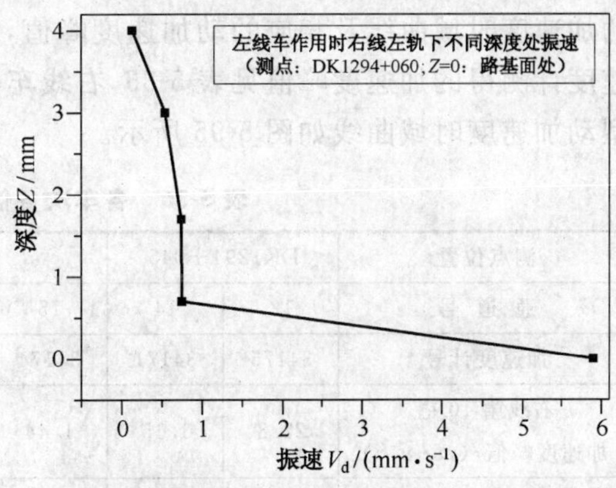

图 5-89　左线车作用时 DK1294＋060 测点右线左轨下振速随深度衰减规律

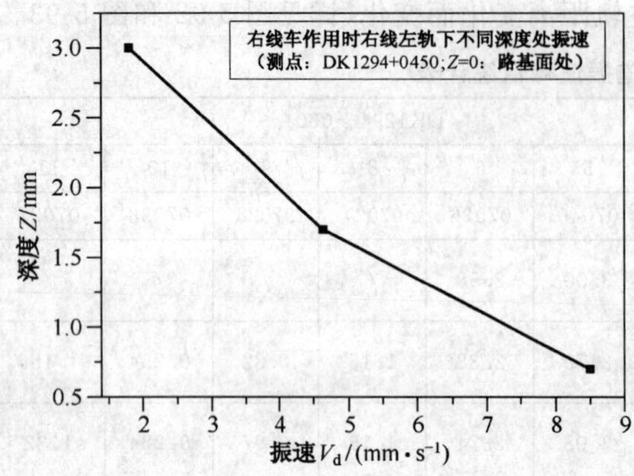

图 5-90 右线车作用时 DK1294＋045 测点右线左轨下振速随深度衰减规律

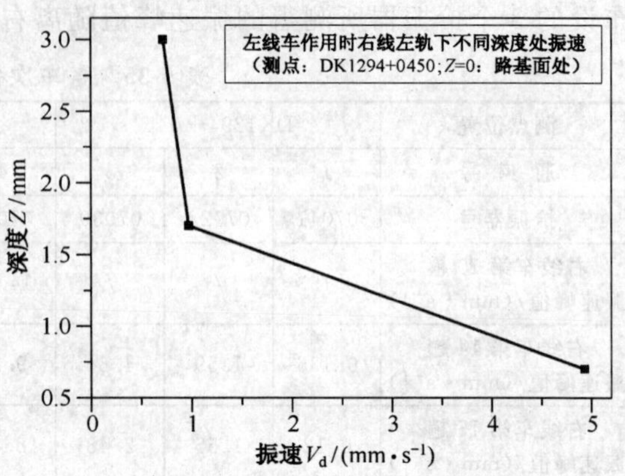

图 5-91 左线车作用时 DK1294＋045 测点右线左轨下振速随深度衰减规律

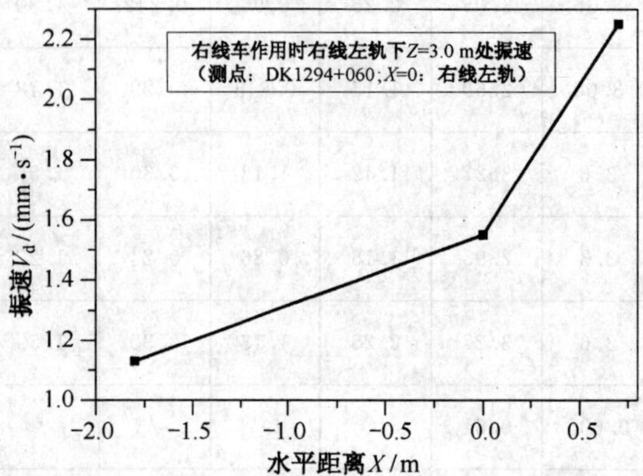

图 5-92 右线车作用时 DK1294＋060 测点右线左轨下 $Z=3.0$ m 平面上振速变化规律

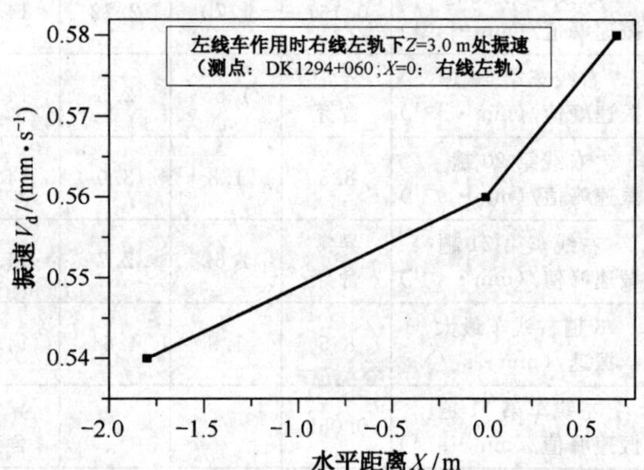

图 5-93 左线车作用时 DK1294＋060 测点右线左轨下 $Z=3.0$ m 平面上振速变化规律

5.4.2.2 路堑基床振动加速度现场测试成果

如图 5-84 和图 5-85 所示，J-1 型断面埋设加速度计 7 个。J-2 断面埋设 4 个，其中 34152 号、34145 号加速度计接线被剪断，无法测试，故 J-2 型断面只获得了 2 个加速度计的数据。通过现场振动加速度的测试工作，获得了 8 趟右线车、4 趟左线车作用下路堑基床中不同加速度计的加速度时域曲线及相应的动加速度峰值，而各趟车车速均在 350 km/h 左右。每趟车各加速度计测得的加速度峰值见表 5-36，右线车典型动加速度时域曲线如图 5-94 所示，左线车典型动加速度时域曲线如图 5-95 所示。

表 5-36 各车次各信道振动加速度峰值统计表

测点位置	DK1294＋045		DK1294＋060						
通 道 号	12	14	15	16	17	18	19	20	21
加速度计号	34175	34171	34174	34161	34180	34155	34178	34148	34143
右线第 10 趟加速度峰值/(m·s^{-2})	22.8	1.15	1.44	2.81	0.564	0.56	异常舍弃	0.37	48.85
右线第 14 趟加速度峰值/(m·s^{-2})	异常舍弃	1.25	1.51	0.97	0.021	0.487	0.349	0.377	48.9

续上表

测点位置	DK1294＋045		DK1294＋060						
通 道 号	12	14	15	16	17	18	19	20	21
加速度计号	34175	34171	34174	34161	34180	34155	34178	34148	34143
右线第 15 趟加速度峰值/(m·s^{-2})	异常舍弃	1.28	1.96	0.155	0.195	0.49	0.42	0.42	48.95
右线第 17 趟加速度峰值	3.84	2.41	5.86	0.11	2.2	1.18	0.44	0.76	48.82
右线第 18 趟加速度峰值/(m·s^{-2})	1.75	1.29	1.59	0.11	2.02	0.505	0.36	0.40	48.86
右线第 19 趟加速度峰值/(m·s^{-2})	1.75	2.2	1.6	0.11	1.47	0.52	0.36	0.39	48.85
右线第 20 趟加速度峰值/(m·s^{-2})	异常舍弃	1.22	1.73	0.11	异常舍弃	0.55	0.36	0.42	48.93
右线第 21 趟加速度峰值/(m·s^{-2})	6.6	1.15	1.50	1.68	0.54	1.1	1.05	0.37	48.96
8 趟右线车最大加速度/(m·s^{-2})	22.8	2.41	5.86	2.81	2.2	1.18	1.05	0.76	48.9
左线第 11 趟加速度峰值/(m·s^{-2})	异常舍弃	0.23	0.15	1.53	0.20	0.185	0.152	0.15	13.6
左线第 12 趟加速度峰值/(m·s^{-2})	异常舍弃	0.247	0.195	1.64	0.23	0.177	0.166	0.16	0.418
左线第 13 趟加速度峰值/(m·s^{-2})	异常舍弃	0.289	0.024	1.95	0.252	0.187	0.183	0.174	0.265
左线第 16 趟加速度峰值/(m·s^{-2})	6.0	0.25	3.06	0.11	0.185	0.184	0.15	0.144	0.27
4 趟左线车最大加速度/(m·s^{-2})	6.0	0.29	3.06	1.95	0.25	0.19	0.18	0.17	13.6

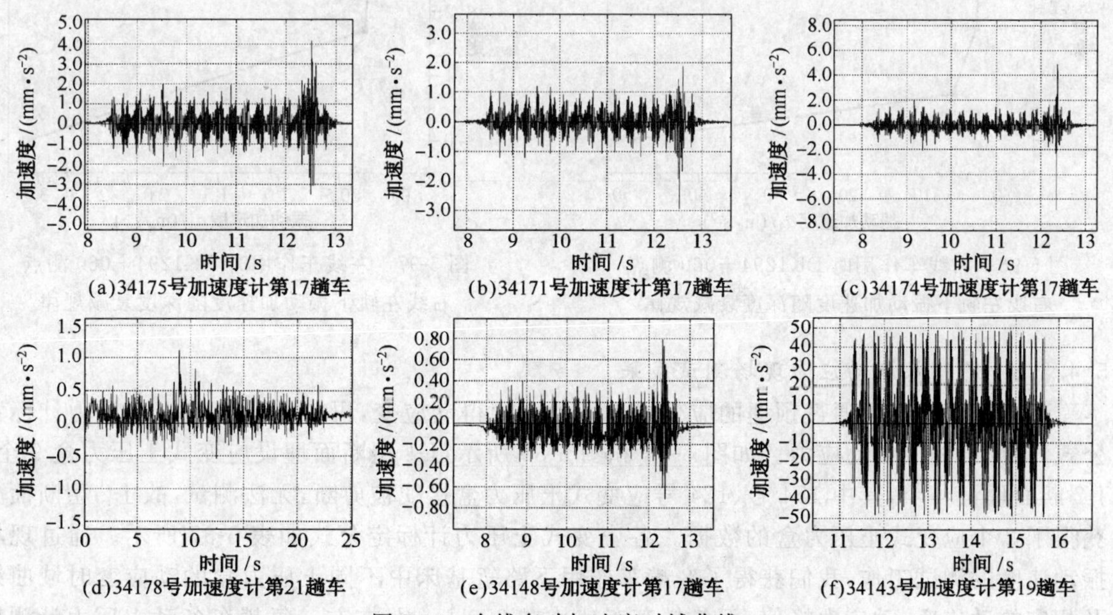

图 5-94 右线车动加速度时域曲线

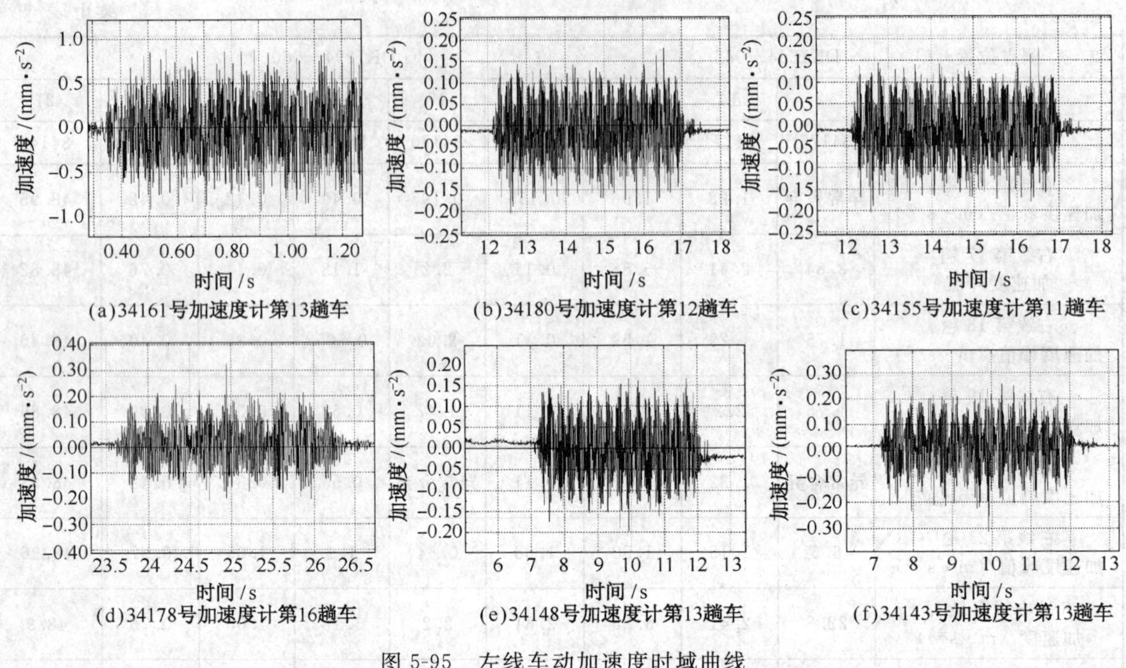

图 5-95　左线车动加速度时域曲线

由表 5-36,右线车最大动加速度为 48.9 m/s²,左线车最大动加速度为 13.6 m/s²。沿竖向埋设的加速度计所测得的动加速度峰值随深度增大而减小,如图 5-96～图 5-99 所示。沿 Z=3.0 水平面上布设的加速度计测得的动加速度峰值随离右线左轨距离变化而变化,详见图 5-100 和图 5-101。

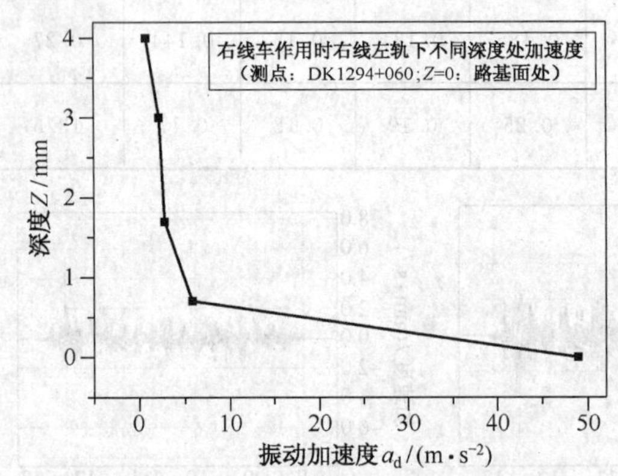

图 5-96　右线车作用时 DK1294+060 测点右线左轨下振动加速度随深度衰减规律

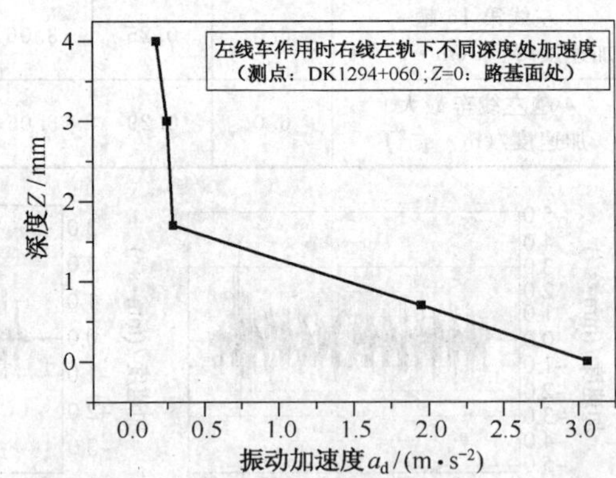

图 5-97　左线车作用时 DK1294+060 测点右线左轨下振动加速度随深度衰减规律

5.4.2.3　路堑基床动应力现场测试成果

基床中动应力是通过预埋的应变式土压力盒测得动应变,再将动应变代入土压力计标定公式,计算出相应的动应力。如图 5-84 和图 5-85 所示,J-1 型断面埋设应变式土压力盒 9 个。J-2 断面埋设 4 个,其中 154 号、124 号应变式土压力盒接线被剪断,无法测试,故 J-2 型断面只获得了 2 个应变式土压力盒的数据。各应变式土压力计标定公式如表 5-37 所示。通过现场振动速度的测试工作,我们获得了 8 趟车作用下路堑基床中不同土压力盒的动应变时域曲线及相应的动应变、动应力峰值,而各趟车车速均在 350 km/h 左右。每趟车各动土压力计测得的动应变及动应力峰值见表 5-38，典型动应变时域曲线如图 5-102 所示。

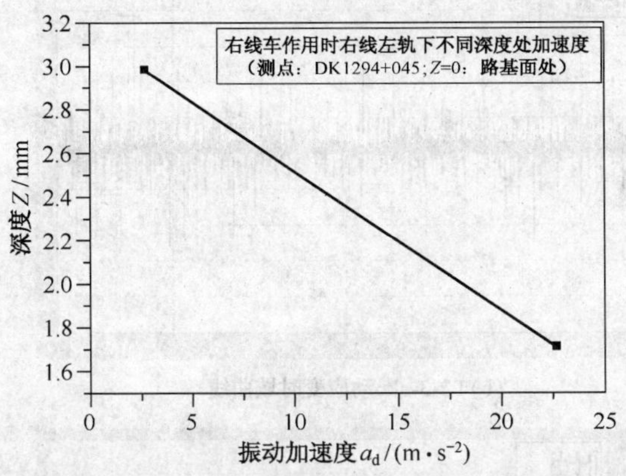

图 5-98　右线车作用时 DK1294＋045 测点右线左轨下振动加速度随深度衰减规律

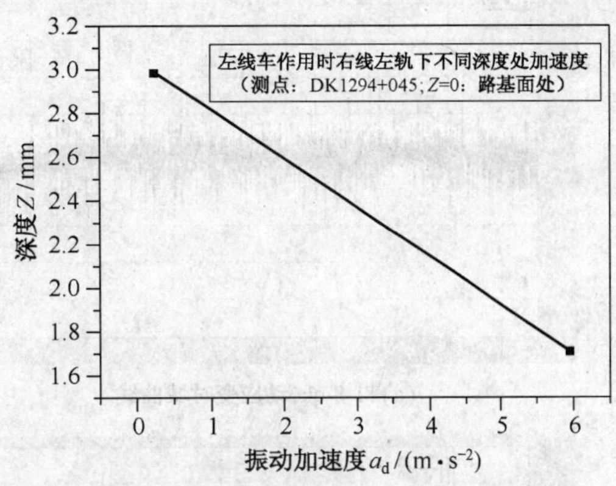

图 5-99　左线车作用时 DK1294＋045 测点右线左轨下振动加速度随深度衰减规律

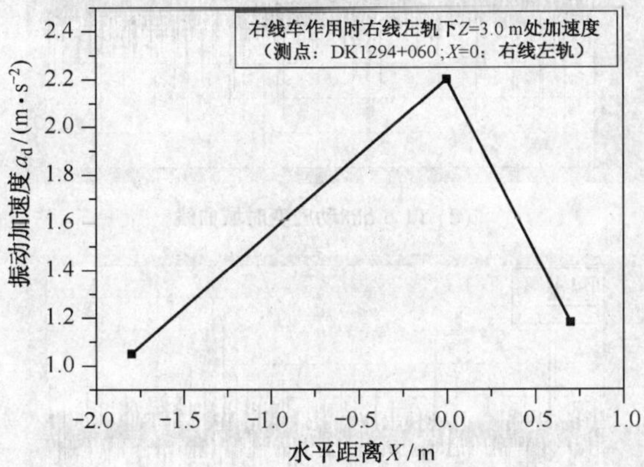

图 5-100　右线车作用时 DK1294＋060 测点右线左轨下 Z＝3.0 m 平面上振动加速度变化规律

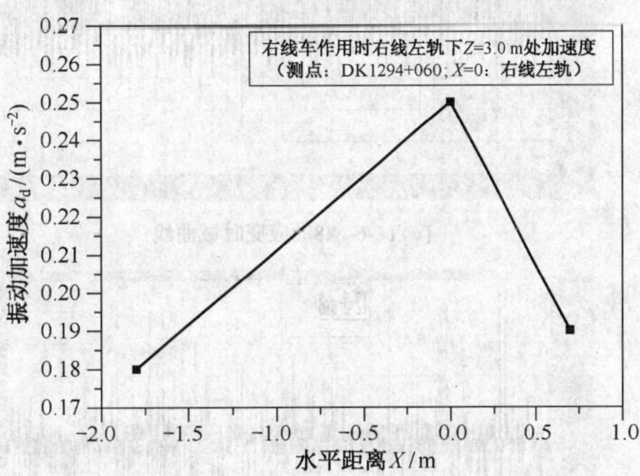

图 5-101　左线车作用时 DK1294＋060 测点右线左轨下 Z＝3.0 m 平面上振动加速度变化规律

表 5-37　YB_5 型电阻应变式土压力计标定表

序号	土压力盒号	通道号	规　格	工作直线方程
1	163 号	1-5	0.2 MPa	$1.6833\times10^{-4}(L+5.9047)$
2	162 号	1-6	0.2 MPa	$1.2572\times10^{-4}(L+0.0951)$
3	201 号	1-7	0.2 MPa	$1.3553\times10^{-4}(L+4.8570)$
4	152 号	1-8	0.2 MPa	$1.5385\times10^{-4}(L-0.0001)$
5	133 号	2-2	0.2 MPa	$1.8341\times10^{-4}(L+6.0475)$
6	108 号	2-3	0.2 MPa	$1.425\times10^{-4}(L-1.3335)$
7	204 号	2-4	0.2 MPa	$1.7875\times10^{-4}(L+4.4285)$
8	206 号	2-5	0.2 MPa	$1.5785\times10^{-4}(L+0.9999)$
9	160 号	2-6	0.2 MPa	$1.2693\times10^{-4}(L-3.8097)$
10	196 号	2-7	0.2 MPa	$1.2102\times10^{-4}(L+1.6189)$
11	157 号	2-8	0.2 MPa	$1.8217\times10^{-4}(L+2.4285)$

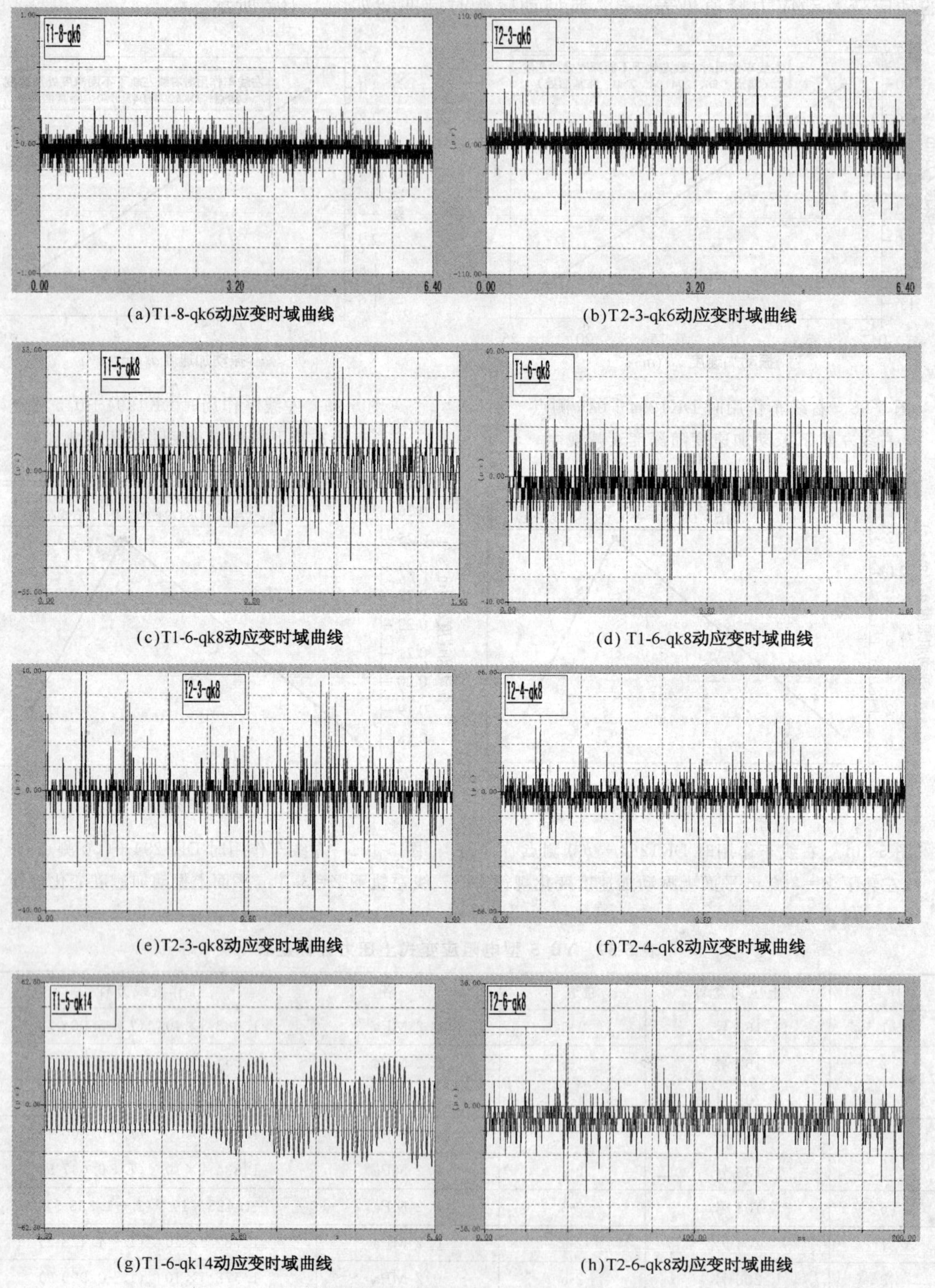

(a)T1-8-qk6动应变时域曲线　　(b)T2-3-qk6动应变时域曲线

(c)T1-6-qk8动应变时域曲线　　(d) T1-6-qk8动应变时域曲线

(e)T2-3-qk8动应变时域曲线　　(f)T2-4-qk8动应变时域曲线

(g)T1-6-qk14动应变时域曲线　　(h)T2-6-qk8动应变时域曲线

图 5-102　典型动应变时域曲线

由表 5-38 可知,最大动应变为 102.5 $\mu\varepsilon$,最大动应力为 16.9 kPa。沿竖向埋设的动土压力盒所测得的动应力峰值随深度增大而减小,如图 5-103～图 5-106 所示。沿 $Z=3.0$ 水平面上布设的动土压力计测得的动土压力峰值随离右线左轨距离变化而变化，详见图 5-107 和图 5-108。

表 5-38 各车次各信道动应变及动应力峰值统计表

测点位置		DK1294＋060									DK1294＋045	
通道号		1-5	1-6	1-7	1-8	2-2	2-3	2-4	2-5	2-8	2-6	2-7
应变式土压力盒		163	162	201	152	133	108	204	206	157	160	196
第 qk6 趟右线车	应变峰值/με	36.5	0.4	42.0	77.0	35.0	0.44	1.1	80.5	0.41	60.4	71.4
	动应力峰值/kPa	5.9	0.1	5.3	10.8	4.0	1.1	0.8	15.9	0.1	11.6	13.4
第 qk7 趟右线车	应变峰值/με	38.4	0.46	42.1	75.0	35.0	0.43	1.0	86.0	0.35	58.6	73.2
	动应力峰值/kPa	6.2	0.1	5.3	10.5	4.0	1.1	0.8	16.9	0.1	11.3	13.8
第 qk8 趟右线车	应变峰值/με	36.6	53.1	45.8	73.0	33.0	69.5	57.0	84.3	53.0	60.5	75.0
	动应力峰值/kPa	5.9	8.2	5.7	10.2	3.7	12.7	8.4	16.6	10.4	11.6	14.0
第 qk14 趟右线车	应变峰值/με	2.5	7.4	8.5	2.9	4.9	28.4	52.0	7.6	4.5	6.5	7.7
	动应力峰值/kPa	0.6	1.1	1.2	0.2	0.1	5.8	7.7	2.5	0.6	2.0	1.8
第 qk17 趟右线车	应变峰值/με	2.6	2.3	1.8	3.1	1.9	6.6	102.5	8.2	1.8	3.0	2.8
	动应力峰值/kPa	0.6	0.4	0.4	0.3	0.0	2.1	14.6	2.6	0.2	1.3	0.8
右线车最大动应变/με		38.4	53.1	45.8	77.0	35.0	69.5	102.5	86.0	53.0	60.5	75.0
右线车最大动应力/kPa		6.2	8.2	5.7	10.8	4.0	12.7	14.6	16.9	10.4	11.6	14.0
第 qk9 趟左线车	应变峰值/με	8.8	5.3	1.9	5.8	2.9	4.2	12.0	33.5	7.3	44.0	21.5
	动应力峰值/kPa	1.4	0.7	0.5	1.8	0.2	1.9	3.0	5.2	1.8	1.6	3.02
第 qk11 趟左线车	应变峰值/με	1.5	2.0	1.35	2.0	2.9	2.36	1.4	5.7	2.1	1.3	1.9
	动应力峰值/kPa	0.2	0.3	0.4	1.1	0.2	1.5	1.2	1.4	0.8	0.0	0.3
第 qk13 趟左线车	应变峰值/με	2.52	1.65	2.2	3.7	2.7	7.2	1.66	49.4	3.4	2.2	3.2
	动应力峰值/kPa	0.4	0.2	0.5	1.5	0.2	2.4	1.3	7.4	1.1	0.0	0.6
第 qk16 趟左线车	应变峰值/με	5.1	2.1	2.2	2.9	2.3	7.3	14.0	40.0	3.8	2.8	1.7
	动应力峰值/kPa	0.8	0.3	0.5	1.3	0.1	2.4	3.4	6.1	1.1	0.0	0.4
左线车最大动应变/με		8.8	5.3	2.2	5.8	2.9	7.3	14.0	49.4	7.3	44.0	21.5
左线车最大动应力/kPa		1.4	0.7	0.5	1.8	0.2	2.4	3.4	7.4	1.8	1.6	3.02

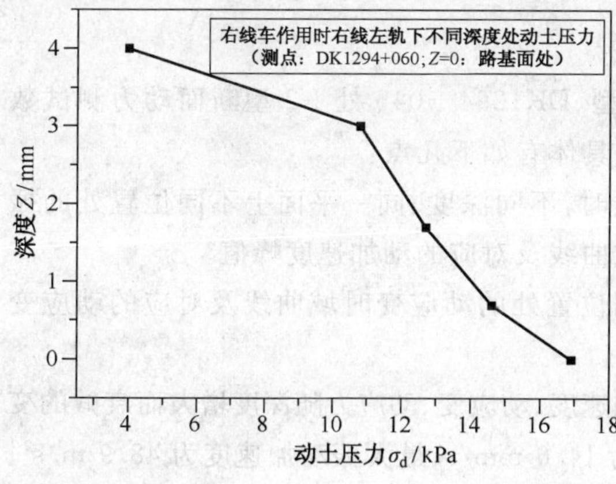

图 5-103 右线车作用时 DK1294＋060 测点右线左轨下动土压力随深度衰减规律

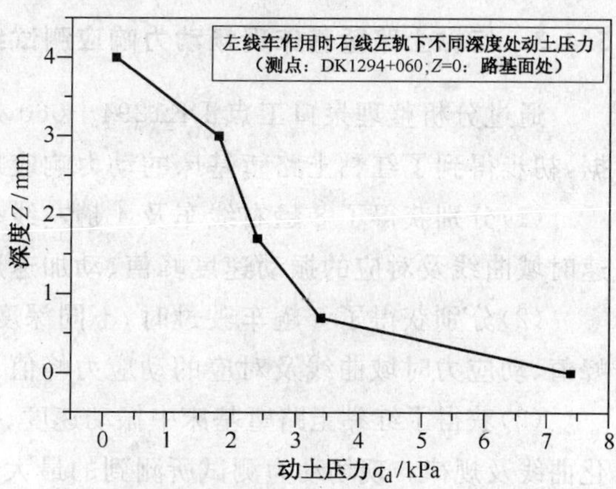

图 5-104 左线车作用时 DK1294＋060 测点右线左轨下动土压力随深度衰减规律

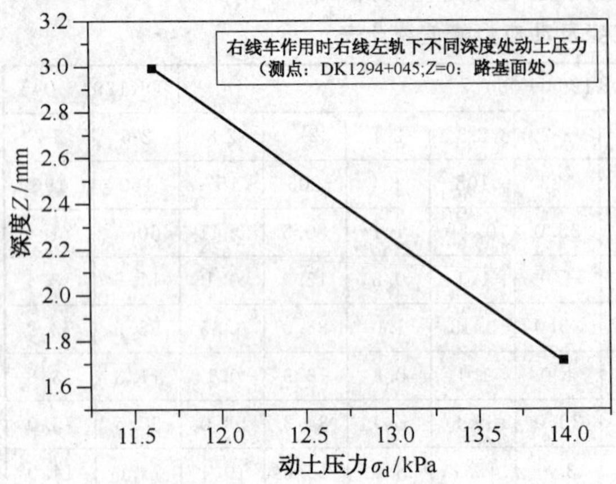

图 5-105　右线车作用时 DK1294＋045 测点右线左轨下动土压力随深度衰减规律

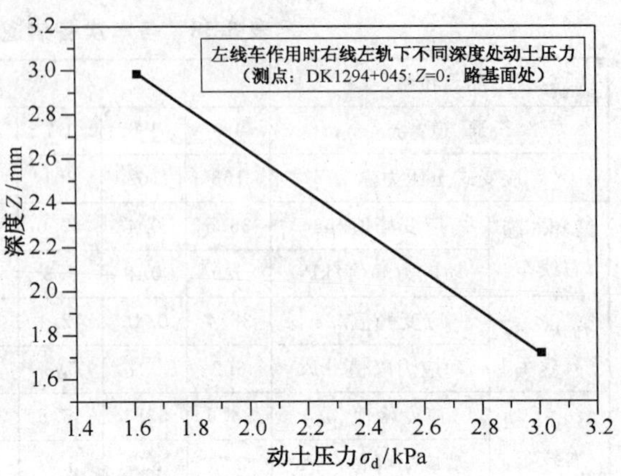

图 5-106　左线车作用时 DK1294＋045 测点右线左轨下动土压力随深度衰减规律

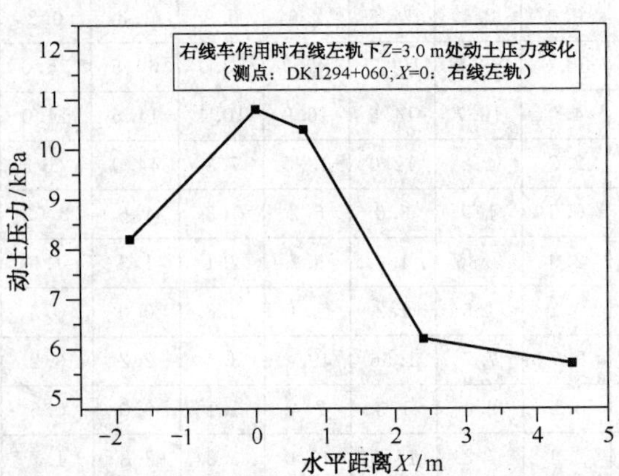

图 5-107　右线车作用时 DK1294＋060 测点右线左轨下 Z＝3.0 m 平面上动土压力度变化规律

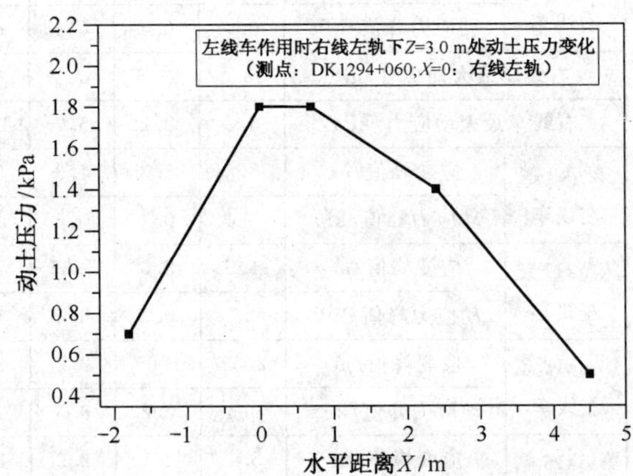

图 5-108　左线车作用时 DK1294＋060 测点右线左轨下 Z＝3.0 m 平面上动土压力变化规律

5.4.3　红黏土路堑基床现场动力响应测试结论

通过分析整理泉口工点 DK1294＋060 处 J-1 型、DK1294＋045 处 J-2 型断面动力测试数据，初步得到了红黏土路堑基床的动力响应规律。具体有如下几点：

(1)分别获得了 8 趟右线车及 4 趟左线车驶过时，不同深度、同一平面上不同位置处的振速时域曲线及对应的振动速度峰值、动加速度时域曲线及对应的动加速度峰值。

(2)分别获得了 9 趟车驶过时，不同深度、不同位置处的动应变时域曲线及对应的动应变峰值、动应力时域曲线及对应的动应力峰值。

(3)获得了红黏土路堑基床中振动速度、振动加速度、动应变、动应力随深度增大而衰减的变化曲线及规律。现场动力测试所测到的最大振速为 14.6 mm/s、最大振动加速度为 48.9 m/s^2、最大动应变为 102.5 $\mu\varepsilon$、最大动应力为 16.9 kPa。路基面下 4.0 m 处的动应力衰减为 4.0 kPa，振动速度衰减为 0.3 mm/s。

5.5　武广高速铁路无砟轨道红黏土路堑基床动力稳定性评价

5.5.1　基床动力稳定性评价方法概述

以前的普通列车路基基床表层厚度基本上是采用经济方法确定，没有一个明确的控制性技术指标。但是，随着高速铁路及无砟轨道高速铁路的日益增多，在路基设计中，考虑基床动力响应并对基床的动力稳定性进行评价是十分必要的。从国内外文献来看，目前评价铁路路基动力稳定性的方法主要有三种，即临界动应力方法、有效振速法及动剪应变法。目前，我国在铁路路基的设计及稳定性评价中仍采用临界动应力法，而德国、法国、美国等国家主要采用有效振速法和动剪应变法，但都未纳入正式规范。

5.5.1.1　临界动应力法

所谓临界动应力方法是指在路基设计中，考虑基床动态效应，把临界动应力 σ_{dcr} 作为确定路基基床换填厚度及评价路基动力稳定性的控制指标之一。如果基床实际动应力 σ_d 小于基床地层的临界动应力 σ_{dcr}，即满足 $\sigma_d<\sigma_{dcr}$，则基床累积永久变形便会得到有效的控制。这个概念启发我们，各种不同的基床结构形式，包括道床的厚度和基床加固厚度（换填厚度）的设计，都应当使基床内产生的实际动应力 σ_d 控制在临界应力 σ_{dcr} 的范围内。

根据本章第一节动应力实测调研结果可知：①基床及路基范围内竖向动应力大小与行车速度、深度及轨道类型有关。②行车速度越大，动应力越大。③竖向动应力沿深度近似按指数函数衰减。④同等条件下，有砟轨道基床及路基中动应力大于无砟轨道，但无砟轨道下动应力衰减速度慢，影响深度大。有砟轨道路基面动应力幅值的集中域一般在 50～70 kPa左右，最大值可达 110 kPa。无砟轨道基床和路基范围内竖向动应力一般在 15～40 kPa范围内，路基面最大动应力大小一般在 50 kPa 以下，但沿深度衰减相对较慢，影响深度达 5 m 左右。

5.5.1.2　有效振速法

90 年代以来，德国铁路路基行业逐渐用振动速度有效值来代替振动速度最大值作为路基动力荷载参数。在德国 DS836(1997)草案中，采用有效振速 $V_{res,eff,z}$ 作为路基动力稳定性分析的设计参数。$V_{res,eff,z}$ 是指振动荷载中对路基动力稳定性起控制作用的部分。大量的测试数据分析表明，振动速度的有效值远小于实测的振动速度最大值。由于基床及路基的阻尼作用，有效振速随深度的增大而减小，且这种衰减关系可近似地用指数函数拟合。

有效振速 $V_{res,eff,z}$ 主要受车速、轨道类型、基床及路基中的竖向深度的影响。其确定方法有两种：一种是进行现场动载实测；另一种是按 RUMP et al.(1996)提出的经验公式(5-16)近似计算，且要求估算值与现场实测结果一致。

$$V_{res,eff,z}=V_{res,eff,SU}\cdot e^{-\varepsilon z} \tag{5-16}$$

$$V_{res,eff,SU}=K_1 e^{K_2 V_{zug}} \tag{5-17}$$

式(5-16)中：z 是指计算点离轨道底而的距离；ε 是指基床及路基的振动吸收系数，对于有砟轨道取 0.5，无砟板式轨道取 0.2。$V_{res,eff,SU}$ 为轨道底面处总有效振速（mm/s），主要与列车速度、施工工艺及其他物理参数有关，可用专门的动态有限元程序，计算出 $V_{res,eff,SU}$ 值的典型范围；或按实测数据拟合的经验公式(5-17)进行估算；或按德国 DS 836 (1997)草案推荐的不同车速、不同轨道、不同地质情况下轨底处总有效振速参考值选用，见表 5-4。式(5-17)中 V_{zug} 为机车的行驶速度（km/h）；K_1 和 K_2 为经验常数，可参考文献经验值按表 5-5

选用。

在德国 DS 836（1997 年）草案中，对于黏性土及有机土采用振速的第三临界状态进行长期动力稳定性评判，评判标准见式(5-18)。

$$K_{dyn3}\cdot V_{res,eff,z}<V_{krit3} \tag{5-18}$$

式中，K_{dyn3} 为安全系数，取 $K_{dyn3}=1.5$；V_{krit3} 为第三振动速度最小值，在正常固结状态下，$V_{krit3}=\xi\cdot I_c^{1.5}$，对于非固结有机土而言，$V_{krit3}<3$ mm/s，I_c 为稠度指数，按式(5-19)计算，ξ 为参考振速，正常固结黏性土取 $\xi=40$ mm/s，欠固结黏性土取 $\xi=25$ mm/s。

$$I_c=\frac{w_L-w}{w_L-w_P} \tag{5-19}$$

由于德国 DS836 草案(1997 年)建议的动力稳定性验算方法完全是以经验为基础，缺乏充分的理论依据，所以 Ril836(1999 年版)没有采纳，并指出动力稳定分析验算方法尚待发展。但是 DS836 草案(1997 年)给出的有效振动速度合成值设计参数可以作为参考值用于路基动力稳定性分析。

5.5.1.3 动剪应变法

动剪应变法是由德国的胡一峰博士首先提出的。他综合室内动力试验、现场动力测试及理论分析，系统地提出了以动剪应变为控制指标的路基长期动力稳定性方法，称之为动剪应变法。此法虽然已用于部分德国高速铁路路基的长期动力稳定评价，并且证明是可行的，该标准是否可用于中国高速铁路路基，还有待我国正在修建和即将修建的高速铁路试车及运营期间路基是否稳定来证明。该方法的核心部分是路基短时及长期动力稳定性的评判准则（如表 5-39）。

表 5-39　土质路基动力稳定性评判准则

动剪应变 $\gamma_{dz}=V_{res,eff,z}/C_s$	$\gamma_{dz}\leqslant\gamma_{tl}$	$\gamma_{tl}<\gamma_{dz}<\gamma_{dc}$	$\gamma_{dc}<\gamma_{dz}<\gamma_{tv,U}$	$\gamma_{dz}\geqslant\gamma_{tv,U}$
土的性状	线弹性	微小剪应变，非线性	小剪应变，非线性	中等至强剪应变，强非线性
短时动荷载作用下土的稳定性	稳　定	稳　定	稳　定	不稳定
长期动荷载作用下土的稳定性	稳　定	稳　定	当 $S_N\leqslant S_v^*$ 时，稳定	不稳定
动荷载引起的附加沉降 S_N	无需证明	无需证明	需进一步验证	动力失稳破坏

S_v^*：交通荷载在路基中引起的附加沉降允许值，其大小取决于轨道类型、车速等，如无砟轨道 300 km/h 等级条件下该值一般为 5 mm。

表 5-39 中，γ_{dz}为路基中离轨底 z 深度处的动剪应变，它等于深度 z 处的有效振速 $V_{res,eff,z}$ 与该深度处土体剪切波速 C_s 之比；γ_{tl}和 γ_{tvU}分别为 VUCETIC(1994)曲线（见图 5-30）中的线性动剪应变门槛和体积动剪应变门槛下限；γ_{dc}为土体在长期动荷载作用下维持其结构稳定的极限动剪应变，称之为控制动剪应变。

表 5-39 中的 $V_{res,eff,z}$按公式(5-16)计算，式(5-16)中的 $V_{res,eff,SU}$按式(5-17)计算或从表 5-4 中选取。

表 5-39 中的剪切波速 C_s 可利用共振柱或动三轴试验技术按波动理论公式(5-20)计算，缺乏试验条件或初步分析时可用经验公式(5-21)估算，也可直接由现场波速测试法获得。式(5-21)中各参数的含义及取值详见第 5.1.4.3。

$$C_s=\sqrt{G_d/\rho} \tag{5-20}$$

$$C_s = \sqrt{\alpha\beta(1-\mu)E_{v2}/2\rho} \tag{5-21}$$

表 5-39 中控制动剪应变 γ_{dc} 的大小可以通过以下两种方法获得：①室内剪应变控制式共振柱疲劳试验确定。②室内疲劳动三轴试验确定。胡一峰博士利用剪应变控制式共振柱短时及疲劳试验，得到德国纽伦堡—因戈尔斯达特南标段无砟轨道路堑区基床底层范围的第三纪沉积土属中、高塑性黏土的控制动剪应变 $\gamma_{dc}=5\times10^{-5}$，其体积动剪应变门槛下限的 $\gamma_{tvU}=2.5\times10^{-4}$，即二者之间满足 $\gamma_{dc}\leqslant1/5\gamma_{tvU}$。

关于表 5-39 中关系式 $S_N\leqslant S_v$ 的验证，工程实际中主要有以下四种方式：

①对经过工程实践检验的路基设计方案，认为自动满足式 $S_N\leqslant S_v$，例如德铁 Ril836 中的通用路基方案；

②通过现场动力试验直接检验路基的长期动力稳定性；

③通过室内共振柱或动三轴短时及疲劳试验成果，分析土样在运营条件的动剪应变长期作用下其结构(骨架)的稳定性。

④直接证明式 $S_N\leqslant S_v$。

由本章第一节相关内容可知，附加沉降 S_N 确定是相当复杂的。德铁 DS836 草案(1997 年)给出了计算路基在循环交通荷载作用下的附加沉降经验公式(5-22)。

$$S_N = S_1(1+C_N\ln N) \tag{5-22}$$

式中：N 表示交通荷载循环次数；S_1 表示火车第一次驶过后($N=1$)路基残留的沉降(塑性变形)，DS836 草案建议采用考虑动力放大系数 K_{dyn}［见式(5-1)和式(5-2)］和动模量 E_d(一般用 2～3 倍的静态变形模量 E_{v2} 代替)计算的等价静力沉降作为 S_1；C_N 表示循环系数，DS836 草案根据室内模型试验结果，建议用以下关系确定循环系数：

有砟轨道：$C_N=0.0295\sqrt{P}$，P 为轮轴荷载。

无砟轨道：$C_N=0.0225\sqrt{P}$，P 为轮轴荷载。

5.5.1.4 红黏土短时疲劳动力参数及基本物理指标

目前国内没有以动剪应变作为动荷载形式的共振柱仪，且国内现有的共振柱仪所能承受的动载循环次数较小，根本达不到疲劳动力试验的动力循环次数要求，因此，本课题组首次尝试利用国内常见的动三轴仪进行多种试验条件下不同含水状态红黏土的短时疲劳动力试验，得到了与剪应变控制式共振柱短时及疲劳试验较为相似的试验结果。本次动三轴短时疲劳试验所获得的各种试验条件下红黏土的控制动剪应变 γ_{dc} 主要集中在 10^{-5} 数量级，体积动剪应变 γ_{tvU}(或 γ_{tvM})主要集中在 10^{-4} 数量级，二者间满足关系式 $\gamma_{dc}\approx(1/5\sim2/5)\gamma_{tv}$，与胡一峰博士利用应变控制式共振柱试验技术获得的试验结论基本一致。

本次短时疲劳动三轴试验主要成果详见表 5-34，红黏土基本物理指标统计值见表 5-27。有关此试验的试验方案、数据整理方法及其他试验结论详见 5.2.3 和 5.2.4。

5.5.2 临界动应力法评价武广高速铁路红黏土路堑基床长期动力稳定性

综合国内外调研资料，高速铁路无砟轨道基床和路基范围内竖向动应力一般在 15～40 kPa范围内，路基面最大动应力大小一般在 53 kPa 以下，但沿深度衰减相对较慢，影响深度达 5 m 左右。武广高速铁路是我国第一条全程无砟轨道的高速铁路，车速达 350 km/h，泉口段 DK1294＋045 及 DK1294＋060 两断面红黏土路堑基床的现场动力测试得到的大最动应力为 16.9 kPa，路基面下 4.0 m 处的动应力衰减为 4.0 kPa。

考虑到本次进行动测时是空车运行，基床中产生的动应力较小，同时考虑安全储备等因素，取该铁路无砟轨道底面处的竖向动应力为 55 kPa，按指数函数关系沿深度(0～5 m)衰减，当 $Z=5.0$ m 时，其竖向动应力为 5.0 kPa，则该指数函数可写为 $\sigma_{dz}=55e^{-0.48Z}$，据此可计算轨道底面以下不同深度 Z 处的 σ_{dz}，计算结果见表 5-40。表 5-41 为用临界动应力评价红黏土路基在长期动荷载作用下是否需处理及处理厚度的结论。

表 5-40 不同深度 Z 处的竖向动应力 σ_{dz}($Z=0.0$ m 为轨道底面处)

Z/m	0.0	0.5	1.0	1.5	2.0	2.5	3.0	3.5	4.0	4.5	5.0
σ_{dz}/kPa	55.0	43.3	34.0	26.8	21.1	16.6	13.0	10.3	8.1	6.34	5.0

由表 5-41 可知，坚硬状态红黏土是长期动力稳定的，无需对路基土进行换填；硬塑、可塑及软塑红黏土均需不同厚度的换填处理，且含水比 α_w 越大，基床换填厚度越大；同一含水状态(含水比 α_w 一定)的红黏土，围压越大，需换填厚度越小。

表 5-41 不同试验条件下红黏土基床动力稳定性临界动应力判断($Z=0.0$ 为路基面处)

固结比 K_c	含水状态(平均含水比 α_w)	围压 σ_{3c}/kPa	临界动应力 σ_{dcr}/kPa	结论
$K_c=1.0$	软塑状态($\alpha_w=0.97$)	35 kPa	11.7	对照表 5-40 和表 5-39，路基处理厚度可定为 3.5 m
		45 kPa	14.6	对照表 5-40 和表 5-39，路基处理厚度可定为 3.0 m
		55 kPa	18.0	对照表 5-40 和表 5-39，路基处理厚度可定为 2.5 m
	可塑状态($\alpha_w=0.72$)	35 kPa	20.2	对照表 5-40 和表 5-39，基床换填厚度可定为 2.5 m
		45 kPa	26.5	对照表 5-40 和表 5-39，基床换填厚度可定为 1.5 m
		55 kPa	36.5	对照表 5-40 和表 5-39，基床换填厚度可定为 1.0 m
	硬塑状态($\alpha_w=0.60$)	35 kPa	35.3	对照表 5-40 和表 5-39，基床换填厚度可定为 1.0 m
		45 kPa	40.5	对照表 5-40 和表 5-39，基床换填厚度可定为 0.7 m
		55 kPa	47.3	对照表 5-40 和表 5-39，基床换填厚度可定为 0.4 m
$K_c=1.5$	坚硬状态($\alpha_w=0.53$)	50 kPa	71.0	对照表 5-40 和表 5-39，基床可不作换填
$K_c=2.0$		50 kPa	84.0	对照表 5-40 和表 5-39，基床可不作换填

5.5.3 有效振速法评价武广高速铁路红黏土路堑基床长期动力稳定性

5.5.3.1 一般步骤

第一步：查表 5-4 或按经验公式(5-17)计算轨道板处的总有效振速 $V_{res,eff,SU}$。

第二步：按公式(5-16)计算轨道板以下不同深度 Z 处的有效振速 $V_{res,eff,z}$。

第三步：按式(5-19)计算稠度指数 I_c。

第四步：按式 $V_{krit3}=\xi\cdot I_c^{1.5}$ 计算第三振动速度最小值。

第五步：按式(5-18)评价红黏土路基的长期动力稳定性。

5.5.3.2 基床稳定性计算与评价

武广高速铁路是我国第一条全程无砟轨道的高速铁路，车速达 350 km/h，根据广泛调研，列车动荷载的影响深度按 5 m 考虑。查表 5-4，取无砟轨底处的总有效振速 $V_{res,eff,SU}=15$ mm/s。由表 5-5 得 $K_1=0.2$，$K_2=0.011$，列车行驶速度 $V_{zug}=350$ km/h，按公式(5-17)计算无砟板式轨道底面处的总有效振速 $V_{res,eff,SU}=9.4$ mm/s。而本次现场动测所测到的最大振速为 14.6 mm/s，有效振速取最大振速的 2/3，为 9.7 mm/s，与估算值接近。考虑安全因素取三者较大值，即取 $V_{res,eff,SU}=15$ mm/s。无砟板式轨道基床及路基振动吸收系数取 $\varepsilon=0.2$，按(5-16)式计算轨道板以下不同深度处的有效振速 $V_{res,eff,z}$，计算结果见表 5-42。

表 5-42 不同深度 Z 处的 $V_{res,eff,z}$($Z=0.0$ m 为轨道底面处)

Z/m	0.0	0.5	1.0	1.5	2.0	2.5	3.0	3.5	4.0	4.5	5.0
$V_{res,eff,z}/(\mathrm{mm\cdot s^{-1}})$	15.0	13.6	12.3	11.1	10.1	9.1	8.2	7.4	6.7	6.1	5.5

(1)坚硬塑红黏土路基：由表 5-27 可知，坚硬塑红黏土的天然含水率 $w=27.5\%$，液限 $w_L=51.6\%$，塑限 $w_P=29.4\%$，按公式(5-19)计算得其稠度指数 $I_c=1.09$。取参考振速 $\xi=40$ mm/s，$V_{krit3}=\xi\cdot I_c^{1.5}=40\times1.09^{1.5}=45.5$ mm/s。从表 5-40 中取不同深度处的 $V_{res,eff,z}$ 值，如取轨底处的最大值为 15 mm/s，取 $K_{dyn3}=1.5$，则 $K_{dyn3}V_{res,eff,z}=1.5\times15=22.5$ mm/s$<V_{krit3}=45.5$ mm/s，满足式(5-18)，所以坚硬塑红黏土基床是长期动力稳定的，无需换填或作其他加固处理。

(2)硬塑红黏土路基：由表 5-27 可知，硬塑红黏土的天然含水率 $w=33.6\%$，液限 $w_L=58.0\%$，塑限 $w_P=33.5\%$，按公式(5-19)计算得其稠度指数 $I_c=1.0$。取参考振速 $\xi=40$ mm/s，$V_{krit3}=\xi\cdot I_c^{1.5}=40\times1.0^{1.5}=40$ mm/s。从表 5-40 中取不同深度处的 $V_{res,eff,z}$ 值，如取轨底处的最大值为 15 mm/s，取 $K_{dyn3}=1.5$，则 $K_{dyn3}V_{res,eff,z}=1.5\times15=22.5$ mm/s$<V_{krit3}=40$ mm/s，满足式(5-18)，硬塑红黏土基床是长期动力稳定的，无需换填。

(3)可塑红黏土路基：由表 5-27 可知，可塑红黏土的天然含水率 $w=41.0\%$，液限 $w_L=57.5\%$，塑限 $w_P=28.3\%$，按公式(5-19)计算得其稠度指数 $I_c=0.56$。取参考振速 $\xi=40$ mm/s，$V_{krit3}=\xi\cdot I_c^{1.5}=40\times0.56^{1.5}=16.8$ mm/s。从表 5-40 中取不同深度处的 $V_{res,eff,z}$ 值，如取轨底处的最大值 15 mm/s，取 $K_{dyn3}=1.5$，则 $K_{dyn3}V_{res,eff,z}=1.5\times15=22.5$ mm/s$>V_{krit3}=16.8$ mm/s，不满足式(5-18)，可塑红黏土基床将是长期动力失稳，整个基床厚度内需全部换填或作其他加固处理。

(4)软塑红黏土路基：由表 5-27 可知，软塑红黏土的天然含水率 $w=41.6\%$，液限 $w_L=43.0\%$，塑限 $w_P=27.9\%$，按公式(5-19)计算得其稠度指数 $I_c=0.09$。取参考振速 $\xi=40$ mm/s，$V_{krit3}=\xi\cdot I_c^{1.5}=40\times0.09^{1.5}=1.08$ mm/s。从表 5-40 中取不同深度处的 $V_{res,eff,z}$ 值，如取轨底处的最大值 15 mm/s，取 $K_{dyn3}=1.5$，则 $K_{dyn3}V_{res,eff,z}=1.5\times15=22.5$ mm/s$>V_{krit3}=1.08$ mm/s，不满足式(5-18)，软塑红黏土在列车长期动荷载作用下将失稳破坏，需对其基床进行全部加固处理。

综上所述，采用有效动剪应变法评价武广高速铁路红黏土基床的长期动力稳定性得出如下结论：坚硬塑及硬塑红黏土基床是长期动力稳定的，无需换填；可塑及软塑红黏土基床将长期动力失稳，需对其进行全部换填或加固处理。

5.5.4 动剪应变法评价武广高速铁路红黏土路堑基床长期动力稳定性

5.5.4.1 一般步骤

第一步：查表 5-4 或按经验公式(5-17)计算轨道板处的总有效振速 $V_{res,eff,SU}$。

第二步：按公式(5-16)计算轨道板以下不同深度 Z 处的有效振速 $V_{res,eff,z}$。

第三步：按公式(5-20)、式(5-21)或现场波速测试法确定剪切波速 C_s。

第四步：按公式 $\gamma_{dz}=V_{res,eff,z}/C_s$ 计算不同深度处动剪应变 γ_{dz}。

第五步：按 5.5.1.3 的四种方法解决关系式 $S_N \leqslant S_v$ 的验证问题。

第六步：综合考虑第 5.2 节短时及疲劳试验动三轴试验所获得不同试验条件下红黏土的体积动剪应变门槛 γ_{tv} 和控制动剪应变门槛 γ_{dc} 成果和 VUCETIC(1994 年)曲线对应的线动剪应门槛 γ_{tl}、体积动剪应变门槛下限值 $\gamma_{tv,U}$、体积动剪应变门槛平均值 $\gamma_{tl,M}$，运用表 5-39 中土质路基动力稳定性评判标准，对武广高速铁路红黏土路基的长期动力稳定性作出评价，并判断红黏土基床是否需要处理，并给出相应的处理厚度。

第七步：根据上述红黏土基床动力稳定性的评价结果，结合红黏土的物理力学指标，给出红黏土基床长期动力稳定(不必处理)的现场控制指标。

5.5.4.2 基床稳定性计算与评价

按上述相同的方法确定武广高速铁路无砟轨道板底面处的总有效振速 $V_{res,eff,SU}=15$ mm/s，计算得到无砟轨道板以下不同深度处的有效振速 $V_{res,eff,z}$ 见表 5-43。关于红黏土剪切波速的取值，考虑土结构扰动会降低土层的剪切波速，将红黏土天然结构下的最大剪切波速值适当降低。具体地，坚硬塑红黏土暂取为 $C_s=220$ m/s，硬塑红黏土暂取为 $C_s=200$ m/s，可塑红黏土暂取为 $C_s=100$ m/s，软塑红黏土暂取为 $C_s=30$ m/s。按公式 $\gamma_{dz}=V_{res,eff,z}/C_s$ 计算不同含水状态下红黏土在不同深度处的动剪应变 γ_{dz} 值，如表 5-43 所示。表 5-44 为用动剪应变法评价红黏土路基长期动力稳定性的结果。

表 5-43 不同深度 Z 处的 $V_{res,eff,z}$ 和 γ_{dz}($Z=0.0$ m 为轨道底面处)

Z/m		0.0	0.5	1.0	1.5	2.0	2.5	3.0	3.5	4.0	4.5	5.0	6.0	7.0
$V_{res,eff,z}$/(mm·s^{-1})		15.0	13.6	12.3	11.1	10.1	9.1	8.2	7.4	6.7	6.1	5.5	4.5	3.7
$\gamma_{dz}/10^{-5}$	软塑状态($\alpha_w=0.97$)	50.0	45.3	41.0	37.0	33.7	30.3	27.3	24.7	22.3	20.3	18.3	15.0	12.3
	可塑状态($\alpha_w=0.72$)	15.0	13.6	12.3	11.1	10.1	9.1	8.2	7.4	6.7	6.1	5.5	4.5	3.7
	硬塑状态($\alpha_w=0.60$)	7.5	6.8	6.21	5.5	5.0	4.5	4.1	3.7	3.3	3.0	2.7	2.2	1.8
	坚硬状态($\alpha_w=0.53$)	6.8	6.2	5.6	5.0	4.6	4.1	3.7	3.4	3.0	2.8	2.5	2.0	1.7

由表 5-44 可知，固结比、围压及含水比 α_w 的大小对红黏土长期动力稳定性及基床换填厚度的影响非常明显。固结比或围压越大，基床换填厚度越小；含水比 α_w 越小，基床换填厚度越小。具体地，固结比 $K_c=1.5$ 和 2.0 的坚硬状态红黏土基床无需换填，天然状态下是长期动

力稳定的；固结比 $K_c=1.0$ 的硬塑及可塑红黏土路基均需换填一定厚度；$K_c=1.0$ 的软塑红黏土路基需全部进行加固处理。

表 5-44　不同试验条件红黏土基床动力稳定性动剪应变法判断（表中基床换填厚度从路基面起算）

固结比 K_c	含水状态（平均含水比 α_w）	围压 σ_{3c}/kPa	体积动剪应变门槛 $\gamma_{tv}/10^{-5}$	控制动剪应变 $\gamma_{dc}/10^{-5}$	结　论
$K_c=1.0$	软塑状态（$\alpha_w=0.97$）	35 kPa	75.0	/	对照表 5-42 及表 5-43，轨底面 $Z=0.0$ m 开始满足 $\gamma_{dz}<\gamma_{tv}$，是否长期动力稳定仍需进一步验证 $S_N<S$ 是否成立
		45 kPa	90.0	/	对照表 5-42 及表 5-43，轨底面 $Z=0.0$ m 开始满足 $\gamma_{dz}<\gamma_{tv}$，是否长期动力稳定仍需进一步验证 $S_N<S$ 是否成立
		55 kPa	109.25	22.25	对照表 5-42 及表 5-43，轨底下 4.2 m 处开始满足 $\gamma_{dz}<\gamma_{dc}$，路基处理厚度 3.4 m
	可塑状态（$\alpha_w=0.72$）	35 kPa	28.25	7.65	对照表 5-42 及表 5-43，轨底下 3.3 m 处仍不满足 $\gamma_{dz}<\gamma_{dc}$，基床换填 2.5 m
		45 kPa	37.50	9.035	对照表 5-42 及表 5-43，轨底下 2.6 m 开始满足 $\gamma_{dz}<\gamma_{dc}$，基床换填 1.8 m
		55 kPa	52.50	12.125	对照表 5-42 及表 5-43，轨底下 1.5 m 开始满足 $\gamma_{dz}<\gamma_{dc}$，基床换填 0.8 m
	硬塑状态（$\alpha_w=0.60$）	35 kPa	15.35	4.375	对照表 5-42 及表 5-43，轨底下 2.5 m 开始满足 $\gamma_{dz}<\gamma_{dc}$，基床换填 1.7 m
		45 kPa	23.50	4.90	对照表 5-42 及表 5-43，轨底下 2.1 m 开始满足 $\gamma_{dz}<\gamma_{dc}$，基床换填 1.3 m
		55 kPa	40.00	7.775	对照表 5-42 及表 5-43，轨底面处开始满足 $\gamma_{dz}<\gamma_{dc}$，基床无需换填，路基长期动力稳定
$K_c=1.5$	坚硬状态（$\alpha_w=0.53$）	50 kPa	120.0	60.0	对照表 5-42 及表 5-43，轨底面 $Z=0.0$ m 开始满足 $\gamma_{dz}<\gamma_{dc}$，基床无需换填。
$K_c=2.0$		50 kPa	140.0	64.0	对照表 5-42 及表 5-43，轨底面 $Z=0.0$ m 开始满足 $\gamma_{dz}<\gamma_{dc}$，基床无需换填。

5.5.5　红黏土路堑地基长期动力稳定性评价标准

在红黏土短时及疲劳试验成果的基础上，分别运用临界动应力法、有效振速法及动剪应变法对武广高速铁路无砟轨道红黏土路基进行了较全面的长期动力稳定性评价，计算得到了不同物理状态下红黏土基床换填厚度。综合考虑特殊土红黏土的失水收缩遇水崩解的工程特性、铁路路基规范要求及工程经验，从工程安全的角度，在理论计算基床换填厚度的基础上，给出了工程实用上红黏土基床的换填厚度建议值（详见表 5-45）。由红黏土基床动力稳定性评价结果及其常规物理指标，可得红黏土基床不进行基床换填的现场控制条件为天然密度 $\rho\geqslant$

1.91 g/cm³ 及含水比 α_w＜0.55。

表 5-45　红黏土基床动力稳定性评价结论（表中基床换填厚度从路基面起算）

<table>
<tr><th>固结比 K_c</th><th>含水状态（平均含水比 α_w）</th><th>围压 σ_{3c}/kPa</th><th>临界动应力法结论</th><th>有效振速法结论</th><th>动剪应变法结论</th><th>综合理论计算处理厚度</th><th>基床换填厚度建议值</th></tr>
<tr><td rowspan="9">K_c=1.0</td><td rowspan="3">软塑状态（α_w=0.97）</td><td>35 kPa</td><td>最小路基处理厚度 3.5 m</td><td rowspan="3">对路基进行全面加固处理</td><td rowspan="3">最小处理厚度 3.4 m</td><td rowspan="3">最小处理厚度 3.5 m</td><td rowspan="3">对路基进行全面加固处理</td></tr>
<tr><td>45 kPa</td><td>最小路基处理厚度 3.0 m</td></tr>
<tr><td>55 kPa</td><td>最小路基处理厚度 2.5 m</td></tr>
<tr><td rowspan="3">可塑状态（α_w=0.72）</td><td>35 kPa</td><td>最小基床换填厚度 2.5 m</td><td rowspan="3">基床全部换填</td><td>最小基床换填 2.5 m</td><td rowspan="3">最小换填厚度 2.5 m</td><td rowspan="3">最小基床换填厚度 3.0 m</td></tr>
<tr><td>45 kPa</td><td>最小基床换填厚度 1.5 m</td><td>最小基床换填 1.8 m</td></tr>
<tr><td>55 kPa</td><td>最小基床换填厚度 1.0 m</td><td>最小基床换填 0.8 m</td></tr>
<tr><td rowspan="3">硬塑状态（α_w=0.60）</td><td>35 kPa</td><td>最小基床换填厚度 1.0 m</td><td rowspan="3">无需换填</td><td>最小基床换填 1.7 m</td><td rowspan="3">最小基床换填厚度 1.7 m</td><td rowspan="3">最小基床换填厚度 2.0 m</td></tr>
<tr><td>45 kPa</td><td>最小基床换填厚度 0.7 m</td><td>最小基床换填 1.3 m</td></tr>
<tr><td>55 kPa</td><td>最小基床换填厚度 0.4 m</td><td>基床无需换填</td></tr>
<tr><td>K_c=1.5</td><td rowspan="2">坚硬状态（α_w=0.53）</td><td>50 kPa</td><td>基床无需换填</td><td rowspan="2">无需换填</td><td>基床无需换填</td><td rowspan="2">基床无需换填</td><td rowspan="2">最小换填厚度建议值 0.9 m</td></tr>
<tr><td>K_c=2.0</td><td>50 kPa</td><td>基床无需换填</td><td>基床无需换填</td></tr>
</table>

表 5-45 中不同物理状态红黏基床的建议换填厚度取值说明如下：①从三种理论计算结果来看，坚硬塑红黏土路基是长期动力稳定的，基床无需换填；但综合考虑铁路路基规范要求、红黏土的特殊工程性质及安全储备等方面的因素，建议坚硬红黏土基床最小换填厚度取 0.9 m。②根据理论计算结果，硬塑红黏土基床最小换填厚度为 1.7 m，取安全系数 1.2 作为安全储备，建议硬塑红黏土基床最小换填厚度取 2.0 m。③根据理论计算结果，可塑红黏土基床最小换填厚度为 2.5 m，取安全系数 1.2 作为安全储备，建议可塑红黏土基床最小换填厚度取 3.0 m。④根据理论计算结果，软塑红黏土基床最小换填厚度为 3.5 m，但综合考虑工程经验及铁路路基规范要求，建议对软塑红黏土路基进行全面加固处理。

红黏土路基动力稳定性评价结果表明：红黏土基床是否需要换填及换填厚度的大小与其干湿状态有着密切的关系。红黏土的干湿状态由含水比 α_w 表征，即含水比 α_w 直接影响红黏土基床的长期动力稳定性及基床换填厚度的大小。本次研究成果表明，基床换填厚度 H 随含

水比 α_w 的增大非线性增大，如图 5-109 所示。

红黏土基床长期动力稳定性研究表明：控制红黏土含水率的变化，是保证红黏土基床长期动力稳定性的重要措施之一。含水比越大，动刚度越小，原来为坚硬及硬塑状态的红黏土可能会变成可塑状态甚至软塑状态的红黏土，使原来处于长期动力稳定的坚硬及硬塑红黏土基床变为长期动力失稳的软塑红黏土或需要部分换填处理的可塑红黏土。因此在工程实践中，应注意地表水入渗和其他可能使红黏土基床含水率增大的因素，采取一些适当的工程防渗措施。

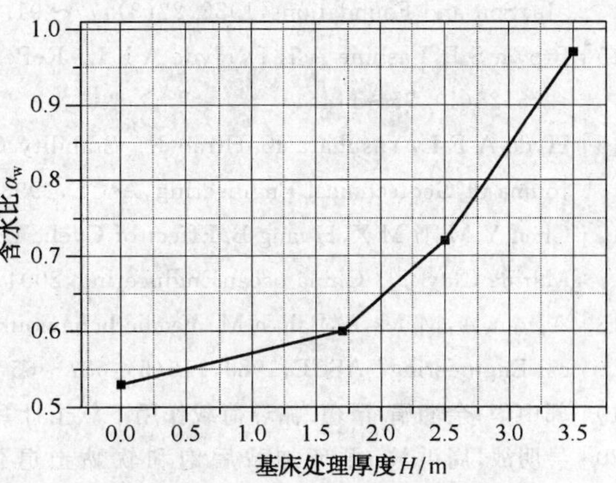

图 5-109　红黏土基床处理厚度与含水比关系

参 考 文 献

[1] DB Netz-Deutsche Bahn Gruppe-Entwurf von Richtlinie 836 (DS 836). Vorschr-iftfür Erdbau werke. Fassung vom Januar 1997.

[2] 陈国兴，朱定华，何启智. GZZ-1 型自振柱试验机研制与性能试验[J]. 地震工程与工程振动，2003(2)：23(1).

[3] 蒋军，陈龙珠. 长期循环荷载作用下黏土的一维沉降[J]. 岩土工程学报，2001，23(3)366～369.

[4] Seed H. B.，Wong R. T.，Idriss I. M.，Tokimatsu K. Moduli and damPingf actors for dynami analyses of cohesive soils[J]. Journal of Geotechoical Engineering Division，ASCE，1986，112(11)：1016～1032.

[5] Thiers G. R.，Seed H. B. Cyclic stress-strain characteristics of clay[J]. Joumal of soil Meehanic and Foundations Division，ASCE，1968，94(2)：555～569.

[6] 宫全美，廖彩凤，周顺华. 地铁行车荷载作用下地基土动孔隙水压力试验研究[J]. 岩石力学与工程学报，2001，20(增 1)：1154～1157.

[7] Towhata I，Ishihara K. Undrained strength of sand undergoing cyelic rotation of prineipal stress axes[J]. Soils and Foundations，1985，25(2)：135～147.

[8] Matsui T，Ohara H，Lto T. Cyclic Stres-Strain History and Shear Characteristic of Clays[J]. Journal of Geotechnical Engineering，ASCE，1980，106(10)：1101～1120.

[9] Proeter D C，Khaffaf J H. Cyclic Triaxial Tests on Remoulded Clays[J]. Journal of Geotechnical Engineering，ASCE，1984，110(10)：1431～1445.

[10] Ansal A M，Erken A. Undrained Behavior of Clay under Cyelic Shear Stresses[J]. Journal of Geotechnical Engineering，ASCE，1989，115(7)：968～983.

[11] Boulanger Ross W，R Arulnathan，Harder LF，Jr. Leslie F. Harder，Driller MW. Dynamic properties of Sherman island Peat[J]. Journal of Geotechnical and Geoenvironmental Engineering，ASCE，1998，124(1)：12～20.

[12] Zhou J，Gong X N. Strain Degradation of Saturated Clay under Cyelic Loading[J]. Canadian Geotechnical Joumal，2001，38(1)：208～212.

[13] Hardin B O，Black W L. Vibration modulus of normally consolidated clay：design equation and curves[J]. Joumal of the Soil Mechanics and Foundation Engineering Division，ASCE，1968，94(2)：353～369.

[14] Yasuhara K，Yamanouchi T，Hirao K. Cyclic Strength and Deformation of normally Consolidated Clay

[J]. Soil and Foundations, 1982, 22(3): 77～91.

[15] Brown S F, Lashine A K F, Hyde A F L. RePeated load triaxial testing of a silty clay[J]. Geotechnique, 1975, 25(1): 95～114.

[16] Hyde A F L, Yasuhara K, Hirao K. Stability Criteria for Marine Clay under one-Way Cyclic Loading. Jouma of Geotechnical Engineering, AsCE, 1993, 119(11): 1771～1889.

[17] Chen Y M, Ji M X, Huang B. Effect of Cyelic Loading Frequency on Undrained Behaviors of Undisturbed Marine Clay[J]. China ocean Engineering, 2004, 18(4): 643～651.

[18] Azzour A, Malek A, Baligh M. Cyclic behaviour of clays in undrained simple shear. Journal of Geotechnical Engineering, ASCE, 1989, 115(5): 637～657.

[19] 郭中华，余湘娟，严蕴. 循环荷载作用下软土计算模型初探[J]. 河海大学学报，2002，30(1)109～112.

[20] 吴明战，周洪波. 循环加载后饱和软黏土退化性状的试验研究[J]. 同济大学学报，1998，26(3)：274～278.

[21] 陈颖平，黄博，陈云敏. 循环荷载作用下结构性软黏土的变形和强度特性. 岩土工程学报，2005，27(9)：1065～071.

[22] D L Heath etc. Design of conventional rail track foundation. Proc. of the Institution of Civil Engineers, 1972: 51(3).

[23] 蔡英，曹新文. 重复加载下路基填土的临界动应力和永久性应变初探[J]. 西南交通大学学报，1996 (2)：31(1).

[24] 汤康民. 红黏土动力性质的研究. 西南交通大学学报，1993(4).

[25] Barksdale. Repeated loading text evaluation of base course materials[J]. Georgin Institute of Technology, 1972.

[26] 汤康民，蒋忠信. 膨胀性红土铁路路基基床动力反应分析. 西南交通大学学报，1994(1).

[27] Hu Y, Gartung E, Prühs H. Bewertung der dynamischenStabili-tät von Er-dbauwerken unter Eisenbahnverkehr, Geotechnik 26 (2003) Nr. 1.

[28] Hu Y, Haupt W, Müllner B. ResCol-Versuche zur Prüfung der dynamisch-enLangzei tstabilität von TA/TM-Böden unter Eisenbahnverkehr, Bautechnik81, Heft 4.

[29] Vucetic M. Cyclic threshold shear strain soils. J. Geotech. Engrg. , ASCE, 120(12).

[30] 刘雪珠，陈国兴，胡庆兴. 南京地区新近沉积土的动剪切模量和阻尼比的初步研究[J]. 地震工程与工程振动，2002(10)：22(5).

[31] 陈国兴，刘雪珠，朱定华，等. 苏南地区新近沉积土的动力特性研究[J]. 地下空间与工程学报，2005(12)：1 (64).

[32] 王炳辉，陈国兴，王晶华. 宁波近海沉积土动力特性的试验研究[J]. 自然灾害学报，2007(8)：16(4).

[33] 袁晓铭，孙锐，孙静. 常规土类动剪模量比与阻尼比试验研究[J]. 地震工程与工程振动，2000，20(4)：133～139.

[34] 曹继东，陈正汉，王权民. 软黏土的共振柱试验研究[J]. 四川建筑科学研究，2004，30(4)：69～71.

[35] 周建，龚晓南，李剑强. 循环荷载作用下饱和软黏土特性试验研究[J]. 工业建筑，2000，V30(11)：43～48.

[36] 廖红建，宋丽，杨政. 往返荷载下黏性土的强度及取值标准试验研究[J]. 岩土力学，2001(3)，V22(1)：17～21.

[37] 彭社琴，赵其华，黄润秋. 成都黏土动三轴试验研究[J]. 地质灾害与环境保护，2002(3)，V13(1)：57～60.

[38] 刘胜群，陈玉平. 饱和软黏土动力特性试验研究[J]. 铁道建筑，2006(10)：68～70.

[39] 王汝恒，贾彬，邓安福，等. 砂卵石土动力特性的动三轴试验研究[J]. 岩石力学与工程学报，2006(10)，V25(2)：4059～4064.

[40] Seed H B, Chen C B, Monismith C L. Effects of Repeated Loading on the Strength and Deformation of

Compacted Clay. HRB Proc. 1955,34:541～558.

[41] Seed H B. Strength During Earthquakes. Proc. 2WCEE. 1, Japan,1960,P183～194.

[42] Thiers G R, Seed H B. Cyclic stress-strain characteristics of clay, J. Soil Mech. Found. Engrg. Div. ASCE,94(2),1968,P555～568.

[43] Sangrey D A, Henkel D J, Esrig M I. The effective stress response of a saturated clay soil to repeated loading. Can. Geotech. J., 6(3), P241～252.

[44] France J W, Sangrey D A. Effects of drainage in repeated loading of clays. Journal of the Geotechnical Engineering Division, ASCE, 103(7),1977,P769～785.

[45] Andersen K H, et al. Cyclic and static laboratory tests on drammen clay. Journal of the Geotechnical Engineering Division, ASCE, 106(5),1980,P499～529.

[46] Matsui T, et al. Cyclic stress-strain history and shear characteristics of clay. Journal of the Geotechnical Engineering Division, ASCE,106(10),1980,P1101～1120.

[47] Atilla M. Ausai and Ayfer Erken, Undrained Behavior of Clay under Cyclic Shear Stresses. Journal of the Geotechnical Engineering Division, ASCE, 115(7), 1989, P968～983.

[48] 伊能忠敏,家田仁. 关于铁道道床的动强度问题——荷载频率对基床强度的影响. 铁路线路,1982,30(8).

[49] 孙遇祺. 加筋粉煤灰的强度特性研究报告[J]. 兰州铁道学院学报,1994.

[50] 梁波,孙遇祺. 饱和黏性加筋土的强度特性研究[J]. 兰州铁道学院学报,1992,11(2).

[51] 梁波,孙遇祺. 加筋粉煤灰的静动强度指标研究[J]. 试验力学,1998,19(1).

[52] 关根悦夫著. 孙明漳译. 列车荷载引起的基床强度的变化[J]. 铁道线路,1983,31(2).

[53] Fujikake T. A prediction method for the propagation of ground vibration from railway trains[J]. Journal of Sound and Vibration,1986,111(2):357～360.

[54] 蔡英等. 大秦重载铁路路基的动力响应及分析重载铁路线路结构与养护[M]. 北京:中国铁道出版社,1992.

[55] 周神根. 高速铁路路基基床设计[J]. 路基工程,1997,72(3):1～5.

[56] 王炳龙,余绍锋,周顺华. 提速状态下路基动应力测试分析[J]. 铁道报,2000,22 增:79～81.

[57] 聂志红. 高速铁路轨道路基竖向动力响应研究[D]. 中南大学,2005 年 8 月.

[58] Schwarz P, Laier. Schlußbericht zu den bodenmechanischen Messun-gen bei Fahrten mit ICE/V und Lokzug in den Jahren 1987 und 1988, Neubaustrecke Hannover-Würzburg, Prüfamt für Grundbau, Bodenmechanikund Felsmechanik, TU München.

[59] Schwarz P, Laier. Schlußbericht zum Versuchsprogramm, FesteFahr-bahn Kutzenhausen, Ausbaustrecke Günzburg-Augsburg, Prüfamt fürGrundbau, Bo-denmechanik und Felsmechanik, TU München.

[60] Baugrund Dresden. Abschließender Messbericht zu der 3. Messkampagnei-m Los Nord, September 2006, Neubaustrecke Nürnberg-Ingolstadt, im Auftragvon DB ProjektBau GmbH (unveröffentlicht).

[61] Rehfeld E. Erfahrungen mit Festen Fahrbahnen aus geotechnischerSicht. Vorträge zum 3. Darmstädter Geotechnik-Kolloquium am

[62] Kempfert H G. Untergrundverformungen und dynamische Beanspruchun-genbei ausgeführten Festen Fahrbahnen im Eisenbahnbau, Proc. DonaueuropäischeK-onferenz für Grundbau und Bodenmechanik, Mamaia, Rumänien, Vol. 4, S. 847～854.

[63] 铁道科学研究院. 京秦客运通道提速改造工程第一次实车运行试验研究报告[R]. 北京:铁道科学研究院,2000.

[64] Jaup A. Anwendung von 1g Modellversuchen auf das Setzungsverhalten-im Hinterfüllungsbereich von Brückenwiderlagern. Schriftenreihe Geotechnik, Uni-ver sität Gh Kassel, Heft 7.

[65] Richtlinie 836 (2000): Erdbauwerke planen, bauen und instand halten. DeutscheB-ahn AG.

[66] D R J 欧文,E 辛顿. 塑性力学有限元——理论与应有[M]. 曾国平,刘忠,徐家礼译. 北京:兵器工业出版社,1989.

[67] Hanazato, Toshikazu, Ugai, Keizo, ect. Three-dimension alanalysis of traffic-induced ground vibrations [J]. Journal of Geoteehnical Engineering,1991,117(8):1133~1151.

[68] 李军世,李克钏. 高速铁路路基动力反应的有限元分析[J]. 铁道学报,1995,17(1):66~75.

[69] 翟婉明. 高速铁路轮轨系统的最优动力设计原则[J]. 中国铁道科学,1994,15(2): 16~21.

[70] 翟婉明. 车辆—轨道垂向系统的统一模型及其耦合动力学原理[J]. 铁道学报,1992,14(3): 10~21.

[71] 翟婉明,王其昌. 轮轨动力分析模型研究[J]. 铁道学报,1994,16(1):64~71.

[72] 翟婉明. 车辆—轨道耦合动力学[M]. 北京:中国铁道出版社,2002.

[73] 翟婉明. 根据车轮抬升量评判车辆脱轨的方法与准则[J]. 铁道学报,2001,23(2):17~26.

[74] 翟婉明,韩卫军,蔡成标. 高速铁路板式轨道动力特征研究[J]. 铁道学报,1999,21 (6):65~69.

[75] 翟婉明. 机车—轨道耦合动力学理论及其应用[J]. 中国铁道科学,1996,17(2);58~73.

[76] 翟婉明. 车辆—轨道相互作用统一模型及软件的试验验证[J]. 铁道学报,1996,18(4):42~46.

[77] 翟婉明. 机车与轨道垂向相互作用的计算机仿真研究[J]. 中国铁道科学,1993,14(1).

[78] 翟婉明. 低动力作用轮轨系统垂向动力参数研究与设计. 铁道学报,1993,15(3).

[79] Wu S F,Zhou Z. Simulation of vehiele Pass-by noise radiation Transaetions of the ASME[J]. Journal of Vibration and Aeousties,1999,121(2):197~203.

[80] Shahu,J T Rao,N S V Kameswara. Parmaetric study of resilient response of tracks with a sub-ballast layer[J]. Canadian Geoteehnical Journal,1999,36(6):1137~1150.

[81] Cai zhenqi. Modelling of rail track dynamics and wheel/rail interaction PhD thesis Canada Queen's University at Kingston,1992.

[82] Dong R G, Sankar S, Dukkipati R V. Finite element model of railway track and its application to the wheel flat Problem Proeeedings of the Institution of Mechanical Engineers, Part F: Journal of Rail and Rapid Transit,1994,208(1):61~72.

[83] 娄平,曾庆元. 移动荷载作用下连续黏弹性基础支承无限长梁的有限元分析[J]. 交通运输工程学报,2003,3(2):1~6.

[84] Ekevid,Torbjorn Wiberg,Nils-Erik. Wave propagation related to high-speed train a scaled boundary FE-approach for unbounded domains[J]. Computer Methods in Applied Mechics and Eng-ineering,2002,191(36):3947~3964.

[85] Maffeis A. Scandella,L Stupazzini. Numerical prediction of low-frequency ground vibrations indueed by high-speed trains at Ledsgaard, Sweden Soil Dynamics and Earth-quake Engineering, 2003, 23 (6): 425~433.

[86] Hall, Lars. Simulations and analyses of train-induced ground vibrations in finite element models[J]. Soil Dynamics and Earthqukae Engineering,2003,235:403413.

[87] HongHao,Thien Cheong Ang. Analytical Modeling of Traffic-Indueed Ground Vibrations[J]. Journal of Engineering Mechanics,1998,21(8):135~148.

[88] Hung H H,Yang Y B. Elastic waves invisco-elastic half-space Generated by various vehicle loads[J]. Soil Dynamics and Earthquake Engineering,2001,21(1):1~17.

[89] 张昀青. 列车荷载作用下周围物体的动力响应解[J]. 铁道学报,2003,25(4):85~88.

[90] 谢伟平,王国波,于艳丽. 移动荷载作用下基于薄层单元法的土动力分析[J]. 华中科技大学学报(城市科学版),2004,2:8~11.

[91] Grundmann,H M Lieb,E Trommer. The response of a layered half-space to raffic loads moving along its surface. Archive Appl. Mech. 1999,69:55~67.

[92] Kaynia A, C Madshus,P Zackrisson. Ground vibration from high speed trains: Prediction and counter-

measure[J]. Journal of Geoteehnical and Geoenviromnental Engineering, Proeeedings of the ASCE 2000, 126(6): 531～537.

[93] Matsuura, Akio. Simulation for analyzing direct derailment limit of running vehicle on oscillating tracks [J]. Structural Engineering/Earthquake Engineering, 1998, 15(1): 63～72.

[94] Matsuura. Impulsive response of an elastic layered medium in the anti-Plane wave field based on a Thin-Layered element and Diserete wave number method[J]. Structural Eng/Ethquake Eng, 1993, 45922: 119～128.

[95] 谢伟平，于艳丽，李红兵. 高速移动荷载下轨道系统振动模拟的数值算法[J]. 武汉理工大学学报，2001, 23(12): 57～59.

[96] 谢伟平，王国波. 移动荷载作用下轨道系统的动力特性分析[J]. 郑州大学学报(工学版)，2003, 24(1): 24～27.

[97] 周镜，杨灿文. 国外路基技术标准[J]. 路基基工程，1985(2): 6～8.

[98] Empfehlungen des Arbeitskreises 9 "Baugrunddynamik" der Deutschen Gesellsch-aftfür Erd-und Grundbau e. V. Bautechnik 69 (1992), Heft 9.

[99] Neidhart T, Watzlaw W. Überprüfung der dynamischen Untergrund stability ätund Optimierung von Bodenver besserung smaβnahmen. Vorträgeder Baugrund tagung 1998 in Stuttgart.

6 红黏土路堑高边坡稳定性分析

6.1 一般路堑边坡稳定性分析

对于边坡破坏机理和稳定性评价方法，国内外进行了不少研究。只有弄清楚具体边坡的破坏机理，才能建立与之对应的边坡稳定性评价方法[1]~[7]。

首先，在广泛调查的基础上分析归纳路堑边坡的主要地质环境特征，总结出边坡破坏的主要形式，并从工程地质学的角度分析路堑边坡的破坏机理。在此基础上，采用室内试验和数值计算方法，分析典型条件下边坡破坏与变性特征，以及有关因素的影响，揭示边坡破坏机理。边坡稳定性评价包含稳定性分析方法，岩土力学参数获取和稳定安全系数取值三个方面。

6.1.1 边坡破坏机理

边坡破坏机理研究的主要方法有：原型观测、理论分析、物理模拟试验、数值模拟分析四种方法。其中，原型观测难以付诸实践，而对于边界条件复杂的问题，理论分析也无法给出令人满意的结果。因此，目前采用较多的是模拟试验方法和数值仿真方法。

路堑边坡的破坏形态与岩土体的构成有密切关系，此外，环境地质条件、地下水、边坡坡度等也将对边坡的破坏形态产生影响。因此，对路堑边坡破坏机理应从工程地质学和模拟分析两个角度进行分析。

(1)边坡岩体结构类型

岩体结构特征对边坡的变形破坏模式起着十分重要的作用。岩体中常存在不同类型和不同规模的结构面，按其对岩体力学行为的控制作用，可以划分为贯通性软弱面、小型节理裂隙面和隐性结构面。工程实践表明，岩体中宏观软弱结构面的发育状况决定了岩体的力学行为和演化模式。按控制性结构面及其组合方式可将岩体结构边坡划分为：均质或似均质体边坡(包括土坡)、层状体边坡、块状体边坡和软弱基座体边坡四大类。

(2)边坡变形模式和形成条件

张倬元和王兰生将斜坡的变形单元概括为拉裂、蠕滑、弯曲和塑流四种。拉裂属于脆性破裂，后三者属于弹塑性或黏弹性变形，时间效应表征为弹—塑性介质或黏—弹性介质模型。斜坡岩体变形的时间效应特征主要由后三者确定。

拉裂：由拉应力集中造成，或因坡脚附近压应力集中引起坡体向临空面方向扩容所致，裂面上常可见波纹状或半月形拉裂痕。

蠕滑或滑移：沿某一带或某一面的剪切变形，前者称为蠕滑，后者称为滑移。常可见泥化夹层、表生夹泥、风化膜和钙化沉淀物中留下擦痕，错动方向明显受边坡结构及临空状况所控制。

弯曲：边坡岩体在应力作用下发生类似“褶皱”的变形，可根据“层间错动”的方向，轴面倾斜方向、弯曲层破裂状况等与构造形迹相区别。

塑流：斜坡基座软弱层在上覆硬层压力作用下的压缩变形和向临空、减压方向的塑性流动

(挤出)。

(3)变形地质模式与破坏模式

斜坡破坏的分类一般采用1989年国际工程地质学会(IAEG)边坡委员会建议的瓦恩斯边坡分类。作为国际标准方案,该分类综合考虑了斜坡的物质组成和运动方式。按物质组成分为岩质和土质斜坡,按运动方式分为崩落(塌)、倾倒、滑动(落)、侧向扩离和流动五种基本类型,此外,还可组合成多种复合类型。

张倬元和王兰生认为某一类型的边坡变形体中尽管含有多种变形单元,但往往可从中确定一对互为因果、对变形起主导作用的变形单元,这种单元在总体上反映了变形的机理。据此,斜坡变形的地质模式按其变形机理可分别命名为:蠕滑—拉裂,滑移—压裂,滑移—拉裂、滑移—弯曲、弯曲—拉裂和塑流—拉裂等组合模式。

6.1.2 路堑边坡变形破坏形态及破坏的主要影响因素

路堑边坡的破坏形态更多地取决于边坡所处场地的环境地质条件,因此,调查了解研究区内的宏观地质条件、边坡破坏的主要类型、引起破坏的主要因素、边坡稳定性的控制地层等就显得非常重要了。

6.1.2.1 路堑边坡破坏现象与变形破坏模式

路堑边坡所处地质环境千差万别,促使、诱发边坡变形破坏的因素多种多样,不同岩体结构边坡的变性破坏类型也有所差异。暴雨和人类工程活动是诱发边坡变形破坏的主要因素,岩体结构控制着边坡的破坏形态,路堑边坡的变形破坏以滑动为主,约占70%。

从调研的病害路堑边坡的情况来看,其变形破坏模式主要有:滑移—拉裂、滑移—剪切、蠕滑—拉裂、塑流—拉裂四类。

(1)易发生滑移—拉裂变形的边坡

这类边坡主要指顺向坡,且岩层倾角或结构面倾角小于边坡倾角。当沿层面(或优势结构面)向临空方向的倾角足以使上覆岩体的下滑力超过该面的实际抗剪阻力时,上部岩体沿层面滑动,后缘拉裂。

(2)易发生滑移—剪切变性的边坡

这类边坡主要指中、陡倾的层状顺向坡或靠椅状顺向坡,且岩层倾角或结构面倾角大于边坡倾角。这类边坡往往中后部沿层面发生滑移,在前部受阻并逐步积蓄能量,最后受阻段发生剪断破坏。

(3)易发生蠕滑—拉裂变形的边坡

这类边坡主要发生在均质或似均质体斜坡中,主要包括覆盖层边坡、全、强风化的岩质斜向坡、全、强风化的岩质平缓层边坡等。在路槽开挖后,由于斜坡岩体向坡前临空方向发生剪切蠕变,其后缘发育自边坡向深部发展的拉裂。

(4)易发生塑流—拉裂变形的边坡

主要指具有软弱基座的平缓层状体边坡。下伏软弱基座地层在遇水条件下发生软化和塑性变形或挤出,导致上部坡体产生变形、拉裂。

6.1.2.2 路堑边坡变形破坏的主要影响因素

影响路堑高边坡失稳的因素很多,边坡所在的场地地形地貌、地层的岩土特征、岩土体结构特征、地下水特征、气候条件、地表水的活动规律、地表植被特征以及人类活动状况等都将影响边坡稳定性。

(1)边坡几何效应对边坡变形和失稳的影响

路堑边坡的几何要素主要有坡高、坡面产状、坡面几何形态及其规模大小等。研究表明，边坡几何要素与边坡是否失稳密切相关。

岩土体结构面与边坡面的产状组合关系也影响着边坡的稳定性。通常，边坡走向与结构面走向平行或接近平行时对边坡稳定不利。同时，边坡的坡度对坡体的稳定性影响也较大。

(2)岩土体结构对边坡变形与失稳的影响

谷德振曾将岩土体分为块状、层状、碎裂状和散体状四大类。岩土体结构是决定岩土边坡稳定性和可能的失稳模式最直接和最重要的因素。

(3)降雨对高边坡的变形与失稳影响

对岩土边坡而言，降雨的不利作用主要表现在降低岩土体强度、抬高地下水位和边坡内孔隙压力加大等三个方面。

对于岩土边坡稳定性来说，起控制作用的是岩土体结构面的强度。水的介入对于硬质结构面的强度并无多大影响，主要影响软弱结构面。软弱结构面遇水以后，充填的软弱物进一步软化，其抗剪强度显著降低，从而导致边坡失稳。在强风化带和软弱岩土层区，灾害性边坡常常发生。

一次降雨量使山体地下水位升高的幅度与水文地质条件有密切关系。在某些条件下，地下水位能大幅提高，而在另一些条件下，水位升高可能极为有限。一般来说，当岩土体不是特别厚，山坡较缓且地下水位在弱风化层以上时，由于岩土体孔隙率大，水位上升需要更多水分供给，同样的降雨条件水位上升幅度小。同时由于裂隙发育，岩土体破碎渗透系数大，水位升高后很容易排走。

降雨使得地下水位上升，使边坡内孔隙压力加大。强度超过入渗率的降雨历时越长，孔隙压力也越大。虽然这一孔隙压力是暂时的，降雨停止后能较快消散，但如果量值过大，则对边坡稳定的影响不能忽视。

(4)边坡坡面附近局部区域岩土介质边界条件变化的影响

路堑边坡的开挖使坡面形成了岩土介质与空气介质的分界面，改变了原有的力(矩)的平衡状态，容易造成局部失稳，这种过程如果产生连锁反应，就会形成塌方。除此之外，边坡坡面附近一定范围内岩土介质的抗压强度如果达不到一定要求，则会被上部荷载压碎，直接造成塌方。

(5)风化作用的影响

坡面处的岩土，在裸露状态下所受到的自然作用十分强烈。强度高、整体性好的岩土，自然风化进程非常缓慢。强度低、裂隙发达、风化强度高的岩土，由开挖后的初始新鲜岩土面进一步变化成砂砾的过程可能相当短暂。

(6)强扰动的影响

挖方地段的边坡通常比较陡峻，由于重力的作用，边坡附近的岩土体在自然状态下就存在向下运动的趋势。如果遇到比较强烈的外界扰动，例如，当地震发生或近距离的大爆破时，在一定程度上也会影响到边坡的稳定。因此，应当特别注意爆破震动的影响，减轻震动，尽量避免洞室爆破。

6.1.3 边坡变形破坏机理的模拟试验分析

6.1.3.1 模拟试验手段和方法

进行边坡底摩擦模拟试验。底摩擦试验是以摩擦力在摩擦方向上的分布与重力场相似的性质，利用模型和底面之间的摩擦力来模拟体积力(重力)。

将研究对象的剖面制成模型平放在环形活动橡皮带的平直段上，并使原剖面的深度方向与x方向一致，沿x方向转动橡皮带，模型随之移动，在橡皮带转动方向有一固定框架，当模型受到这一固定框架阻挡时，在模型与橡皮带接触面上每一点就形成摩擦阻力 F：

$$F=(p+\gamma_m t)\mu$$

式中 p——作用于模型法向单位面积上的压力；

γ_m——模型材料的容重；

t——模型的厚度；

μ——模型与橡皮带接触面滑动摩擦系数。

6.1.3.2 试验方法

常用的底摩擦试验材料有两类：第一类是各种硬质块体成型材料；第二类是重复利用的可塑性材料。

模型材料是模型试验中的一项关键技术。在模型材料的选择上，应重点考虑摩擦系数相等、应力应变关系相似和弹性模量相似三方面。经反复试验，可采用重晶石粉、石英砂、液体石蜡三种材料的组合，作为模型材料，且根据不同部位边坡岩土性质，采用不同的配比。对于结构面的模拟，根据实际情况，采用摩擦系数小、相对光滑的锡箔纸；对于锚杆、锚索的模拟采用 φ0.8 mm 的铁丝；对抗滑桩采用相应比例缩小的木质长方体。

对原型进行概化是模型设计的关键。在概化模型的建立中，考虑边坡的主要因素和主要结构面，使模型制作尽量简单。

在《路堑边坡破坏机理的试验与计算分析》[8]一文中，邓卫东曾对土质路堑边坡和碎裂结构岩质路堑边坡开展了两种模型试验(一是原材模型试验，二是离心模型试验)，测试了开挖时的位移场，监测了路堑边坡破坏情况以及边坡边缘土体位移沿坡高的变化。得到以下结论：①路堑边坡开挖后，位移场变化的共同规律表现为：局部应力集中，近临空面处岩质土体位移明显较大，位移迹线偏转，卸荷带范围(产生位移的土体范围，下同)随开挖深度的增加而增大，土质堑坡的卸荷带范围大于岩质堑坡；②土质堑坡和碎裂岩质堑坡的位移分布规律差异明显，土质堑坡位移变化整体性强，岩质堑坡位移变化具结构效应，位移突变现象显著；③两种堑坡的破坏形态及变形机制不一样，土质堑坡呈较明显的近似圆弧破坏，坡顶一定范围内发育有较多的大小不等的拉张裂隙，这类边坡的变形机制可用塑滑—拉裂的地质力学模式来描述。碎裂结构岩质堑坡的破坏面呈台阶破坏，有浅层溜滑、坡面掉块及错动台阶的破坏形式，这类边坡的变形机制可近似用滑移—压致拉裂的地质力学模式来描述；④对土质堑坡，离心模型试验能更全面、真实地反映路堑边坡位移场规律，但受模型试槽尺寸引起的边界条件的约束而不能反映出完整的贯通破坏面形态，原材模型试验可反映出完整的贯通破坏面，但受加荷边界条件的约束，致使位移场规律与实际有出入。两种模型试验各有优缺点。

6.1.4 边坡破坏机理的仿真数值分析

不同的边坡应采用不同的力学模型与分析方法，不同的分析目的与精度要求也应采用不同的方法与之适应。邓卫东曾采用有限单元法和离散单元法分析了不同边坡的位移和塑性区的开展情况。通过分析可以得出：①不同地貌上堑坡的破坏情况不一样。凸形地貌上路堑边坡稳定性最好，其破坏最可能为压应力导致的开裂；水平地貌上路堑边坡稳定性较凸形地貌上差，其破坏最初为由坡顶拉应力导致拉裂；倾斜地貌上堑坡稳定性较水平地貌上的差，其破坏主要由坡脚剪应力集中导致剪裂;凹形地貌上堑坡稳定性最差,其破坏机理较复杂,包括堑坡的3类破坏模式。②开挖方式对土质堑坡稳定性有显著影响。倾斜开挖方式形成的堑坡,边坡土体塑性区范围远大于水平开挖形成的堑坡。因此,对土质路堑边坡,宜以水平方式开挖。③开挖速度慢时,土体单元应力水平低、位移小,但速度慢到一定程度后,这种影响则不显著。④碎裂结构岩石路堑边坡开挖后,位移分异。分异的主要特征表现为:近临空面附近岩体位移集中且具有向临空方向运动的趋势,坡缘附近及坡顶岩体甚至出现上翘的位移,潜在破裂面附近岩体位移有突变现象,堑坡内位移场分布极不均匀。⑤原始地貌条件影响堑坡变形破坏。凸形地貌、水平地貌、倾斜地貌和凹形地貌上的路堑边坡易变形破坏的区域分别集中在坡中部、$1/3H$ 和 $2/3H$(H 为坡高)、较高一侧边坡的 $1/4H$~$3/4H$ 和 $1/4H$、$3/4H$ 附近的岩体处。⑥计算中还发现,碎裂结构岩石路堑边坡变形及破坏且明显的结构效应,其间节理面对边坡变形及破坏有极大影响。边坡破坏形态很复杂,有错动台阶式、有浅层溜塌、有顺节理面滑移等多种形式。开挖方式除对凸形地貌上堑坡影响较小外,其他地貌条件下水平开挖形成的堑坡,其稳定性好于倾斜开挖方式形成的堑坡。

6.1.5 边坡稳定性分析方法

边坡稳定性分析方法大致可以分为两大类[9]~[19]:定性分析方法和定量分析方法,其中定量分析方法又分为确定性分析方法和不确定性分析方法。

6.1.5.1 定性分析方法

定性分析方法主要是通过工程地质勘察,对影响边坡稳定性的主要因素、可能的变形破坏方式及失稳的力学机制等的分析,对已变形地质体的成因及其演化史进行分析,从而给出被评价边坡稳定性状况及其可能发展趋势的定性的说明和解释。其优点是能综合考虑影响边坡稳定性的多种因素,快速地对边坡的稳定状况及其发展趋势作出评价。定性分析方法主要包括:自然成因历史分析法、图解法、边坡稳定性分析数据库和专家系统等。

自然成因历史分析法主要根据边坡发育的地质环境、边坡发育历史中的各种变形破坏迹象及其基本规律和稳定性影响因素等的分析,追溯边坡演变的全过程,对边坡稳定性的总体状况、趋势和区域性特征作出评价和预测,对已发生滑动的边坡,判断其能否复活或转化。它主要用于天然斜坡的稳定性评价。

图解法可以分为诺模图法和投影图法。诺模图法是用诺模图来表征与边坡有关参数间的关系,并由此求出边坡稳定安全系数,主要用于土质或全、强风化的具弧形破坏面的边坡稳定性分析。投影图法就是用赤平极射投影的原理来评价边坡的稳定性,并为力学计算提供信息。常用的有赤平极射投影图法、实体比例投影图法、Markland J. J. 投影图法等,主要用于岩质边坡岩体的稳定性分析。

边坡工程数据库是收集已有的多个自然斜坡、人工边坡实例的计算机软件。建立边坡工程数据库的目的主要是进行工程类比、信息交流。Schank 在 1982 年提出了范例推理方法,1983 年 Kolodner 开始在计算机上实现。范例推理就是由目标范例的提示而获得记忆中的源范例,并且由源范例来指导目标范例求解的一种策略。刘沐宇等提出了基于模糊相似优先的边坡稳定性评价范例推理方法。在边坡工程数据库的基础上又发展出了工程类比法和专家系统。

6.1.5.2 定量分析方法

定量分析方法分为确定性分析方法和不确定性分析方法,其中确定性分析方法主要包括极限平衡分析法和数值分析方法等[20]-[23]；不确定性分析方法主要包括灰色系统评价法、可靠度分析方法、模糊综合评价法等。

(1)确定性分析方法

①极限平衡法

极限平衡理论的主要思想是将有滑动趋势范围内的边坡岩土体按某种规则划分为一个个小块体，通过块体的平衡条件建立整个边坡平衡方程来分析边坡的稳定性。极限平衡法是在已知的滑移面上对边坡进行静力平衡计算，从而求出边坡稳定系数。因此，必须事先知道滑移面的位置与形状。极限平衡分析方法很多，主要包括：Fellenius 法、Bishop 法、Janbu 法、Morgenstern-Price 法、Spencer 法、滑楔法、不平衡推力法、Sarma 法等。表 6-1 为几种极限平衡条分法的比较。

表 6-1 几种极限平衡条分法的比较

编号	方法	假定				条块形状
		滑动面	平衡条件			
			垂直力	水平力	力矩	
1	瑞典法	圆弧滑动面	—	—	满足	垂直条块
2	简化 Bishop 法	圆弧滑动面	满足	—	满足	垂直条块
3	简化 Janbu 法	任意滑动面	满足	满足	—	垂直条块
4	陆军工程师团法	任意滑动面	满足	满足	—	垂直条块
5	罗厄法	任意滑动面	满足	满足	—	垂直条块
6	不平衡推力法	任意滑动面	满足	满足	—	垂直条块
7	Sarma 法(1)	任意滑动面	满足	满足	—	非垂直条块
8	Spencer 法	任意滑动面	满足	满足	满足	垂直条块
9	Morgenstern-Price 法	任意滑动面	满足	满足	满足	垂直条块
10	Sarma 法(2)	任意滑动面	满足	满足	满足	垂直条块
11	Sarma 法(3)	任意滑动面	满足	满足	满足	垂直条块
12	Correia 法	任意滑动面	满足	满足	满足	垂直条块
13	严格 Janbu 法	任意滑动面	满足	满足	自动满足	垂直条块

其中，Spencer 法、Sarma 法(2)、Sarma 法(3)、Morgenstern-Price 法、Correia 法、严格 Janbu 法称为严格法，其余的为非严格法。各种严格法计算结果都较相近且误差不大。各种非严格法，除简化 Bishop 法外，都存在较大误差，尤其是瑞典法，误差达 20% 以上。简化 Bishop 法不仅计算简便，而且误差小，值得推广应用(尤其是对于圆弧面)。在理论的严谨度和计算结果的准确性上，各种严格解法都是可取的，其中以 Spencer 法计算最为方便，值得推广。

由于极限平衡法具有模型简单、计算公式简捷、可以解决各种复杂剖面形状、能考虑各种加载形式的优点，因此得到了广泛的应用。但是极限平衡法存在着一定的局限性：其一，需要事先假设边坡中存在的滑动面圆弧法或折线法；其二，无法考虑土体与支护结构之间的作用及其变形协调关系；其三，不能计算边坡及支护结构的位移情况。

近些年来，考虑三维效应的极限平衡法得到发展。由于发生在自然界的边坡体通常具有三维特征，因此，考虑稳定分析的三维效应具有一定的必要性和合理性。三维边坡稳定分析的极限平衡法通常将边坡体分为一系列具有垂直界面的条柱。通过分析作用于条块上的力来求解安全系数。在二维领域，为了使问题变得静定可解，对条间力的某一未知分量作了假定。进入三维领域后，作用在条柱上的力的数目增加，需要引入的假定数目也进一步增加。郑颖人在《边坡与边坡工程治理》中通过算例表明考虑三维效应在各种工况下均比二维工况的安全系数大(约10%左右)。

②滑移线场法

滑移线场法严格满足塑性理论，但假定土体为理想塑性体，并将土体分为塑性区与刚性区。塑性区满足静力平衡条件和莫尔—库仑准则。二者结合得一组偏微分方程，采用特征线法求解。然而，严格滑移线场解是十分有限的，因而这种方法在实际应用中并不广泛。可以应用数值方法求取滑移线场的数值解，但这也只能用于稍微复杂一些的问题，对于复杂的问题，滑移线场法常常无效，而且这种方法也只适用于均质土体。

③极限分析法

极限分析法是运用塑性力学中的上、下限定理求解边坡稳定问题。上限法也称为能量法，通常需要假设一个滑裂面，并将土体分成若干块，土体视作刚塑性体，然后构筑一个协调位移场。为此需要假设滑裂面为对数螺旋线或直线，然后根据虚功原理求解滑体处于极限状态时的极限荷载或稳定安全系数。极限分析下限法的理论基础是下限原理，它在计算过程中需要构造一个合适的静力许可的应力分布，在通常情况下可应用应力条柱法或者应力不连续法等来求得问题的下限解，其解偏于安全，可以用于实际。但只有极少数情况下可以获得下限解。目前，已将其扩展为上限有限元法和下限有限元法，不需要假定滑面，从而扩大了应用范围。

④数值分析方法

a) 有限元法

极限平衡法计算简单，在边坡稳定性分析中已广泛应用。然而当边坡由非均质和各向异性材料组成时，用极限平衡法计算则是不可靠的，不能得到令人信服的结果。有限元法是一种十分成熟的数值方法，它几乎可适用于所有的计算领域。其最大优点是可分析任何形状的几何体，不但能进行线性分析还可进行非线性分析。

b) 边界元法

边界元法是20世纪70年代发展起来的一种数值方法，Cronch S. L. 于1976年首先将其应用于分析层状岩体的开挖稳定问题。与有限元方法不同，它只对研究区的边界进行离散，因而它要求的数据输入量较少。该方法对处理无限域和半无限域问题较为理想。它要求事先知道求解问题的控制微分方程的基本解，在处理材料的非线性、不均匀性、模拟分步开挖等方面还远不如有限元法，它同样不能求解大变形问题，因而边界元方法目前在边坡岩体稳定性分析中的应用远不如在地下洞室中应用广泛。

c) 离散元法

离散元法是由 Cundall P. A. 首先提出并应用于岩土体稳定性分析的一种数值分析方法。离散单元法是将所研究的区域划分成一个个分离的多边形块体单元，单元之间可以看成是角—角接触、角—边接触或边—边接触，而且随着单元的平移和转动，允许调整各个单元之间的接触关系。最终，块体单元可能得到平衡状态，也可能一直运动下去。离散单元法的原理虽然比较简单，但在解决非连续介质大变形问题时却是非常实用的。离散单元法的单元，从性质上分，可以是刚性的，也可以是非刚性的；从几何形状上分，可以是任意多边形，也可以是圆形。

d) 无界元法

为了克服有限元法在计算时其计算范围和边界条件不易确定的这一缺点，Bettess P 于

1977 年提出了无界元方法。它可以看做是有限元方法的推广,它采用了一种特殊的形函数及位移插值函数,能够反映在无穷远处的边界条件,近年来已比较广泛地应用于非线性问题、动力问题和不连续问题等的求解。其优点是:有效地解决了有限元方法的"边界效应"及人为确定边界的缺点,在动力问题中尤为突出;显著地减小了解题规模,提高了求解精度和计算效率,这一点对二维问题尤为显著,目前常常与有限元法联合使用互取所长。

e) 其他数值分析方法

在边坡稳定性分析的数值方法中,还有利用拓扑学和群论的原理,以赤平投影和解析计算为基础,来分析三维不连续岩体稳定性的块体理论。引入了非连续接触和惯性力,采用运动学方法来解决非连续的静力和动力问题的不连续变形分析。还有流形方法,快速 Lagrangian 分析等方法来分析边坡的稳定性。随着对边坡稳定性问题研究的深入,考虑因素的增加,各种数值分析方法将不断的得到补充与完善,新的更加符合实际情况的数值分析方法也将应运而生。

(2)不确定性分析方法

①可靠度评价方法

边坡稳定性分析中通常采用一种"确定性的"方法,即将安全系数定义为作用在滑弧上的抗滑力矩与滑动力矩的比值。但事实上,计算所涉及的许多参数是可变的,即具有不确定性的特征,这些不确定性在岩土工程中普遍存在。以数理统计理论为基础的可靠度分析方法,为边坡的稳定性评价开辟了一条新的有意义的途径。十几年来国内外工程界已把可靠度分析方法应用到边坡稳定性评价中,对岩土体滑动过程的安全性进行了研究。

②模糊综合评判方法

最早将模糊数学引入岩石力学与工程研究领域借以分析天然岩石不确定性的是我国学者陶振宇和王靖涛,他们将模糊数学中的模糊评判系统应用于岩石工程分类之中,提出了建立在 Q 系统分类基础上,考虑岩体物理力学参数不确定性的岩石分类方法,日本的樱井春埔等也利用模糊数学对岩石分类进行了研究,同时将模糊数学用于处理边坡问题,Habibagahi 等重点考虑了几何参数的模糊性对岩石边坡稳定性分析的影响,并提出了确定模糊安全系数的方法。

③灰色统计判别法

灰色系统理论是研究信息不完全系统的有效方法,灰色系统分析和灰色模型是灰色系统理论的两大核心内容。一般情况,构成现实问题的实体因素是多种多样的,因素间的实体关系也是多种形式的。因而要想知道因素和因素间的全部关系是不可能的,也是不必要的。在这种情况下,只需着眼于与决策者的目的相关联的主要因素和关系。在系统分析中,常用的定量方法大都是数理统计法,如回归分析、方差分析、主成分分析,其中以回归分析用得最多。然而,回归分析要求有大样本量、要求样本有较好的分布规律、计算工作量大以及可能出现量化结果与定性分析结果不符的现象等弱点。灰色系统理论则提出了一种新的系统分析方法,称为系统的灰色关联度分析方法。该方法可不受上述局限,它可在不完全的信息中,对所要分析研究的各因素,通过一定的数据处理,在随机的因素序列间,找出它们的关联性,发现主要矛盾,找到主要特性和主要影响因素。因此特别适合于像边坡稳定性这种数据有限、没有原型、复杂而且具有不确定性问题的分析和评价。

④聚类分析方法

边坡稳定性评价的聚类分析是通过无监督训练将边坡样本按相似性分类,把相似性大的边坡样本归为一类,占据特征空间的一个局部区域,而每个局部区域的聚合中心又起着相应类型的代表作用。聚类分析一方面可以作为一种有效的信息压缩与提取手段，另一方面又往往是其他模式识别的基础。在实施聚类过程中，应使样本自成一类，然后计算各样品之间的距离，按距离最近原则将两个样本合成一类，再计算此类与其他各类的距离，继续按最近原则合并，使类的数目进一步减少，直到所有样本归为一类为止。运用聚类分析来寻找实例库中各实例间的关联，借此可对工程中相似的边坡做出预测。

⑤人工神经网络法

人工神经网络是一种非线性动力学系统，具有较强的非线性映射能力，在不知道数据的具体分布形式和数据之间的制约关系的情况下也能进行非线性映射。人工神经网络可以对现有的工程经验进行自我学习，并将学习的结果存储在神经元的阈值和神经元间的连接权值中，当有新的工程实例输入时，网络将利用其非线性映射能力，给出启发式的推断结果。

一般而言，采用神经网络对边坡的稳定性进行预报可分为两个阶段：第一阶段为网络的自我学习阶段，通过对现有工程实例的学习，获得接近客观实际的非线性映射关系 G；第二阶段为预报阶段，将新的工程问题的参数施加在网络的输入端，网络基于自身储存的非线性映射关系 G 在输出端给出启发式的预报结果。

⑥遗传算法

遗传算法 Genetic Algorithm，简称 GA，是模拟自然界生物进化过程提出的一种自适应随机性优化搜索算法。该算法首先随机产生种群，并用合理的评价函数对种群进行评估，在此基础上进行选择、交叉及变异等遗传操作，进行具有导向性的随机搜索，直至得到最优解。遗传算法求解步骤主要包括：首先随机生成最优化问题的 N 个可行解，并对解进行编码，我们称这 N 个解为父代，每个解为一个个体，解的编码为染色体，组成编码的元素为基因。然后确定适当的评价函数，每个染色体的评价函数值的大小决定了其按照某个概率被选择产生后代的机会的大小。第三是染色体的结合，根据适当的概率，选择父代进行两两配对，通过编码间的交叉产生新的个体。最后是变异，按适当的概率，使新一代的某些基因发生变化。变异操作使解具有更大的便利性，有利于收敛到全局最优点。在岩土工程边坡稳定性分析计算中，要寻找最危险的潜在的滑动面，然后以此为依据，进行设计。寻找最危险的滑动面的位置，可以使用遗传算法。

⑦复合法

任何一种分析方法都不是万能的、唯一的、排它的方法，而把两种或多种方法融合起来，取长补短，是未来发展的一种趋势。如神经网络的学习包括了两个优化过程，分别是网络连接权重的优化和网络拓扑结构的优化。而优化权重的最著名的方法是 BP 算法，但 BP 的最大弱点是局部极小问题和无法学习网络拓扑结构。遗传算法作为对自身演化过程学习的一种优化算法，与神经网络结合可解决这个问题。将人工神经网络和遗传算法相结合进行位移反分析，并已成功地用于岩石边坡的分析研究中。在边坡稳定性分析智能系统的设计中，将神经网络、专家系统、极限平衡分析和数值分析等多种方法结合成一个整体，对边坡稳定性进行综合分析和判断，充分发挥各自的优点，从而提高边坡稳定性分析的合理性与可靠性。此系统包括：边坡稳定分析神经网络专家系统、边坡破坏模式判别专家系统、极限平衡分析系统。

6.1.6 边坡稳定分析的强度指标

边坡稳定分析指标主要有：室内试验指标，现场试验指标，相关经验指标和反算指标。

(1)室内试验指标

室内试验是结合边坡工程地质勘察，利用工程地质勘探孔取得原状样或扰动样，通过室内试验的方法，获取边坡岩土基本物理力学指标，求得岩土抗剪强度参数值。

(2)现场试验指标

现场试验是在边坡工程现场进行大型剪切试验，或者结合工程地质勘探钻孔进行孔内现场剪切试验，对于软弱地层亦可采用十字板剪切试验，以及其他结构面强度现场试验方法等，从而求得边坡岩土现场试验指标。

(3)相关经验指标

在岩土工程勘察设计工作实践中，经验知识是不可或缺的重要内容之一，对于岩土强度指标，可以也应该通过工程地质类比的方法，利用既有工程中类似岩土的相关经验知识和指标，类比确定岩土工程强度指标。

(4)反算指标

指标反算是根据给定边坡工程变形性状，判断边坡稳定程度或稳定系数，采用数值反分析方法，经过反算确定边坡岩土主要强度指标。在土质路堑边坡工程中，极限坡高与极限坡率状态反分析更为实用和可靠。

选择与确定力学性质指标的总体原则：结合各种试验指标进行校核，考虑室内试验指标一般偏低，而现场试验指标一般偏高的特点，反算指标介于室内试验指标和现场试验指标之间较为可靠；经验指标一般可以对拟定计算指标进行分析与判断，特别是，当发现反算指标与相关试验指标相冲突时，作为辅助手段，综合分析和判断确定计算指标。

对于含软弱夹层的路堑边坡，其破坏通常是沿软弱夹层的剪切破坏，软弱夹层的抗剪强度是边坡土体抵抗剪切破坏的极限能力。也就是说，其边坡的稳定性通常是受边坡体内的软弱结构面特别是发育规模与厚度都较大的软弱结构面控制的，含软弱夹层土体边坡中软弱夹层土工参数的确定对边坡稳定性分析极为重要，它直接关系到边坡工程建设的成败和费用。因此，在边坡稳定性分析中，其强度指标的取值是非常关键的。软弱结构面的强度参数取值是试验的基础，结合软弱结构面的其他特征(如赋存环境与工程的相互作用等)进行综合分析。目前，软弱结构面力学参数选取通常用以下方法：①工程类比经验判别法。②折减系数法。③加权平均或变形一致性原则。软弱结构面的力学性质亦可用波速测量来确定，一般采用超声波法，按软弱结构面分布位置不同分为直接测定法和孔内测定法。

此外，利用野外钻探资料、野外试验资料、边坡开挖后的实际资料、室内试验分析结果，如何选取最接近岩土实际情况的资料，如何才能消除系统误差带来的伪参数，如何根据工程的重要程度，选取有代表性的资料，是一个十分重要的问题。

边坡稳定性分析计算宜采用饱水剪切试验和重复慢剪试验等强度指标，对于裂隙发育的红黏土应采用三轴剪切试验或无侧限抗压强度试验指标；必要时，可进行收缩试验和复浸水试验。

6.1.7　水对土质边坡稳定性的影响

水是边坡失稳的重要因素之一，有资料统计，我国的边坡失稳中大多与水有关，特别是在久雨、暴雨之后往往会出现大量的滑坡、崩塌等边坡失稳现象，且损失惨重。这些边坡失稳破坏，都已造成了巨大的生命和财产损失，而这些边坡破坏都有一个共同的特点，就是受到了水的影响。因此在防治边坡破坏时要充分考虑到水的影响：①由于水的渗入使岩土体质量增大，岩土因被软化而抗剪强度降低，并使孔隙水压力升高；②地下水的渗流对岩土体产生动水压力，水位的升高对岩土体产生浮托力；③由于坡体内动水压力的存在，增加了沿渗流方向的推滑力。地下水位的升高，使不透水的结构面受到静水压力的作用，它垂直于结构面而作用在坡体上，削弱了该面上所受滑体重量产生的法向力，从而降低了抗滑阻力的作用。

(1)地表水对土质边坡的影响

地表水对土质边坡的影响主要以侵蚀为主，有面状侵蚀和沟状侵蚀。面状侵蚀是坡面发育中的一种主要侵蚀形式。边坡中的土是由于岩石的风化、剥离、搬迁、沉积等地质作用而形成的，与土层的深度、土的紧密情况不同，越到表面土越松散。面状侵蚀就是指在雨水的作用下，水在坡表面流动的过程中比较均匀地冲刷整个坡面的松散物质，使坡面降低，边坡后移。由于坡面上搬运的物质会堆积在坡脚，长期作用会使坡脚形成较厚的堆积层。沟状侵蚀是水在坡面流动过程中，由于边坡表面的不平整，存在一定的沟槽和低凹地，当水超过了低凹地或沟槽的蓄水能力后开始形成线状流。时分时合的线状流随着后续水量的汇集，逐渐聚集成股状水流，加大了侵蚀力度，并产生沟状侵蚀，在坡面形成一些细沟。

(2)地下水对土质边坡的影响

黏土具有遇水膨胀干时收缩的特点，因此在通常情况下，边坡处于干燥状态，抗剪强度大，边坡稳定，但有裂隙存在。当雨水降落边坡表面时，由于黏土透水性较小，水就沿着边坡裂隙向下流动，深入边坡内部，产生孔隙水压力。在孔隙水压力下，因黏粒是极性分子，水分子将侵入黏粒表层的结合水，结合水增厚，使黏土增重，加大了土体的下滑力。黏土同砂土一样，在水的渗透过程中会产生渗透力，渗透力大小与水力梯度有关。如果水力梯度较大，会产生较大的渗透力。当大于作用在土体的重力，土体将被抬起，产生流土现象，同时造成严重的后果，使边坡失稳破坏。

(3)水对土质边坡的物理作用

水对土质边坡产生的物理作用有：润滑作用、软化和泥化作用。润滑作用是水在土体的不连续面边界上产生润滑作用，使不连续面上的摩阻力减小和作用在不连续面上的剪应力增强，结果沿不连续面诱发土体的剪切运动。反映在力学指标上，就是使土体的内摩擦角减小。软化和泥化作用是水改变岩土体结构面中的充填物的物理性状，它使岩土体的力学性能降低，内聚力和摩擦角减小，有时候甚至内摩擦角减少接近于 0°，这样即使很小的坡角，斜坡也会产生滑动。

(4)水对土质边坡的化学作用

水对土质边坡产生的化学作用主要是指地下水与岩土体之间的离子交换、溶解作用（黄土湿陷及岩溶）、水化作用（膨胀土的膨胀）、水解作用、溶蚀作用、氧化还原作用、沉淀作用以及渗透作用等。水对土质边坡产生的化学作用大多是同时进行的，主要是改变岩土体的矿物组成、结构性而影响岩土体的力学性能的。如地下水中氢离子的浓度（pH 值）影响土的性质和结构变化，也包括土的渗透性。

(5)水的冲刷作用

对于水坝边坡、库岸边坡以及一些山麓边坡等土质边坡来说，在水流射流的作用下，坡体（坝体）经过一段时间会形成冲刷坑，出现临空面，边坡的受力状态将改变，造成边坡失稳。

(6)土质边坡水压力的影响作用

水压力是影响土质边坡的另一个主要方面。因为水压力会改变边坡岩土体的应力状态和力学性状，并可急速地变化，以致成为边坡破坏起主导作用的触发因素。水对土质边坡稳定性的影响主要表现在地下水压力对潜在滑动面或岩土体结构面的作用。滑动带以上含水层的流动将产生动水压力,它能够使含水层中的细粒土发生重新排列和移动,产生机械潜蚀。动水压力在沿着边坡方向随水力梯度的增加而增高,在渗出地带对含水层的局部有强烈影响;当滑动土体有一定方向的大裂隙时,由于雨水的灌入,在其中形成一定高度的水位,产生静水压力,可引起一系列由下而上连续的滑体移动,产生所谓的渐进式破坏。由于边坡中岩土体结构面的展布规律不同,结构面上的水压力分布则不一样。因此边坡稳定性及变形特征与地下水压力分布形式密切相关。Hoek 等人认为边坡中岩土体饱水和无水状态下安全系数可相差 0.5～0.8 左右,尤其是当坡顶裂缝与坡高之比在 0.65 左右更为明显。

叶华成等[26]~[30]有如下结论:水的入渗导致边坡土体含水率增加,使土体的强度参数降低,从而引起边坡失稳;水与岩土体长期的化学作用诱发岩土体浸水—失水—再浸水现象是边坡变形的重要因素之一;对边坡不同地下水位的计算结果可知,地下水位升高,滑动面逐步向坡脚移动,当地下水位高于边坡坡脚时,滑动面将下移而不再通过坡脚,随着地下水的继续上升,最危险面将通过边坡面而非坡顶,为一起始于坡面,绕过坡脚的圆弧,发生坡脚局部破坏现象;边坡治水应该采取坡面排水和坡体排水同时进行,以保证边坡稳定。

6.2 红黏土路堑边坡稳定性强度参数试验研究

边坡失稳时岩土体沿着滑裂面滑动。通常,边坡中在滑体与滑床之间存在着承受挤压剪切破坏的滑带,滑带具有较低的剪切强度且有一定厚度。滑裂面是在滑带内产生相对位移的分割面,每次边坡的滑面会发生变动,而滑带是不变的。若坡体内存在滑带,滑带的岩土抗剪强度一般要低于其上下岩体的抗剪强度,特别是浸水后强度常常出现较大衰减。在边坡稳定分析中,如何找出滑带以及滑带岩土的抗剪强度,是稳定分析中十分重要的问题。滑带土的抗剪强度参数(黏聚力 c 和内摩擦角 φ)是边坡稳定性计算的重要参数。为了获得武广高速铁路灰岩残积层红黏土各土层的充分可靠的强度指标,需要做下列工作:

6.2.1 室内土工试验

室内试验分为直剪试验与三轴试验。

6.2.1.1 直剪试验

直剪试验的测试设备和操作都比较简单,试验费用低,获得了广泛应用,但试验误差和离散性较大。滑带受剪时土体所处的条件不同会影响土体抗剪强度的不同。通常试验时模拟不同的条件,进行不同条件下的试验,从而获得不同的抗剪强度指标。

(1)不固结不排水(快剪)试验,相应的黏聚力与内摩擦角指标分别为 c_u、φ_u。

这种试验当施加垂直荷载以后,立即施加水平剪力,在 3～5 min 内把土样剪坏。在试验过程中,不让土中水排出,保持其含水率不变,因此试样中存在孔隙水压力,使有效强度降低,此时测得的抗剪强度最小。如果在浸水条件下进行这项试验,即获得饱和快剪强度。这两个强度在边坡稳定分析中应用很广,适于在边坡施工开挖情况与暴雨下和库水降落期间边坡突然发生的急剧破坏,也适用于新建路堤边坡的浅层稳定分析。与此强度指标对应的稳定分析方法是总应力法。通过模拟现场的剪切试验,直接测定土在破坏时发挥的强度,它避免了确定孔隙压力的困难,因而适用于黏性土。

(2)固结不排水(固结快剪)试验,相应的黏聚力与内摩擦角指标分别为 c_{cu}、φ_{cu}。

这种试验在施加垂直荷载后,让孔隙水压力全部消散,待固结后再施加水平剪力,在 3～

5 min内剪坏，不改变含水率。此时有效压力有一定控制，仍含有一定量的孔隙水压，测得的抗剪强度稍大于 c_u、φ_u。浸水固结快剪可测得饱和固结快剪强度。固结不排水剪切试验用来模拟土坡在自重和正常荷载下固结已经完成，后来又遇到快速荷载情况下被剪破的情况。这种强度适用于时动时停的边坡在天然状态下或雨中突然破坏的状态，也适用于新建路堤边坡的稳定分析。它适应采用总应力法分析的黏性土。

(3)排水剪(固结慢剪)试验，相应的黏聚力与内摩擦角指标分别为 c'_d、φ'_d或 c'、φ'。

试样在施加垂直荷载后，等孔隙水压力消散再施加水平剪力。每级剪力施加后都充分排水，使土样在应力变化过程中始终处于孔隙水压力为零的固结状态，直至土体剪坏。这时孔隙水压力为零，因而测得的抗剪强度最大。它用来模拟土在自重下固结完成后，受缓慢荷载作用被剪破情况或砂土受荷载作用被剪破的情况。浸水固结慢剪可测得饱和固结慢剪强度。它适用于雨季后、中厚层大型边坡由缓慢移动转化为缓慢破坏状态。但这类边坡不多，故很少在边坡分析中采用固结慢剪强度。此时测得的黏聚力称为有效黏聚力 c'、内摩擦角称为有效内摩擦角 φ'。适用于有效应力法分析。这一方法首先通过各种手段确定土体中孔隙水压力的分布，然后采用有效应力强度指标。这种方法比较容易确定强度指标，但不容易确定孔隙压力。这一指标适用于无黏性土的水、土分算及稳定渗流期与库水位降落期等边坡的稳定分析。

在直剪试验中，一般采用原状土。当无法获得质量为Ⅰ级的原状土时，也可作重塑土的剪切试验。此时要求采取少量的原装土样，测其天然含水率、天然容重、土粒相对密度，以保证制备的重塑土试件的含水率、密实程度与原状土相同。重塑土的抗剪强度参数值一般接近曾经多次滑动的滑带土。或由断层泥及破碎物转化的滑带土。

当边坡处于滑动阶段时，边坡的滑面应取残余强度指标，因而滑面土体强度需提供土体峰值强度与残余强度。当土的剪应力达到峰值后，随剪切位移量的增加而逐渐减小，最终趋于稳定值，此值称为残余强度，其指标为 c_r、φ_r。

6.2.1.2 三轴试验

三轴试验的设备与操作过程比直剪试验稍复杂一些，但试样在加荷过程中应力分布比较均匀，试样的固结与加荷速率易于控制，试验成果比较稳定，离散性小。因而对于重大工程，宜进行三轴试验。但由于其移距小，颗粒、团粒定向排列不够充分，所得残余强度偏高，目前应用也较少。

与直剪试验一样，三轴试验也有不固结不排水试验(UU)、固结不排水试验(CU)、固结排水试验(CD)。当需要提供总应力法强度时，如加荷速率较快时宜采用不固结不排水(UU)试验。当验算库水位迅速下降时稳定分析，或新建路堤边坡、路堑边坡稳定分析均可采用固结不排水(CU)试验。当需要提供有效应力强度指标时，可采用固结排水(CD)试验。需要测定孔压时，要进行测孔压的不固结或固结不排水试验。相应的有效黏聚力及有效内摩擦角指标均为 c'_u、φ'_u和 c'_{cu}、φ'_{cu}。对于荷载突然变化，可压缩、透水性小的土(主要是黏性土)，可以认为外荷载变化时，其含水率不变，故建议采用室内固结不排水试验测孔隙水压力，通过试验测定孔隙水压力系数，然后算出孔隙水压力。

黄文熙在《土的工程性质》一书中指出：天然边坡的长期稳定性强度指标宜选用排水或固结不排水试验所测。根据以上所述，对于武广高速铁路红黏土路堑高边坡稳定分析，推荐采用固结不排水(CU)试验获取相应抗剪强度指标。

6.2.2 现场试验

对于重大工程、大型边坡、岩土结构面及岩土体与混凝土接触面、碎石土滑动等可以采用现场原位大型剪切试验。大型剪切试验费用昂贵,操作麻烦,但更接近实际情况。现场直剪试验可分为岩土体试样在法向力作用下沿着剪切面破坏的抗剪断强度试验和岩土体剪断后沿剪切面继续剪切的抗剪试验(摩擦试验)。前者表示岩土的峰值抗剪强度,后者表示岩土的残余抗剪强度。有必要时,还可作无外加法向应力时岩体剪切的抗剪试验(水平剪切试验)。对于土体,大型试验必须选择有代表性的工点,土体试件尺寸不小于 20 cm 或为最大粒径的 4~8 倍。试验前应对试件的饱水状态和物质组成等特征进行描述。试验结束后,应对剪切面进行描述,量测其剪切角和实际剪切面积,并在必要时修正试验结果。直剪试验点不宜少于 6 个,最少不得少于 3 个。每个试验点土样试件数量不宜少于 5 件,最少不应少于 3 件。土体现场大型剪切试验方法依据需要而定,同样可以考虑浸水或不浸水、固结或不固结、快剪或慢剪。现场剪切试验常因试验点选择不当或因天气晴雨等影响而出现较大离散性。所以应采取措施保证试验条件的一致性。现场原位大型剪切试验是确定滑面(带)抗剪强度指标的重要方法,但一般仅适用于边坡前、后缘周边处或滑面埋藏较浅条件下使用。

典型红黏土工地现场试验包括:现场大型剪切试验,软塑或流塑层内十字板剪切试验。据此可获得现场大型原位剪切强度指标和软塑、流塑层十字板剪切强度指标。

6.2.3 力学参数反演推算

滑带岩土抗剪强度参数的反算法目前应用很广。它是通过已知稳定系数及滑面等条件情况下反算滑面的岩土抗剪强度参数。显然,当计算的前提十分清晰和准确时,反算的结果是准确的。这种情况下可以反算参数为主,确定滑带抗剪强度。但有些情况下,获得的计算前提并不是十分清晰和准确,因而此时的反算结果可信度也低,通常只作为校验之用。

反算法的基本前提:

(1)稳定系数反算的基本前提之一是必须知道当时坡体的稳定系数值。当边坡处于刚开始滑动阶段,此时正处于极限平衡状态,因而可认为边坡的稳定系数为 1 或稍小于 1,如为 0.99~1.00;当边坡处于急剧滑动阶段,稳定系数假设为 0.95~0.98,显然这是可以接受的。当边坡处于挤压变形或强变形阶段,一般稳定系数取 1.01~1.05,但当边坡处于蠕动变形或弱变形阶段,稳定系数的取值便没有把握,何况此时滑面尚未真正形成。

(2)稳定系数进行反算的基本前提之二是要事先知道滑面的确切位置,包括后缘拉裂缝及前缘剪出口等。当滑面已经贯通,出现了滑动或急剧滑动,则可以比较清晰地找到滑面,但即使如此,由于勘探中控制点不多,也很难勾画出精确的滑面位置,边坡在开挖前不可能出现滑面;坡体在蠕动变形和弱变形阶段,滑面尚未形成,因而也不可能确切弄清滑面位置;坡体在挤压变形或强变形阶段,通过勘察可大致勾画出滑面,但在没有滑动之前,勘察出来的滑面是否就是真正的滑面尚不得而知,因为未产生滑动前,有可能出现滑面的漏划与错划。要知道滑面的确切位置,既需要做严格的勘察工作,也需要做细致的分析工作。

(3)边坡急剧滑动时的工况,必须查清急剧滑动之前的雨情、震情、水位升降、斜坡弃土等生成急剧滑动破坏的外力因素,这也是进行反算的基本前提。当坡体处于强度变形或挤压变形阶段,尚没有发生滑动,只是具有滑动的趋势,同样需要查清造成坡体变形的各种外力因素。

如果能准确把握上述三个反算的基本前提,那么反算结果可信。而实际上要完全弄清上述三个前提是很难的,所以反算法通常只作为确定滑面剪切强度的校验之用。当已知反算的三个前提之后,就可以反算出某种工况下(一般为自重工况或暴雨工况)整个滑面的平均 c、φ 值。反算采用的公式视滑面而定。由于 c、φ 是两个未知数,因而必须先假定一个未知数,再求另一个未知数。通常对砂性土假定 c 求 φ，这是因为砂性土 c 值变动小；对黏性土则先假定 φ 反求 c。

具体到武广高速铁路工程，由于红黏土路堑边坡下部常存在软塑—流塑状的软弱地层，可以认为当边坡出现时，滑体沿着这些软弱结构面发生移动，进一步地，可认为此时滑面为多个平直面的组合，简化为折线形。此种情况，常用传递系数法求取边坡的稳定系数和边坡推力，当前反算中一般仍采用显式解公式，因为当安全系数接近 1 时，显式解与隐式解算得的结果十分相近。第 i 块滑体的剩余下滑力为：

$$E_i = W_i \sin\alpha_i + E_{i-1}\Psi_i - W_i \cos\alpha_i \tan\varphi_i - c_i L_i$$

式中 E_i——第 i 块的剩余下滑力(kN/m)；

α_i——第 i 块滑面的倾角(°)；

c_i,φ_i——第 i 块滑带土的黏聚力(kPa)和内摩擦角(°)；

L_i——第 i 块滑面的长度(m)。

当逐块向下传递计算至最后一块并令 $E_n=0$ 时，即

$$E_n = W_n \sin\alpha_n + E_{n-1}\Psi_n - W_n \cos\alpha_n \tan\varphi_n - c_n L_n = 0$$

式中，Ψ_i 为传递系数，其值为：

$$\Psi_i = \cos(\alpha_{i-1}-\alpha_i) - \sin(\alpha_{i-1}-\alpha_i)\tan\varphi_i$$

当下滑力与抗滑力相等时，边坡处于极限平衡状态，就可以取为 c 或 φ 值。

如果边坡未触及软弱层，大多数情况下会出现接近圆弧的滑动面，此时仍采用瑞典条分法进行反算：

$$F_s = \frac{\sum(N_i \tan\varphi + cL_i)}{\sum T_i} = \frac{\sum(W_i \cos\alpha_i \tan\varphi + cL_i)}{\sum W_i \sin\alpha_i} = 1$$

式中 W_i——第 i 条块的单块重力(kN/m)；

α_i——第 i 条块的滑动面倾角(°)，倾向临空面时取正值，否则取负；

c、φ——滑动面土的黏聚力(kPa)和内摩擦角(°)；

L_i——第 i 块滑面的长度(m)。

对已垮塌的红黏土路堑边坡地段，有条件的话可以进行力学参数反演推算。它包括对已垮塌的红黏土路堑边坡进行实地调查并确定反演分析方法。由此获得已垮塌红黏土工点路堑边坡的极限强度指标。

6.2.4 红黏土干湿循环试验研究

6.2.4.1 试验目的及取样要求

试验目的：①利用直剪仪实测不同干湿循环次数($n=0,2,4,6$)时原状结构红黏土的抗剪强度指标 c、φ(或 τ)值，获得红黏土 c、φ(或 τ)值随干湿循环次数的变化规律；②获得在某一干湿循环次数($n=0,4$)时，含水率(不同饱和度)变化对抗剪指标的影响规律；③获得红黏土的三个基本试验指标(含水率，密度，比重)及液塑限。

本次试验所取用的试样为红黏土原状土试样，来自郴州工点 DK1821＋254.5 m 处线路右侧。原状结构红黏土按不同的干湿状态(分别为硬塑、可塑、软塑三种状态，对应的液性指数区间分别为(0,0.25)，(0.25,0.75)，(0.75,1))分为三组。为了使本次试验所用红黏土的物理力学性质尽可能地接近，对于同一干湿状态的红黏土，现场取样位置应尽可能控制在一个较小的范围内(即取样深度和钻孔平面位置都要求在一个相对较小的范围内)。

6.2.4.2　试验方案

本研究将试样完成一次湿—干—湿的过程视为一次干湿循环。同一现场取样位置、同一物理状态至少应取 16 个圆柱形标准试件，考虑 3 种物理状态，本次试验共需圆柱形标准试件 16×3=48 个。对于每组试样：

(1)对来自同一个现场取样位置的红黏土进行 4 组抗剪强度试验，循环次数分别为 0 次、2 次、4 次、6 次，考虑到试验中可能出现的试样损坏，每组试验至少需准备 4 个环刀样(共 16 个试样)。

将各组环刀试样置入重叠式饱和器中，以保持饱和过程中环刀样体积不变，用真空抽气法对叠式饱和器中的环刀试样进行饱和，使环刀中试样均达到 100%的饱和度；将饱和后的叠式饱和器中的环刀试样置于可调温的烘箱中进行干燥，结合实际气候情况，温度设定为 40°，烘烤时间为 8 h(前期试验表明，此时环刀与土样间开始出现微小裂纹)；然后再用抽气法使试样充分饱和至 100%的饱和度，即完成 1 次干湿循环。按要求对各组试样进行不同次数的干湿循环后方可进行剪切。

(2)为了研究含水率变化对红黏土抗剪强度指标的影响，拟在干湿循环次数不变时，对同一物理状态的红黏土通过烘烤时间的长短来控制其含水率(或饱和度)。因此，除上面的试验外，对循环次数为 0 次和 4 次的干湿循环补充对比试验如下(取 4 次干湿循环为例)：准备土样 16 个，分为四组，抽气饱和，将试样进行 4 次干湿循环，然后分别在烘箱中干燥 0、2、4、6 h(为使试样表里水分尽可能一致，还需将试样置于密封容器内静置 24 h 以上，以使试样水分平衡)。剪切试验完成后，实测每一环刀内土试样的含水率。

每种干湿状态的红黏土试样需 48 个，共计 144 个试样(详见表 6-2)。这些试样的常规指标见表 6-3。将完成干湿循环或烘烤后的各组试样在应变控制式电动直剪仪上进行快剪试验。快剪试验操作按国家标准《土工试验操作规程》进行。

表 6-2　干湿循环试样统计表

考察点	循环次数	饱和度	每组试样数目	试样合计
各指标随干湿循环次数变化而变化的规律	0	100%	4	合计 16
	2	100%	4	
	4	100%	4	
	6	100%	4	
各指标随含水率(烘烤时间)的变化而变化的规律	0	100%	4	合计 32
	0	烘 2 h	4	
	0	烘 4 h	4	
	0	烘 6 h	4	
	4	100%	4	
	4	烘 2 h	4	
	4	烘 4 h	4	
	4	烘 6 h	4	
每种状态需 48 个试样，故三种状态共需试样 48×3=144 个试样。				

表 6-3 循环剪切试验所用红黏土常规指标

试样编号	取样深度/m	天然含水率 w %	天然密度 ρ g/cm³	土粒比重 G_s	饱和度 S_r %	孔隙比 e	液塑限试验					压缩试验			直剪试验	
							液限 w_L %	塑限 w_P %	塑性指数 I_P	液性指数 I_L	含水比 α_w	100 kPa孔隙比 e_1	100～200 kPa压缩系数 α_{1-2} MPa⁻¹	压缩模量 E_{s1-2} MPa	内摩擦角 φ °	黏聚力 c kPa
a-3	6.4～6.6	34.4	1.89	2.79	97.9	0.980	60.7	33.4	27.3	0.04	0.57	0.966	0.20	9.83	14.5	61.0
a-3	8.4～8.6	31.1	1.92	2.76	96.4	0.890	53.9	30	23.9	0.05	0.58	0.872	0.21	8.91	22.0	52.0
a-4	6.8～7.0	33.9	1.95	2.80	100.0	0.919	66	35	31	−0.04	0.51	0.904	0.15	12.69	19.0	73.0
a-4	8.4～8.6	31.0	1.91	2.75	96.5	0.883	54	30.5	23.5	0.02	0.57	0.844	0.20	9.22	15.0	80.0
a-4	10.0～10.2	40.0	1.81	2.78	96.3	1.155	52.8	26.6	26.2	0.51	0.76	1.126	0.30	7.09	9.0	57.5
a-5	8.5～8.7	31.2	1.96	2.77	100.0	0.859	44.5	25.8	18.7	0.29	0.70	0.837	0.18	10.21	18.0	63.0
a-5	5.3～5.5	34.3	1.90	2.74	99.8	0.942	56	31	25	0.13	0.61	0.906	0.19	10.03	17.0	67.0
a-5	11.3～11.5	42.9	1.82	2.82	99.0	1.222	50	21	29	0.76	0.86	1.169	0.35	6.20	8.0	42.0
a-4	13.2～13.4	40.8	1.81	2.76	98.7	1.141	46.2	22	24.2	0.78	0.88	1.079	0.41	5.07	6.0	46.0

注：表中液限为 76 g 锥下的 10 mm 液限。

6.2.4.3 试验结果及分析

(1)硬塑

①不同干湿循环次数下竖向压力与剪应力关系如图 6-1 所示。

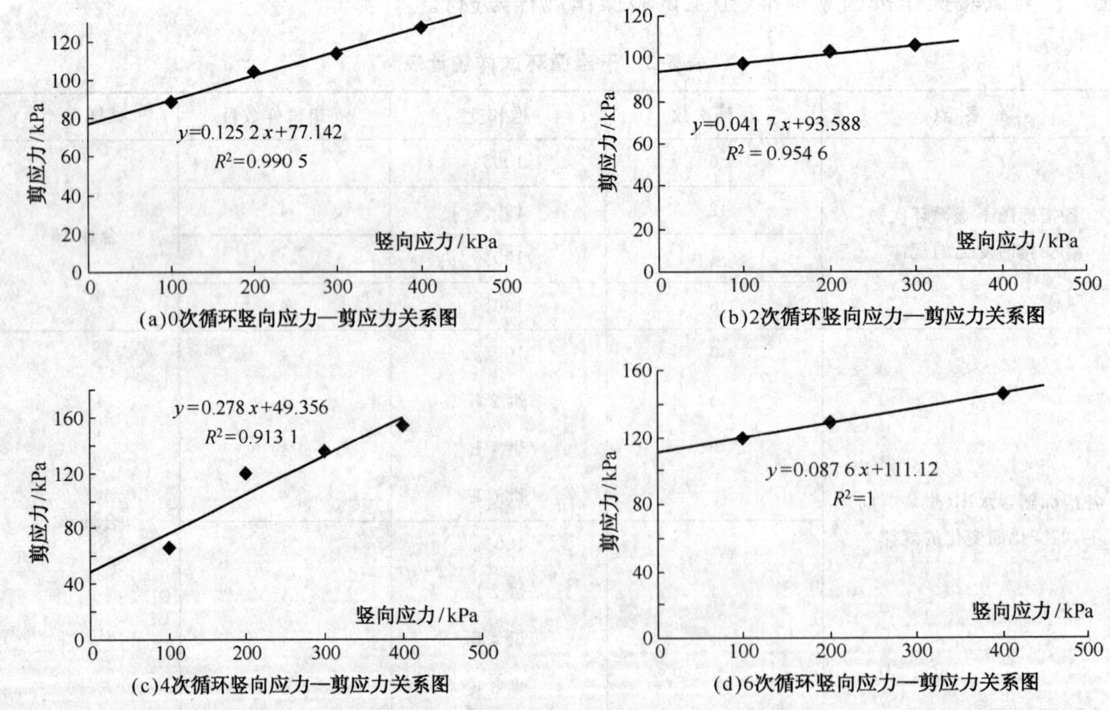

图 6-1 不同干湿循环次数下竖向压力—剪应力关系图

②干湿循环次数与黏聚力、内摩擦角、抗剪强度的关系如图 6-2 所示。

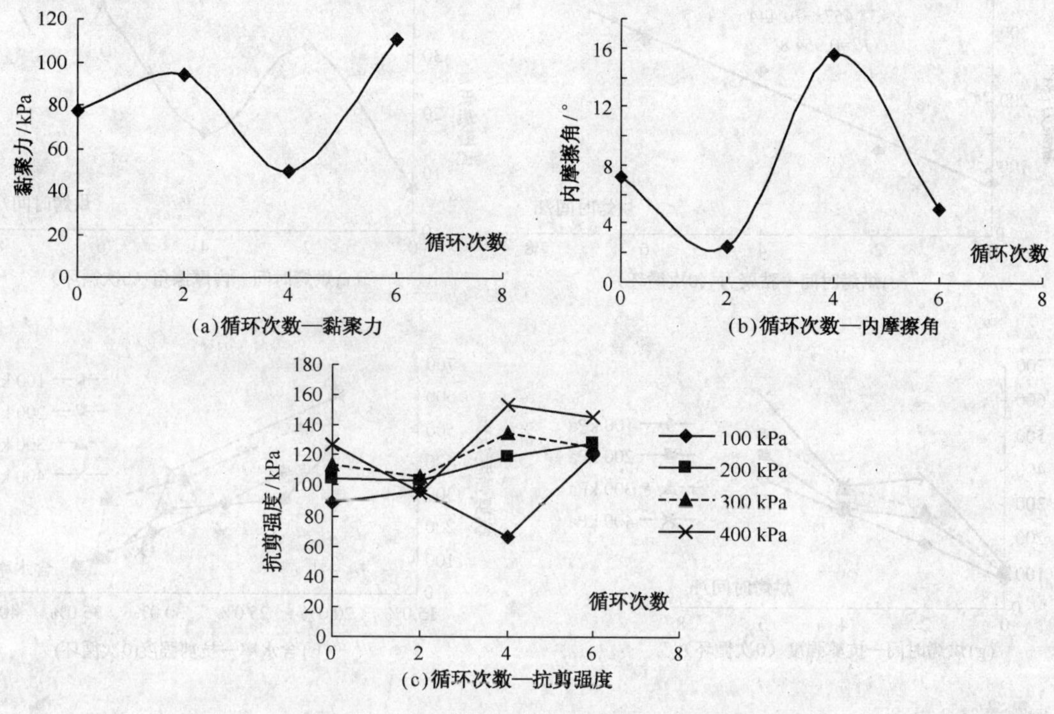

图 6-2 干湿循环次数与黏聚力、内摩擦角、抗剪强度的关系图

③烘烤时间/含水率和黏聚力、内摩擦角、抗剪强度的关系如图 6-3 和图 6-4 所示。

a. 0 次循环

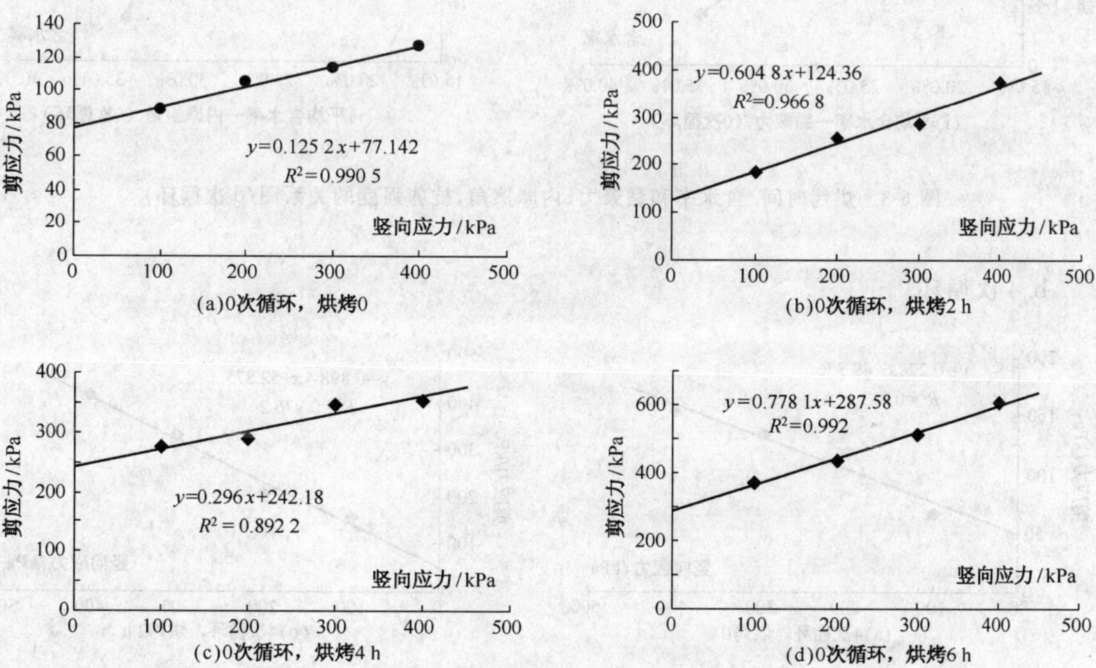

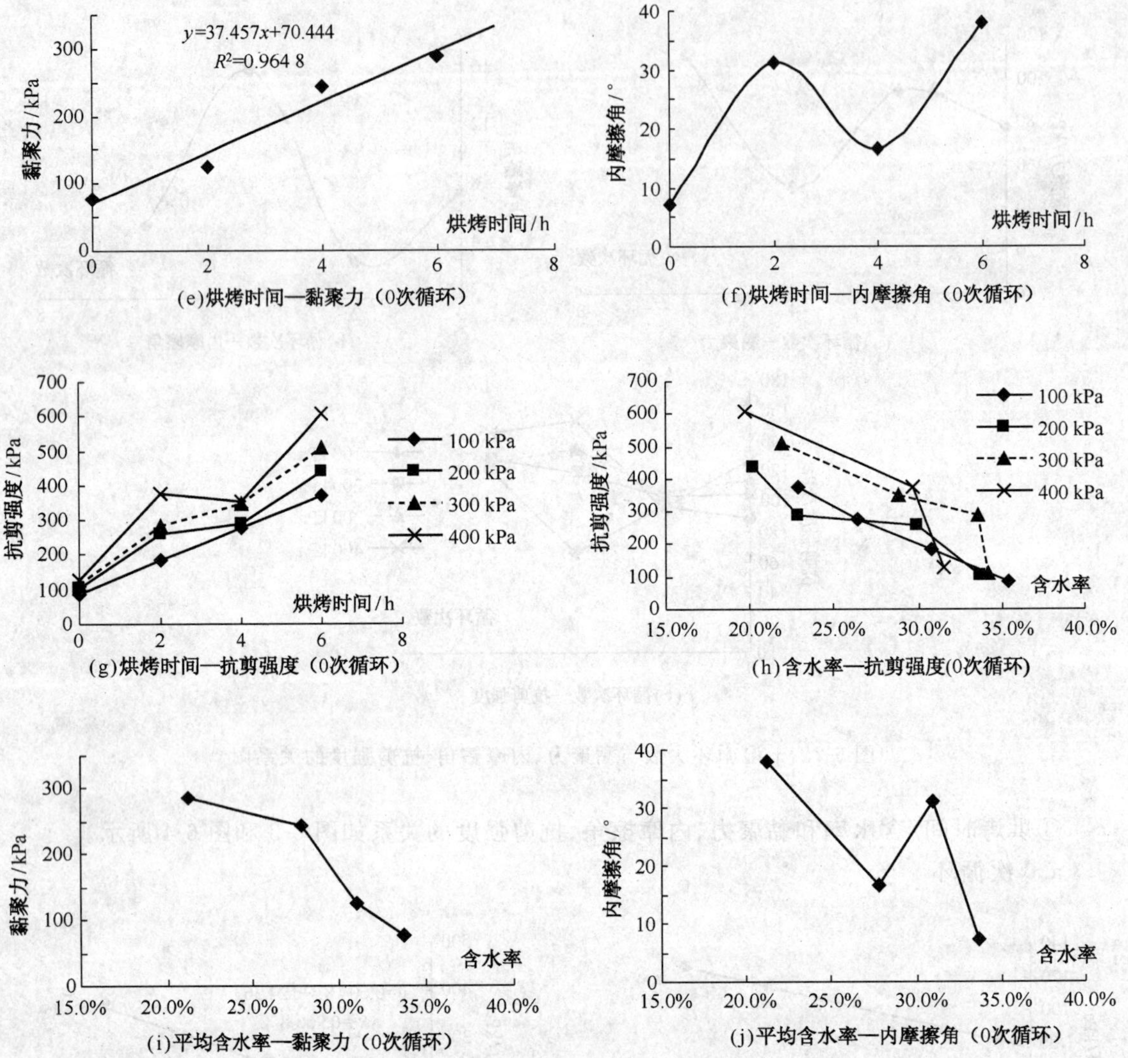

(e)烘烤时间—黏聚力（0次循环）

(f)烘烤时间—内摩擦角（0次循环）

(g)烘烤时间—抗剪强度（0次循环）

(h)含水率—抗剪强度(0次循环)

(i)平均含水率—黏聚力（0次循环）

(j)平均含水率—内摩擦角（0次循环）

图 6-3 烘烤时间/含水率和黏聚力、内摩擦角、抗剪强度的关系图(0 次循环)

b. 4 次循环

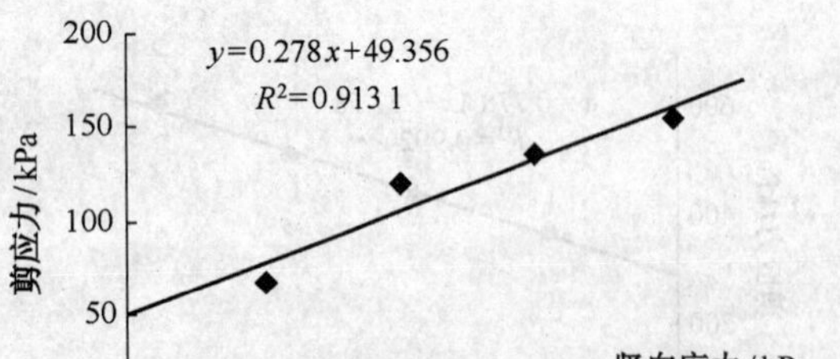

(a)4次循环，烘烤0

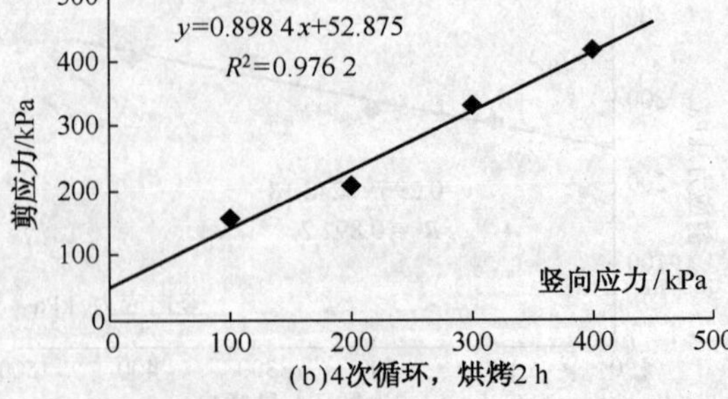

(b)4次循环，烘烤2 h

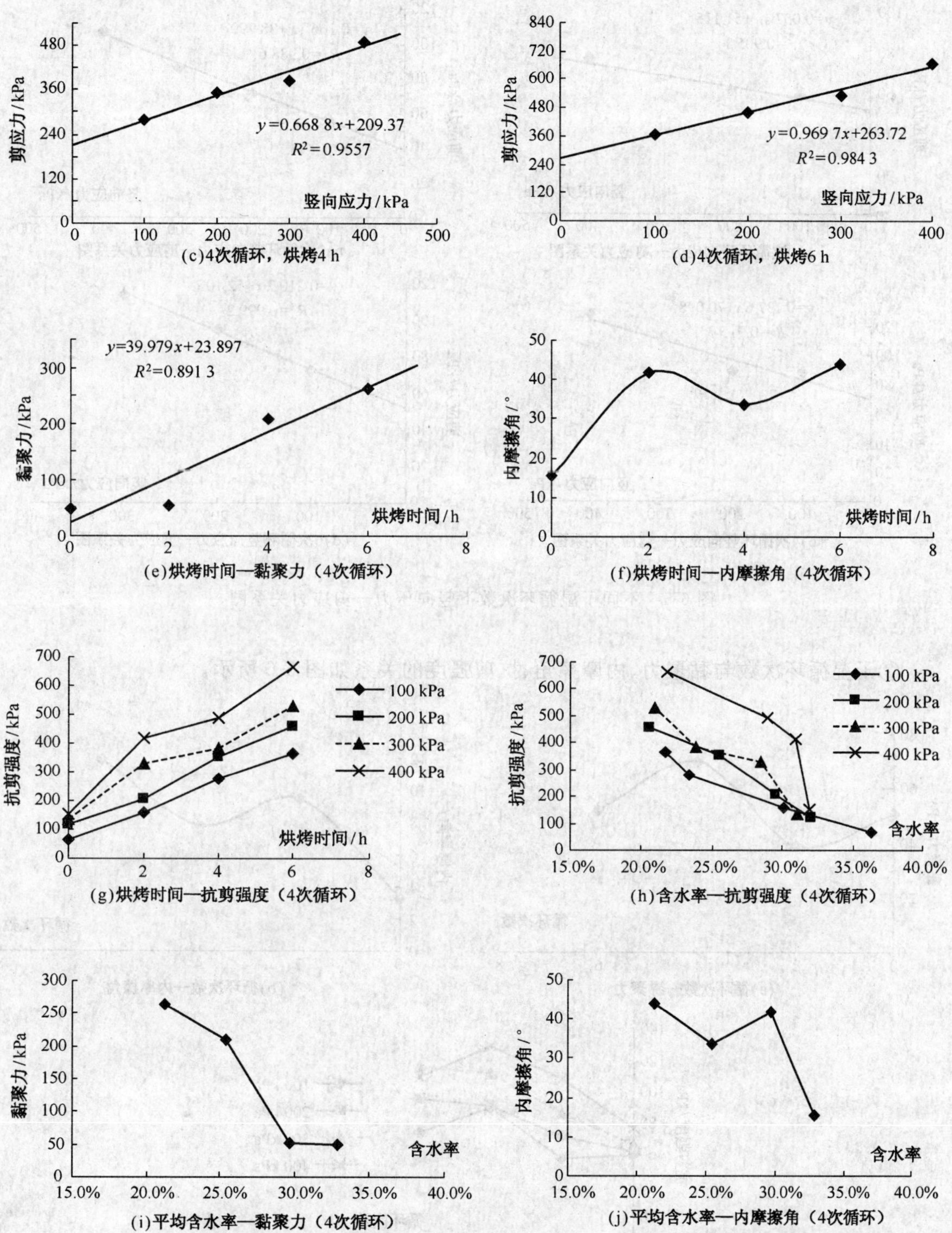

图 6-4 烘烤时间/含水率和黏聚力、内摩擦角、抗剪强度的关系图(4 次循环)

(2)可塑

①不同干湿循环次数下竖向压力与剪应力关系如图 6-5 所示。

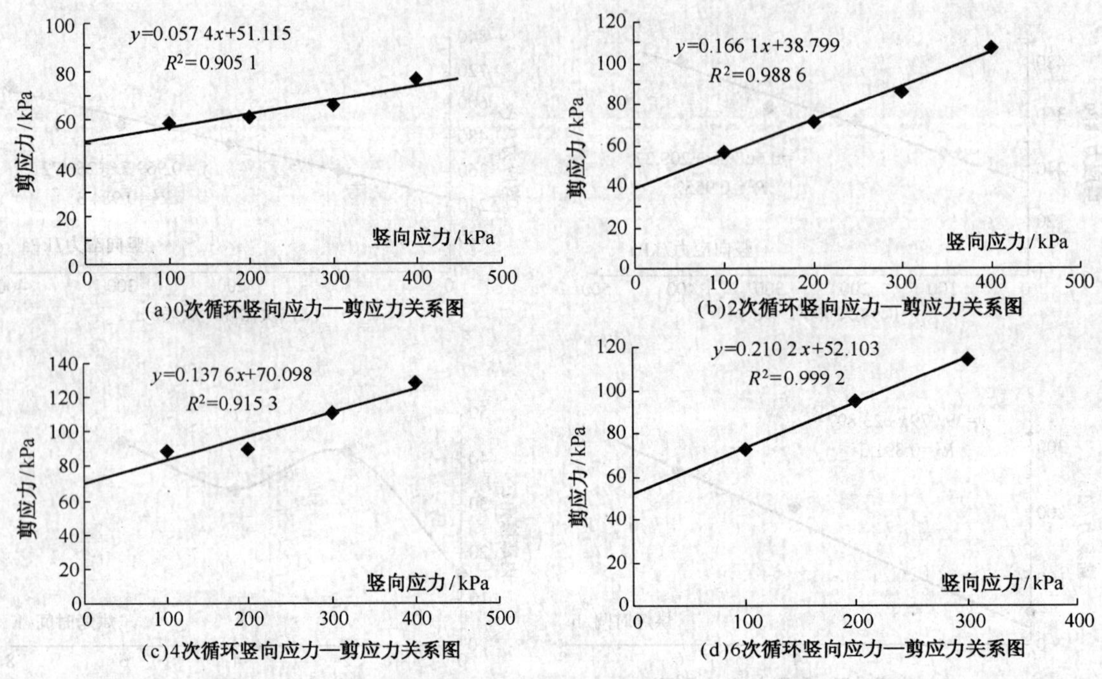

图 6-5 不同干湿循环次数下竖向压力—剪应力关系图

②干湿循环次数与黏聚力、内摩擦角、抗剪强度的关系如图 6-6 所示。

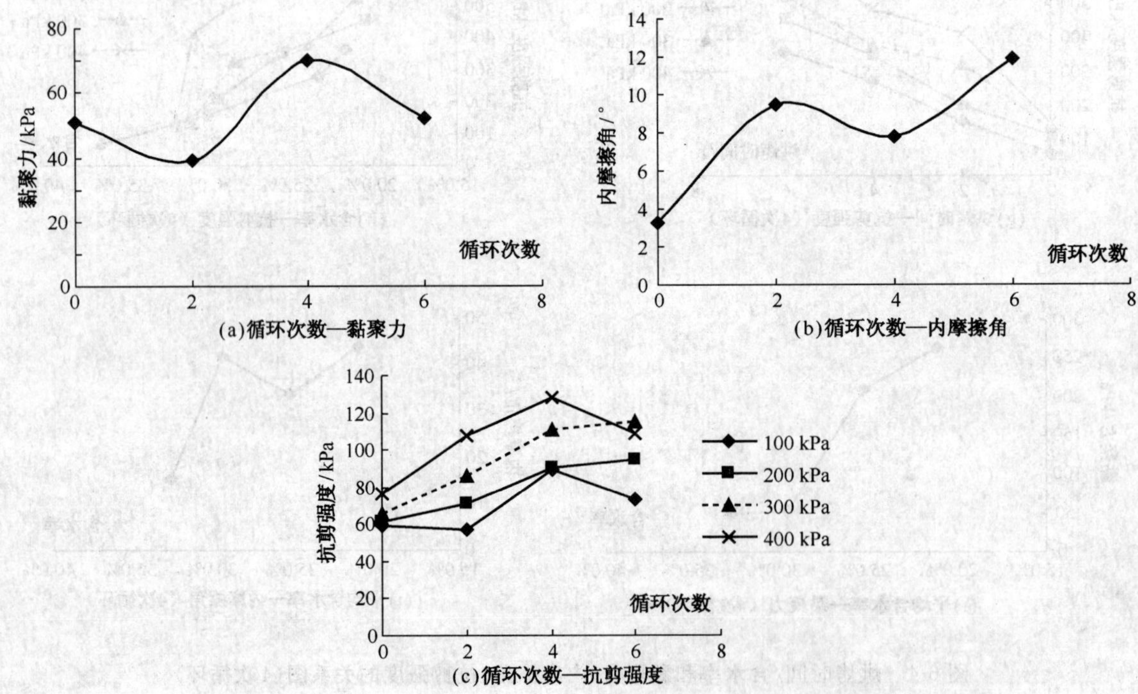

图 6-6 干湿循环次数与黏聚力、内摩擦角、抗剪强度的关系图

③烘烤时间/含水率和黏聚力、内摩擦角、抗剪强度的关系如图 6-7 和图 6-8 所示。

a. 0 次循环

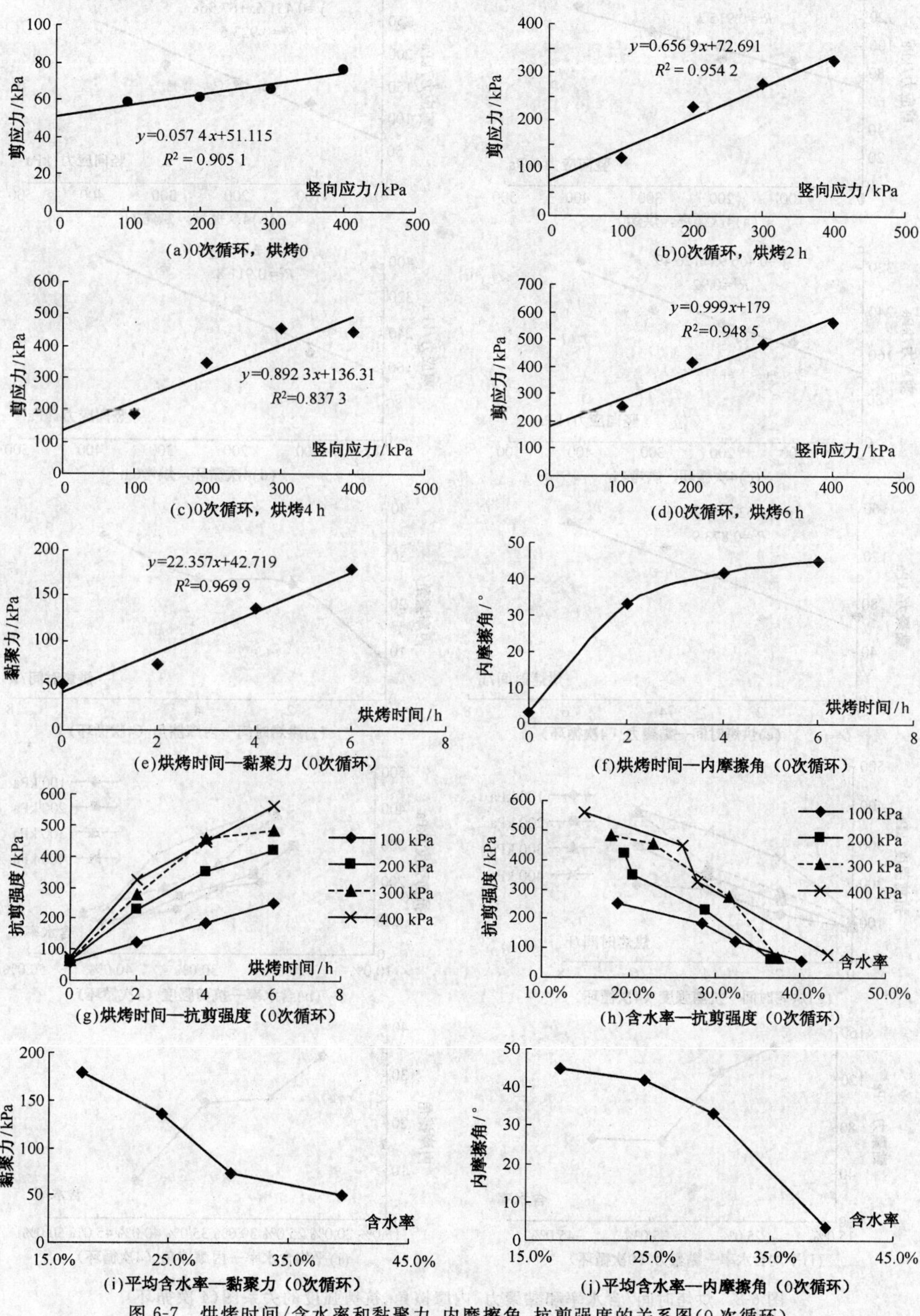

图 6-7 烘烤时间/含水率和黏聚力、内摩擦角、抗剪强度的关系图(0 次循环)

b. 4 次循环

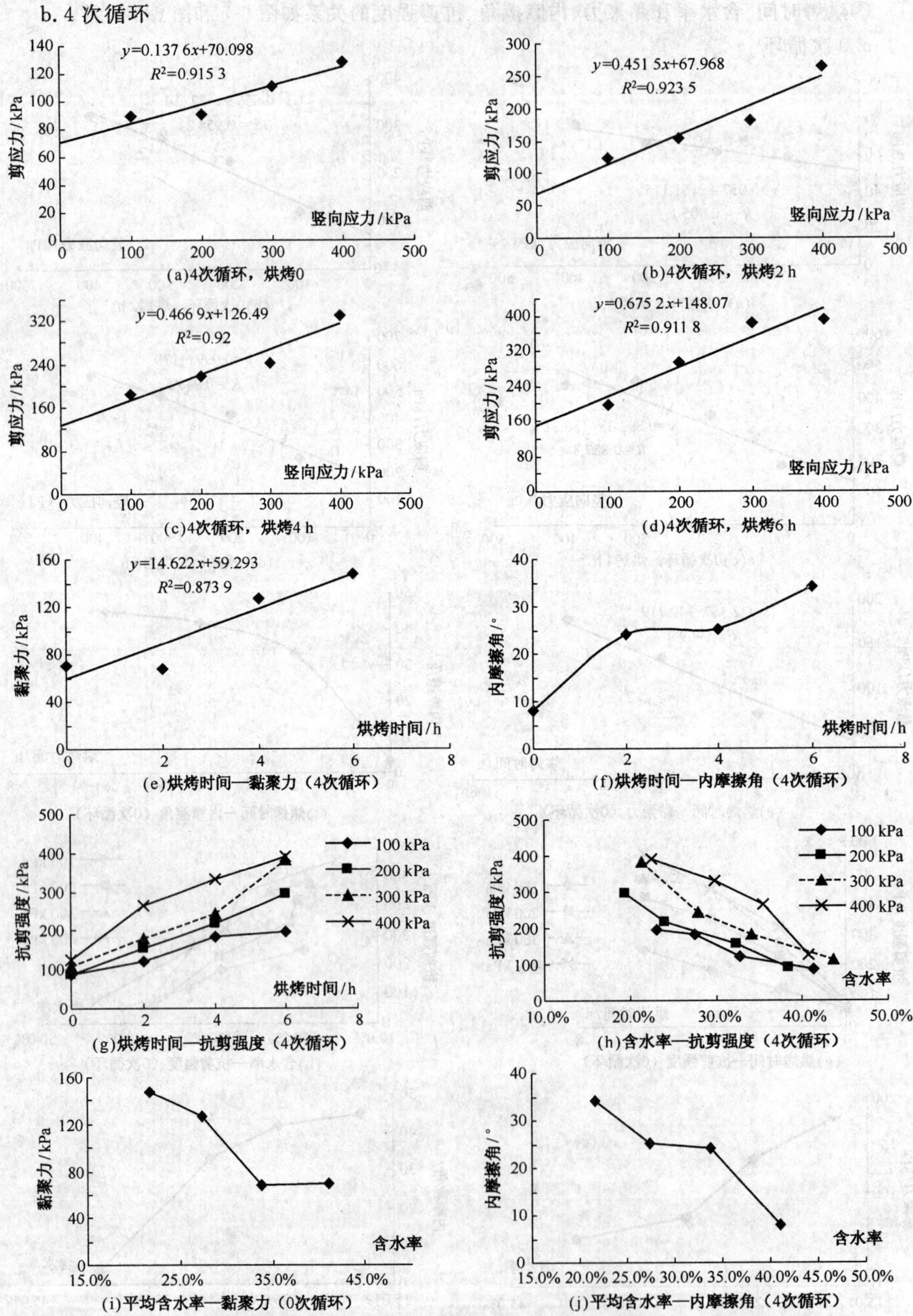

图 6-8　烘烤时间/含水率和黏聚力、内摩擦角、抗剪强度的关系图(4 次循环)

(3)软塑

①不同干湿循环次数下竖向压力与剪应力关系如图 6-9 所示。

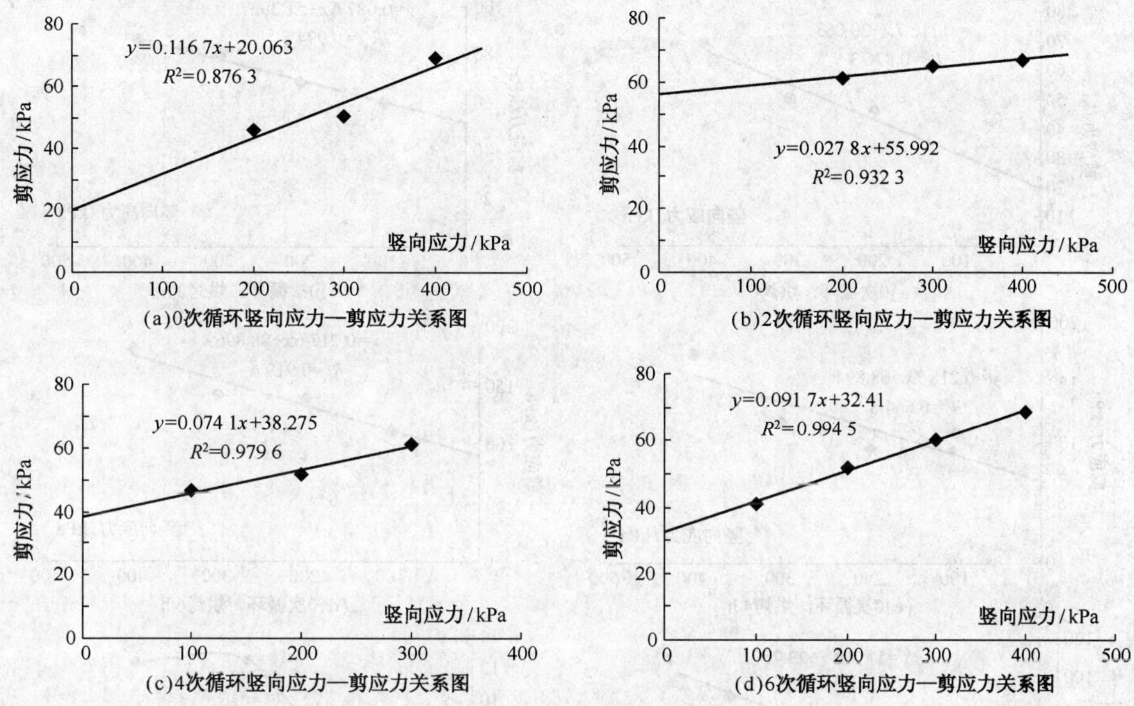

图 6-9　不同干湿循环次数下竖向压力—剪应力关系图

②干湿循环次数与黏聚力、内摩擦角、抗剪强度的关系如图 6-10 所示。

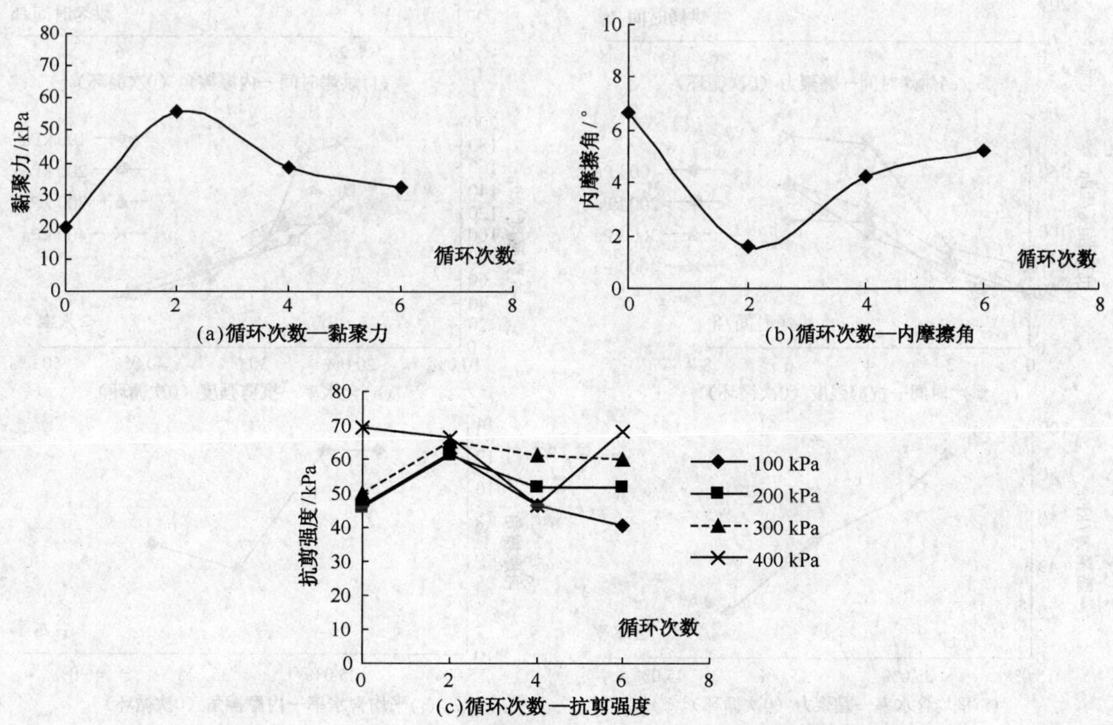

图 6-10　干湿循环次数与黏聚力、内摩擦角、抗剪强度的关系图

③烘烤时长/含水率和黏聚力、内摩擦角、抗剪强度的关系如图 6-11 和图 6-12 所示。

a. 0 次循环

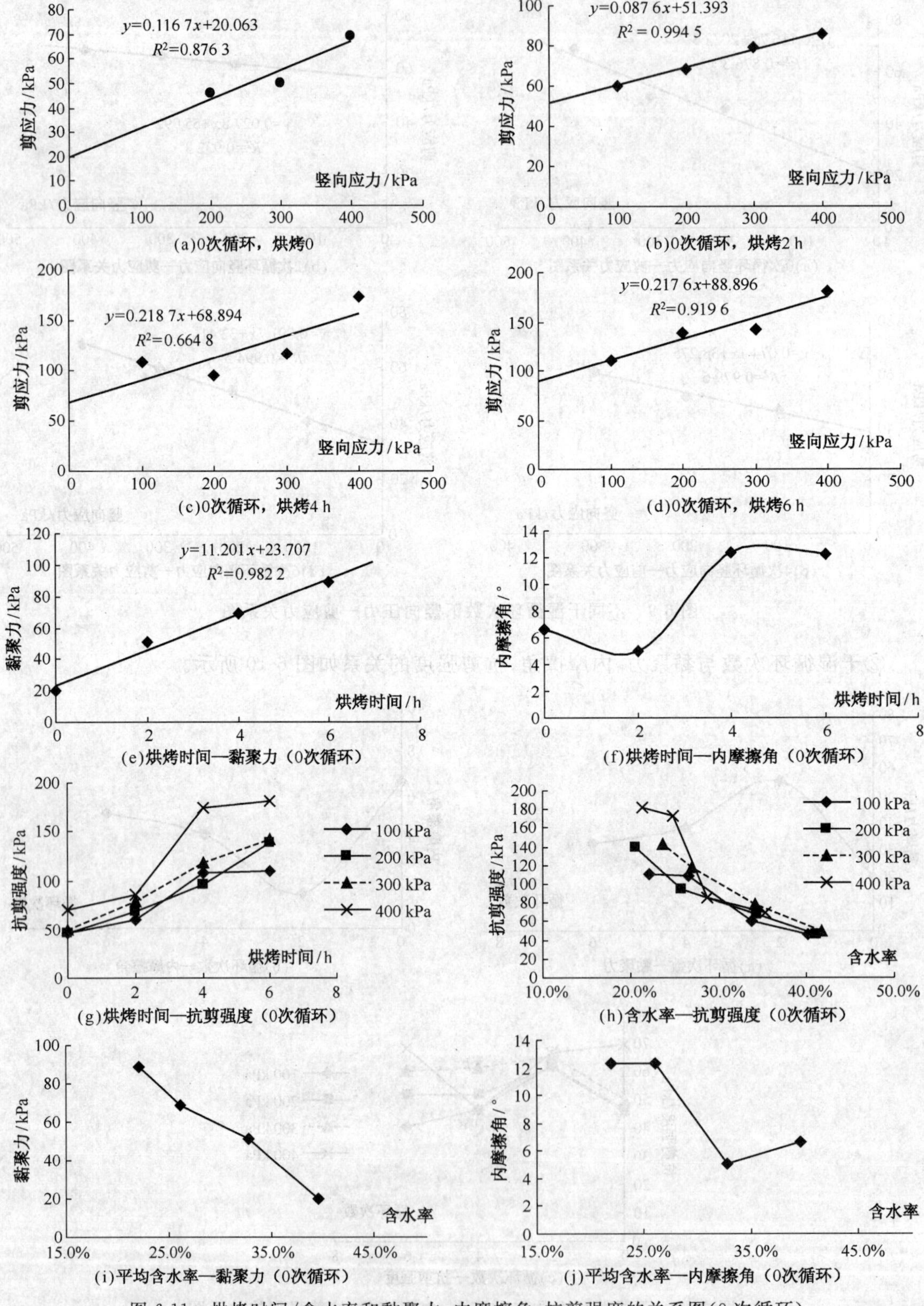

图 6-11 烘烤时间/含水率和黏聚力、内摩擦角、抗剪强度的关系图(0 次循环)

b. 4 次循环

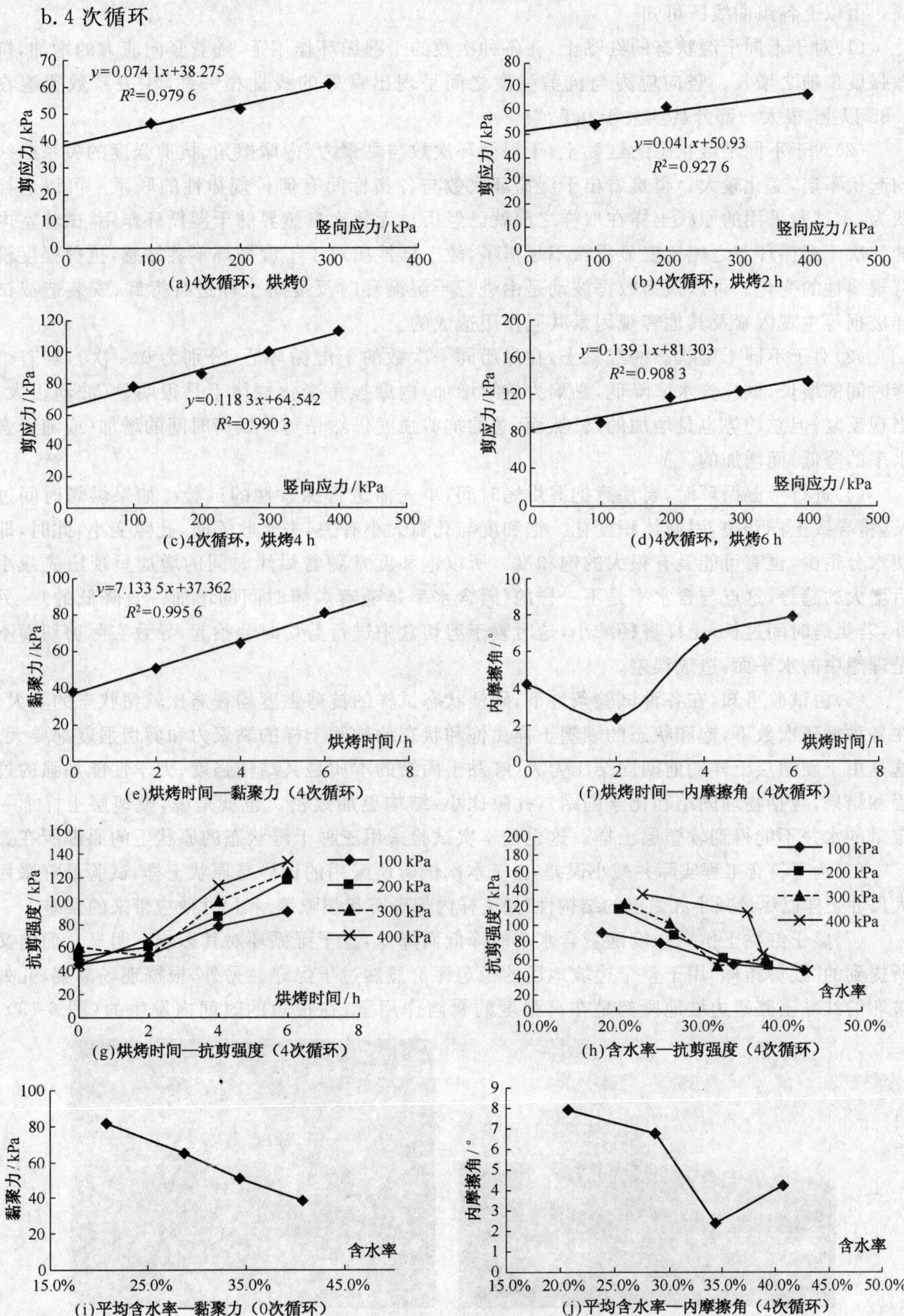

图 6-12　烘烤时间/含水率和黏聚力、内摩擦角、抗剪强度的关系图(4 次循环)

由以上各组曲线图可知：

(1)对于不同干湿状态的红黏土，在各种次数的干湿循环作用下，随着竖向应力的增加，抗剪强度也随之增长。竖向应力与抗剪强度之间呈现出良好的线性相关性，相关系数普遍在0.85以上，很大一部分甚至大于0.9。

(2)对于不同干湿状态的红黏土，干湿循环次数与黏聚力、内摩擦角、抗剪强度的关系曲线均起伏不定，变化较大。很难看出干湿循环次数与各指标间有何种规律性的联系。可以这样认为：本试验采用的原状土样在取样之前就已经历过无数次自然界的干湿循环作用，试验室内的几次干湿循环与之相比就显得微不足道了，故土样性质对于干湿循环不甚敏感，抗剪强度没有规律性的变化。可以认为数据波动是由进行干湿循环时反复对土样进行拆卸、安装造成试样破损等主观因素及其他客观因素共同作用造成的。

(3)对于不同干湿状态的红黏土，在经历同一次数的干湿循环后(分别为0、4次)，随着烘烤时间的增长，试样含水率降低，黏聚力持续增加，内摩擦角变化规律不是很明显(波动很大，出现反复，但总趋势也是增加的)。然而，总的抗剪强度仍然是随着烘烤时间的增加(或随着含水率的降低)而增加的。

(4)进行干湿循环时，要注意把握烘烤时间，事先需进行探索性的试验。如果烘烤时间过长，将导致土样开裂，引起体积变化。饱和度与孔隙大小有关，失水收缩时，孔隙变小，此时，即使水分很少，也有可能具有很大的饱和度。所以饱和度常随着烘烤时间的增加呈现出先减小后增大的趋势，这点与含水率是不一样的(因含水率是随着烘烤时间的增加一直降低的)。另外，若烘烤时间过长，土样直径减小，这时置于剪切盒中进行剪切时会抬起，导致实际剪切面不是理想中的水平面，造成误差。

(5)由试验可知，在各种试验条件下，硬塑状态试样的抗剪强度均普遍比软塑状态的要大。在各种循环次数下，饱和状态的硬塑土样比饱和状态的软塑土样的黏聚力和剪切强度都要大。这是由于硬塑层土样的前期固结压力大(红黏土固结的本质是其结构强度、力学性能加强的过程和结果，包括物理固结和化学固结)，孔隙比小，结构更加致密。也就是说，硬塑层土样加一定量的水并不能得到软塑层土样。这也是本次试验采用三种干湿状态的原状土的原因所在。

(6)为了符合工程实际并减小误差，由于本次试验所采用的试样是原状土样，试验最好采用大尺寸土样以尽量减小红黏土的结构性(如土样内部砾石和裂隙等)和尺寸效应带来的误差。

(7)鉴于红黏土抗剪强度随着含水率的降低而降低，且干湿循环对其影响不明显。而前文所提到的“残剪指标”用于整个边坡地段的稳定评价显然过于保守。另外，根据现场勘察，几处破坏的红黏土路堑边坡地段都是在高强度的暴雨作用下，在很短的时间内发生的(图6-13)。

图6-13 现场工点破坏照片

因此，在进行红黏土边坡稳定分析时推荐采用饱和状态下的不固结不排水剪切强度指标。

6.3 红黏土路堑(含软—流塑层)边坡稳定分析

6.3.1 红黏土路堑边坡基本特性

(1)红黏土路堑的低矮边坡，在没有明显流水作用的前提下，一般具有较长时间的稳定。一般高度在 6 m 以下的红黏土边坡，坡率在 1∶1 到 1∶0.5 之间，即使坡面无植被，只要雨后水流不会有通道从坡面中渗流出来，地表水又能拦截在边坡外，该类边坡均能维持较长时间的稳定，但坡面会风化而产生剥落。

(2)有坡面水及裂隙渗水反复作用下的低矮边坡，虽能保持一定时间的稳定，但边坡上因水的冲蚀作用而形成冲沟，且由小到大不断发展。再加上水容易从红黏土边坡的裂隙中渗入，加剧土体的干缩湿胀循环，使裂隙不断发展、扩展，边坡往往由冲蚀发展到坍滑，最终整个边坡失稳。

(3)高度大于 6 m 以上的边坡，没有采取保护措施的，一般会在边坡上出现剥落、坍塌、坍滑等现象，而在坡脚设置挡墙、坡面采取种草皮或护坡措施的，边坡完整性好。一般较稳定的高边坡坡率在 1∶1.25 到 1∶1.75 之间。

(4)红黏土路堑边坡因在水流冲刷作用或人工开挖、切割使坡脚失去支撑的情况下，坡脚土体会产生坍塌，且不断发展，从局部失稳发展到边坡整体失稳，从而牵引整个边坡向下滑动，形成滑坡。一般这类滑坡多属中浅层滑坡。

6.3.2 红黏土边坡破坏机理研究

土质边坡的破坏与其边坡土体的物质组成及边坡开挖后的应力应变有关。天然边坡是长期地质作用的产物，虽然它内部存在构造裂隙，但在自然状态下它仍然是稳定的。在施工中，短时间大量坡脚的土体被挖去，引起坡体内应力急剧改变，水分散失，在坡脚应力集中地带剪应力增大，进入屈服状态，产生回弹和松弛。另外，由于蠕变损伤，含水率变化，机械潜蚀，化学潜蚀等原因，土体材料的结构面强度参数都在不断变化，同时由于外荷、水和地震等因素，岩土坡体中应力分布是不均匀分布，产生局域性的应力应变集中，当应力超过材料的强度值时，其状态将不稳定，必然导致局域性的破坏，而一旦发生局域性破坏，必然产生应力释放、应力转移和应力重新调整。而在破坏的局域和邻近区域影响最大，该区域由原先低于强度值转为超过强度值，并进行应力释放，又把多余的荷载转加到其他的区域，这样在反复地发生应力释放、转移和调整的过程中，破坏也不断延伸，这种渐进式变形与失稳破坏过程的持续进行，最后形成两种可能，一种是破坏面完全贯穿，滑体将在滑床上作加速运动；另一种是破坏面没有完全贯穿，变形伸展到某一区域后将停止发展。对于超固结黏土，存在着许多裂隙，当在这种土层进行边坡开挖时，裂隙附近易形成应力集中，所以土体的强度并非在整个滑裂面上同时发挥，而是当土中某一点的剪应力增加到超过土的强度时，该点发生剪切破坏，随着这种破坏的逐渐传递，使得渐进破坏面逐渐扩大，直至发展成一条连续的贯通面，坡体失稳破坏。

由三轴试验分析可知，保持垂直压力不变，减小侧压力，会使处在三维应力状态的黏性土发生松胀和弱化现象，从而引起破坏，即主应力差 $\sigma_1-\sigma_3$ 和先期受力情况是破坏的重要原因之一，可以通过土体的平面变形比能量公式看出：

$$E_{\varphi}=\frac{1+\mu}{E}\left(\frac{\sigma_1-\sigma_3}{2}\right)^2$$

式中 E_{φ}——土体平面变形比能量；

μ——土体的泊松比；

E——土体的变形模量；

$\sigma_1-\sigma_3$——土体所受的垂直主应力和侧向主应力之差。

由上式可见，坡体面内任一点的应力状态已知时，该点的变形比能量的大小，与 $\sigma_1-\sigma_3$ 的平方成正比，与变形模量 E 成反比，当开挖时，减少 σ_3 不仅增大了 $\sigma_1-\sigma_3$，而且由于弱化作用，E 也随之减小，两者都使 E_{φ} 增大，边坡易于破坏。在天然斜坡稳定时，垂直主应力 σ_1 和侧向主应力 σ_3 之差 $\sigma_1-\sigma_3$ 的值很小，没有达到土体抗剪强度的极值。随着开挖的进行，边坡将变陡，σ_3 变小，$\sigma_1-\sigma_3$ 增大，应力圆与抗剪强度包线相切，抗剪强度不断调整，如 σ_3 再减小，则边坡就会产生破坏。

红黏土坡体下的软塑层内的软弱体，在工程荷载的作用下，常会表现出与上层硬层红黏土不同的性能。土体中软弱夹层的存在对土体中应力分布影响较大，是对土体进行应力分析时必须考虑的问题。红黏土这一特殊边坡的应力状态分析，主要取决于土体中软弱夹层的变形和强度。影响红黏土软塑层强度的因素为：①软塑层的埋深和厚度；②软塑层的性质；③边坡开挖的高度和坡率；④软塑层的流变性。试验和工程实践证明，岩体具有流变性，特别是蠕变现象会使许多边坡失稳。在硬塑层红黏土下面的软弱夹层可能会产生蠕动，引起坡体缓慢变形。变形常是破坏的先导，当边坡开挖到软弱岩层或夹层并形成临空面时，软弱土层可向临空面挤出或造成边坡局部隆起，而上部岩层则发生拉张裂隙、不均匀沉降，甚至发生向临空面的滑动。发生蠕动变形的边坡岩层松动破碎，强度降低，透水性增大，其变形进一步发展可以导致发生急剧变形和破坏，并导致上部岩层沉陷、下滑、拉裂以至倾倒崩塌。

由于红黏土的孔隙比大，起始含水率很高，气候干燥时，土体的收缩性大，往往形成较发育的网状裂纹又为水的下渗提供了条件，加剧了裂纹深处的胀缩循环。当气候湿热交替，土的干缩湿胀反复循环，以及裂纹处形成应力集中，使边坡上的裂纹不断扩张、延伸、下切，粗裂纹逐渐连通，形成较宽的裂缝，裂缝发育连通，开始在坡面形成表层破碎层。红黏土边坡一般都分布在亚热带湿温地区，雨量充沛，水流的冲蚀作用很强，边坡上的破碎层不断发展，形成局部坍塌。以上分析说明，红黏土边坡在没有防护的情况下，最终处于一种不稳定的状态，由坡面破坏发展到边坡整体破坏。

路堑边坡坡脚是边坡的薄弱环节，路堑开挖后，路堑坡脚由于水平应力的增大，形成坡脚应力集中区。而且红黏土土层本身特性越往下，土越趋于软塑性，力学性质越差。在遇到大强度的降水时，上部土体吸水加载，裂面或软弱层面由于水的作用减小了摩阻力，这样在水和重力的作用下，坡脚首先坍塌牵引边坡上部土体下滑而形成滑坡。所以，红黏土路堑边坡的破坏，常始于坡脚或边坡下半部，慢慢向上延伸而至整个路堑。红黏土路堑穿过的丘岗覆盖土层一般均不深，而覆盖土与基岩接触面起伏，再加上土体内存在着大量裂隙，所以滑床通常不深，属于浅层滑坡。

6.3.3 红黏土特殊性对其边坡稳定性的影响

红黏土为高塑性黏土，一般具有上硬下软的特点，红黏土路堑边坡因此也经常存在边坡上层为硬塑黏土，下层为可塑或软塑黏土，内摩擦角较小，内聚力却较大，承载力也较高。影响红黏土边坡稳定性的因素有[32]~[35]:(1)结构面的抗剪强度随夹层松软和黏土含量增加而降低;(2)随红黏土软塑层厚度增加而强度降低,当软塑层厚度大于结构面起伏差时,这时结构面的强度主要取决于软塑层的性质;(3)主要来自地下水和降雨作用的土体中的水分,降低了土体强度,尤其是软弱结构面的抗剪强度,增加了坡体的下滑力,同时改变坡体的应力状态,降低了边坡的抗滑力,使边坡失稳;(4)由于土体的不均匀性和不连续性,常使边坡应力分布沿软弱面的周边出现应力集中或应力阻滞现象。在坚硬的红黏土岩层中,应力沿软弱面的集中程度较软岩层高。在软硬两种红黏土岩层的界面上,沿硬岩一侧的应力值较高,应力集中的特点与软弱结构面的产状及主压应力的方向不同,其破坏形式也不同,红黏土边坡的失稳主要由于存在软塑状态的坡体下层。

由于红黏土具有以收缩为主的胀缩性,土中由此形成的网状裂隙极为发育。这样的结构面当红黏土失水后,土体干化变硬,易产生网状裂纹;浸水后易泥化变软。在阴晴交替或旱季与雨季交替出现时,红黏土中网状裂纹不断扩大、贯通,易形成滑面,从而导致边坡失稳。因此若开挖面长时间暴露,须注意裂隙发展和复浸水对土质的影响,开挖后须防止日晒雨淋,红黏土地区挖填边坡应进行快速保水作业法,快速回填封闭,及时支护,防止水分散失导致边坡垮塌。开挖边坡时,常常发生下述情况:(1)随着边坡面的形成,土质边坡暴露面积增大,因含水率逐渐降低土体将产生收缩,在边坡面上形成新的网状裂隙;(2)当建筑场地有地下水时基坑的开挖将伴随着抽水方案的实施。随着地下水位的急剧下降,建筑场地及附近地下水的水力坡度变大。破坏了土体的天然状态,使土体的容重、内聚力和内摩擦角等物理力学指标发生较大变化;(3)场地中地表水疏通不畅时,当其冲刷边坡面或经填土下渗到土体中去时,使土体浸水饱和,局部还会发生湿陷,形成土块楔形体垮塌下滑,就会危及和破坏边坡的稳定性。在坡地和具有高临空面的地基上修建建筑物,应注意"先排水,后治坡,再建房"的原则,并根据实际情况修建相应的支挡结构。

6.3.4 边坡稳定性评价方法

边坡稳定性评价一般包括两个方面:其一是搞清最不利工况下边坡稳定系数值,以此来判断边坡的稳定性如何;其二是将边坡稳定系数与工程设计要求的稳定安全系数进行比较,以此判断边坡的稳定性是否满足要求。

为了评价边坡稳定性,首先应确定各类边坡的稳定安全系数。对应于不同的安全系数定义,采用的安全系数是不同的,只有在同一安全系数定义下来讨论安全系数取值才是有意义的。当采用不平衡推力法显式解时,按增大下滑力来定义安全系数;而《建筑边坡工程技术规范》(GB 50330—2002)中边坡安全系数是超载安全系数。通常,影响边坡稳定安全系数的因素,一是边坡的失稳概率。由于坡顶荷载、岩土遇水强度降低、坡脚切坡及填土质量不好等额外影响,都会导致边坡失稳。这种偶然因素对不同工程不同地点都是不同的,很难有一致的规律,一般只能依据设计者的经验,事故的统计数据来定。采用概率理论,应按统计结果,设定概率,以求得稳定安全系数。但由于数据不足,操作不便,很少采用这种方法,多数工程部门都是依据工程专家的经验来定,并在相应国家与行业标准中规定下来。二是边坡工程的重要性和危害性。愈是重要的工程和危害性大的工程所取的安全系数愈高,例如高等级公路路堤安全系数取 1.30～1.35,又如铁路一级边坡安全系数取为 1.25,二级边坡取为 1.15。可见,边坡稳定系数的确定与边坡工程的重要性与危害性密切相关;三是采用的计算稳定系数的方法。不同的计算方法获得的稳定系数是不同的。一般来说,采用非严格条分法中瑞典法的稳定系数低于其他条分法的稳定系数，因而具有最小的稳定系数而偏于保守。简化 Bishop 法虽然计算简单，但它抓住了问题的主要矛盾，因此具有较高的精度。由严格条分法得到的稳定系数精度最高。郑颖人、赵尚毅等应用有限元强度折减法得到的稳定系数与严格条分法得到的十分接近。因此，选取稳定安全系数时，应明确对应何种计算方法；四是滑裂面的形状和位置。对于不同的滑裂面，采用同一计算方法所得到的稳定系数是不同的。

根据边坡稳定系数的大小，可以确定边坡目前所处的稳定状态。这种评估方法对边坡有着重要实际意义。郑颖人将边坡稳定性划分为不稳定、欠稳定、基本稳定、稳定四类。并推荐表 6-4 作为参考。

表 6-4　边坡稳定状态划分

边坡稳定系数 F_s	$F_s<1.00$	$1.00\leqslant F_s<1.10$	$1.10\leqslant F_s<1.20$	$F_s\geqslant 1.20$
边坡稳定状态	不稳定	欠稳定	基本稳定	稳　定

表 6-4 中，不稳定大致相当于滑坡处于流动和大流动状态；欠稳定大致相当于蠕动挤压变形阶段；基本稳定大致相当于该坡体未出现变形破坏迹象或迹象不明显。

类似地，王恭先也将边坡稳定性划分为稳定、基本稳定、稳定性差和不稳定，稳定系数划分与表 6-4 一致。其中，稳定是指“边坡坡形坡率符合岩土体的强度条件，无倾向性临空面的不利结构面，无或少有地下水，稳定或局部稳定系数符合要求”；基本稳定指的是“边坡坡形坡率符合岩土体强度条件，无倾向性临空面的不利结构面；少有地下水，整体和局部稳定，但坡面有冲沟、剥落、落石等”；稳定性差指的是“边坡整体稳定，但局部边坡陡于岩土稳定角，或受地下水影响岩土强度降低，或有不利结构面倾向临空，有局部坍、滑变形”；不稳定指的是“边坡坡形坡率不符合岩土强度条件，或在古老滑体上开挖、堆载引起古老滑坡复活，或有发育的不利结构面倾向临空面，岩体破碎，地下水发育，开挖后会产生整体失稳”。

红黏土硬壳层下呈软塑—流塑状态的软弱地层，构成路基基底以及路堑边坡内的软弱下卧层。一般来说，对于存在软弱结构面的边坡[36]，岩体破坏模式有两种基本形式：一种是边坡沿着结构面或主要受结构面控制发生破坏，滑动面为某一软弱岩体或软弱土层，属于平面滑动；另一种是由追踪节理、裂隙面形成准圆弧面。通常情况下，大多数边坡都是由上述两种基本破坏模式组合而成，即复合滑动面，如图6-14所示。复合滑动面由软弱层面和切层部分的圆弧面组成。在具体分析计算过程中，是以基底控制界面（软弱层面）为剪切依附面，结合圆弧搜索，搜寻最危险滑裂面，从而计算确定边坡稳定系数。

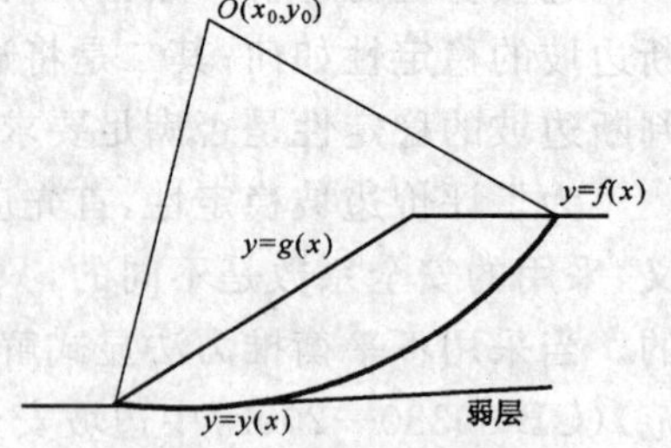

图 6-14　复合滑面模式图

在边坡稳定性分析方法方面，推荐采用简化 Bishop 法（非严格法）、Spencer 法（严格法）、Sarma 法和数值分析法（可用 Flac 或 Ansys 实现）。

6.3.5　加固处治措施

红黏土边坡的破坏始于坡脚或边坡下部（见图 6-13），因此需要着重加强靠近坡脚处的边坡土体，固“脚”护“腰”。防护重点是防止地表水冲刷、下渗。

李海光在《红黏土铁路路堑边坡的防护》[37]一文中提到，高度在 6 m 以上的边坡，没有采取防护措施的，一般均会在边坡上出现剥落、坍塌、坍滑等现象；而在坡脚设置矮挡墙、坡面采取种草皮或护坡等防护措施的，边坡完整性好，一般高边坡较稳定的坡率在 1∶1.25 到 1∶1.75 之间。红黏土路堑边坡因水流冲刷作用或人工开挖、切割而使坡脚失去支撑的情况下，坡脚土体会产生局部坍滑，且不断发展，从局部失稳发展到边坡失稳，从而牵引整个边坡向下滑动，形成滑坡。一般这类滑坡属于浅层滑坡。

坡脚是路堑边坡的薄弱环节，这是因为：①路堑开挖后，路堑坡脚由于水平应力的增大，形成坡脚的应力集中区；②坡面水流汇集到坡脚时，由于重力作用，流速最大，其冲蚀作用也最大；③施工过程中，由于支挡工程或侧沟断面需要而开挖坡脚，但下续工序往往不能及时跟上，坡脚经常会有一段时间处于较陡的不稳定状态；运营过程中，坡脚也最易受人为或其他因素的破坏；④红黏土土层本身越往下，土越趋于软性，力学性质越差。所以，红黏土路堑边坡的破坏，常始于坡脚或边坡下半部，慢慢向上延伸而至整个堑坡。

红黏土路堑边坡防护的基本原则：

(1)路堑坡脚设置重力式挡墙等支挡工程，其防护作用：一是增加路堑坡脚强度，减少人为活动和大自然营力对边坡的破坏作用；二是减小了边坡的相对高度，增加边坡的稳定性；三是给边坡下部土体增加了约束，减小了气候对边坡土体的影响，从而减小土的干缩湿胀，提高十体的抗风化能力。小锚杆挡墙，土钉墙等新型支挡结构也开始使用到红黏土路堑边坡防护中，这些结构在计算中也存在着诸如边坡设置土钉（或小锚杆）后土压力分布图形有什么变化、土钉（锚杆）设计中怎样考虑红黏土的膨胀力、摩阻力和抗拔力的确定、钉（杆）材料的选用及其强度、寿命等问题，均有待于进一步的研究。

(2)红黏土路堑边坡必须设置防护，以隔绝或减少大气、水、温度等外界因素的影响，保证边坡的完整和持久稳定。红黏土路堑边坡的防护形式，可首先选用铺草皮防护。由于红黏土路堑边坡一般均分布在亚热带温湿气候条件下，气候温暖，雨量充沛，草皮极易生长。植草除了能保护坡面免受流水冲蚀，减小风化作用，还可以减少表土裂纹的形成和发展。另外，植草护坡更加美观和环保。只有在边坡高度较大、坡体土较破碎、地下水较为发育的情况下，或者边坡已经产生严重的冲蚀、坍塌等情况下，选用浆砌片石或混凝土护坡才是合理的，但必须加强排水，防止水从护坡后渗入，引起护坡和边坡的脱离，使护坡失去作用。

(3)水是边坡稳定的天敌，对红黏土更是如此。红黏土路堑边坡的堑顶应设置天沟，拦截地表水，把水引出路堑外，阻止地表水进入堑坡，保证堑坡稳定，当边坡较高，在堑坡中部设置平台时，在平台上应设置截水沟，以免坡面水汇集平台而产生破坏。边坡上若有明显的地下水渗出点，则必须在该处设置边坡支撑渗沟，把地下水引出坡体。

(4)当红黏土堑坡可能出现滑坡时，应采取支挡、拦截、疏排地下水及坡面防护等综合整治措施，一次彻底整治，不留后患。滑坡整治工程可以分为两种情况对待：ⓐ若滑坡前缘在坡脚附近，没有伸入路基面，由于滑面较浅，可在坡脚附近设置重力式抗滑挡墙。此时，墙基应增加挡墙的抗滑稳定性，墙后土体应进行翻夯，直至滑动面，增加土体本身的稳定性。墙顶以上边坡设置支撑渗沟或浆砌片石护墙。ⓑ若滑坡前缘已伸入路基面，滑动面相对较深时，设抗滑挡墙很不经济。且挡墙截面大，施工困难，容易在开挖墙基时引起滑坡的发展。这时，可在坡脚设置一排抗滑桩来稳定滑体，再结合坡面防护综合整治。如果滑体在线路横断面方向呈薄长条状。为防止滑体从半坡越顶，有时还需在滑体中部再设一排抗滑桩，分段稳定滑体。

(5)由于红黏土的干缩湿胀特点，路堑边坡开挖后，边坡土体会出现越来越多的网状裂隙。所以红黏土路堑边坡施工应尽可能避开雨季，分段开挖，及时修筑防护工程。否则边坡暴露时间过长，增加大量的整治工程。

红黏土路堑边坡结构形式:①红黏土路堑边坡整体稳定性较好,低矮边坡时坡率不需放缓。坡高小于 6 m 时,坡脚设护脚墙,墙顶留 1 m 宽的平台。墙顶以上边坡坡率为 1∶1.25～1∶1.5,坡面设草皮防护。②边坡高度大于 6 m 时,坡脚设挡土墙,墙顶留 1～2 m 宽平台,墙顶以上边坡坡率 0～6 m 为 1∶1.25～1∶1.5,6～10 m 为 1∶1.5～1∶1.75,变坡点处设 2 m 宽平台,平台上设截水沟。边坡坡面设浆砌片石骨架内铺草皮防护或全部采用浆砌片石防护。

钱征宇在《红黏土地区铁路工程的主要技术问题及其对策》[38]一文中指出:衡广复线红黏土路堑边坡在施工过程中发生滑坡、坍塌地质灾害的工点,占工点总数的 12.5%。为确保红黏土边坡的稳定,边坡设计宜采用工程地质比拟法和稳定性分析相结合,抗滑稳定安全系数宜适当提高。为提高边坡的稳定性,红黏土边坡最大坡高较一般黏性土应适当降低,并采用相对较缓的坡比。由于红黏土边坡一旦形成病害,整治极为困难,设计时应加强坡面防护和支挡,加强防排水系统设计,做到措施一次到位。路堑开挖应采用快速施工,坡面及时进行铺砌,尽量减少开挖面的暴露时间或采取保湿措施,防止土体失水过多而开裂。

赵建昌、李永和等在《缓倾角红层(红砂岩)路堑高边坡应力状态与防护研究》[39]一文中指出,从路堑高边坡开挖后的应力状态可知,边坡最大主应力在坡面附近平行于坡面,最小主应力在坡面附近几乎为 0。已有的研究认为边坡剪应力主要集中在坡脚附近,在坡顶坡面附近形成拉应力集中,因而边坡坡面附近岩体在这种应力状态作用下,易发生向临空面回弹和变形,使得坡体上部岩体受拉,坡脚岩体受剪。上拉下挡边坡防护方式是这一认识的具体体现,上拉是指上部岩体设预应力锚索或岩体锚栓、锚杆等以增大岩体的抗拉强度和增强沿不连续面的剪切阻力,从而增加了岩体的强度;下挡是指下部设挡土墙,以阻止坡体的剪切变形。虽然这种边坡防护方式已广泛应用于高速公路建设中,但是由于坡体开挖以后按不同的坡比放坡,应力集中部位不同,潜在滑面的剪出口位置不同,挡土墙位置放置不当使得挡土墙起不到应有的作用,就会造成潜在的工程隐患。若剪应力集中带不在坡脚,则在坡脚处设挡土墙意义不大,支挡结构应设在潜在滑面剪出口位置。考虑边坡坡脚的冲刷,可在坡脚处设浆砌片石护坡进行防护。

刘振波、易声义在《云南红黏土工程特性及岩土工程问题》[40]一文中提到,红黏土的人工开挖基坑、基槽、边坡在边坡形成早期的短时间内,其稳定的直立状态大大超过指标计算所得的稳定程度,甚至近于垂直状态而少见坍塌。当开挖暴露时间超过一定时限,仍不回填、不浇筑封闭,则必发生滑塌或垮落。红黏土的起始含水率较高,土体基本接近饱和状态,当红黏土进行人工开挖,失去原有覆盖保护后,临空面附近土体表面的起始含水率将不断减少、降低,土颗粒外围水膜变薄,土体失水,产生土体收缩,土颗粒间拉应力增大,出现初始裂缝。初始裂缝的形成将给更深范围的水分向外转移提供通道条件。这种反复发生的过程将使得临空面土体裂缝进一步发育,增多增宽增深,抗剪强度降低,导致土体向临空面方向塌落。一旦长时间降水导致土体裂隙饱水,土体裂隙静水压力和内部孔隙水压力剧增,红黏土边坡此时将发生更大范围的失稳坍塌下滑。要防止这种松弛→饱水→下滑的变形破坏发生,最及时的措施应当采取保湿措施,防止失水收缩,采取快速施工、快速封闭,保持红黏土不发生失水。

王维早、杨小荟等在《某水电站左岸坝肩边坡软弱夹层的工程特性及其对边坡稳定性的影响》[41]一文中指出:构成边坡体的岩性及其组合、软弱(泥化)夹层、结构面及其组合、坡向坡型等是影响斜坡稳定的内在因素。岩性的软硬及风化程度,软弱(泥化)夹层的多少、厚度及空间展布,结构面的发育程度、贯通性及组合切割情况等都直接关系到边坡的稳定。其中软弱(泥化)夹层是控制边坡稳定的最重要的结构面,其性状的好坏直接关系到边坡的稳定,特别是雨后其饱水软化引起强度降低带来对边坡稳定极为不利的影响。对此,通过各种边坡排水措施,局部抗滑支挡工程深入到软弱层以下一定深度，可以改善边坡整体稳定性。

由于红黏土大多具有弱、中等膨胀性，对红黏土边坡的防护还应结合考虑膨胀土边坡的处理问题。蒋忠信等人在南昆铁路膨胀性红土路堑边坡工程试验中，对土钉墙、框架锚杆护坡、锚喷支护等不同的防护方法与重力式挡土墙进行了对比分析。考虑到勘察区的实际情况，建议采用骨架内植草防护，汇水面一侧或两侧边坡坡顶设置截水沟。当土体厚度大，而上硬下软强度变化趋势又明显时，建议在坡脚设置挡土墙，路堑边坡坡比：边坡高度小于 6 m 时，为 1∶1.5 到 1∶1.75；边坡高度 6 到 10 m 时，为 1∶1.5 到 1∶2.0；边坡高度大于 10 m 时，为 1∶1.75 到 1∶2.0。红黏土发育区，边坡施工应尽量避免在雨季进行，否则必须及时进行有效的防护、排水。

6.4 红黏土路堑边坡计算实例

6.4.1 基于正交试验的红黏土路堑边坡稳定影响因素的敏感性分析

影响边坡稳定的因素很多，如边坡所在场地的地形地貌、地层的岩土特征、岩土体结构特征、地下水特征、气候条件、地表水的活动规律、地表植被特征以及人类活动状况等都将影响其稳定性。但在一定条件下，起主要作用的因素只有少数几个。在勘察、设计中应将主要考察点放在边坡稳定较敏感的因素分析上。龚晓南[42]、胡翌刚[43]都曾利用有限元法进行了边坡稳定性分析，证实了采用有限元分析方法得到的最危险滑动面与现场勘探的贯通结构面基本吻合，前者还通过正交试验法考察了影响土坡稳定的计算参数的敏感性，其参数取值范围按一般边坡工程确定，针对性不强。

本节通过正交设计[44]，针对武广高速铁路沿线分布的红黏土路堑边坡的具体特性，结合内嵌强度折减法的 FLAC 有限差分程序和数理统计分析方法，对均质红黏土路堑边坡（无台阶）的稳定影响因素诸如黏聚力、内摩擦角、滑体密度、地下水位、坡比、剪胀角进行了敏感性分析，然后采用极差分析对其进行评价。得出了对红黏土路堑边坡安全系数有影响因素敏感性大小依次为：黏聚力 c＞坡比（1∶m）＞内摩擦角 φ＞滑体密度 ρ＞地下水位 h＞剪胀角 Ψ。总结了一些有用的结论，可为红黏土边坡工程的勘察、设计、计算提供依据。

强度折减法（Strength Reduction Method，SRM）的基本原理就是逐渐减少土体的抗剪强度参数直至土坡破坏，其减少的倍数被定义为安全系数。对于摩尔—库仑材料，强度折减安全系数可以表示为[45]：

$$\tau'=\frac{\tau}{F}=\frac{c+\sigma\tan\varphi}{F}=\frac{c}{F}+\sigma\frac{\tan\varphi}{F}$$

令 $\tau'=c'+\sigma\tan\varphi'$，则有：$c'=\dfrac{c}{F}$，$\varphi'=\arctan\left(\dfrac{\tan\varphi}{F}\right)$，其中，$F$ 为安全系数。

FLAC 即 Fast Lagrangian Analysis of Continua，表示“连续介质快速拉格朗日分析”，是美国 Itasca 公司开发的一种用于工程力学计算的二维显式有限差分程序。其基本原理是拉格朗日差分法，通过研究流体各个质点的运动参数（位置坐标、速度和加速度等）随时间变化的规律，综合所有流体质点运动参数的变化，从而得到整个流体的运动规律。FLAC 采用显式有限差分格式来求解场的控制微分方程，可准确地模拟材料的屈服、塑性流动、软化直至大变形，尤其在材料的弹塑性分析、大变形分析以及模拟施工过程等领域有其独到的优点。

与传统的极限平衡法相比，FLAC 具有以下优点[46]：

(1)该程序利用强度折减法自动获得破坏面的性态，所有破坏和变形都是自然发展的，无需像极限平衡法一样预先假定破坏面；

(2)无需指定人为参数(比如条分法中相邻条块间的推力方向等)；

(3)如果条件允许，可以出现多个自然破坏面；

(4)支护结构(如土钉、锚杆等)与土体间的相互作用可以得到很好的模拟；

(5)即使在模拟实质上是静态的系统时，也调用了所有的动态方程，而极限平衡法仅限于静力状态。

安全系数搜索流程如下：

(1)根据系统达到平衡需要的计算步数来确定特征反应时间 N_C；

(2)设 $F=1.0$，不断折半减小该值直至上限(不稳定首次出现)F_s；

(3)不断翻倍增加 F 直至达到下限(首次出现稳定)F_u；

(4)设 $F=(F_u+F_s)/2$，计算是否稳定(不稳定时设 $F_s=$F，稳定则设 $F_u=F$)；

(5)如果 $F_u-F_s<0.005$，停止计算，否则回到第 4 步。

检测稳定与不稳定的定义及步骤：

(1)运行直至 N_C 步，记录不平衡力率 R_u；

(2)运算过程中，如果 R_u 降低至 1E−3 以下，认为达到稳定并退出计算；

(3)如$(R_u-R_u(\text{old}))/R_u<0.1$，认为不稳定并退出；

(4)如果总迭代数(第 1～3 步)大于 6，认为不稳定并退出；

(5)返回 1。

在整个 F_s(Factor-of-safety，安全系数)计算过程中，程序实时显示并更新以下信息：①上面第一步中完成的计算步骤数(以 N_C 的百分数表示)；②完成的求解循环数(1～3 步)；③当前的 F_u 和 F_s 值(区间)。

表 6-5 给出了红黏土试样的一些基本的物理力学性质。其中，抗剪强度取为三轴固结不排水剪(CU)强度[47]，剪胀角根据体积应变—轴向应变图算得。

表 6-5　泉口红黏土的一些基本性质

项目		数值
天然含水率 w/%		27.6～38.7
天然容重 γ/(kN·m^{-3})		17.7～19.4
孔隙比 e		0.703～0.891
饱和度 S_r/%		95～98
液限 w_L/%		55～65
塑限 w_P/%		25～30
三轴固结不排水剪(CU)强度	黏聚力 c/kPa	12.52～50.45
	内摩擦角 φ/°	11.76～17.84
剪胀角 Ψ/°		3～7

正交试验设计的关键，是试验指标、因素及因素水平的选取和试验计算方案的确定。本文关于边坡稳定影响因素敏感性分析的正交试验设计中，试验指标很明确，即边坡稳定系数，因为它是表征边坡稳定性程度的最直观的指标。因素的选取，也即试验中需要考察的条件，选为滑带土的黏聚力 c、内摩擦角 φ、滑体密度 ρ、地下水位 h(水面离坡脚高度，低于坡脚为负值)、坡率 m、剪胀角 Ψ 六个因素，每个因素取五个水平(见表 6-6)。计算分析边坡模型为 10 m 高均质土坡，无台阶。对于边坡横断面，取坡顶后方 10 m，坡脚前方及下方各 5 m 为模型边界，孔隙率为 0.4。计算时仅考虑内摩擦角和黏聚力折减。

假设以上各因素间无交互作用，选用 $L_{25}(5^6)$正交表，按照表 6-7 所示各种方案进行试验。为了减少由于水平次序引起的系统误差，各因素水平的次序应随机排列。试验方案和结果如表 6-7 所示。

表 6-6　边坡稳定影响因素及水平

因素 水平	黏聚力 c/kPa	内摩擦角 φ/°	滑体密度 ρ/(kg·m^{-3})	地下水位 h/m	坡率 m	剪胀角 Ψ/°
1	10.0	10	1 750	−2	0.75	3.0
2	20.0	12	1 800	−1	1.00	4.0
3	30.0	14	1 850	0	1.25	5.0
4	40.0	16	1 900	1	1.50	6.0
5	50.0	18	1 950	2	1.75	7.0

表 6-7　正交试验结果

因素 水平 试验号	黏聚力 c/kPa	摩擦角 φ/°	滑体密度 ρ/(kg·m^{-3})	地下水位 h/m	坡率 m	剪胀角 Ψ/°	安全系数 F_s
1	10	10	1 750	−2	0.75	3	0.59
2	20	12	1 750	−1	1.00	4	1.10
3	30	14	1 750	0	1.25	5	1.64
4	40	16	1 750	1	1.5	6	2.22
5	50	18	1 750	2	1.75	7	2.85
6	10	12	1 800	0	1.50	7	0.88
7	20	14	1 800	1	1.75	3	1.43
8	30	16	1 800	2	0.75	4	1.40
9	40	18	1 800	−2	1.00	5	1.97
10	50	10	1 800	−1	1.25	6	2.12
11	10	14	1 850	2	1.00	6	0.76
12	20	16	1 850	−2	1.25	7	1.32
13	30	18	1 850	−1	1.50	3	1.91
14	40	10	1 850	0	1.75	4	1.91
15	50	12	1 850	1	0.75	5	1.83
16	10	16	1 900	−1	1.75	5	1.11
17	20	18	1 900	0	0.75	6	1.09
18	30	10	1 900	1	1.00	7	1.29
19	40	12	1 900	2	1.25	3	1.82
20	50	14	1 900	−2	1.50	4	2.37
21	10	18	1 950	1	1.25	4	0.96
22	20	10	1 950	2	1.50	5	1.12
23	30	12	1 950	−2	1.75	6	1.67
24	40	14	1 950	−1	0.75	7	1.55
25	50	16	1 950	0	1.00	3	2.09

由表 6-7 知，安全系数介于 0.59(方案 1)和 2.85(方案 5)之间。极差分析见表 6-8，其中，M_{ij} (i=1,2,3,4,5;j=1,2,3,4,5,6)表示 j 因素在 i 水平下试验指标(即边坡稳定系数)的平

均值，R_j 为相应的极差。由表 6-8 可知，M_{11} 表示在黏聚力为 10 kPa 时，5 次试验的 F_s 平均值。注意到在这 5 次试验中，其余 5 个因素的 1，2，3，4，5 水平皆各出现 1 次。同样，M_{21} 反映了 5 次 $c=20$ kPa 与其余 5 因素的 5 个水平各 1 次的影响。以此类推，可以认为其余 5 因素对 M_{11}，M_{21}，M_{31}，M_{41}，M_{51} 的影响是大体相同的，而它们之间的差异可以看做是黏聚力取了不同的水平值而造成的。于是，$M_{11} \sim M_{51}$ 大体反映了黏聚力的 1～5 水平对 F_s 影响的情况，R_1 则反映了黏聚力选取时水平的变动对于 F_s 影响的大小。至于其他因素，可以类似推得。

表 6-8 极差分析

项目＼因素	黏聚力 c/kPa	内摩擦角 φ/°	滑体密度 ρ/(kg·m^{-3})	地下水位 h/m	坡率 m	剪胀角 Ψ/°
M_{1j}	0.860	1.406	1.680	1.584	1.292	1.568
M_{2j}	1.212	1.460	1.560	1.558	1.442	1.548
M_{3j}	1.582	1.550	1.546	1.522	1.572	1.534
M_{4j}	1.894	1.628	1.536	1.546	1.700	1.572
M_{5j}	2.252	1.756	1.478	1.590	1.794	1.578
R_j	1.392	0.35	0.202	0.068	0.502	0.044
敏感性	$c>m>\varphi>\rho>h>\Psi$					
最优方案	c_5、φ_5、ρ_1、h_5、m_5、Ψ_5					

由表 6-8 可知，影响边坡稳定的 6 个计算参数中，参数敏感性由大到小依次为：黏聚力 $c>$ 坡率 $m>$ 内摩擦角 $\varphi>$ 滑体密度 $\rho>$ 地下水位 $h>$ 剪胀角 Ψ。已知的试验方案中，方案 5 为最佳，其对应的各因素水平如下：$c=50$，$\varphi=18°$，$\rho=1\ 750$ kg/m^3，$h=2$ m，$m=1.75$，$\Psi=7°$，对应的安全系数为 2.85；另外，由极差分析可得到已有参数水平下的最差组合形式为：c_1、φ_1、ρ_5、h_3、m_1、Ψ_3，其安全系数为 0.55；最优组合形式恰为方案 5。对于无地下水的情况，以方案 1 和方案 5 为例，做了补充对比试验，得出的安全系数分别为 0.60 和 2.88，均比原方案安全。

结论：

(1)对红黏土路堑边坡安全系数影响大小的顺序依次为：黏聚力 $c>$ 坡率 $m>$ 内摩擦角 $\varphi>$ 滑体密度 $\rho>$ 地下水位 $h>$ 剪胀角 Ψ。

(2)红黏土的抗剪强度指标 c、φ 和边坡坡比参数 m 是影响边坡稳定的最重要的因素，其取值的变化对安全系数的计算结果有显著的影响，边坡稳定性随着其取值增大而增加；此外，土体密度也是影响边坡稳定的一个较为重要的因素，边坡稳定性随其增大而减小。

(3)剪胀角 Ψ 对于边坡稳定性影响不大。此外，正交分析表明：地下水位不高于坡脚时，边坡稳定性随着其升高而降低（无地下水时可视为水位极低），然而，当地下水位高于坡脚时，边坡稳定性反而有所上升，这是值得商榷的地方。

6.4.2 基于刚性块滑动的非均质边坡极限分析上限法研究

滑移线法、极限平衡法和极限分析法是求解土力学中稳定问题的常用方法。自陈惠发的《极限分析与土体塑性》[48]一书面世以来，土体的极限分析方法得到了越来越广泛的重视和应用。其中的原因无外乎是：不论结构的几何形状和荷载情况多么复杂，总可以求得一个实用的稳定性指标；无需对塑性变化过程进行完整分析，简便易行；有坚实的理论基础，物理意义明确；能提供一个清楚的破坏图式等等。

近年来,国内外许多学者对极限分析上限方法进行了深入的研究[49]-[52]。其中,董倩[53]依据滑移线场确定破坏机构,得到了较精确的上限解;陈祖煜,杨健[54]将极限分析法推广到三维领域,用数学规划方法搜索空间临界滑裂面,该方法与边坡稳定三维下限解组成一个上、下限的分析方法体系,可以将安全系数限定在一个较小的上、下限区间内。事实证明,如果滑动机构选取适当,极限分析法求得的稳定性指标与其他方法很接近,与工程实际也较为相符。然而,在进行武广高速铁路红黏土边坡的稳定性分析时,发现红黏土的抗剪强度指标,尤其是黏聚力在影响范围内呈现出上大下小的特点,远非均匀分布。这时若照搬文献[54]中的公式进行计算将会造成较大误差。目前,关于极限分析法在非均质土坡中的应用研究尚难以见到。尝试对极限分析法做一些改进,推导出黏聚力沿深度而呈线性变化时边坡稳定的极限分析上限解。

6.4.2.1　**理论背景**

(1)塑性力学原理及极限分析上限法

土体稳定分析的基本方法和求解固体力学问题是一致的,即在一个确定的荷载条件下,寻找一个应力场 σ_{ij} 和位移场 u_i,以及相应的应变场 ξ_{ij},它们满足下列条件:

①静力平衡:

$$\sigma_{ij,j}=W_i \tag{6-1}$$

其边界条件是:

$$\sigma_{ij,j}n_j=T_i \tag{6-2}$$

其中,W_i 为体积力,T_i 为作用于表面 S 上的边界力,n_j 为 S 面法线的方向导数。

②变形协调:

$$\xi_{ij}=(u_{i,j}+u_{j,i})/2 \tag{6-3}$$

虚功原理是反映静力平衡和变形协调的另一个表达形式,即相应于任一满足式(6-1)、式(6-2)的应力场和式(6-3)的位移场,有:

$$\int_{\mathrm{v}}\sigma_{ij}\xi_{ij}\,\mathrm{d}v=\int_{\mathrm{v}}W_iu_i\,\mathrm{d}v+\int_{\mathrm{S}}T_iu_i\,\mathrm{d}s \tag{6-4}$$

③本构关系:

$$\sigma_{ij}=C_{ijkl}\xi_{kl} \tag{6-5}$$

$$f(\sigma_{ij})\leqslant 0 \tag{6-6}$$

式(6-5)、式(6-6)分别反映了材料必须遵守的应力应变关系和强度准则。其中 C_{ijkl} 为反映弹性或弹塑性的本构关系的张量表达式。f 为屈服面函数。对于岩土体材料,式(6-6)常采用摩尔—库仑准则,即:

$$f(\sigma_{ij})=\tau-(\sigma_n\tan\varphi+c)\leqslant 0 \tag{6-7}$$

σ_n 和 τ 为破坏面上的法向和剪切应力,c 和 φ 为抗剪强度指标。在一般的岩土材料中,我们还提出不容许出现拉应力的限制条件,即:$\sigma_3\geqslant 0$,σ_3 为土体内任一点的小主应力。

全面满足上述条件的解答,即是反映实际情况的真实解。而土体稳定分析问题则仅关心土体在失稳时的极限承载能力,不需要了解此时变形的具体量值。这样,就有可能回避最难以准确确定的式(6-5)中的 C_{ijkl}。

上限定理从构造一个处于塑性区 Ω^* 内和滑裂面 Γ 上的协调的位移场 u_i^* 出发,认定凡是满足式(6-4)和(6-7)中的等式所相应的外荷载一定比相应真实的塑性区 Ω 的极限荷载大。也可以叙述为:在所有与运动许可的位移速度场和应变率场相对应的荷载中,极限荷载最小。可见,上限定理考虑的是土体的速度模式(或破坏模式)和能量耗散,而不考虑平衡条件,求得的是极限荷载的上限值,上限解越小越接近真实荷载。

(2)关于边坡失稳的对数螺旋线破坏面

边坡的破坏,可能通过多种潜在的滑动面发生。根据“最大最小原理”,在所有这些可能的滑动面中，临界面在理论上是能提供的最大阻力中最小的那个面，亦即允许作用荷载为最小的那个面。在没有外荷载的情况下，只有土的重力作为荷载作用在边坡上。Taylor(1948)曾对如图 6-15 所示的均匀边坡的几种临界滑动面(平面、圆弧、对数螺旋面)进行了研究，研究表明：在所有的可能的滑动面中，使滑块重力 W 最小的面是临界面。即：

$$W=\int_{\theta_0}^{\theta_h} P_W \mathrm{d}\theta \tag{6-8}$$

式中，$P_W=\dfrac{\gamma r^2}{2}-\dfrac{W_1}{\theta_h-\theta_0}$，$W_1$ 是图 6-15 中四面体 OABC 的重力；$r(\theta)$是确定滑动面形状的未知函数。

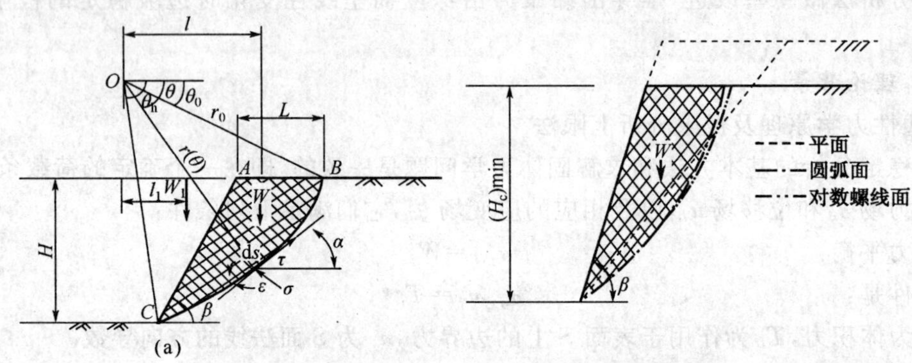

图 6-15 均匀边坡及不同滑动面的滑块重量比较

如图 6-16 所示，在破坏的临界阶段，结合库仑破坏准则，滑块的静力平衡条件是：

$$\left.\begin{aligned}&\int_{\theta_0}^{\theta_h} P_1 \mathrm{d}\theta=0(\text{水平力}),\quad \int_{\theta_0}^{\theta_h} P_2 \mathrm{d}\theta=0(\text{垂直力})\\&\int_{\theta_0}^{\theta_h} P_3 \mathrm{d}\theta=0(\text{绕旋转中心的力矩})\end{aligned}\right\} \tag{6-9}$$

其中，

$$P_1=(-\sigma)[(r\cos\theta')\tan\varphi+(r\sin\theta')]-c(r\cos\theta')$$

$$P_2=\sigma[(r\cos\theta')-(r\sin\theta')\tan\varphi-c(r\sin\theta')]+\frac{\gamma r^2}{2}-\frac{W_1}{\theta_h-\theta_0}$$

$$P_3=\sigma(rr'-r^2\tan\varphi)-cr^2+\frac{r}{3}r^3\cos\theta-\frac{W_1 l_1}{\theta_h-\theta_0}$$

式中，$r(\theta)$和 $\sigma(\theta)$仍是两个未知函数，“′”表示一个函数对变量 θ 的微分。于是，求临界滑动面的问题可以表述为：试确定形状函数，使得在满足式(6-9)的情况下，重力函数(6-8)为最小。利用拉格朗日因子，令 $I=P_W+\lambda_1 P_1+\lambda_2 P_2+\lambda_3 P_3$，由于式中 P_W、P_1、P_2、P_3 中的所有被积函数仅包含 $r(\theta)$、$\sigma(\theta)$和 $r(\theta)$的一阶导数。因此，有：

$$\frac{\mathrm{d}}{\mathrm{d}\theta}\left[\frac{\partial I}{\partial\sigma'(\theta)}\right]-\frac{\partial I}{\partial\sigma(\theta)}=0,\quad \frac{\mathrm{d}}{\mathrm{d}\theta}\left[\frac{\partial I}{\partial r'(\theta)}\right]-\frac{\partial I}{\partial r(\theta)}=0 \tag{6-10}$$

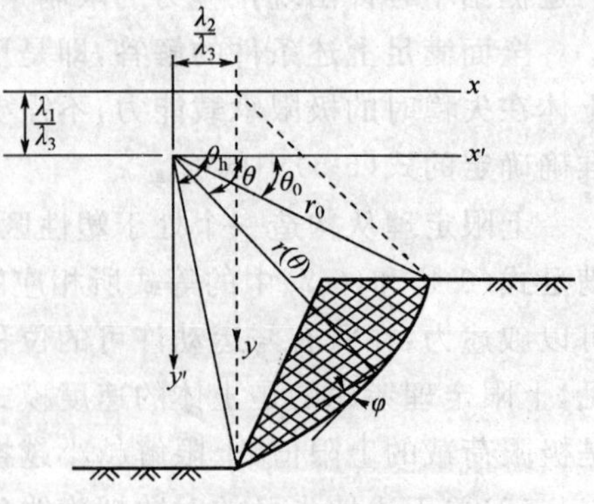

图 6-16 坐标转换

其中，$\sigma'=\mathrm{d}\sigma/\mathrm{d}\theta$。对式(6-10)进行代换、积分和简化后得：

$$(rr'-r^2\tan\varphi)\lambda_3+r'[\lambda_2(\cos\theta-\tan\varphi\sin\theta)-\lambda_1(\tan\varphi\cos\theta+\sin\theta)]$$
$$+r[\lambda_1(\tan\varphi\sin\theta-\cos\theta)-\lambda_2(\sin\theta+\tan\varphi\cos\theta)]=0 \tag{6-11}$$

将(6-11)式转换成笛卡尔坐标，并将 $X=x+\dfrac{\lambda_2}{\lambda_3}, Y=y-\dfrac{\lambda_1}{\lambda_3}$ 代入对坐标系进行平移，并将其简化成极坐标的形式：$\bar{r}^2\tan\varphi-\bar{r}'\bar{r}=0$。由此即可得到一般解：$\bar{r}(\bar{\theta})=\bar{r}_0\mathrm{e}^{(\bar{\theta}-\bar{\theta}_0)\tan\varphi}$，方程即对数螺旋面的最简单形式。

6.4.2.2　基于刚性块滑动的非均质边坡的极限分析上限法公式推导

(1)外功率和内部耗损率

图 6-17 为推导公式时所采用的模型。除了重力之外，边坡无外荷载作用。滑动破坏面为对数螺旋面，且通过坡趾。由对数螺旋线方程式 $r(\theta)=r_0\mathrm{e}^{(\theta-\theta_0)\tan\varphi}$，有如下关系成立：

$$\frac{H}{r_0}=\sin\theta_h\mathrm{e}^{(\theta_h-\theta_0)\tan\varphi}-\sin\theta_0$$

$$\frac{L}{r_0}=\frac{\sin(\theta_h-\theta_0)}{\sin\theta_h}-\frac{\sin(\theta_h+\beta)[\sin\theta_h\mathrm{e}^{(\theta_h-\theta_0)\tan\varphi}-\sin\theta_0]}{\sin\theta_h\sin\beta}$$

①外功率：分别求出 OBC、OAB、OAC 区的土重所做的功率 P_1、P_2、P_3，则 ABC 区的土重所做的外功率为：

$$P_{ABC}=P_1-P_2-P_3=\gamma r_0^3\omega(f_1-f_2-f_3) \tag{6-12}$$

其中，γ 是土的容重，ω 是 ABC 滑块的旋转角速度，f_1、f_2、f_3 分别是：

$$f_1(\theta_h,\theta_0)-\frac{1}{3(1+9\tan^2\varphi)}\cdot[(3\tan\varphi\cos\theta_h+\sin\theta_h)\mathrm{e}^{3(\theta_h-\theta_0)\tan\varphi}-(3\tan\varphi\cos\theta_0+\sin\theta_0)]$$

$$f_2(\theta_h,\theta_0)=\frac{1}{6r_0}(2\cos\theta_0-\frac{L}{r_0}\cos\alpha)\sin(\theta_0+\alpha)$$

$$f_3(\theta_h,\theta_0)=\frac{1}{6}\mathrm{e}^{(\theta_h-\theta_0)\tan\varphi}\left[\sin(\theta_h-\theta_0)-\frac{L}{r_0}\sin(\theta_h+\alpha)\right]\cdot\left[(\cos\theta_0-\frac{L}{r_0}\cos\alpha+\cos\theta_h\mathrm{e}^{(\theta_h-\theta_0)\tan\varphi}\right]$$

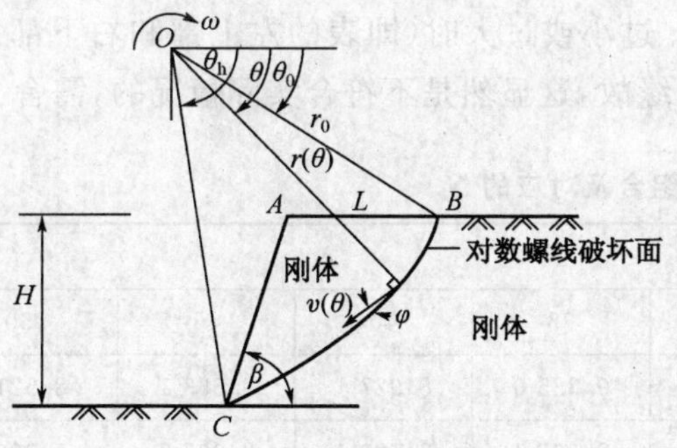

图 6-17　分析模型(滑动面通过坡趾)

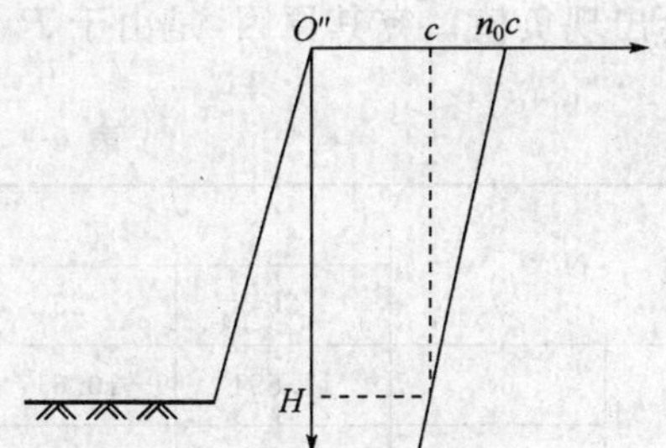

图 6-18　黏聚力变化情况

②内部耗损率：内部耗损率仅发生在面 BC 上。沿该面的能量耗损率的微分可以由该面的微分面积 $\dfrac{r\,\mathrm{d}\theta}{\cos\varphi}$ 与黏聚力及跨该面的切向速度 $V\cos\varphi$ 的连乘积得到。这里考虑非均匀土的黏聚力沿深度而呈线性变化，引入变异因子 n_0，设坡肩处土层黏聚力为 n_0c，坡脚层为 c，如图 6-18 所示，即：

$$c_h=c\left[n_0+\frac{1-n_0}{H/r_0}(\sin\theta\mathrm{e}^{(\theta-\theta_0)\tan\varphi}-\sin\theta_0)\right]$$

沿 BC 段积分，可得其内部耗损率为：

$$\int_{\theta_0}^{\theta_h} c_h V\cos\varphi \frac{r}{\cos\varphi}d\theta = \int_{\theta_0}^{\theta_h} c\left[n_0 + \frac{1-n_0}{H/r_0}\cdot(\sin\theta e^{(\theta-\theta_0)\tan\varphi} - \sin\theta_0)\right]\omega r_0^2 e^{2(\theta-\theta_0)\tan\varphi}d\theta$$
$$= c\omega r_0^2(e_1+e_2) \tag{6-13}$$

其中，$e_1 = \int_{\theta_0}^{\theta_h}\left(n_0 - \frac{1-n_0}{H/r_0}\sin\theta_0\right)e^{2(\theta-\theta_0)\tan\varphi}d\theta = \frac{1}{2\tan\varphi}\left(n_0 + \frac{n_0-1}{H/r_0}\sin\theta_0\right)\left[e^{2(\theta_h-\theta_0)\tan\varphi}-1\right]$

$$e_2 = \frac{1-n_0}{H/r_0}\int_{\theta_0}^{\theta_h}\sin\theta e^{3(\theta-\theta_0)\tan\varphi}d\theta = \frac{1-n_0}{H/r_0}\cdot\frac{1}{e^{3\theta_0\tan\varphi}}\cdot\frac{1}{1+9\tan^2\varphi}\cdot$$
$$\left[e^{3\theta_h\tan\varphi}(3\tan\varphi\sin\theta_h - \cos\theta_h) - e^{3\theta_0\tan\varphi}(3\tan\varphi\sin\theta_0 - \cos\theta_0)\right]$$

(2)稳定系数及求解

若外功率式(6-12)与内部耗损率式(6-13)相等，则：

$$H = \frac{c}{\gamma}f(\theta_h,\theta_0) \tag{6-14}$$

其中
$$f(\theta_h,\theta_0) = \frac{(e_1+e_2)}{(f_1-f_2-f_3)}\cdot\left[\sin\theta_h e^{(\theta_h-\theta_0)\tan\varphi} - \sin\theta_0\right]$$

根据极限分析上限定理，式(6-14)给出了临界高度的一个上限。习惯上，记 $N_s = \min f(\theta_h,\theta_0)$，称之为边坡的稳定系数，它是一个纯数，仅与 β、n_0 和 φ 有关。通常均采用优化法求得 N_s 和对应的 θ_h、θ_0。本文利用 VC^{++} 进行编程，搜索出合理范围内的各种 θ_h、θ_0 组合对应的稳定系数，并通过比选确定其最小值。下面通过简单边坡算例对其使用予以说明。

6.4.2.3　算例验证与分析

算例一：均质边坡

本例通过一均质边坡算例来对本算法的正确性进行验证，取 $n_0=1.0$，$\alpha=0°$，$\beta=75°$，$c=20$ kPa，$\varphi=20°$，$H=10$ m，$\gamma=20$ kN/m^3。表 6-9 为部分 θ_h、θ_0 组合及其对应的稳定系数值。当 $\theta_0=34°$，$\theta_h=78°$时，N_s 最小，$N_s=\min f(\theta_h,\theta_0)=7.477\ 4$。所得结果与文献[1]相符。值得注意的是，如果将全表列出，可以发现，当 θ_0 或 θ_h 过小或过大时(即表的左上部和右下部)，N_s 将会出现负值。究其原因，是由于 P_{ABC} 小于零的缘故，这显然是不符合实际情况的，需舍去。

表 6-9　部分 θ_h、θ_0 组合及对应的 N_s

N_s		θ_0						
		20	25	30	35	40	45	50
θ_h	60	11.591	10.617	9.877 7	9.325 0	8.927 1	8.663 1	8.521 2
	65	9.656 6	9.090 7	8.656 4	8.337 4	8.123 1	8.007 7	7.990 2
	70	8.555 8	8.206 4	7.945 9	7.769 6	7.676 0	7.666 4	7.746 0
	75	7.945 5	7.729 1	7.582 9	7.507 8	7.507 2	7.587 2	7.758 3
	80	7.682 1	7.560 1	7.501 6	7.511 4	7.596 9	7.769 2	8.045 0
	85	7.716 9	7.674 4	7.697 2	7.793 9	7.977 2	8.265 4	8.685 5
	90	8.069 1	8.109 3	8.225 7	8.433 2	8.753 2	9.217 5	9.874 8
	95	8.840 5	8.990 7	9.243 8	9.627 0	10.181	10.972	12.104
	100	10.296	10.636	11.144	11.881	12.945	14.511	16.912

算例二:非均质边坡

考虑边坡土体非均匀性,为简化处理,在上例的基础上,考虑黏聚力沿深度呈线性变化,坡顶处土层黏聚力为坡脚层的 n_0 倍。图 6-19 为坡脚层土黏聚力保持不变,n_0 从 0.5 增加至 1.5 时,对应的边坡稳定系数 N_s 的变化。

由图 6-19 可见,稳定系数 N_s 是随着 n_0 的增加而接近线性增加的。这是因为公式是以坡脚处的黏聚力为基准来推导的。所以,在其他因素(如重力)不变时,黏聚力越大,能提供的用以抵抗下滑力的摩阻力自然也越大,故边坡也就越稳定。n_0 从 0.6 变化至 1.4 时,稳定系数虽然增加幅度达 55.1%,但滑面的变动不明显,计算表明,此时坡顶 L 从 4.94 m 减小至 4.77 m。

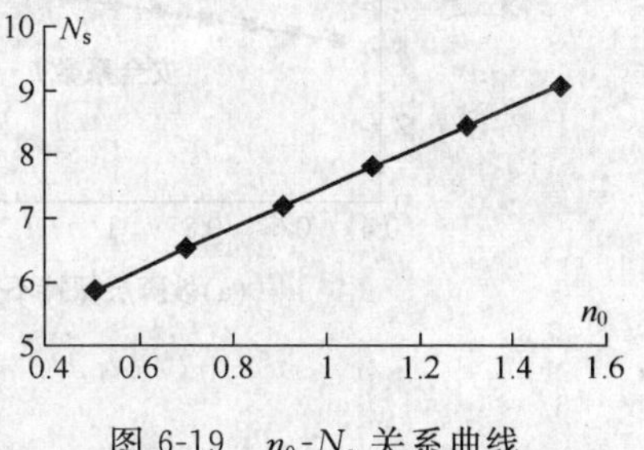

图 6-19　n_0-N_s 关系曲线

另外,我们比较了土层反转情况下稳定系数的差异,如:坡脚层黏聚力为 c,坡顶层为 n_0c;相反地,坡脚层黏聚力为 n_0c,坡顶层为 c,本例取 n_0 分别为 1/5、2/5、3/5、4/5。研究结果如图 6-20 所示。可见,随着 n_0 的增大,对数螺旋滑面的起始角 θ_0 减小,而终止角 θ_h 增大,即滑动面对应的张角增大。表 6-10 表明,坡脚层黏聚力大于坡顶时的稳定系数比土层反转的要大,且二者比值随着 n_0 的增加[$n_0 \in (0,1)$]呈减小的趋势。这表明,边坡坡脚黏聚力过小更容易造成边坡失稳。显然,稳定系数在 $n_0=1$,即边坡上下部黏聚力均为最大值 c 时达到峰值。

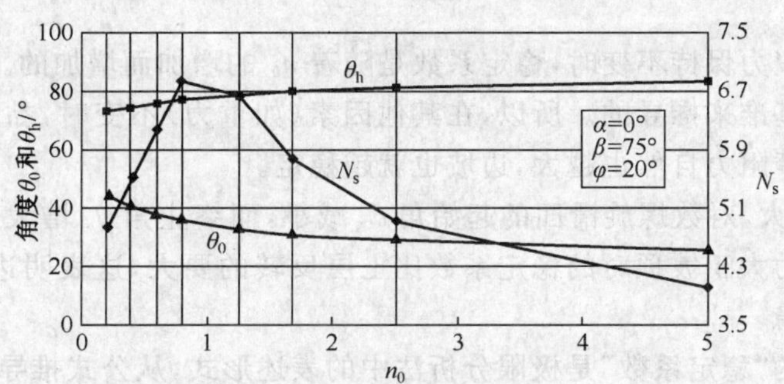

图 6-20　n_0 变化时的对数螺旋滑面 θ_0、θ_h 及稳定系数 N_s 曲线

表 6-10　n_0、$\frac{1}{n_0}$ 组合及对应的 N_s

$n_0 \Big/ \frac{1}{n_0}$	$\frac{1}{5} \Big/ 5$	$\frac{2}{5} \Big/ \frac{5}{2}$	$\frac{3}{5} \Big/ \frac{5}{3}$	$\frac{4}{5} \Big/ \frac{5}{4}$
N_s	4.84/4.00	5.52/4.89	6.18/5.76	6.83/6.62
比值 R	1.21	1.13	1.07	1.03

算例三:稳定系数与安全系数

由前可知,极限分析法中的评价指标“边坡稳定系数”与通常意义上的“边坡安全系数”是不一样的,“稳定系数”与 c 值无关。这里,以抗剪强度折减法求解边坡安全系数,即 $F_s=\frac{c}{c_k}=\frac{\tan\varphi}{\tan\varphi_k}$($c_k$、$\varphi_k$ 为破坏时的抗剪强度指标),并与“稳定系数”进行对比研究,如图 6-21 所示。可见,二者有着相同的变化规律,但是由于定义的不同,“稳定系数”比“安全系数”要大。

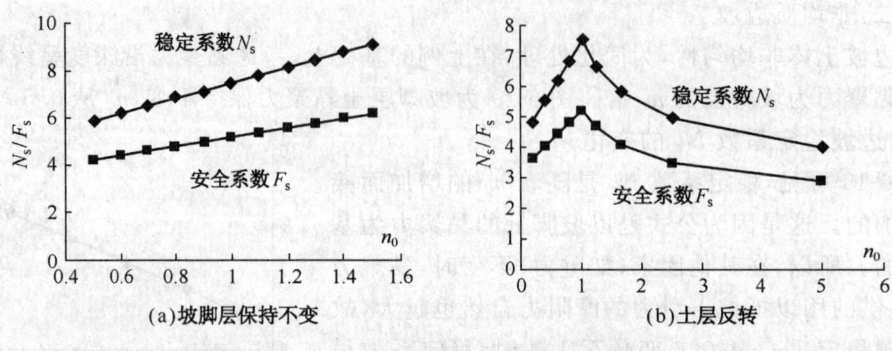

图 6-21 N_s 与 F_s 关系图

6.4.2.4 小 结

①极限分析法是有效的边坡稳定分析方法之一，本节通过引入变异因子 n_0，对公式进行了改进，推导出黏聚力沿深度而呈线性变化时的极限分析上限解，算例表明其正确可行。文中假设黏聚力沿深度的变化而线性增加或降低，这是最简单的情况，在针对具体的工程实际进行研究时，可以先拟合出更符合实际的黏聚力—深度变化曲线和公式，然后采用本文的思路得到更精确的解答。

②本文利用 VC^{++} 编程对滑动面和稳定系数进行搜索，所得结果真实可靠，而且比优化法更加简单和直观。

③坡脚层土黏聚力保持不变时，稳定系数是随着 n_0 的增加而增加的。这是因为公式是以坡脚处的黏聚力为基准来推导的。所以，在其他因素（如重力）不变时，黏聚力越大，能提供的用以抵抗下滑力的摩阻力自然也越大，边坡也就越稳定。

④随着 n_0 的增大，对数螺旋滑面的起始角 θ_0 减小，而终止角 θ_h 增大，即滑面对应的张角增大。坡脚层黏聚力大于坡顶时的稳定系数比土层反转的要大，这表明边坡坡脚黏聚力过小更容易造成边坡失稳。

⑤本文中采用的“稳定系数”是极限分析法中的表述形式，从公式推导可以看出，它与土体黏聚力的具体数值是无关的，它跟极限平衡法中的“安全系数”不是同一概念，这是值得注意的地方。

6.4.3 考虑变形时的非均质边坡极限分析上限法研究

边坡稳定是土力学中三大经典问题之一。多年以来，人们对于边坡稳定分析进行了大量的研究和探索。目前，常用的边坡稳定分析方法主要有极限平衡法、极限分析法、滑移线（场）法、数值计算法等。其中，极限平衡条分法是工程实践中应用最为广泛的方法，它是在已知滑移面上对边坡进行静力平衡计算，原理简单，使用经验成熟，结果可靠。经典的条分法主要包括：Fellenius 法、Bishop 法、Janbu 法、Morgenstern-Price 法、Spencer 法、陆军工程师团法、不平衡推力法、Sarma 法等。各种条分法中，全面满足水平力、竖向力和力矩平衡的称为严格法，否则称为非严格法。非严格法中，简化 Bishop 法计算简便，误差较小；各种严格解法都是可取的，其中又以 Spencer 法计算最为方便，因此这两种方法值得推广。但是，极限平衡法有其不足：该法将土条视为刚体，不考虑土体的应力应变关系；需要事先假定滑动面和相邻土条的相互作用，滑动面搜索过程受人为影响较大；应用中可能遇到迭代不收敛。

滑移线法假定土体为理想塑性体，将土体分为塑性区与刚性区，塑性区满足静力平衡条件和莫尔—库仑准则。根据边界条件对土体微分极限平衡方程求解，导出极限平衡区的滑移线场和应力分布，进而得到各种问题的解。该法比极限平衡法理论更严密，但计算复杂，且只有极少数的情况下才能得到严格的滑移线场解，因而这种方法在实际应用中并不广泛。但随着计算机技术的快速发展，目前已可以应用数值方法求取滑移线场的数值解。

数值分析法是近些年来兴起的一种方法，主要有：有限元法、离散元法、边界元法、无界元法、有限差分法等。它能全面分析岩土体变形失稳的整个过程，可以得到应力应变、位移、速率等研究人员关心的任何指标的数值和图形，并将其直观地呈现出来，以供预测、检验和改进。该法的另一个巨大优势是能考虑土体与支护结构之间的作用及其变形协调关系。它不需要对破坏面作出假定，一切的变形和破坏都是在遵循本构关系和破坏准则的前提下自然发展的，因此，数值分析法及相关软件的使用越来越广泛，并已逐步得到工程界的认可。

极限分析法是运用塑性力学中的上、下限定理求解边坡稳定问题。上限法也称为能量法，通常需要假设一个滑裂面，并将土体分成若干块，土体视作刚塑性体，然后构筑一个协调位移场。极限分析法以一种理想化的方式考虑了土体的应力应变关系，即流动法则。它的显著优点是：不论结构的几何形状和荷载情况多么复杂，总可以简洁而有效地直接推求出问题的极限荷载和安全系数，并提供一个清晰的破坏模式；具有较为严密的理论基础，在分析过程中严格地遵循塑性力学极限分析来寻找岩土体稳定性指标；对应力分布不做事先的假设，事实上，在求解边坡稳定过程中回避了不是精确确定的应力分布。

文献[48]中对基于刚体滑动的边坡稳定问题给出了一系列解答；考虑到土层的非均匀性，Taylor 等对于边坡上体黏聚力沿深度方向呈线性变化时的稳定性进行了研究(图 6-22)；文献[53]则采用和滑移线场相同的机动可能模型对均质边坡的极限分析上限法作了探讨。我们对武广高速铁路广州—韶关段红黏土边坡进行了研究，大量室内试验表明，由于物理化学作用，其黏聚力是随着深度的增加而减小的，但内摩擦角没有相同规律(见图 6-18 和表 6-11)。本文拟结合滑移线法得到的机动模型建立极限分析上限法所需的速度场，在此基础上考虑黏聚力随深度线性变化(未考虑各向异性，并假设内摩擦角为常数)，对非均匀边坡稳定性进行上限分析。

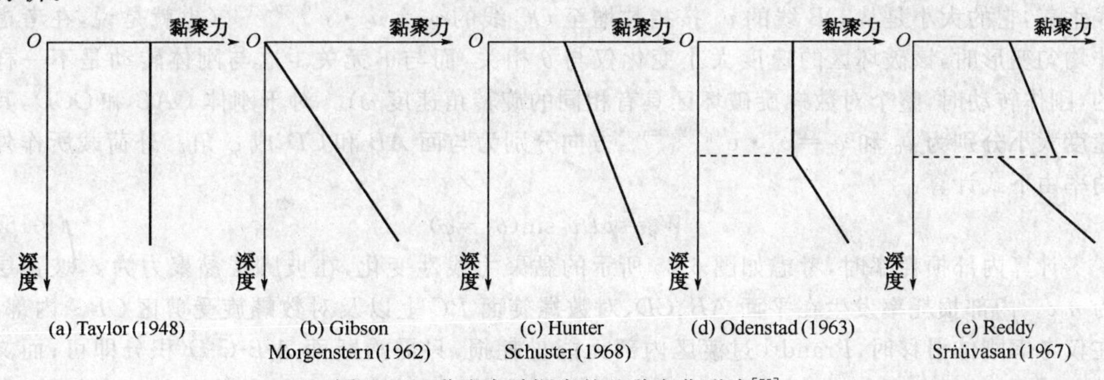

图 6-22　黏聚力随深度的几种变化形式[75]

表 6-11　红黏土抗剪强度指标

取样深度	土样状态	黏 聚 力	内摩擦角
4.0～8.5 m	硬塑	49.36～111.12 kPa	2.39°～ 7.14°
8.5～10.5 m	可塑	34.81～91.86 kPa	2.76°～ 9.22°
10.5～13.5 m	软塑	20.06～55.99 kPa	1.59°～ 6.66°

6.4.3.1 考虑非均匀变形的非均质边坡的极限分析上限法公式推导

(1)模型选取

这里,我们采用和顶部承受均布荷载的无重边坡滑移线场相同的机动可能模型,如图6-23所示,$\theta_0=\angle AOB$,$\theta_h=\angle AOC$,$\overline{OB}=r_0$,$L=2r_0\cos\theta_0$,$\overline{OC}=r_h=r_0 e^{(\theta_h-\theta_0)\tan\varphi}$。若干假定如下:(1)土体材料遵循库仑屈服准则;(2)坡顶水平,无自重作用;(3)根据滑移线场,破坏机构可分为:①朗肯主动破坏区:三角形 $OAB\left(\angle BOA=\angle BAO=\dfrac{\pi}{4}+\dfrac{\varphi}{2}\right)$;②Prandtl 过渡区:即中心角为$\angle BOC=\dfrac{\pi}{2}-\beta$ 的对数螺旋受剪区,β 为边坡坡角;③朗肯被动破坏区:三角形 $OCD\left(\angle COD=\angle CDO=\dfrac{\pi}{4}-\dfrac{\varphi}{2}\right)$。

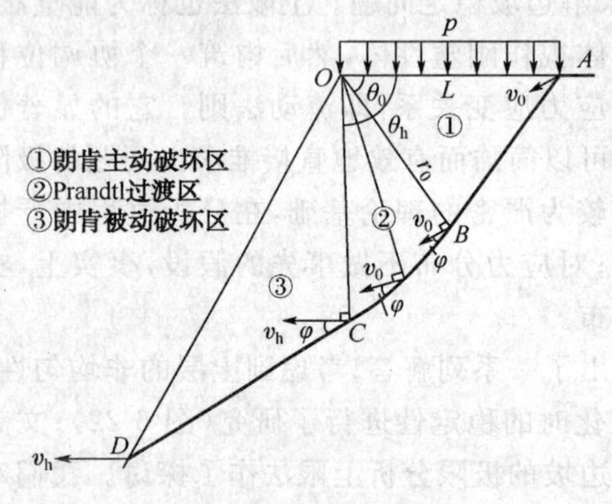

图 6-23 边坡破坏机构

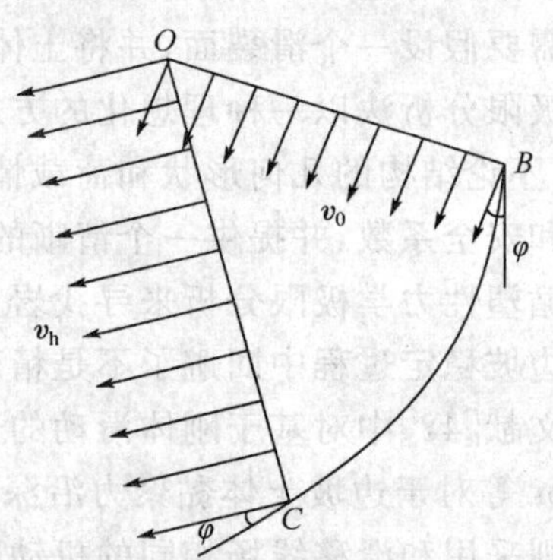

图 6-24 Prandtl 过渡区速度分布示意图

(2)外功率和内部耗损率

机构包括刚体滑动和非均匀变形两种破坏区,它们的破坏形式是不同的,需要区分开来。对于 Prandtl 过渡区,速度是变化的(图 6-24),沿场中每条射线的速度均是常数,其方向与射线垂直,它的大小是从 OB 线的 v_0 按指数增至 OC 线的 $v_h=v_0\cdot e^{(\theta_h-\theta_0)\tan\varphi}$(也就是说,在考虑非均匀变形时,该破坏区的速度大小变化仅与 θ 相关,而与 r 无关。这与刚体转动是不一样的,刚体转动时,整个对数螺旋破坏区具有相同的旋转角速度 ω)。对于刚体 OAB 和 OCD,其速度大小分别为 v_0 和 $v_h=v_0\cdot e^{(\theta_h-\theta_0)\tan\varphi}$,方向分别为与面 AB 和 CD 成 φ 角。外荷载所作外功率由下式计算:

$$\overline{W}_p=pLv_0\sin(\theta_0-\varphi) \tag{6-15}$$

计算内部损耗率时,考虑如图 6-25 所示的黏聚力线性变化,在坡脚层黏聚力为 c,坡顶层为 n_0c。内部损耗率发生在平面 AB、CD、对数螺旋面 BC 上以及对数螺旋受剪区 OBC 内部。在仅考虑刚体滑移时,Prandtl 过渡区内部无能量耗损,只需沿断面 A-B-C-D 积分即可;而文献[48]中,关于考虑变形时的内部损耗率,对数螺线受剪区与螺旋面上的能量耗损率相等,但这一结论在黏聚力为常数时才成立,对于非均匀边坡是不能成立的。参照图 6-25,分四部分计算内部耗损率如下:

$$\begin{aligned}P_{\overline{AB}}&=\int_0^{r_0}c_1v_0\cos\varphi\,\mathrm{d}l=\int_0^{r_0}\left[n_0c+\frac{lc(1-n_0)\sin\theta_0}{H}\right]\cdot v_0\cos\varphi\,\mathrm{d}l\\&=cv_0n_0r_0\cos\varphi=cv_0\ \frac{r_0^2}{2}\cdot\frac{(1-n_0)\sin\theta_0\cos\varphi}{H}=v_0(e_1+e_2)\end{aligned} \tag{6-16}$$

$$P_{\overline{CD}}=\int_0^{r_h}c_1v_h\cos\varphi\,dl=\int_0^{r_h}\left[c-\frac{lc(1-n_0)\sin\left(\beta-\frac{\pi}{4}+\frac{\varphi}{2}\right)}{H}\right]\cdot v_h\cos\varphi\,dl$$

$$=cv_0r_h\cos\varphi\cdot e^{(\theta_h-\theta_0)\tan\varphi}+cv_0\cdot\frac{(n_0-1)\sin\left(\beta-\frac{\pi}{4}+\frac{\varphi}{2}\right)}{2H}\cdot e^{(\theta_h-\theta_0)\tan\varphi}\cdot\cos\varphi\cdot r_h^2$$

$$=v_0(e_3+e_4)\tag{6-17}$$

$$P_{\widehat{BC}}=\int_{\theta_0}^{\theta_h}c_\theta rv\,d\theta=\int_{\theta_0}^{\theta_h}\left[n_0c+\frac{(1-n_0)c}{H}\cdot r_0\cdot e^{(\theta-\theta_0)\tan\varphi}\sin\theta\right]\cdot r_0v_0e^{2(\theta-\theta_0)\tan\varphi}d\theta$$

$$=\frac{v_0n_0cr_0}{2\tan\varphi\cdot e^{2\theta_0\tan\varphi}}(e^{2\theta_h\tan\varphi}-e^{2\theta_0\tan\varphi})+\frac{(1-n_0)cv_0r_0^2}{He^{3\theta_0\tan\varphi}}\cdot\frac{1}{1+9\tan^2\varphi}\cdot$$
$$[e^{3\theta_h\tan\varphi}(3\tan\varphi\sin\theta_h-\cos\theta_h)-e^{3\theta_0\tan\varphi}(3\tan\varphi\sin\theta_0-\cos\theta_0)]$$
$$=v_0(e_5+e_6)\tag{6-18}$$

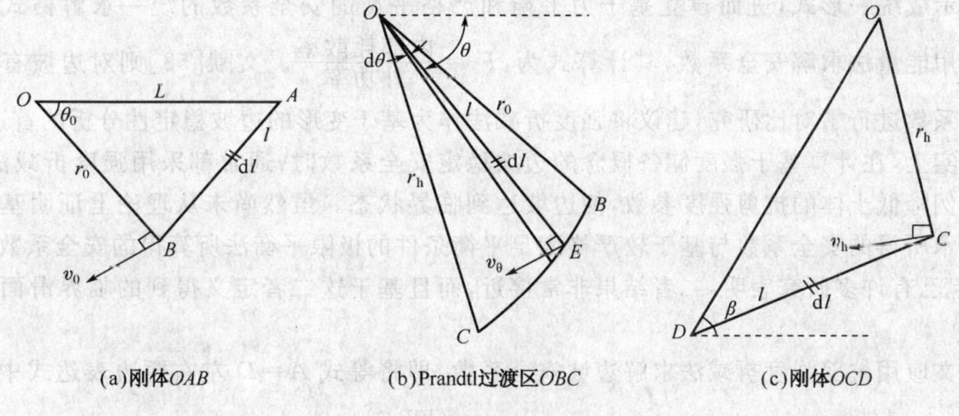

(a)刚体OAB　　(b)Prandtl过渡区OBC　　(c)刚体OCD

图 6-25　速度场示意图

对数螺旋受剪区内的内能损耗率产生在射线场中，以射线 OE 为例，其内能损耗率为：$P_{\overline{OE}}=\left(\int_0^{r_{OE}}c_1v\,dl\right)d\theta$，故整个变形区内部的损耗率为：

$$P_{\triangle OBC}=\int_{\theta_0}^{\theta_h}\int_0^r c_1v\,dl\,d\theta=\int_{\theta_0}^{\theta_h}\int_0^r\left[n_0c+\frac{lc(1-n_0)\sin\theta}{H}\right]\cdot v_0e^{(\theta-\theta_0)\tan\varphi}dl\,d\theta$$

$$=\frac{v_0n_0cr_0}{2\tan\varphi\cdot e^{2\theta_0\tan\varphi}}(e^{2\theta_h\tan\varphi}-e^{2\theta_0\tan\varphi})+\frac{(1-n_0)cv_0r_0^2}{2He^{3\theta_0\tan\varphi}}\cdot\frac{1}{1+9\tan^2\varphi}\cdot$$
$$[e^{3\theta_h\tan\varphi}(3\tan\varphi\sin\theta_h-\cos\theta_h)-e^{3\theta_0\tan\varphi}(3\tan\varphi\sin\theta_0-\cos\theta_0)]$$
$$=v_0(e_7+e_8)\tag{6-19}$$

另外，注意到 $e_5=e_7$，$e_6=2e_8$，可知在黏聚力为常数时，对数螺旋面上与面内变形区的内能损耗率相等，当黏聚力线性变化时，变形区内部由黏聚力变化而引起的损耗率是对数旋转面上的一半。

(3)极限分析上限解的探讨

①极限分析上限解

令外功率与内部损耗率相等（$A=D$，其中 A 为外功率，D 为内部损耗率），即可边坡稳定上限解。有下式成立：$\overline{W}_p=P_{\overline{AB}}+P_{\widehat{BC}}+P_{\overline{CD}}+P_{\triangle OBC}$，亦即：$pLv_0\sin(\theta_0-\varphi)=v_0\cdot\sum_{i=1}^{8}e_i$，可得

极限均布荷载的上限解为：$p=\dfrac{\sum_{i=1}^{8}e_i}{L\sin(\theta_0-\varphi)}$。另外，注意到 $H=2r_{\rm h}\sin\beta\cos\left(\dfrac{\pi}{4}-\dfrac{\varphi}{2}\right)$，对等式 $A=D$ 中的 r_0、$r_{\rm h}$ 和 L 作代换后，也可以求得极限坡高 H。

②关于边坡安全系数

安全系数是评价边坡稳定性最直接的指标。但是，一直以来，关于安全系数存在着多种不同的定义方式。文献[49]指出可以通过三种不同方式来使结构物过渡到极限状态，与之对应的是超载系数、加速度系数和强度折减系数。文献[55]更是给出了多达 7 种安全系数的定义和计算方法，指出安全系数应当具有明确的物理意义，形式简单、便于使用。在极限平衡法中使用的安全系数是 $F_{\rm s}=\dfrac{\int_0^1\tau_{\rm f}{\rm d}l}{\int_0^1\tau\,{\rm d}l}$（$\tau_{\rm f}$ 为抗剪强度），文献[56]将现有极限平衡条分法对条间力的假定表示成统一形式，进而建立基于力平衡和严格平衡的安全系数的统一求解格式。文献[57]利用能量法求解安全系数，其计算式为：$F_{\rm s}=\dfrac{\text{内部耗散率}}{\text{外功率}}$。文献[58]则对边坡有限元中的安全系数进行了对比研究，建议将强度折减法作为基于变形的边坡稳定性分析的首选方法。

事实上，在计算基于强度储备概念的边坡稳定安全系数时，通常都采用强度折减法，即按同一比例降低土体的抗剪强度参数，使边坡达到临界状态。虽然尚未从理论上证明基于强度折减技术所得的安全系数与基于较严格满足平衡条件的极限平衡法所算得的安全系数具有一致性，但已有许多研究表明，二者结果非常接近，而且基于这二者定义得到的临界滑面也非常一致。

本文应用抗剪强度折减法求解边坡安全系数，即将等式 $A=D$ 左右两边表达式中的 c 和 φ 以破坏时的抗剪强度指标 $c_{\rm k}=\dfrac{c}{F_{\rm s}}$ 和 $\varphi_{\rm k}=\arctan\left(\dfrac{\tan\varphi}{F_{\rm s}}\right)$ 代入，得到关于 $F_{\rm s}$ 的隐式表达，继而采用迭代法求得安全系数 $F_{\rm s}$。

6.4.3.2 算例分析

(1)边坡极限承载力分析

选用的边坡模型与文献[54]相同，考虑一个无自重、坡顶水平，承受坡顶边缘竖向荷载的二维边坡，$H=20$ m，$n_0=1.0$，$\beta=45°$，$c=98$ kPa，$\varphi=30°$。根据本文算法，有：$p=\dfrac{e_1+e_3+e_5+e_7}{L\sin(\theta_0-\varphi)}$，容易求得极限承载力为 1 091.42 kPa，与滑移线理论所得结果 1 092.11 kPa 十分接近。考虑边坡土体的非均匀性，在此，假定黏聚力沿深度呈线性变化，坡顶处土层黏聚力为坡脚层的 n_0 倍。图 6-26 为坡脚层土黏聚力保持不变，n_0 从 0.5 增加至 1.5 时对应的极限承载力的变化。

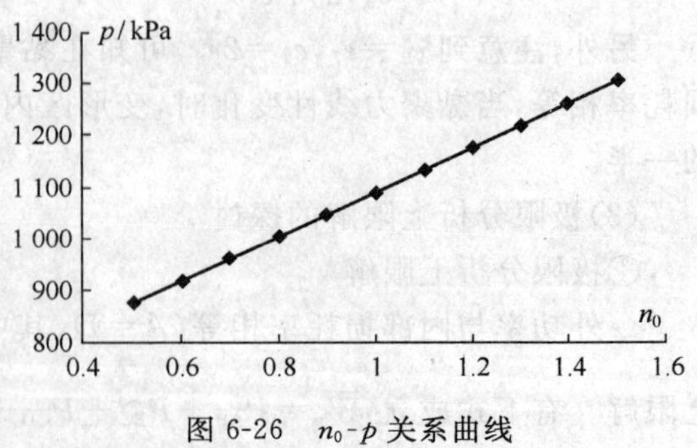

图 6-26 n_0-p 关系曲线

由图 6-26 可见，极限承载力是随着 n_0 的增加而接近线性增加的。这是因为公式是以坡脚处的黏聚力为基准来推导的。所以，在其他因素（如重力）不变时，黏聚力越大，能提供的用以抵抗下滑力的摩阻力自然也越大。另外，我们比较了土层倒置情况下极限承载力的差异，

如坡脚层黏聚力为 c，坡肩层为 n_0c；相反地，坡脚层黏聚力为 n_0c，坡肩层为 c。本例取 $c=98$ kPa，n_0 分别为 1/5、2/5、3/5、4/5。结果如表 6-12 所示。可见，坡脚层黏聚力大于坡顶时的极限承载力比土层倒置后的要大，且二者之比 R 随着 n_0 的增加（$n_0\in(0,1)$）呈减小的趋势。显然，极限承载力在 $n_0=1$，即边坡上下部黏聚力均为最大值 c 时达到峰值。

表 6-12　n_0、$\frac{1}{n_0}$ 组合及对应的 p

坡肩层土/kPa	19.6	98	39.2	98	58.8	98	78.4	98
坡脚层土/kPa	98	19.6	98	39.2	98	58.8	98	78.4
$n_0\Big/\frac{1}{n_0}$	$\frac{1}{5}\Big/5$		$\frac{2}{5}\Big/\frac{5}{2}$		$\frac{3}{5}\Big/\frac{5}{3}$		$\frac{4}{5}\Big/\frac{5}{4}$	
p/kPa	748.8/560.9		834.4/693.6		920.1/826.2		1 005.8/958.8	
比值 R	1.33		1.20		1.11		1.05	

（2）边坡安全系数

对于前例，取 $n_0=1.0$，计算坡顶边缘竖向荷载分别为不同值时对应的超载系数和安全系数。见表 6-13。

表 6-13　不同荷载下的超载系数及安全系数

p/kPa	800	900	1 000	1 100	1 200
超载系数	0.36	0.21	0.09	—	—
安全系数	1.16	1.09	1.04	1.00	0.96

同样地，考虑土层反转情形，竖向荷载分别为 800、900、1 000、1 100、1 200 kPa，且土层黏聚力随深度呈线性变化时，边坡的安全系数变化及对比如图 6-27 所示。容易看出，各种荷载水平下，安全系数的变化有着相同的规律，坡脚层黏聚力大于坡顶层时的安全系数较大，而不是相反。这表明，边坡坡脚黏聚力过小更容易造成边坡失稳。另外，值得注意的是，当坡脚层黏聚力不变时，安全系数随着 n_0 的增加而接近线性增加；但当坡肩层黏聚力不变时，$\left|\frac{\Delta F_s}{\Delta n_0}\right|$ 随着 n_0 增加逐渐减小。

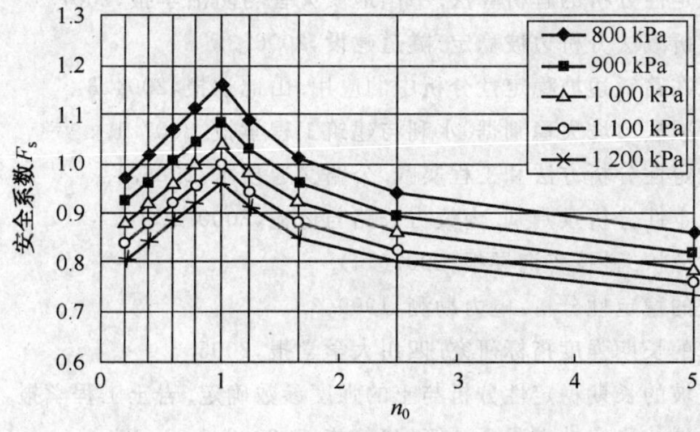

图 6-27　不同荷载下的 n_0-F_S 关系曲线

6.4.3.3 小　　结

(1)极限分析上限法有着坚实的理论基础,计算过程简单易行,是一种有效的边坡稳定分析方法。本节通过构建与滑移线场相同的机动可能模型,引入变异因子 n_0,推得其内部损耗率和外功率,进而推导出黏聚力沿深度呈线性变化时的极限分析上限解。

(2)公式表明,黏聚力为常数时,对数螺旋面上与面内变形区的内能损耗率相等;当黏聚力线性变化时,变形区内部由黏聚力变化而引起的损耗率是对数旋转面上的一半。

(3)对于均匀土坡,解答与滑移线理论所得的解答一致。坡脚层土黏聚力保持不变时,极限承载力是随着 n_0 的增加而接近线性增加的。

(4)坡脚层黏聚力大于坡顶时的极限承载力比土层倒置后的要大,且二者之比 R 随着 n_0 的增加[$n_0 \in (0,1)$]呈减小的趋势。

(5)各种荷载水平下,坡脚层黏聚力大于坡顶层时的安全系数较大,而不是相反。这表明,边坡坡脚黏聚力过小更容易造成边坡失稳,建议采取“固脚强腰”的防护措施以确保边坡稳定。

参 考 文 献

[1] 李银海.边坡工程常用稳定性分析方法.中国水运,2007.5.
[2] 张雄.边坡稳定性分析的改进条分法.岩土工程学报,1994.3.
[3] 黄传志.边坡稳定性分析的精确方法.中国港湾建设,1999.5.
[4] 靳付成.边坡稳定性分析方法的研究现状与展望.西部探矿工程,2007.4.
[5] 王艳红.边坡稳定性分析方法综述.甘肃科技,2007.3.
[6] 李勇军.边坡稳定性判别的几种方法.山西建筑,2007.11.
[7] 石明磊.高等级公路黏性土高路基的稳定分析.南京建筑工程学院学报,1999.3.
[8] 邓卫东.路堑边坡破坏机理的试验与计算分析.中国公路学报,2001.3.
[9] 赵杰.填筑和开挖边坡的稳定性分析.岩土力学,2007.5.
[10] 刘祚秋.边坡稳定及加固分析的有限元强度折减法.岩土力学,2005.4.
[11] 陈祖煜.边坡稳定三维分析的极限平衡方法.岩土工程学报,2001.5.
[12] 陈祖煜.关于边坡稳定性的三维极限平衡分析方法及应用的讨论.岩土工程学报,2001.1.
[13] 陈祖煜.关于渗流作用下土坡圆弧滑动有限元计算的讨论之一.岩土工程学报,2002.3.
[14] 康亚明.极限平衡法和有限单元法混合分析土坡稳定.中国矿业,2006.3.
[15] 蔡庆娥.某公路边坡稳定性的二维有限元分析.岩土工程界,2004.3.
[16] 张常亮.三维边坡稳定性分析的解析算法.中国地质灾害与防治学报,2007.1.
[17] 石长.用有限元强度折减法分析边坡稳定.隧道建设,2006.3.
[18] 兰智雄.有限元模拟在路堑边坡稳定性分析中的应用.山地学报,2004.3.
[19] 李红.有限元强度折减法边坡失稳判据.水利与建筑工程学报,2007.1.
[20] 李刚.路堑高边坡稳定性分析方法和工程实践.公路交通技术,2006.1.
[21] 黄清友.土基边坡稳定性分析及判别.内蒙古公路与运输,2000.2.
[22] 李玉胜.土坡稳定性分析.科技咨询导报,2007(14).
[23] 程国栋.黏性土边坡的稳定性分析.电力勘测,1999.3.
[24] 何思明.人工高切坡的长期强度指标研究.四川大学学报,2005.6.
[25] 廖红建.人工开挖边坡的长期稳定性分析与土的强度参数确定.岩土工程学报,2002.5.
[26] 吕凤梧.软土开挖边坡的稳定性有限元计算.建筑施工,2002.1.
[27] 叶华成.水对边坡稳定性影响的研究.路基工程,2005.4.

[28] 王平卫.水对土质边坡的稳定性影响分析.地质与勘探,2007.3.
[29] 谭桔红.水与裂隙对边坡稳定性的影响分析及工程应用.山地学报,2004.3.
[30] 王乾程.水作用下土坡稳定性分析及防治对策探讨.西部探矿工程,2003.5.
[31] 谢春庆,陈其辉.红黏土原状土样保护方法的研究.地质灾害与环境保护,2000,11(4):319～322.
[32] 刘红星.软弱夹层对斜坡稳定性的影响分析.武汉理工大学学报,2004.5.
[33] 刘一伟.软弱夹层强度参数的室内模拟.西南科技大学学报,2007.1.
[34] 黄伟.降雨入渗对土质边坡稳定性的影响分析.科技情报开发与经济,2006.5.
[35] 贾兆宏.考虑水作用的边坡稳定性分析.科技资讯,2007.12.
[36] 米海珍.红层软岩破碎软弱夹层边坡稳定性影响因素探讨.兰州理工大学学报,2006.3.
[37] 李海光.红黏土铁路路堑边坡的防护.路基工程,1994.5.
[38] 钱征宇.红黏土地区铁路工程的主要技术问题及其对策.中国铁路,2007(2):41～45.
[39] 赵建昌,李永和.缓倾角红层路堑高边坡应力状态与防护研究.岩石力学与工程学报,2005(24):5751～5755.
[40] 刘振波,易声义.云南红黏土工程特性及岩土工程问题.云南电力技术,2005,33(4):44～47.
[41] 王维早,杨小荟.某水电站左岸坝肩边坡软弱夹层的工程特性及其对边坡稳定性的影响.水文地质工程地质,2007(1):70～73.
[42] 张旭辉,龚晓南.边坡稳定影响因素敏感性的正交法计算分析.中国公路学报,2003,16(1):36～39.
[43] 胡翌刚.高速公路路堑高边坡稳定性分析研究.铁道科学与工程学报,2005,2(4):72～76.
[44] 张旭辉.边坡稳定影响因素敏感性的正交法计算分析.中国公路学报,2003.1.
[45] 郑颖人,赵尚毅,宋雅坤.有限元强度折减法研究进展.后勤工程学院学报,2005(3):1～6.
[46] Itasca Consulting Group,Inc. FLAC/SLOPE 5.0 User Manuals,USA:Itasca Consulting Group Inc,2005:339～344.
[47] 郑颖人,陈祖煜.边坡与滑坡工程治理.北京:人民交通出版社,2006:246～249.
[48] Chen W F. Limit Analysis and Soil Plasticity[M]. NewYork:Elsevier Scientific Publishing Co.,1975.
[49] 陈祖煜.土力学经典问题的极限分析上、下限解[J].岩土工程学报,2002,24(1):1～11.
[50] 徐千军,李明元,陆杨.边坡稳定极限分析的单元集成法[J].岩土力学,2006,27(7):1028～1032.
[51] 殷建华,陈健,李焯芬.岩土边坡稳定性的刚体有限元上限分析法[J].岩石力学与工程学报,2004,23(6):898～905.
[52] 王栋,金霞.考虑强度各向异性的边坡稳定有限元分析[J].岩土力学,2008,29(3):667～672.
[53] 董倩,刘东燕.均质边坡稳定分析的上限解探讨[J].公路交通科技,2007,24(6):8～11.
[54] 杨健,王玉杰,陈祖煜.三维极限分析方法在恰甫其海水利工程边坡稳定分析中的应用[J].水利学报,2003(11):102～106.
[55] 史恒通,王成华.土坡有限元稳定分析若干问题探讨[J].岩土力学,2000,21(2):152～155.
[56] 郑颖人,杨明成.边坡稳定安全系数求解格式的分类统一[J].岩石力学与工程学报,2004,23(16):2836～2841.
[57] 程康,肖雄杰.能量法对土坡稳定性分析的研究[J].武汉工业大学学报,1999,21(6):12～14.
[58] 郑宏,田斌.关于有限元边坡稳定性分析中安全系数的定义问题[J].岩石力学与工程学报,2005,24(13):2225～2230.

7 红黏土路基现场试验与监测

7.1 红黏土现场试验概况

武广高速铁路乌龙泉至临湘及耒阳至韶关段大面积分布灰岩残积层红黏土，上部一般为硬塑，下部基岩面附近常呈软塑或流塑状，软层厚一般为 1.5～3.4 m，局部达 5.7 m。此类土天然孔隙比大，一般为 0.81～1.63，液限一般大于 45%，具有较大的往复收缩性，局部还具有弱膨胀性[1]。设计主要采用 CFG 桩—网复合地基以及钻孔灌注桩加固红黏土地基，在泉口工点选取两段路基、三个断面作为试验段进行复合地基加固机理现场试验研究，分别在泉口和郴州两地选取一定数量沉降监测断面进行路基变形沉降观测。

7.1.1 试验目的和意义

武广高速铁路武汉至韶关段分布近 100 km 的非饱和黏性土及灰岩残积层红黏土地基，对一般铁路来说，将非饱和黏性土或红黏土视为饱和土进行沉降估算是可以满足设计精度要求的，但对于高速铁路无砟轨道铁路路基，由于工后沉降控制很严(要求一般地段工后沉降量不大于 15 mm，路桥、路隧过渡段差异沉降不大于 5 mm)，将非饱和黏性土或红黏土视为饱和土进行沉降估算显然很难满足设计精度要求，并有可能造成非饱和黏性土地基路基工程地基处理费用的不必要增加[1]。

红黏土是一种特殊土，一般上层土较硬，下层土较软，这种特性与其他黏土完全相反，而且采用桩—网复合地基加固红黏土地基在国内还很少见。如果完全从理论上进行复合地基加固机理和路基沉降分析具有一定的难度，而且分析结果与实际情况具有很大的偏差。所以要进行加固机理的现场试验和路基沉降的现场观测，选取代表性工点进行现场测试，选取典型的红黏土路堤路堑工点分别进行沉降(回弹)监测、固结(地基孔隙水压力)监测、路堑基床及地基土动力特性试验、复合地基桩土应力监测等监测，以获得实测数据资料，验证并修正红黏土压缩与回弹变形理论计算模型与设计计算方法以及复合地基设计方法，并确定路堤填筑放置时间，为设计提供参数，并验证设计的合理性。

7.1.2 试验断面、元器件概况

红黏土现场试验主要在泉口、郴州两地，DK1293＋214.93～＋629.82、DK1294＋003.38～＋102.422主要路段，在其他路段也进行了路基沉降监测。

在泉口工点，共有 37 个观测断面，其中桩—网复合地基加固机理分析监测断面有 2 个(DK1293＋455、DK1293＋560)，动力特性试验断面 2 个(DK1294＋045、DK1294＋060)，路基变形监测断面 1 个(DK1294＋065)，另外还有路基沉降监测断面 32 个。

现场试验选用元件种类与数量见表 7-1。

表 7-1 现场试验选用元件表

元件名称	个数	元件名称	个数	元件名称	个数
钢弦式土压力盒	48	水位观测管	1	拾震器	11
柔性位移传感器	14	单点沉降计	32	速度计	6
混凝土应变计	5	沉降板	40	加速度计	11
孔隙水压力计	4	路面监测桩	77组,251个	应变式土压力盒	13
测斜管	2				

7.2 现场试验工点

7.2.1 DK1293+214.93～+629.82 试验工点

7.2.1.1 监测范围

DK1293+214.93～+629.82,长度 414.89 m(前接大庄湾 2 号中桥;后接泉琅大桥)。

7.2.1.2 工程地质及水文地质条件

(1)地形地貌:垄岗岗丘,辟为旱地,杂树林及旱地,相对高差 5～10 m,坡度平缓。

(2)地层岩性:

①黏土,棕红色夹灰白色,硬塑,厚度约 12.1～28.4 m;为弱～中等膨胀土。

②红黏土,褐黄色,软塑,厚度约 0～1.91 m。

③灰岩,灰色,弱风化,发育溶洞,钻空揭示溶洞直径 0.3～0.8 m,内充填软～流塑黏土。

(3)水文地质条件:土层发育孔隙潜水,补给来源为大气降水。根据水化验结果,地下水和地表水对混凝土无侵蚀性,地下水 pH=7.02,地表水 pH=7.02,炭化环境 T2。

(4)丘坡表层黏土,呈棕红色夹灰白色蠕虫状结构,为弱～中等膨胀土。

表 7-2 为试验工点地层主要物理力学参数统计表。

表 7-2 DK1293+214.93～+629.82 试验工点地层主要物理力学参数统计表

项 目		单位	2(2)	2(3)
含水率 w		%	24	38.1
容 重 γ		kN/m^3	18.7～20	18.7
天然孔隙比 e			0.67	1.03
液 限 w_L		%	30.9～48.75	46.9
塑 限 w_P		%		26.3
塑性指数 I_P				
液性指数 I_L				0.57
静力触探 P_s		MPa	1.57	1.02
标 贯 N		击/30 cm	16	
残 剪	kPa	凝聚力 c_r	7	
	°	内摩擦角 φ_r	16.5	
快 剪	kPa	凝聚力 c		
	°	内摩擦角 φ		

续上表

项　目		单位	2(2)	2(3)
自由膨胀率		%	33	
压缩系数 a_v		MPa^{-1}	0.262	
压缩模量 E_s		MPa	7.34	4
回弹指数 C_s				
前期固结压力		kPa	474.7	
固结系数	C_h	10^{-4} cm^2/s		
	C_v	10^{-3} cm^2/s		
承载力特征值		kPa	200	120

7.2.1.3　试验工点工程设计概况

(1)DK1293＋215.93～＋236.43、DK1293＋605.32～629.82 采用钻孔灌注桩加固，桩直径 0.8 m，间距 3.0 m，桩长 11.1～22.1 m，桩长至基岩面以下 0.5 m，遇溶洞时，应至溶洞底板以下不小于 1.0 m。桩顶均铺设 1.0 m 厚的碎石垫层，内铺一层双向土工格栅，极限抗拉强度不小于 200 kN/m。

(2)DK1293＋236.43～＋605.32 段基底采用 CFG 桩加固，桩径 0.5 m，按正三角形布桩。其中 DK1293＋236.43～＋250.13、DK1293＋567.88～＋605.32 段为 CFG 桩加固过渡段，桩间距 1.5～1.7 m，桩长分别为至灰岩面；DK1293＋250.13～＋358.56、DK1293＋532.83～＋567.88段为 CFG 桩加固区，桩间距 1.8 m，桩长分别为至灰岩面；DK1293＋358.56～＋370、DK1293＋520～＋532.83 段为 CFG 桩加固过渡段，桩间距 1.6～1.7 m，桩长分别为至灰岩面；DK1293＋370～＋520 段为 CFG 桩加固区，桩间距 1.5 m，桩长至灰岩面。桩顶均铺设 0.6 m 厚的碎石垫层，内铺一层双向土工格栅，极限抗拉强度不小于 80 kN/m。

7.2.2　DK1294＋003.38～＋102.42 试验工点

7.2.2.1　监测范围

DK1294＋003.38～＋102.42 工点，全长 99.34 m(前接泉琅大桥，后接独山特大桥)。

7.2.2.2　工程地质及水文地质条件

(1)地形地貌：垄岗岗丘，辟为旱地，杂树林及旱地，相对高差 5～10 m，坡度平缓。

(2)地层岩性表层为 $Q_{2\sim3}^{al+pl}$ 黏土，棕红色间夹棕黄色，坚硬，局部夹砾石，厚度约 0～6.6 m；$Q_{2\sim3}^{al+pl}$ 黏土，棕红色间夹棕黄色，硬塑，局部夹砾石，厚度约 7.7～19.5 m；下为 $Q_{2\sim3}^{al+pl}$ 黏土，棕黄色、棕红色间，流塑，厚度约 0～1.85 m。下伏基岩为 T_{1dy} 之灰岩，局部夹角砾灰岩灰色，弱风化，一般岩层较完整，局部裂隙较发育～发育。

(3)水文地质条件：土层发育孔隙潜水，补给来源为大气降水。基岩发育岩溶裂隙水。地下水埋深 9.7～17.5 m 左右，随季节水位有变化。工点范围无水样，利用 DK1294＋139.2 水样：ⓐ地表水中，pH 值为 7.95，SO_4^{2-} 含量为 1.32 mg/L，侵蚀性 CO_2 含量为 2.02 mg/L，Mg^{2+} 含量为 2.24 mg/L，HCO^{3-} 含量为 116.57 mg/L。ⓑ地下水中：pH 值为 7.65，SO_4^{2-} 含量为 0.62 mg/L，侵蚀性 CO_2 含量为 0 mg/L，Mg^{2+} 含量为 10.45 mg/L，HCO^{3-} 含量为 319.07 mg/L。

(4)特殊地质和不良地质：该段为红黏土地基，DK1294＋003.08～DK1294＋015 为浅覆盖型，岩溶中等发育，线性岩溶率 30.2%，面岩溶率 44.1%，DK1294＋015～DK1294＋090 为浅覆盖型，岩溶微弱发育，DK1294＋090～DK1294＋102.42 为浅覆盖型，岩溶强烈发育，线性岩溶率 31.4%，面岩溶率 44%。该段为弱膨胀土，自由膨胀率为 45%，蒙脱石含量为 7.22%，阳离子交换为 158.21(mmol/kg)。表 7-3 为试验工点地层主要物理力学参数统计表。

表 7-3　DK1294＋003.38～＋102.42 试验工点地层主要物理力学参数统计表

项　目		单位	(2)2	(2)4
容　重 γ		kN/m^3	19.8	
液　限 w_L		%	42.2	
塑　限 w_P		%	17.1	
塑性指数 I_P			25.1	
液性指数 I_L			0.41	
静力触探 P_s		MPa	1.8	0.71
标　贯 N		击/30 cm	16	
残　剪	kPa	c_r	8	
	°	φ_r	20.4	/
快　剪	kPa	c_u	29	
	°	φ_u	11	
自由膨胀率		%	33	/
阳离子交换量		mmol/kg	7.22	/
蒙脱石含量		%	158.21	/
压缩模量 E_s		MPa	6.84	3.33
基本承载力		kPa	180	80

7.2.2.3　工点工程设计概况

(1)DK1294＋003.38～＋102.42 段路基基底采用压力注浆加固，孔间距 5 m，正方形布置，土层帷幕厚 3 m，加固厚度为入基岩深度 5 m，注浆孔深 15.5～22.1 m 左右。若施工过程中遇溶洞，孔深至溶洞底板下 1.0 m。

(2)DK1294＋003.38～＋026.9 段及 DK1294＋078.6～＋102.42 段地基采用 CFG 桩加固，桩径 0.5 m，桩间距为 1.5～1.8 m，按等边三角形布置，桩长至弱风化层顶面，桩长 7.46～15.45 m，桩顶均铺设 0.6 m 厚的碎石垫层，内铺一层土工格栅，极限抗拉强度不小于 80 kN/m。

(3)DK1294＋026.9～＋078.6 段地基采用冲击压实。

7.3　试验方案

7.3.1　DK1293＋214.93～＋629.82 试验工点

(1)主要研究内容：进行残积层红黏土复合地基加固机理研究。

(2)监测剖面及监测元件布置：

①路基沉降变形监测：路堑地段主要进行换填底沉降及隆起变形监测、路基面沉降变形监测，共布设 3 个 B-1 型、1 个 B-3 型、2 个 C-1 型、7 个 E-3 型沉降监测剖面，在换填底埋设单点沉降计监测红黏土地基的沉降及隆起变形，在路基面布设沉降监测桩监测路基面沉降；在两端桥头各布设 1 个 G 型沉降差监测剖面，在路桥交接的桥侧及路基侧各布置 1 个静力水准仪监测路桥沉降差。

②红黏土地段复合地基加固机理研究：在红黏土地基的路堤及路堑 CFG 桩加固地段，各选取一个断面，分别布置 1 个 H-1 型、1 个 H-2 型 CFG 桩复合地基加固机理研究断面。H-1 型剖面在地基桩间土中沿不同深度埋设孔隙水压力计，沿桩内、桩间土埋设单点沉降计，在桩顶、地基桩间土顶面、碎石垫层中土工格栅顶面及碎石垫层顶面埋设钢弦式土压力盒，在碎石垫层中土工格栅顶面埋设柔性位移传感器，在路堤坡脚外 2 m 埋设测斜管，在路堤坡脚 20 m 外埋设水位观测管，于路基面范围内桩内埋设混凝土应变计；H-2 型剖面在桩体及桩间土埋设单点沉降计。通过以上断面研究路堤及路堑桩间土固结特性、桩土应力比、桩土沉降比、土工格栅应力应变特性及基底应力分布规律、压缩层厚度等 CFG 桩复合地基加固机理。

7.3.2　DK1294＋003.38～＋102.42 试验工点

(1)主要研究内容：进行残积层红黏土固结沉降特性及路基动态特性试验研究。

(2)监测剖面及监测元件布置：

①路基沉降变形监测：路堑地段主要进行基床底层沉降及隆起变形监测、路基面沉降变形监测，共布设 5 个 E-3 型沉降监测剖面，在换填底埋设单点沉降计监测红黏土地基的沉降及隆起变形，在路基面布设沉降监测桩监测路基面沉降；在各桥头均布设 2 个 G 型沉降差监测剖面，在路桥交接的桥侧及路基侧各布置 1 个静力水准仪监测路桥沉降差。

②红黏土地基固结及沉降特性研究：在典型的未加固红黏土地基地段布置 1 个 K 型红黏土地基固结沉降特性监测断面，地基内不同深度埋设单点沉降计，研究红黏土地基固结及沉降特性，沉降计监测地基变形，坡脚埋设测斜管监测其变形。

③红黏土地基动力特性研究：在典型的未加固红黏土地基地段布置 1 个 J-1 型、1 个 J-2 型动测断面，在基床内及地基中沿深度布置静土压力盒，并沿深度及换填底横向布置动土压力盒、拾振器、加速度计、速度计，研究基床内动态响应沿深度及横向的分布规律。

7.4　施工情况介绍

7.4.1　施工方法

监测断面的地基处理只有 CFG 桩及冲击压实两种方式，这里分别对两种方式的施工方法进行介绍：

(1)CFG 桩施工方法

CFG 桩采用振动沉管成桩工艺。桩体主体材料为碎石，并符合设计级配要求；粉煤灰作为外掺料，并符合设计要求。通过调整水泥掺量和配合比，桩体强度可满足设计要求。

CFG 桩施工一般优先采用间隔跳打法，也可采用连打法。具体的施工方法由现场试验来确定。连打法易造成邻桩被挤碎或缩颈，在黏性土中易造成地面隆起；跳打法不易发生上述现象，但土层较硬时，在已打桩中间补打新桩，可能造成已打桩被振裂或振断。

CFG 桩的施工顺序为：沉管—投料—拔管—开槽及桩头处理—褥垫层铺设。

在 CFG 桩施工过程中，还要进行施工监测和质量控制，以达到施工控制标准。在施工结束后，还要通过低应变和载荷试验法对 CFG 桩进行质量检测。

(2)冲击压实

针对现场情况，试验段冲击压实区采用的是 25 t 震动压路机进行震动压实。在压实后，进行压实度检测，控制压实质量。

7.4.2 施工材料

施工过程中采用了土工格栅，复合土工膜，中粗砂，级配碎石，A、B 组填料以及级配料(级配碎石掺 5%水泥)等材料。

(1)土工格栅为 GSJ80 型双向土工格栅，纵向极限抗拉强度不小于 150 kN/m，横向极限抗拉强度不小于 80 kN/m，纵横向断裂伸长率不大于 10%，纵向 2%伸长率时的拉伸力不小于 52 kN/m，横向 2%伸长率时的拉伸力不小于 28 kN/m。

(2)复合土工膜为一布一膜型复合土工膜，厚度不小于 0.25 mm，断裂强度不小于 120 kN/m，顶破强力(纵横向)不小于 22 kN，撕破强力(纵横向)不小于 0.40 kN。

(3)级配碎石，实测最大干密度 2.70 g/cm^3，最优含水率 4.0%，湿密度 2.42～2.53 g/cm^3，干密度 2.33～2.44 g/cm^3，孔隙率 9.7%～13.8%。

(4)A、B 组填料，实测最大干密度 2.68 g/cm^3，最优含水率 4.2%，湿密度 2.46～2.50 g/cm^3，干密度 2.38～2.40 g/cm^3，孔隙率 10.0%～13.0%。

(5)级配料(级配碎石掺 5%水泥)，实测最大干密度 2.72 g/cm^3，最优含水率 4.2%，湿密度 2.43～2.48 g/cm^3，干密度 2.34～2.39 g/cm^3，孔隙率 12.2%～14.0%。

7.4.3 路基填筑情况

(1)CFG 桩处理地段(DK1293＋236.43～＋605.32)

在 CFG 桩处理地段，所填筑路基分为褥垫层，A、B 组填料，级配料(级配碎石掺 5%水泥)三个部分。其中，褥垫层属于 CFG 桩复合地基的一部分，A、B 组填料填筑部分为基床底层，级配料填筑部分为基床表层。

①褥垫层。设计为桩顶面设置 0.6 m 厚级配碎石垫层，垫层中铺设 1 层强度不小于 80 kN/m 的双向土工格栅，铺设土工格栅时需清理平整好下承层，使其表面平整，无坚硬凸出物，摊铺时土工格栅拉直平顺，紧贴下承层，不能出现扭曲、折皱、重叠，密贴排放，幅与幅之间纵向搭接不小于 40 cm。

褥垫层采用静压法施工，褥垫虚铺厚度一般为设计厚度的 1.1～1.15 倍，具体由试验确定。褥垫层虚铺厚度比基础宽度大，其超出基础宽度的部分不宜小于褥垫层的厚度。

②A、B 组填料。填筑时采用水平分层填筑法，即填筑时应按横断面全宽、纵向分层填筑压实，不得出现纵向接缝。当原地面高低不平时，应先从最低处分层填筑，并由两边向中心填筑。每层填筑高度一般为 0.3～0.4 m，填筑区段划分一般在 200 m 以上或以构造物为界。

按路基施工工艺细则，施工顺序为：施工准备、基底处理、分层填筑、摊铺整平、洒水或晾晒、机械碾压、质量检测签证、路基整修等八个步骤。

压实顺序按先两侧后中间，先静压后弱振、再强振、最后静压的操作程序进行碾压。每层碾压完毕后，需进行基床底层的孔隙率 n、地基系数 K_{30}、动态变形模量 E_{vd} 检测，并及时反馈结果。

③级配料(级配碎石掺 5%水泥)。填筑要求基本与 A、B 组填料相同，其每层填筑高度一般控制在 0.25～0.3 m。

施工顺序为：材料检查及施工准备、验收基床底层、测量放样、拌和、运输、摊铺、碾压、检测等八个步骤。

同 A、B 组填料相同，级配料填筑压实标准也是采用 K_{30}、n、E_{vd} 三项指标来控制。

(2)冲击压实处理地段(DK1294＋026.9～＋078.6)

在冲击压实处理地段，所填筑路基分为砂垫层，A、B 组填料和级配料(级配碎石掺 5%水泥)三个部分。其中，砂垫层和 A、B 组填料填筑部分为基床底层，级配料填筑部分为基床表层。

砂垫层与 CFG 桩处理地段的碎石垫层填筑要求和方法相同，而且 A、B 组填料和级配料(级配碎石掺 5%水泥)也与 CFG 桩处理地段的填筑要求和方法相同。在砂垫层和 A、B 组填料之间，铺设一层复合土工膜，铺设要求和方法与土工格栅相同。

7.5 元器件埋设情况

现场试验主要埋设的是与残积层红黏土复合地基加固机理、固结沉降特性及路基动态特性试验研究有关的元件。在此通过表格和示意图的方式对元件埋设位置进行说明。分别为 1 个 H-1 型、1 个 H-2 型、1 个 K 型观测剖面和 1 个 J-1 型、1 个 J-2 型动测断面。

7.5.1 测试项目及元件选用

试验测试内容及其对应测试元件为：

(1)沉降变形观测。地基沉降采用沉降板监测，路基沉降采用路面检测桩监测，桩、土变形观测采用单点沉降计测试，单点沉降计采用长沙金码公司生产的量程为 0.2 m、灵敏度为 0.01 mm 的 JMDL-4720 型单点沉降计。

(2)地基侧向位移观测。采用测斜管和 CX-1 型测斜仪进行配套测试。

(3)垫层顶部、中部、底部的桩、土应力观测。采用长沙金码公司生产的量程为 0.3 MPa 的 JMZX-5003 型和量程为 2 MPa 的 JMZX-5020 型钢弦式土压力盒(灵敏度均为 0.001 MPa)进行测试，其中量程为 2 MPa 的土压力盒埋设在路基底面桩顶位置，量程为 0.3 MPa 的土压力盒埋设在其他位置。

(4)孔隙水压力观测。采用长沙金码公司生产的量程为 0.3 MPa、灵敏度为 0.001 MPa 的 JMZX-5503 型孔隙水压力计。

(5)土工格栅应变观测。采用长沙金码公司生产的量程为 0.05 m、灵敏度为 0.01 mm 的 JMDL-2405 型柔性位移计。

(6)CFG 桩身应变观测。采用长沙金码公司生产的量程为±1 500 $\mu\varepsilon$、灵敏度为 1 $\mu\varepsilon$ 的 JMZX-215 型混凝土应变计。

7.5.2 DK1293＋455 断面元件布置

DK1293＋455 监测元件埋设如图 7-1～图 7-4 所示，表 7-4 为元件埋设统计表。

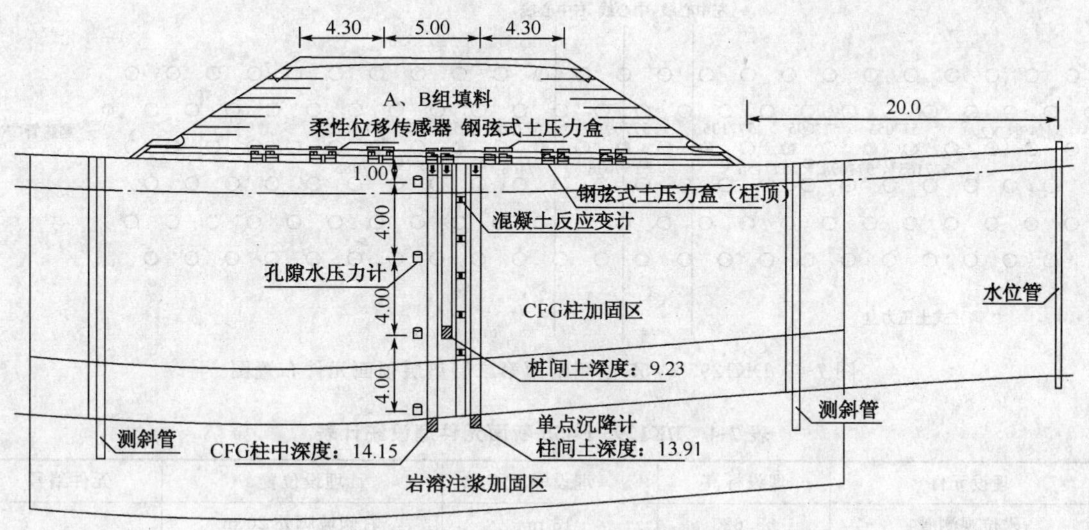

图 7-1 DK1293+455 监测断面元件埋设横断面图

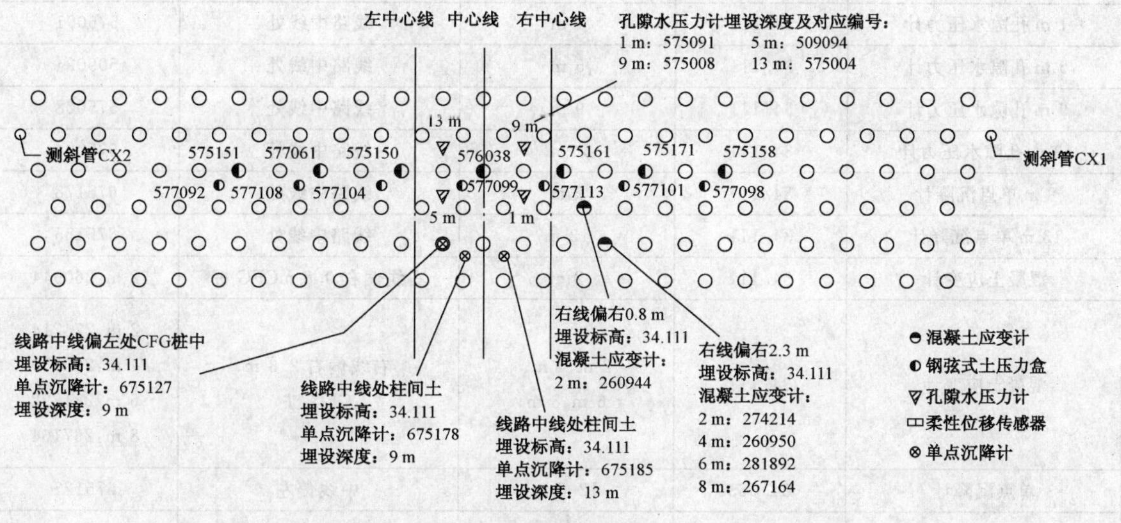

图 7-2 DK1293+455 监测断面桩顶平面元件布置图

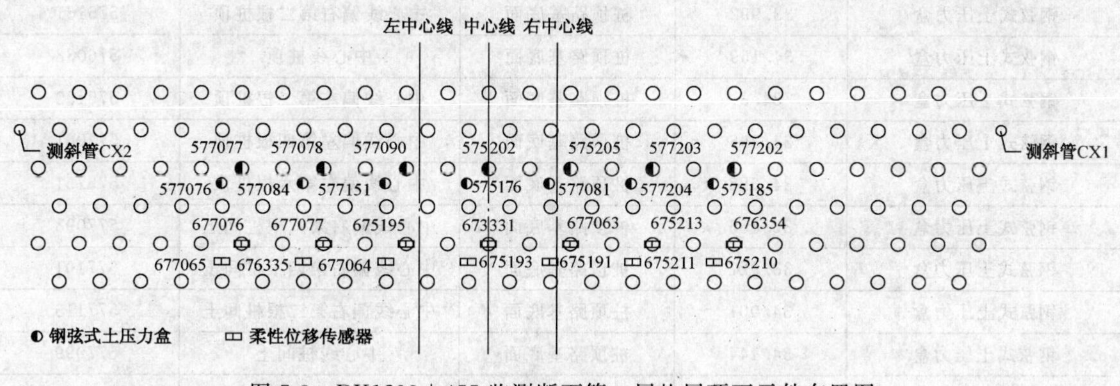

图 7-3 DK1293+455 监测断面第一层垫层顶面元件布置图

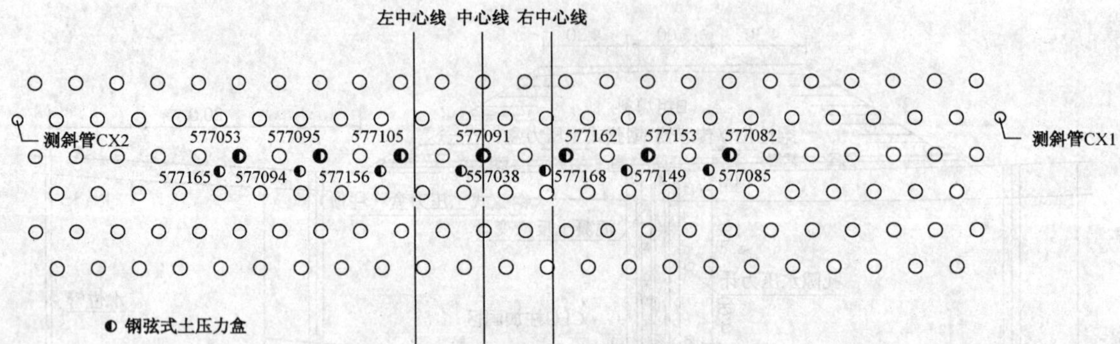

图 7-4 DK1293＋455 监测断面第二层垫层顶面元件布置图

表 7-4 DK1293＋455 断面元件埋设统计表

埋设元件	埋设标高	埋设深度	埋设位置	元件编号
水位观测管	35.623	13 m	右侧坡脚外 20 m	
左侧测斜管	34.595	11.3 m	左侧坡脚外 2 m	CX-2
右侧测斜管	33.79	13 m	右侧坡脚外 2 m	CX-1
1 m 孔隙水压力计	34.111	1 m	线路中线处	575091
5 m 孔隙水压力计	34.111	5 m	线路中线处	509094
9 m 孔隙水压力计	34.111	9 m	线路中线处	575008
13 m 孔隙水压力计	34.111	13 m	线路中线处	575004
9 m 单点沉降计	34.111	9 m	线路中线处	675178
13 m 单点沉降计	34.111	13 m	线路中线处	675185
混凝土应变计	34.111	2 m	右线偏右 0.8 mCFG 桩	2 m:260944
混凝土应变计	34.111	2 m、4 m、6 m、8 m	右线偏右 2.3 m CFG 桩	2 m:274214 4 m:260950 6 m:281892 8 m:267164
单点沉降计	34.363	12.5 m	中线偏左	675127
钢弦式土压力盒	33.819	桩顶路基底面	中心线偏右第六根桩顶	575158
钢弦式土压力盒	33.858	桩顶路基底面	中心线偏右第四根桩顶	575171
钢弦式土压力盒	33.992	桩顶路基底面	中心线偏右第二根桩顶	575161
钢弦式土压力盒	34.159	桩顶路基底面	中心线桩顶	576038
钢弦式土压力盒	34.3	桩顶路基底面	中心线偏左第二根桩顶	575150
钢弦式土压力盒	34.395	桩顶路基底面	中心线偏左第四根桩顶	577061
钢弦式土压力盒	34.388	桩顶路基底面	中心线偏左第六根桩顶	575151
钢弦式土压力盒	33.866	桩顶路基底面	中心线偏右第六根桩间土	577098
钢弦式土压力盒	33.927	桩顶路基底面	中心线偏右第四根桩间土	577101
钢弦式土压力盒	34.001	桩顶路基底面	中心线偏右第二根桩间土	577113
钢弦式土压力盒	34.144	桩顶路基底面	中心线桩间土	577099
钢弦式土压力盒	34.313	桩顶路基底面	中心线偏左第二根桩间土	577104

续上表

埋设元件	埋设标高	埋设深度	埋设位置	元件编号
钢弦式土压力盒	34.374	桩顶路基底面	中心线偏左第四根桩间土	577108
钢弦式土压力盒	34.447	桩顶路基底面	中心线偏左第六根桩间土	577092
钢弦式土压力盒	34.399	第一层垫层顶部	中心线偏右第六根桩顶	577202
钢弦式土压力盒	34.429	第一层垫层顶部	中心线偏右第四根桩顶	577203
钢弦式土压力盒	34.492	第一层垫层顶部	中心线偏右第二根桩顶	575205
钢弦式土压力盒	34.324	第一层垫层顶部	中心线桩顶	575202
钢弦式土压力盒	34.723	第一层垫层顶部	中心线偏左第二根桩顶	577090
钢弦式土压力盒	34.78	第一层垫层顶部	中心线偏左第四根桩顶	577078
钢弦式土压力盒	34.833	第一层垫层顶部	中心线偏左第六根桩顶	577077
钢弦式土压力盒	34.371	第一层垫层顶部	中心线偏右第六根桩间土	575185
钢弦式土压力盒	34.444	第一层垫层顶部	中心线偏右第四根桩间土	577204
钢弦式土压力盒	34.541	第一层垫层顶部	中心线偏右第二根桩间土	577081
钢弦式土压力盒	34.661	第一层垫层顶部	中心线桩间土	575176
钢弦式土压力盒	34.765	第一层垫层顶部	中心线偏左第二根桩间土	577151
钢弦式土压力盒	34.793	第一层垫层顶部	中心线偏左第四根桩间土	577084
钢弦式土压力盒	34.803	第一层垫层顶部	中心线偏左第六根桩间土	577076
柔性位移计	34.399	第一层垫层顶部	中心线偏右第六根桩顶	676354
柔性位移计	34.429	第一层垫层顶部	中心线偏右第四根桩顶	675213
柔性位移计	34.492	第一层垫层顶部	中心线偏右第二根桩顶	677063
柔性位移计	34.324	第一层垫层顶部	中心线桩顶	673331
柔性位移计	34.723	第一层垫层顶部	中心线偏左第二根桩顶	675195
柔性位移计	34.78	第一层垫层顶部	中心线偏左第四根桩顶	677077
柔性位移计	34.833	第一层垫层顶部	中心线偏左第六根桩顶	677076
柔性位移计	34.371	第一层垫层顶部	中心线偏右第六根桩间土	675210
柔性位移计	34.444	第一层垫层顶部	中心线偏右第四根桩间土	675211
柔性位移计	34.541	第一层垫层顶部	中心线偏右第二根桩间土	675191
柔性位移计	34.661	第一层垫层顶部	中心线桩间土	675193
柔性位移计	34.765	第一层垫层顶部	中心线偏左第二根桩间土	677064
柔性位移计	34.793	第一层垫层顶部	中心线偏左第四根桩间土	676335
柔性位移计	34.803	第一层垫层顶部	中心线偏左第六根桩间土	677065
钢弦式土压力盒	35.094	第二层垫层顶部	中心线偏右第六根桩顶	577082
钢弦式土压力盒	35.094	第二层垫层顶部	中心线偏右第四根桩顶	577153
钢弦式土压力盒	35.094	第二层垫层顶部	中心线偏右第二根桩顶	577162
钢弦式土压力盒	35.094	第二层垫层顶部	中心线桩顶	577091
钢弦式土压力盒	35.094	第二层垫层顶部	中心线偏左第二根桩顶	577105
钢弦式土压力盒	35.094	第二层垫层顶部	中心线偏左第四根桩顶	577095
钢弦式土压力盒	35.094	第二层垫层顶部	中心线偏左第六根桩顶	577053

续上表

埋设元件	埋设标高	埋设深度	埋设位置	元件编号
钢弦式土压力盒	35.094	第二层垫层顶部	中心线偏右第六根桩间土	577085
钢弦式土压力盒	35.094	第二层垫层顶部	中心线偏右第四根桩间土	577149
钢弦式土压力盒	35.094	第二层垫层顶部	中心线偏右第二根桩间土	577168
钢弦式土压力盒	35.094	第二层垫层顶部	中心线桩间土	577038
钢弦式土压力盒	35.094	第二层垫层顶部	中心线偏左第二根桩间土	577156
钢弦式土压力盒	35.094	第二层垫层顶部	中心线偏左第四根桩间土	577094
钢弦式土压力盒	35.094	第二层垫层顶部	中心线偏左第六根桩间土	577165

7.5.3 DK1293＋560 断面元件布置

此断面为 H-2 型观测剖面，主要进行残积层红黏土复合地基加固机理研究。具体元件布置见图 7-5 及表 7-5。

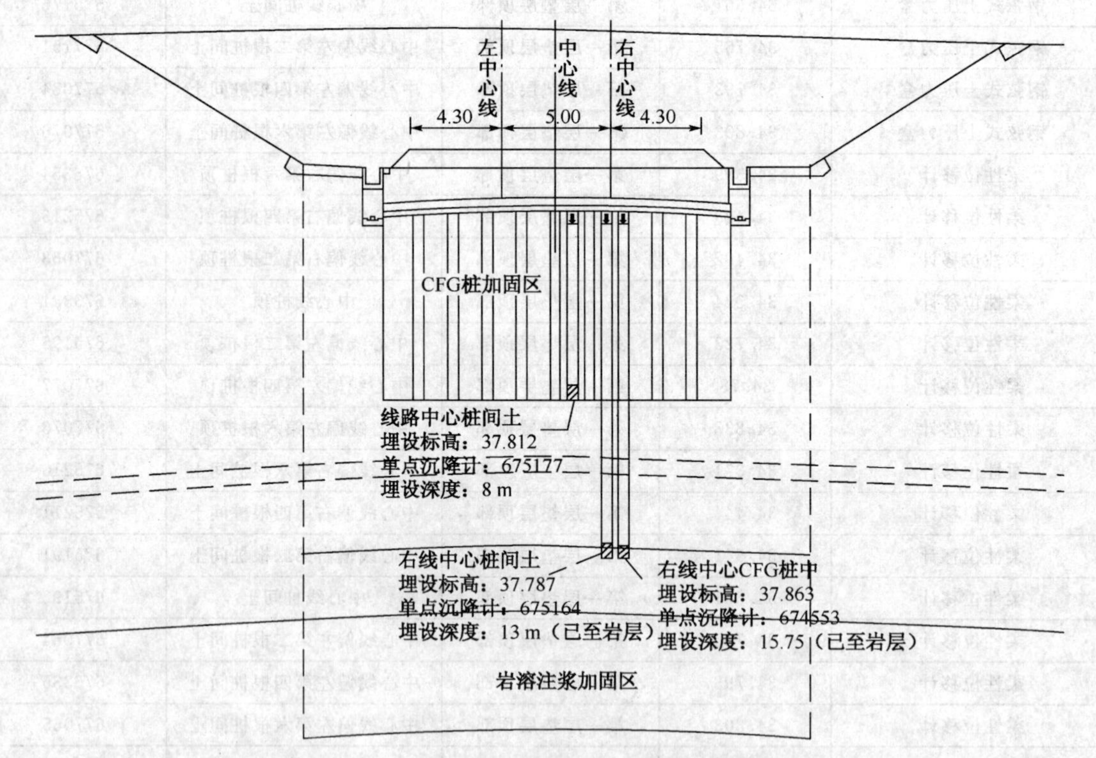

图 7-5 DK1293＋560 监测断面元件埋设横断面图

表 7-5 DK1293＋560 断面元件埋设统计表

埋设元件	埋设标高	埋设深度	埋设位置	元件编号
8 m 单点沉降计	37.812	8 m	线路中心桩间土	675177
13 m 单点沉降计	37.787	13 m	右线中心桩间土	675164
15 m 单点沉降计	37.863	15.75 m	右线中心 CFG 桩中	674553

7.5.4 DK1294＋045 断面元件布置

此断面为 J-2 型观测剖面，主要进行残积层红黏土路基动态特性试验研究。具体元件布置见图 7-6 及表 7-6。

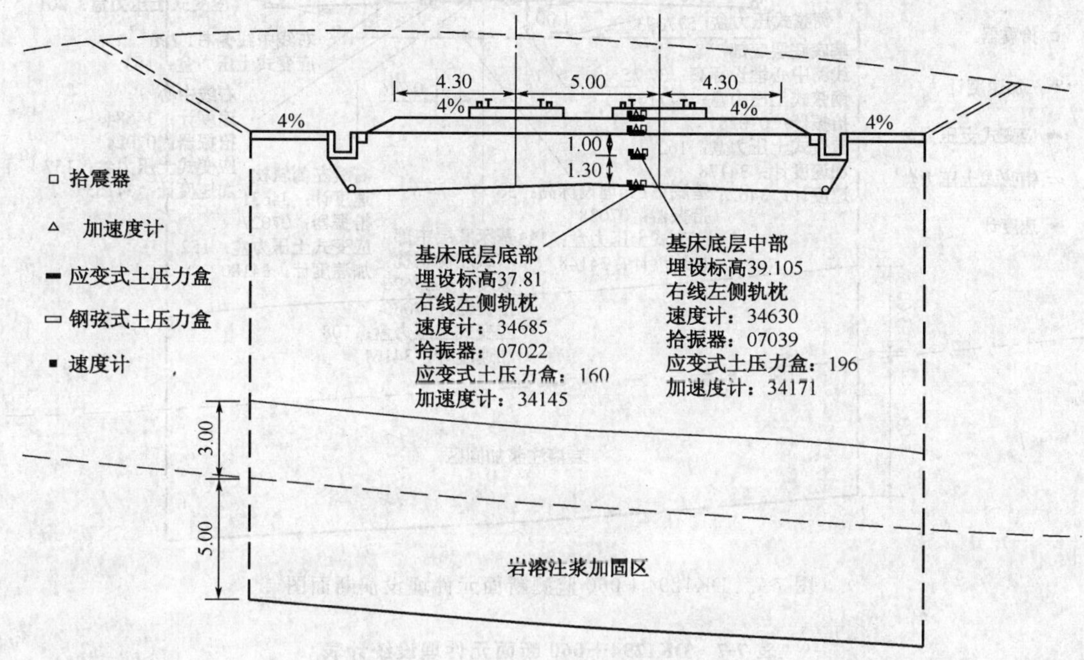

图 7-6 DK1294＋045 监测断面元件埋设横断面图

表 7-6 DK1294＋045 断面元件埋设统计表

埋设元件	埋设标高	埋设深度	埋设位置	元件编号
拾振器(动测)	37.81	换填底部	右线左侧轨枕下	07022
应变式土压力盒(动测)	37.81	换填底部	右线左侧轨枕下	160
速度计(动测)	37.81	换填底部	右线左侧轨枕下	34685
加速度计(动测)	37.81	换填底部	右线左侧轨枕下	34145
拾振器(动测)	39.105	基床底层中部	右线左侧轨枕下	07039
应变式土压力盒(动测)	39.105	基床底层中部	右线左侧轨枕下	196
速度计(动测)	39.105	基床底层中部	右线左侧轨枕下	34630
加速度计(动测)	39.105	基床底层中部	右线左侧轨枕下	34171

7.5.5 DK1294＋060 断面元件布置

此断面为 J-1 型观测剖面，主要进行残积层红黏土路基动态特性试验研究。具体元件布置见图 7-7 及表 7-7。

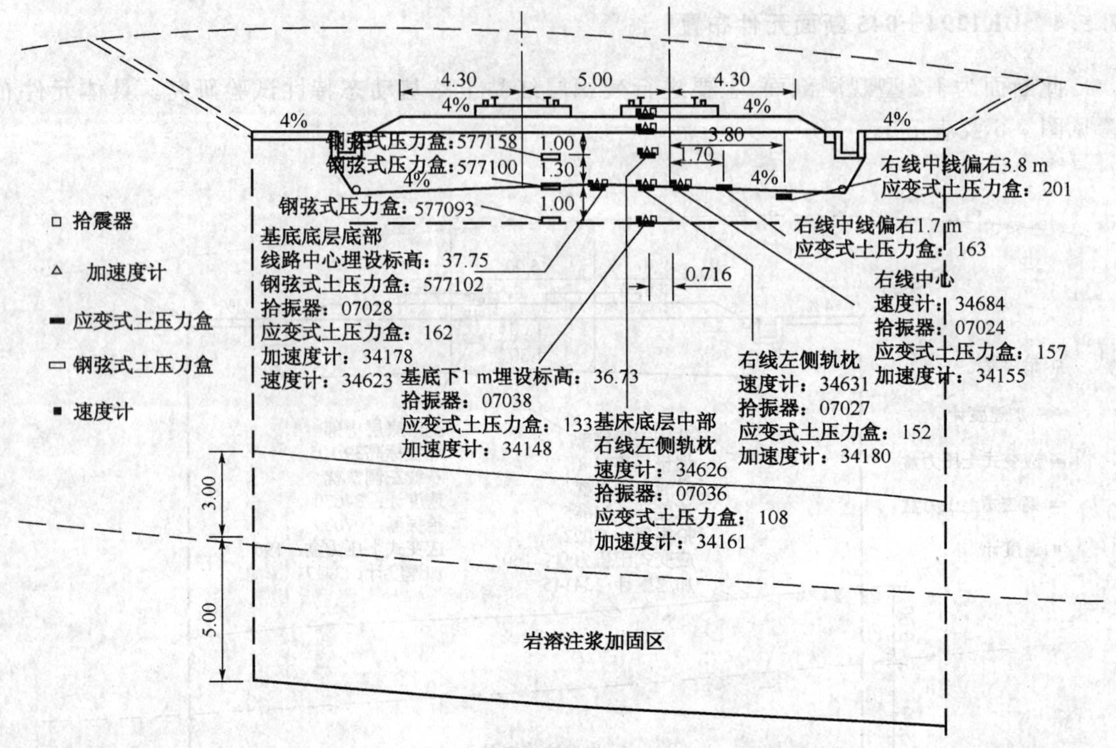

图 7-7 DK1294＋060 监测断面元件埋设横断面图

表 7-7 DK1294＋060 断面元件埋设统计表

埋设元件	埋设标高	埋设深度	埋设位置	元件编号
钢弦式土压力盒	36.73	地面下 1 m	左线右侧轨枕下	577093
拾振器(动测)	36.73	地面下 1 m	右线左侧轨枕下	07038
应变式土压力盒(动测)	36.73	地面下 1 m	右线左侧轨枕下	133
加速度计(动测)	36.73	地面下 1 m	右线左侧轨枕下	34148
钢弦式土压力盒	37.75	换填底部	左线右侧轨枕下	577100
钢弦式土压力盒	37.75	换填底部	线路中线	577102
拾振器(动测)	37.75	换填底部	线路中线	07028
加速度计(动测)	37.75	换填底部	线路中线	34178
应变式土压力盒(动测)	37.75	换填底部	线路中线	162
速度计(动测)	37.75	换填底部	线路中线	34623
拾振器(动测)	37.75	换填底部	右线左侧轨枕下	07027
加速度计(动测)	37.75	换填底部	右线左侧轨枕下	34180
应变式土压力盒(动测)	37.75	换填底部	右线左侧轨枕下	152
速度计(动测)	37.75	换填底部	右线左侧轨枕下	34631
拾振器(动测)	37.75	换填底部	右线中线	07024
加速度计(动测)	37.75	换填底部	右线中线	34155
应变式土压力盒(动测)	37.75	换填底部	右线中线	157
速度计(动测)	37.75	换填底部	右线中线	34687

续上表

埋设元件	埋设标高	埋设深度	埋设位置	元件编号
应变式土压力盒(动测)	37.75	换填底部	右线中线偏右 1.7 m	163
应变式土压力盒(动测)	37.75	换填底部	右线中线偏右 3.8 m	201
钢弦式土压力盒	39.026	基床底层中部	左线右侧轨枕下	577158
拾振器(动测)	39.026	基床底层中部	右线左侧轨枕下	7036
应变式土压力盒(动测)	39.026	基床底层中部	右线左侧轨枕下	108
速度计(动测)	39.026	基床底层中部	右线左侧轨枕下	34626
加速度计(动测)	39.026	基床底层中部	右线左侧轨枕下	34161

7.5.6 DK1294+065 断面元件布置

此断面为 J-2 型观测剖面，主要进行残积层红黏土固结沉降特性研究。具体元件布置见图 7-8 及表 7-8。

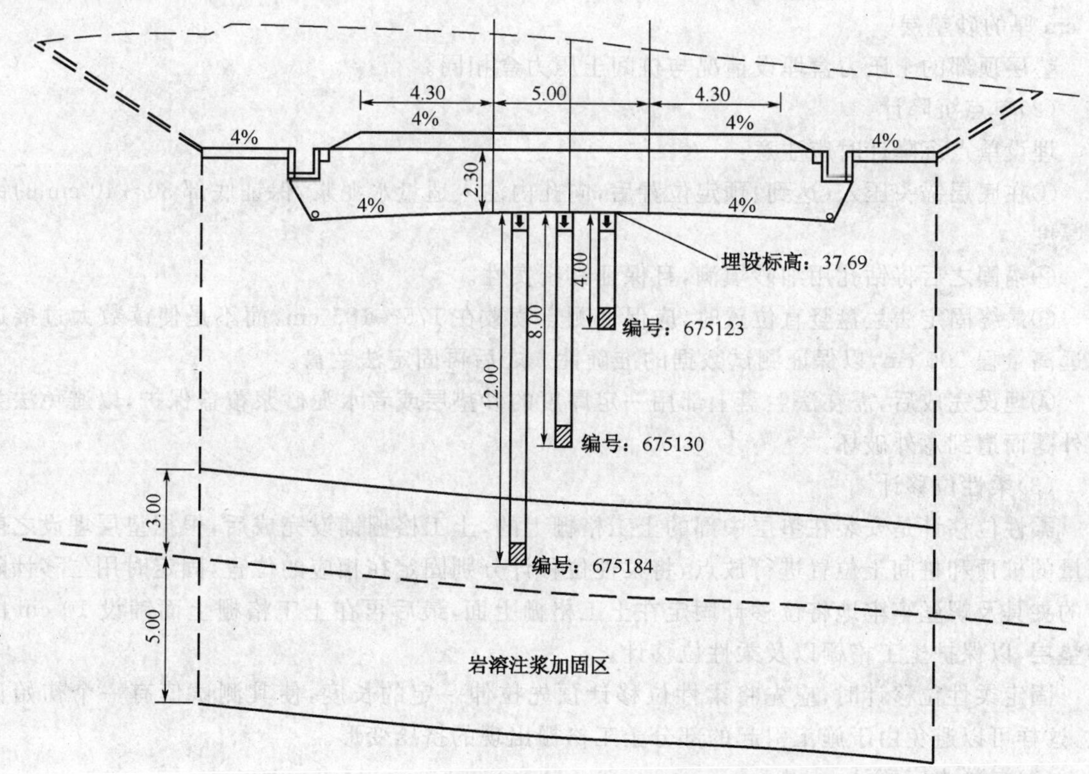

图 7-8 DK1294+065 监测断面元件埋设横断面图

表 7-8 DK1294+065 断面元件埋设统计表

埋设元件	埋设标高	埋设深度	埋设位置	元件编号
单点沉降计	37.69	基底下 4 m	线路中线偏右 1 m	675123
单点沉降计	37.69	基底下 8 m	线路中线	645130
单点沉降计	37.69	基底下 12 m	线路中线偏左 1 m	675184

7.5.7　元件埋设要求

本次试验对数据精确性要求较高，元件埋设质量好坏直接影响到测试结果，所以元件埋设要求较为严格，具体测试元件的埋设要求及注意事项如下：

(1)钢弦式土压力盒

在埋设路基底面桩顶土压力盒时，首先将桩顶中心位置凿出略大于压力盒的一个圆槽，磨平底面，用少量水泥砂浆在底面以便于找平，之后铺设约 5 cm 的砂垫层进行找平，再将放置土压力盒，最后铺设砂垫层以保护压力盒。

埋设路基底面桩间土压力盒时，首先找出相邻 CFG 桩组成三角形的形心，挖出略大于压力盒的一个圆槽，使其底面与桩顶圆槽在同一高程，之后铺设约 5 cm 的砂垫层进行找平，放置土压力盒，最后铺设砂垫层。

在埋设路基底面土压力盒的同时，用全站仪测量出每个土压力盒的水平坐标位置，在埋设垫层中部以及顶部土压力盒时依据此坐标埋设。

垫层中部的土压力盒埋设在垫层中部土工格栅的表面，先用全站仪定位坐标，上面铺设 10 cm 厚的砂垫层。

垫层顶部的土压力盒埋设情况与桩间土压力盒相同。

(2)单点沉降计

埋设单点沉降计时应注意：

①在底层锚头压入(达到)预定位置后，向孔内注入适量水泥浆，保证底部 30～40 cm 的锚固厚度。

②锚固之后将钻孔用细砂填满，且保证其密实性。

③最终固定法兰盘竖直位置时，应保证测点读数在 175～185 cm，而不是使读数太过接近或远离量程 200 cm，以保证测试数据的准确性。之后再固定法兰盘。

④埋设完成后，需在法兰盘上部用一定厚度的砂垫层或者水泥砂浆覆盖保护，以避免法兰盘外露而遭到意外破坏。

(3)柔性位移计

柔性位移计是安装在垫层中部的土工格栅上的，土工格栅铺设完成后，根据垫层埋设之前测量的桩顶和桩间土位置进行放点，将柔性位移计分别固定在相应的位置，固定时用位移计附带的夹具及螺丝牢牢地将位移计固定在土工格栅上面，最后再在土工格栅上面铺设 10 cm 的砂垫层，以保护土工格栅以及柔性位移计。

固定柔性位移计时，应先将柔性位移计预先拉伸一定的长度，使其测试值有一个初始读数，这样可以避免由于施工引起的部分土工格栅出现的挤压变形。

(4)混凝土应变计

埋设混凝土应变计时应注意保证混凝土应变计竖直，以测量 CFG 桩桩身竖向应变，此次试验用的方法是将混凝土应变计固定在细钢筋上，然后插入钻孔内，最后用和 CFG 桩材料相似的材料灌入钻孔内。

(5)孔隙水压力计

在完成所需要的钻孔后，将孔隙水压力计系入钻孔，压入到设计位置后，用钻孔取出的土回填钻孔。

(6)测斜管

在将测斜管插入钻孔后，需将十字槽的一组对准线路横断面方向，之后要保证用细砂将钻孔填实，以防止测量时出现误差。

(7)导线保护情况

在埋设完每组元件之后，将导线从元件旁边挖槽引出，引至路基两侧平台上，并用水泥砖和黏土砖砌筑导线箱，导线箱顶部以金属盖覆盖，以保护导线。

7.5.8 数据采集与观测

(1)测试仪器

单点沉降计、钢弦式土压力盒、柔性位移计、孔隙水压力计、混凝土应变计采用 JMZX-7000 综合测试仪监测；测斜采用加速度计式测斜仪 CX-1 监测；沉降板及路面监测桩由施工单位负责，采用 DS05 型精密水准仪监测。

(2)现场测试频次

根据《客运专线无砟轨道铁路工程测量技术暂行规定》的要求[2]，各项监测内容的监测频率按表 7-9 确定。

表 7-9 路基沉降观测频次表

观测阶段	观 测 频 次	
填 筑	一 般	1 次/d
	沉降量突变	2～3 次/d
	两次填筑间隔时间较长	1 次/3 d
路基施工完毕	第 1 个月	1 次/周
	第 2、3 个月	1 次/10 d
	3 个月以后	1 次/2 周
	6 个月以后	1 次/月
无砟轨道铺设后	第 1 个月	1 次/2 周
	第 2、3 个月	1 次/月
	3～12 个月	1 次/3 月

(3)现场测试注意事项

由综合测试仪测试的项目内容，每次测量完成后都应与前一次测量结果进行比较，以便及时发现测量过程中的问题。测量结束后应及时将数据导入计算机中保存。

由测斜仪测试的数据，应该与前次测量结果进行比较，以避免出现由人为失误而导致的问题。测试结果应及时输入计算机中备份。

7.6 监测成果

7.6.1 基底垫层中桩顶和桩间土位置应力的变化规律

复合地基中由于桩和桩间土的刚度不同，在上覆荷载作用下，二者将产生不均匀沉降，由于路基填料是散体材料，当地基产生不均匀沉降时会引起路基填料也产生相应的变形，颗粒在向受力平衡点的移动过程中相互不断嵌锁，导致土拱效应出现[3]，从而使得路基中桩顶和桩间土位置的应力也发生改变。

试验测得了 DK1293＋455 断面的不同层面上的桩土应力值(桩顶和桩间土的土压力盒读数)，测试日期为 2007 年 11 月 6 日至 2009 年 6 月 5 日，历时 577 d。

7.6.1.1 基底垫层不同位置应力随荷载时间变化规律

根据监测数据可以绘出不同层面上桩、土应力随时间、荷载变化曲线图，见图 7-9 至图 7-14。

由土压力变化曲线(图 7-9 至图 7-14)知道，地基表面、第一垫层表面、第二垫层表面的土压力具有相同的变化规律，大致可以将土压力变化过程分为前期、中期、后期 3 个阶段。

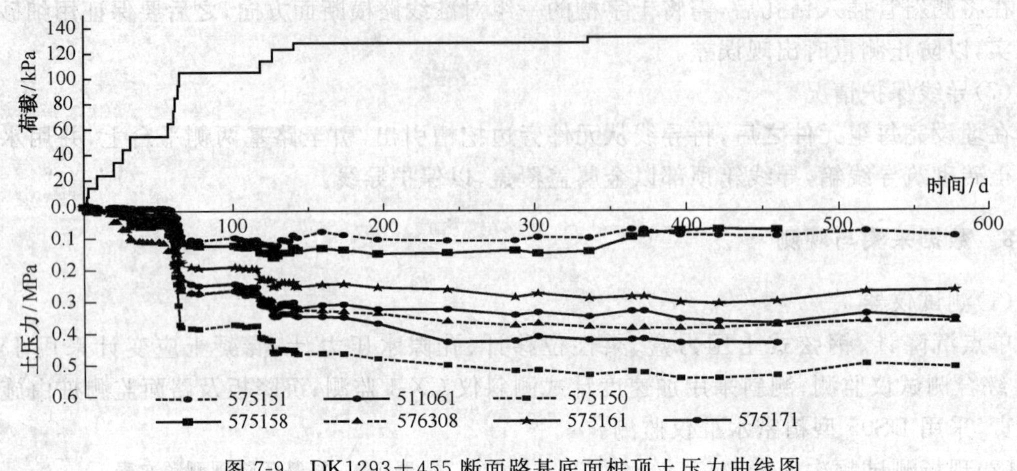

图 7-9　DK1293＋455 断面路基底面桩顶土压力曲线图

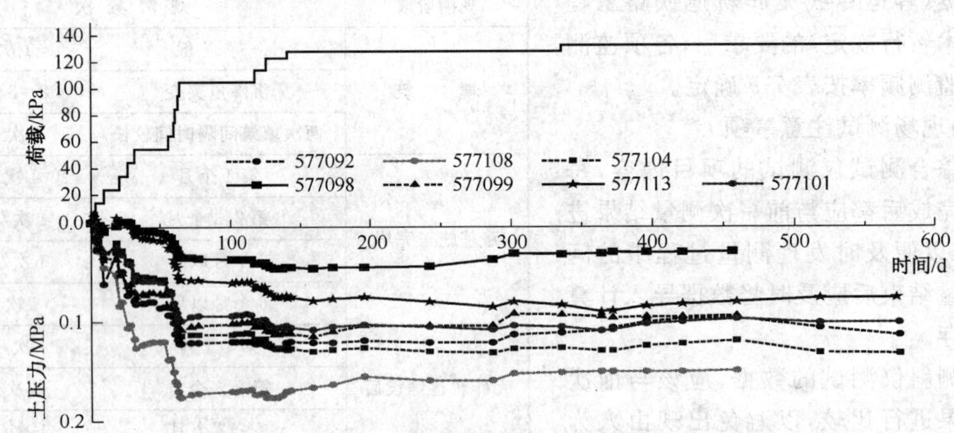

图 7-10　DK1293＋455 断面路基底面桩间土土压力曲线图

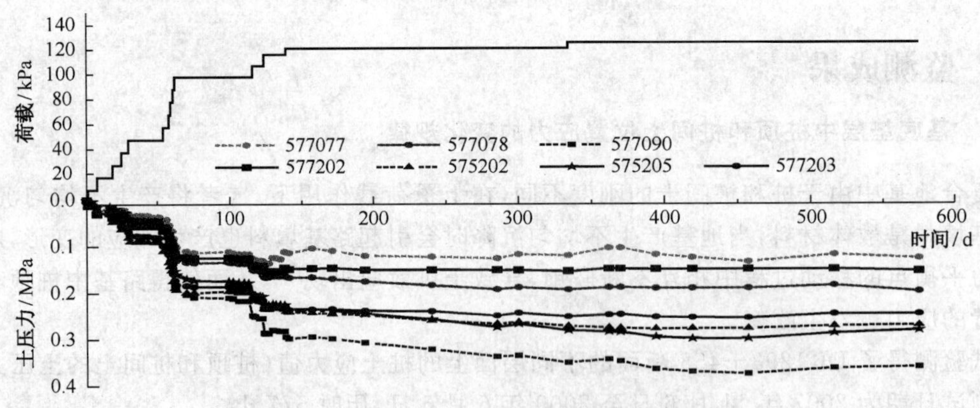

图 7-11　DK1293＋455 断面第一层垫层顶面桩顶土压力曲线图

①前期：开始加载后约 50 d 内，加荷速率较慢(50 d 加载约 50 kPa)。桩顶位置及桩间土位置应力均较小，增长速率较慢，且在起始阶段桩顶位置应力略小于桩间土位置应力，这是因为此时荷载较小，桩间土在施工机械的碾压下被压缩，导致填料厚度较桩顶位置要大，另外由于路堤填筑高度尚不能产生显著的拱效应，使得桩间土位置应力大于桩顶位置应力。随着荷

载的进一步的增加，路基拱效应逐渐增强，路堤荷载通过拱身向桩顶转移，桩顶位置应力开始大于桩间土位置应力，这种趋势随着路堤填筑高度的增加而更加明显。

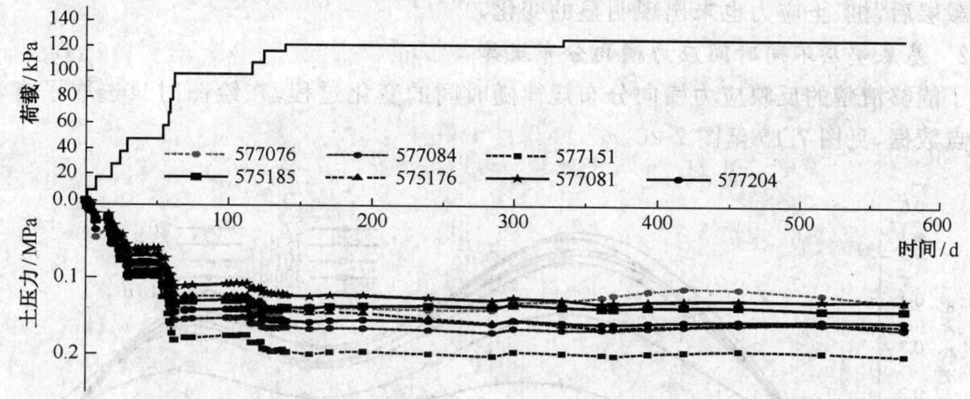

图 7-12　DK1293＋455 断面第一层垫层顶面桩间土土压力曲线图

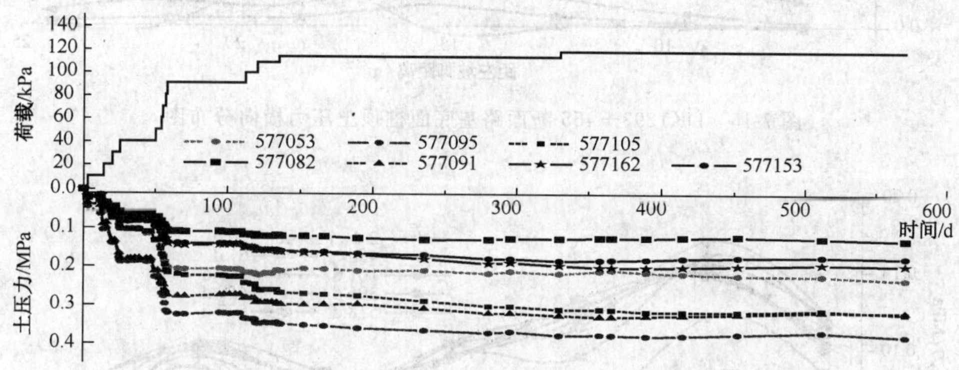

图 7-13　DK1293＋455 断面第二层垫层顶面桩顶土压力曲线图

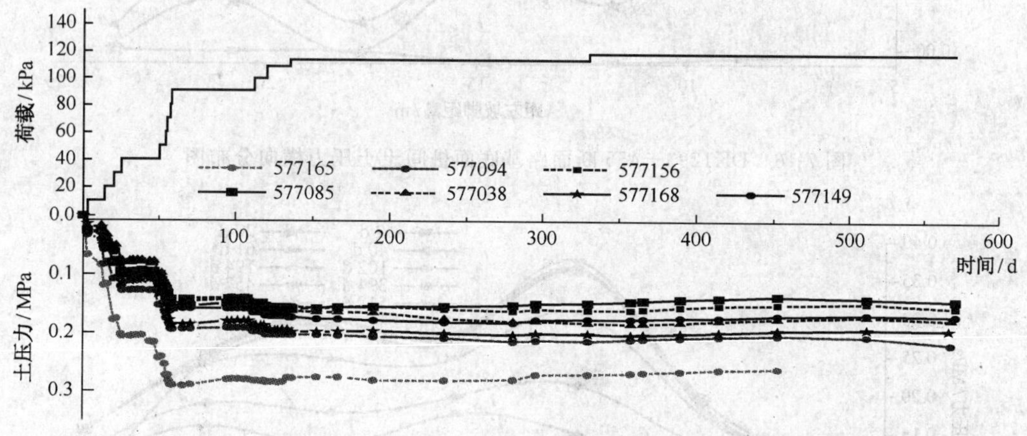

图 7-14　DK1293＋455 断面第二层垫层顶面桩间土土压力曲线图

②中期：荷载由 50 kPa 增加至 110 kPa，加载速率较快。桩顶位置应力增长速率明显大于桩间土位置应力增长速率，这说明随着荷载的进一步增大，桩间土沉降差进一步增大，路基拱效应进一步增强，更多的荷载向桩顶位置转移。

③后期：在较长时间里荷载只增加了约 25 kPa，然后就进入相对恒载期。在此期间，桩顶

位置和桩间土位置应力变化均较小。说明复合地基体系进入了一个相对稳定的平衡状态，也就是说路堤内形成了比较稳定的土拱，随着填筑的结束，土拱不会轻易破坏了，即使在铺设混凝土承载层后，桩、土应力也未出现明显的变化。

7.6.1.2 基底垫层不同时间应力横向分布规律

为了能够清楚的反映应力横向分布规律随时间的变化过程，在绘图时只选取了有代表性的时间点数据，见图 7-15 至图 7-20。

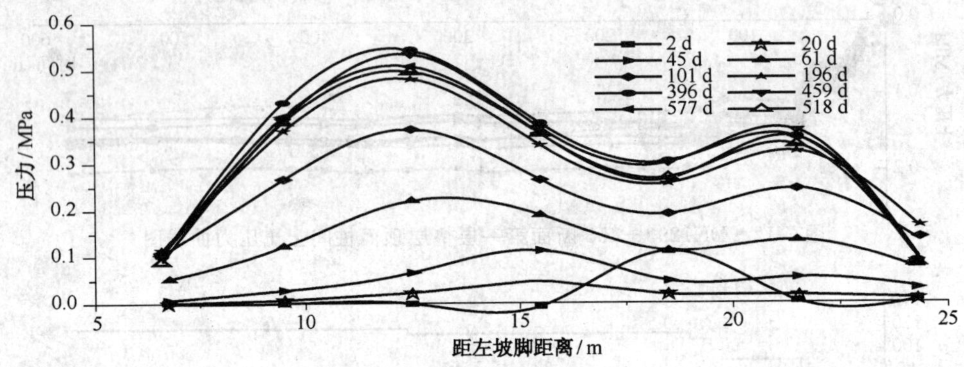

图 7-15　DK1293＋455 断面路基底面桩顶土压力横向分布图

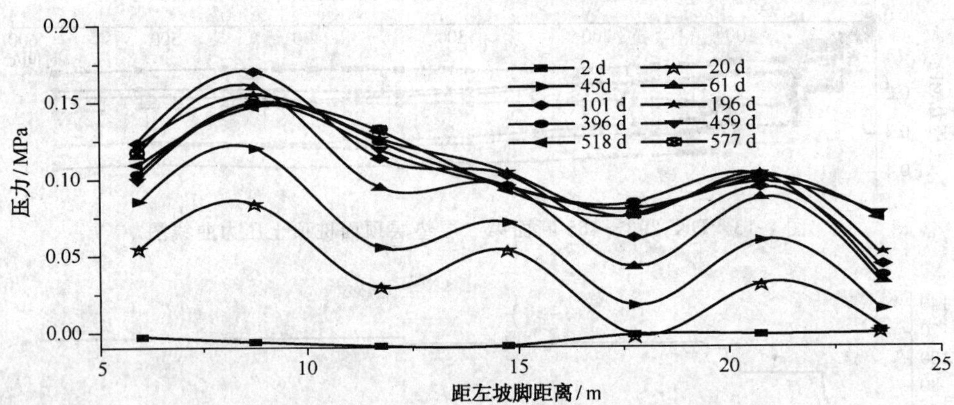

图 7-16　DK1293＋455 断面路基底面桩间土土压力横向分布图

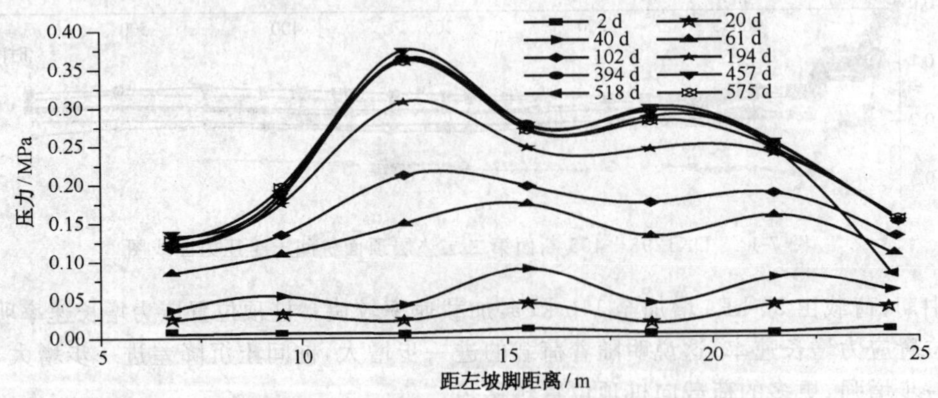

图 7-17　DK1293＋455 断面第一层垫层顶面桩顶土压力横向分布图

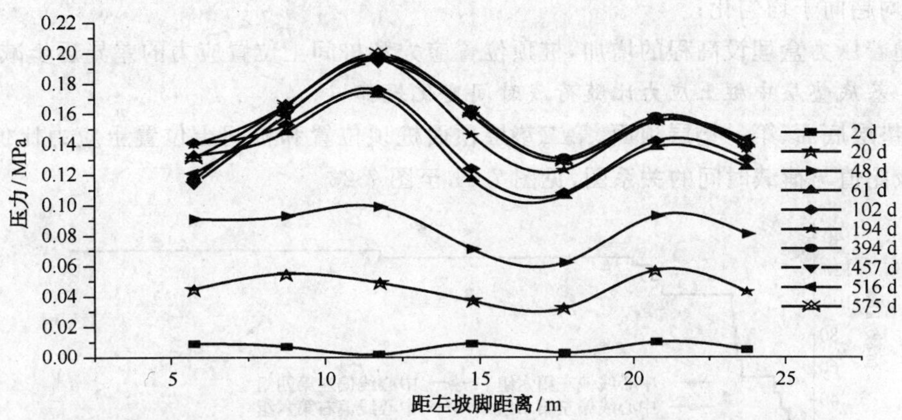

图 7-18 DK1293＋455 断面第一层垫层顶面桩间土土压力横向分布图

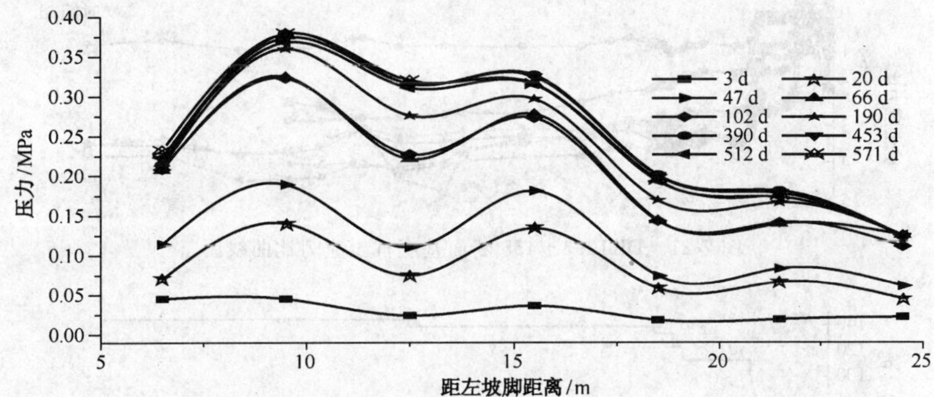

图 7-19 DK1293＋455 断面第二层垫层顶面桩顶土压力横向分布图

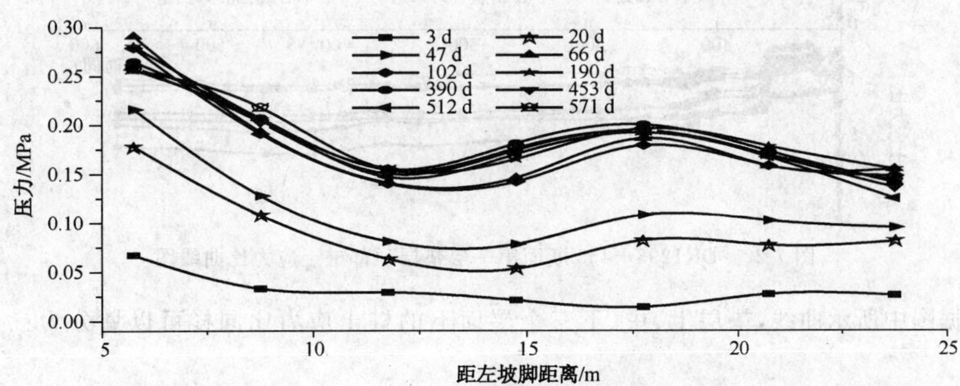

图 7-20 DK1293＋455 断面第二层垫层顶面桩间土土压力横向分布图

观察图可以发现，基底垫层上、中、下三个部位的应力横向分布大致具有如下的分布规律：

(1)土压力的分布大体沿线路中心线对称分布；

(2)桩顶位置应力由中心向两端逐渐减小，桩间土位置应力呈现中心区域和坡脚区域较小，路肩下最大的特点；

(3)随着压力盒埋设高程的增加(由垫层底面到垫层顶面)，无论是桩顶位置还是桩间土位置的应力均趋向于均匀化；

(4)随着压力盒埋设高程的增加，桩顶位置应力和桩间土位置应力的差异逐步减小。

7.6.1.3 基底垫层中桩土应力比随荷载时间变化规律

计算垫层底面、第一垫层顶面、第二垫层顶面桩顶位置和桩间土位置土应力比值，$n=p_n/p_s$，绘制该比值与荷载时间的关系图，见图 7-21 至图 7-23。

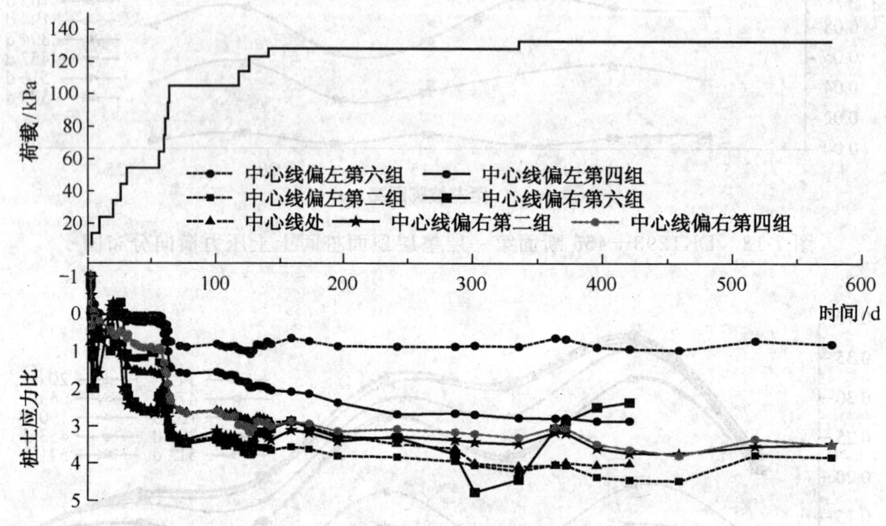

图 7-21　DK1293＋455 断面基底桩土应力比曲线图

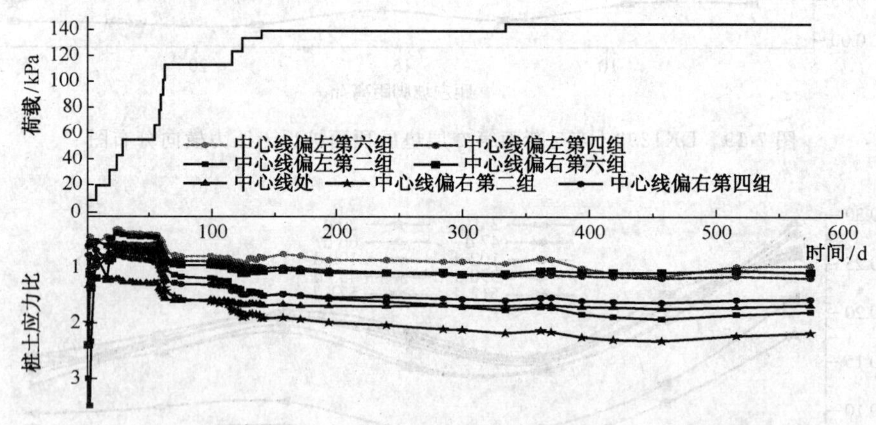

图 7-22　DK1293＋455 断面第一层垫层顶部桩土应力比曲线图

根据图中所示曲线，垫层上、中、下三个层面上的桩土应力比同样可以划分为三个变化阶段：

(1)前期：加载后约 50 d 内，加荷速率较慢(50 d 加载约 50 kPa)。桩土应力比很不稳定，这是因为填筑厚度较小，施工机械对测试数据的影响比较大。不过依然可以看出垫层中各位置的桩土应力比都处于调整并缓慢增长的阶段，垫层三个位置的桩土应力比差别并不大(均在 1 左右)，逐渐呈现出垫层底部＞垫层顶部＞垫层中部的趋势。

(2)中期：荷载由 50 kPa 增加至 110 kPa，加载速率较快。在此阶段，垫层三个位置的桩土应力比都增长较快，其中垫层底部的桩土应力比增长速率呈现出比其他两个位置均大的特点，可以明显看出垫层底部增长速率大于垫层中部大于垫层顶部。垫层底部桩土应力比平均值增长到 2.8，中部和顶部应力比增长到 1.3 和 1.1 左右。

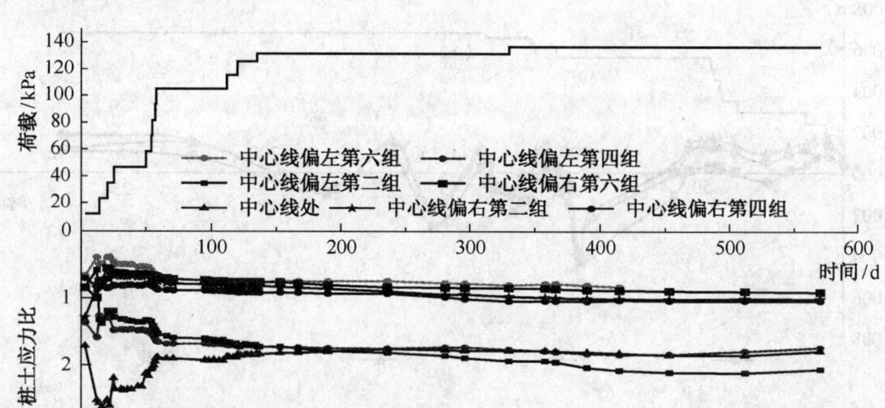

图 7-23　DK1293＋455 断面第二层垫层顶部桩土应力比曲线图

(3)后期：在较长的时间里荷载只增加了约 25 kPa，然后就进入相对恒载期。此阶段垫层各位置桩土应力比增长量都很小，垫层底部、中部和顶部的桩土应力比平均值最后分别稳定在 3.0、1.4 和 1.2 左右，即使在铺设混凝土承载层的时候，对桩土应力比的影响也不是很大，复合地基体系进入相对稳定的平衡状态。

从以上分析发现，土工格栅以上垫层中部和顶部的桩土应力比值比较接近，最终都稳定在 1.3 左右，而位于土工格栅以下垫层底部的桩土应力比在中后期明显大于土工格栅以上位置的桩土应力比，桩土应力比最终稳定在 3.0 左右，是土工格栅以上相应位置桩土应力比的 2 倍左右。这说明在垫层中铺设土工格栅能在一定程度上提高桩土应力比，提高桩的利用率，增加复合地基的承载能力。

7.6.2　加筋垫层中土工格栅变形规律

土工格栅可有效控制路基不均匀沉降，武广高速铁路路基褥垫层采用的是级配碎石，在垫层中部铺设一层土工格栅。为了研究土工格栅在碎石垫层中的变形规律，分别在格栅上安装电阻应变片和柔性位移计实时监测其变形情况。

7.6.2.1　电阻应变片测试

利用电阻应变片测得了 DK1293＋455 断面的土工格栅应变值(桩顶和桩间土位置的应变片读数)，测试日期为 2007 年 11 月 24 日至 2008 年 8 月 19 日，历时 269 d。根据数据绘出土工格栅应变值随时间、荷载变化曲线，见图 7-24。

从图 7-24 中很难看出应变有何规律，说明对于土工格栅这种非线性材料，采用电阻应变片测试其变形是不合适的，得到的结果往往不稳定。

7.6.2.2　柔性位移计测试

利用柔性位移计测得了 DK1293＋455 断面的土工格栅应变值(桩顶和桩间土位置的柔性位移计读数)，测试日期为 2007 年 11 月 8 日至 2009 年 6 月 5 日，历时 575 d。根据数据绘出桩顶及桩间土位置土工格栅应变值随时间、荷载变化曲线图和土工格栅应变横向分布曲线。

为了绘图及分析问题方便，需要对柔性位移计进行编号，具体编号规则如下：l—代表中心线左侧；r—代表中心线右侧；c—代表中心线位置；d—代表桩顶；j—代表桩间土，如中心线偏左第四根桩顶柔性位移计记为 ld4＃，线路中心桩间土柔性位移计为 cj0。

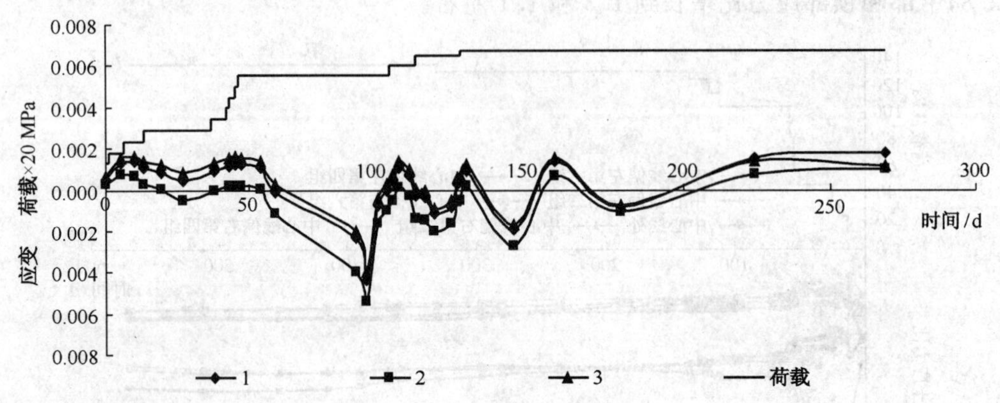

图 7-24 DK1293＋455 断面垫层内土工格栅应变曲线图

说明：应变片 1、2、3 分别位于右线中心桩顶、右线中心桩间土、中心线桩顶的土工格栅上

7.6.2.3 桩顶位置格栅随荷载时间变化规律

从图 7-25、图 7-26 可知，桩顶土工格栅的变形规律大概可以分为三类：第一类为线路中心区域，由 cd0、ld2＃和 rd2＃测点的变形规律为代表。加荷初期，荷载从 0 增加到 19.6 kPa，用时 7 d，平均加荷速率为 2.8 kPa/d，土工格栅的变形量随荷载增加而迅速增加，此阶段的变形量约为最大变形量的 70％，增长过程中曲线略有波动；之后荷载进一步增加，但土工格栅的变形量增长速度相比之前有所放缓，在荷载达到 123.18 kPa 时，变形量达到最大值，此阶段荷载增量为 103.58 kPa，用时 99 d，完成了路基的大部分填筑工作，平均加荷速率为 1.05 kPa/d；第三阶段为第 117～362 d 之间，该阶段荷载增加 21.46 kPa，用时 245 d，平均加荷速率为 0.09 kPa/d，该阶段格栅变形量并未随上覆荷载的增加而增大，相反逐渐变小；第四阶段为第 362 d 以后，从图中不难发现，曲线虽有轻微波动，但整体上趋于稳定。

第二类为坡脚压缩区域，以 ld6＃和 rd6＃测点为代表。格栅变形量始终保持负值，也即柔性位移计从一开始就受压。其变形曲线开始时略有增大，之后持续减小，相比其他曲线，该部分曲线波动性较大且始终未趋于稳定。

第三类为过渡区域，以处于路肩下的 ld4＃和 rd4＃测点为代表。该部分格栅变形量起始随荷载的增加缓慢增加，处于受拉状态，至 117 d 时达到最大值，随后持续减小，变形量转为负值，也即柔性位移计被压缩，于第 362 d 达到最大压缩量，并趋于稳定。

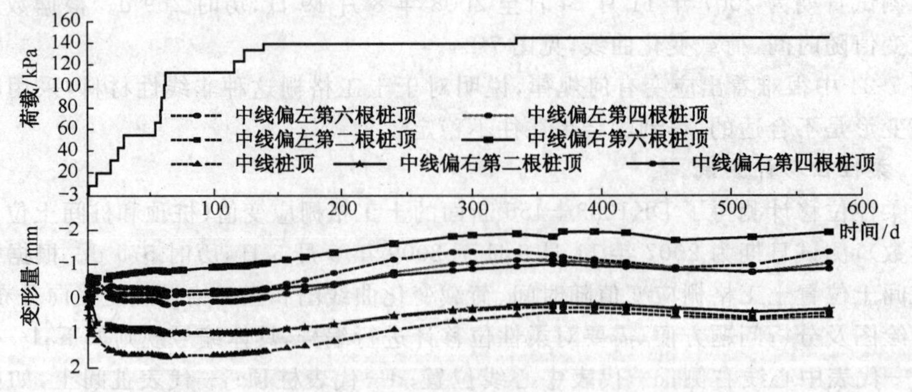

图 7-25 DK1293＋455 断面桩顶格栅变形量—时间关系图

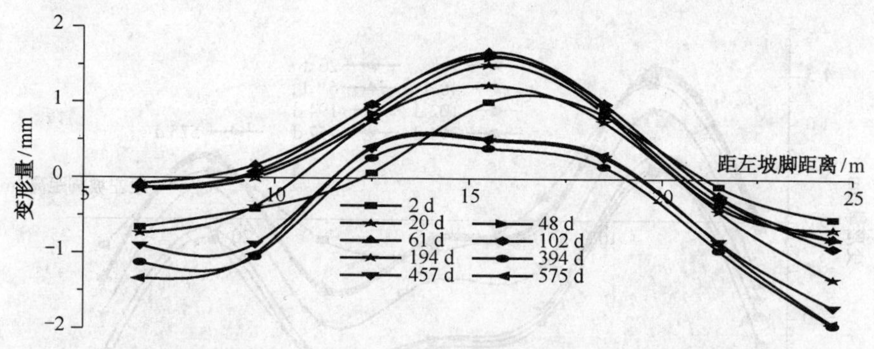

图 7-26　DK1293＋455 断面桩顶土工格栅横向应变分布图

7.6.2.4　桩间土位置格栅随荷载时间变化规律

观察图 7-27 和图 7-28，桩间土土工格栅的变形规律也可分为三类：第一类为中心受压区域，以 cj0、lj2＃和 rj2＃测点为代表；其变形规律类似于路基中心区域桩顶格栅的变形规律；第二类为路肩下过渡区域，以 lj4＃和 rj4＃为代表；第三类为坡脚受压区域。基本规律为所有曲线在第一级荷载施加后土工格栅产生一较大压缩变形，之后上覆荷载不断增大，但压缩变形量变化不大，在路基基本修筑完成后土工格栅的变形进入调整期，随着时间的增长，压缩量不断增大，修筑轨道板及上部结构后其压缩变形量略微减小，但之后再次增大，铺轨后 241 d，过渡区域格栅变形区域稳定，中心区域和坡脚区域仍未稳定。

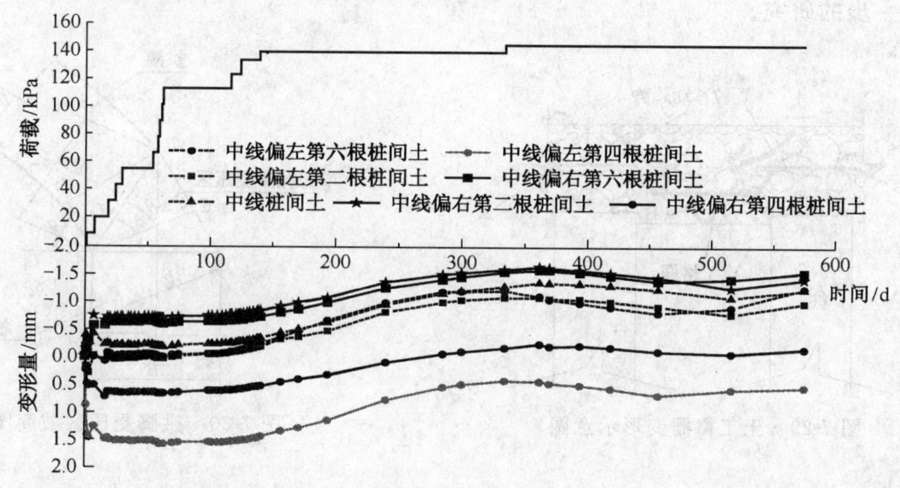

图 7-27　DK1293＋455 桩间土格栅变形量—荷载—时间关系图

7.6.2.5　路基中心区域土工格栅变形机理

(1)路基填筑初期阶段

桩、土刚度相差较大，在施加荷载后，二者出现沉降差，使得桩顶及桩间土交界附近的格栅 *AB* 段(见图 7-29)受拉，固定于桩顶的柔性位移计产生正的拉应变；为了保持表层的平整，施工机械反复碾压填料表面，迫使填料向产生沉降大的桩间土方向移动，桩间填料受到挤压密实，柔性位移计固定于土工格栅上，位于桩间土中心位置，受到压缩作用，测值为负。加荷初期，土体处于弹性变形阶段，产生瞬时沉降，变形速度快，所以图 7-25 和图 7-27 各曲线其压实阶段的变化率均大于其余阶段。

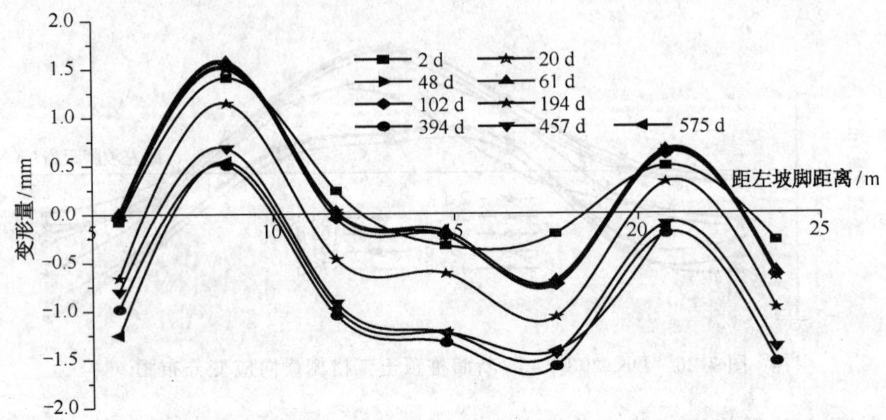

图 7-28　DK1293＋455 桩间土土工格栅横向变形分布图

(2)路基填筑基本完成阶段

随着路基填筑高度的不断增加，作用在地基上的荷载也不断增大，桩土沉降差进一步增大，路基填料中的颗粒在向受力平衡点的移动过程中相互不断嵌锁，导致土拱效应出现[4]，随着路基填筑高度的增加，这种拱效应不断增强。成排设置的桩基，在桩与桩之间会形成连续拱，相邻土拱在桩顶上方形成一个受压区域，有学者认为该区域为三角形[5]~[7]，如图 7-30 所示，但对于多排桩加固地基，排与排之间距离较小时，桩顶受压区域处于空间受压，其具体形状仍需要进一步的研究。

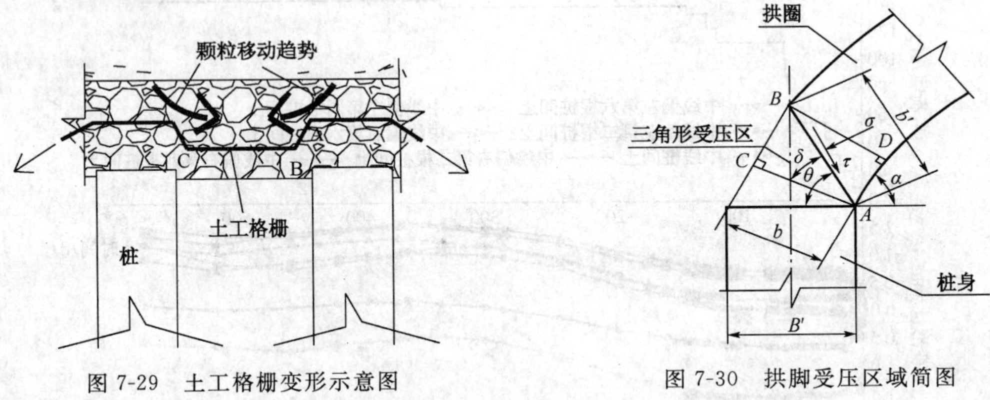

图 7-29　土工格栅变形示意图　　　图 7-30　拱脚受压区域简图

测量桩顶土拱格栅变形的柔性位移计布置在桩顶中心，荷载施加初期，由于桩土沉降差的原因使桩顶位置格栅受拉，随着填筑高度的增加，路基中土拱效应不断增强，上覆荷载通过拱身不断向拱脚处传递，使得拱脚受压区域在周围压力作用下不断密实，埋设于该区域的柔性位移计同样受到压缩作用，变形量减小，随着路基填筑完成，路基中拱效应趋于稳定，拱脚受压区域压力也趋于稳定，柔性位移计的测值也不再变化，反映在变形曲线上就是其从最大值逐渐减小至一稳定值。

土体或路基碎石填料均属于散体材料，土拱效应的发挥需要颗粒间的牢固嵌锁咬合，当桩土沉降差异尚未达到或超过某一临界值时，拱上颗粒间的位置不能得到充分调整，这种嵌锁咬合作用也不能充分发挥，此时拱下填料必然受上部填料影响。由于桩间土中心位置与桩体沉降差最大，所以此处填料颗粒位移不均一性最大，最先出现颗粒间的嵌锁作用，出现“局部非稳定性拱效应”，这种作用向两侧不断发展直至桩顶，形成拱体。土工格栅为柔性材料，理想情况下，当其下填料发生不均匀沉降时，格栅各个位置应受拉，但从图 7-27 知道实际情况并非如此。上部荷载在拱效应下会发生应力偏移，偏移应力会沿着拱轴线切线方向对称的向拱内和拱外扩散，向外扩散部分应力引起拱身截面不断增大，向内扩散部分除增大拱身截面外，还会对拱内填料施加一个压应力 σ，其大小从拱顶至拱脚逐渐增大，拱内填料在压应力作用下会被挤压密实，埋设于桩间土中心位置的柔性位移计必然也会受到压缩作用，这就是随着地基沉降的增加，其压缩变形不减小反而增大的原因。

根据以上分析，拱效应下桩间土和桩顶均存在压缩区域，处于该区域的填料在起始阶段被进一步压密，填料运动时会给加筋体格栅相应的作用力，从而使过渡区域格栅（图 7-29 中 AB 所示）承受的拉力不断增大，所以水平加筋体格栅最容易在该过渡区域受拉破坏。

从图 7-28 变形曲线知道，大部分曲线的稳定值为负值，即桩间土中部测量土工格栅的柔性位移计处于受压状态，格栅的“拉膜效应”[8]并未出现，本线垫层为级配碎石，碎石间相互嵌锁作用较强，外力作用下颗粒要翻越相邻颗粒进行变形调整相比砂砾要困难得多，随着地基沉降差的发展，桩土过渡区域的土工格栅极有可能首先发生拉伸破坏，而桩间土中心位置格栅仍处于压缩状态，格栅变形为图 7-29 所示“平底锅形”而非弧形，以后的研究中有必要针对垫层填料的种类、级配和物理力学性质进行对比研究，深入分析桩基上水平加筋体的破坏形态，对工程的质量和安全性控制有着重要意义。

7.6.2.6 路肩下过渡区域土工格栅变形机理

该区域一侧为路基边坡，另一侧为路基中心区域，空间结构不对称，这使得一方面路基中拱效应中一侧拱脚约束力不够，需要通过颗粒的较大大侧向位移来提供约束力；另一方面路基内部水平推力得不到平衡，导致路基有向坡外方向移动的趋势，在上述两方面因素的作用下，过渡区柔性位移计产生较大压缩变形变化量 ΔS（见表 7-10 和表 7-11），变形过程较为复杂。

表 7-10 桩顶柔性位移计压缩变化量

位移计编号	ld4＃	ld2＃	cd0＃	rd2＃	rd4＃
压缩变化量 ΔS/mm	1.29	0.57	1.16	0.69	1.09

表 7-11 桩间土柔性位移计测值总压缩变化量

位移计编号	lj4＃	lj2＃	cj0＃	rj2＃	rj4＃
压缩变化量 ΔS/mm	1.04	1.27	1.23	1.42	0.87

表 7-10 中显示路基中心桩顶柔性位移计的压缩变化量也较大，与过渡区域桩顶柔性位移计压缩变化量相当，但二者产生的内在机理不同。

7.6.2.7 路基坡脚受压区域土工格栅变形机理

该区域上覆荷载小，桩间土沉降也小，格栅下垫层的蠕动基本可以消除桩土沉降差对格栅变形的影响，但是路基中水平推力相对过渡区域更大，使得填料向两侧运动的趋势更强，所以柔性位移计从一开始就受压，并随着路基填筑高度的增大而增大。

7.6.3 桩间土变形特性研究

通过单点沉降计试验测得 DK1293＋455、DK1293＋560、DK1294＋065 三个断面的桩土变形值，测试日期为 2007 年 10 月 21 日至 2009 年 4 月 7 日，共 515 天。

7.6.3.1 未加固红黏土地基固结变形特性

(1)试验监测曲线

由图 7-31 可以知道，三个监测点的单点沉降计测试曲线呈现相似的变化规律，在连续加载期间（0～25 d），均随着上部荷载的增加而增大，上部荷载停止加载后，各监测点地基的变形量也基本达到该阶段的最大值；随后进入长时间的施工间歇期（25～318 d)，期间进行了一次填筑过程，但荷载增加不大，观察曲线发现在此期间，地基的变形进行了内部调整。其中 25～135 d之间，地基开始回弹并最终达到最小值，此后三条曲线以近似等间距的形式开始逐渐增大，直到 315 d时基本达到最大值并趋于稳定；随后，上部荷载再次开始增加，进行了两次填筑过程，测试曲线重复出现前一过程，即随着上部荷载增加，地基变形量增加，由于荷载增量相对较小（只有约 11 kPa)，因此地基的增量也较小，随后在停止加载后地基又出现轻微回弹，最终再次趋于稳定。

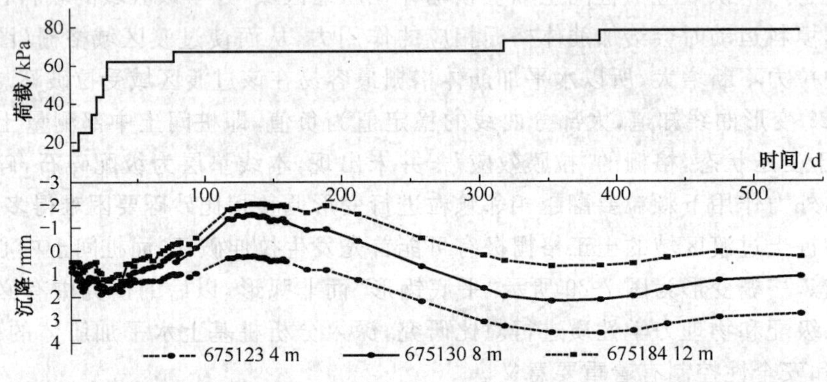

图 7-31　DK1294＋060 断面单点沉降计读数变化曲线图

分析观察数据发现，加载初期，0～8 m 地基的沉降量大于 0～4 m 的沉降量，而 0～12 m 的沉降量最小；随后地基开始内部变形调整，0～4 m 的变形量成为最大值，0～8 m 其次，而 0～12 m 的沉降量最小，这一现象与通常情况下地基变形量随着层厚的增加而增大的变化规律相反。为了进一步分析不同土层的变形规律，绘制分层沉降变化曲线图，见图 7-32。

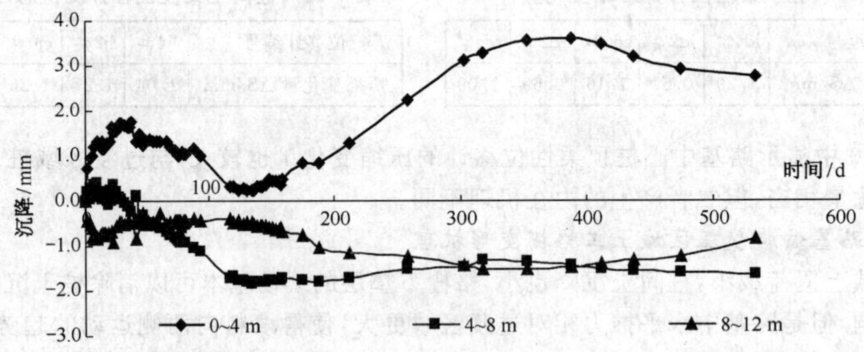

图 7-32　DK1294＋060 断面分层沉降量变化曲线图

由图 7-32 可以看出，0～4 m 的范围内的土体变形测量值始终大于 0，但曲线起伏变化较大，与通常情况下土层压缩量随荷载变化的变形规律有较大差异，该层土体的压缩变形在荷载施加阶段随荷载的增加而增大，随后在停止施加荷载后，土体的压缩变形不是进一步增长而是出现了较大的回弹，达到最小值时，再次开始缓慢增加，并在一定时间之后逐渐趋于稳定；基底以下 4～8 m 范围内的土体在加载初期完成少许压缩变形后，开始持续回弹，并延续到加载结束后一段时间才保持稳定；8～12 m 范围内土体在加载初期就开始回弹，经过较长时间的调整后仍然不能稳定。从中可以看出红黏土地基的沉降变化很复杂，不同深度的土层有着不同的变形规律，针对这种复杂的变形特性，课题组在该监测断面附近钻孔取样，对不同深度的红黏土分别进行了压缩固结试验、膨胀力试验及自由膨胀率试验。

(2)红黏土的固结特性

取深度为 3 m、9 m、16.3 m 三个点的试样进行固结试验，并绘制 e-p 关系曲线，见图7-33。从图中知道，不同深度处红黏土的压缩曲线基本呈光滑曲线，没有突变点，说明红黏土在所施加压力作用下，没有产生明显的破坏；当荷载压力小时，孔隙比变化不大，土体的压缩性较小，当压力增大时，土体产生的压缩量增大，而且随深度的增加，曲线越陡，说明红黏土随深度的增加，压缩性增大。从原状土的回弹曲线分析，9 m 深处试样的回滞环最大，3 m 处的次之，16.3 m处的最小，其中 16.3 m 处的回滞环接近为一条直线，说明中间土层的黏滞阻尼较大，上下层的黏滞阻尼较小，在荷载作用下上下层土体能够快速完成变形，而中间土层的变形带有黏弹性，变形完成的时间相对较长；卸载—再压缩段的斜率大小与回滞环大小分布相同，说明土层的弹性随深度也有类似变化，即中间层土体的回弹性大，上部与下部的回弹性较小，且上部回弹性又大于下部的回弹性。

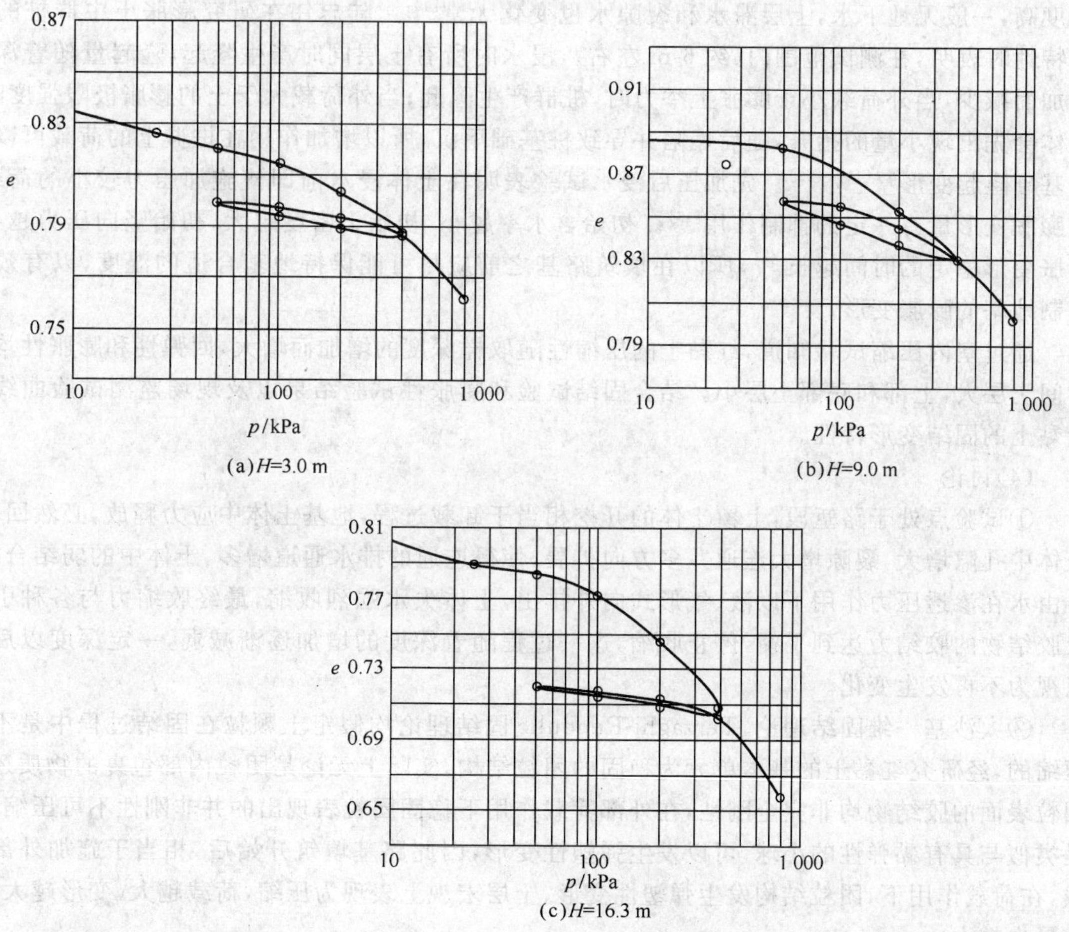

图 7-33　红黏土不同深度 e-p 曲线

(3)红黏土的膨胀性

根据试验结果，该监测点红黏土的自由膨胀率均值为 34.48%，液限 49.27%，如果按照铁路系统提出的膨胀土初判临界判别值，即自由膨胀率 $F_s \geqslant 30\%$，液限 $w_L \geqslant 40\%$，则红黏土属于膨胀土范围;按照建设部正式提出的判别要求[9],红黏土又不属于膨胀土,但其膨胀性接近于膨胀土,膨胀性不可忽视。

图 7-34 为膨胀力随深度变化的关系图,从图中可以知道,红黏土的膨胀力随深度变化可分为两个阶段,起初膨胀力随深度的增加而增大,当深度达到 5.1 m 左右时膨胀力出现最大值 54.7 kPa,随后随着深度的增加,膨胀力逐渐减小。膨胀力的这一变化规律与固结压缩试验测得的红黏土回弹性随深度变化的规律一至。

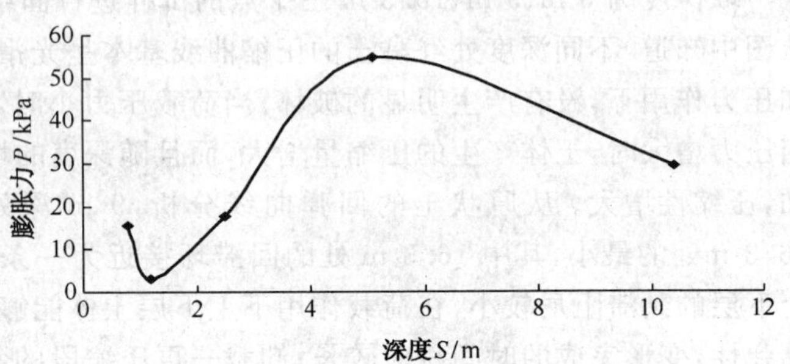

图 7-34 红黏土膨胀力与深度关系曲线

研究表明膨胀土是一种吸水膨胀、失水收缩,具有反复胀缩变形的特殊土,土体多呈硬塑和坚硬状态,强度高,一般无地下水,上层滞水和裂隙水也变化无常[10]。陆忠伟在研究膨胀土中群桩的工作特性时表明,在测试范围内(约 6 m 左右),浸水时所有土层同时产生隆起,隆起量随着深度增加而减少,当外荷载小于膨胀上举力时,桩群产生隆起;当外荷载大于土的膨胀极限强度时,桩体会先出现小量的抬升,随后塌陷并导致桩基础下沉,所以增加作用在桩群上的荷载可以减少基础隆起变形量[11]~[12]。先加压后浸水试验表明在土体浸水前即使施加压力较小的荷载,对膨胀变形量有一定的抑制作用[13]。初始含水率越小,初始干密度越大,初始竖向压力越小,膨胀变形稳定的时间越长[14],所以在填筑路基之前应尽可能保持地基合适的湿度,以有效地抑制地基的膨胀变形。

通过室内压缩试验知道,红黏土的压缩性随取样深度的增加而增大,回弹性和膨胀性均为中间土层大,上部和底部土层小。结合固结试验和膨胀性试验结果以及现场监测试验曲线讨论黏土的固结变形特性。

(4)讨论

①试验点处于路堑段,上覆土体的开挖相当于卸载过程,地基土体中应力释放,必然回弹,土体中孔隙增大,裂隙增大连通并多方向扩展,使得连通的排水通道增多,土体中的弱结合水、自由水在渗透压力作用下以液、气形式向外排出,土体失水强烈收缩,最终收缩力与各种引力及胶结物的胶结力达到平衡,停止收缩,这一过程随着深度的增加逐渐减弱,一定深度以后可以视为不再发生变化。

②太沙基一维固结理论、Terzaghi-Rendulic 固结理论均假定土颗粒在固结过程中是不可压缩的,经研究红黏土的基本单元为稳固的团粒结构,实际上无论是团粒内部包裹的物质还是团粒表面的胶结物均非完全刚性,在外部荷载作用下稳固团粒表现出的并非刚性不可压缩,而是类似与具有黏弹性的小球,可以发生弹塑性变形,因此路基填筑开始后,相当于施加外部荷载,在荷载作用下,团粒结构发生弹塑性变形,土层宏观上表现为压缩,荷载越大,变形越大,压缩量也越大。

③刚开始荷载较小,影响深度较小,表层土体在荷载作用下内部平衡力被打破,土体发生压缩变形,随着荷载的增大,影响深度进一步加大,更深处的土被压缩,已被压缩的土体压缩变形进一步增大,宏观上表现为整个压缩量随着荷载的增大而增大。

④当路堤填筑基本完成时,施工进入长时间的停止期,这期间,地基土体变形开始了内部

调整。由于路基的填筑，土体表面被掩埋，加之填筑厚度、密实度均较大，地基土体中的水汽、自由水排出受阻，上部土体的湿度将会增加。上部土体水分主要来源于三个方面：(a)由于红黏土细粒含量较多，粒间空隙较小，毛细吸力较大，在毛细作用下，下部的自由水较迅速上升；(b)路堑两边边坡内部的水在渗透压力作用下不断向地基中渗流汇集；(c)荷载作用下，孔隙水压力升高，在压力差作用下孔隙水向上迁移，从而导致上部含水率逐渐增大，研究表明含水率是影响土体膨胀的根本原因[15]，因为含水率变化则土中结合水膜厚度会发生变化，引起土粒间联结力的减弱或增强，从而导致土体积的膨胀或缩小[16]。由于红黏土具有膨胀性，因此上部土体随着含水率的增加，土体开始膨胀，并由下向上发展，在上部荷载的阻碍下，膨胀力不断累积增大，12 m 处监测数据表明沉降出现负值，也即地表克服上部荷载向上移动，随着上部土体中含水率的不断增大，容重增加，下部土体承受的压力也不断增大，当上部土压力和附加应力之和大于下部土体的膨胀力时，下部土体开始出现塌陷，随着时间的增加，这一作用由下向上不断发展，直到某一平衡点而停止，这就是三条监测曲线在路基填筑停止以后，开始回弹之后又缓慢增大的原因。

⑤红黏土的土质除底层外均处于坚硬～硬塑状态，含水率、饱和度均很高，按照规范规定其属于饱和土，但又不同于其他土体或砂土的饱和，该状态下红黏土中的自由水很少，大部分以结合水的形式存在，这些结合水被团粒在分子引力作用下牢固的保持在其表面，很难通过外部施加的机械力将其完全排除，同时这些水对膨胀也有较大的影响，这是存在残余膨胀的原因[17]，观察可发现，地基变形在压缩—回弹—再压缩循环之后又有一次轻微的回弹—再压缩，认为该现象是由残余膨胀所引起。

⑥单点沉降计锚固端位于 4 m、8 m 处，均处于土体中，虽然对锚固端采取了一些措施限制其移动，但实际上还是会随整个土层的变形而移动，对监测结果会有一些影响，建议今后采用其他锚固措施。

在红黏土地基上修筑受变形控制的建筑物时，必须考虑到红黏土的膨胀性所产生的影响，根据前面分析，地基含水率升高导致地基膨胀，地表上升，所以修建在红黏土地基上的高速铁路路基或其他建筑物必须有足够的换填高度或重量，以抵制地基的膨胀压力；做好地基周边的防渗工作，尽量避免周围环境中的水进入地基；科学的控制施工时间，一般在修筑上部结构前应放置足够长的时间，使地基土体内部应力或变形能够充分调整完成，从而减少工后变形，减轻对建筑物的损坏。

7.6.3.2 CFG 桩加固区桩间土固结变形特性

观察变形曲线图不难发现，CFG 桩加固区桩间土的沉降变形与未加固区地基的变形规律既有相同的处也有不同的处，相同处是浅层土体的变形量大于深层土体的变形量，这也是红黏土这种区域性土体的变形特性；不同处是上覆荷载较小时，未加固断面红黏土在路基填筑开始后第 25 d 地基土体变形开始出现回弹—再压缩的复杂变形过程，但加固区土体的这一变形过程持续时间短且不明显(图 7-35)，随着荷载的增大(图 7-36)，地基不再出现这一过程。

内在机理：

(1)随着路基填土高度的增加，桩土沉降差增大，路基中拱效应开始显现，将部分路基荷载转移至桩顶，再通过桩身传至中下层土体，使得地基中下层同一深度处 CFG 桩加固区的附加应力大于未加固区，由前文分析知道引起土体回弹—再压缩这一过程的内因主要是中层土体的膨胀性和下层土体的强压缩性，桩体传下来的应力可有效的抑制中层土体的膨胀变形，同时也增加了中下层土体的压缩变形，这就是为什么加固区土体的回弹—再压缩变形过程持续时间短且不明显的，但土体的压缩量显著增大的原因。

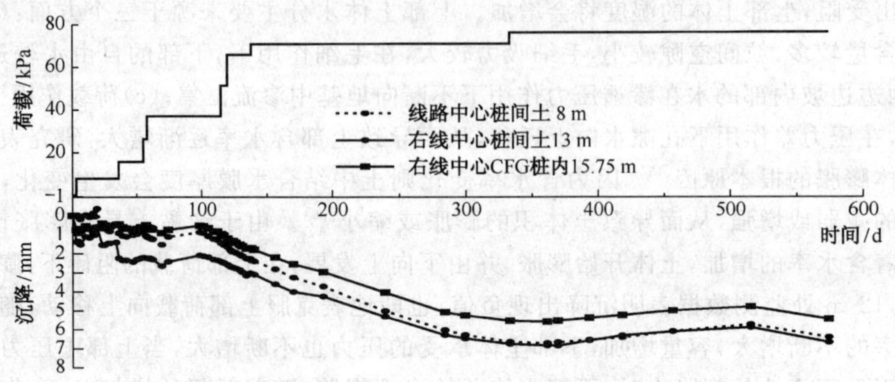

图 7-35　DK1293＋560 断面单点沉降计读数变化曲线图

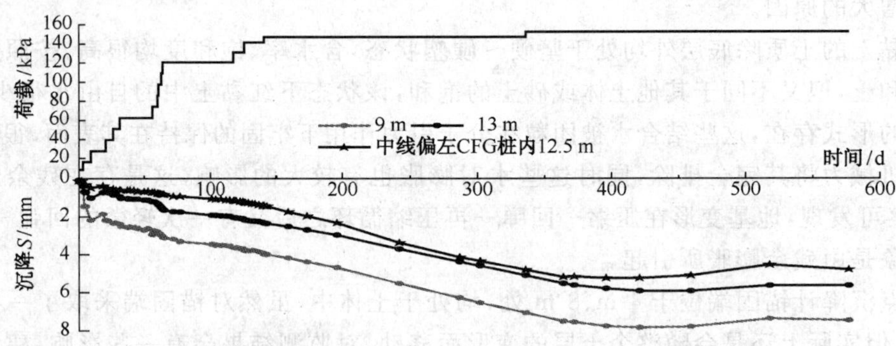

图 7-36　DK1293＋455 断面 CFG 桩加固区线路中线单点沉降计读数变化曲线图

(2)当上覆荷载大于某一值时，桩体传至中下层的附加应力等于或大于红黏土的膨胀压力，地基土体将不再出现回弹—再压缩变形过程，由于下层红黏土一般处于软～流塑状态，孔隙中自由水较多，上覆荷载增大时其超孔隙水压力也增大，超孔隙水压力的消散和迁移会对地基土体的后期变形影响较大，使得地基变形稳定所需要的时间可能更长。

实际工程中应根据地质钻探结果，结合室内试验以及工程对地基的要求等，确定是否需要进行桩体加固，加固后需要放置的时间等。

此试验设置的单点沉降计较少，只能大体上看出红黏土地基的沉降变形特性，并不能区分出具体的压缩层和回弹层，建议以后的研究工作中沿土层厚度多布置观测元件，或者布设能测试分层沉降的元件进行测试，以便准确地掌握红黏土地基的变形规律。

另外，结合桩土变形和 CFG 桩桩身变形数据可以看出，加载初期 CFG 桩承担的荷载并不大，只有桩上部出现压缩变形，下部则受拉，而随着荷载的增大和时间的推移，CFG 桩承担的荷载逐渐变大，桩身的压缩区就越来越大。

7.6.4　红黏土复合地基中 CFG 桩桩体变形特性

在路基 DK1293＋455 断面中心的同一根 CFG 桩上，距基底 2、4、6、8 m 处埋设 4 个混凝土应变计，在附近另一根桩距基底 2 m 处埋设了 1 个混凝土应变计，以测试 CFG 桩的桩身应变。测试日期为 2007 年 11 月 3 日至 2009 年 6 月 5 日，历时 580 d。图 7-37 为桩身应变—时间—荷载变化曲线。

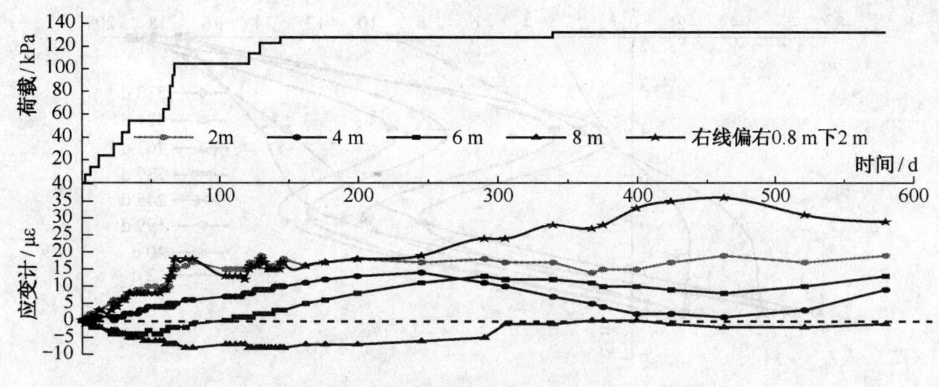

图 7-37 CFG 桩应变—荷载—时间关系曲线

7.6.4.1 不同深度处桩体变形随荷载时间的变形规律

规定桩体受压为正，受拉为负，图 7-37 给出了 CFG 桩不同深度处变形随荷载和时间变化曲线，各曲线之间存在较大差异，说明红黏土地基中桩体变形规律较复杂。

(1)距桩顶 2 m 处。随着上覆荷载的增加，该桩身压缩量同步增加，施工进行到第 146 d 时，路基本体填筑已经基本完成，桩身的压缩变形也基本趋于稳定，但参考桩同深度处变形在短暂的稳定后又开始持续增大，第 462 d 时达到最大压缩量，随后又出现少量回弹。桩身稳定变形呈现出从路肩两侧向线路中心逐渐增大的趋势。

(2)桩顶下 4 m 处。路基修筑期间，桩身压缩量随着荷载的增加而增大，但相对上部 2 m 处同期变形较小，第 146 d 时桩身的压缩变形达到最大值，随后较长时间上部荷载基本没有变化，但桩身变形并非像 2 m 处趋于稳定，而是发生回弹，压缩变形随着时间的增加逐渐减小，直至第 462 d 时达到最小值，随后又开始逐渐增大，始终未趋于稳定。

(3)桩顶下 6 m 处。起始阶段，桩身随上覆荷载的增加不是受压反而受拉，并随着荷载的增大，拉应变逐渐增大，上覆荷载达到 35 kPa 时拉应变达到最大值，之后荷载进一步增大，桩身拉应变逐渐减小，并开始受压，第 146 d 时压缩变形达到最大值，随后出现轻微回弹—再压缩变形过程。

(4)桩顶下 8 m 处。观察曲线，桩身应变在整个变化过程中均为负值，也即该断面附近桩体始终处于受拉状态。在路基填筑期间，拉应变随着荷载的增大同步增大，上覆荷载停止施加后拉应变开始逐渐减小，最终稳定值略小于 0。

7.6.4.2 CFG 桩变形沿桩身分布规律

为了研究桩身变形在竖直方向上随时间变化的分布规律，从监测数据中选取有代表性时间点的数据绘制 ε-S-t 关系图(见图 7-38)。

观察第 12 d、40 d 应变分布曲线，二者分布规律相似，距桩顶 4.7 m 范围内压应变沿深度线性减小；4.7～5.8 m 范围内桩体处于受拉状态，拉应变线性增大；4.7 m 处应变为零，定义为应变零点；5.8 m 以下拉应变增长速率迅速降低，至 6 m 时基本保持不变。

随着荷载的增大，桩体各点应变相对增大，桩身应变分布规律也发生改变，第 140 d 曲线显示，此时桩身压应变呈曲线递减，不同于荷载较小时的线性递减规律。应变零点下移到 6.6 m左右，零点下方桩体拉应变随深度的增加线性增加。

第 140 d 至 245 d 之间，荷载只增加了 5.83 kPa，但变形曲线却发生了明显改变，339 d 及以后曲线变为"S"形。说明在此期间土体内部变形进行了较大的调整。

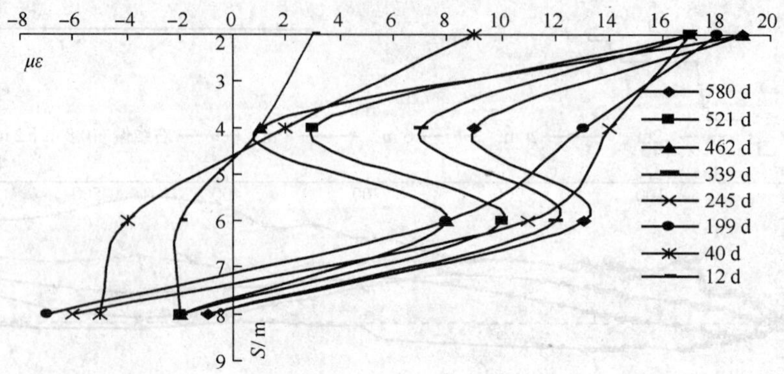

图 7-38 不同时间 CFG 桩变形沿桩身分布图

该工点 CFG 桩均为嵌岩桩，在路基荷载作用下桩端可能受压或不受力，而监测结果显示 8 m 处桩体受拉，所以在桩端至 8 m 之间必定还存在一应变零点，也就是说，对于红黏土这种区域性土体中的桩，桩身受力较为复杂，桩身可能存在两个应变零点。

7.6.4.3 应变零点随上覆荷载的变化规律

应变零点上下桩身的受力状态不同，研究应变零点随上覆荷载的变化规律具有重要的工程实际意义。根据现场监测数据，求得各级荷载下的应变零点至桩顶的距离 S(这里暂且不考虑拱效应引起的桩土应力重分配)，计算其相对值 $\eta = S/L_0$，绘制 η 与 P 关系图，见图 7-39。

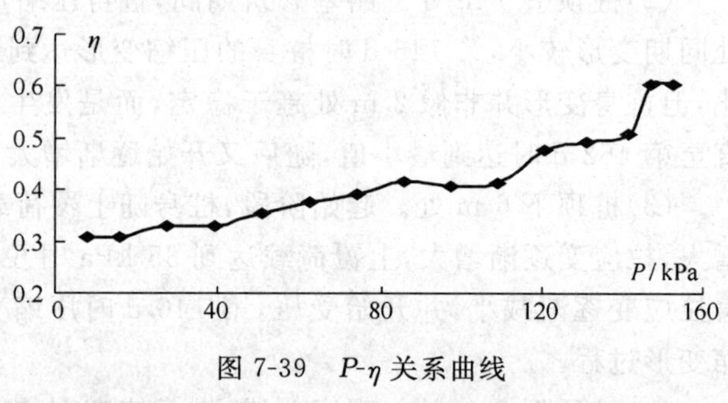

图 7-39 P-η 关系曲线

从图 7-39 可知，上覆荷载增大，应变零点位置沿桩身下移。当 $P<97.48$ kPa 时二者基本呈线性关系；当 $P\geqslant 97.48$ kPa 时二者基本仍为线性关系，但增长速率相对前一阶段明显增大，且数据点波动较大，可能是施工间隔时间长短不一引起的。观察第一阶段，按照曲线的发展趋势，当上覆荷载为零时，初始应变零点也不为零，这就是说在路基修筑之前，CFG 桩就存在受拉和受压区域，这与传统土力学中桩体的受力不符，有必要进行深入研究。

该工点 CFG 桩施工采用长螺旋钻管内泵压混合料灌注，上层红黏土较为坚硬密实，螺旋叶片不断地剪切桩周土体，对桩周土形成较大的压力，孔壁附近土体沿径向方向产生弹塑性变形；随着施工的继续，螺旋叶片剪切作用和灌注混凝土时较大的泵送压力使下层红黏土的孔隙水压力上升。

施工结束后，CFG 桩逐渐凝固，桩周土的扰动变形开始恢复，下层软流塑红黏土的孔隙水压力逐渐消失，土体下沉，对桩体下部形成负摩阻力，上层硬塑红黏土在钻孔时储存的弹性势能释放，对桩体形成较大的握裹力，阻止桩体的下沉，从而使桩体部分位置受拉，这就是为什么上覆荷载为零而桩体中却存在应变零点的原因。

7.6.4.4 黏土中 CFG 桩变形“反常”内因探讨

首先分析 6 m 和 8 m 处监测断面起始阶段桩体变形产生拉应变的原因：这两个试验断面均位于初始应变零点 S_0 下方，上覆荷载较小时，桩的轴向压应力尚未传至 S_0 点，S_0 下方桩体变形只与桩侧土体沉降有关。红黏土下层土体的压缩性大，抵抗扰动的能力小，在施工机械荷载及其振动作用下将下沉，从而对桩体形成负摩阻力，使桩体受拉，随着上覆荷载的增加，应力拐点下移，6 m 处拉应变开始减小。相比应变零点下移的影响，8 m 处试验点以下土体在附加应力作用下的沉降对桩体变形的影响更大，使得桩身拉应变表现为随荷载的增加而不断增大。

路基填筑基本完成后，上覆荷载基本保持不变，此时桩体变形主要受桩周土体的变形特性影响。从图 7-38 知道 4～8 m 桩体变化最为剧烈，8 m 以下由于没有埋设应变计，这里不再讨论。

在路基修筑后，地基土体中的水汽、自由水排出受阻，上部土体的湿度将会增加，由于红黏土渗透系数很小(见表 7-12)，地表水下渗增加地基土体湿度作用有限，所以中上层土体含水率增加主要是下层水分向上迁移的结果，这使得红黏土的膨胀过程也由下向上发展。

表 7-12 不同深度红黏土渗透数

深度(m)	1.2	2.5	3.8	4.7	9.8	11	12.6
渗透系数(cm/s)	4.02E-08	3.87E-06	5.22E-08	3.53E-08	1.69E-08	6.95E-09	3.02E-07

为了研究路基填筑完成后桩身应变分布反常的内在机理，结合红黏土膨胀性在竖直剖面上的分布规律，将加固区分为四部分(见图 7-40)，桩体应变调整过程如下：

(1)S_1 区土体含水率大，孔隙间自由水较多，在附加应力作用下产生超孔隙水压力，水分逐渐渗透进入 S_2 区，土体开始膨胀，以 S_2 区中线 A 为界线，土层具有分别向下运动的趋势，桩体则对这种运动趋势具有约束作用，这相当于在 S_2 区桩体中线上施加了一对大小相等方向相反的轴力 F 和 F'，这就是为什么 8 m 处拉应变减小而 6 m 处压应变增大的原因。

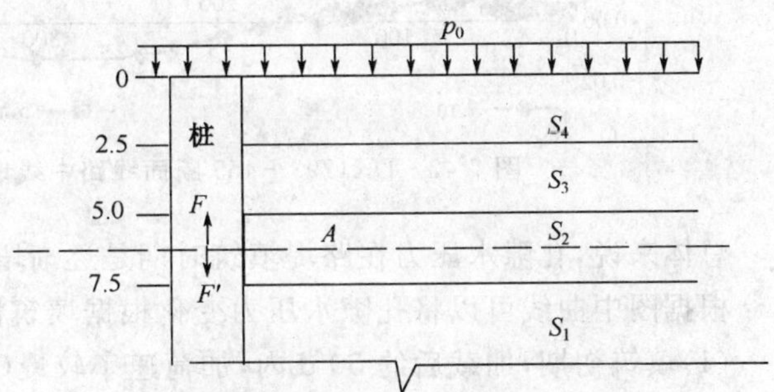

图 7-40 红黏土膨胀性影响示意图

(2)随着时间的增加，孔隙水逐渐进入 S_3 区，土体开始膨胀，膨胀作用对桩体变形的影响与(1)类似，该区域黏土膨胀性最大，产生的膨胀力较大，引起桩体变形改变量也较大。另外，S_3 区的膨胀力大于 S_2 区的膨胀力，使得 S_2 区及其下方土体出现压缩变形，在桩体上产生负摩阻力，对应的 6 m 处桩身压缩应变增大，但 8 m 处受到的影响较小，所以其拉应变只有轻微的减小。

以上过程是为了分析问题而人为划分的，实际过程要复杂得多，再加上部分红黏土膨胀过程中，在上方土体自重及附加应力之和大于其极限膨胀力时出现塌陷[17]~[18]，桩身应变分布曲线也会受影响。

7.6.5 水压力及水位分析

7.6.5.1 孔隙水压力分析

在 DK1293＋455 断面进行了孔隙水压力测试，测试日期为 2007 年 11 月 5 日至 2009 年 6 月 5 日，历时 578 d。根据数据绘制孔隙水压力值随时间、荷载变化曲线见图 7-41，由于 13 m 监测点的数据过大导致同一图中其他曲线的变化特点难以表现，所以将 1 m、5 m、9 m 测点的孔压变化曲线再单独绘制见图 7-42。

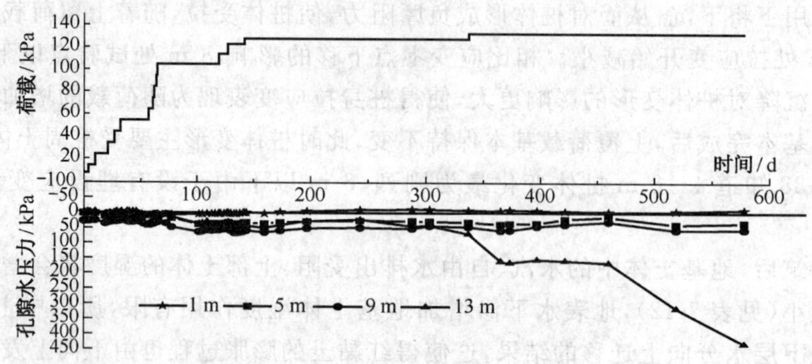

图 7-41　DK1293＋455 断面线路中线地基孔隙水压力变化曲线图

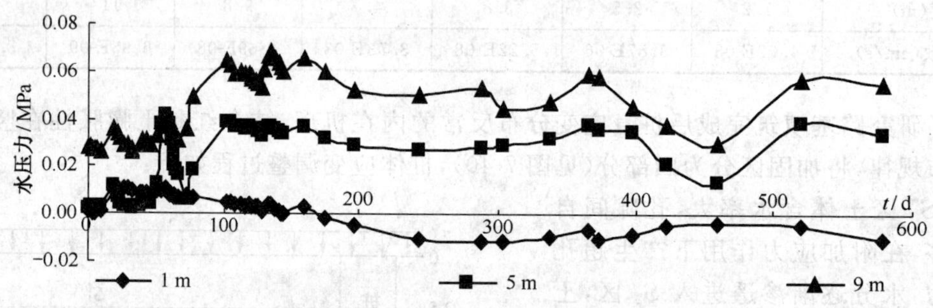

图 7-42　DK1293＋455 断面线路中线地基孔隙水压力变化曲线图

总体来说，孔隙水压力在路堤填筑时期是逐渐增长的，但相关性较差。

根据图中曲线可以将孔隙水压力变化根据填筑情况分为三个阶段：

(1)填筑初期，加载后约 50 d 内，加荷速率较慢(50 d 加载约 50 kPa)。孔隙水压力随着荷载增加而变大的趋势比较明显。

(2)填筑中期，荷载由 50 kPa 增加至 110 kPa，加载速率较快。9 m 和 13 m 测点的孔隙水压力随着荷载的增加而增大，但 1 m 和 5 m 测点的孔隙水压力却有减小。结合红黏土的变形特性不难发现，孔隙压力随荷载的增大不增反降的原因在于此时红黏土开始膨胀变形，使得红黏土粒间间隙增大，孔压相对减小。

(3)加载后期及恒载期，在施加少量荷载之后，就进入恒载期。在此阶段的加载期，只有 13 m 测点的孔隙水压力持续增大，其他测点孔隙水压力逐渐减小，但从第 460 d(2009 年 2 月 7 日)开始各测点孔压又开始迅速增大，根据测试日记知道 2008 年底和 2009 年 3 月两湖地区持续降雨，降雨量相对往年较大，所以孔压的增加主要是由降雨引起。

进入恒载期后，地面下 1 m 测点孔隙水压力持续减小最终变为负值，并始终保持负压。红黏土地基表层在施工机械的振动碾压作用下变得密实，在路基修筑开始后由于地基表面被覆盖，随着时间的增长，含水率逐渐增大，当孔隙水进入红黏土颗粒内时红黏土开始膨胀，孔隙增大，孔压测力计读数变为负数，虽然地基中下层孔压较大，但由于红黏土的渗透系数非常小，可近似视为不透水，使得下部水分向地表迁移异常困难，这就是为什么 1 m 测点孔压持续为负的原因。

7.6.5.2　静 水 位

在 DK1293＋455 断面进行了静水位观测测试，测试日期为 2008 年 2 月 27 日至 2008 年 5

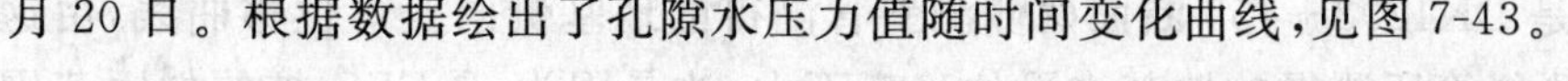

月 20 日。根据数据绘出了孔隙水压力值随时间变化曲线,见图 7-43。

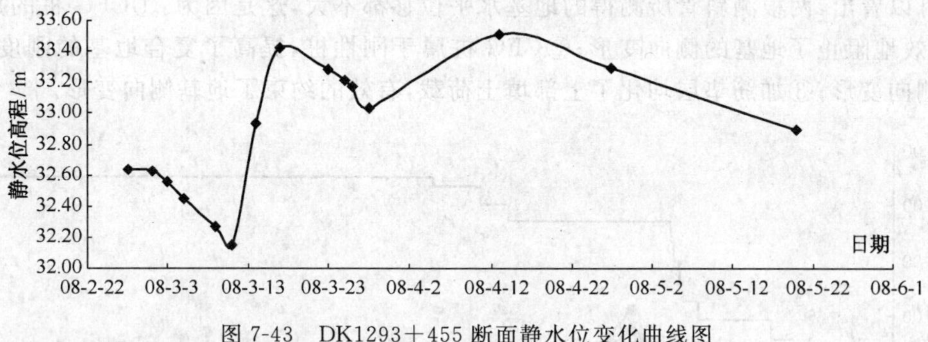

图 7-43 DK1293+455 断面静水位变化曲线图

7.6.6 地基水平位移分析

2007 年 11 月 8 日至 2008 年 10 月 7 日,通过测斜仪测得 DK1293+455 断面的地基侧向变形。根据数据可以绘出地基水平位移和基底下一定深度的水平位移—荷载 时间曲线见图 7-44 至图 7-47。

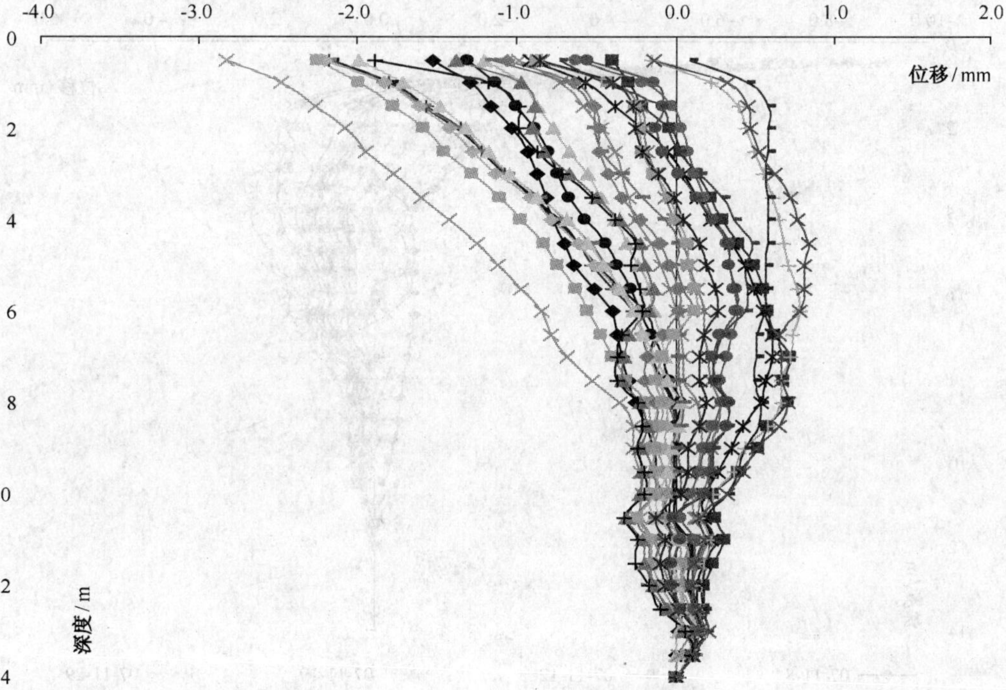

图 7-44 DK1293+455 断面测斜管 CX-1 水平位移曲线图

图 7-44 和图 7-46 是 DK1293＋455 断面两侧测斜管测得的地基侧向变形位移曲线，由这两幅图可以看出，两根测斜管所测得的地基水平位移都不大，这是因为：①CFG 桩的加固范围很大，有效地阻止了地基的侧向变形；②CFG 桩属于刚性桩，提高了复合地基的刚度，减小了地基的侧向变形；③加筋垫层均化了上部填土荷载，有效的约束了地基侧向变形。

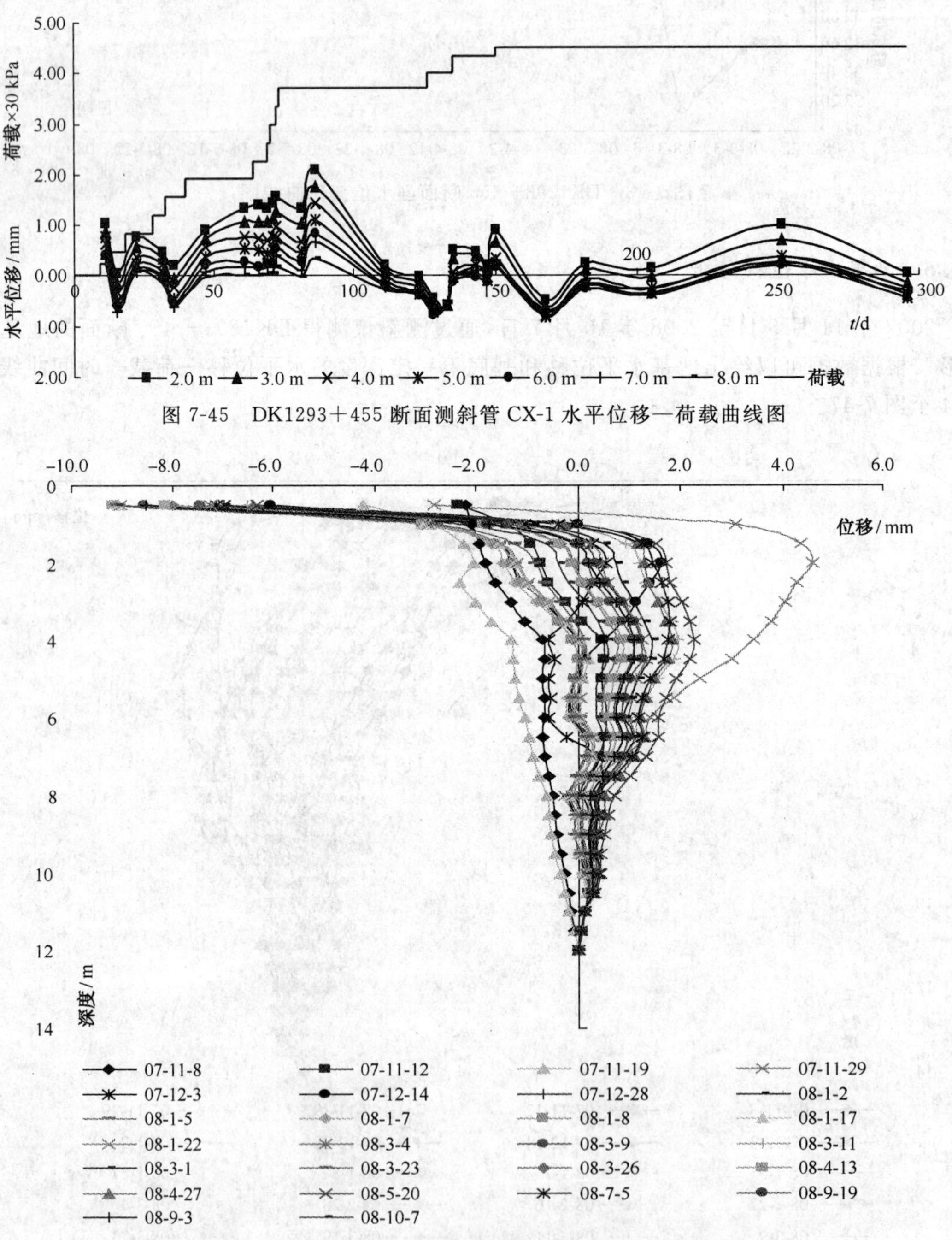

图 7-45 DK1293＋455 断面测斜管 CX-1 水平位移—荷载曲线图

图 7-46 DK1293＋455 断面测斜管 CX-2 水平位移曲线图

由图还可以看出，侧向位移相对显著的位置在路基底面以下 2～8 m 处，2 m 以内位移量较小，甚至还有一定的向内的位移变形。

图 7-45 和图 7-47 反映了两根测斜管某些深度处水平位移随填筑荷载以及时间的关系曲线，选取深度为水平位移相对较大的位置。

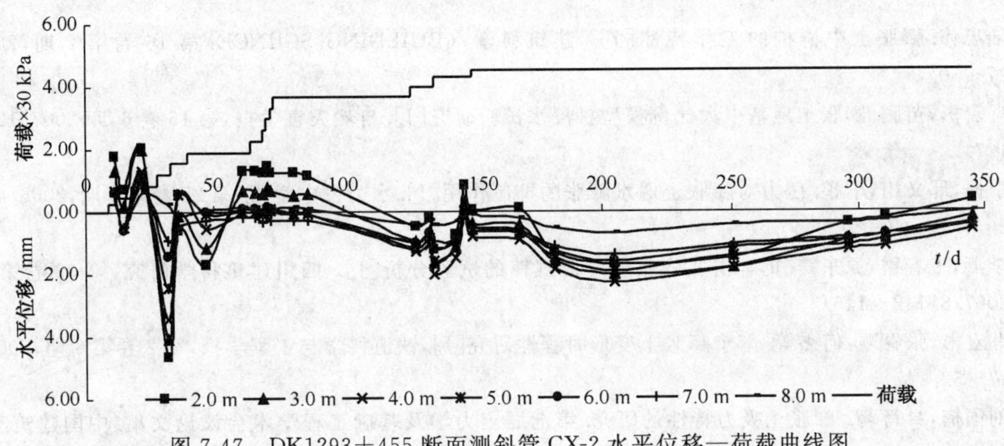

图 7-47 DK1293＋455 断面测斜管 CX-2 水平位移—荷载曲线图

可以将曲线分为三个阶段：

(1)填筑初期：由于加载量不大，再加上施工机械的扰动，使测斜管测得的水平位移波动较大，直到第一次较长的加载间歇期才变得相对稳定。

(2)填筑中期：随着荷载的增加，水平位移逐渐变大，变化趋势较为稳定。

(3)填筑后期及填筑结束后，在填筑后期水平位移有一个较小的波动，之后填筑结束，接下来水平位移又缓慢增大，并逐渐稳定下来。

另外，可以发现，水平位移的增长和填筑情况联系并不是很紧密，有些滞后，在快速填筑期，水平位移增长速率并不快，而是在填筑间歇期水平位移才出现明显增长。

根据曲线图还可以看出，测斜管上部经常出现负位移，而且有些位移值非常大，而且某一深度随荷载—时间的变换没有规律，这很有可能是测斜管自身的问题，分析原因可能为：测斜管最下端并没有固定在坚硬的岩层内，测斜管位置就有可能受施工等影响发生变动，这样假如我们认为测斜管最下端水平位移为零的话，就会导致测试数据不准确；而且测斜管周围有可能并没有密实，从而导致测试数据的发生漂移，在测量时就会发生误差。

参 考 文 献

[1] 铁道第四勘察设计院，中南大学. 武广客运专线残积层红黏土路基变形特性及路堑边坡稳定性试验研究实施细则. 2007,9.

[2] 中华人民共和国行业标准. 客运专线无砟轨道铁路工程测量技术暂行规定(铁建设[2006]189 号). 北京：中国铁道出版社，2006.

[3] 吴子树，张利民，胡定. 土拱的形成机理及存在条件探讨[J]. 成都科技大学学报，1995(2)：15～19.

[4] 叶晓明，孟凡涛，许年春. 土层水平卸荷拱的形成条件[J]. 岩石力学与工程学报，2002,21(5)：745～748.

[5] 周德培，肖世国，夏雄. 边坡工程中抗滑桩合理桩间距的探讨[J]. 岩土工程学报，2004,26(1)：132～135.

[6] 常保平. 抗滑桩的桩间土拱和临界间距问题探讨[A]. 滑坡文集(第十三集). 北京：中国铁道出版社，1998：73～78.

[7] 蒋良潍，黄润秋，蒋忠信. 黏性土桩间土拱效应计算与桩间距分析[J]. 岩土力学，2006.3，27(3)：445～450.

[8] 中华人民共和国城乡建设部.膨胀土地区建筑技术规范[M]. 北京:中国计划出版社,1987.

[9] 曹治,王清远.膨胀土地基的地下车库变形特征和加固措施[J]. 四川建筑,第 27 卷第 2 期,2007.4:195～197.

[10] 陆忠伟.膨胀土中群桩的工作特性[J]. 建筑科学,(BUILDING SCIINCE)第 16 卷第 2 期,2000.4:27～30.

[11] 肖宏彬,苗鹏.膨胀土地基中大比例模型桩浸水试验研究[J].自然灾害学报,第 16 卷 6 期,2007.12:22～127.

[12] 李振,邢义川,李鹏.压力对膨胀土遇水膨胀的抑制作用[J].水力发电学报,第 25 卷第 2 期,2006.4:21～26.

[13] 李燕,王春雷,原东霞.邯郸击实膨胀土变形规律的试验分析[J]. 四川建筑科学研究,第 33 卷第 4 期,2007.8:142～145.

[14] 肖宏彬,张春顺,何杰等.南宁膨胀土变形时程性研究[J].铁道科学与工程学报,第 2 卷第 6 期,2005.12:47～52.

[15] 刘国楠,吴肖茗. 膨胀土吸力特性的研究.第七届土力学及基础工程学术会议论文集.中国建筑工业出版社,1994.

[16] 杨果林,刘一虎,黄向京. 膨胀土处治理论与工程建造新技术[M].北京:人民出版社,2008(1):54～56.

[17] 陆忠伟.膨胀土中群桩的工作特性[J]. 建筑学, 2000.4, 16(2):27～30.

[18] 肖宏彬,苗鹏.膨胀土地基中大比例模型桩浸水试验研究[J].自然灾害学报, 2007.12, 16(6):122～127.